老年大学
统编教材

计算机使用教程

郝兴伟　主编

山东教育出版社

《老年大学统编教材》编委会

随着计算机技术的飞速发展以及计算机应用的广泛普及，中老年人接触计算机的机会日益增加。目前，互联网应用已经成为民众生活中不可缺少的一部分，越来越多的中老年人迫切希望学习和掌握计算机的基本技能，消除新兴科技与日常生活的数字鸿沟，进一步转变生活方式和行为方式，以期融入信息化时代。通过计算机与网络学习，中老年人可以学会用计算机享受科技带给生活的便捷，让数字化生活拥抱美好夕阳。正因为如此，老年大学计算机课程的教学深受中老年人喜爱。

中老年人学习计算机，力争掌握现代化工具，与世界广泛接触，紧跟时代的脉搏。但在初学计算机过程中，部分中老年人往往由于缺乏网络知识、不熟悉计算机相关操作等因素，产生焦虑、害怕与逃避的心理，进而影响学习计算机的意愿。所以，中老年人学习计算机要掌握一定的规律，克服畏难心理，大胆接触，勇于上机实践操作，树立信心；学习过程要从易到难、循序渐进，详细记录操作步骤笔记，在学习和实践中增知益智，心智共进；温故而知新，勤于复习，善于总结，从而达到随心所欲使用计算机的目的。此外，中老年人要合理安排使用计算机的时间，上机时间不宜过长，适当运动和休息；上机过程中，保持良好的坐姿，与显示器保持一定距离，注意保护视力；保证膳食平衡，减少电磁辐射。

本书是根据计算机初学者的基本需求，结合初学者的学习特点，从读者日常生活、学习和工作中的实际应用角度出发选择内容，通过全程图解与详尽操作步骤相结合的方式进行全方位内容剖析，突出实战操作与实用技巧的讲解，在组织结构上层次清晰，既注重保持计算机基础教材体系的完整性，又力求形成自身特点，将每个四级标题设置成知识点，方便读者快速浏览相关技能，在语言表达上深入浅出、力求清晰易懂，方便读者学以致用、学有所用。

本书分为上、中、下3篇共14章，上篇（第1～4章）基本操作篇主要介绍计算机基础知识、Windows XP操作系统、文字处理软件Word 2003、演示文稿制作软件PowerPoint 2003等内容；中篇(第5～8章)网络应用篇主要介绍网上浏览与下载信息、网络交流通信等内容；下篇（第9～14章）常用工具软件篇主要介绍多媒体播放软件、图形图像浏览软件、文件解压缩软件、下载工具、电子相册、杀毒软件等内容。此外，章后附有典型思考题，既可以考查读者对知识的掌握程度，又能够加强技能训练、巩固读者所学内容，从而提高读者的应用能力。

本书既可供学习计算机操作的初学者自学阅读，也可作为计算机基础培训班的培训教材或者学习辅导书。

计算机技术发展日新月异，计算机学科涉及知识面广，知识更新快，计算机教材的内容需要不断地充实与更新。由于作者水平有限，本书难免存在不足之处，期望在今后再版时能加以完善，同时也恳请专家及读者及时指正，并提出宝贵意见，在此还要感谢山东老年大学的徐啸、李正两位老师对我们的帮助和支持。

下篇 常用工具软件

上篇
基本操作

第1章　计算机认知
第2章　Windows XP操作系统
第3章　文字编辑软件Word的使用
第4章　演示文稿PPT的制作

第1章
计算机认知

计算机又称为电脑，是一种能够高速自动化地按照人们事先编制好的程序指令进行大量数值计算和各种信息处理的现代化智能电子设备。它诞生于20世纪40年代，应用从最初的军事领域扩展到目前社会的各个领域，有力地推动了信息化社会的发展和人类社会的繁荣与进步。在信息化社会中，掌握计算机的基础知识及其操作是工作、学习、生活所必须具有的基本素质。

知识要点

第1.1节：计算机系统，计算机硬件，计算机软件，计算机应用模式，集中式计算，客户/服务器模式，浏览器/服务器模式

第1.2节：键盘，键盘的操作

第1.3节：鼠标，鼠标指针，鼠标的操作

第1.4节：计算机的启动，计算机的关闭，待机、计算机重启、注销

1.1 走进计算机

1.1.1 计算机的产生与发展

1946年，第一台电子计算机“爱尼亚克”（ENIAC）在美国宾夕法尼亚大学莫尔电子工程学院诞生。这种计算技术的革命，透出了数字信息时代的第一缕曙光，标志着人类信息社会的到来。

1. 计算机的产生

ENIAC是美国军方为了计算炮弹的弹道轨迹而委托美国宾夕法尼亚大学研制的。该计算机占地面积170平方米，重30余吨，使用了18 000多支电子管、1 500个继电器以及其他各种元器件，在机器表面则布满电表、电线和指示灯，每小时耗电量约为140千瓦，如图1—1所示。

这样一台“巨大”的计算机，每秒可以进行5 000次加法运算，相当于手工计算的20万倍，机电计算机的1 000倍。ENIAC的主要任务是分析炮弹轨道，一条炮弹的轨道用20 s就能算出来，比炮弹本身的飞行速度还快。ENIAC原来是计划为第二次世界大战服务的，但它投入运行时战争已经结束，这样一来，它便转向为研制氢弹而进行计算。ENIAC的成功是计算机发展史上的一座里程碑。

图1—1 ENIAC计算机

在ENIAC计算机中，用户通过控制计算机庞大面板上的无数开关来向计算机输入信息，然后这些信息由用电子管组成的中央处理器进行加工处理，最后将处理后的结果通过输出设备输出。

2. 计算机的发展

从第一台计算机诞生至今，计算机获得了突飞猛进的发展。根据制造电子计算机所使用的电子器件的不同，通常将电子计算机的发展划分为电子管、晶体管、集成电路以及大规模、超大规模集成电路等四个时代。

(1) 第一代计算机（1946—1957年）

通常称为电子管计算机。电子管计算机因为体积庞大、笨重、耗电量大、运行速度慢、工作可靠性差、难以使用和维护，且造价极高，所以主要用于军事领域和科学研究工作中的科学计算。

(2) 第二代计算机（1958—1964年）

通常称为晶体管计算机。与电子管计算机相比，晶体管计算机的体积减小、重量减轻、耗电量减少、可靠性增强、运算速度提高，应用范围已从军事和科研领域中单纯的科学计算扩展到了数据处理和事务处理。

(3) 第三代计算机 (1965–1970年)

通常称为集成电路计算机。集成电路计算机的体积、重量、耗电量进一步减少，应用范围扩大到企业管理和辅助设计等领域。

(4) 第四代计算机 (1971–至今)

通常称为大规模、超大规模集成电路计算机，计算机的应用已广泛地深入到人类社会生活的各个领域，特别是计算机技术与通信技术紧密结合构建的计算机网络，标志着计算机科学技术的发展已进入了以计算机网络为特征的新时代。

目前计算机技术的发展趋势向巨型化、微型化、网络化和智能化这4个方向发展。

1.1.2 计算机应用模式的演变

随着微电子技术、计算机技术、操作系统、计算机网络，特别是互联网技术的不断发展，计算机软件及应用模式也不断发展。计算机应用模式的演变主要经历了以下几个阶段。

1. 单机运行与集中式计算模式

在计算机诞生和应用的初期，计算所需要的数据和程序都是集中在一台计算机上，称为集中式计算。随着网络的发展，形成一种由大型机和多个与之相连的终端组成的网络结构。当支持大量用户时，大型机自顶向下地维护和管理方式显示出集中式处理的优越性。它具有安全性好、可靠性高、计算能力和数据存储能力强以及系统维护和管理的费用较低等优点，但是它也存在着一些明显的缺点，如大型机的初始投资较大、可移植性差、资源利用率低以及网络负载大等。

2. 客户/服务器 (Client/Server) 计算模式

C/S模式又称C/S结构，是20世纪80年代末随着个人计算机发展和局域网技术趋于成熟而逐步成长起来的一种模式。在网络中的计算机分为两大类：一是向计算机提供各种服务的计算机，称为服务器；二是享受服务器提供服务的计算机，称为客户机。

C/S模式具有以下几个方面的优点：能充分发挥客户端计算机的处理能力，客户端响应速度快，且可脱机操作。但随着应用规模的日益扩大，应用程序的复杂程度不断提高，C/S结构逐渐暴露出许多缺点和不足，主要包括：必须在客户端安装大量的应用程序（客户端软件），用户界面风格不统一，使用繁杂，不利于推广使用，维护复杂，升级麻烦等。

3．浏览器/服务器（Browser/Server）计算模式

C/S模式表现出了许多不足，各种客户端应用程序只能在局域网中运行，不能满足移动办公的需要，不适应互联网的发展。人们需要利用互联网，将应用分布到整个Web中，而不是局限于局域网内部，这就催生了一种更加灵活的分布式计算模式，即浏览器/服务器（B/S）模式的产生和发展。

B/S模式与传统的C/S模式相比，体现了集中式计算的优越性：具有良好的开放性，利用单一的访问点，用户可以跨平台以相同的浏览器界面访问服务器上的应用系统；客户端只需要安装浏览器，减少客户端的维护工作，有效地降低了整个系统的运行和维护成本。最大的缺点就是对网络环境依赖性太强，由于各种原因引起网络中断都会造成系统瘫痪。

1.1.3　微型计算机的基本组成

微型计算机又称为个人计算机（Personal Computer，简称PC），是我们在工作和生活中见到和使用最为广泛的计算机。微型计算机主要由主机、键盘、鼠标、显示器和各种输入输出设备组成，如图1–2所示。

计算机系统由硬件系统和软件系统组成，二者缺一不可。硬件是构成计算机的物理设备，如显示器、主机、CPU和打印机等；软件分为系统软件和应用软件，用户通过软件使用和操作计算机。

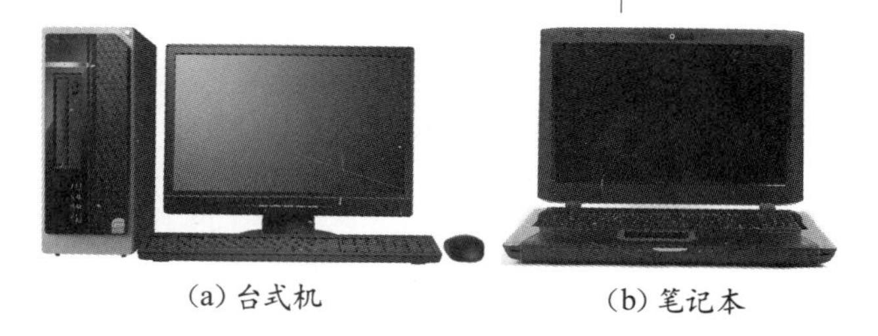

(a) 台式机　　(b) 笔记本

图1–2　微型计算机

1．计算机硬件

硬件系统指构成计算机的物理设备，即由机械、光、电和磁器件构成的具有计算、控制、存储、输入和输出功能的实体部件。常用的计算机硬件及外部设备有：

(1) 显示器

显示器是用于显示数据的输出设备，常用的显示器有CRT显示器和液晶显示器两种类型，如图1–3所示。

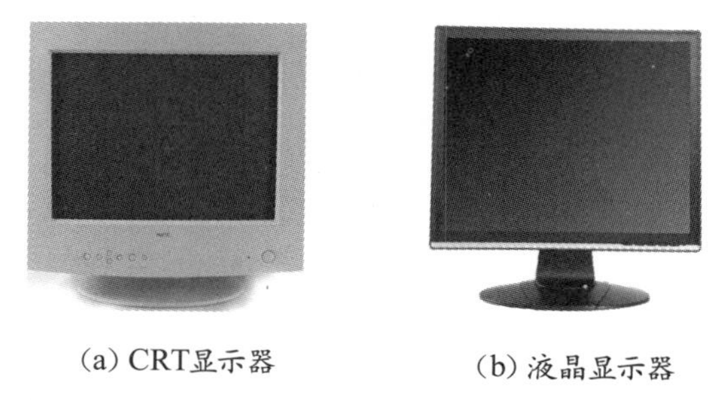

(a) CRT显示器　　(b) 液晶显示器

图1–3　显示器

CRT显示器即阴极射线管显示器，是早期计算机最主要的显示设备。具有色彩丰富、色度均匀、响应时间短等优点，缺点是体积大、电磁辐射大等。

液晶显示器也称LCD显示器，是一种通过控制半导体发光二极管的显示方式，用来显示文字、图形、图像、动画等各种信息的显示屏，具有机身薄、电磁

辐射小、耗电少、画面不会闪烁等优点。

(2) 主机

通常说的主机是由机箱及内部的主板、CPU、内存、硬盘、光驱、电源等硬件组成，主机的外观（不同的机型外观不同）如图1—4所示。

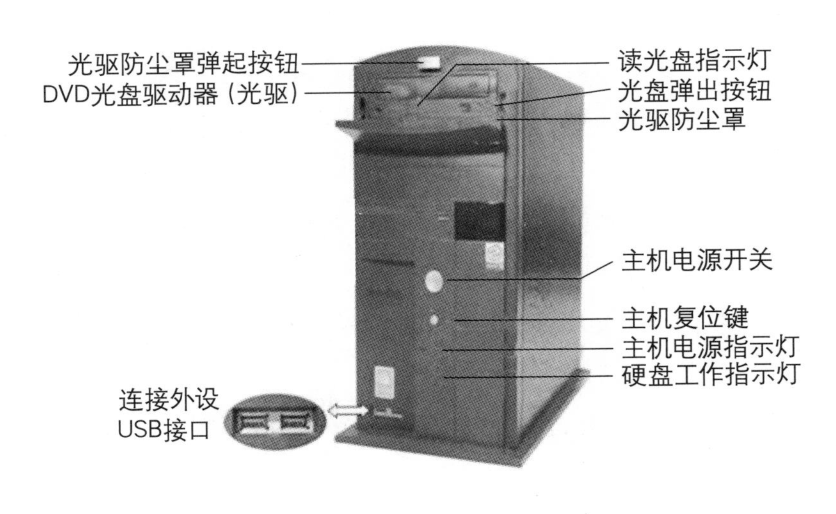

(a) 正面

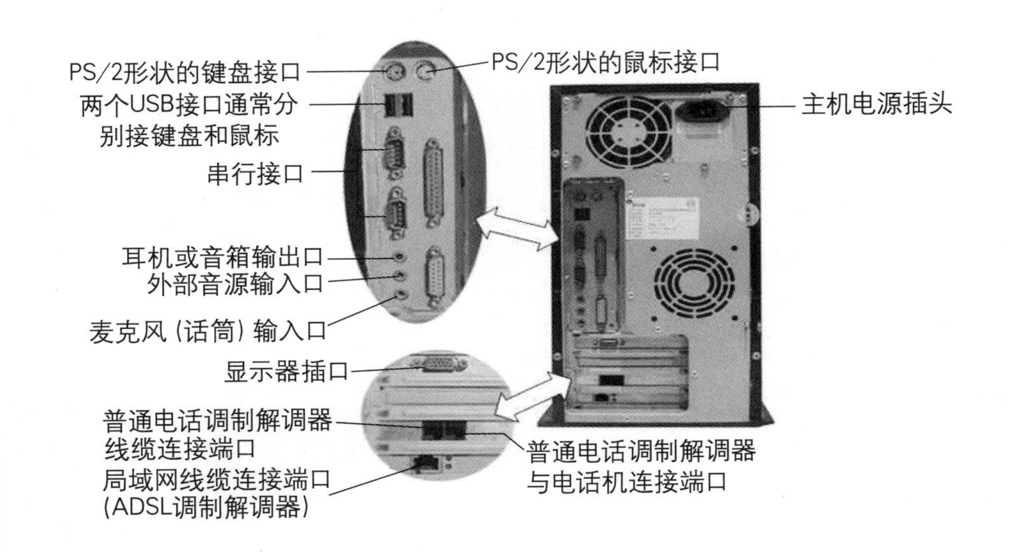

(b) 背面

图1—4　主机

微型计算机主板通常采用总线结构，外部设备通过各自的适配器插入到计算机主板的总线插槽中，实现各物理部件之间的数据通信，例如显示器通过显卡与主板连接。另外，在计算机外部有专用接口（如USB接口、COM端口等），实现和其他外设的物理连接。主机的内部结构如图1—5所示。

图1-5 主机内部结构图

● 主板：主板是机箱内最大的一块电路板，有时又称母板或系统板，计算机中的其他硬件设备，如CPU、内存、显卡及各种扩展卡都安装在主板上，如图1-6所示。随着主板集成度的提高，现在许多外设适配器的电路被集成到主板中，主板上不再有独立的插槽，只有相应的外部连接接口。

● CPU：CPU即中央处理器，一般由逻辑运算单元、控制单元和存储单元组成，三个部分相互协调，进行分析、判断、运算并控制计算机各部分协调工作。另外，在逻辑运算和控制单元中包括一些寄存器，用于CPU在处理数据过程中数据的暂时保存。

● 硬盘：硬盘是计算机主要的外部存储设备，计算操作系统、应用软件以及各种文件和数据资料都被存储在硬盘中。硬盘由存储体和驱动器两部分组成，通过数据线与主板连接，固定在机箱内硬盘托架上。

● 内存：存储器是用来存储程序和数据的物理部件，通常有内存和外存两种。外存储器可以永久性保存数据，即使在断电时也不会丢失。内存储器又分为只读存储器ROM和随机访问存储器RAM两种，计算机内存通常是指RAM，用户可以根据需要扩展内存。内存RAM用于暂时存储程序或数据，一旦断电，程序和数据随即丢失。计算机启动时，操作系统将被调入到内存中，程序运行过程中的数据通常也被保存在内存中，操作系统负责内存的申请和释放。

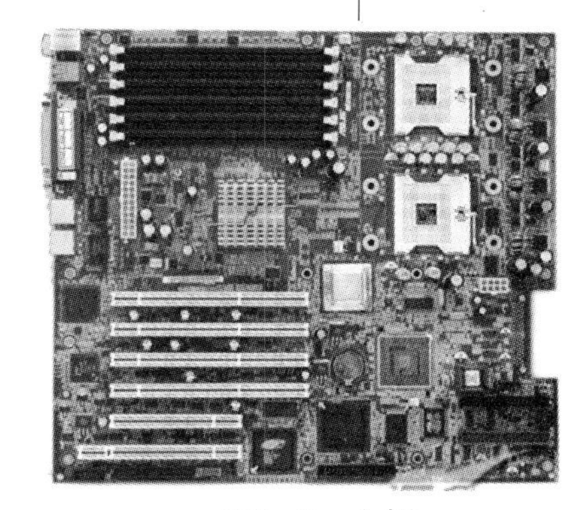

图1-6 主板

● 光驱：光驱是用于读取光盘内容的驱动器。随着多媒体的应用越来越广泛，光驱已成为计算机的标准配置部件之一。目前，光驱主要分为CD光驱和DVD光驱。

● 显卡：显卡是连接主板和显示器的适配器，显卡的主要任务是控制计算机的图形输出，由显示芯片、显示内存和RAMDAC（数字/模拟转换器）等组成。这些组件决定了计算机屏幕的输出，包括屏幕画面显示的速度、颜色以及显示分辨率等。

● 网卡：网卡是网络接口卡的简称，也称为网络适配器，实现计算机与网络的连接。网卡在网络通信中实现数据的封装和解封装以及数据和媒体传输信号的转换。

（3）鼠标

在计算机系统中，鼠标具有输入和定位功能。从外观看，鼠标有两键鼠标、三键鼠标和多键鼠标，目前使用最为广泛的是三键鼠标。通过鼠标的单击、双击、移动等操作，可以执行程序命令。

（4）键盘

键盘是最常用也是最主要的输入设备，用户通过键盘可以实现程序命令和数据的输入。

（5）扫描仪

扫描仪是通过捕获将图像输入到计算机的输入设备，以便于对图像的编辑、处理、存储和输出。照片、文本页面、图纸、美术图画、照相底片甚至纺织品等都可作为扫描对象。

（6）摄像头

摄像头是一种数字视频的输入设备，实现影像的采集功能。

（7）打印机

打印机是计算机的输出设备之一，打印机分为点阵式打印机、喷墨式打印机和激光式打印机。

（8）音箱

在多媒体播放中，音箱用于音频数据的输出。

2．计算机软件

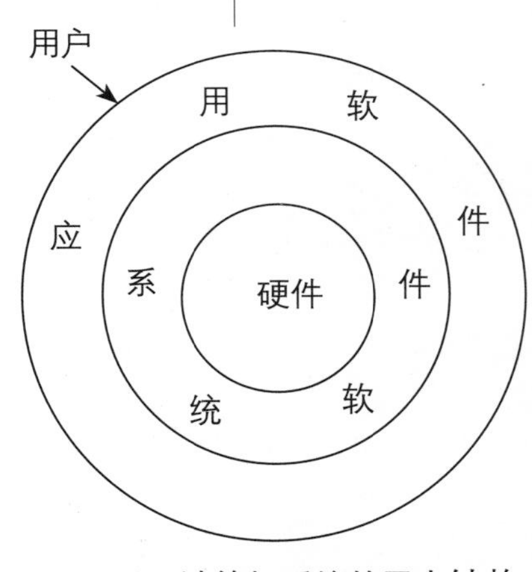

图1–7 计算机系统的层次结构

一台没有安装任何软件的计算机称为裸机，裸机不能为我们解决任何问题，仅当装入并且运行一定的软件时，才能发挥它的强大作用，这时的计算机才真正成为计算机系统。

所谓计算机软件，是指支持计算机运行或解决某些特定问题而需要的程序、数据以及相关的文档。一般把软件分为两大类：系统软件和应用软件。系统软件是管理、监控、维护计算机的软、硬件资源，使计算机系统能够高效率工作的一组程序及文档资料，主要包括操作系统、程序设计语言、数据库管理系统等；应用软件是指在系统软件的支持下，针对某种专门的应用目的设计编制的程序及相关文档，如文字处理软件、绘图软件、数值计算软件以及用户针对各种应用而自行开发的软件等。在计算机系统中，硬件、操作系统、应用软件以及用户之间的关系如图1–7所示。

1.1.4 计算机的应用

目前，计算机的应用范围几乎涉及人类社会生产和生活的各个领域。计算机的应用主要归纳为以下六个方面。

1．科学计算

科学计算是计算机最早的应用领域。在科学研究、工程设计、军事领域中经常遇到各种各样计算量很大的数学问题，如天气预报、地震预测、建筑设计、火箭卫星的发射、天文观测等。利用计算机的高速度、高精度的计算能力，可以大大缩短计算周期，节省大量的人力、物力和时间。

2．数据处理

数据处理又称信息处理，包括对数据的采集、存储、检索、加工、变换、传输、分类查询等处理工作，其结果是获得有用的信息，为管理和决策提供依据。目前，信息处理已广泛应用于办公自动化、事务处理、经济领域等。在计算机应用普及的今天，数据处理已成为最大的计算机应用领域。

3．过程控制

过程控制是对生产工艺流程进行自动调节、自动控制的过程。由于计算机不仅具有高速运算能力，而且还具有逻辑判断能力，利用计算机对生产过程进行自动控制不仅能大大提高自动化水平和控制的精确性、提高劳动生产率，而且还可减轻劳动强度、提高产品质量、节省原材料、减少能源消耗、降低生产成本，因此广泛应用于冶金、机械、电力、石油化工等产业。

4．计算机辅助工程

利用计算机的高速计算能力、逻辑判断功能、大容量存储和图形处理功能来部分地代替或帮助人完成各种工作，称为计算机辅助工程。

计算机辅助教育即CAE，通过人与计算机系统之间的对话，让学生在计算机教学软件的指导下自主进行学习，改变了传统的教育方式；计算机辅助设计即CAD，指的是利用计算机来帮助设计人员进行设计工作；计算机辅助制造即CAM，是指利用计算机进行生产设备的管理、控制与操作，从而提高生产效率和产品质量。

其他的还有计算机辅助教学即CAI，计算机辅助测试即CAT，计算机集成制造即CIMS等。

5. 人工智能

人工智能（Artificial Intelligence，简称AI）是计算机科学技术应用研究的前沿学科，用计算机模拟、实现人脑的部分复杂功能，是控制论、计算机科学、仿真技术、心理学等多门学科综合起来的一门计算机理论和实用的科学。目前，该领域的研究主要包括机器人、语言识别、图像识别、自然语言处理和专家系统等。

6. 生活娱乐

计算机除了工作用途之外，也广泛应用于人们的生活娱乐。例如，人们可以利用计算机欣赏音乐、观看视频、浏览网页、网络聊天、网上交友、网上购物、网络炒股等。

1.2 键盘及其操作

键盘是计算机中最基本的输入设备，用户可以通过键盘输入命令、数据、程序等信息，或通过一些操作键和组合键对系统的运行进行一定程度的干预和控制。

1.2.1 按键的区域划分与基本功能

按照功能的不同，可以将键盘分为4个键区，分别是主键盘区、功能键区、编辑键区和数字键区，如图1–8所示。

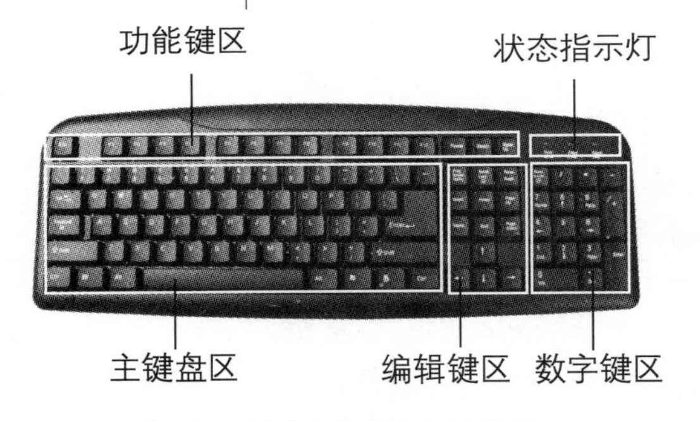

图1–8 键盘区域划分示意图

1. 主键盘区

主键盘区是键盘的主要使用区，它的键位排列与标准英文打字机的键位排列一样。该键盘区包括数字键0–9、字母键A–Z、标点符号键、专用符号键（如%、&、@、#、$等）和控制键。常用控制键的作用如下：

- 空格键：标有“Space”字样，是键盘下方最长的键，因为使用最频繁，它的形状和位置的设计使左右手都很容易击打，按一次该键产生一个空格，光标向右移动一格。
- 回车键：标有“Enter”字样，在主键盘区和数字键区各有一个，主要用于回车换行或确认本次信息输入结束等。
- 退格键：标有“Backspace”或“←”字样，按此键一次，删除光标左边一个字符，常用于删除当前行中的错误字符。
- 大写锁定键：标有“Caps Lock”字样，这是一个开关键，按下此键可以切换键盘右上角Caps Lock指示灯的熄灭或灯亮状态。如果Caps Lock指示灯是熄灭的，按字母键时输入的是小写字母；反之，如果Caps Lock指示灯亮，按字母键时输入的是大写字母。

注意：系统启动时默认的Caps Lock指示灯是熄灭的。

- 上档键：标有“Shift”或“⇧”字样，又称为换档键，在主键盘的左右各有一个。此键要和其他键配合使用，其作用主要有两个：一个是配合双符号键，双符号键是指一个按键上有两种号键，若要输入上档符号，如“@”，必须先按住Shift键不松开，然后再按标有“@”和“2”的双符号键。另一个是配合字母键，当Caps Lock指示灯熄灭时，按住Shift键不松开，再按字母键则输入大写字母；当Caps Lock指示灯亮时，按住Shift键不松开，再按字母键则输入小写字母。（注：以后内容中谈及同时按两个或多个键时用“+”表示，如Shift键+字母键。）
- 控制键：标有“Ctrl”字样，在主键盘的左右各有一个，一般与其他键配合使用来完成某种控制功能。
- 转换键：标有“Alt”字样，在主键盘的左右各有一个，其功能在系统中定义，一般与其他键配合使用。
- 制表键：标有“Tab”字样，主要用于图表中的光标定位。每按一次该键，光标向右跳过若干列（一个制表位），制表位的宽度可以事先设定。

2. 功能键区

功能键区是键盘最上面的一排键位，主要用于完成一些特殊的任务和工作，各个键的功能如下：

- Esc键：其功能由系统定义，一般用来表示取消或放弃某种操作。
- 功能键（F1~F12）：这是分别标有“F1”到“F12”字样的12个键，在不同的应用软件和程序中有各自不同的定义，如F1为帮助，F2为存盘等。
- 屏幕拷贝键：标有“Prt Sc”字样，在Windows中，按此键可以将整个屏幕内容复制到剪贴板中。
- Scroll Lock键：滚屏锁定键，在实际操作中使用频率较少。
- Pause Break键：使正在滚动的屏幕显示停下来，或是用于中止某一程序的运行。

107键盘比104键盘在功能键区增加3个按键：“Wake Up（唤醒）键”用于唤醒处于休眠状态的计算机；“Sleep（休眠）键”用于使计算机处于休眠状态；“Power（电源）键”用于控制电源。

3. 编辑键区

编辑键区位于主键盘区的右侧，主要用于控制光标的移动，进行插入/改写、删除、翻页等编辑操作，各键的功能如下：

● 插入键：标有“Insert”或“Ins”字样，在编辑键区和数字键区各有一个，用于“插入”状态与“改写”状态之间的切换。

● 删除键：标有“Delete”或“Del”字样，在编辑键区和数字键区各有一个，用来删除当前光标右侧的字符，同时右侧字符向左移动。

● Home键：在编辑键区和数字键区各有一个，按一次该键，光标将跳到该行行首。

● End键：在编辑键区和数字键区各有一个，按一次该键，光标将跳到该行行尾。

● Page Up（PgUp）键：这是上翻页键，在编辑键区和数字键区各有一个，每按一次该键，屏幕或窗口中的内容向上翻页。

● Page Down（PgDn）键：这是下翻页键，在编辑键区和数字键区各有一个，每按一次该键，屏幕或窗口中的内容向下翻页。

● 光标移动键（↑、↓、←、→）：这是光标移动的方向键，一共有4个，每按一次方向键，将沿向上、向下、向左、向右移动光标。

4. 数字键区

数字键区也称为小键盘区，位于编辑键区的右侧。该区域的左上角的“Num Lock”称为数字锁定键，这也是一个开关键，按下此键可以切换键盘右上角“Num Lock”指示灯的熄灭或灯亮的状态。如果Num Lock指示灯亮，此时处于数字输入状态，按键是一组数字键，可以高效率地进行数字和算术符号的输入；反之，若“Num Lock”指示灯熄灭，此时处于编辑状态，按键是一组编辑键，其功能与编辑键区的对应按键的功能完全相同。

1.2.2 键盘的基本操作

打字是一项技巧性很强的工作，要想输入速度快、正确率高，就必须养成良好的击键习惯和正确的坐姿，这样不仅可以使打字时的指法和姿态优美，更有助于身体健康。

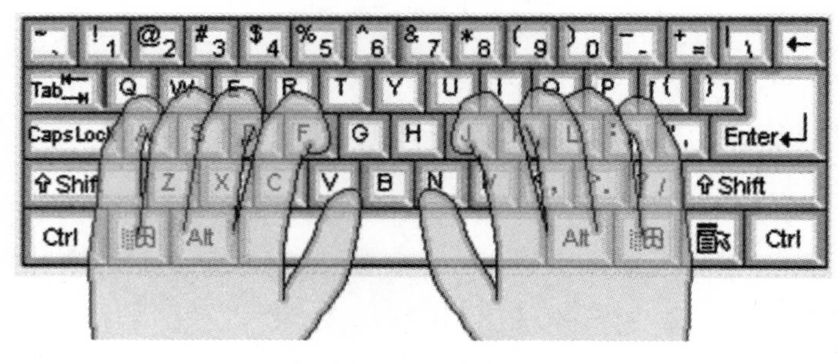

图1—9 基准键位

1. 手指定位

不同键数的键盘主键盘区是基本相同的。主键盘中位于第3排上的键使用频率较高，通常将它们称为基准键位，即左手A、S、D、F键和右手J、K、L、“；”键，手指与基准键位之间的对应关系如图1—9所示。

2. 手指分工

掌握了基准键位及其指法，就可以进一步掌握打字键区的其他键位。除大拇指外，两只手的8个手指还负责键盘上一定范围的按键，具体情况如图1—10所示。

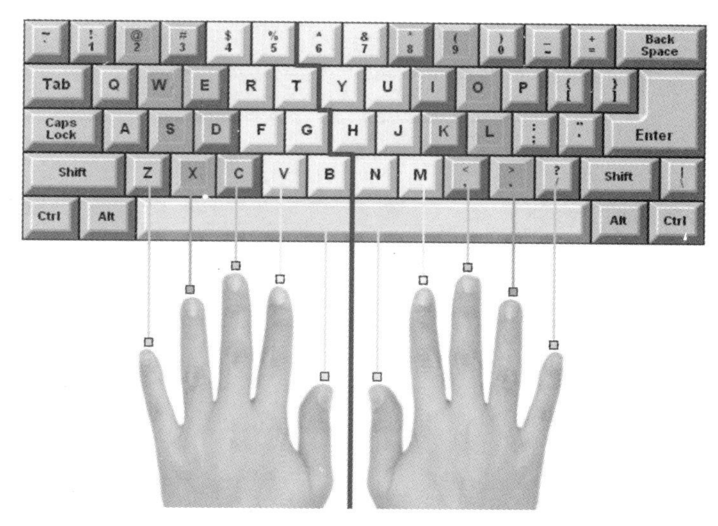

图1—10 手指分工

左手食指负责的键位有4、5、R、T、F、G、V、B，共8个键。

左手中指负责3、E、D、C，共4个键。

左手无名指负责2、W、S、X，共4个键。

左手小指负责1、Q、A、Z及其左边的所有键位。

右手食指负责6、7、Y、U、H、J、N、M，共8个键。

右手中指负责8、I、K、“，”，共4个键。

右手无名指负责9、O、L、“。”，共4个键。

右手小指负责0、P、“；”、“/”及其右边的所有键位。

要明确手指分工，养成正确的打字习惯，每个手指在击打按键后，尽快返回到相应的基准键位，等待再一次按键。击键的主要用力部位并不是手腕，而是手指的关节，练习一段时间后，可以过渡到利用手指和腕部的力量击键。

1.3 鼠标及其操作

1.3.1 认识鼠标

鼠标因形似老鼠而得名，鼠标的标准称呼是鼠标器，英文名“Mouse”，是目前除键盘之外的最常见的一种基本输入设备。目前常见的鼠标按工作原理可分为机械鼠标和光电鼠标，它们的外形都基本相同，一般包含有左键、右键和滚轮3个控制键，如图1—11所示。

在使用鼠标时，为了提高鼠标的使用寿命和定位的精确性，一般在鼠标下方垫上一块鼠标垫。

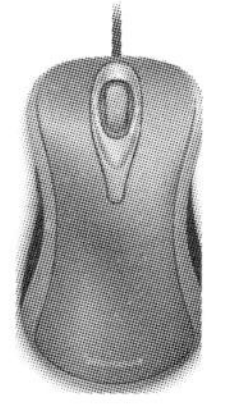

(a) 有线鼠标

(b) 无线鼠标

图1—11 鼠标

1. 常见鼠标指针

当移动鼠标时，屏幕上会有一个小的图形在跟着移动，这个小的图形称为“光标”。每一种光标形状都具有特定的含义，在Windows中，常用的光标指针形状和含义见表1—1所示。

表1—1　鼠标指针

执行操作	鼠标形状	执行操作	鼠标形状
正常选择	↖	不可用	⊘
帮助选择	↖?	垂直调整	↕
后台运行	↖⧗	水平调整	↔
系统繁忙	⧗	沿对角线调整1	⤡
精度定位	+	沿对角线调整2	⤢
文本选择	I	移动	✥
手写	✎	链接选择	☝
候选	↑		

在鼠标移动过程中，光标的形状可能会发生变化，光标形状的变化代表可以进行的操作。比如，当鼠标移动到一个窗口的左右边框时，光标会由标准选择形状变为水平调整↔，此时用户可以按下鼠标左键左右拖动来改变窗口的宽度。

1.3.2　鼠标的基本操作

鼠标主要用于定位或者完成某种特定的操作，其基本操作包括定位、单击、双击、拖动和右击。

1．定位

定位是指将鼠标指针（即光标）移动到目标对象或者某个位置上，当光标移到某目标对象（比如操作系统中某个图标）上，在鼠标光标右下角会显示提示信息。

2．单击

单击是将光标定位到要选择的目标对象后，按一下鼠标左键后立即松开，被单击的图标呈反白显示，表明目标对象已经被选中。“单击”操作通常用于选择一个对象（如文件、文件夹），或点击命令按钮、菜单项以执行菜单命令等。

3．双击

双击是指将光标指向目标对象，然后连续两次快速地按下鼠标左键，再松开，双击操作通常用来启动一个程序或打开一个窗口。例如，要通过双击打开“我的电脑”窗口，就可以将光标移到Windows桌面“我的电脑”图标上，然后双击鼠标。

注意：双击过程中不能移动鼠标的位置，如果鼠标双击速度过慢，就会变成两次独立的单击操作而不是双击操作。

4. 右击

右击指的是将光标指向目标对象，接着单击鼠标右键，然后立即松开。通常情况下右键单击一个对象会弹出一个快捷菜单，菜单中包含与该对象相关的常用命令。

5. 拖动

拖动操作是指在选中对象且不松开鼠标按键的情况下移动鼠标，具体操作过程是：将鼠标指针定位到目标对象上，按住鼠标左键不放，拖动到屏幕上的一个新位置再释放鼠标左键，即可将该目标对象拖动到一个新的位置。

在鼠标操作中，除了使用击键操作外，还可以使用鼠标上的滚轮实现浏览页面上下翻动、图片翻帧等功能。

1.4 启动与关闭计算机

1.4.1 启动计算机

启动计算机的顺序是，首先打开显示器外部设备的电源开关，然后打开主机箱的电源开关，接着计算机将自动进行硬件检测，之后计算机将启动操作系统，比如Windows XP。系统首先显示Windows XP用户登录界面，用鼠标点击一个用户，输入系统登录密码后（未设置密码无需输入）进入Windows系统，并显示该用户的Windows桌面，如图1–12所示。

图1–12 Windows XP桌面

由于用户对计算机的设置不同，在用户登录时，有的计算机可以跳过Windows XP用户登录界面，直接进入系统显示Windows桌面。

1.4.2 计算机的关闭与注销

1. 关闭计算机

对于Windows操作系统，关闭计算机具体操作如下：单击“开始”按钮 开始 ，在弹出的“开始”菜单中单击“关闭计算机”按钮，打开“关闭计算机”对话框如图1–13所示。

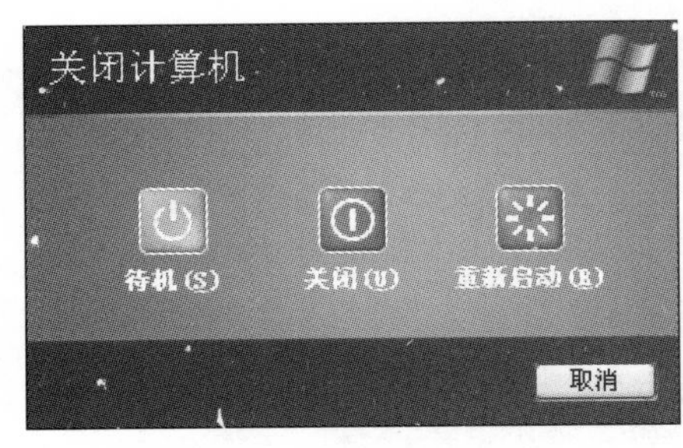

图1–13　“关闭计算机”对话框

图1–14　“注销Windows”对话框

在“关闭计算机”对话框中，单击相关按钮完成相应功能：

- “待机”按钮：单击该按钮，可以保存当前正在进行的所有操作并退出操作系统，使之处于休眠状态，但是内存中的信息仍然被保存着。如果要想唤醒休眠中的计算机，只需要移动一下鼠标或者敲击键盘上的键位后，计算机就会回到正常工作状态。
- “关闭”按钮：单击该按钮，计算机将安全关闭。
- “重新启动”按钮：单击该按钮，计算机将重新启动。
- “取消”按钮 取消：单击该按钮，取消本次操作，重新返回Windows当前任务。

在关闭或重新启动计算机前，应关闭所有打开的文件和应用程序，否则可能造成一些文件或程序被破坏或丢失。如果由于死机等意外情况使“开始”菜单无法打开，而此时又需要让计算机关闭或重新启动，可按Ctrl+Alt+Del组合键，在打开的“Windows任务管理器”窗口中选择“关机”菜单下的相应命令即可。如果任务管理器也无法打开，则只有按下计算机机箱上的“关机”或“重启”按钮来强制关闭或重启计算机。

如果计算机不能正常关机，按住主机上的电源按钮10 s就能强行关机。一般情况下不要随意强行关机或突然断电，否则会对硬盘造成损伤，而且容易丢失数据。

2．注销计算机

注销的意思是指向系统发出清除现在登录的用户的请求，清除后即可重新使用任何一个用户身份重新登录系统。注销不可以替代重新启动，只可以清空当前用户的缓存空间和注册表信息，具体操作步骤如下：

单击“开始”按钮，在弹出的“开始”菜单中单击“注销”按钮，打开“注销Windows”对话框，如图1–14所示。

在“注销Windows”对话框中，如果单击“切换用户”按钮，系统则保持原用户的程序并切换到另一个用户的选项；如果单击“注销”按钮，系统则关闭程序，重新返回到登录界面。

本章小结

本章主要介绍了计算机的产生与发展历程、计算机的主要应用以及微型计算机的硬件组成、软件系统及相关概念。从基础应用的角度出发，详细介绍了键盘的组成与操作，鼠标的种类与操作，简单介绍了Windows XP操作系统的启动、待机、注销、关闭等操作。

思考题

1. 任意观察身边的台式机，写出有哪些接口，并说明各接口的功能。

2. 写出键盘分为哪些区，并说明各分区的功能。

3. 通过游戏“蜘蛛纸牌”练习鼠标的5种基本操作。

4. 利用鼠标分别左键拖动图标和右键拖动图标，比较二者不同。

5. 计算机的启动顺序是先开外部设备再开主机，关机顺序则相反，为什么？

第2章 Windows XP操作系统

Windows操作系统是用户使用最为广泛的操作系统，其版本较多，每种不同操作系统的定位各不相同。在Windows 2000以前，微软在一个产品系列中总会包括服务器和桌面操作系统两个方面。从2003年开始，在Windows操作系统中，服务器和桌面操作系统已经彻底分开，推出了Windows Server 2003的四个服务器版本，桌面操作系统主要是Windows XP，它成为微软推出的面向桌面应用的主流操作系统。本章将以Windows XP为例介绍Windows操作系统的使用。

知识要点

第2.1节：Windows桌面，图标，“开始”菜单，任务栏

第2.2节：窗口，窗口操作

第2.3节：菜单，对话框，控件

第2.4节：文字服务与输入语言，中文输入法，微软拼音输入法

第2.5节：文件，文件夹，资源管理器，文件和文件夹操作

第2.6节：控制面板，显示设置，系统设置，用户账户，添加与删除程序

第2.7节：应用程序，记事本，画图，剪贴板

2.1 Windows XP的桌面

图2–1 Windows XP桌面

桌面是用户登录到Windows后显示的整个屏幕区域，如图2–1所示。

根据用户安装的系统版本不同，Windows XP的桌面也不相同。如果多个用户使用同一台机器，系统将保存每一个用户的个人配置文件。系统为每一个用户在系统盘的“Documents and Settings”文件夹下创建各自文件夹（文件夹名称与用户名相同），存储该用户的配置文件。例如，如果有一个用户名为Root，则系统创建一个文件夹“C:\Documents and Settings\Root\”，在该文件夹下包含“开始菜单”、“桌面”等多个子文件夹，以存储该用户的配置文件。因此，在同一台机器用不同的用户账号登录，显示的桌面内容也不一样。

2.1.1 桌面图标及其操作

图标是Windows中的一个小的图片或对象。在Windows中，每个应用程序和文档都对应一个专门的图标，它包含图形、说明文字两部分。将鼠标光标指向图标，系统会自动显示图标所代表内容说明或者文件存放的路径。若要启动某个应用程序或打开某个文档，只需用左键双击某一图标即可。

快捷方式是与计算机或网络上的任何可访问项目，如程序、文件、文件夹、磁盘驱动器、Web页、打印机等，建立链接的一种特殊文件。快捷方式仅包含链接对象的位置信息而不包含对象本身，因此只占用几个字节的磁盘空间。双击快捷方式图标（图标左下角有一个小箭头），可以迅速打开它所指向的对象，而改名、移动、复制或者删除快捷方式等操作只会影响快捷方式文件，不会影响其所链接的对象。

1. 常用桌面图标

① 我的电脑：“我的电脑”程序是Windows操作系统自带的计算机的主要管理工具，通过“我的电脑”程序可以完成计算机上各种文件和文件夹资源的操作，它与后面介绍的“资源管理器”一起构成文件操作的主要工具。

② 我的文档："我的文档"本质上是一个特定的文件夹，存储在系统目录的"Documents and Settings\用户名\"子文件夹中，用来保存用户的文档文件（如Word文档、音频文件、视频文件等）。

③ 回收站："回收站"用来存放用户删除的各种项目，如文件夹、应用程序、各种文档等。在Window操作系统中，删除文件或文件夹时，Windows会将其放到"回收站"，以便在需要时恢复或还原到原位置，此时"回收站"图标不再为空。

注意：当"回收站"充满后，系统自动清除"回收站"中的空间以存放最近删除的文件和文件夹；从U盘或网络驱动器中删除的项目将被永久删除，不能放到"回收站"。

在"回收站"窗口中，如果不选中任何项目，在窗口的左边部分有"清空回收站"和"全部恢复"两个按钮。如果用户单击选择了窗口右边列表中的某个或者某些"回收站"中被删除的项目，在窗口左边将显示"还原"按钮，单击该按钮，所选项目将被恢复到原来的位置。

注意：如果删除文件夹或文件对象时，按住Shift键，项目将被永久删除，并不放入回收站。

④ 浏览器：浏览器（Browser）是网页浏览工具，通过浏览器可以访问World Wide Web中的Web服务器。在Windows的各个版本中，都自带了一个浏览器程序，即Internet Explorer浏览器（IE浏览器），快捷方式放置在Windows桌面上。

除了微软Windows操作系统自带的IE浏览器外，目前市场上还有许多Web浏览器，例如Maxthon（遨游）、360安全浏览器等，关于浏览器的使用方法将在本书的第6章详细介绍。

⑤ 网上邻居："网上邻居"用来查看当前网络工作组中的共享资源。如果用户计算机连接在网络中，通过它可以访问网络上的其他计算机、打印机和其他资源。

双击"网上邻居"图标，打开"网上邻居"窗口，此窗口用于定位并连接到局域网中的其他计算机、Web服务器和FTP服务器等。

2．创建桌面图标

用户可以通过创建桌面图标的方式来方便快捷地打开各种程序或文件。

创建桌面图标的基本操作步骤如下：

① 鼠标右键单击桌面上的空白处，弹出快捷菜单，移动鼠标将光标指向"新建"命令。

② 在"新建"命令下的子菜单中，用户可以根据自身需要创建相应形式的

图标，比如文件夹、快捷方式、文本文档等。

③ 当用户左键单击选择所要创建的选项后，在桌面会出现相应的图标，用户可以为它重命名，以便于识别。

其中当用户选择"快捷方式"命令后，出现一个"创建快捷方式"向导，该向导会帮助用户创建本地或网络程序、文件、文件夹、计算机或Internet地址的快捷方式，可以手动键入项目的位置，也可以单击"浏览"按钮，在打开的"浏览文件夹"窗口中选择快捷方式的目标，确定后即可在桌面上建立相应的快捷方式。

3．图标的排列与清理

为了使桌面整洁而条理分明，用户可以通过"排列图标"命令对桌面上的图标进行位置调整，基本操作如下：

鼠标右键单击桌面上的空白处，弹出快捷菜单，移动鼠标将光标指向"排列图标"，在弹出子菜单项中包含多种排列方式，如图2—2所示。单击选择一种排列方式：

① 名称：按图标名称开头的字母或拼音顺序排列。

② 大小：按图标所代表文件的大小的顺序来排列。

③ 类型：按图标所代表的文件的类型来排列。

④ 修改时间：按图标所代表文件的最后一次修改时间来排列。

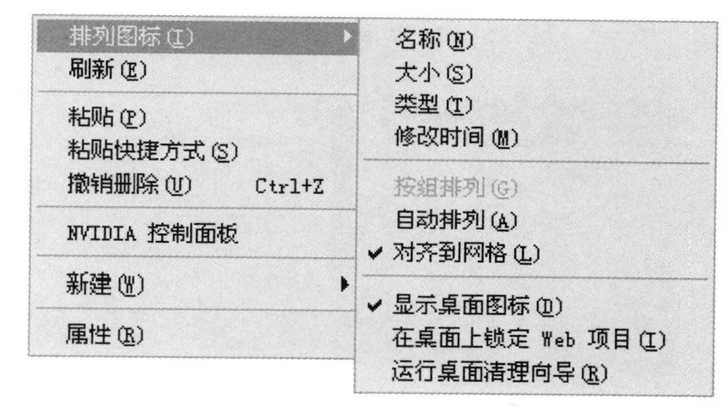

图2—2　"排列图标"菜单

如果用户选择了"自动排列"命令，图标在屏幕上从左边以列排列，在对图标进行移动时会出现一个选定标志，这时只能在固定的位置将各图标进行位置的互换，而不能拖动图标到桌面上任意位置。当选择了"对齐到网格"命令后，在屏幕上由不可视的网格将图标固定在指派的位置，网格使图标相互对齐，也不能移动到桌面上任意位置。选择"在桌面上锁定Web项目"，可以使活动的Web页变为静止的图画。

当用户取消了"显示桌面图标"命令前的"√"标志后，桌面上将不显示任何图标。

"桌面清理向导"将桌面不常使用的快捷方式（在60天内未使用过）放到桌面上名为"未使用的桌面快捷方式"文件夹中。

4．图标的重命名与删除

若要给图标重新命名，则用鼠标右键单击需要命名的图标，在弹出的快捷菜单中单击选择“重命名”命令，当图标底端的文字位置呈反色显示时，用户在键盘上输入新名称，然后在桌面上任意位置单击左键，即可完成对图标的重命名。

当桌面的图标失去使用价值时需要删除时，用鼠标右键单击需要删除的图标，在弹出的快捷菜单中左键单击“删除”命令，系统弹出一个对话框，询问用户是否确实要删除所选内容并移入回收站。用户单击“是”，删除生效；单击“否”或者是单击对话框的“关闭”按钮，取消此次操作。

2.1.2 “开始”菜单及其操作

1. “开始”按钮和“开始”菜单

“开始”按钮是系统最重要的按钮之一，通常位于桌面底部的左侧，用于启动应用程序、打开文档、查找特定文件以及获得帮助信息等操作，是Windows操作系统中运行程序的入口。

单击“开始”按钮可以打开Windows XP的“开始”菜单，常见的菜单显示样式有“开始”菜单和经典“开始”菜单两种，如图2–3所示。

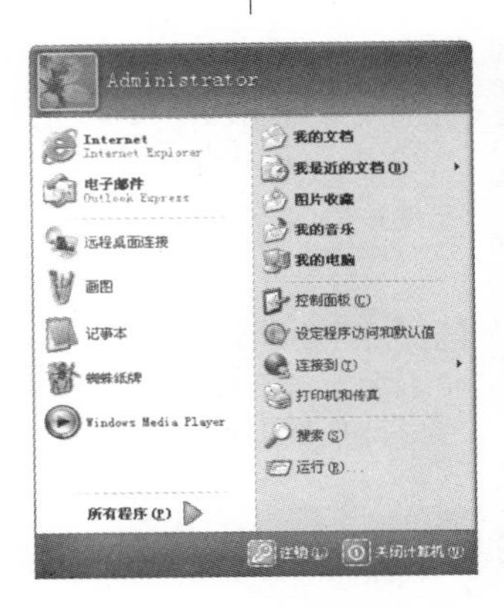

(a) “开始”菜单　　(b) 经典“开始”菜单

图2–3 “开始”菜单

一般情况下，所有的应用程序都在“开始”菜单中显示，Windows“开始”菜单中的命令是分组组织的，不同的Windows版本其菜单组织也不相同。以“开始”菜单为例，它主要由6部分构成：

① 用户账户：用户名位于“开始”菜单的最上部，用来显示用户的名称、图标等信息。用鼠标左键单击用户图标，可以打开“设置用户图标”窗口，用户可以重新设置该账号对应的图标，并且管理用户账户。

② 程序列表：位于“开始”菜单的左侧，包括固定程序列表、常用程序列表和所有程序列表等三部分，由分隔线将其分开，用户可以通过单击快捷方式来启动相应的应用程序。

固定程序列表位于“开始”菜单的左上侧，该列表中将预先填充用户的默认Web浏览器和电子邮件程序（可以删除这些内容），允许用户将程序和其他项目的快捷方式放置到开始菜单中（比如使用鼠标拖放），可以随时单击启动对应的程序。

常用程序列表位于“开始”菜单的左中侧，用于显示用户最近打开次数较多的程序，系统根据用户所用程序的次数自动进行排列显示，同样，用户可以删除这些内容。

所有程序列表位于“开始”菜单的左下角，用于显示所有的应用程序，在打开的所有程序列表中，可以选择对应的应用程序。

③ 系统文件夹区：位于“开始”菜单的右上侧，显示“我的文档”、“我最近的文档”、“图片收藏”、“我的音乐”和“我的电脑”等系统文件夹的区域。选择其中的文件夹命令，即可打开相应的窗口。比如，选择“我最近的文档”命令，可显示最近打开过的文档。

④ 系统设置区：位于“开始”菜单的右中侧，有“控制面板”、“设定程序访问和默认值”和“打印机和传真”等选项，选择相应的命令，即可打开相应的对话框，在该对话框中可进行系统设置。

⑤ 搜索和运行栏：选择“搜索”命令，即可打开“搜索结果”窗口；选择“运行”命令，可弹出“运行”对话框。

⑥ “注销、关闭计算机”栏：位于“开始”菜单的底部，选择相应的命令，即可打开“注销”或“关闭计算机”对话框。其中，注销是指关闭当前的用户登录，以另一用户名身份重新登录。

2. “开始”菜单的使用

当系统使用“开始”菜单样式时，右键单击“开始”菜单中的某项命令，在弹出的快捷菜单中左键单击“属性”命令，可以显示该命令对应的程序的基本信息，包括程序的存储位置、运行方式、图标等。

使用“开始”菜单可以方便地启动各种应用程序，本章以启动附件中的“计算器”应用程序为例介绍如何启动应用程序。

基本操作步骤如下：

① 在桌面上用鼠标左键单击“开始”按钮，打开“开始”菜单，将鼠标指针移至“所有程序”上，系统会自动弹出应用程序级联菜单。

② 将鼠标指向“附件”命令，系统会自动弹出“附件”子菜单的内容。

③ 将鼠标指向“计算器”选项并用鼠标左键单击，即可启动“计算器”程序，屏幕上出现“计算器”窗口。

3. “开始”菜单的设置

用户可以自定义“开始”菜单样式，显示图标大小和包含项目种类等。

鼠标右键单击“开始”按钮，在弹出的快捷菜单中

图2–4 “任务栏和「开始」菜单属性”对话框

左键单击“属性”命令，打开“任务栏和「开始」菜单属性”对话框，如图2—4所示。

左键单击“「开始」菜单”按钮，在标准中文版Windows XP类型中选择“「开始」菜单”单选按钮，则见图2—3 (a) 所示，若选择“经典「开始」菜单”单选按钮，则见图2—3 (b) 所示，用户在预览图中可以观察二者的不同。

左键单击“自定义”按钮，打开“自定义「开始」菜单”对话框，如图2—5 (a) 所示。

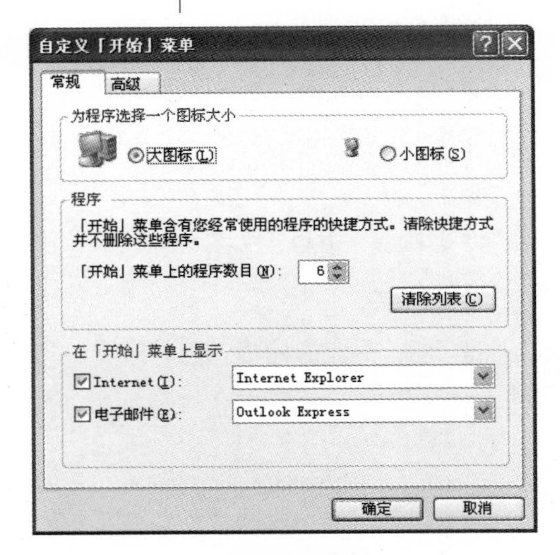

(a)“常规”选项卡

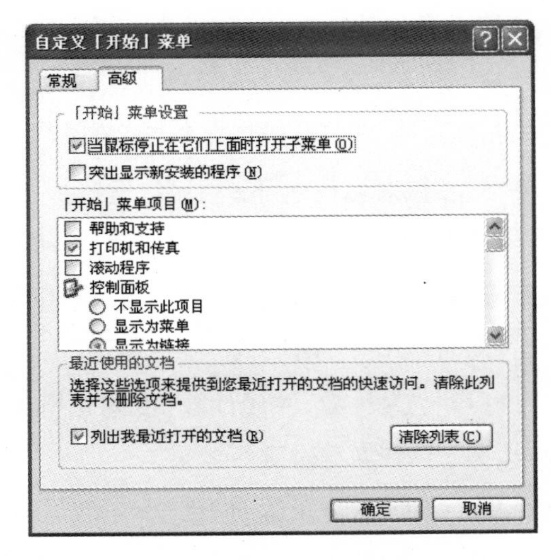

(b)“高级”选项卡

图2—5 “自定义「开始」菜单”对话框

在默认的“常规”选项卡内可以进行以下设置：

在“为程序选择一个图标大小”选项区中可以选择程序图标的大小，在“程序”选项区中可以设定“「开始」菜单上的程序数目”。

在“程序”选项区中单击“清除列表”按钮，开始菜单上的程序快捷图标将会被清除。

注意：该操作并没有删除这些程序，再次运行应用程序后，对应的程序快捷图标又会逐个显示出来。

在已打开的“自定义「开始」菜单”对话框中，单击“高级”选项卡，如图2—5 (b) 所示。

在“「开始」菜单项目”列表框中可指定当前“开始”菜单中显示的内容及显示方式。例如，希望在“开始”菜单中取消显示“图片收藏”、“我的音乐”图标，可在其下面对应的子项中单击选择“不显示此项目”。

在“最近使用的文档”选项区中，单击勾选“列出我最近打开的文档”。如单击“清除列表”按钮，则会清空“我最近的文档”中的内容。

2.1.3　任务栏及其操作

任务栏是Windows XP桌面的一个重要组成部分，位于桌面最下方的长条区域，如图2–6所示。

图2–6　Windows XP桌面的任务栏

任务栏上显示了系统正在运行的程序和打开的窗口、当前系统时间等内容，用户通过任务栏可以完成许多操作，也可以对它进行一系列设置。

1. 任务栏的组成

任务栏由“开始”菜单按钮、快速启动区、窗口按钮栏、语言栏和通知区域等几部分组成。

①“开始”菜单按钮：单击此按钮，可以打开“开始”菜单，用户通常使用“开始”菜单启动应用程序，系统中安装的所有应用程序的快捷方式都可以在开始菜单中找到。

②快速启动区：位于“开始”按钮的右侧，由一些经常使用的应用程序快捷图标组成，左键单击相应图标就可以快速启动程序。常用的菜单命令，可以在任务栏的快速启动工具栏中建立一个快捷图标。以“计算器”为例，具体操作步骤如下：在“任务栏和「开始」菜单属性”对话框中，取消“锁定任务栏”复选框；打开开始菜单，找到指定的菜单命令，例如附件中的“计算器”；在键盘上按住Ctrl键，用鼠标左键拖动“计算器”命令，将其放到任务栏“快速启动”工具栏中，快速启动工具栏将增加相应的程序图标。

③窗口按钮栏：位于快速启动区的右侧，当用户启动某项应用程序而打开一个窗口后，在任务栏上会出现相应图标，所有打开的应用程序都以图标形式显示在“任务栏”上，其中有一个图标显示的颜色较深，并且凹陷下去，则表明这个图标所对应的程序窗口目前处于激活状态，该窗口称为活动窗口。其他颜色较淡的图标所对应的应用程序窗口称为非活动窗口，表示当前程序正在被使用，单击相应图标即可使其处于激活状态，实现任务或窗口之间的切换。关闭窗口后，程序或窗口对应的按钮图标将在状态栏中消失。

④输入法指示器：在任务栏的右边有“输入法指示器”按钮，单击该按钮打开输入法菜单，可以从中选择需要的输入法。

⑤通知区：位于任务栏的最右边，一般显示“音量”、“时钟”等信息。根据计算机安装组件和系统设置的不同，具体显示信息会有所不同。

音量控制器 即小喇叭形状的按钮，单击它后会出现一个音量控制对话框，用户可以通过拖动上面的小滑块来调整扬声器的音量。当选择“静音”复选框后，将关闭系统声音。当用户双击音量控制器按钮或者右击该按钮，在弹出的快捷菜单中选择“打开音量控制”命令，可以打开“音量控制”窗口，用户可以调整音量控制、波形、软件合成器等各项内容。

日期指示器 13:02 显示当前系统时间。把鼠标在上面停留片刻，会出现当前的日期，双击后打开“日期和时间属性”对话框，在“时间和日期”选项卡中用户可以完成时间和日期的校对。如果通知区域（时钟旁边）的图标在一段时间内未被使用，它们会被隐藏起来。如果图标被隐藏，单击向左的箭头，可临时显示被隐藏的图标。

2．任务栏的设置

任务栏的设置可以通过任务栏快捷菜单或任务栏属性来完成。

在任务栏的空白处单击右键，弹出任务栏操作的快捷菜单，如图2–7所示。

在任务栏快捷菜单中单击“属性”命令，打开“任务栏和「开始」菜单属性”对话框，如图2–8所示。

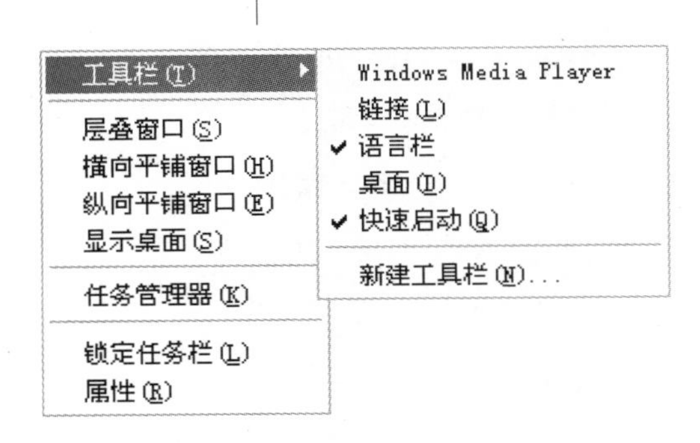

图2–7　任务栏快捷菜单

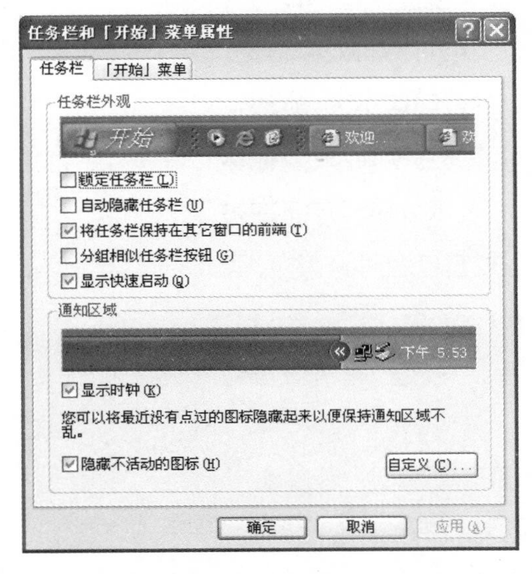

图2–8　“任务栏和「开始」菜单属性”对话框

在“任务栏”选项卡中包含了一组常用的复选框，实现对任务栏的定制。此外，用户还可以自定义任务栏中每一个项目通知图标的显示或隐藏行为，即运行一个程序时是否在任务栏中显示程序图标。单击“自定义...”按钮，将打开任务栏“自定义通知”对话框，选择一个项目，可以设置该项目的行为，包括“在不活动时隐藏”、“总是隐藏”和“总是显示”三种选择。

3．任务栏的移动与缩放

任务栏的位置和大小可根据需要进行改变，在改变时，用户首先要确定任务栏处于非锁定状态。

若要将任务栏的位置移动到桌面的上方、左侧或右侧，可将鼠标指向任务栏的空白处，按鼠标左键将任务栏拖动到桌面的对应位置，松开左键即可。

若要改变任务栏的宽度，可将鼠标指向任务栏边缘处，鼠标形状变为双箭头 ↕，此时按住左键并拖动鼠标即可改变任务栏的宽度。

要调节任务栏中的各组成部分所占比例，把鼠标放在各区域的分界处，出现双向箭头↔后，按下鼠标左键拖动即可改变各区域的大小。

2.2 Windows程序与Windows窗口

窗口是图形界面操作系统及其应用程序图形化界面的最基本组成部分，它在外观、风格和操作上具有高度的统一性。在Windows操作系统及其应用程序中，窗口分成主窗口和子窗口，每一个应用程序都有一个主窗口，在主窗口内又可以包含子窗口、对话框等，子窗口内又可以创建子窗口，但在所有打开的窗口中只有一个处于活动状态，即活动窗口。

2.2.1 Windows应用程序

为了保证Windows操作系统的易用性，Windows系统及其应用程序在外观上具有高度的统一性。在Windows系统下，一个应用程序均包含一个主窗口、一个或多个子窗口、文档、视图等对象，主窗口中又包括程序标题、菜单栏、工具栏、客户区、状态栏等。文档是程序用于保存数据的对象，在Windows中一般将每一个应用程序和一种文件建立关联。例如，将Word与扩展名为doc的文档关联，这样当用户双击一个扩展名为doc的文档时，Word将被自动调用，被双击的文档在Word中打开。如果一个文档没有与应用程序建立关联，双击该类型的文档时，将打开“打开方式”对话框，让用户选择一个程序打开被选中的文档。

1．程序的启动

在Windows操作系统中，启动应用程序的方式很多，除了通过“开始”菜单单击相应的程序命令外，用户还可以通过双击快捷方式图标启动程序。

2．程序的退出

当用户希望结束一个程序的运行时，用户可以单击标题栏中的“关闭”按钮，如果应用程序有“文件”菜单，通常会提供“退出”命令。除上述方法外，在程序的控制菜单中，可以选择“关闭”命令组合键（Alt+F4）也能关闭应用程序。

如果程序运行时死机，需要强行结束，则需要按Ctrl+Alt+Del组合键，打开“Windows任务管理器”窗口，如图2-9所示。

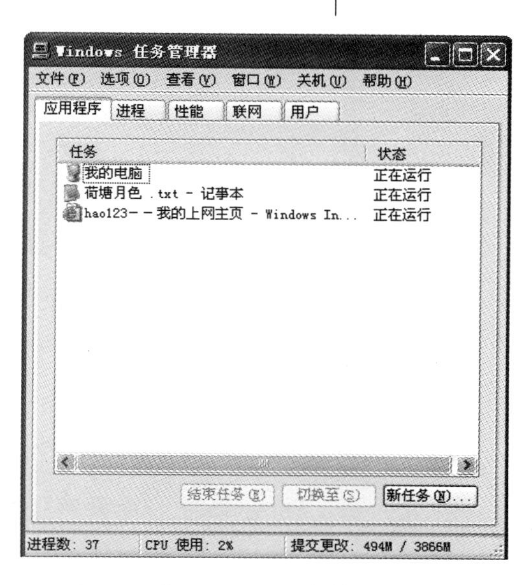

图2-9 “Windows任务管理器”窗口

用户单击选择“应用程序”或“进程”选项卡，将显示正在运行的应用程序和进程列表，选择一个程序或进程，单击“结束任务”按钮即可结束一个程序或进程。

上网时，有时会遇到这样的情况，一些网页最大化窗口，不能显示任务栏，因此用户无法通过任务栏切换到其他程序窗口。此时可以使用“Windows任务管理器”窗口中的“切换至”按钮，转到指定的应用程序。

2.2.2 Windows窗口及其组成

典型的Windows XP窗口主要由边框、标题栏、菜单栏、工具栏、地址栏、窗格、客户工作区、滚动条和状态栏等部分组成。本章以“我的电脑”窗口为例，介绍“窗口”的基本组成。鼠标左键双击桌面上的“我的电脑”图标，打开“我的电脑”窗口，如图2—10所示。

1. 边框

图2—10 “我的电脑”窗口组成

一个窗口的四周称为窗口的边框。当鼠标指针移到窗口边框时，如果窗口的大小不是固定的，则指针会变成上下（↕）、左右（↔）或对角线（↘）指针形状，拖动鼠标可以调整窗口的大小。

2. 标题栏

窗口的最上边是“标题栏”，标题栏的左边有应用程序图标、应用程序名称等，单击应用程序图标，会打开应用程序的控制菜单。控制菜单一般包含“还原”、“移动”、“大小”、“最大化”、“最小化”和“关闭”等命令。

程序图标的右边往往显示程序的名称或当前打开的文档名，标题栏的最

右边有 (最小化)、 (最大化)或 (还原)和 (关闭)按钮。

当一个应用程序处于活动状态时,标题栏为渐变的蓝色,非活动的窗口的标题栏为灰色。Windows操作系统是多任务的操作系统,也就是说,用户可以同时执行多个应用程序,即打开多个应用程序主窗口。但是,在任何时刻只有一个窗口可以接受用户的键盘和鼠标输入,这个窗口就是活动窗口,其余的窗口称为非活动窗口。

标题栏可以响应鼠标操作,在标题栏上双击可以将窗口最大化,此时最大化按钮变成还原按钮。在标题栏上按下鼠标左键可以对窗口进行拖动,移动到合适的位置后,再释放鼠标左键。

3. 菜单栏

在Windows操作系统中,除了基于对话的应用程序外,大部分的应用程序都包含菜单栏,位于"标题栏"的下面。

菜单栏上列出了所有的一级菜单,在菜单名后面的括号中往往有一个带有下划线的字母,称为快捷键,当按住Alt键,再按下对应的字母时会打开相应的菜单。用鼠标左键单击某个菜单项目,会打开一个下拉式菜单。在下拉式的菜单中包含了一系列的菜单命令,有的菜单命令又可以引出一个或者多个级联菜单。

4. 工具栏

根据菜单栏的介绍,可以看到菜单是按层次组织的,当某一个菜单命令处于较深的层次时,执行该菜单命令会需要多次选择,速度较慢。为了提高菜单命令的选择速度,Windows应用程序提供了工具栏。工具栏由一系列的命令按钮组成,每一个命令按钮对应一个菜单命令,一般把最经常使用的菜单命令放到工具栏中。

工具栏按钮的状态和对应的菜单命令的状态一致,也有灰化、复选和单选的区别,其用法和菜单命令一样。当指针移到一个工具栏按钮上时,会显示一个小的带有矩形框的文本,称为"工具提示(tool tip)"。另外,有的按钮下面本身带有文本,来表明按钮的名称。

系统通常不会将所有的命令显示在菜单或工具栏中,要使用这些命令,需要通过"自定义"功能将这些命令添加到工具栏或菜单中。"自定义"功能允许用户按照自己的意愿来安排工具栏中按钮的顺序,在工具栏上增添和减少按钮等。要使用工具栏的自定义功能,可在工具栏的空白处右键单击,在快捷菜单中包含"自定义..."命令,单击执行该命令,打开"自定义工具栏"对话框,如图2–11所示。

在"自定义工具栏"对话框中,列出了"可用工具栏按钮"和"当前工具栏

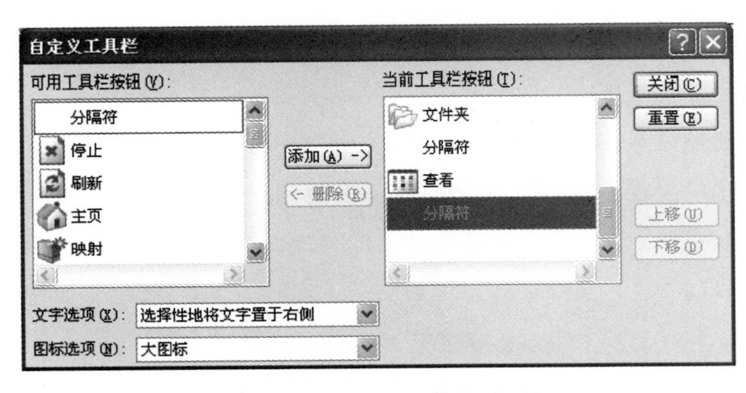

图2—11 “自定义工具栏”对话框

按钮”。在“可用工具栏按钮”中单击选择所需工具，然后单击“添加”按钮，可以在“当前工具栏按钮”增加一个工具按钮；在“当前工具栏按钮”中单击选择工具，然后单击“删除”按钮，可以在“当前工具栏按钮”列表中取消一个工具按钮；通过单击“上移”和“下移”按钮可以调节工具栏中各按钮的顺序。设置完毕后，单击“关闭”按钮返回主窗口。

带有工具栏的应用程序往往有“视图”菜单，其中包含一个复选菜单命令“工具栏”，用户执行该命令可以显示或隐藏工具栏，隐藏工具栏可以增大客户工作区的显示区域。

5. 地址栏

地址栏位于工具栏下面，可以显示出当前文档所在的地址路径，也可直接在此输入地址路径来转到目标地址。单击其右侧的下拉列表按钮，可以选择打开其下拉列表框中一个地址对象。

6. 窗格

窗格是Windows XP改进的显示区之一，由“系统任务”、“其他位置”和“详细信息”三部分组成。

● “系统任务”选项：为用户提供常用的操作命令，其名称和内容随打开窗口的不同而变化。当选择一个对象后，在该选项下会出现可能用到的各种操作命令，可以在此直接进行操作，而不必在菜单栏或工具栏中进行，这样会提高工作效率，其类型有“文件和文件夹任务”、“系统任务”等。

● “其他位置”选项：以链接的形式为用户列出计算机上常用的其他位置，例如“我的电脑”、“我的文档”等。在需要使用时，可以快速转到对应的位置，打开所需要的文件。

● “详细信息”选项：在这个选项中显示了所选对象的大小、类型和其他信息。任务窗格中命令标题的右侧都有一个按钮或按钮，表示该组中的命令或信息是展开显示状态或隐藏状态。单击按钮后变成按钮，表示该组中的命令或信息已被隐藏；同理，可以设置将隐藏状态转变为显示状态。

7. 客户工作区

在窗口内部，右侧的区域叫做客户工作区，用来显示当前文件夹包含的文件及子文件夹。

8．滚动条

当文档视图窗口不能显示文档的全部内容时，在文档窗口的右边和下边会显示滚动条。当文档的高度大于显示窗口的高度时，将出现垂直滚动条；当文档的最大宽度大于文档窗口的宽度时，将在底部出现水平滚动条。

滚动条由三个部分组成，两侧是滚动箭头按钮，中间是滑动区域。滑动区域有滚动块，滚动块的大小取决于文档的大小、窗口的大小和滑动区域的大小，三者之间有一定的比例关系。

滚动条可以响应鼠标或键盘操作，单击滚动箭头使文档上、下或左、右移动，也可以用鼠标拖动滚动块上、下或左、右移动。另外，还可以单击滑动区域以窗口大小为单位滚动窗口。

如果显示的是文本文档，还可以使用键盘来操作文档的显示。将光标单击定位到文档的某个位置，用上、下、左、右箭头可以使文档上、下、左、右移动，或者使用PageDown键和PageUp键前后翻页。

9．状态栏

状态栏位于窗口最下方，不同的应用程序状态栏有很大的区别，但引入状态栏的目的都一样。状态栏一般由多个窗格组成，最左边的窗格往往用于在菜单选择时显示菜单命令的提示，右边常常有几个小的窗格用于显示CapsLock、NumLock以及Ins等键盘状态。和工具栏一样，带有状态栏的应用程序往往具有“视图”或“查看”菜单，其中包含一个“状态栏”复选菜单命令，执行该命令可以显示或隐藏状态栏，隐藏状态栏可以增大客户工作区。

2.2.3　窗口的基本操作

可以通过鼠标使用窗口上的各种命令来完成操作，也可以通过键盘的快捷键完成窗口操作，基本的操作包括打开、缩放、移动等。

1．窗口的打开与关闭

当需要打开一个窗口时，可以通过左键双击窗口图标或者右键单击窗口图标，在其快捷菜单中单击“打开”命令来打开窗口。

2．窗口的最大化、最小化与还原

最大化窗口是指将窗口占满整个计算机屏幕，用户可以单击窗口标题栏右侧的“最大化”按钮，或者双击窗口标题栏，或者在窗口标题栏上单击鼠标右键，在弹出的快捷菜单中选择“最大化”命令完成操作。最大化窗口后，“最大化”按钮将变成“还原”按钮，单击即可恢复到原来大小。

最小化窗口就是把窗口以按钮的形式显示到任务栏上，而不在屏幕中显示。用户可以单击窗口标题栏右侧的“最小化”按钮，或者在窗口标题栏上单击鼠标右键，在弹出的快捷菜单中选择“最小化”命令完成操作。最小化窗口后如果想使窗口恢复到原来大小，可以单击任务栏上窗口对应的按钮。

3．窗口的移动

当窗口未处在最大化状态时，才能实施移动操作。若要移动某个窗口，将鼠标光标置于该窗口标题栏上，按住鼠标左键不放并拖动到所需位置，松开释放左键即可。用户如果需要精确地移动窗口，可以在标题栏上右击，在打开的快捷菜单中选择“移动”命令，当屏幕上出现“✥”标志时，首先使用键盘上的方向键确认移动操作，然后按方向键移动或移动鼠标将窗口移到合适位置，最后单击鼠标左键或按回车键结束移动。

4．窗口的缩放

当窗口未处在最大化状态时可以改变窗口的大小，除最大化或最小化窗口外，可以按实际需要任意改变。

● 改变窗口的宽度：将鼠标指向窗口的左边或右边，当鼠标变成左右双向箭头“↔”后，按住鼠标左键不放并拖动到所需位置，松开释放左键即可。

● 改变窗口的高度：将鼠标指向窗口的上边或下边，当鼠标变成上下双向箭头“↕”后，按住鼠标左键不放并拖动到所需位置，松开释放左键即可。

● 同时改变窗口的宽度和高度：将鼠标指向窗口的任意一个角，当鼠标变成倾斜双箭头“⤢”或“⤡”后，按住鼠标左键不放并拖动到所需位置，松开释放左键即可。

改变窗口大小也可选用“窗口控制菜单”的“大小”命令。与“移动”命令操作相似，选择“大小”命令后，鼠标指针变成四向箭头形✥后操作方法同“窗口的移动”。

5．窗口的切换

当用户打开多个窗口时，需要在各个窗口之间进行切换，切换方式如下：

● 当窗口处于最小化状态时，用户在任务栏上选择对应窗口的按钮，然后单击即可完成切换。当窗口处于非最小化状态时，可以在所选窗口的任意位置单击，当标题栏的颜色变深时，表明完成对窗口的切换。

● 用Alt+Tab组合键来完成切换。用户可以在键盘上同时按下Alt和Tab两个键，屏幕上会出现切换任务栏，上面列出了当前正在运行的窗口，用户这时可以按住Alt键不放，然后依次按Tab键，从“切换任务栏”中选择要打开的窗口，选中后再松开两个键，即可完成窗口切换。

6．窗口的关闭

通过单击标题栏上“关闭”按钮☒，或者单击控制菜单按钮，在弹出的控制菜单中选择“关闭”命令，或者使用Alt+F4组合键，都能关闭当前窗口。

如果用户打开的窗口是应用程序，可以在“文件”菜单中选择“退出”命令，同样也能关闭应用程序窗口。

7. **窗口的排列**

当用户打开多个窗口，而且需要将其全部处于显示状态，这就涉及窗口排列操作。在任务栏上的空白处单击右键，弹出一个快捷菜单，如图2–7所示。中文版Windows XP中为用户提供了三种排列窗口的方式：

● 层叠窗口：当用户在任务栏快捷菜单中单击选择“层叠窗口”命令后，桌面上会出现窗口排列的结果，每个窗口的标题栏和左侧边缘是可见的，用户可以任意切换各窗口之间的顺序，如图2–12所示。

● 横向平铺窗口：用户在任务栏快捷菜单中单击选择“横向平铺窗口”命令后，各窗口并排显示，在保证每个窗口大小相当的情况下，使得窗口尽可能往水平方向伸展。

图2–12 层叠窗口示例

● 纵向平铺窗口：用户单击选择“纵向平铺窗口”命令，在排列的过程中，使窗口在保证每个窗口都显示的情况下，尽可能往垂直方向伸展。

在选择了某项窗口排列方式后，在任务栏快捷菜单中会出现相应的撤消该选项的命令。例如，当用户单击选择了“层叠窗口”命令后，任务栏的快捷菜单会增加一项“撤消层叠”命令，当用户单击选择此命令后，窗口恢复原状。

2.3 菜单和对话框

2.3.1 Windows菜单

在Windows中，菜单是一组命令的集合，它是用户与应用程序交互的主要方式。

1. **常用的菜单标记**

在Windows的菜单中，有许多特殊的标记，它们都具有特定的含义，常见的标记见表2–1所示。

表2–1 标记说明

菜 单	说 明
黑色字符	正常的菜单项，表明可以选取
灰色字符	称为“灰化”，表明此菜单项目当前不可用
名称后带“…”	表明执行此菜单命令将打开一个对话框
名称后带“▶”	表明级联菜单，当鼠标指针指向它时，会自动弹出下一级子菜单
分组线	菜单项之间的分隔线条，通常按功能进行分组显示
名称前带“●”	表明该菜单为单选菜单，在菜单组中，同一时刻有且仅能有一个选项被选中，被选中的选项前带有“●”标记
图标	表明此菜单命令在工具栏中有对应的命令按钮
组合键	代表该菜单命令的快捷键，当某一菜单项目有快捷键时，可以使用键盘输入来执行菜单命令
名称前带“√”	表明该菜单是一个复选菜单，可在两种状态之间进行切换，当菜单项前有此标记时，表示该项正处于选中状态

2. 常见的菜单形式

在Windows系统中，常见的菜单形式主要有“开始”菜单、控制菜单、菜单栏上的菜单和快捷菜单。

① “开始”菜单：用鼠标单击“开始”按钮，或者按win键。

② 控制菜单：用鼠标单击标题栏最左边的图标，或者用鼠标右键单击标题栏任何位置，或者按“Alt+空格键”。

③ 菜单栏：本章2.2.2节已作详细讲解。

④ 快捷菜单：快捷菜单是系统提供给用户的一种即时菜单，它为用户的操作提供了更为简单、方便、快捷、灵活的方式。将鼠标指向操作对象，右键单击该对象将弹出一个菜单，即快捷菜单。快捷菜单中通常包含了当前对象常用的操作命令。用鼠标单击菜单以外的任何地方或按“ESC”键即可消除菜单。

2.3.2 对话框与控件

对话框是进行人机交互的主要手段，它可以接受用户的输入，也可以显示程序运行中的提示和警告信息。在Windows操作系统中，对话框分成两种类型，即模式对话框和非模式对话框。对话框中包含了大量的控件。

1. 模式对话框

模式对话框是指当该类型的对话框打开时，主程序窗口被禁止操作，只有关闭该对话框，才能操作主窗口。例如，大部分Windows应用程序的“关于...”对话框就是一个典型的模式对话框。

2. 非模式对话框

非模式对话框是指那些即使被打开时仍可操作主窗口的对话框。例如，“记事本”程序中的“查找...”对话框，打开“记事本”程序，单击“编辑”，选择“查找...”命令，打开“查找”对话框，用户可以在不关闭“查找”对话框的情况下继续文字编辑工作。另外，Word中的“拼写和语法检查...”工具对应的对话框也是一个典型的非模式对话框。

3. 控件

控件是一种具有标准的外观和标准操作方法的对象，它不能单独存在，只能存在于其他的窗口中，如前面介绍的工具栏按钮实际上就是控件。在Windows操作系统中，控件的种类很多，了解不同的控件及其操作对于学习和使用Windows操作系统有着重要的意义。下面介绍最常见的控件及其操作。

(1) 标签控件

标签控件又称静态文本控件，使用标签控件可以给用户提供窗口功能的相关提示信息。标签控件不接受用户的鼠标和键盘操作，标签控件的外观如图2–13所示。“打开文件时的密码”即为标签控件，为后面的文本框提供标题，提示应该输入的内容。

(2) 文本框控件

文本框控件有单行文本框和多行文本框两种。获得输入焦点的文本框中可以进行文本的输入或修改。对于单行文本框，内容输入完毕后，可以按Enter键结束文本框的输入，下一个控件将获得输入焦点。图2–13所示中在标签控件后面的控件即为单行文本框控件。对于多行文本框，换行可以按Enter键，当文本框中不能完全显示所有输入内容的时候，文本框中会出现滚动条。要想结束多行文本框的输入，可以用鼠标或Tab键将输入焦点移出。

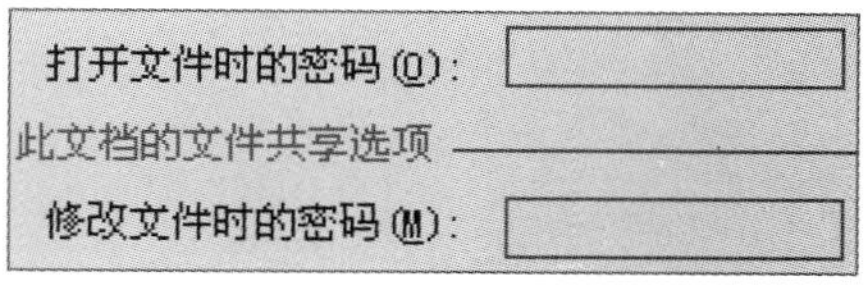

打开文件时的密码(O)：
此文档的文件共享选项
修改文件时的密码(M)：

图2–13　标签控件外观

(3) 复选框控件

复选框控件用于勾选某一特定问题的多个备选项，复选框控件的外观如图2–14所示。

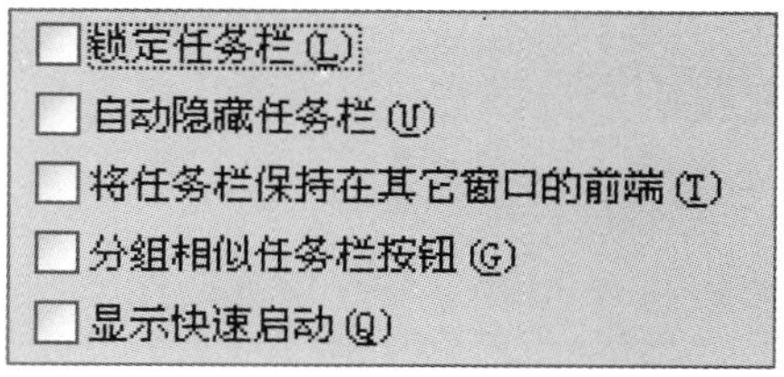

锁定任务栏(L)
自动隐藏任务栏(U)
将任务栏保持在其它窗口的前端(T)
分组相似任务栏按钮(G)
显示快速启动(Q)

图2–14　复选框控件外观

(4) 单选按钮控件

单选按钮控件用于在一组选项中做出选择。之所以称为单选按钮是因为在这一组选项中，当前只能选中其中一个选项。单选按钮控件的外观如图2—15所示。

图2—15　单选按钮控件外观

(5) 命令按钮控件

命令按钮控件用于选择某种操作，常用于对话框中，外观如图2—16所示。如果按钮上有省略号“...”，表明单击该按钮将打开一个对话框。有的按钮上有“>>”或“<<”等符号，表明单击该按钮将显示或隐藏部分控件的显示。

选项(O)...　确定　取消

图2—16　命令按钮控件外观

(6) 列表框控件

列表框控件分成两种情况：较早的列表框只是给出一个项目列表，允许用户选择；一种新型的列表框在给出项目列表的同时，在每个项目的左边提供了一个复选框，如图2—17所示。

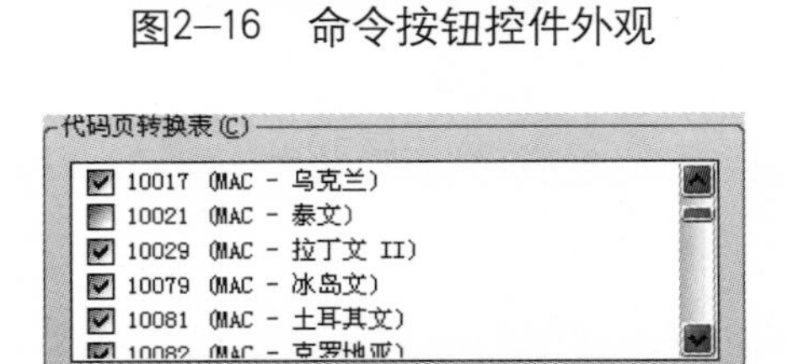

图2—17　列表框控件外观

(7) 组合框控件

组合框控件是一种非常灵活的控件，它同时包含一个文本控件和列表框控件。根据需要，用户可以从下拉列表中选择项目或者在文本框中输入相关内容。组合框有三种不同的类型：

① 下拉式列表：这种类型的组合框要求用户从下拉列表中作出选择，而不能在文本框中输入任何内容，如图2—18所示。

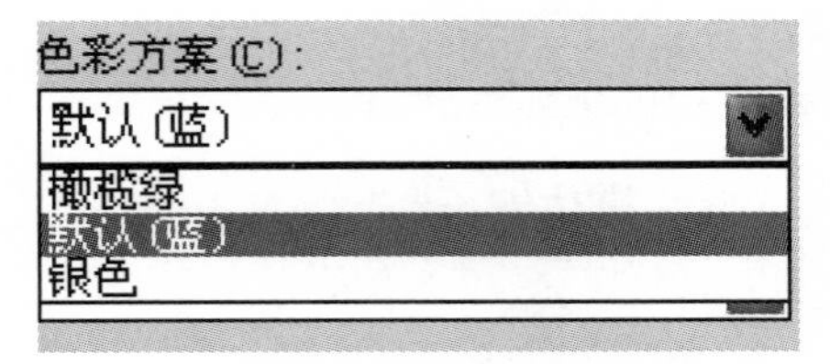

图2—18　下拉式列表

② 下拉式组合框：这种类型的组合框提供了两种功能，用户可以从下拉列表中选择，也可以在文本框中输入，如图2—19所示。

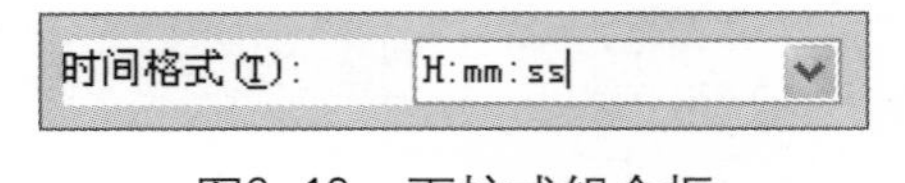

图2—19　下拉式组合框

③ 简单组合框：用户可以在文本控件中输入内容，同时下拉列表也显示在文本输入框的下方，这种类型的组合框应用得较少。

(8) 上下控件

上下控件又称“微调钮”，指允许用户在指定范围内设定数值，外观如图2—20所示。

图2—20　上下控件外观

(9) 滑块控件

滑块控件又称“跟踪条”，可以在给定范围内选择值，外观如图2—21所示。

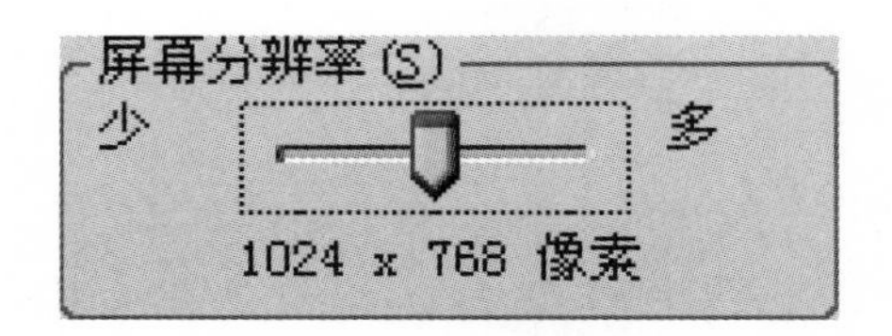

图2—21　滑块控件外观

(10) 框架控件

当一个对话框含有较多的信息时，框架控件对对话框中的控件进行逻辑分组。框架控件有一个标题和立体的矩形框，不接受鼠标和键盘操作，如图2-21中所示的“屏幕分辨率”即为框架控件。

(11) 进度条控件

进度条控件向用户提供关于长时间操作的一种反馈，它不接受鼠标和键盘操作，有的进度条控件还显示一个百分比，外观如图2-22所示。

估计剩余时间： 3 秒(已复制 524 KB，共 1.40 MB)

图2-22　进度条控件外观

4．标签式对话框

当对话框中的控件数量较多时，当所有的控件或控件的布局较难安排时，采用标签式对话框。标签式对话框由几页控件组成，每一页称为一个选项卡。对话框顶部有一行目录状标签，用户单击标签即可显示对应的页面。例如，打开“控制面板”，双击“日期和时间”，可显示“日期和时间属性”标签式对话框，如图2-23所示。

图2-23　“日期和时间属性”标签式对话框

5．公用对话框

公用对话框是Windows操作系统提供的用于完成文件打开、另存为、打印以及选择字体、颜色等特定任务的对话框。

(1) “打开”对话框

“打开”对话框是应用程序打开文档文件的标准对话框，如“记事本”、“写字板”、“画图”等程序的“文件”菜单中都有“打开”命令。图2-24是Windows操作系统中“打开”对话框的一般形式。

不同应用程序下执行“打开”命令时，只是“查找范围”、“文件名”、“文件类型”后面的列表框内容不同。对话框的中间是当前文件夹中某种文件类型的所有文档列表，可以双击打开相应的文件项目。

注意：如果要打开的文件类型不对，可以从“文件类型”右边的文件类型列表中选择合适的文件类型。

用户也可以在“文件名”右侧的文本框中输入完整的文件标识，包

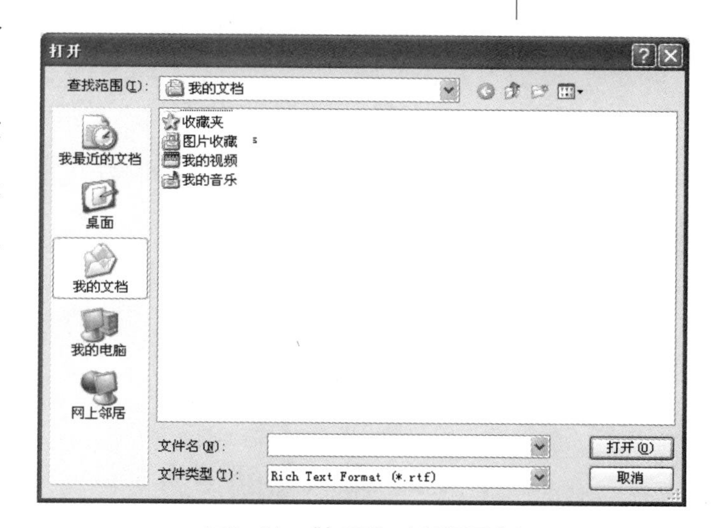

图2-24　“打开”对话框示例

括路径和文件名及扩展名，然后单击“打开”按钮。

在对话框的左侧是一组常用的文件夹，可以让用户方便地定位到“我最近的文档”、“桌面”、“我的文档”、“我的电脑”以及打开“网上邻居”。

如果不知道要打开的文档的具体位置，可以在“查找范围”的下拉式列表中选择合适的查找位置。另外，在对话框标题栏的下面还有一组按钮，分别可以进行目录的转移、新建文件夹、选择不同的列表视图等。

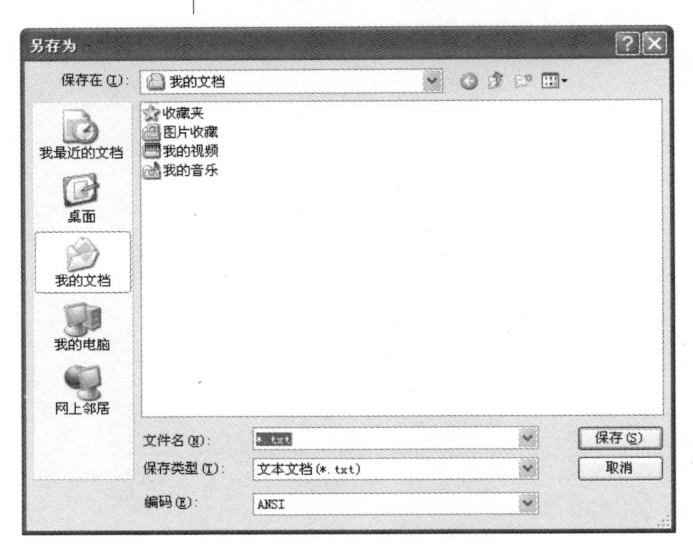

图2—25 “另存为”对话框

(2) “另存为”对话框

在Windows操作系统中，当需要为一个已打开的文档重新命名时，可执行“文件”菜单中的“另存为...”命令，该命令将打开“另存为”对话框。另外，如果对一个尚未命名的文档执行“保存”操作时，也将打开“另存为”对话框。“另存为”对话框的一般形式如图2—25所示。

在“另存为”对话框中，用户可以选择文档的保存位置，也可以单击右上角的“新建文件夹”按钮在当前位置建立新的文件夹来保存文档。用户可以根据应用程序在文件名和保存类型后面的列表中选择相应的项目，其余的项目和“打开”对话框类似，在此不再重复。

2.4 语言选项及中文输入法

随着计算机的快速发展，各种操作系统在研发过程中就开始具有多语言支持特性。Windows操作系统中文版自带微软拼音输入法、智能ABC输入法、全拼输入法、郑码输入法等多种中文输入法。用户在安装Windows时可以选择性安装，也可以根据需要在系统使用过程中添加需要的输入法。除了Windows系统自带的输入法外，用户还可以安装第三方中文输入法，如五笔字型输入法、搜狗输入法等。

2.4.1 输入法的设置

在任务栏中，右键单击语言栏按钮，在弹出快捷菜单中单击“设置”命令，打开“文字服务和输入语言”对话框，如图2–26所示。

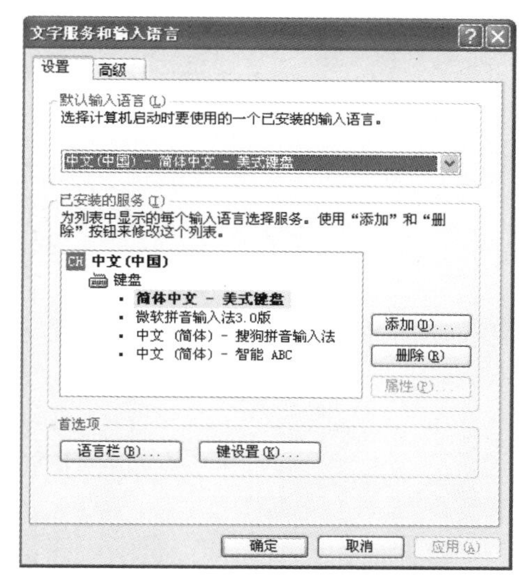

图2–26 “文字服务和输入语言”对话框

1．添加输入法

在任务栏中，右键单击语言栏按钮，在弹出的快捷菜单中单击“设置”命令，打开“文字服务和输入语言”对话框，单击“添加...”按钮，将打开“添加输入语言”对话框，如图2–27所示。

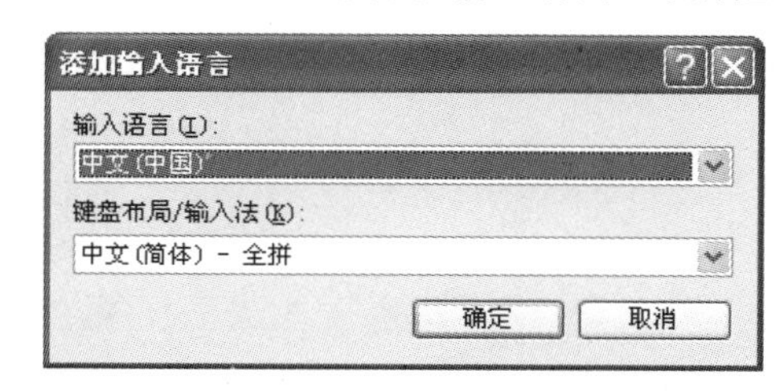

图2–27 “添加输入语言”对话框

在对话框中单击“键盘布局/输入法”下拉表，单击需要选择的输入法，然后单击“确定”按钮，添加选定的输入法。对于中文（中国）–简体中文，可选的输入法有智能ABC、微软拼音输入法等。如果选择其他地区的中文，如香港、台湾、澳门，有不同的输入法可供选择安装。

2．设置默认输入法

如果系统安装了多种输入法，通过“默认输入语言”区域中的下拉列表，可以选择一种输入法作为默认输入语言。所谓“默认输入语言”，就是无论启动任何应用程序，输入法被调用后，都会在任务栏的右侧显示相应的输入语言指示器，作为当前的输入法。

3．切换输入法

默认情况下，“Ctrl+空格键”可以在中文输入法和英文输入法之间进行切换，使用Ctrl+Shift可以在各种输入法之间进行切换。如果感觉使用Ctrl+Shift在各种输入法之间进行切换比较麻烦，用户可以定义每种输入法的快捷键。在任务栏中，右键单击语言栏按钮，在弹出的快捷菜单中单击“设置”命令，打开“文字服务与输入语言”对话框，单击选择一种输入法，单击“属性...”按钮，可以设置该输入法的属性。例如，定义Alt+1作为微软拼音输入法快捷键、Alt+2作为智能ABC输入法快捷键等。

对应于每一种输入法，都显示一个特定的输入法工具条，又称输入法指示器。输入法工具条最小化后，将显示在任务栏的右端。如果点击工具条右侧的还原按钮，工具条可以停泊在屏幕的任何位置。英文输入法工具条外观为。如果系统中安装了两种以上输入法，可以通过输入法指示器来选择不同的输入法，具体方法是：单击输入法指示器左侧的输入法按钮，打开输入法选择菜单，选择一种输入法即可。

4．输入法热键

为了实现不同输入法之间的快速切换，可以使用热键（快捷键），见表2–2所示。

表2-2　输入法区域设置的热键

热　键	功　能	热　键	功　能
Ctrl+空格	中文/英文输入法切换	Shift+2（大键盘）	中文间隔号（·）
Ctrl+Shift	选择不同的输入法	Shift+6（大键盘）	中文省略号（……）
Ctrl+.	中文/英文标点符号切换	Shift+7（大键盘）	中文连字号（—）
Shift+空格	半角/全角切换	Shift+-（大键盘）	中文破折号（——）
\	中文顿号（、）		

2.4.2　微软拼音输入法及其使用

在Windows中文版自带的中文输入法中，使用最多的是智能ABC输入法和微软拼音输入法，下面简要介绍微软拼音输入法3.0版的使用。

1. 输入法工具条

单击任务栏的输入法指示器，选择“微软拼音输入法3.0版”，将显示微软拼音输入法工具条，如图2—28所示。

图2—28　微软拼音输入法工具条

在微软拼音输入法工具条上有5个按钮，从左到右分别是“中文/英文输入”、“全角/半角字符”、“中文/英文标点”、“功能菜单”和“帮助”按钮。其中，在功能菜单中包含“自造词工具”、“软键盘”、“属性”等命令。

① 中文/英文输入：单击该按钮可以在中文和英文输入之间切换，快捷键为“Shift”。如果是中文，该按钮显示“中”；如果为英文，该按钮显示“英”。

② 全角/半角字符：全角和半角输入之间的切换，快捷键为“Shift+空格”。如果是全角，该按钮显示一个实心的圆；若为半角，则显示一个实心的半圆。

③ 中文/英文标点：中英文标点符号的切换按钮，快捷键为“Ctrl+.”。切换“中文/英文输入”按钮时，该按钮也一起切换。用户也可以在中文或英文状态下独立切换中英文标点符号。

④ 开启/关闭软键盘：在功能菜单中，指向“软键盘”，选择一种软键盘，则显示软键盘；选择“关闭软键盘”命令，软键盘将被关闭。

2. 微软拼音输入方法

微软拼音输入法3.0采用“光标跟随”输入，输入字符的候选提示窗口随插入点的位置移动，如图2—29所示。

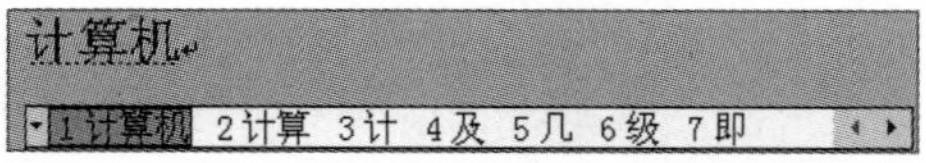

图2—29　“光标跟随”汉字输入窗口

在输入拼音过程中，所编辑的语句下面带一虚线，此时可以前后移动光标进行选字。特别需要注意的是，输入法采用前后文自动校正的方式。也就是说，如果当前的输入中可能含有同音别字，此时不要忙于修改，随着文本的不断输入，前面的别字可能会自动修正。因此，要提高微软拼音输入法的输入效率，应最好以句子为单位输入，在一个句子输入结束前，如果包含别字，不要急于修改，当句子输入结束，再移动光标（随着光标的移动，在虚线下面显示输入的“候选窗口”），修改别字后再按回车键。

“候选窗口”用于提示可能的候选词，每个候选词的前面有一个数字编号，若“候选窗口”的右边有▶，表明有更多的候选词，输入数字1～9选择相应的词，句子输入结束后，最后按回车键。

3．微软拼音输入法属性设置

在微软拼音输入法工具条中，单击“功能菜单”按钮，单击“属性”命令，打开“微软拼音输入法属性”对话框，可以设置输入法属性。

2.5 文件与文件夹管理

计算机中所有的程序和各种类型的数据都是以文件的方式存储在磁盘上，在Windows中，文件以文件夹的方式进行组织和管理。文件夹是一种层次化的逻辑结构，文件夹中可以包含程序、文件、打印机等，同时还可以包含文件夹。无论是文件还是文件夹，都有相应的名字和图标。

2.5.1 文件和文件夹的基本概念

1．文件及其命名

文件是储存在外存介质上信息的集合，文件可以是数据、文本、声音、图像和综合信息。

在Windows操作系统中，文件名的一般形式为：

〈主名〉.〈扩展名〉

其中，〈主名〉说明文件的主题，〈扩展名〉说明文件的类型。例如，常见的扩展名有.exe文件（可执行文件）、.dll文件（动态链接库文件）等。

文件命名规则如下：

① 文件的主名和扩展名之间必须用分隔符“.”分开。

② Windows XP下的文件名及文件夹名最多可有255个字符。

③ Windows XP中可以用大写或小写字符来命名文件及文件夹，并保留输入的大小写格式，但不以此作为区别文件夹或文件的依据，即xp.txt等同于XP.TXT。

④ 文件名及文件夹名中允许使用空格符，但不允许使用以下9个字符：?、*、”、<、>、|、/、\、:。

⑤ 同一文件夹内的文件不能同名。

2．文件属性

文件属性定义了文件的使用范围、显示方式以及受保护的权限等。文件有三种属性：只读属性、存档属性和隐藏属性。只读属性设定文件在打开时不能被更改和删除，归档属性表示程序依次对文件或文件夹进行备份，隐藏属性将隐藏指定的文件夹名或文件名。

3．文件夹及其命名

在Windows操作系统中，文件夹是文档、应用程序、设备等的分组表示，一个文件夹中可以包含文档、程序、打印机以及另外的文件夹。文件夹只有主名，没有扩展名，它与文件命名规则相同。

4．路径

路径是指文件和文件夹在计算机系统中的具体存放位置。

完整路径包括驱动器符（后接冒号“:”）、文件夹和子文件夹的名称（每个文件夹名称前要带反斜杠“\”）。如在路径中要具体指定目标文件夹或文件，应在最后指明该文件夹名或文件名，并用反斜杠与路径分隔。比如：

D:\My Documents\散文集

在Windows中，硬盘分区驱动器都用字母表示，比如C盘或D盘。

2.5.2 资源管理器

在Windows中，文件和文件夹的管理主要是通过“我的电脑”和“资源管理器”完成，本节重点介绍“资源管理器”的使用。

“资源管理器”是Windows中最常用的文件和文件夹管理工具，它不但完成“我的电脑”程序中的所有功能，而且还有许多其他独特功能。

启用资源管理器通常使用以下几种方法：

方法一：在桌面上用鼠标左键单击“开始”按钮，打开“开始”菜单，将鼠标指针移至“所有程序”上，系统会自动弹出应用程序级联菜单；将鼠标指向“附件”命令，系统会自动弹出“附件”子菜单的内容，将鼠标指向“Windows资源管理器”选项并单击鼠标左键打开。

方法二：在“开始”按钮上单击右键，在快捷菜单中单击选择“资源管理器”打开。

方法三：在“我的电脑”图标上单击右键，在快捷菜单中单击选择“资源管理器”打开。

不同方法打开的资源管理器的窗口是相同的，只是当前的选择项目有所不同。资源管理器窗口如图2—30所示。

Windows资源管理器的客户区由两个部分构成，左边为一个Windows树形控件视图窗口，树形控件有一个根，根下面又包括节点（又称项目），每个节点又可以包括子节点，这样层层组织。

当某个节点包含子节点时，节点的前面有一个加号，单击加号或节点，该节点被打开，打开后的节点前面加号标识变成减号标识，单击该标识可以将对应的节点折叠。

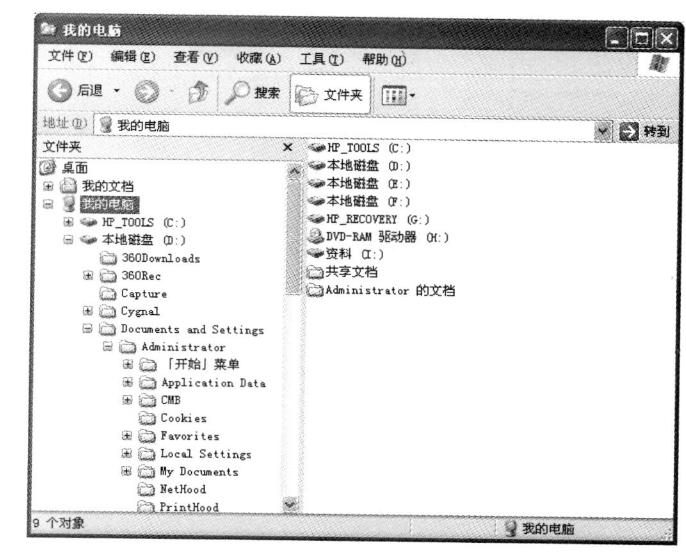

图2–30 资源管理器主窗口

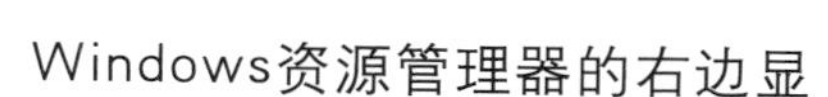
Windows资源管理器的右边显示选择节点中对应的内容。在Windows资源管理器的工具栏上有“搜索”按钮和“文件夹”按钮两个工具按钮，选择不同的按钮，在客户区的左边对应不同的窗口，默认情况下“文件夹”按钮被选中。

2.5.3 新建文件与文件夹

1. 新建文件

文件的创建一般是在应用程序中完成，对于在系统中注册的文件类型，用户还可以通过下面的方式来创建：

方法一：通过窗口菜单栏创建文件，基本操作步骤如下：

① 在“我的电脑”或“资源管理器”中单击选择需创建文件的路径。

② 在菜单栏中单击“文件”菜单，把鼠标光标指向“新建”命令，“新建”子菜单中列出了系统中注册的文件类型。

③ 单击需要创建的文件类型，则在当前位置新建一个特定类型的空文件。

方法二：通过快捷菜单创建。

右键单击窗口工作区或桌面上的空白区域，把鼠标光标指向“新建”命令，然后单击需要创建的文件类型，则在当前位置新建一个特定类型的空文件。

2. 新建文件夹

方法一：通过窗口菜单栏创建文件夹，基本操作步骤如下：

① 在“我的电脑”或“资源管理器”中选择需创建文件夹的路径。

② 在菜单栏中单击“文件”菜单，指向“新建”命令，在弹出的子菜单中单击“文件夹”，则在当前位置新建一个文件夹。

③ 新建的文件夹名默认为“新建文件夹”（该名称处于选中状态），输入

新文件夹的名称，然后按Enter键。

方法二：用户还可以右键单击窗口工作区或桌面上的空白区域，把鼠标光标指向“新建”命令，然后单击“文件夹”，也可以创建新文件夹。

2.5.4 打开文件或文件夹

文件是一个广义的概念，我们可以将文件分成可执行文件和其他文件，包括各种类型的数据文件。在这些数据文件中，分为注册文件和未注册文件两种类型，这和系统中安装的应用程序有关。例如，一个doc文档，在安装了Word的计算机上就是一个注册文件，在未安装Word的计算机上就是未注册文件。

1. 打开可执行文件

在“我的电脑”或“资源管理器”中，选择需要打开文件所在的驱动器或文件夹，双击要打开的文件，打开一个可执行文件，就可以运行该程序。

2. 打开注册类型文件

在“我的电脑”或“资源管理器”中，选择需要打开文件所在的驱动器或文件夹，双击要打开的注册类型文件，则将运行与文档相关联的程序，同时该文件在程序中打开。

3. 打开未注册类型文件

在“我的电脑”或“资源管理器”中，选择需要打开文件所在的驱动器或文件夹，双击要打开的文件。打开一个未注册类型文件，将显示“打开方式”对话框，如图2–31所示。在“打开方式”对话框中，用户可以单击选择打开文件的应用程序。如果勾选“始终使用选择的程序打开这种文件”复选框，那么该种类型的文件将和选中的应用程序建立关联，以后双击该种类型的文件时，系统不会弹出“打开方式”对话框，系统将自动调用相关联的应用程序打开该文件。

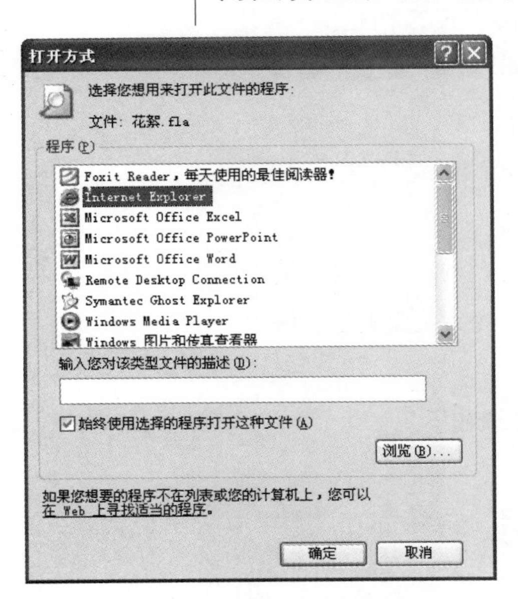

图2–31 “打开方式”对话框

4. 定义打开方式

很多类型的文件可以被多个应用程序打开，如txt类型文件既可以被“记事本”程序打开，也可以被“写字板”程序打开。因此，用户可以根据需要自定义打开方式。

定义打开方式的基本步骤如下：

① 右键单击需要设置打开方式的文件，弹出快捷菜单。

② 将光标指向“打开方式”，单击“选择程序...”命令，打开“打开方式”对话框，如图2–31所示。

③ 在程序列表中单击选择需要设置的程序。

④ 单击"确定"按钮，完成打开方式设置。

当某种类型的文件定义了多种打开方式后，用户可以选择用其中一个程序来打开。第一种方式为默认方式，即双击文件时，默认打开方式的程序被调用。

5. 打开文件夹

在"我的电脑"或"资源管理器"中，选择需要打开文件夹所在的位置，双击要打开的文件夹，文件夹打开后，显示该文件夹中包含的内容。

2.5.5 选择文件与文件夹

在文件或文件夹的复制、移动和删除之前，首先要选择操作的对象。如果操作对象是多个文件或文件夹，选择操作可以分成多次来完成。例如，要复制分布在多个文件夹内的多个文件，可以在各个文件夹中逐一完成复制操作。下面介绍在一个文件夹内选择文件的方法。

1. 选择单个文件或文件夹

鼠标左键单击需要选中的某个文件或文件夹图标即可完成操作。

2. 选择连续的多个文件或文件夹

选择连续的多个文件或文件夹操作步骤如下：

① 在"我的电脑"或"资源管理器"中选择需要操作的路径。

② 在窗口工作区中，在第一个要选的文件或文件夹上单击鼠标左键。

③ 按住键盘Shift键，在最后一个要选的项目上单击鼠标左键。

从第一个项目到最后一个项目连续被选中，如图2—32所示。

如果要选择当前路径下全部的文件或文件夹，可以打开"编辑"菜单，单击"全部选择"或者使用Ctrl+A组合键即可完成操作。

如果想取消已选定文件或文件夹，单击文件夹窗口的空白区域即可。

3. 选择多个不连续的文件或文件夹

选择多个不连续的文件或文件夹具体操作步骤如下：

① 在"我的电脑"或"资源管理器"中选择需要操作的路径。

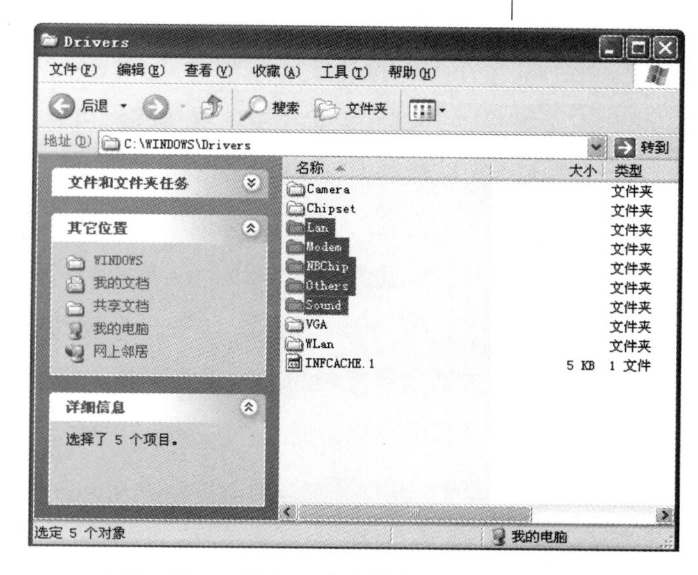

图2—32　选择多个连续的文件或文件夹示例

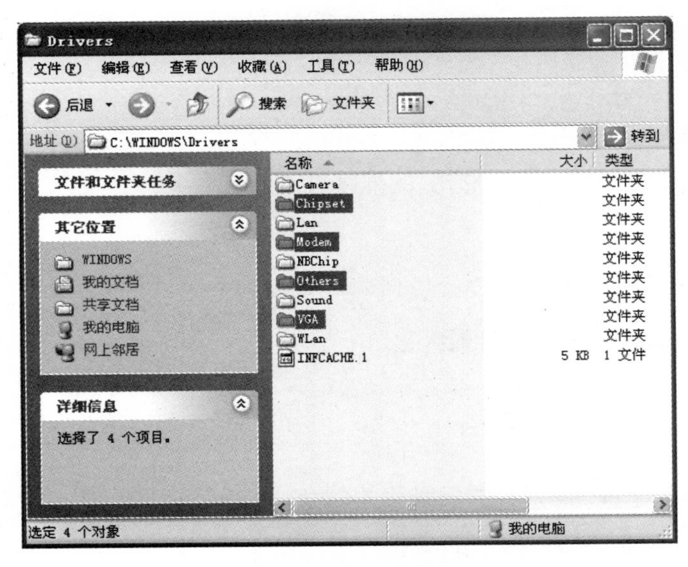

图2—33 选择多个不连续的文件或文件夹示例

② 按住Ctrl键，再依次在每个要选的文件或文件夹项目上单击鼠标左键。

若干个不连续的项目被选择，如图2—33所示。

若要取消某个已选择的项目，可按住Ctrl键再次单击该项目。另外，可以使用“编辑”菜单的“反向选择”命令来取消已经选择的项目，并反选当前所有的未被选择项目。

4. 选择矩形区域的文件或文件夹

按住鼠标左键，拖动鼠标形成一个矩形框，则矩形框中的文件或文件夹将被选中。

2.5.6 复制文件和文件夹

复制文件或文件夹就是对被复制的对象建立一个备份。复制文件夹时，该文件夹内的所有内容也将被复制。

方法一：使用菜单命令复制文件或文件夹，基本操作步骤如下：

① 选定要复制的文件或文件夹。

② 在菜单栏中单击“编辑”菜单，弹出级联子菜单。

③ 单击“复制”（Ctrl+C）命令，此时系统将选择的项目复制到剪贴板。

④ 选择要复制的目标驱动器或文件夹，并双击将其打开。

⑤ 在菜单栏中单击“编辑”菜单，单击“粘贴”（Ctrl+V）命令，此时系统将剪贴板的内容复制到当前位置。

方法二：使用鼠标拖放操作复制文件或文件夹。根据操作对象的源驱动器和目标驱动器是否相同而分成两种情况：

① 相同驱动器：当在一个驱动器内进行文件或文件夹的复制操作时，首先选定要复制的文件或文件夹，在键盘上按住Ctrl键，然后按住鼠标左键拖动至目标驱动器或文件夹，松开鼠标左键。在拖动过程中鼠标指针的右下角出现加号 ，表示当前的操作是复制操作。

② 不同驱动器：当在不同驱动器内进行文件或文件夹的复制时，选定要复制的文件或文件夹，按住鼠标左键拖动至目标驱动器或文件夹，松开鼠标左键。

除了上述方法外，用户还可以使用右键快捷菜单和窗格中的“文件和文件夹任务”完成复制操作。

2.5.7 移动文件和文件夹

移动文件或文件夹就是将被操作对象从一个位置移动到另外一个位置。与复制操作不同，执行移动操作后被操作的文件或文件夹在原位置不再存在。

方法一：使用菜单命令移动文件或文件夹，其操作步骤如下：

① 选定要移动的文件或文件夹。

② 在菜单栏中单击“编辑”菜单，弹出级联子菜单。

③ 单击“剪切”命令（Ctrl+X），此时，系统将选择的项目剪切到剪贴板。

④ 选择要移动的目标驱动器或文件夹，并双击将其打开。

⑤ 在菜单栏中单击“编辑”菜单，单击“粘贴”命令（Ctrl+V），将剪贴板的内容复制到当前位置。

方法二：使用鼠标拖放操作移动文件或文件夹。与复制操作类似，根据操作对象的源驱动器和目标驱动器是否相同而分成两种情况：

① 相同驱动器：当在一个驱动器内进行文件或文件夹的移动操作时，选定要复制的文件或文件夹，按住鼠标左键拖动至目标驱动器或文件夹，松开鼠标键。在拖动过程中鼠标指针的右下角没有出现加号，表示目前的操作是移动操作。

② 不同驱动器：当在不同驱动器内进行文件或文件夹的移动操作时，在键盘上按住Shift键，按住鼠标左键拖动至目标驱动器或文件夹，松开鼠标键。

除了上述方法外，用户还可以使用右键快捷菜单和窗格中的“文件和文件夹任务”完成移动操作。

2.5.8 重命名文件和文件夹

在文件操作过程中，有时需要对一些已存在的文件或文件夹重命名。重命名文件或文件夹的步骤如下：

① 单击选定要重命名的文件或文件夹。

② 在菜单栏中单击“编辑”菜单，弹出级联子菜单。

③ 单击“重命名”命令，此时可以看到被选中的文件名或文件夹名高亮度反相显示，输入新的名字，按回车键。

除了上述方法外，用户还可以使用右键快捷菜单和窗格中的“文件和文件夹任务”完成重命名操作。

需要修改文件扩展名，如果当前系统不显示文件的扩展名，在菜单栏中单击“工具”菜单，弹出级联子菜单，单击“文件夹选项”，在“文件夹选项”对话框中单击“查看”标签，在“查看”选项卡中清除“隐藏已知文件类型的扩展名”复选框，这样文件列表将显示所有文件的扩展名。用户通过上面的重命名操作也可以更改文件的扩展名。

2.5.9 删除文件或文件夹

删除文件或文件夹就是将被操作对象从磁盘上删除，以便节省磁盘空间。默认情况下，被删除的文件和文件夹将放进“回收站”，用户还可从“回收站”恢复被删除的文件或文件夹。

1. 文件或文件夹的删除

删除文件或文件夹操作步骤如下：

① 打开“我的电脑”或“资源管理器”。

② 选择要删除的文件或文件夹。

③ 在菜单栏中单击“编辑”菜单，弹出级联子菜单，单击“删除”命令。也可以在键盘上直接按Del键删除选定的对象。如果按住Shift键的同时再按Del键，所选对象将被永久删除，而不放入回收站。

除了上述方法外，用户还可以通过右键单击文件或文件夹，然后单击“删除”命令来删除文件或文件夹；或者在窗口左侧窗格“文件和文件夹任务”中，单击“删除这个文件”或“删除这个文件夹”命令。

2. 恢复被删除的文件或文件夹

如果将不该删除的文件放入到“回收站”，可以将它们恢复到原有位置，从而避免不必要的损失，基本操作步骤如下：

① 双击桌面上的“回收站”图标。

② 在“回收站”窗口中右击选择需要恢复的文件或文件夹。

③ 在弹出的快捷菜单中单击“还原”命令。

3. 删除“回收站”项目

双击桌面上的“回收站”图标，在“回收站”窗口中右单击选择需要删除的文件或文件夹，在弹出的快捷菜单中单击“删除”命令。

2.5.10 搜索文件和文件夹

在Windows中，可以用多种方法打开查找窗口。用户可以查找本地文件或文件夹，或者在局域网中查找计算机、网络用户，甚至可以在Internet上查找网络资源。

1．通配符

通配符是一个键盘字符，Windows支持两种通配符，即问号“?”和星号“*”。问号代表一个任意的字符，星号可以代表任意多个字符。当查找文件、文件夹、打印机、计算机或用户时，使用通配符可以代表一个或多个字符进行模糊查询。

2．使用“搜索”命令

在桌面上用鼠标左键单击“开始”按钮，打开“开始”菜单，单击“搜索”命令，在“搜索结果”窗口中设置搜索任务。另外，用户还可以在任意Windows窗口的工具栏中单击“搜索”按钮 搜索，设置搜索任务。

下面以在D盘上搜索所有以“心得”结尾、扩展名为“.txt”的文件为例，说明查找文件或文件夹的操作过程：

① 在桌面上用鼠标左键单击“开始”按钮，打开“开始”菜单，单击“搜索”命令，弹出“搜索结果”窗口，如图2–34所示。

② 在“要搜索的文件或文件夹名为（M）”文本框中，输入想要查找的所有或部分文件（文件夹）名称。本例输入“*心得.txt”，表示查找的是文件名的主文件名以“心得”结尾、扩展名为“.txt”的所有文件。

③ 在“搜索范围”中单击要查找文件或文件夹的盘符名、文件夹或网络，本例选择“本地磁盘（D）”。

④ 如果要指定附加的查找条件，可单击“搜索其他项”，然后进行相应的设置。

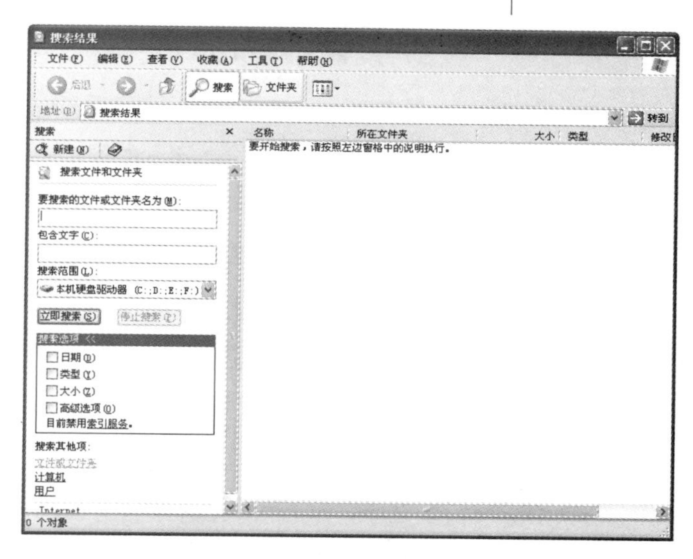

图2–34　“搜索结果”窗口

⑤ 设置完查找的相关条件后，单击“立即搜索”按钮开始查找，查找结果在窗口的右侧列出。

2.5.11　设置文件和文件夹显示方式

Windows XP提供了强大的查看文件夹和文件名的功能，用户按不同方式显示文件和文件夹，也可以按不同方式排列窗口中的图标。

1．文件夹选项

用户可以通过“文件夹选项”来改变桌面和文件夹窗口的外观，以及指定

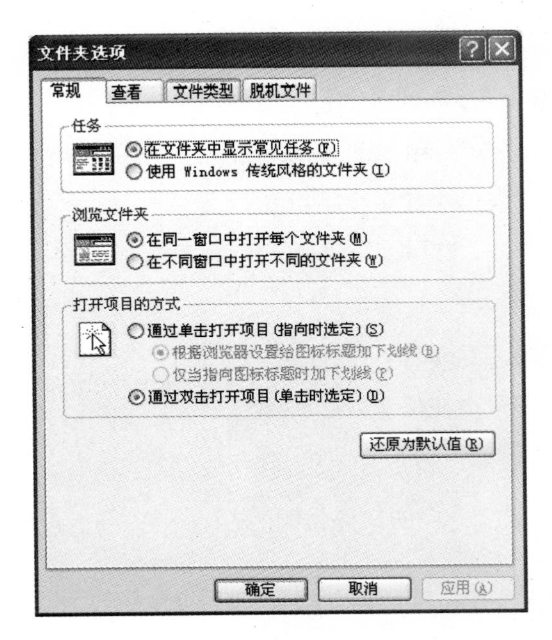

图2—35 “文件夹选项”对话框

文件夹的打开方式（单击或双击）等。例如，在打开文件夹内的子文件夹时，可以选择是打开一个窗口还是层叠窗口。另外，还可以指定文件夹的打开响应鼠标单击还是双击。基本操作步骤如下：

① 打开“我的电脑”，在菜单栏中单击“工具”菜单，单击“文件夹选项”命令，打开“文件夹选项”对话框，如图2—35所示。

② 在“常规”选项卡的“打开项目的方式”下设置相关选项，单击“应用”按钮。

在“查看”选项卡中，主要是设置系统在打开文件夹、查看过程中的外观。例如：是否在标题栏显示文件夹完整路径；是否显示隐藏文件或文件夹；是否隐藏已知文件类型的扩展名；是否在“我的电脑”中显示控制面板等。

2．设置文件和文件夹视图

中文Windows XP有“缩略图、平铺、幻灯片、图标、列表、详细信息”6种常用文件视图形式。要显示不同的视图，用户可以通过菜单栏中的“查看”菜单，设置文件或文件夹不同的显示视图。系统默认以“平铺”方式查看文件和文件夹。

① 缩略图：“缩略图”视图将文件夹所包含的图像显示在文件夹图标上，完整的文件夹名显示在缩略图下，可以快速识别该文件夹的内容。例如，如果将图片存储在几个不同的文件夹中，通过“缩略图”视图则可以迅速分辨出哪个文件夹包含所需要的图片。

② 平铺：“平铺”视图以图标显示文件和文件夹，该视图模式下显示的图标比“图标”视图中的图标大，并且将所选的分类信息显示在文件或文件夹名下方。例如，如果用户将文件按类型分类，则“Microsoft Word文档”将出现在Word文档的文件名下方。

③ 幻灯片：“幻灯片”视图可在图片文件夹中使用。图片以单行缩略图形式显示，可以通过相应按钮 设置浏览图片。单击一幅图片时，该图片显示的图像要比其他图片大。

④ 图标：“图标”视图以图标显示文件和文件夹，文件名显示在图标下方，但是不显示分类信息。

⑤ 列表：“列表”视图以文件或文件夹名列表形式显示文件或文件夹内容，列表内容前面为小图标。当文件夹中包含很多文件，并且想在列表中快速查找一个文件名时，在这种视图下非常方便。

⑥ 详细信息：在"详细信息"视图中，Windows列出当前位置所有内容并显示有关文件的详细信息，其中包括文件名、类型、大小和修改日期等。

3．设置文件和文件夹的排列顺序

在"我的电脑"窗口中，文件和文件夹可以按照不同的排列方式排列。要按类别（例如名称、大小、类型和修改时间）对项目排序，单击打开"查看"菜单，在弹出的菜单中单击"排列图标"命令，弹出子菜单如图2–36所示，单击排列命令，设置图标排列顺序。

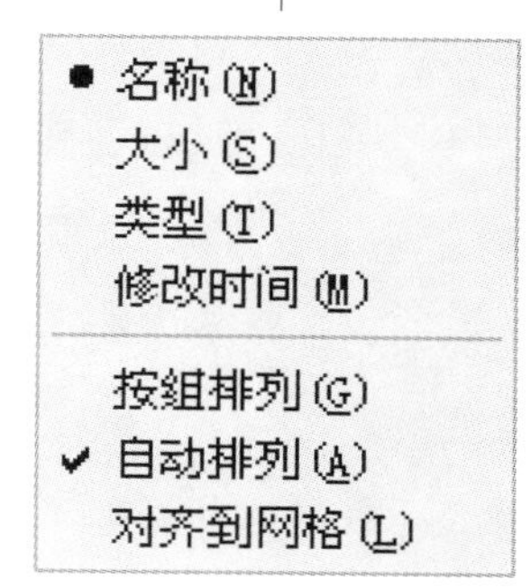

图2–36 "排列图标"子菜单

其中"按组排列"允许用户通过文件的任何细节（如名称、大小、类型或更改日期）对文件进行分组。例如，按照文件类型进行分组时，图像文件将显示在同一组中，MP3文件将显示在一组中，而TXT文件将显示在另一个组中。"按组排列"可用于"缩略图"、"平铺"、"图标"和"详细信息"视图方式。

2.6 控制面板与系统设置

在使用计算机的过程中，用户通常需要对计算机各种配置进行调整。在Windows操作系统中，系统为用户提供了一组实用程序来完成系统的配置和管理，这些程序被组织在"控制面板"文件夹中。

2.6.1 控制面板

在"我的电脑"窗口左侧或者"开始"菜单中，单击"控制面板"命令，打开"控制面板"文件夹窗口。不同的Windows版本，"控制面板"窗口的显示方式不同，通常有"分类视图"和"经典视图"两种显示方式。系统默认在"分类视图"下显示"控制面板"的信息，如图2–37所示。

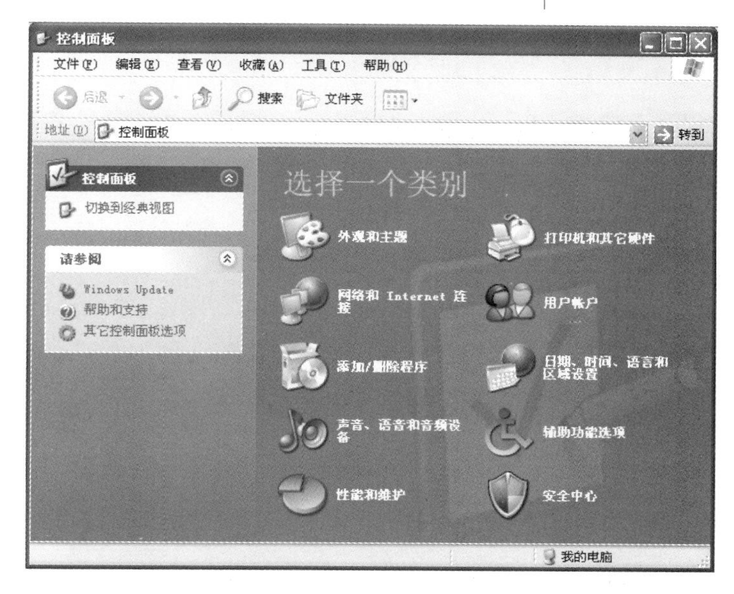

图2–37 "控制面板"窗口

注意：如果计算机使用"开始"菜单的经典显示方式，则单击"开始"菜单，将鼠标光标指向

“设置”，然后单击“控制面板”命令打开控制面板窗口。

在“分类”视图下查看“控制面板”中某一项目的详细信息，可以用鼠标指针指向该图标或类别名称，然后阅读显示的文本。要打开某个项目，单击某项目图标或类别名即可打开可执行的任务列表和选择的单个控制面板项目。例如，单击“外观和主题”时，将与单个控制面板项目一起显示一个任务列表，例如“更改桌面背景”。

如果打开“控制面板”时没有看到所需的项目，单击“切换到经典视图”即可找到。在该视图下，双击某个项目的图标即可打开。

“控制面板”显示了系统自带的各种实用程序。其中，“管理工具”又为一个子文件夹，在管理工具文件夹中包括本地安全策略、组策略、计算机管理、数据源、事件查看器等管理工具。

2.6.2 用户账户管理

在Windows XP专业版中，用户要登录计算机，需要输入用户账号和密码。在安装操作系统时，安装程序自动创建了一个系统管理员账户。如果计算机有多人使用，往往需要建立多个用户账户，以保证每一个用户账户有其自己的桌面、开始菜单、我的文档等私有设置与空间。

在Window XP中，可以通过“控制面板”中“用户账户”程序，或者通过“管理工具”中的“计算机管理”程序来建立、修改或删除用户账户。下面以“管理工具”中的“计算机管理”程序为例，介绍Windows XP中的用户账户管理。

1. 新建用户账号

在“控制面板”经典视图中，双击“管理工具”图标，则打开Windows XP“管理工具”文件夹窗口，然后双击“计算机管理”图标，打开“计算机管理”控制台，双击“本地用户和组”，然后双击“用户”，在计算机管理控制台中列出了当前系统的所有用户账户，如图2–38所示。

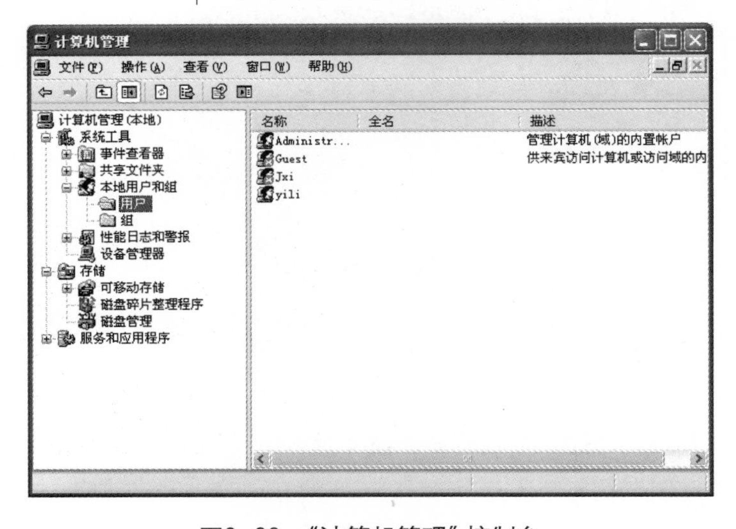

图2–38 “计算机管理”控制台

其中，Administrator和Guest账户是系统自动创建的，Guest账户上的红色叉号表示该账户目前被禁用。

在菜单栏中单击“操作”菜单，在弹出的菜单中单击“新用户...”命令，打开“新用户”对话框，如图2-39所示。

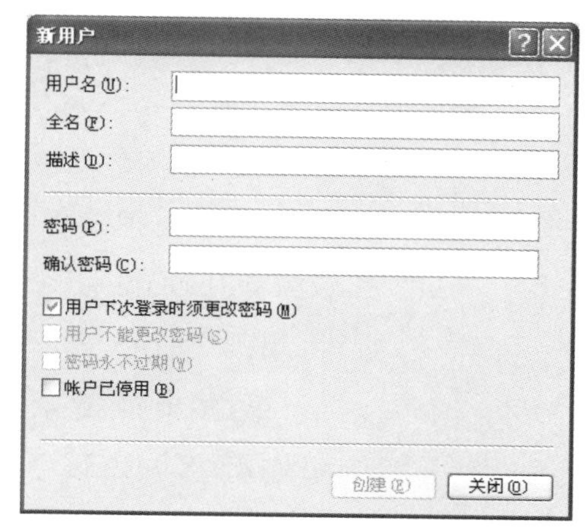

图2-39 “新用户”对话框

根据提示输入用户名、密码等内容，最后单击“创建”按钮即可创建一个新的本地用户账号。

新建用户账户后，一般还需要设置用户账户隶属的组。右键单击用户账户，在快捷菜单中单击“属性”命令，打开用户属性对话框，可以将一个账户添加到不同组中，例如Administrators组或Users组。不同的用户组，具有不同的权限。

2．删除用户账号

在用户账号列表中，单击选择一个用户账号，单击“删除”按钮☒，该账户即可被删除。管理员账户Administrator和来宾Guest账户不能被删除，为了系统安全，可以为它们重命名。

3．更改用户密码

在用户列表中右键单击用户名，在快捷菜单中单击“设置密码...”命令，弹出密码修改窗口，在“新密码”和“确认新密码”框中输入新的密码，然后单击“确定”按钮。

4．设置登录和注销选项

Windows XP中，默认登录方式是系统首先显示“欢迎屏幕”，列出系统的所有用户账户，用户单击用户名进行登录。为了提高系统的安全性，可以取消该选项。这样，开机后系统将打开一个登录对话框，要求用户输入用户账户和密码。

要实现上述设置，可在“控制面板”经典视图中双击“用户账户”图标，打开“用户账户”程序窗口，如图2-40所示。选择“更改用户登录或注销的方式”超链接，可以选择或取消“使用欢迎屏幕”复选框，该设置将影响系统登录过程。

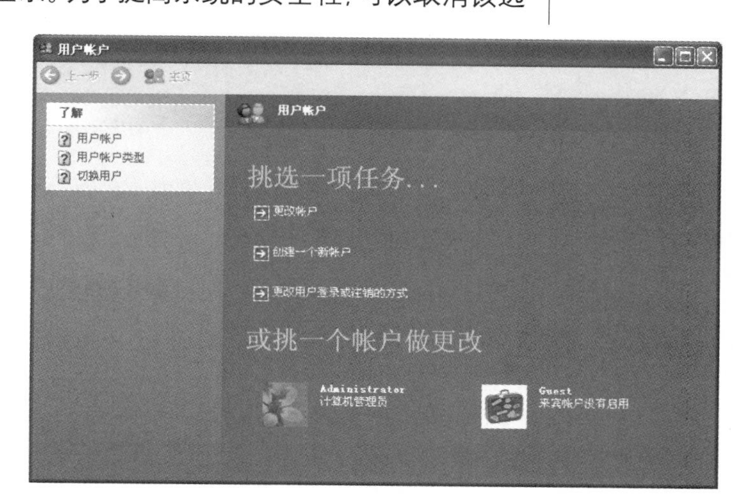

图2-40 “用户账户”窗口

2.6.3 显示设置

“控制面板”中的“显示”程序可用于自定义桌面和显示设置，这些设置可以控制桌面的外观和监视器显示信息。

在“控制面板”经典视图中，双击“显示”图标，或右键单击桌面空白处，在快捷菜单中单击“属性”命令，打开“显示属性”对话框，各种与显示有关的内容都可以通过“显示属性”对话框来设置。这些内容包括桌面主题、自定义桌面项目、屏幕保护程序、Windows窗口外观、屏幕分辨率等。一般设置操作都比较简单，下面介绍几个主要的设置。

1. “桌面”选项卡

通过“桌面”选项卡可以设置Windows XP桌面上的内容，设置桌面背景的基本操作步骤如下：

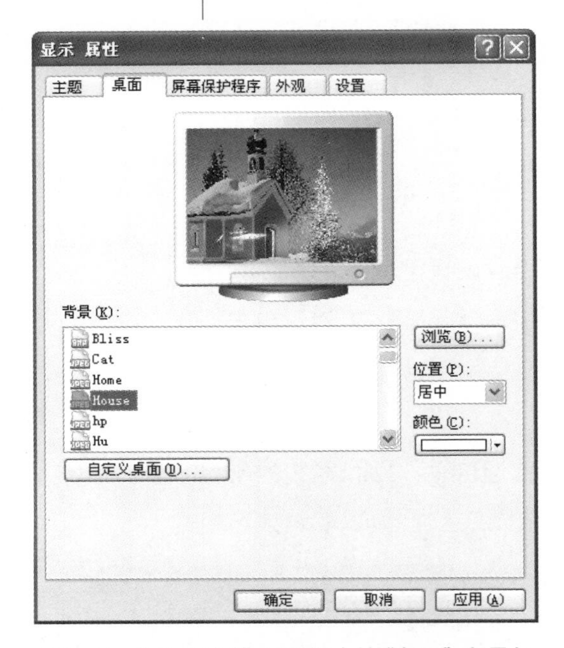

图2—41 “显示属性”对话框中的“桌面”选项卡

① 在“显示属性”对话框中单击“桌面”选项卡，如图2—41所示。

② 在“背景”列表中单击某一图片，如果需要在计算机其他位置搜索背景图片，单击“浏览”按钮即可。在“位置”列表中，单击选择“居中”、“平铺”或“拉伸”某一项来设置图片在桌面上的布局方式。从“桌面颜色”中选择颜色，该颜色填充图片没有占用的桌面空间。

③ 单击“应用”按钮，完成桌面设置。

注意：若要将网络中的图片设置为桌面背景，则在网页上右键单击该图片，然后单击“设置为背景”命令即可，该图片将作为“Internet Explorer背景”在“背景”列表中列出。

用户还可以通过“自定义桌面”对我的文档、我的电脑、网上邻居和Internet Explorer的图标在桌面上是否显示进行设置。

基本操作步骤如下：

① 在“控制面板”中双击“显示”图标，弹出“显示属性”对话框。

② 单击“桌面”选项卡，单击“自定义桌面”按钮，打开“桌面项目”对话框。

③ 在“桌面图标”中单击勾选相应复选框添加图标。

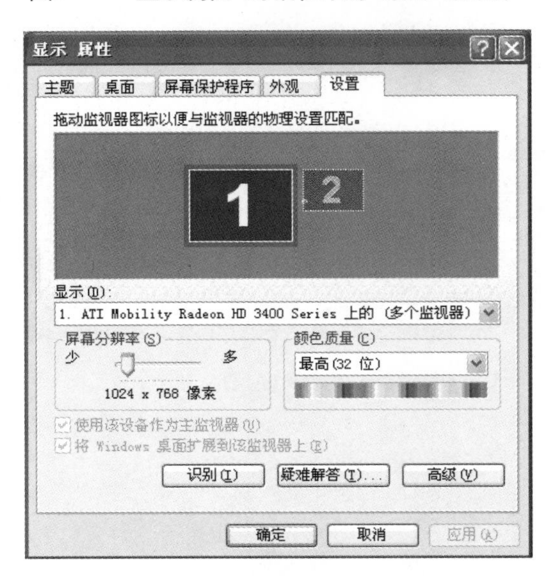

图2—42 “显示属性”对话框中的“设置”选项卡

2. “设置”选项卡

在“显示属性”对话框中单击“设置”选项

卡，如图2—42所示。

通过“设置”选项卡可以更改计算机的显示设置，包括设置显示器的屏幕分辨率、颜色质量以及默认监视器的刷新频率。一般情况下，默认监视器的刷新频率为60 Hz。如果设置过高，一些低档的显示器将不能正常工作，出现黑屏，此时只要降低显示器刷新频率即可。

许多显卡还支持多个监视器，例如，同时支持显示器输出和投影机输出。有些情况下，当计算机连接投影机后，通过计算机上的一个切换键，一般为CRT/LCD键，则可以切换计算机的输出为显示器、投影机或两者同时输出。如果两者不能同时显示，可能是显卡驱动安装不正确造成的。例如使用Windows系统的克隆版本安装系统，所采用的驱动可能是兼容驱动或万能驱动，此时应该使用计算机自带的显卡驱动程序重新安装驱动。

图2—43 “系统属性”对话框

2.6.4 系统设置

在“控制面板”经典视图中，双击“系统”图标，打开“系统属性”对话框，如图2—43所示。

“系统属性”对话框包括“常规”、“计算机名”、“硬件”等多个选项卡，可以完成对计算机系统的多项高级设置。

1. 设备管理器与设备管理

在“系统属性”对话框中，选择“硬件”选项卡，可以完成计算机系统硬件的管理，主要是硬件设备驱动的检查和配置。

当计算机遇到硬件问题时，如果不是硬件问题，往往是设备驱动问题造成的。下面举例说明：

有些用户可能遇到工具栏中的小喇叭图标丢失，很不方便，如何解决呢？一般情况下，用户会通过“控制面板”中“声音和音频设备”程序查找原因，在“声音和音频设备属性”对话框中，单击“将音量图标放入任务栏”复选框。如果该复选框灰化，用户应该如何处理？这种情况下，必

图2—44 “系统属性”中的“设备管理器”窗口

须通过“系统”中的设备管理器解决。在“系统属性”对话框中，单击“硬件”选项卡，单击“设备管理器”按钮，如图2—44所示。

在设备列表中，将“声卡、视频和游戏控制器”中的所有选项卸载 。重新启动计算机后，系统将提示找到新硬件，此时重新安装声卡驱动程序，即可恢复显示任务栏中的小喇叭图标 。对于其他设备遇到问题时，也可用类似的方法修改。

注意：使用重新安装设备驱动这一方法，一般情况下能够解决本节提及的相关硬件问题，如遇到特殊的疑难硬件问题，需视情况而定。

2．自动更新

Windows自动更新是Windows的一项功能，在计算机处于开启状态并连接至Internet时，使用“自动更新”功能，可以自动下载并安装最新安全软件升级包，从而修复系统漏洞，保护计算机免受最新病毒和其他安全威胁攻击。

用户可以在Windows中配置自动更新功能，从而保证计算机在有可用的重要更新时收到通知，用户也可以指定一个时间表，让系统按照该时间表安装更新，基本操作步骤如下：

① 在“控制面板”经典视图中双击“系统”图标，打开“系统属性”对话框。

② 单击“自动更新”选项卡，打开“自动更新”页面，如图2—45所示。

③ 单击选择某一设置，在此，Microsoft公司强烈建议选择“自动（推荐）”设置。如果使用“自动（推荐）”设置，默认更新将在每天凌晨3点安装。用户可以更改计划更新的时间或频率，以便满足特定需要。如果计算机在计划更新期间处于关闭状态，那么更新将在下次启动计算机时进行安装。

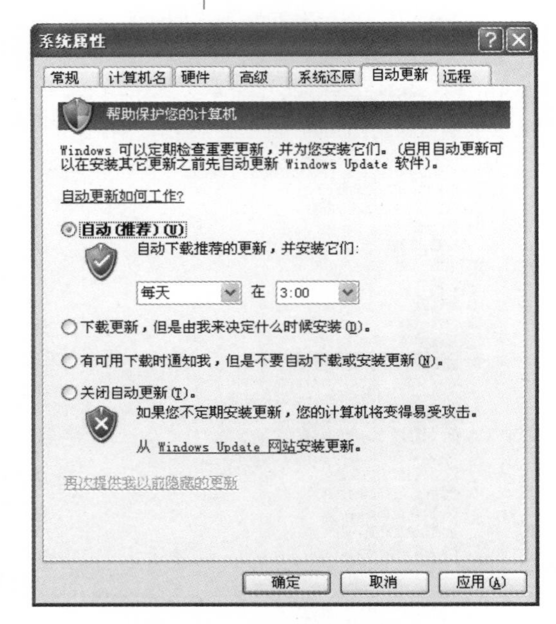

图2—45 “自动更新”页面

④ 单击“确定”按钮，完成设置。

3．远程桌面

“远程桌面”是一种远程控制管理软件，通过远程桌面可让用户方便地远程操作计算机，比如远程管理、远程教学、远程技术支持、网络会议等。

(1) 配置远程桌面主机

远程桌面的主机必须是安装了Windows XP（或者其他版本的Windows操作系统），并且主机必须联网。另外，具有管理员或Administrators组身份的用户才具有启用“远程桌面”的权限。

配置远程桌面主机基本操作步骤如下:

① 在"控制面板"经典视图中双击"系统"图标,打开"系统属性"对话框。

② 单击"远程"选项卡,打开"远程"界面,如图2—46所示。

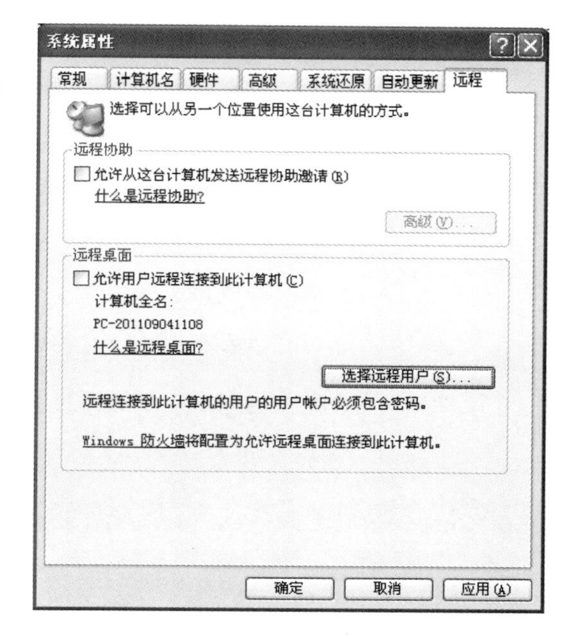

图2—46 "远程"界面

③ 在"远程桌面"选框中,单击选中"允许用户远程连接到此计算机"选项框。

④ 单击"选择远程用户"按钮,然后在"远程桌面用户"对话框列表中单击选择用户。

注意:如果是管理组成员,即使没有列出也拥有远程连接权限。

⑤ 单击"确定"按钮,完成设置。

如果没有可用的用户,可以使用"控制面板"中的"用户账户"来创建。用于远程登录的账户必须设置密码,否则Windows XP Professional拒绝用户从远程登录。

(2) 客户端访问远程主机桌面

客户端访问远程主机桌面的基本操作步骤如下:

① 在桌面上用鼠标左键单击"开始"按钮,打开"开始"菜单,将鼠标指针移至"所有程序"上,系统会自动弹出应用程序级联菜单。

② 将鼠标指向"附件"命令,系统会自动弹出"附件"子菜单的内容。

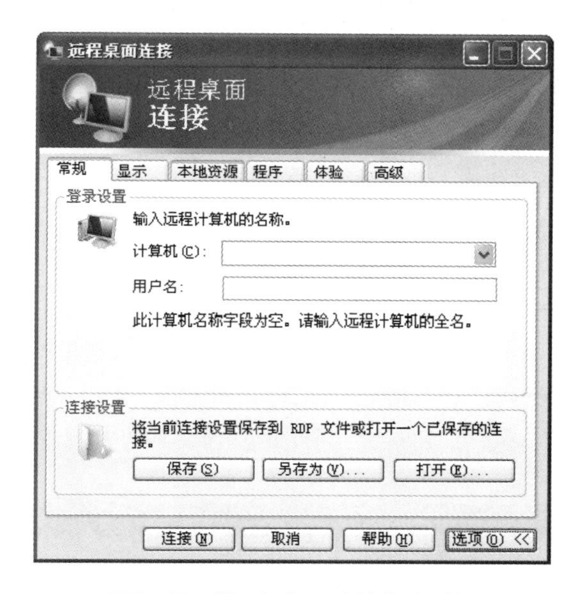

图2—47 "远程桌面连接"对话框

③ 将鼠标指向"远程桌面连接"选项并单击鼠标左键,即可启动"远程桌面连接"程序,打开"远程桌面连接"对话框,单击"选项"按钮,展开对话框的全部选项,如图2—47所示。在"常规"选项卡中分别键入远程主机的IP地址或域名、用户名、密码,然后单击"连接"按钮。

④ 连接成功后将打开"远程桌面"窗口,用户可以像操作本地计算机一样控制远程计算机。如果注销和结束远程桌面,可在远程桌面连接窗口中单击"开始"按钮,然后按常规的用户注销方式进行注销。

2.6.5 添加与删除程序

在Windows操作系统中，应用程序一般都有对应的安装程序（Setup.exe或者Install.exe程序），只要双击执行该程序就可以把相应的应用程序安装到计算机上。程序安装后，系统还往往生成一个卸载本程序的卸载命令。该命令在相应的程序组菜单中，执行该命令能把该应用程序从计算机中完全卸载，包括该应用程序对应的系统文件、有关库、临时文件和文件夹及注册信息等。

应用程序在安装时会修改Windows XP系统配置（如注册表信息），直接删除应用程序对应的文件夹并不能完全卸载该程序。因此，当要添加或删除应用程序时，最好使用“控制面板”的“添加/删除程序”或者程序自带的卸载命令。

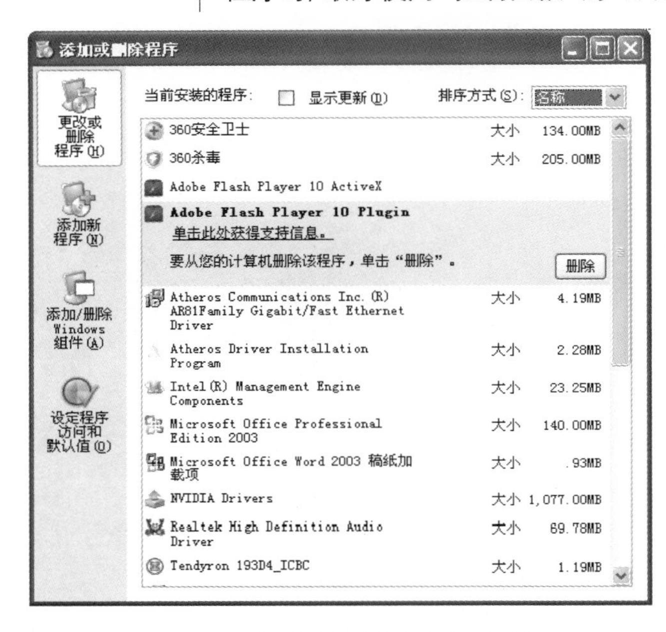

图2—48 “添加或删除程序”对话框

“添加/删除程序”可以帮助用户管理计算机上的程序，提示用户通过必要的步骤添加新程序或更改、删除已有的程序。在“控制面板”经典视图中，双击“添加/删除程序”按钮，打开“添加或删除程序”对话框，如图2—48所示。

①更改或删除程序：在“添加/删除程序”对话框中，单击左边的“更改或删除程序”按钮，显示目前安装的程序列表。单击想要更改或删除的程序，单击“更改”按钮，将更改对应的程序，单击“删除”按钮，将删除该程序。

②添加新程序：单击“添加新程序”。要从光盘或软盘添加新程序，单击“光盘或软盘”按钮；要从Internet上添加Windows新功能、设备驱动程序和系统更新，需单击“Windows Update”按钮。

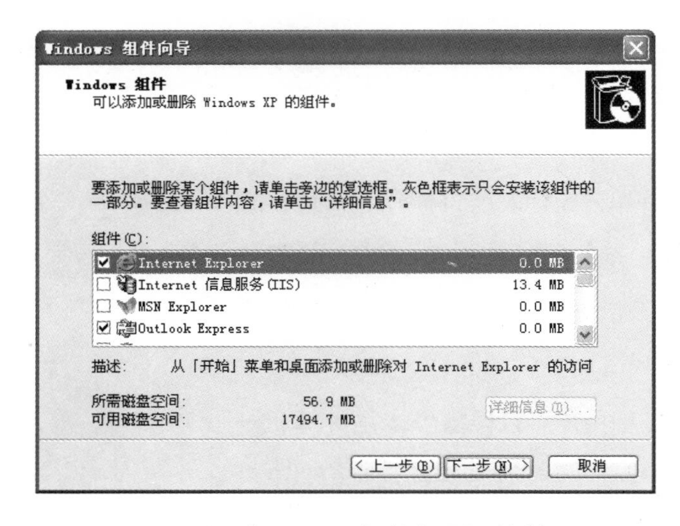

图2—49 “Windows组件向导”对话框

③添加/删除Windows组件：单击“添加/删除Windows组件”，系统首先检查已经安装的组件，然后打开“Windows组件向导”对话框，如图2—49所示。用户可以在“组件”列表中选择需要添加的组件，有的组件包含较多信息，可以单击“详细信息”查看，然

后按照“Windows组件向导”中的提示进行操作。在添加新组件过程中，有时需要提供Windows XP安装光盘。

2.7 Windows实用程序

Windows操作系统本身附带了各种管理工具、大量的附件程序，比如“画图”程序用于简单的图形、图像编辑，“记事本”程序用于简单的文本编辑，“计算器”程序用于简单的数值计算等。除此之外，用户还可以根据自己的需要开发专用的应用程序，如档案管理系统、办公自动化系统和教务管理系统等。

2.7.1 记事本

Windows自带“记事本”和“写字板”两个字处理程序，两者都提供基本的文本编辑功能。其中“记事本”程序是一个标准的纯文本编辑软件，和“记事本”相比，“写字板”程序是一种格式化编辑器，具有一定的格式化功能，处理的文档也较大。

1. 使用“记事本”程序

要使用记事本程序，单击“开始”按钮，在“开始”菜单中指向“程序”，然后在打开的级联菜单中指向“附件”，再单击“记事本”，打开记事本程序。记事本程序非常简单，其使用不再介绍。

虽然记事本程序非常简单，无法进行文字的格式化操作，其应用有限，但它有以下几个明显的优势：

① 它是Windows操作系统自带的编辑软件，无需安装，即可使用。

② 它能处理纯文本文件，几乎所有的软件平台和编辑软件都可以将其打开。

③ 可以对带有格式的文档内容进行过滤，将格式滤掉，只保留纯文本内容。例如，将Word中的文档内容复制到记事本中，其原有的文档格式将被滤掉。再如，复制网页中的内容时，其对应的格式信息也将一并复制。此时，如果将内容直接粘贴到Word文档中，内容和格式将一起被粘贴到Word文档中。如果希望只粘贴不带格式的网页文本内容，可以将对应内容先粘贴到记事本文档中，再将其内容从记事本文档粘贴到Word中。

2. 文件的录入、文本选择和编辑命令

运行记事本程序后，自动新建一个文本文件，可以对这个文件进行内容的录入和编辑工作。文件录入中常用的键盘按键见表2–3。

表2–3　文件录入中常用的键盘按键

按键	功　能	按　键	功　能
←	光标左移一个字符或一个汉字	Ctrl+←	向左移动一个英文单词或一个汉字
→	光标右移一个字符或一个汉字	Ctrl+→	向右移动一个英文单词或一个汉字
↑	上移一行	Ctrl+Home	将光标移到文件的开始位置
↓	下移一行	Ctrl+End	将光标移到文件的结尾
Home	移到当前行的开始	Delete	删除光标后的一个英文字符或汉字
End	移到当前行的尾部	BackSpace	删除光标前的一个英文字符或汉字
PgUp	向前翻页	Shift+光标移动键	按住Shift键，按光标移动键进行文本选择
PgDn	向后翻页		

当用户需要对部分文字进行复制、移动或删除等操作时，首先需要选择文字。选择文字时需要确定待选文字的开始和结束位置，选中后的文字被反色显示。

在Windows中文本对象的选择可以用鼠标或键盘来实现。

① 使用鼠标

在被选文本的开始处单击鼠标左键，按着鼠标左键拖动光标到被选文本块的结束处，松开鼠标左键即可。或者在被选文字的开始处单击鼠标左键，按住Shift键，在被选文字的结束处单击鼠标左键，亦可选择文本块。

② 使用键盘

将插入点光标移动到被选文字的起始位置，按住Shift键，然后通过光标移动键上、下、左、右移动光标即可选择一段文本，然后释放Shift键。

③ 选择矩形文本块

上述操作选择的文本不一定是矩形文本块。如果需要选择矩形文本块，首先按住Alt键，在要选择文本的开始位置按下鼠标左键拖动，直到要选择的文字全部反色显示。需要注意的是，有的字处理软件不支持矩形块的选择。

当选择了文本块后，就可以利用“编辑”菜单中的剪切（Ctrl+X）、复制（Ctrl+C）、粘贴（Ctrl+V）命令对被选择的文本块进行相应操作。为了提高操作效率，用户应记住并使用相应的快捷键。

3．保存文件

所谓“保存”文件，就是把当前文档所作的修改在磁盘文件中存储，但不关闭文档。要完成“保存”任务，在菜单栏单击打开“文件”菜单，单击“保存”命令。如果当前文档首次保存，将打开“另存为”对话框，让用户为文件命名。

2.7.2 画图

图形图像的绘制和处理是计算机常用的操作之一。虽然有各种各样的图形图像处理工具，例如Photoshop，但是这些软件都需要单独安装。相比之下，Windows自带的“画图”程序不需要单独安装，并且可以完成一般图形图像的绘制和处理。下面简单介绍“画图”程序的使用。

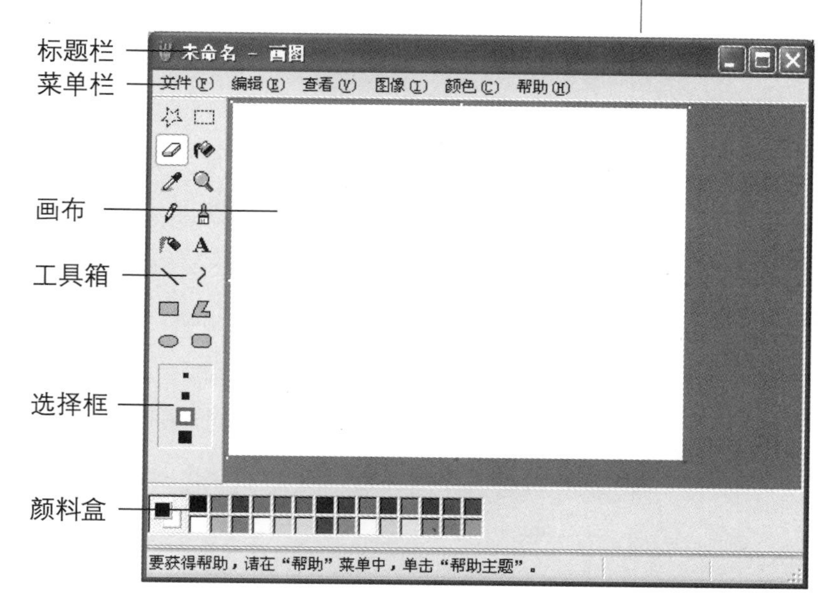

图2—50 Windows“画图”程序主窗口

要使用“画图”程序，单击“开始”按钮，在“程序”的级联菜单中单击“附件”，然后在级联菜单中单击“画图”，则打开“画图”程序，如图2—50示。

1. 画布与图片大小

“画图”程序主窗口具有典型的Windows窗口界面，包括菜单栏、工具栏、状态栏和客户区。在客户区，白色的矩形区域为用户的绘图区，称为“画布”。在画布的右下角、底部和右侧有三个蓝色的图像大小调整柄，拖动图像大小调整柄可以改变图片的大小。如果当前图片大于新尺寸，则图片的右边和底边部分将被剪掉，以适应较小的区域；如果当前图片小于新尺寸，多出的区域将用所选背景颜色填充。

此外，用户可以单击“图像”菜单中的“属性”，打开“属性”对话框，设置画布的高度和宽度，即图片大小。

2. 工具箱

在“画图”窗口的左侧显示画图程序工具箱。如果“画图”窗口中没有显示工具箱，用户可打开“查看”菜单，单击“工具箱”命令将其显示在窗口。用鼠标左键按着工具箱的空白处拖动，可以将工具箱停泊在桌面的任意位置，以增大用户工作区域大小。

“工具箱”中包含了一组与画图相关的工具，下面介绍每种工具的功能和用法：

● “任意形状的裁剪”工具：用于选取不规则的区域。单击“工具箱”中相应的选定工具，在画布中按住鼠标左键，移动鼠标，划出一个封闭的多边形，该多边形被选择。如果所画多边形未封闭，系统将在第一个点和最后一个点之间形成一条直线，将选择区域封闭。然后，可以对选定的区域进行剪切、复制、粘贴等操作。

● "选定"工具：用于选取矩形区域。如果要选取一个矩形区域，首先单击"工具箱"中相应的选定工具，该工具按钮凹下，表明该工具被选中；将鼠标移到选择区域的左上角，按住鼠标左键拖动，将有一个虚线框随着鼠标的拖动而变化，所需的区域选定后松开鼠标左键即可。

● "橡皮"工具：使用背景颜色擦除鼠标拖动的轨迹。当选取"橡皮"工具后，允许用户在工具按钮下面的"选择框"中选择橡皮路径的粗细。

● "色彩填充"工具：在一个封闭的图形区域内用前景或背景颜色填充该区域。在该区域内单击鼠标左键，用前景色填充；单击右键，用背景色填充。

● "取色"工具：又称"滴管"。单击鼠标左键，取得鼠标所在点的颜色，并设置该颜色为前景颜色。单击鼠标右键，取得鼠标所在点的颜色，并设置该颜色为背景颜色。

● "铅笔"工具：选取"铅笔"工具，单击鼠标左键或右键将用前景色或背景色画一个点，拖动鼠标可以画不规则的线。

● "刷子"工具：与"铅笔"工具的使用方法相同，用户可以在"选择框"中选择刷子的形状。

● "喷枪"工具：与"铅笔"工具的使用方法相同，可以在"选择框"中选择喷枪大小。

● **A** "文字"工具：单击"文字"工具按钮，可用鼠标拖放出一个矩形区域，在该区域内键入文字，同时显示字体工具栏，可以选择文字的字体、字号等。

注意：当选择文字工具时，在工具箱下面的选择框中显示文字透明处理选项，这将影响文字的透明性。

● "直线"工具：利用"直线"工具可以在两点之间画一直线。在直线的起始点单击鼠标，然后拖动鼠标，一条直线会随着鼠标的拖动而变化，确定后，松开鼠标左键。用鼠标左键拖动，直线用前景色绘制；拖动鼠标右键，直线用背景色绘制。

● "曲线"工具：要绘制曲线时，选择"曲线"工具后先拖放鼠标画一直线；然后，单击直线上的任意点，拖放该点，形成曲线；最后，还可以单击第二个点进行拖放，形成最终的曲线。最后一步的鼠标键决定曲线的颜色。

● "矩形"工具：选择"矩形"工具，再选择"选择框"中的相应选项可以绘制空心、实心和实体三种不同的矩形，具体的绘制可用鼠标的拖放来完成。左键操作将用前景色绘制边框，背景色用于填充；右键操作将用背景色绘制边框，前景色用于填充。在绘制矩形中，如果按住Shift键，可绘制正方形。

- “多边形”工具：第一，选择“多边形”工具，拖放鼠标画一直线，构成多边形的第一条边；第二，第一条边的终点将作为第二条边的始点，在第二条边的终点处点击鼠标左键，画出第二条边；第三，重复第二步绘制其余的边，在最后一个顶点处双击鼠标左键，绘制从最后一个顶点到第一个顶点的边，完成多边形的绘制。
- “椭圆”工具：绘制椭圆的方法和“矩形”工具的使用类似。如果要画一个圆，在绘制椭圆的过程中按住Shift键。
- “圆边矩形”工具：使用方法与“矩形”工具相同。
- “放大镜”工具：单击“放大镜”工具，则在工具箱下面的选择框中显示放大倍数选项，分别是”1x“、”2x“、”6x“、”8x“等。选择一个放大倍数，可以放大显示被编辑的图像，这样可以对图像进行更加精细的编辑。

3．工具选项

不同的绘图工具可能有不同的工具选项。例如，绘制直线时，可能设置直线的线宽；绘制矩形时，可能设置是否填充、矩形是否有边框等。这些属性的设置可通过在工具栏下面的选择框来实现，不同的绘图工具对应的选择框中的选择项不同，用户可以根据实际需要进行选择。其他绘图工具都有类似的功能，只是表述方法不同而已。

4．颜色

图形图像处理工具都有颜色的选择问题。在Windows“画图”窗口的下部显示一个“颜料盒”，通过颜料盒，用户可以选择绘图的前景颜色和背景颜色。如果没有显示“颜料盒”，用户可以打开“查看”菜单，单击“颜料盒”。“颜料盒”是一个复选菜单命令，选中后显示“颜料盒”，否则，将不显示颜料盒。用户可以按着颜料盒的右边界将颜料盒停泊在桌面的任意位置。

① 前景颜色：线条、形状边框和文本的颜色。它由“颜料盒”左边的顶部方块表示，除了“橡皮”工具以外的任何工具都可以使用此颜色。左单击“颜料盒”中的颜色可以选择不同的前景颜色，也可以用“取色”工具选取某种颜色作为前景颜色。

② 背景颜色：用于填充封闭图形和文本框背景的颜色。使用“任意形状的裁剪”和“选定”工具裁剪或移动后的区域将用背景色填充，除“文本”工具以外的任何工具都可以使用此颜色。右单击“颜料盒”中的颜色可以选择不同的背景颜色，由“颜料盒”左边的底部方块表示。

③ 透明色：当选择“选定”工具或者“文字”按钮时，在工具栏下面的选择框中显示不透明和透明选项。不透明即指定现有的图片将被“画图”中选定区域对应的图片所覆盖，透明则指定能透过“画图”中选定区域的背景看到下面的图片。

当一个图形块移动后，将用背景色填充。图块被移到新的位置，如果设置了“透明”，被移动的图块中和背景色相同的颜色为透明色，透明色对应的位置将显示被覆盖图片的颜色，灵活应用该特性可以完成一些图形的处理。

5．图像处理

在图片的编辑过程中，可以进行各种各样的特殊处理，包括翻转/旋转（翻转或旋转图片或选定的区域）、拉伸/扭曲（拉伸或扭曲图片或选定的区域）、反色（反转图片或选定的区域的颜色）、清除图像（清除图片或选定的区域）以及不透明处理（将选定区域设置成透明或不透明）等。下面通过一个简单的例子说明Windows中画图程序的图片处理过程。

图2—51　Windows“画图”程序主窗口

图2—52　Windows“画图”程序主窗口

举例：有一幅图片，背景色为白色，有一个黑色的汉字“大”，要求将“大”字改为红色，原始图片如图2—51所示。

方法一：在“查看”菜单中指向“缩放”，执行“大尺寸”命令，或单击“放大镜”工具，对图片放大显示。然后，左单击颜料盒中的“红色”，选择红色为前景颜色。然后，选取“用颜色填充”工具，在“大”内部点击，将“大”字填充为红色，对于未填充的部分，再依次进行填充，结果如图2—52所示。

方法二：利用透明色的概念进行处理，具体步骤如下：

① 单击“矩形”工具，在下面的选择框中选择无边填充矩形选项。然后，在颜料盒中左单击红色，选择红色为前景色，在画布的空白处

画一红色填充矩形。

② 设置黑色为透明色，具体操作：在颜料盒的黑色上右单击，即设置黑色为背景色，即透明色。

③ 单击“选定”工具，在工具栏下面的选择框中单击选择透明选项。选择黑色的“大”，然后将选定区域拖放到红色区域。由于当前背景色为黑色，即黑色为透明色，则底下的红色透出来，黑色的“大”字变成了红色，如图2—53所示。

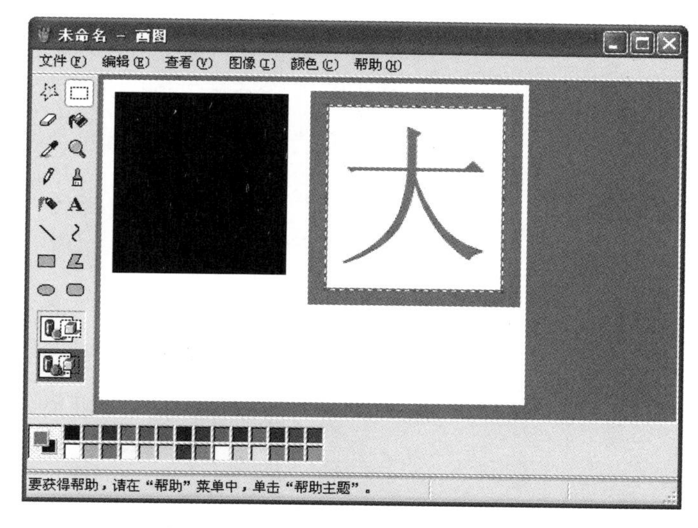

图2—53　Windows“画图”程序主窗口

④ 在颜料盒中左单击白色，重新设置白色为前景色。然后，选择“色彩填充”工具，在黑色区域单击，将左边的黑色区域填充为白色，然后再在红色的区域点击，将红色的部分也填充为白色，最后得到一个红色的“大”字。

⑤ 最后通过矩形选定工具，选择“大”字所在的区域，可以将“大”字移动到合适的位置。通过图片画布下边、右边或右下角的尺寸调整柄可以调整图片大小。最后，单击“文件”菜单中的“保存”命令，存储图片文件。

6．保存图片

用画图工具在画布上绘图完毕后，通过“文件”菜单的“保存”命令可以完成图片保存。另外，用户也可以将一个存在的图片文件插入到当前编辑的图片中，或将正在编辑的图片的一部分保存成独立的文件，主要操作如下：

① “粘贴来源...”命令：打开画图的“编辑”菜单，单击“粘贴来源...”，打开“粘贴自”对话框，允许用户选择一个图片文件插入到当前的图片文件中。

② “复制到...”命令：当用户用“任意形状的裁剪”或“选定”工具从当前的图片中选取后，在“编辑”菜单中出现“复制到...”菜单命令，执行该命令将把用户选取的图像存成一个独立的图片文件。

2.7.3　剪贴板

“剪贴板”是Windows操作系统中应用程序内部和应用程序之间交换数据的工具，剪贴板是内存中的一段公用区域。

1．剪贴板操作

剪贴板主要有“剪切（Cut）”、“复制（Copy）”和“粘贴（Paste）”三种操作命令。“剪切”和“复制”命令将所选择的对象（如文件夹、文档、文本或图形等）传入剪贴板，不同的是，“剪切”命令同时删除选择的对象，“粘贴”命令将把剪贴板中的内容粘贴到同一文档的不同位置、同一程序的不同文档或不同程序的其他文档中。

对于剪贴板操作，用户应该记住每个操作命令的快捷键。剪切、复制和粘贴三个操作命令的快捷键分别为Ctrl+X、Ctrl+C和Ctrl+V，利用快捷键可以提高操作效率。另外，按“PrintScrn”键可以将当前屏幕以图片形式复制到剪贴板，按Alt+PrintScrn组合键可以将当前活动窗口以图片形式复制到剪贴板。

注意：在Windows XP中，剪贴板只能存放最近一次的剪贴内容，执行一次复制或者剪切操作后，前一次的内容将自动被覆盖。

2．查看剪贴板内容

在Windows XP中，查看剪贴板内容的程序为“剪贴簿查看器”。打开剪贴簿查看器操作步骤如下：

① 鼠标左键单击“开始”按钮，打开“开始”菜单。

② 将鼠标指针移至“运行”上单击，弹出“运行”对话框。

③ 输入“clipbrd”（剪贴簿查看器文件的文件名为clipbrd.exe），单击“确定”按钮，弹出“剪贴簿查看器”窗口，如图2—54所示。

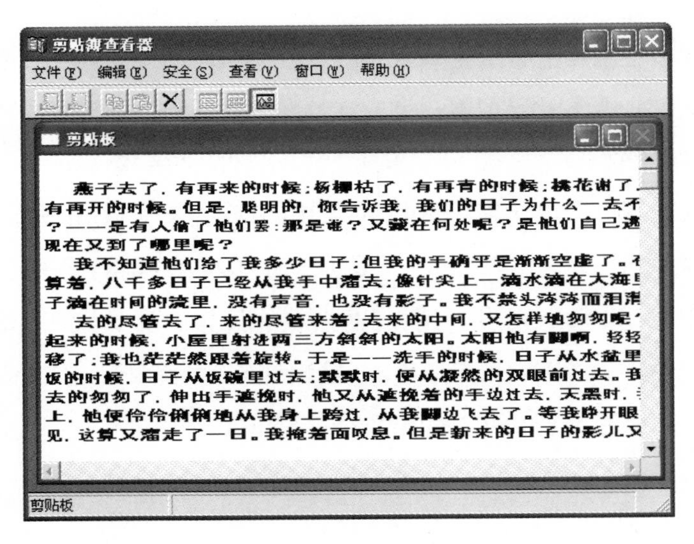

图2—54 “剪贴簿查看器”窗口

“剪贴簿查看器”中的剪贴板窗口显示了剪贴板的内容。当用户从某个程序剪切或复制信息时，该信息将会被移动到剪贴板并保留，直到清除剪贴板，或者剪切、复制了新的信息之后原信息被覆盖。

本章小结

本章主要介绍了Windows XP操作系统的基本功能和基本操作，主要内容包括Windows桌面、Windows程序简介、Windows窗口组成及其操作、常用菜单和对话框及其操作、语言选项和输入法等。从计算机配置管理角度出发，详细介绍了资源管理器、文件和文件夹管理、控制面板和系统设置，最后介绍了Windows常见的实用程序的功能及其操作等内容。

思考题

1. 什么是Windows桌面？如何将任务栏中的某个应用程序图标隐藏？

2. 对话框有哪两种类型？举例说明两者的区别。

3. 什么是控件？试列举几种常用的控件。

4. 什么是快捷方式？如何在桌面上创建“计算器”的快捷方式？

5. Windows中自带了哪些中文输入法？怎样添加一种输入法？什么是默认输入法？如何设置？

6. 什么是屏幕保护？如何配置屏幕保护并设置密码？

7. 在Windows中如何关闭一个程序？如果某个程序运行死机，怎样强行关闭？

8. 什么是剪贴板？剪贴板有哪几种常用的操作？说明它们的含义。

9. 要创建如下的文件结构，写出具体的操作步骤。

(1) 在文件夹Users下，建立两个文件夹User01和User02。

(2) 将User01中创建一个名为file1的文本文件。

(3) 将文件filel复制到文件夹User02中，并重命名为file2.txt。

(4) 将文件filel.txt发送到U盘中。

(5) 在桌面上建立文件夹Users的快捷方式。

10. 以管理员身份登录计算机，要完成下面的计算机管理，写出具体的操作步骤。

(1) 建立两个用户账户User01和User02。

(2) 建立工作组Office。

(3) 将User01和User02添加到Office中。

11. 常见的移动存储设备有哪些？它们如何与计算机连接进行文件存储？

12. 在Windows XP“显示属性”对话框中单击“设置”选项卡，如果只显示一个屏幕，则只能在显示器和投影机输出之间进行切换，不能同时显示。此时，如何处理才能让二者同时显示？

13. 在使用计算机的过程中，用户会遇到各种各样的问题。在自己不能独立解决的问题面前，只能求助于专业的技术人员或者找经验丰富的朋友帮忙。可是技术人员不可能时时都在身边，如何利用远程桌面功能得到技术人员的协助？

14. 什么是剪贴板？剪贴板有哪几种常用的操作？说明它们的含义。

15. 利用“画图”程序，将Windows桌面上的“我的电脑”程序图标保存为一个大小为32×32的图像文件。

第3章
文字编辑软件Word的使用

Microsoft Word是微软公司出品的Office办公套件之一，是一个基于Windows环境下专门用于文字处理的应用软件，它不仅能够实现文字的录入、编辑、排版功能，还能够对各种图像、表格、声音等文件进行处理。使用Word能够帮助用户制作公文、书信、报告等各种文档，是一种较为理想的办公自动化软件。

本章将以Microsoft Word 2003为例，介绍文字编辑软件的基本功能和使用方法。

知识要点

第3.1节：Word的安装，Word的运行，Word的退出，Word窗口组成，文档的创建与打开，文档的保存，屏幕视图

第3.2节：插入点，文本输入，文本选定，文本复制，文本剪切，文本粘贴，文本移动，文本删除，查找与替换，撤销与恢复

第3.3节：格式化的概念，字符的格式化，段落的格式化，设置项目符号和编号，设置文字方向，样式库，样式和模板，格式刷的使用

第3.4节：图文混排的概念，插入图片，插入艺术字，插入剪贴画，插入文本框，绘制自选图形，设置图片版式

第3.5节：创建和编辑表格，行高和列宽的修改，插入和删除行列，拆分表格，表格的边框和底纹，单元格的合并与拆分，设置单元格文字方向，设置单元格对齐方式

第3.6节：设置页眉和页脚，插入页码，插入日期，文档的分页符，文档的分节符，分栏排版，设置文档目录

第3.7节：设置页边距，设置纸张，打印预览，打印输出

3.1 Word 2003的基本操作

3.1.1 Word 的安装与运行

1. Word 的安装

虽然Word 2003是一个可以单独使用的软件，但是它没有独立的安装程序。作为Office 2003中的一个组件，安装Word 2003必须使用Office 2003安装程序，Office 2003中除Word 2003外还有其他许多组件，用户可以有选择地安装。安装Office的基本操作步骤如下：

① 将提前准备好的Office 2003安装光盘放入计算机光驱中，计算机会自动启动Office 2003的安装程序。首先弹出“产品密钥”对话框，在该对话框中输入正确的产品密钥（或序列号），然后单击“下一步”按钮，弹出“用户信息”对话框。

② 在弹出的“用户信息”对话框中输入用户名、缩写和单位等用户信息，然后单击“下一步”按钮，弹出“最终用户许可协议”对话框。

③ 在弹出的“最终用户许可协议”对话框中，单击选中“我接受《许可协议》中的条款”复选框，然后单击“下一步”按钮，弹出“安装类型”对话框，如图3–1所示。

● 典型安装：如果选中该单选按钮，则安装Office 2003最常用的程序和组件，适合初学者采用。

● 完全安装：如果选中该单选按钮，则安装Office 2003所有的组件和工具。

● 最小安装：如果选中该单选按钮，则只安装Office 2003最基本的组件。

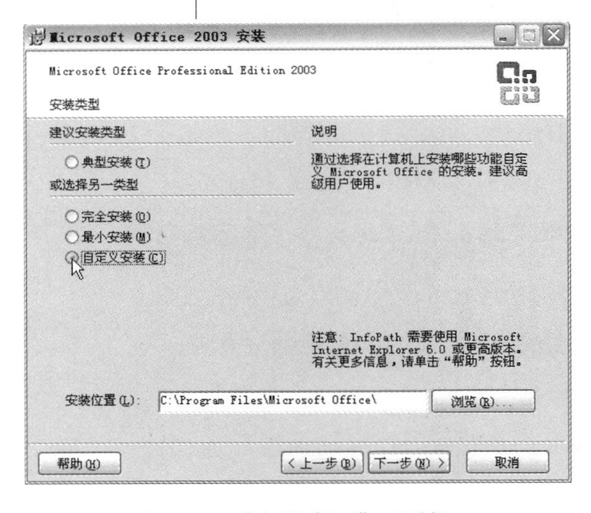

图3–1 “安装类型”对话框

● 自定义安装：如果选中该单选按钮，则用户自行选择安装Office 2003中的组件和工具，该安装方式适合对Office安装组件比较熟悉的用户。

④ 单击前3个单选按钮中的任意一个，再单击“下一步”按钮，将直接打开“摘要”对话框。如果选中“自定义安装”单选钮，再单击“下一步”按钮，则打开“自定义安装”对话框，如图3–2所示。

⑤ 在“自定义安装”对话框中有7个组件复选框，其默认状态均为选中，用户可以根

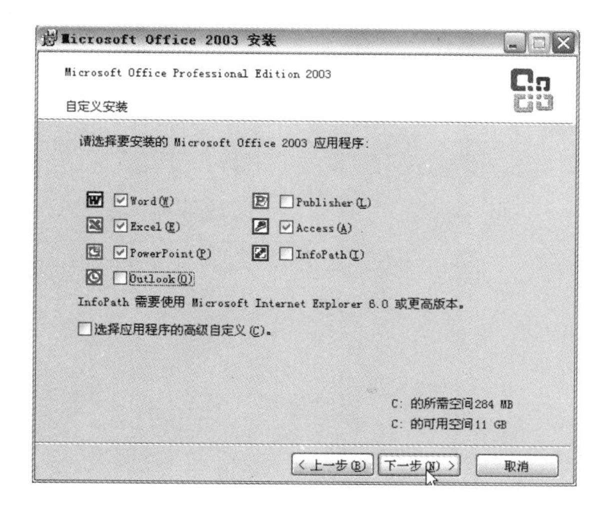

图3–2　“自定义安装”对话框

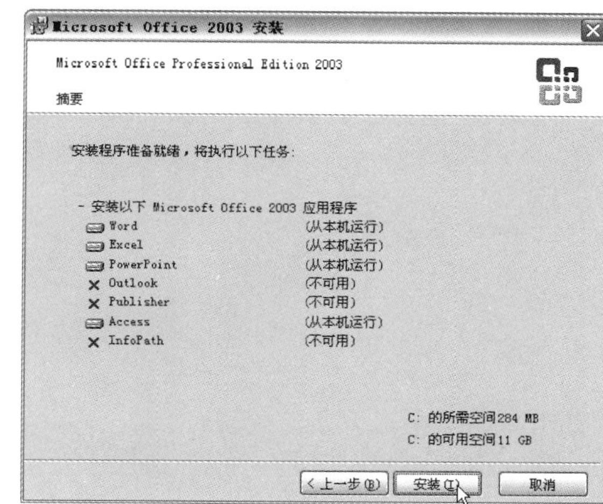

图3–3　“摘要”对话框

据自己的需要单击选择要安装的组件，图中只选中Word、Excel、PowerPoint和Access 4个组件，单击“下一步”按钮，打开“摘要”对话框，如图3–3所示。

⑥ 在“摘要”对话框中列出所有Office 2003组件，并显示出哪些是用户选定要安装的组件和不安装的组件。如果用户改变主意想对安装组件做出调整，可以单击“上一步”按钮退回到“自定义安装”对话框。用户在任何时候不想继续安装Office 2003，都可以单击“取消”按钮，退出Office 2003安装程序。

⑦ 在确认要安装的内容无误后，单击“安装”按钮，计算机开始安装Office 2003。

⑧ 安装完毕后，系统“开始”菜单中会显示用户安装的新程序，在桌面上用鼠标左键单击“开始”按钮，打开“开始”菜单，将鼠标指针指向“所有程序”，提示出现新添加的程序，这表示安装成功，如图3–4所示。

图3–4　“开始”菜单中“Office”程序组

2. 启动Word

Word 2003安装成功后，用户可以在Windows桌面任务栏中左键单击“开始”按钮，打开“开始”菜单①；将鼠标指针指向“所有程序”，弹出相应的级联菜单，将鼠标指针指向“Microsoft Office”，弹出Office套件相应的级联菜单，左键单击“Microsoft Office Word 2003”命令，即可启动Word 2003主窗口，程序界面如图3–5所示。

① 系统安装的软件不同，“开始”菜单和各级联菜单包含的项目也不相同。

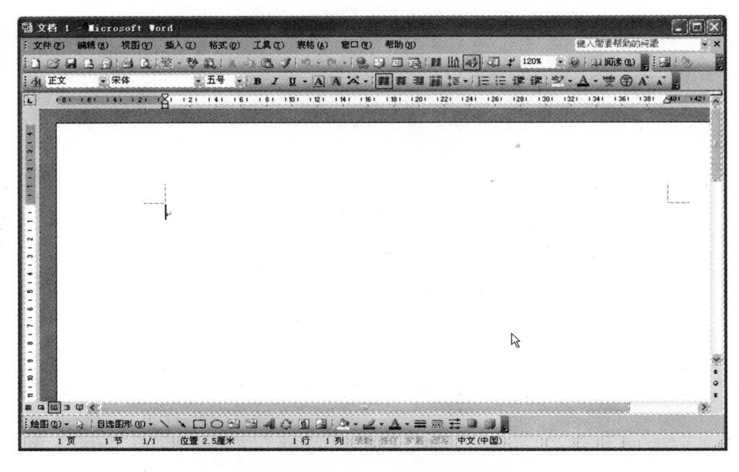

图3—5 Word 2003程序界面

除了通过“开始”菜单启动Word外，用户还可以通过双击桌面的Word快捷方式来启动Word 2003应用程序，或者在“我的电脑”中任意文件夹下双击已有的Word 2003文件来启动。

3. Word 的退出

文档编辑工作结束后，要退出Word 2003，用户可以在“文件”菜单中鼠标左键单击“关闭”或者“退出”命令，或者单击Word 2003工作界面右上角的“关闭”按钮 ☒ 。

Word是一个多文档应用程序，在打开多个Word文档的情况下，如果选择“文件”菜单中的“关闭”命令，只会关闭当前活动的Word文档，并不会退出Word 2003。如果选择“文件”菜单中的“退出”命令，则关闭所有Word文档，并退出Word 2003。

图3—6 “Microsoft Office Word”对话框

如果文档没有保存过，而且又做过修改，在被关闭时系统会弹出一个“Microsoft Office Word”对话框，如图3—6所示。对话框中的黄色叹号是提醒、警告的意思，提示用户关闭之前是否保存当前修改后的文档。

- 单击“是”按钮：保存修改后的文档并退出Word 2003。
- 单击“否”按钮：不保存修改后的文档并退出Word 2003。
- 单击“取消”按钮：返回该文档窗口，不退出Word 2003。

3.1.2 Word的用户界面

熟悉Word 2003工作界面对制作优秀电子文稿非常重要，启动Word 2003后，显示用户主界面，如图3—7所示。

作为基于Windows系统的应用软件，Word 2003窗口具有Windows XP窗口的风格，除了具有标题栏和菜单栏等基本元素外，还主要包括“常用”工具栏、“格式”工具栏、任务窗格、文档编辑区、标尺及状态栏等，并可以由用户根据自己的需要自行修改和设定。

- “常用”工具栏：汇集创建和编辑电子文稿最为常用的工具按钮，单击其中一个按钮，可以便捷地执行相应操作。

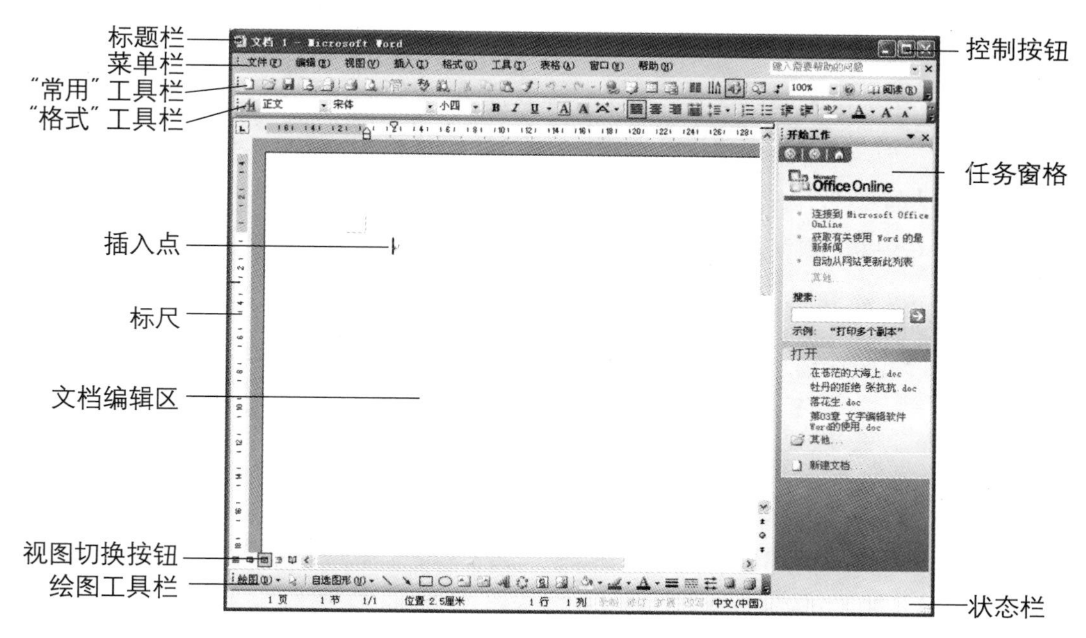

图3—7　Word 的用户界面

● "格式"工具栏：汇集调整对象格式的工具按钮。在菜单栏中单击"视图"菜单，在弹出的子菜单中单击"工具栏"，弹出级联菜单，单击相应选项，即可在相应的选项前面添加或清除"✓"号，从而让对应的工具条显示在窗口中。其中，命令前面有"✓"标记，则表明该工具条已在窗口中显示。

● 文档编辑区：位于窗口中央的白色区域，用来输入、编辑文本和绘制图形表格的区域。在文本编辑区中有一个黑色闪烁的竖线光标"|"，称为插入点，它指示当前输入对象的位置，大小与当前的字号设置有关；"↵"是段落结束的标志。

● 标尺：位于文本编辑区的上边和左边，主要用于标示页面大小和边距宽窄。其中，上方的标尺称为"水平标尺"，它的刻度以汉字字符数为单位，用户拖动"水平标尺"上的游标可以完成首行缩进、段落缩进等格式化操作。左边的标尺称为"垂直标尺"，它的刻度以行数为单位，用户可以拖动标尺两端改变页面边距的宽窄。标尺是页面编排中十分有用的工具。

● 视图切换按钮：位于文本编辑区的左下角，包括"普通视图"按钮、"Web版式视图"按钮、"页面视图"按钮、"大纲视图"按钮和"阅读版式视图"按钮。单击某个按钮就会使文档切换到相应的视图状态，文档常用的视图是"页面"视图。

● 任务窗格：位于窗口右侧，用来显示设计文稿时经常用到的命令。可以通过"视图"菜单中的"任务窗格"命令来显示或关闭任务窗格。窗格上方的按钮分别是："返回"、"向前"、"开始"，单击它们可以方便地切换到曾经使用过的任务窗格。如果不需要任务窗格，单击窗格右上方的“关闭”按钮即可。不同的操作显示不同的任务窗格，如果想使用某个任务窗格，而该窗格没有被显示，则单击任务窗格顶部的“其他任务窗格”或者单击箭头按钮▼，从下拉菜单中选择所需要的任务窗格。其中，常用的任务窗格包括新建文档、剪贴板、剪贴画、搜索结果、样式和格式、显示格式、邮件合并等。

● 状态栏：位于工作界面的最下方，显示当前打开文档的状态。例如，显示当前文档中光标的位置、页码、节数和当前文档的总页数，显示当前文档的录制、修订、扩展和改写的模式状态等。

3.1.3 Word文档的新建与打开

1. 新建Word文档

启动Word 2003后，系统会自动创建一个空白文档，默认的文档名为“文档1.doc”（用户可以在保存文件时自定义该文件名），用户可以直接输入文档内容。创建新文档还可以使用以下几种方法：

方法一：新建空白文档。基本操作步骤如下：

① 在“文件”菜单中左键单击“新建”命令，在窗口右侧打开“新建文档”任务窗格，如图3—8所示。

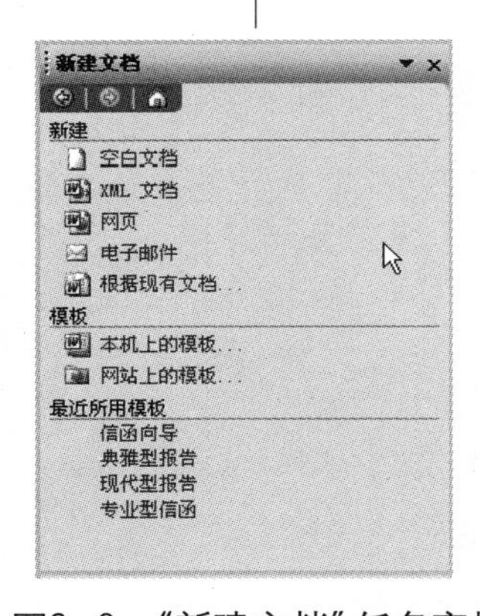

图3—8 “新建文档”任务窗格

② 在“新建”下方单击“空白文档”选项，即可在窗体中新建一个空白的常用文档。常用文档页面采用A4大小的纸张，边距的宽窄及其他的页面属性均采用系统的默认值。

注意：用户若想新建一个与已有文档内容完全相同的新文档，则在①中单击“根据现有文档…”选项。

方法二：单击“常用”工具栏最左边的“新建空白文档”按钮，新建一个空白文档，或者使用键盘Ctrl+N快捷组合键新建一个空白文档。

方法三：利用文档模板创建专用文档。基本操作步骤如下：

① 在“文件”菜单中左键单击“新建”选项，在窗口右侧打开“新建文档”任务窗格。

② 在“模板”下方选择合适的模板来创建文档，或者在“在网上搜索”框内键入文本，然后单击“搜索”按钮。例如，单击“本机上的模板…”选项，打开“模板”对话框，如图3—9所示。

③ “模板”对话框中含有多个不同类型的模板卡，如“报告”、“信函和传真”、“备忘录”等，每个模板卡中都有若干种样式的模板供用户选用，单

击选择合适的模板用于创建文档，在“预览”区域将显示该模板样式。

④ 单击“确定”按钮，即可创建含有相应模板格式的文档。

另外，用户还可以制作自己的模板，保存到模板文件夹中供以后使用。

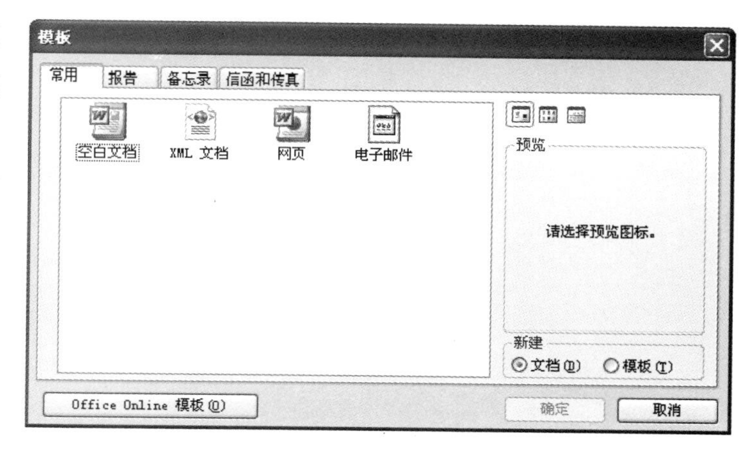

图3—9 “模板”对话框

2. 打开Word 2003文档

打开Word文档，就是把保存在计算机中的文档重新显示出来，并可以对它进行编辑。Word可以打开多种类型的文档，如文本文档（.txt）、网页文档（.htm）、工作表（.xls）、WPS文档等。

打开Word文档的方法与其他Windows应用程序相似，通常使用以下几种方法：

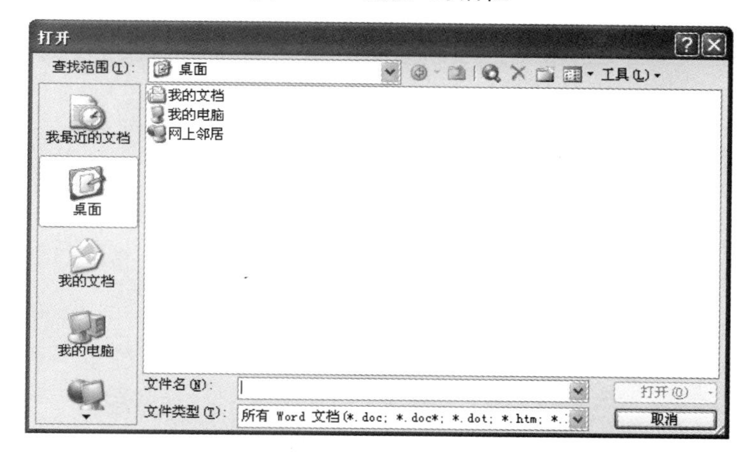

图3—10 “打开”对话框

方法一：找到文档存放的具体位置，将光标移动到文档上，左键双击即可打开该文档。

方法二：在“文件”菜单中单击“打开”命令，或者在“常用”工具栏中左键单击“打开”按钮，弹出“打开”对话框，如图3—10所示。单击“查找范围”右侧的下拉列表框，正确选择要打开文件的路径，同时在对话框下面的“文件类型”下拉列表框中选择文件类型，则在窗口区域中显示该路径下所包含的所有文件和文件夹，单击选中要打开的文档，单击“打开”按钮，或者左键双击要打开的文档，即可打开文档。

方法三：在“任务窗格”中单击“开始工作”窗格，在“打开”任务栏中单击“其他”按钮，弹出“打开”对话框，后续操作与方法二对应内容相同。

另外，在“文件”菜单中列出了最近编辑过的若干个文档名，如果要打开的文档在列表中，只要单击该文档名即可打开。

Word是一个多文档的应用程序，用户可以打开多个文档。在菜单栏的“窗口”菜单中列出了用户已经打开的所有文档，用户可以选择不同的文档作为当前文档，多文档应用程序主窗口如图3—11所示。

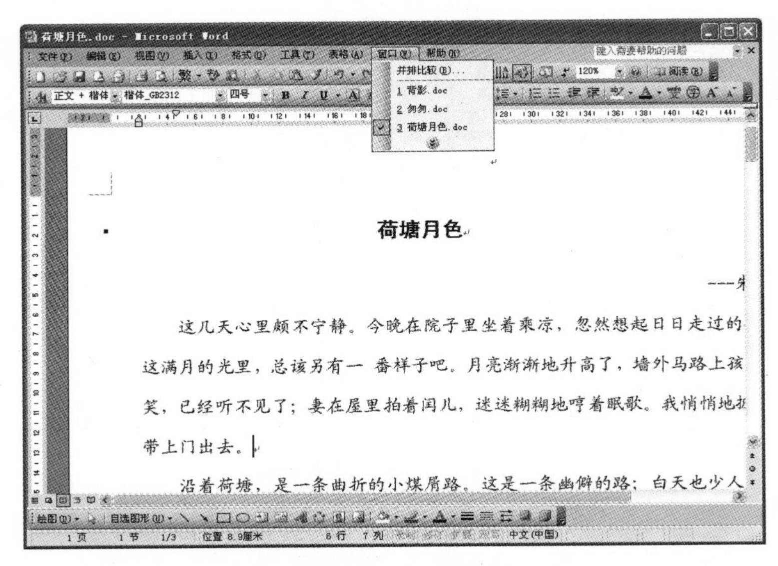

图3—11　打开多个文档窗口

另外，打开的每一份文档在Windows的任务栏中都有一个对应图标，单击相应文档名的图标即可实现文档之间的切换。

打开多个文档进行浏览或编辑操作方法：

① 打开多个连续的文档：在“打开”对话框的列表中，首先单击第一个要打开的文档名，然后按住Shift键，再单击最后一个文档名，这两个文档以及它们之间的所有文档即被选中，单击“打开”按钮，即可同时打开多个连续文档。

② 打开多个不连续的文档：按住Ctrl键，然后依次单击要打开的文档名，选中这些文档（按住Ctrl键，单击已选定的文档名，可取消该文档的选定），单击“打开”按钮，即可同时打开选中的多个不连续文档。

3.1.4　屏幕视图

所谓视图，就是文档在屏幕上的显示方式。根据文档不同编辑阶段的需要，为了从不同角度浏览所编辑的文档，Word 2003提供了普通视图、页面视图、大纲视图、Web版式视图以及阅读版式视图等5种视图方式，用户可以单击窗口左下角的视图按钮或者菜单栏中的“视图”菜单实现切换。下面分别介绍不同视图模式的特点和用途：

1. 普通视图

在“视图”菜单中，单击“普通”命令，或者单击窗口左下角的“普通视图”按钮 ▤ ，可以进入普通视图，如图3—12所示。

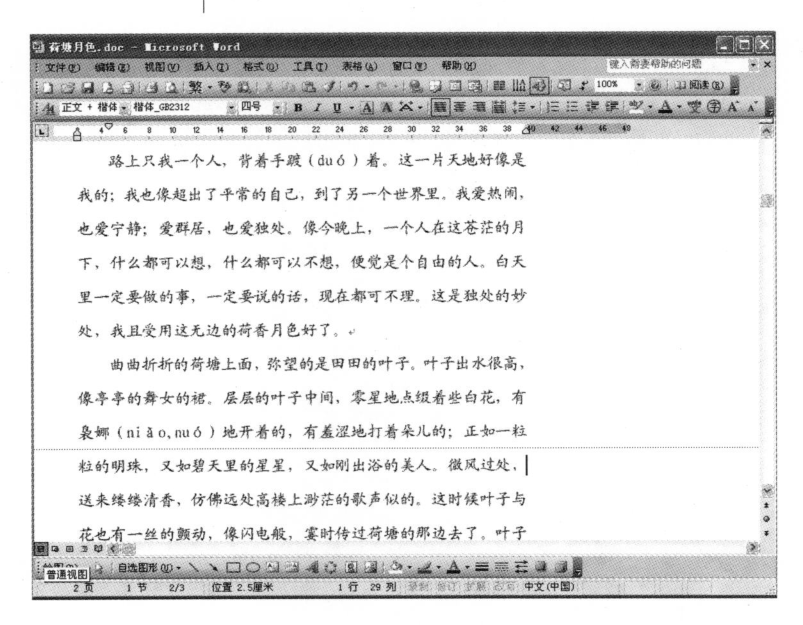

图3—12　普通视图

普通视图是显示文本设置和简化页面的视图，与其他视图模式相比，普通视图的页面布局最简单，不显示文档页边距、页眉和页脚等内容，只显示出图文的内容与字符的格式。不同页之间用一条虚线分开，因此具有占用计算机内存少、处理速度快的特点。普通视图适合用于文档内容的输入、编辑及文字的格式化等操作。

2. Web版式视图

在“视图”菜单中，单击“Web版式”命令，或者单击窗口左下角的“Web版式视图”按钮 ，可以进入Web版式视图，如图3–13所示。

Web版式视图以Web页的方式显示当前文档，该视图最大的优点是在屏幕上显示的文档效果最佳，不管Word的窗口大小如何改变，在Web版式视图中，文本将自动回绕以适应窗口的大小，图像总是处在合适的位置，但是Web版式视图显示的不是实际打印的形式。而当打开的文档是一个Web文档时，系统会自动切换到该视图下，使用该视图对Web页编辑和阅读，尤其对文档联机阅读非常方便。

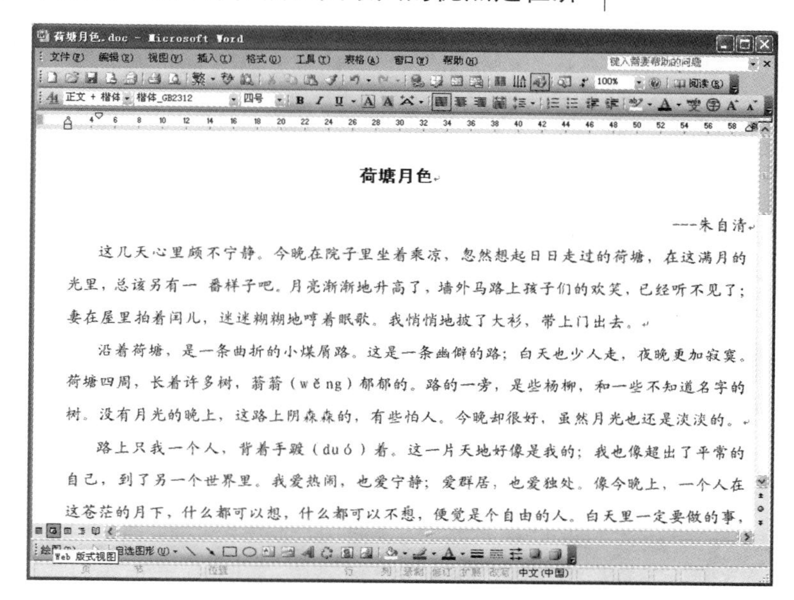

图3–13　Web版式视图

3. 页面视图

在“视图”菜单中，单击“页面”命令，或者单击窗口左下角的“页面视图”按钮 ，可以进入页面视图，如图3–14所示。

页面视图中文档以页面形式显示，使文档看上去就像写在纸上，与实际打印效果相同，具有真正的“所见即所得”特性。在页面视图中，可以看见整张纸的形态，页边距、页眉、页脚都有清楚的

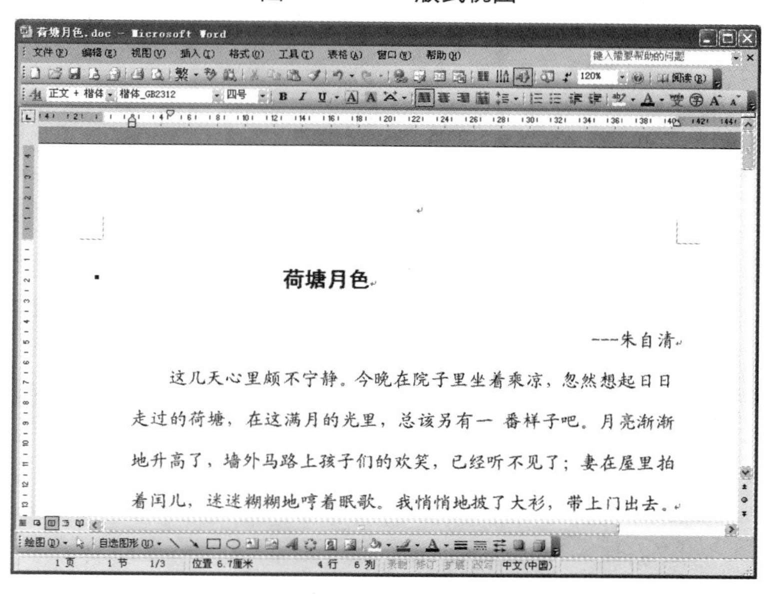

图3–14　页面视图

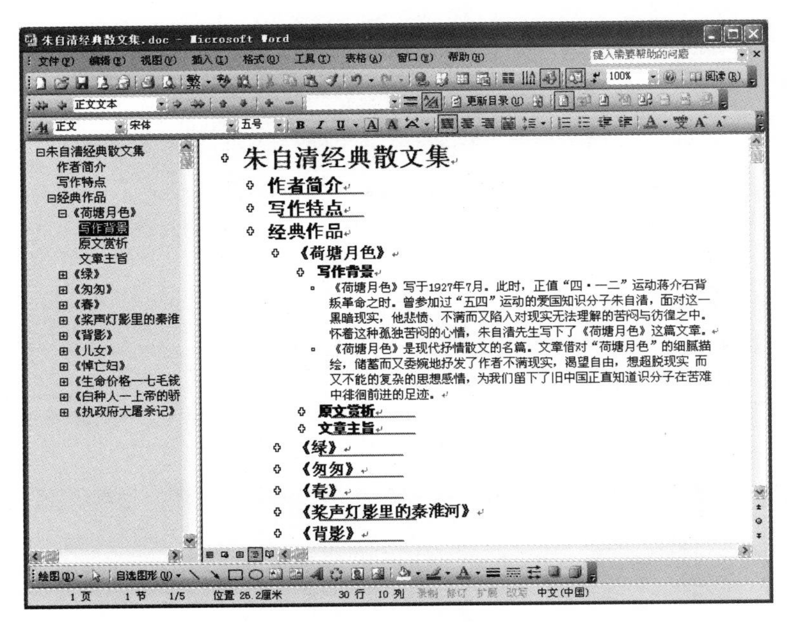

图3–15 大纲视图

显示。在此视图中，页和页之间不相连，可以通过编辑窗口右边和下边的滚动条上下左右地移动页面或翻页。

4. 大纲视图

在菜单栏中，单击“视图”菜单中的“大纲”命令，或者单击窗口左下角的“大纲视图”按钮，可以进入大纲视图，如图3–15所示。

大纲视图用于创建、显示或修改文档的大纲，它使用缩进形式表示标题在文档结构中的级别。进入大纲视图后，系统会自动打开“大纲”工具栏，如图3–16所示。

图3–16 “大纲”工具栏

“大纲”工具栏提供一些操作大纲时常用的功能按钮，功能如下：

- “提升”按钮：单击该按钮可将光标所在段落的标题提升一级。
- “提升到‘标题1’”按钮：单击该按钮可以将光标所在段落的标题升为“标题1”。
- “大纲级别”下拉列表框 正文文本：单击该下拉列表框的下三角按钮，可以为光标所在的段落设定位置。
- “显示级别”下拉列表框 显示所有级别：单击该下拉列表框的下三角按钮，可以指定显示标题级别的选项。
- “降低”按钮：单击该按钮可以将光标所在段落的标题向下降一级。
- “降低为‘正文文本’”按钮：单击该按钮可以将选定标题降为正文文字。
- “展开”按钮：单击该按钮可以将选定标题的折叠子标题和正文文字展开。
- “折叠”按钮：与“展开”按钮相反，单击该按钮隐藏选定标题的折叠子标题和正文文字。
- “下移”按钮：单击该按钮将光标所在段落移到下一段落之后。

● “上移”按钮：单击该按钮可以将光标所在段落上移至前一段落之前。

● “显示格式”按钮：单击该按钮则在大纲视图中显示或隐藏字符的格式。

● “只显示首行”按钮：单击该按钮则只显示正文各段落的首行而隐藏其他行。

● “转到目录”按钮：在正文自动插入目录后，单击该按钮可以将光标定位于插入的目录。

● “更新目录”按钮：在正文自动插入目录后，单击该按钮可以将修改的标题在插入的目录中自动更新。

通过工具栏可以把文档的正文隐藏起来，只显示其大纲标题。既可以只显示到某一层的标题，也可以显示出各个层的标题，还可以显示出标题之后正文的一行或一个段落。这便于用户进行章节、段落的调整以及文章结构的综合分析，也便于各层标题的统一编号。在文档的调整、修改及审阅阶段常常使用大纲视图。

5．阅读版式视图

在菜单栏中，单击“视图”菜单中的“阅读版式”命令，或者单击窗口左下角的“阅读版式”按钮，可以进入阅读版式视图，如图3–17所示。

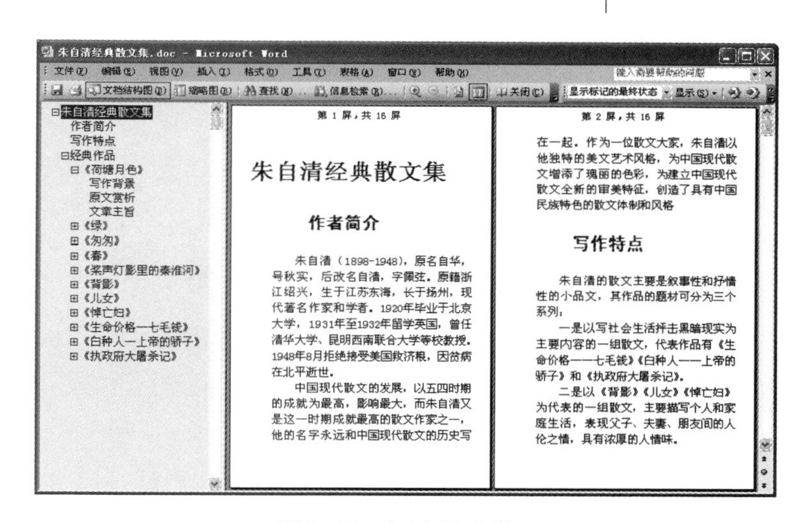

图3–17　阅读版式视图

阅读版式视图最大的优点是便于用户阅读。阅读内容紧凑或包含文档元素少的文档时经常使用阅读版式视图，单击“文档结构图”按钮，可以在左侧打开文档结构窗格，这样在阅读文档时就能够根据目录结构有选择地阅读文档内容。按Esc键或者在“阅读版式”工具栏上单击“关闭”按钮 关闭(C) 即可退出。

3.1.5　保存Word文档

保存文档，就是把文档以文件的形式存放在计算机的磁盘上。在保存文档前，要明确文档的文件名、文件类型和文档的保存位置，Word文档默认的扩展名为.doc。为了避免不必要的损失，用户要养成经常存盘的习惯。常用的保存

图3—18 “另存为”对话框

文档方法有以下4种。

1. 新建文档的保存

对于一个新建的文档，系统默认给出一个文件名，如“文档1”、“文档2”等。用户第一次保存该文件，单击“文件”菜单中“保存”命令，或者单击工具栏上的“保存”按钮，都会打开“另存为”对话框，如图3—18所示。

在“保存位置”下拉列表框中单击选择保存文档的位置，在“文件名”文本框中输入文档的名称，在“保存类型”下拉列表框中选择保存文档的类型，Word默认的扩展名为.doc，最后单击“保存”按钮。

2. 已存在文档的保存

对于已经存在的文档，当编辑修改完毕后，在“文件”菜单中单击选择“保存”命令，或者单击常用工具栏“保存”按钮（Ctrl+S），即可保存当前的文件。

如果既想保存修改后的文档，又不想覆盖修改前的内容，则可以单击选择“文件”菜单中的“另存为”命令，对当前文档重新命名或选择新的保存位置进行保存，则当前编辑的文档就会以新命名的文件保存，而原文档仍然在原来的位置，且内容保持不变。

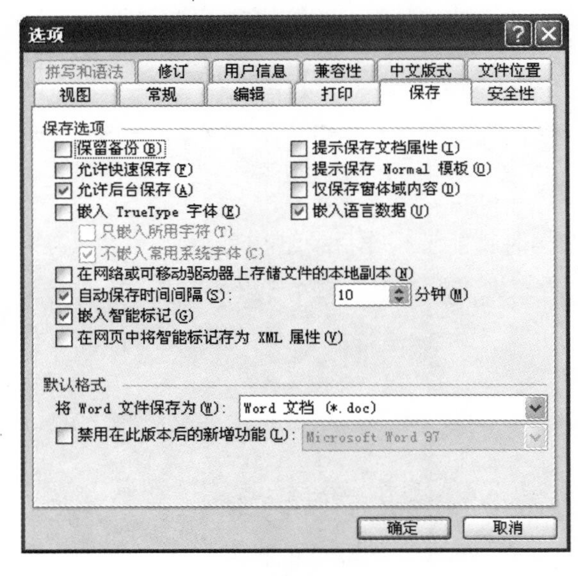

图3—19 “选项”对话框

3. 自动保存

自动保存就是Word每隔一定时间为用户自动保存一次当前文档。在Word编辑中，用户有时可能输入了很多内容或做了很多修改而没有存盘，如果此时突然发生断电或计算机死机，则所有的工作都将付诸东流。为此，Word提供了“自动保存”功能，从而将类似意外损失减少到最小。具体设置步骤如下：

① 单击选择“工具”菜单中的“选项”命令，打开“选项”对话框，单击“保存”选项卡，如图3—19所示。

② 选中“自动保存时间间隔”复选框，并

在右边变数框中选择或输入时间间隔。

③ 单击"确定"按钮。

一般自动保存时间间隔设为10～15 min为宜，时间太长，会失去意义；时间太短，频繁的存盘又会干扰用户的工作。

3.2 文档的编辑

文档编辑是指文本内容的输入、选择、移动、复制、删除和查找替换等操作，它是所有文字编辑软件的基本功能，熟练掌握这些操作方法可以提高工作效率。

3.2.1 文本输入

1. 插入点的定位

在文档的编辑过程中，如要准确编辑对象，必须正确定位插入点。定位插入点的方法很多，通常通过鼠标或者键盘实现。

使用鼠标定位插入点时，在文档中移动鼠标指针至需要输入文字或对象的位置，然后单击左键，或者通过滚动条、鼠标的滚轮等，将页面跳转到需要输入文字或对象的位置，然后单击左键。

通过键盘的快捷键也可以定位插入点，常见的快捷键及其功能，见表3–1所示。

表3–1 键盘定位插入点的常用操作

快捷键	功 能	快捷键	功 能
←	左移一个字符	Home	移至插入点所在行的行首
→	右移一个字符	End	移至插入点所在行的行尾
↑	上移一行	PgUp	翻到上一页
↓	下移一行	PgDn	翻到下一页
Ctrl+←	左移一个词	Ctrl+Home	移至文档首
Ctrl+→	右移一个词	Ctrl+End	移至文档尾
Ctrl+↑	移至当前段首	Alt+Ctrl+PgUp	移至窗口顶部
Ctrl+↓	移至下段段首	Alt+Ctrl+PgDn	移到窗口底部

当光标移动到某一位置时，在Word窗口下方的状态栏会提示光标的当前位置。

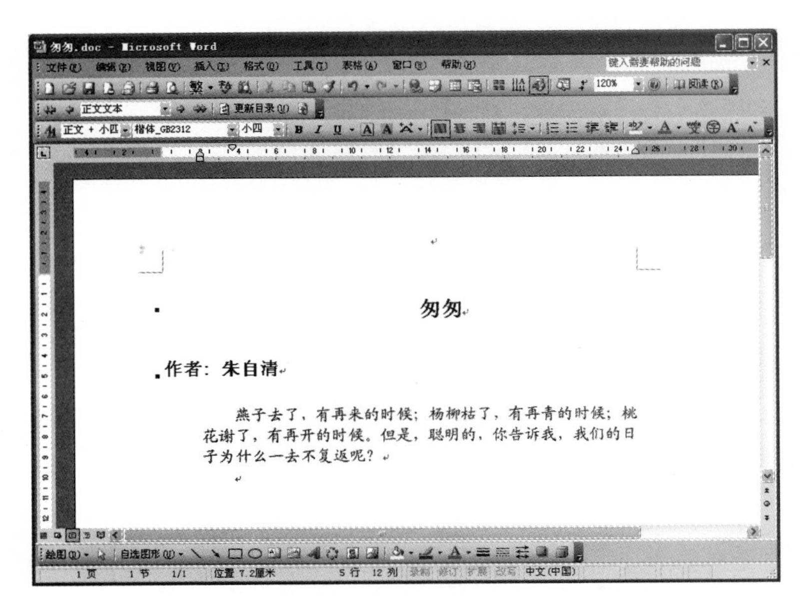

图3–20 “输入文本”示例

2. 输入文字

鼠标指针的显示位置只是表示鼠标在屏幕中的位置，只有单击鼠标左键将插入点光标移动到鼠标指针所在位置后，用户才能在对应位置输入文字。

当键入的文字超过一行的长度时，这些文字就会自动换行。如果在键盘按Enter键，插入点会另起一段，并产生段落标记“↵”。文档中的段落标记不仅标记一段内容的结束，而且它还保存对应段落样式包含的所有内容，包括文字格式和段落格式的所有设置，如图3–20所示。

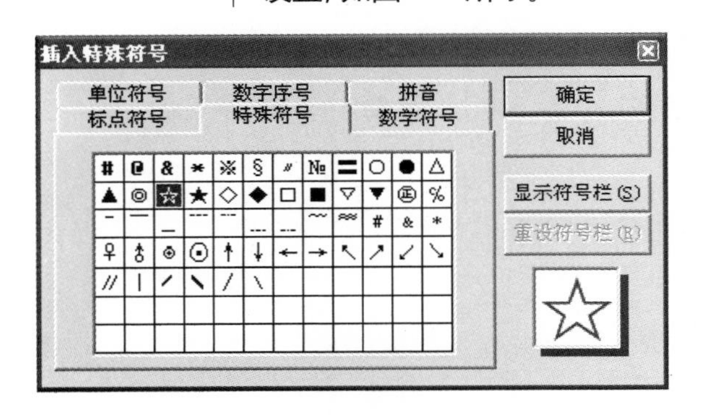

图3–21 “插入特殊符号”对话框

3. 输入符号

用户输入文字时，经常需要输入一些键盘上没有的特殊字符或很难用某一种输入法输入的汉字字符，单击选择“插入”菜单中的“特殊符号”命令（或者“符号”命令），打开“插入特殊符号”对话框，如图3–21所示。

该对话框中包含6种选项卡，单击相应选项卡即可看到所包含的特殊符号，单击选中需要的符号，再单击“确定”按钮插入所选字符，也可以直接双击所需的符号插入所选字符。

3.2.2 选定文本

用户在进行文字的复制、删除、移动或剪切等操作之前，都必须先选定文本。所谓选定文本就是将需要编辑的文字反白显示与其他文字区分开来，所谓“反白显示”即被选中的内容变为黑底白字显示，如图3–22所示。

常用选定文字的操作方法有以下三种：

(1) 使用鼠标选中文字

将鼠标指针移动到要选中的文字的首端，然后按住鼠标左健并拖动鼠标到要选中的文字的末端，所扫过部分的文字即成为被选定的内容。

将鼠标指针移动到文本选定区，所谓文本选定区是指页面左边的空白处，在该区域中，鼠标指针变成空心箭头形状。在文本选定区处单击鼠标左键或者拖动鼠标，可以选中一行、整段甚至整个文档文本。

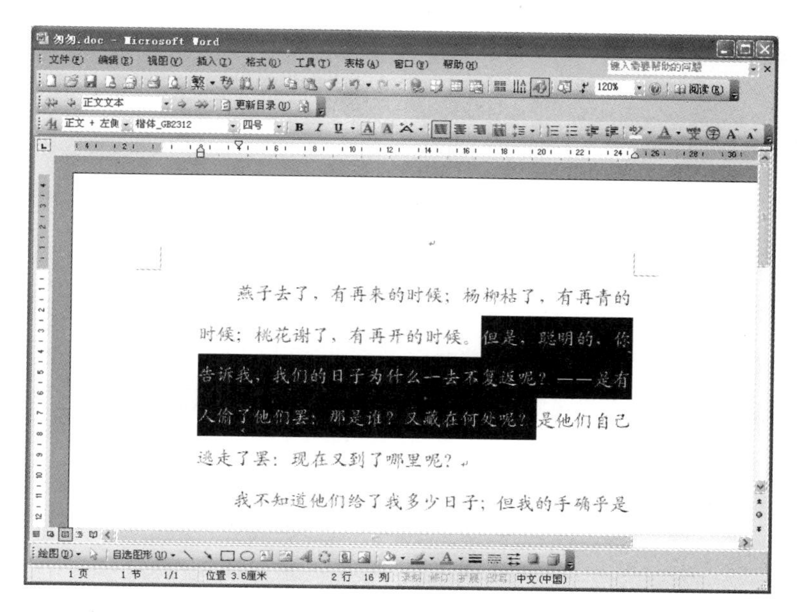

图3—22 正文选定示例

(2) 使用键盘选中文字

将光标移动到要选中文字的左边，然后按“Shift+→”键就可以向右选中一个字符，按住Shift键连续按“→”键可以选中多个字符。

(3) 使用鼠标和键盘结合选中文字

先把鼠标指针移到开始位置，单击左键，定位光标，然后再把光标移动到结束位置，按住Shift键，最后单击鼠标左键，即可选定首尾之间的所有文字及其他对象。

除上述方法以外，Word还提供了快捷键实现文本选定，见表3—2所示。

表3—2 常用文本选择方式

选择区域	操　作
选择英文单词或汉字词组	在单词或词组上双击鼠标
选择一句	Ctrl+单击鼠标
选择一行	在文本选择区单击鼠标左键
选择多行	在文本选择区上下拖动鼠标
选择一个矩形区域	Alt+拖动鼠标左键
选择一段	在文本选择区双击鼠标
选择整个文档	在文本选择区三击鼠标或者在“编辑”菜单中单击“全选”命令（Ctrl+A）

当文本选定后，即可对其文档进行复制、删除、移动、剪切或格式化等操作。用户若要撤消选定，则用左键单击文档中的任意位置，或在键盘上按任意方向键，所作的选定即被撤消。

3.2.3 复制文本

在文本编辑中经常需要输入相似或相同的文档内容，此时可以利用复制功能，将相近的部分复制。通常使用鼠标和剪贴板两种方式来实现。

方法一：使用鼠标完成复制，基本操作步骤如下：

① 选定需要复制的文本。

② 将鼠标指针指向被选定的文本，变成空心箭头的形状，在键盘按住Ctrl键，同时按住鼠标左键，在页面上将文本拖到目标位置，松开鼠标左键，完成文本的复制操作。在拖动复制过程中鼠标指针为形状，插入点光标变成虚竖线。

方法二：使用剪贴板完成复制，基本操作步骤如下：

① 选定需要复制的文本，使其高亮显示。

② 单击常用工具栏上的“复制”按钮 （Ctrl+C），或者在菜单栏“编辑”菜单中单击“复制”命令，或者在选定的文本上单击鼠标右键，在弹出的快捷菜单中选择“复制”命令，将选取的文本复制到系统的剪贴板中。

③ 将鼠标定位到要插入文本的位置，单击常用工具栏上的“粘贴”按钮 （Ctrl++V），或者在“编辑”菜单中单击“粘贴”命令，或者单击鼠标右键，在弹出的快捷菜单中单击“粘贴”命令，将剪贴板上的文本粘贴到当前插入点位置，完成文本复制操作。

3.2.4 删除文本

对于不需要的文本或者输入错误的文本，可以将其删除。要删除文本，首先要将插入点光标定位到目标位置。

如果需要删除光标前面的文字，则按Backspace键；如果要删除光标后面的文字，则按Delete键。如果要删除光标左边一个单词，则按Ctrl+Backspace组合键；如果要删除光标右边一个单词，则按Ctrl+Delete组合键。

在“编辑”菜单中单击选择“剪切”命令（Ctrl+X），或者在“常用”工具栏中单击“剪切”按钮，同样可以实现文字删除。

如果要删除的文字比较多，可以先选中要删除的文字，然后按Backspace键或者Delete键一次将选中的文字全部删除。

3.2.5 移动文本

在编辑文字内容时，经常需要将一些文本移动到文档的其他位置。移动文本常用以下几种方法：

(1) 使用菜单命令移动文字

选中要移动的文字后，单击“编辑“菜单中的”剪切”（Ctrl+X）命令，此时，系统将选中的文字移动到剪贴板中，再将光标移动到目标位置，单击“编辑”菜单中的“粘贴”（Ctrl+V）命令，系统将剪贴板中的文字移动到新位置。此外，也可以使用“常用”工具栏中的“剪切”和“粘贴”按钮来完成上述操作。

(2) 使用鼠标移动文字

选定文本，将鼠标指针指向被选定的文本，指针变成空心箭头的形状，按住鼠标左键，在页面上拖动文本到目标位置，松开鼠标左键，选中的内容就移动到新的位置。在拖动过程中鼠标指针为形状，插入点光标变成虚竖线。

3.2.6　查找和替换文本

在处理一些篇幅较长的文档时，通过“查找”功能可以迅速地找到文字所在的位置，通过“替换”功能，可以用一个新字串替换文档中一个或多个原字串。

1. 查找文本

如果文本中的某些地方出现了错误，可以通过以下方法查找错误文本所在位置，基本操作步骤如下：

① 在菜单栏中单击“编辑”菜单中的“查找”命令，打开“查找和替换”对话框，如图3–23所示。

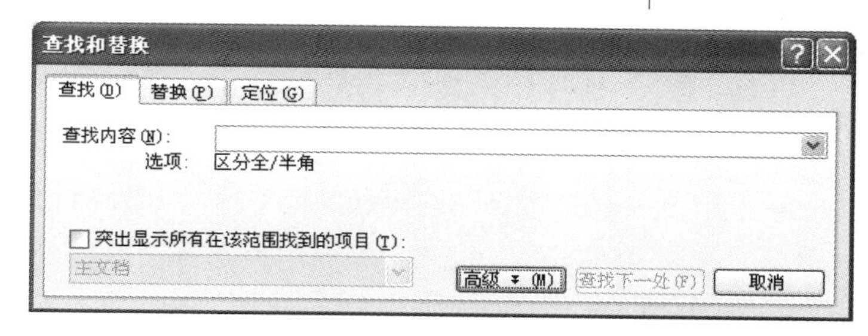

图3–23　“查找和替换”对话框的“查找”选项卡

② 在“查找内容”文本框中输入要查找的文字，比如“电脑”。

③ 单击“查找下一处”按钮，Word自动查找输入的文字，并反白高亮显示查找的结果。如果用户需要处理查找到的文字，单击文档任意位置返回文档进行编辑，处理完毕后，单击对话框使之激活。

④ 如果要查找多处，可以继续单击“查找下一处”按钮，可依次查找该文字，直到弹出“Word已完成对文档的搜索”对话框，单击“确定”按钮完成查找。

在“查找”过程中，单击“取消”按钮，即可关闭“查找和替换”对话框。

如果用户在查找时需要区分大小写，或者使用通配符等设置，可以在“查找和替换”对话框中单击“高级”按钮，根据提示进行查找的高级设置。

2. 替换文本

在Word 2003中进行文本替换的基本操作步骤如下：

① 在菜单栏中单击选择“编辑”菜单中的“替换”命令，弹出“查找和替换”对话框，如图3–24所示。

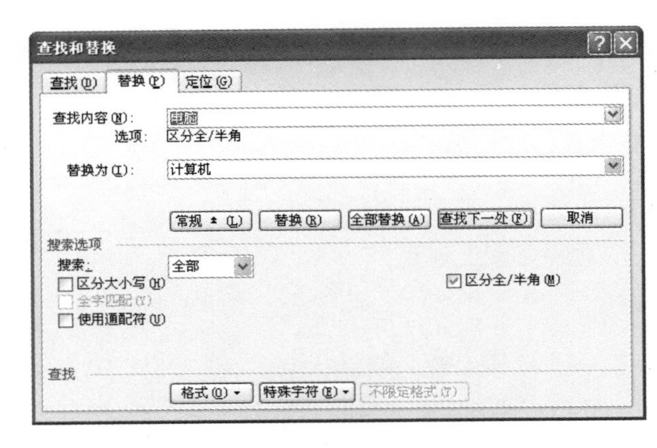

图3–24 “查找和替换”对话框的“替换”选项卡

② 在“查找内容”文本框中输入将要查找的文字，比如“电脑”。

③ 在“替换为”文本框中输入将要替换的文字，比如“计算机”。

如果进行替换的高级设置，单击“高级”按钮，可以选择搜索选项“区分大小写”、“全字匹配”、“使用通配符”、“同音”、“查找单词的各种形式”以及“区分全/半角”复选框等。

④ 单击“替换”按钮，则完成文档中距离输入点最近的文本的替换；如果单击“全部替换”按钮，则可以一次替换全部满足条件的内容。替换完毕后，弹出提示框，反馈用户总共替换的字串数目，单击“确定”按钮关闭提示框。单击“取消”按钮，即可退出“查找和替换”对话框。

3.2.7 撤消与恢复

在文档编辑过程中，用户难免出现操作失误，如删除不应该删除的文本、将文本移动到错误的地方等。如果遇到这种情况，当前文档没有被关闭之前，Word 2003可以帮助用户撤消错误的操作，将文档还原到执行该操作之前的状态。常用以下几种方法：

(1) 撤消和恢复一项错误操作

在菜单栏中单击“编辑”菜单中的“撤消”命令，或者单击“常用”工具栏中的“撤消”按钮，撤消前一次的操作。如果要恢复撤消的操作，单击“编辑”菜单中的“恢复”命令或者单击“常用”工具栏中的“恢复”按钮。除了使用“撤消”按钮和“恢复”按钮之外，使用相应的快捷键“Ctrl+Z”和“Ctrl+Y”也可以执行撤消和恢复操作。

(2) 撤消和恢复多项错误操作

单击“常用”工具栏中的“撤消”按钮右边的箭头按钮▼，弹出一个列表，显示此前的每一次操作，最新的操作排列在最上边。移动鼠标选中要撤消的多个连续操作，单击鼠标左键即可。如果要恢复撤消的多个操作，则单击“常用”工具栏中的“恢复”按钮右边的箭头按钮▼，移动鼠标选中要恢复的多个连续操作，单击鼠标左键即可。

注意：恢复功能只能在已经进行了撤销操作的前提下才可以使用，否则恢复功能对应的菜单或者工具按钮处于灰化不可用状态。

3.3 文档的格式化

所谓文档的格式化，是指对文档中字符的字体、字号、颜色等格式进行调整，以及对文档段落、标题形式及编号进行相应设置等一系列工作。经过格式化后的文档，应做到页面美观、重点醒目、层次清楚。

3.3.1 字符的格式化

字符的格式化，是指设置文档中字符的字体、字形、字号、颜色及间距等，它是文档编辑中的一项重要工作。在设置字符格式之前，要先选定需要设定格式的字符，即遵循“先选定，后设置”的原则。

1. 使用“格式”工具栏

在“格式”工具栏上，利用一些命令按钮可以直接设置字符的格式，如图3–25所示。

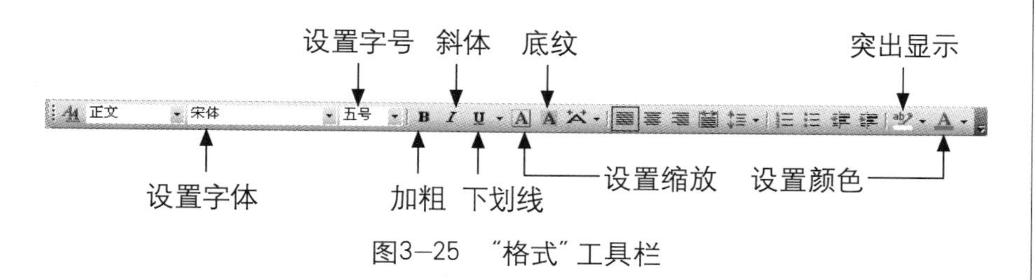

图3–25 “格式”工具栏

● 字体：Word提供了几十种中文和英文字体供用户选择，单击右侧的下拉菜单（小三角），单击所需字体（比如“宋体”）为选中的文本设置字体。

● 字号：表示字的大小。Word中表示字号的形式有两种：一种是中文字号，字号越小，对应的字越大，例如一号字要比二号字大；另一种是阿拉伯数字，数字越大，对应的字越大。单击右侧的下拉菜单（小三角），单击相应字号（比如“四号”），为选中的文本设置字号。

● 字形：表示文字的形状。在“格式”工具栏中提供了2个设置字形的按钮：单击加粗按钮，选中的文本以粗体方式显示；单击斜体按钮，选中的文本以斜体方式显示。

● 下划线：单击该按钮，为选中的文本添加下划线。单击右侧的下拉菜单，单击选择下划线的类型和粗细。

● 字符边框：单击该按钮，为选中的文本加上外边框。

● 字符底纹：单击该按钮，为选中的文本加上底纹。

● 字符缩放：单击该按钮，为选中的文本进行缩放。单击右侧的下拉菜单，将会列出一系列百分数，这些百分数表示字符横向尺寸与纵向尺寸的比例。

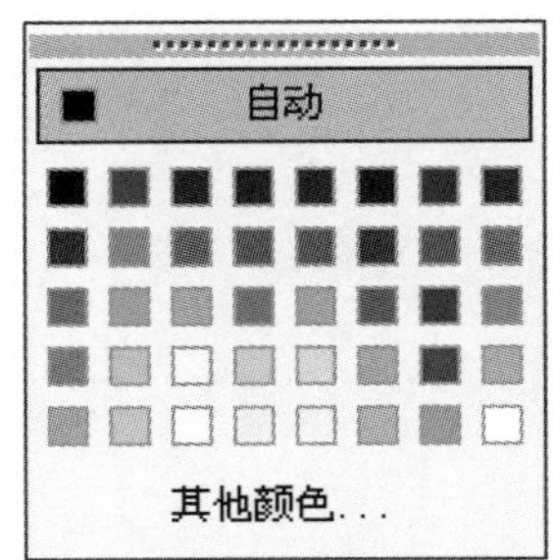

图3–26 “颜色”对话框

● 突出显示：单击该按钮，拖动鼠标左键，选择要突出显示的文字或图形。

● 字体颜色：单击该按钮，为选中的文本设置颜色。单击右侧的下拉菜单，打开“颜色”对话框，单击选择要设置字体的颜色，如图3–26。

注意：除上述除颜色设置以外，如果要将设置了某种效果的文本恢复原有格式，可以先选定这段文本，然后再单击相应按钮，这段文本就会恢复到原有格式。例如：某段文本已经设置成斜体显示，要想让这段文本取消斜体显示，先选定这段文本，然后再单击“斜体”按钮即可。

2. 使用“格式”菜单

除了使用“格式”工具栏中的按钮外，还可以使用“格式”菜单中的“字体”对话框对字符进行综合设置，其中既包括字体、字形、字号、颜色和效果，还可以设置字符间距和文字效果（比如动态效果）。

(1) 字体

选定文本，在“格式”菜单中单击“字体”命令，打开“字体”对话框，单击“字体”选项卡，如图3–27所示。

图3–27 “字体”对话框中的“字体”选项卡

单击“中文字体”或者“西文字体”下拉列表框选择字体，单击“字形”列表框选择常规、倾斜或加粗等格式，单击“字号”列表框选择字的大小。在“所有文字”栏中单击选择“字体颜色”、“下划线线型”、“着重号”，在“效果”栏各个选项中进行单击选择，选中项前面的复选框中带有“√”标记，最后单击“确定”按钮完成设置。

(2) 字符间距

选定文本，在“格式”菜单中单击“字体”命令，打开“字体”对话框，单击“字符间距”选项卡，打开“字符间距”选项卡，如图3–28所示。

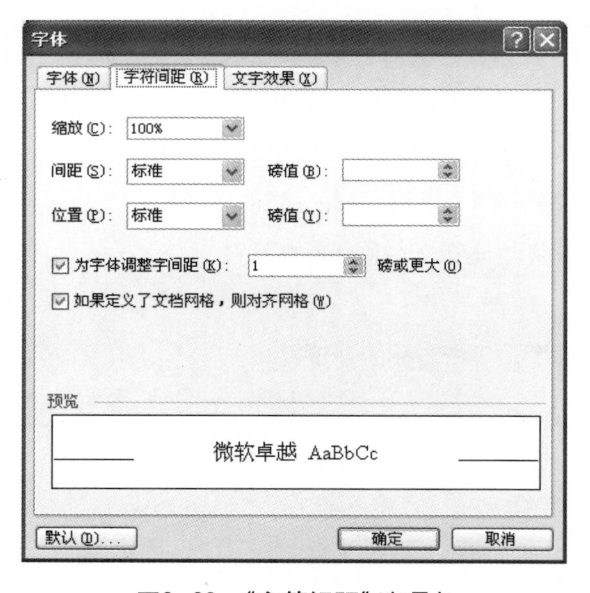

图3–28 “字符间距”选项卡

单击“缩放”下拉表设置字符的宽、高比值，用百分数表示，大于100%为扁形字，小于100%为长形字；单击“间距”下拉表设置字符之间的距离，例如标准、加宽、紧缩等选项；单击“位置”下拉表设置字符的位置，例如标准、提升、降低等选项；最后单击“确定”按钮完成设置。

(3) 文字效果

选定文本，在“格式”菜单中单击“字体”命令，打开“字体”对话框，单击“文字效果”选项卡，打开“文字效果”选项卡，如图3—29所示。

设置文字的动态效果，例如礼花绽放、七彩霓虹等。设置完毕后，在“预览”窗口可以直接显示各种设置所产生的效果，最后单击“确定”按钮完成设置。

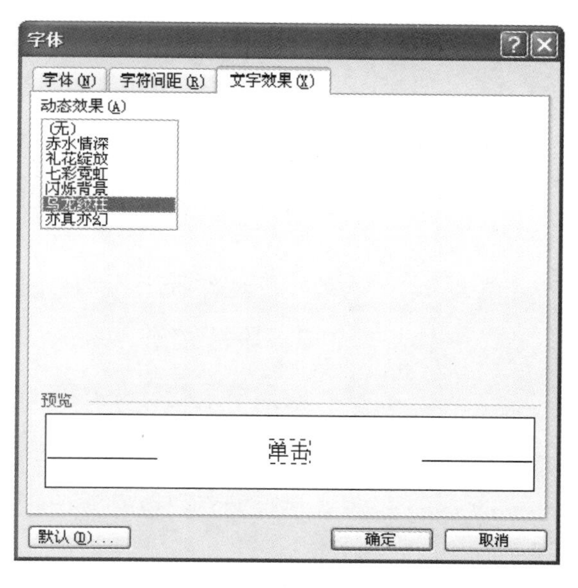

图3—29　“文字效果”选项卡

3.3.2　段落的格式化

作为排版对象的段落指的是两个回车符（或段落标记）“↵”之间的文本内容。段落的格式化是指对段落前后的间距大小、行距大小、段落的缩进、段落编号和项目符号等属性进行设置，以达到文档版面布局均匀、页面美观、层次清晰的效果。常用的段落格式化包括对齐方式、缩进和行距。

要进行“段落”格式化，在“格式”菜单中单击“段落”选项，弹出“段落”对话框，如图3—30所示。或者单击“格式”工具栏中的相关按钮，如图3—31所示。

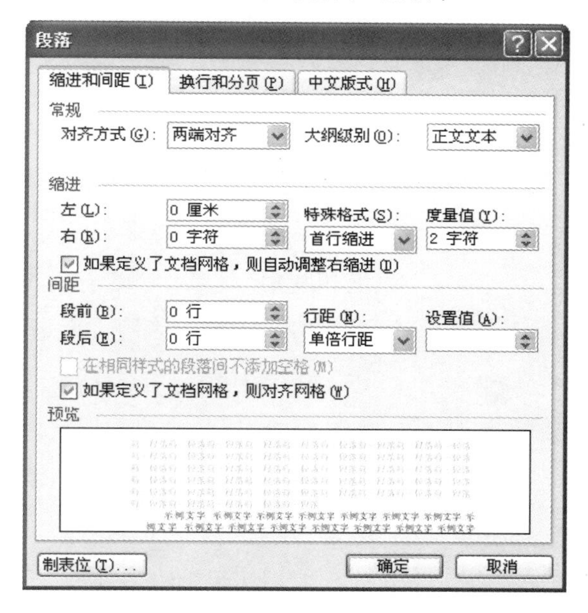

图3—30　“段落”对话框

1. 段落的对齐方式

Word提供了五种段落对齐方式：左对齐、右对齐、两端对齐、居中对齐和分散对齐。单击要调整段落的任意位置或者选中段落，在“对齐方式”的下拉列表框中单击相应的对齐方式，或者在“格式”工具栏中单击相应的工具按钮，即可完成段落对齐方式的设置。

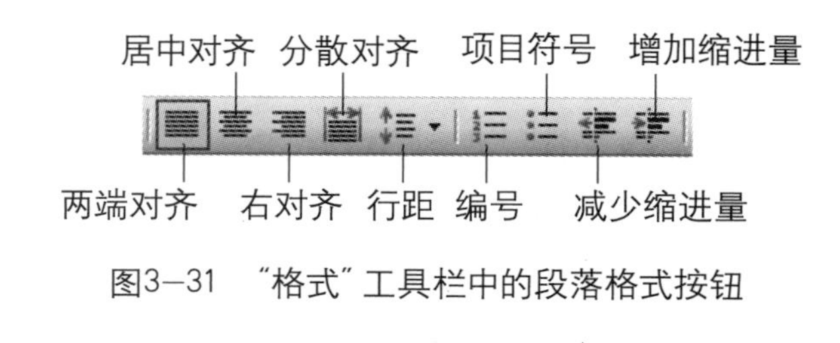

图3—31　“格式”工具栏中的段落格式按钮

左对齐：文档左端对齐，右端允许不齐，多用于英文文档。

右对齐：文档右端对齐，左端允许不齐，多用于文档末尾的签名和日期等。

居中对齐：文档自动居于版面的中央，一般用于文档标题。

两端对齐：Word自动调整文档两侧都对齐，多用于中文文档。

分散对齐：文档自动均匀分散充满版面，多用于制作特殊效果。

其中，段落的“分散对齐”和“两端对齐”很相似，其区别在于：“两端对齐”方式当文本未占满一行时左对齐；而“分散对齐”则将未占满行的首尾仍与前一行对齐，而且平均分配字符间距。

2．段落缩进

段落缩进就是设置和改变段落两侧与页边的距离。段落缩进有4种形式：首行缩进、悬挂缩进、左缩进和右缩进。

首行缩进：是指段落的第一行缩进显示，一般段落用首行缩进表明段落的开始。

悬挂缩进：指的是段落的首行起始位置不变，其余各行一律缩进一定的距离，造成悬挂效果。

左缩进：是指整个段落向右缩进一个默认制表位的距离。

右缩进：是指整个段落向左缩进一个默认制表位的距离。

段落缩进可以使用对话框或者标尺来设置，基本操作如下：单击要调整段落的任意位置或者选中段落，单击选择“格式”菜单中的“段落”命令，单击“缩进和间距”选项卡，见图3—30。在“缩进”区中设置段落左右两边缩进的字符数，进行相应的“缩进”设置，可在“特殊格式”的下拉列表框里设置“首行缩进”和“悬挂缩进”，最后单击“确定”按钮，完成段落缩进格式的设置。

另外，通过窗口的标尺也可以设置段落的缩进格式。首先单击要调整段落的任意位置或者选中段落，将鼠标指向相应缩进游标，拖动游标到所需缩进位置即可。

常用标尺缩进滑块有以下几种：

① “左缩进”滑块□：控制整个段落左边界的位置。

② “右缩进”滑块△：控制整个段落右边界的位置。

③ “首行缩进”滑块▽：改变段落中第一行第一个字符的起始位置。

④ “悬挂缩进”滑块△：改变整个段落中除第一行以外所有行的起始位置。

在移动游标时如果按住Alt键，则进行缩进的细微调整，这时在水平标尺上将标出游标距标尺两端的距离（以字符数为单位）。

3．段落间距和行间距

段落间距是指段落与段落之间的距离，行间距是指段落中行与行之间的距离。通过以下方法可以调整段落间距和行间距。

单击要调整段落的任意位置或者选中段落，单击选择“格式”菜单中的“段落”命令，单击“缩进和间距”选项卡（见图3—30）。在“间距”区中的“段前”、“段后”微调框中单击设置段间距，单击“行距”下拉列表框中选择一种行距方式，例如，单击选择“单倍行距”选项。另外，用户也可以直接在“设置值”微调框中输入相应的数值，最后单击“确定”按钮完成段落间距格式的设置。

3.3.3　设置项目符号和编号

在文档中，为了使相关的内容醒目并且有序排列，经常要用到项目符号和编号。例如，在一份产品说明书中，可以把操作步骤按先后顺序依次编号。

1．设置项目符号

所谓的“项目符号”是文档的编辑者为某些并列段落所加的段落标记，段落的项目符号与段落排列次序无关，地位等同。要为段落添加项目符号，具体操作步骤如下：

① 将光标移到需要加项目符号的段落。

② 在“格式”菜单中单击“项目符号和编号”命令，Word将打开“项目符号和编号”对话框，如图3—32所示。

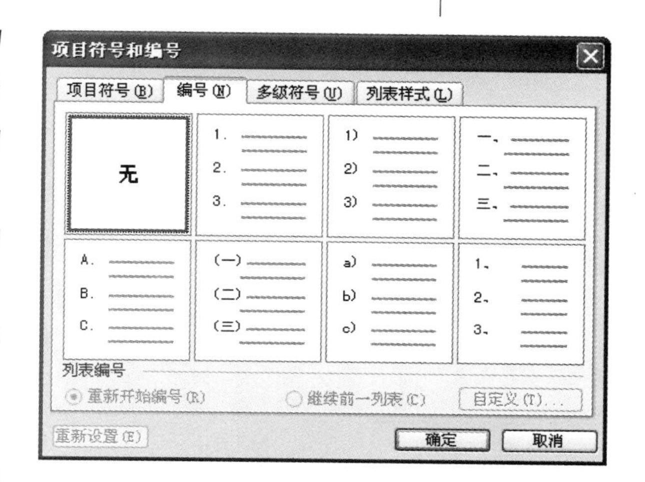

图3—32　“项目符号”对话框

③ 单击“项目符号”选项卡，双击所需的项目符号或者单击所需的项目符号，然后单击“确定”按钮，将会为段落加上项目符号。

另外，用户也可以通过单击“格式”工具栏中“项目符号”按钮，为选中段落添加项目符号。当对系统自带项目符号不满意时，可以选择“自定义”按钮，根据“自定义项目符号列表”对话框进行相关设置。

2．设置编号

编号与项目符号最大的不同是：编号为一组连续的数字或字母，而项目符号使用相同的符号。对于与排列顺序有关的段落，经常需要设置编号标记，给若干个段落加上编号。具体操作步骤如下：

① 将光标移到需要加项目符号的段落。

② 在“格式”菜单中单击“项目符号和编号”命令，Word将打开“项目符号和编号”对话框。

③ 单击“编号”选项卡，双击所需的编号格式或者单击所需的编号格式，然后单击“确定”按钮。

另外，用户也可以通过单击“格式”工具栏中“编号”按钮，为选中段落添加编号。

Word具有自动创建项目列表和编号列表的功能。例如，当你在一个段落的起始处输入一个数字，Word会自动把它格式化为编号列表中的第一项，当你按下Enter键重新开始一个新的段落时，Word会开始自动为列表中的第二项编号，依次类推。

要取消已有的项目符号或编号，首先要选择希望取消的项目符号或编号。如果原有的是项目符号，就单击“格式”工具栏上的“项目符号”按钮。如果原有的是编号，就单击“格式”工具栏上的“编号”按钮。要取消已有的项目符号或编号，还可以把插入点移到项目符号或编号与正文之间，然后按Backspace键将其删除。

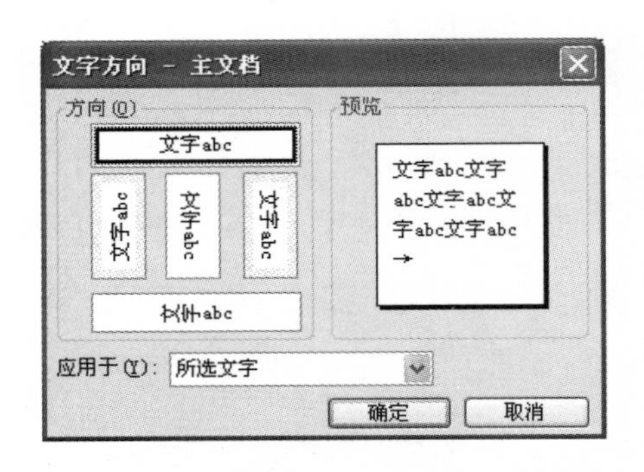

图3—33 “文字方向—主文档”对话框

3.3.4 设置文字方向

一般情况下，文字以水平方式显示，但在某些特殊情况下，需要以竖直方式显示文字，即改变文字的方向。具体操作步骤如下：

① 选中需要改变方向的文字。

② 在“格式”菜单中单击“文字方向”命令，或者单击鼠标右键，在弹出的快捷菜单中单击选择“文字方向”命令，打开“文字方向—主文档”对话框，如图3—33所示。在“方向”栏中共有5种文字方向，对于普通的文字可以选择上、中、下3种文字方向，单击选中所需的文字方向，再单击“确定”按钮。

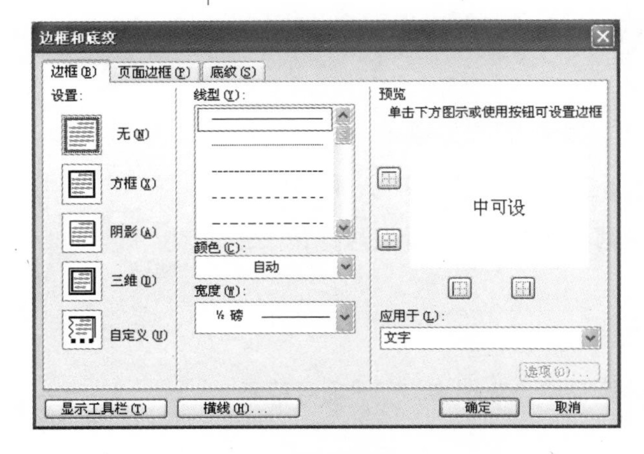

图3—34 “边框和底纹”对话框

3.3.5 设置边框和底纹

Word 2003可以为文本和段落设置边框和底纹，能够起到进一步修饰和突出文档内容的作用。

1. 添加边框

向文档中添加边框可以把文本与文档中的其他部分区分开。为文档添加边框的基本操作步骤如下：

① 选中需要添加边框的文档。

② 在“格式”菜单中单击“边框和底纹”命令，Word将打开“边框和底纹”对话框，如图3—34所示。

③ 单击“边框”选项卡，在相应的“设置”、“线型”、“颜色”、“宽度”、“应用于”等下拉列表框中选择相应的边框、线型、颜色、宽度、应用于的精确位置。

④ 设置完毕后，单击“确定”按钮，即可看到边框效果。

2．添加底纹

添加底纹是指设置某些文档的背景效果，为文档添加底纹可使文本突出显示。基本操作步骤如下：

① 选中需要添加底纹的文档。

② 在“格式”菜单中单击“边框和底纹”命令，Word将打开“边框和底纹”对话框。

③ 单击打开“底纹”选项卡，如图3—35所示。

④ 在“填充”区中单击选择填充颜色，或者在“图案”区中单击“样式”和“颜色”下拉列表框，选择图案的样式和颜色，在“应用于”下拉列表框中可设置底纹线应用于的精确位置。

⑤ 设置完毕后，单击“确定”按钮，即可看到底纹效果。

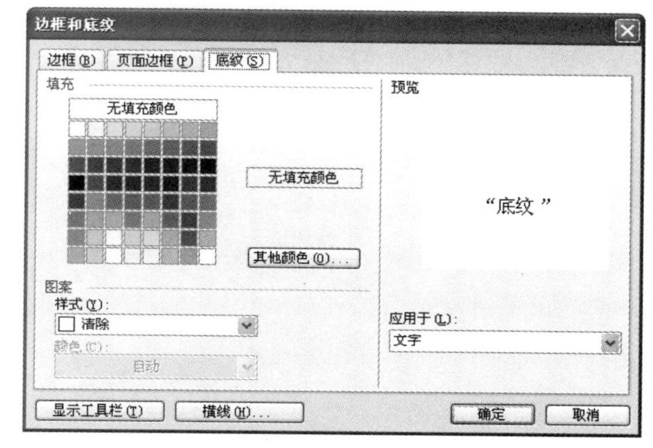

图3—35 “边框和底纹”对话框中的“底纹”选项卡

3.3.6 样式及其应用

所谓“样式”，是指一组存储于模板或文档中并且有确定名称的段落格式和段落内的字符格式。一个已有的样式可以套用到任意段落上，所有使用同一样式的段落都具有完全相同的字符格式和段落格式。样式的引入为我们提供了一种简便快捷的段落格式化方法。

1．样式的设置

如果用户只是应用文档中已有样式而不更改样式中的格式设置，可以首先选中需要设置样式的文档或者单击要调整文档的任意位置，然后单击“格式”工具栏提供的“样式”列表框来完成设置，如图3—36所示。

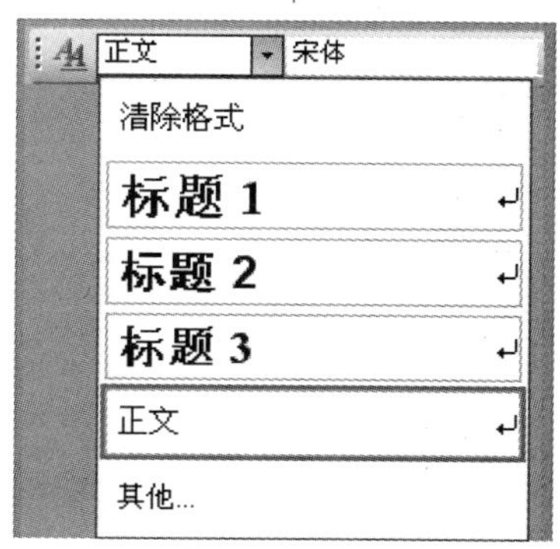

图3—36 “格式”工具栏上的“样式”列表

“样式”列表框是模板的所有样式或当前文档所用的样式列表，可从中选择一种样式对已选段落作格式化。在“格式”菜单中单击“样式和格式”命令，在“任务窗格”打开“样式和格式”对话框，如图3—37所示。

在列表框中单击选择一种样式名，如果没有列出所需样式，请单击“显示”框中的“所有样式”，选择之后即可列出当前所有样式，以供用户选择套用。

单击图3—37对话框中“新样式”按钮，打开“新建样式”对话框，如图3—38所示。用户可以根据自己的需要，在“名称”框中键入样式的名称，在“样式类型”框中选择“段落”、“字符”、“表格”或“列表”，指定所创建的样式类型。然后在对话框中分别设置样式中包含的格式，单击“格式”按钮，可以设置更多的格式选项，单击“确定”按钮新建自己的样式。

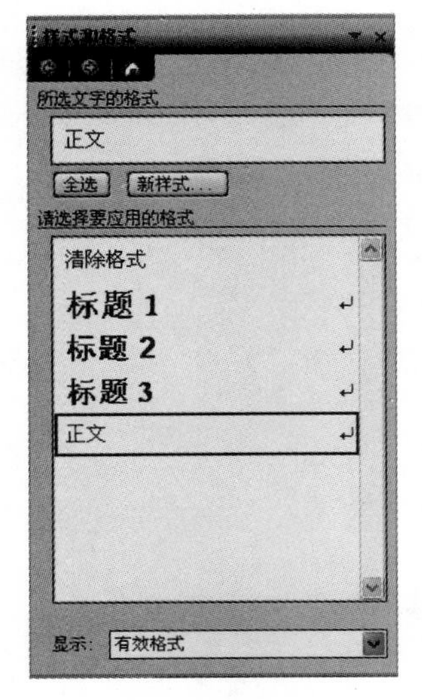

图3—37 “样式和格式”对话框

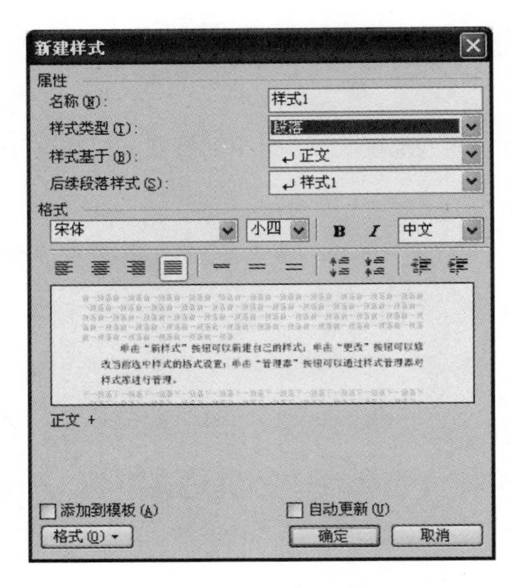

图3—38 “新建样式”对话框

用鼠标右键单击要修改的样式，然后单击“修改”，弹出“修改样式”对话框，修改样式中对应的格式属性，单击“格式”按钮，可以修改对应的格式属性，例如“字体”或“编号”，完成属性修改之后，单击“确定”按钮。

2. 样式库

在“格式”菜单上单击“主题”，打开“主题”对话框，在该对话框中单击“样式库”按钮，打开“样式库”对话框，如图3—39所示。

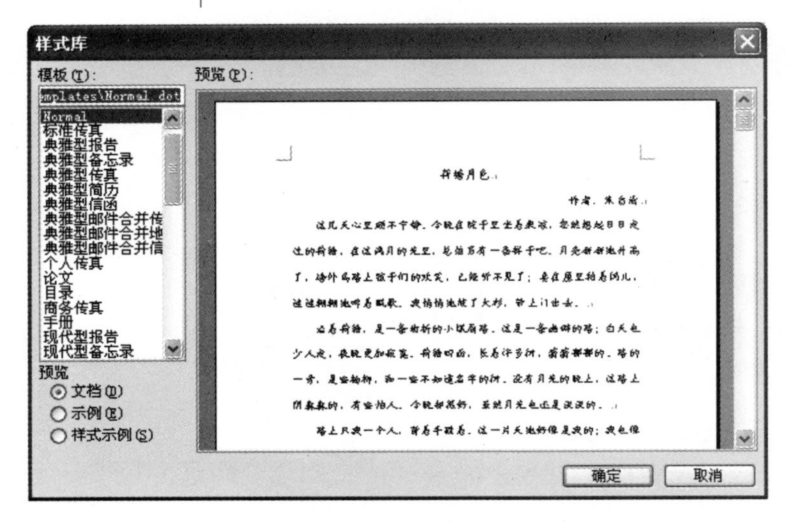

图3—39 “样式库”对话框

通过该对话框，用户可以对样式库进行管理，在“模板"框中选择要查看或使用的样式的模板，单击"确定"按钮，所选择模板中的样式就被复制到当前文档中。

3．格式刷的使用

为了使文字的格式保持一致，可以使用"格式"工具栏上的"格式刷"按钮 完成操作。基本操作步骤如下：

① 在需要采纳格式对象的任意位置单击或选择部分区域。

② 单击"格式刷"按钮，鼠标指针变成一把"小刷子"状的格式刷。

③ 移动格式刷到需要格式化的文本起始位置，然后按住鼠标左键从头至尾扫过，松开鼠标时，格式刷扫过的文本即被格式化。或者在需要改变格式的段落中单击左键，该文字段落即被格式化。

注意：格式刷复制格式之后，单击"格式刷"按钮，格式刷中的格式只能套用一次。而双击"格式刷"按钮后，可以多次套用选中的格式，在取消"格式刷"使用之前，鼠标指针一直为"小刷子"形状，格式化操作完成之后，可以通过单击"格式刷"按钮或按Esc键取消"格式刷"的使用，此时鼠标指针变为正常形状。

3.4 Word 2003的图文混排

图文混排是指将文字与图片混合排版，文字可在图片的四周、嵌入图片下面、浮于图片上方等，通过图文混排可以使文档图文并茂、美观艺术、富有说服力。一篇图文并茂的文章能引起读者阅读的兴趣，因此现在很多文档中都会配上精美的插图，同时图片也是活跃版面气氛的重要元素。

3.4.1 插入图片

在Word中可以插入的图片类型很多，如bmp文件、jpg文件、gif文件、wmf文件和pcx文件等，用户可以插入图片、艺术字、剪贴画、自选图形等多种不同形式的图片。

1．插入图片

插入的图片源一般是来自文件，也有剪辑库中的剪贴画，另外还可以自绘图形。在文档中插入图片的基本操作步骤如下：

① 将插入点定位到文档中要插入图片的位置。

② 在菜单栏中单击"插入"选项，将光标指向"图片"命令，弹出相应级联菜单，单击"来自文件"命令，打开"插入图片"对话框，如图3—40所示。

图3—40 "插入图片"对话框

③ 定位到需要插入图片所在的文件夹，单击选中相应的图片文件，然后单击"插入"按钮，即可将对应图片插入到文档中。

2．插入剪贴画

Word 2003提供了丰富的剪贴画库，分为学术、自然、商务等不同的类型，满足不同的需要。从"剪贴画"中插入图片的基本操作步骤如下：

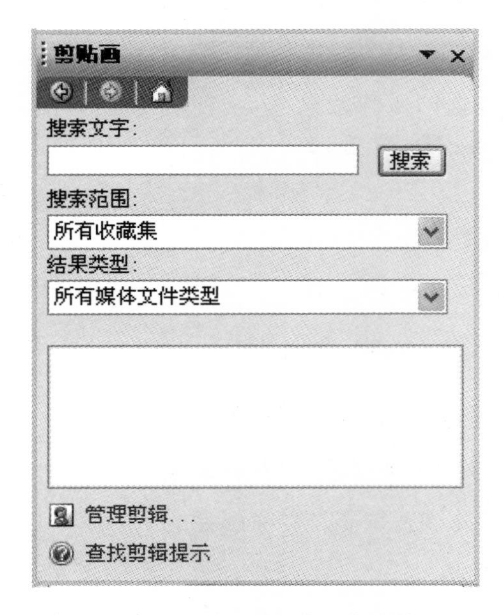

图3—41 "剪贴画"任务窗格

① 将插入点移到要插入图片的位置。

② 在菜单栏中单击"插入"选项，将光标指向"图片"命令，弹出相应级联菜单，单击"剪贴画"命令，打开"剪贴画"任务窗格，如图3—41所示。

③ 在"搜索文字"文本框中输入要找的剪贴画名称，在"搜索范围"下拉列表框中选择剪贴画保存的位置，在"结果类型"下拉列表框中选择需要的剪贴画类型，单击"搜索"按钮，即可进行搜索。

④ 在搜索结果中显示出所有符合要求的剪贴画，从中选择合适的剪贴画，单击即可将所选剪贴画插入到文档中。

3．插入艺术字

在编辑文档时，为了使标题更加醒目、生动，可以应用Word提供的艺术字功能来插入特殊的文字。Word中的艺术字是一个图形对象，所以可以像编辑图形对象一样来编辑艺术字，如可以给艺术字加边框、底纹、纹理、填充颜色、阴影和三维效果等。

在文档中插入艺术字的基本操作步骤如下：

① 打开文档，把插入点定位到要插入艺术字的位置。

② 在菜单栏中单击"插入"选项，将光标指向"图片"命令，弹出相应级联

菜单，单击“插入艺术字”命令，弹出“艺术字库”对话框，如图3—42所示。

③ 从对话框中选择一种艺术字样式，单击“确定”按钮，弹出“编辑‘艺术字’文字”对话框，如图3—43所示。

在“文字”区中输入要编辑的标题文字，另外，还可以为标题文字设置字体、字号、加粗和斜体等属性，设置完成后，单击“确定”按钮，结果如图3—44所示。

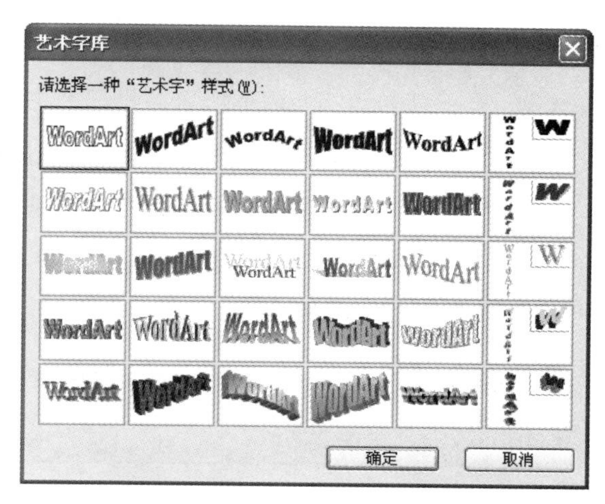

图3—42 “艺术字库”对话框

插入艺术字以后，文档编辑窗口就显示出艺术字的效果，单击艺术字可以打开“艺术字”工具栏，单击工具栏上相应按钮可以对艺术字进行特殊编辑。

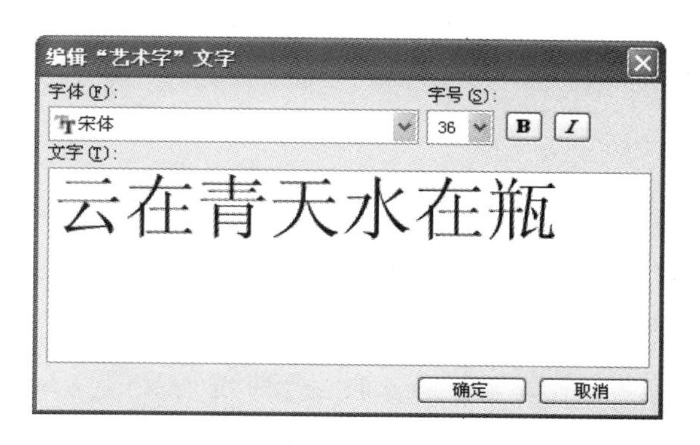

图3—43 “编辑‘艺术字’文字”对话框

图3—44 艺术字效果图

4. 编辑图片

图片被插入文档后，需要根据文档的形式对图片进行编辑。单击选中需要编辑的图片，在菜单栏中单击“视图”菜单中的“工具栏”的选项，在弹出的级联菜单中单击勾选“图片”命令，打开“图片”工具栏，对图片进行编辑。

(1) 选定图片

操作一张图片，在该张图片上单击左键即可。如果单击对象外的任意位置，已选定的对象即被取消。

(2) 图片的移动、复制、删除

图片的移动、复制和删除操作与操作正文文本相同，可以使用剪贴板完成，也可以采用拖动的办法，注意复制拖动时须按住Ctrl键。对象的删除同样可使用Del键完成。

(3) 调整图片的大小

首先选定图片对象，然后用鼠标左键按住选择框上的尺寸柄拖动，来放大或缩小图片，调整到适当的位置后松开鼠标左键即可。如果要精确调整对象的大小和在文档中的位置，则双击图片，在弹出的格式对话框中的“大小”选项卡中完成相关设置。

3.4.3 图形绘制与Word图片

Word不但可以把已有图片文件插入到文档中，我们还可以手动绘制各种图形，通过绘图工具栏可以很方便地绘制出各种图形。

打开绘图工具栏的方法：在菜单栏中单击“视图”菜单中的“工具栏”的选项，在弹出的级联菜单中单击勾选“绘图”命令，打开“绘图”工具栏，如图3—45所示。

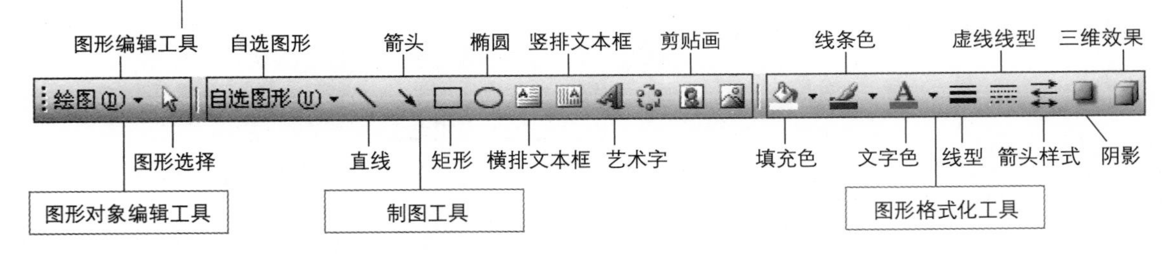

图3—45 “绘图”工具栏

图形的绘制和编辑工作一般在Word页面视图方式下进行，在页面视图和Web版式视图模式下能使用绘图工具。在其他视图模式下单击绘图工具，Word自动切换到页面视图模式下。

1. 绘制线条

如果要绘制一条直线，基本操作步骤如下：

① 单击“绘图”工具栏中的“直线”按钮。

② 将鼠标指针移动到要绘制直线的起始位置，这时鼠标指针变成十字形“+”。

③ 按住鼠标左键拖动，当直线长短合适后，松开鼠标左键。

注意：如果在文档编辑区中自动弹出“在此处创建图形”的绘图画布，用户可以按Esc键取消，或者在菜单栏中单击“工具”菜单中的“选项”命令，弹出“选项”对话框，单击其中的“常规”选项卡，单击“插入‘自选图形’时自动创建绘图画布”复选框，取消勾选。

如果要绘制一条曲线，操作如下：

① 单击“绘图”工具栏中的“自选图形“按钮，然后指向“线条”命令。

② 单击“线条”菜单中的“曲线”按钮。

③ 把鼠标移动到要绘制图形的地方，按住鼠标左键拖动。

④ 单击鼠标左键以确定第二点的位置，依次类推分别确定曲线以下各点的位置。

完成曲线绘制，双击鼠标左键即可。绘制自由曲线时，按住鼠标左键随意绘制不规则的曲线。

2. 绘制多边形

若要绘制任意多边形，基本操作步骤如下：

① 单击“绘图”工具栏中的“自选图形”命令。

② 单击“线条”中的“任意多边形”按钮。

③ 绘制直线时，将鼠标移动到起点处单击左键，在移动到终点处单击左键，再选择其他位置单击左键，依次类推就可以绘制出多边形。

④ 如果想使图形开放，那么用鼠标双击文档的任何位置；要完成封闭多边形，在起点处单击。

3. 绘制矩形和正方形

绘制矩形和正方形时，单击“绘图”工具栏中的“矩形”按钮，再把鼠标指针移动到要绘制的位置，单击左键，或者按住鼠标左键拖动，当图形大小合适后，松开鼠标左键。

绘制正方形时，只要在拖动时按住Shift键，绘制完成后，松开鼠标左键即可。

4. 绘制椭圆和圆形

绘制椭圆和圆形时，单击“绘图”工具栏中的“椭圆”按钮，再把鼠标指针移动到要绘制的位置，单击左键，或者按住鼠标左键拖动，当图形大小合适后，松开鼠标左键。

绘制圆形时，只要在拖动时按住Shift键，绘制完成后，松开鼠标左键即可。

5. 绘制其他图形

若要绘制其他图形，可以通过“自选图形”下拉菜单选择对应的工具，基本操作步骤如下：

① 单击“绘图”工具栏中的“自选图形”按钮，打开“自选图形”菜单。

② 从“自选图形”菜单中单击选择需要的类型，比如“基本形状”中的“笑脸”。

③ 把鼠标指针移动到要绘制的位置，单击左键，或者按住鼠标左键拖动，当图形大小合适后，松开鼠标左键即可。

同样，若要保持图形的高度与宽度成比例，可以按住Shift键后再拖动。

6. 添加文字

Word 2003可以在图形对象中添加文字，并且加入的文字可以随图形一起移动。基本操作步骤如下：

① 鼠标右键单击需要添加文字的图形。

② 从弹出的快捷菜单中单击选择“添加文字”命令。

③ 在图形中添加文本，同时可以对文本进行编排。

注意：当旋转这个图形时，图形对象中的文字不会一起跟着旋转。

7. 图形组合/取消组合

用户可以通过“组合”功能将多个图形组合在一起，组合在一起的多个图形构成一个整体，用户可以将组合中的所有图形作为一个单元来进行编辑，比如翻转、旋转，调整大小或缩放等操作。也可以更改组合中所有对象的属性，例如，用户可以为组合中的所有图形更改填充颜色或添加阴影，或者在组合中再创建组合以构建复杂图形。

首先选定要组合的图形对象，然后在“绘图”工具栏上单击“绘图”按钮，在弹出的级联菜单中单击“组合”命令，即可将选定的图形组合。

如果用户需要取消组合的图形对象，首先选定要取消组合的组，然后在“绘图”工具栏上单击“绘图”按钮，在弹出的级联菜单中单击“取消组合”命令即可。

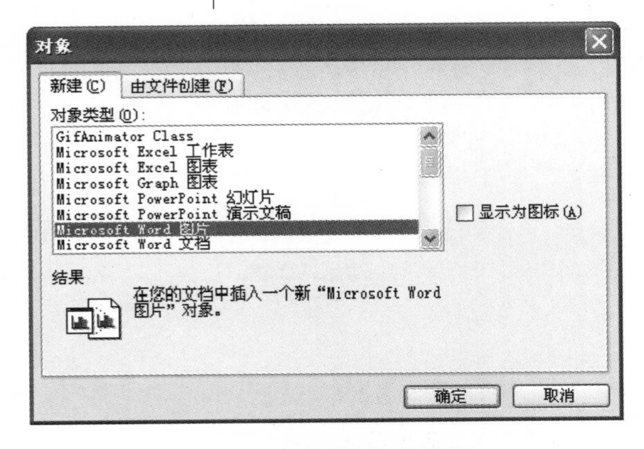

图3—46 “对象”对话框

8. 插入Word图片

由于直接绘图编辑比较麻烦，Word提供了插入“Word图片”功能，用户可以通过插入对象的方法插入图片并直接编辑。基本操作步骤如下：

① 将光标置于需要插入图片的位置。

② 在菜单栏中单击选择“插入”菜单中的“对象”命令，弹出“对象”对话框，如图3—46所示。

③ 单击“Microsoft Word图片”选项。

④ 单击“确定”按钮。打开“Word的图片”编辑区，进行图片编辑操作，设置完毕后，单击“关闭图片”按钮 关闭图片(C)，返回文档编辑区。

插入“Microsoft Word图片”对象后，双击该对象则将打开它所链接的图形处理程序，在其中编辑后，所做的改变也会自动更新文档中对应的图片对象。

3.4.4 版式设置

版式是指对象在文档页面的编排形式，即对象与文档中的正文文本之间的关系。在Word中，对象插入在文档中的版式包括以下三种：

1. 嵌入型版式

嵌入型版式是Word对象的默认版式，在该版式下，对象如同一个字符一样插在当前插入点位置，如图3—47所示。

这种版式下，插入的对象不能与其他对象组合，不支持旋转或随意移动位置，但是可以与正文一起参加排版。如本书正文中插入的一些图标图形、鼠标指针图形就是嵌入型版式的对象。自选图形和自绘的图形不支持此种版式。嵌入型版式的对象也称嵌入式对象。

这几天心里颇不宁静。今晚在院子里坐着乘凉，忽然想起日
日走过的荷塘，在这满月的光里，总该另有一 番样子吧。月亮渐

渐地升高了，墙外马路上孩子们的欢笑，已
经听不见了；妻在屋里拍着闰儿，迷迷糊糊地哼着眠歌。我悄悄
地披了大衫，带上门出去。↵

图3—47　嵌入型版式

2．环绕型版式

环绕型版式的优点在于：插入的对象在页面上与正文的编排关系更加灵活，如图3—48所示。

这几天心里颇不宁静。今晚在院子里坐着乘凉，忽然想起日
日走过的荷塘，在这满月的光里，总该另有一 番样子吧。月亮渐
渐地升高了，墙外马路 上孩子们的欢
笑，已经听不见了；妻 在屋里拍着闰
儿，迷迷糊糊地哼着眠 歌。我悄悄地披
了大衫，带上门出去。.
沿着荷塘，是一条 曲折的小煤屑
路。这是一条幽僻的路；白天也少人走，夜晚更加寂寞。荷塘四

(a) 四周型

这几天心里颇不宁静。今晚在院子里坐着乘凉，忽然想起日日
走过的荷塘，在这满月的光里，总该另有一 番样子吧。月亮渐渐
地升高了，墙外马路上孩 子们的欢笑，已
经听不见了；妻在屋里拍 着闰儿，迷迷糊
糊地哼着眠歌。我悄悄地 披了大衫，带上
门出去。↵
沿着荷塘，是一条曲 折的小煤屑路。
这是一条幽僻的路；白天也少人走，夜晚更加寂寞。荷塘四周，

(b) 紧密型

图3—48　环绕型版式

环绕型版式可以实现多种形式的正文环绕，并且它可以与其他对象组合成一个新对象，另外它还可以直接被拖放到文档中的任意位置。通过绘图工具所绘出的图形和插入的自选图形均为环绕型版式。环绕型版式的对象和下面所谈的浮（衬）于文字上（下）方版式中的对象一起也统称为浮动式对象。

3．浮于文字上方和衬于文字下方版式

这种版式对文档正文的排版不产生影响，和正文文本的关系是重叠放置的关系，如图3—49所示。

这几天心里颇不宁静。今晚在院子里坐着乘凉，忽然想起日
日走过的荷塘，在这满月的光里，总该另有一 番样子吧。月亮渐
渐地升高了，墙外马路上 听不见了；妻在屋
里拍着闰儿，迷迷糊糊地 披了大衫，带上门
出去。↵
沿着荷塘，是一条曲 一条幽僻的路；白
天也少人走，夜晚更加寂 许多树，蓊蓊（w
ěng）郁郁的。路的一旁，是些杨柳，和一些不知道名字的树。

(a) 浮于文字上方

这几天心里颇不宁静。今晚在院子里坐着乘凉，忽然想起日
日走过的荷塘，在这满月的光里，总该另有一 番样子吧。月亮渐
渐地升高了，墙外马路上孩子们的欢笑，已经听不见了；妻在屋
里拍着闰儿，迷迷糊糊地哼着眠歌，我悄悄地披了大衫，带上门
出去。↵
沿着荷塘，是一条曲折的小煤屑路。这是一条幽僻的路；白
天也少人走，夜晚更加寂寞。荷塘四周，长着许多树，蓊蓊（w
ěng）郁郁的。路的一旁，是些杨柳，和一些不知道名字的树。

(b) 衬于文字下方

图3—49　浮（衬）于文字上（下）方版式

当浮于文字上方时，对象不透明的部分将会掩盖住它底下的正文，当衬于文字下方时，在对象之上照排正文。常利用这一版式设置图片成为文档的背景。除不能环绕排版外，该版式其他属性和环绕型版式相同。

3.5 表格的使用

在文档中，可以经常看到各种表格，如课程表、账单表、报名表和调查表等。表格都是以行和列的形式组织信息，其结构严谨，效果直观，而且信息量大。Word提供了强大的表格功能，用户可以轻松地制作和使用各种表格。

3.5.1 新建表格

在Word中可以通过多种方式创建一个新的表格。

1. 使用工具栏按钮创建表格

将光标定位在需要插入表格的位置，单击常用“工具栏”上的“插入表格”按钮，在此按钮的下方弹出一个表格网格，根据需要的行数和列数，按住鼠标左键在网格中向右、向下拖动，当表格网格的大小（呈深蓝色部分）满足要求时松开鼠标，在插入点位置自动插入一个空表。

2. 使用“菜单”命令创建表格

基本操作步骤如下：

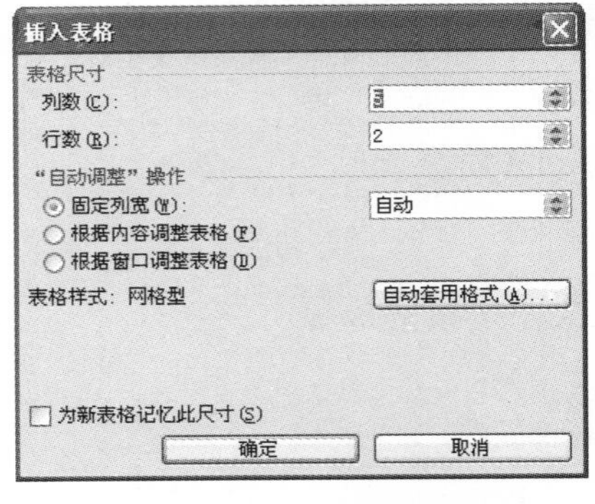

图3—50 “插入表格”对话框

① 将光标定位在需要插入表格的位置。

② 在菜单栏中单击选择“表格”菜单中的“插入”命令，在弹出的级联菜单中单击“表格”命令，弹出“插入表格”对话框，如图3—50所示。

③ 设置表格的参数。其中“列数”和“行数”两个文本框分别用来设置表格的列数和行数，Word中表格最多可到63列，“自动调整”选项组用来设置表格每列的宽度。

④ 单击“确定”按钮，插入相应表格。

3. 使用“表格和边框”工具绘制表格

上述两种方法适合插入规则的表格，对于一些比较复杂的表格，例如表格中有对角线、斜线等，使用手动绘制更加方便灵活。基本操作步骤如下：

① 将光标定位在需要插入表格的位置。

② 在菜单栏中单击选择“表格”菜单，再单击“绘制表格”命令，或者单击常用工具栏上的“表格和边框”按钮，弹出“表格和边框”工具栏。

③ 单击“绘制表格”按钮，鼠标指针变为铅笔的形状，此时利用鼠标可以

开始绘制表格。

④ 单击"擦除"按钮，鼠标指针变成橡皮的形状，在要擦除的表格边框上单击或拖动鼠标左键即可完成擦除表格操作。

⑤ 绘制完表格后，将光标定位到某一个单元格，可以进行表格编辑操作。

4. 绘制斜线表头

对有些表格需要在表头中加入斜线，Word特别提供了绘制斜线表头的功能，具体操作如下：

① 将光标定位到表头位置，即表格的第一行第一列。

② 在菜单栏中单击选择"表格"菜单，单击"绘制斜线表头"命令，弹出"插入斜线表头"对话框，如图3—51所示。

③ 选择表头的样式、字体大小以及标题等，单击"确定"按钮。

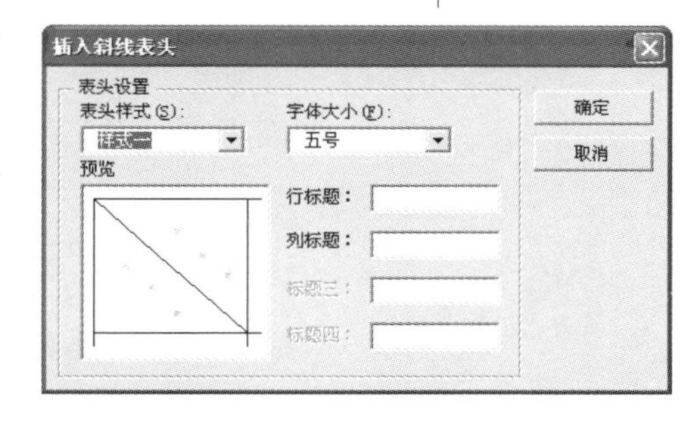

图3—51 "插入斜线表头"对话框

3.5.2 编辑表格

新建的表格，经常需要改变其大小、位置、行列数目以及文字方向等属性。将鼠标移动到表格上，表格将显示出相应控点，如图3—52所示。其中，移动控点用于选中和移动表格，缩放控点用于缩放表格大小。

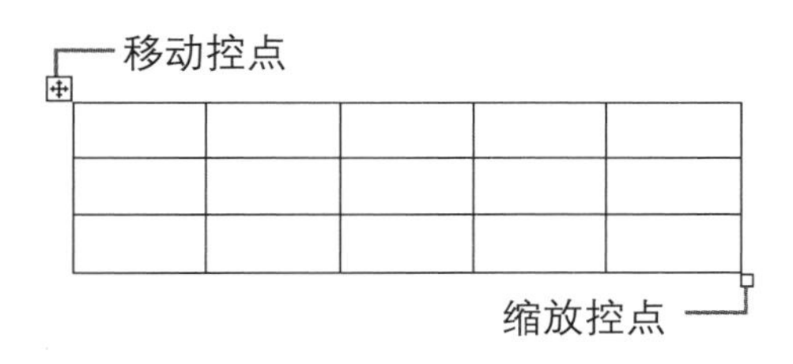

图3—52 表格控点

1. 选定表格

在表格处理中，经常需要选定表格，与文字的选定类似，被选中的表格将反白显示。将光标定位在表格单元格内，单击"表格"菜单中的"选择"命令，在弹出的级联菜单中单击"选择范围"。除了使用菜单命令外，用户还可以使用鼠标完成表格选择操作，见表3—3所示。

表3—3 表格选定

选定区域	操作
整个表格	单击该表格移动控点 ⊞
一个单元格	将光标移到单元格的左边框上，光标变成实心向右箭头，单击鼠标左键即可
多个连续单元格	按住鼠标左键拖动选择，选定单元格被反白显示，即黑色填充
一行	将光标移到表格的左侧，光标变成箭头向右图标，单击鼠标左键即可
一列	单击该列顶端的虚框或边框

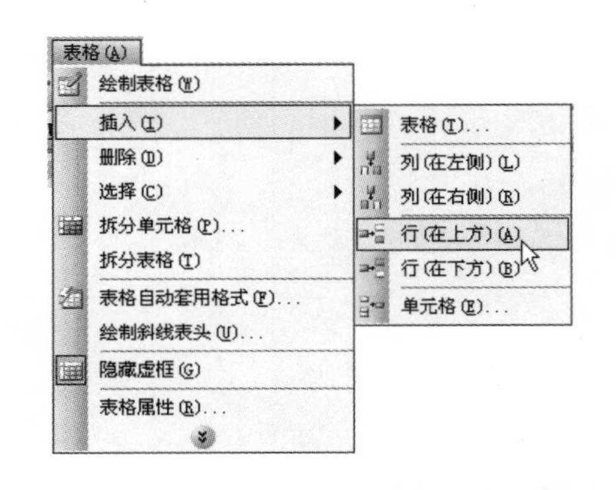

图3—53 "表格"菜单中"插入"子菜单

2．添加行或列

绘制完表格后如果发现行数或列数不够用，可以添加行或列。以添加行为例，基本操作步骤如下：

① 选定与插入位置相邻的行，注意选定的行数要与待添加的行数相同。

② 单击"表格"菜单中的"插入"命令，在弹出的子菜单中单击选择"行（在上方）"或"行（在下方）"命令即可，如图3—53所示。

选定几行，表格就增加几行，添加列的操作与上述添加行的操作基本相同。

注意：若要在表格末插入一行，可将鼠标定位到最后一行的最后一个单元格，然后按Tab键，或者将鼠标定位到最后一行末尾，然后按Enter键。

3．删除行或列

删除行或列与添加行或列的方法类似，首先选中行或列，然后单击"表格"菜单中的"删除"命令，在弹出的子菜单中单击选择"列"命令即可。

4．行列重调

表格的行列重调是指重新调整单元格的行高和列宽。由于调整行高和列宽的操作基本相同，本章仅介绍列宽的调整，操作方法有以下几种：

（1）使用鼠标

将鼠标移到要改变列宽的表格竖线上，当鼠标指针变为双箭头形状时⇹，按下鼠标左键，行上还会出现一条虚线，拖动鼠标就可改变列宽。

（2）使用对话框

使用对话框可更精确地调整列宽，基本操作操作步骤如下：

① 将光标放在要调整列宽的列中，或者选中该列。

② 单击"表格"菜单中的"表格属性"命令，打开"表格属性"对话框，单击"列"选项卡。

③ 在变数框中输入或选择列的宽度值，并可选择列宽单位，该对话框中不仅可以调整指定列的宽度，还可以调整前后列的宽度。

④ 完成设置后，单击"确定"按钮。

5．拆分表格

拆分表格是将一个表格拆分成为两个表格，首先在原表格中将光标定位到要拆分的位置（该位置即为表格拆分后第二个表格的第一行），单击选择"表格"菜单中的"拆分表格"命令，可将表格一分为二，这样在原表格中从定位光标所在行开始，之后的所有行被拆分到第二个表格。

6．表格边框和底纹

用户可以根据需要修改表格的边框，为了突出显示特定内容，还可以为表格加上底纹。首先选定表格或者单元格，然后单击选择“格式”菜单中的“边框和底纹”命令，或者单击鼠标右键，在弹出的快捷菜单上选择“边框和底纹”命令，弹出“表格边框和底纹”对话框，打开“边框”选项卡，在选项卡设置边框的类型、线型、线的颜色及粗细、底纹颜色等。

3.5.3　单元格的设置

“单元格”是表格中行和列交叉形成的框，用户可以在该框中输入文字、图形、公式等信息。

1．合并和拆分单元格

合并单元格基本操作步骤如下：

① 选定需要合并的单元格。

② 单击“表格”菜单中的“合并单元格”命令，或单击鼠标右键，在弹出的快捷菜单中选择“合并单元格”命令，执行合并单元格操作。

拆分单元格操作与合并单元格操作相反，基本操作如下：

① 将光标定位到需要拆分的单元格中。

② 单击“表格”菜单中的“拆分单元格”命令，或单击鼠标右键，在弹出的快捷菜单中选择“拆分单元格”命令，弹出“拆分单元格”对话框。

③ 在“列数”和“行数”变数框中输入或选择拆分后的行数和列数。

④ 完成设置后，单击“确定”按钮。

2．插入和删除单元格

插入单元格具体操作步骤如下：

① 选定若干个单元格（注意，插入的单元格数与开始选定的单元格数相同）。

② 单击“表格”菜单中的“插入”命令，从出现的子菜单中单击“单元格”命令，打开“插入单元格”对话框，如图3—54所示。

③ 在对话框中选择插入单元格的方式，最后单击“确定”按钮。

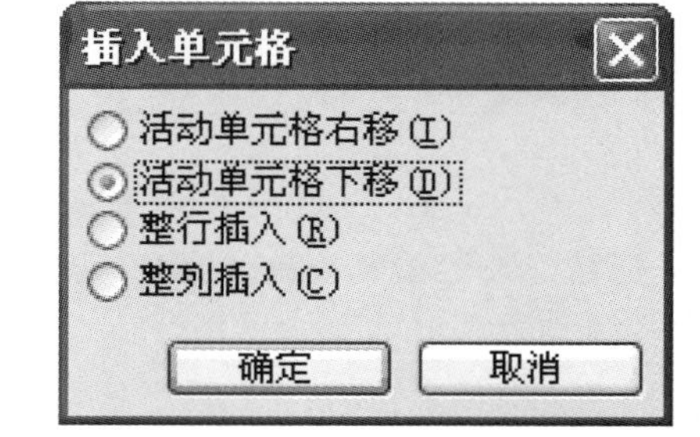

图3—54　“插入单元格”对话框

删除单元格是插入单元格的逆操作，与插入单元格的方法相似，基本操作步骤如下：

① 选定要删除的单元格。

② 单击“表格”菜单中的“删除”命令，从出现的子菜单中单击“单元格”

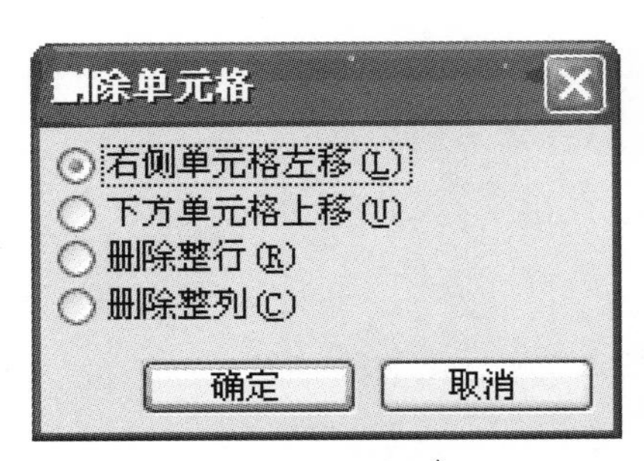

图3—55 “删除单元格”对话框

命令，打开“删除单元格”对话框，如图3—55所示。

③ 在对话框中选择删除单元格的方式，最后单击“确定”按钮。

2．单元格对齐方式

设置单元格对齐方式的基本操作步骤如下：

① 选中要设置对齐方式的单元格。

② 然后单击鼠标右键，弹出的快捷菜单，单击“单元格对齐方式”命令，其子菜单中提供了9种对齐方式可供选择，如图3—56所示，单击选择对齐方式，完成设置。

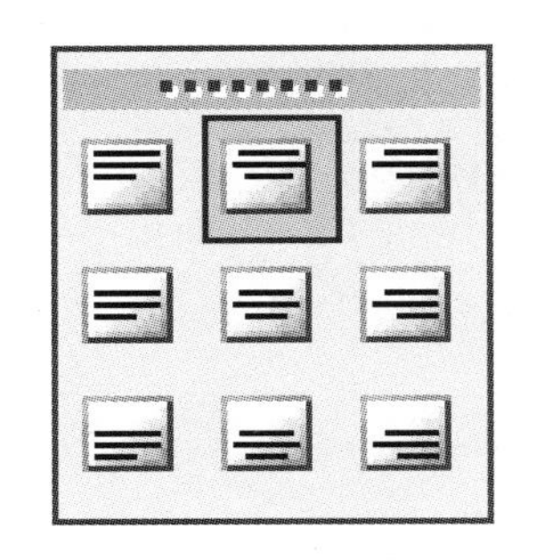
图3—56 单元格对齐方式

3．改变文字方向

默认状态下，表格中的文字以水平方式显示，但在某些特殊情况下，需要文字以竖直等方式显示，即改变文字的方向，基本操作步骤如下：

① 选中需要改变文字方向的单元格。

② 单击选择“格式”菜单中的“文字方向”命令，或者单击鼠标右键，在弹出的快捷菜单中选择“文字方向”命令，弹出“文字方向—表格单元格”对话框。

③ 单击选择一种文字方向，单击“确定”按钮。

3.6 文档的排版

3.6.1 插入页眉、页脚

页眉和页脚是指在文档的顶部和底部区域重复出现的信息，可以由文本或图形组成。页眉和页脚一般显示文档的附加信息，如书名、章名、页码、日期、作者姓名等，可以根据不同的页面，设置不同的页眉和页脚。

图3—57 页眉设置

1．添加页眉和页脚

在页面中添加页眉和页脚的操作步骤如下：

① 在菜单栏中单击选择“视图”菜单中的“页眉和页脚”命令，打开“页眉和页脚”工具栏，此时，页面顶部和底部各出现一个虚线框，如图3—57所示在此状态下，正文呈现反灰状态。

② 单击虚线框即可在页眉或页脚中输入文本或插入图形。

③ 页眉和页脚设计好后，单击“页眉和页脚”工具栏中的“关闭”按钮，或双击变灰的正文，返回Word文档编辑状态。

2. 修改页眉和页脚的内容

修改页眉和页脚的基本操作步骤如下：

① 在菜单栏中单击选择“视图”菜单中的“页眉和页脚”命令，或者双击页眉或页脚，打开“页眉和页脚”工具栏。

② 选择待修改的页眉或页脚内容，然后直接修改即可。

在修改一个页眉和页脚时，Word会自动对整个文档中相同的页眉或页脚进行修改。

3. 删除页眉和页脚

若要删除页眉和页脚，首先选定要删除的页眉或页脚，在键盘按Delete删除键，Word会自动删除整个文档中相同的页眉或页脚。

3.6.2 页码设置

在文档排版中，页码用以统计书籍的面数，便于读者检索。在Word中，只要对页码格式做好设置，系统会自动为整个文档编制页码。

插入页码的基本操作如下：单击“插入”菜单中的“页码”命令，弹出“页码”对话框，如图3—58所示；在此对话框中，用户可以设置页码在页面的位置、对齐方式、首页是否显示页码等操作；单击“确定”按钮，完成页码设置，返回文档编辑区。

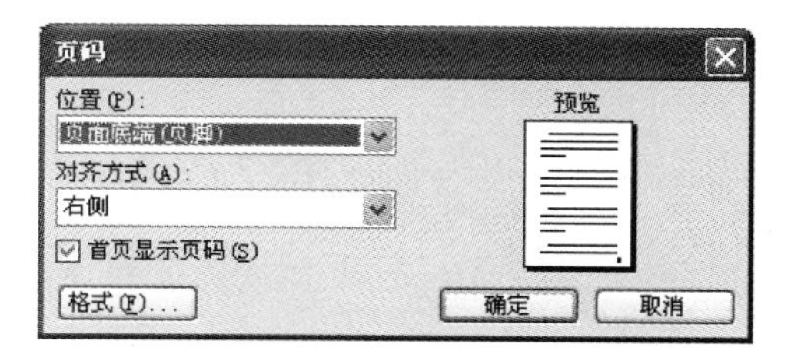

图3—58　“页码”对话框

当用户需要设置页码格式时，可以在“页码”对话框中单击“格式(F)...”按钮，打开“页码”格式对话框，从中设置页码数字、章节号、页码编排等。

如果要删除页码，需要双击页码，进入页眉和页脚状态，选中页码文本框，在键盘上按Delete键即可。

3.6.3 文档的分页符和分节符

进行页面设置后，Word会自动设置文档的纸张大小、字符数和行数，并对文档进行排列，用户也可以根据需要自定义分页符和分节符。

1. 插入分页符

当输入位置还没到自动换页时，使用分页符可以对文档强制分页。基本操作步骤如下：

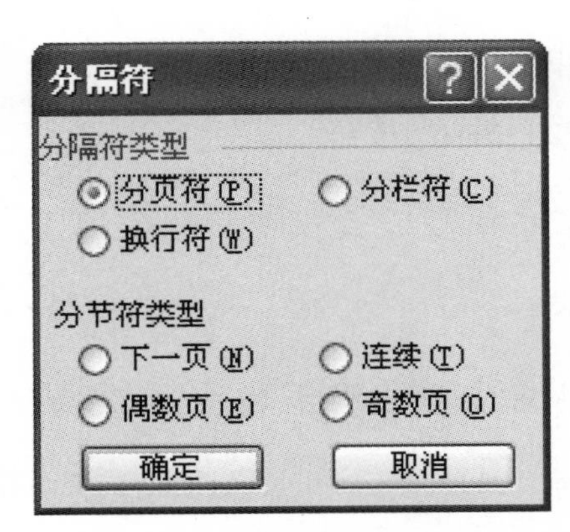

图3—59 “分隔符”对话框

① 将光标移动到需要插入分页符的位置。

② 单击“插入”菜单中的“分隔符”命令，弹出“分隔符”对话框，如图3—59所示。

③ 在“分隔符类型”中单击选择“分页符”，单击“确定”按钮，在页面视图中插入点就会从下一页开始。

2. 插入分节符

节是指文档的一部分，可在其中设置与文档其他部分(节)不同的格式，如分栏、页眉和页脚等。在文档中插入分节符就可以将文档分成几节，然后根据需要设置每节的格式。分节符所处位置表示一节的结束和下一节的开始，它包含了节所有的格式设置，如页边距、页面方向等，如图3—60所示。

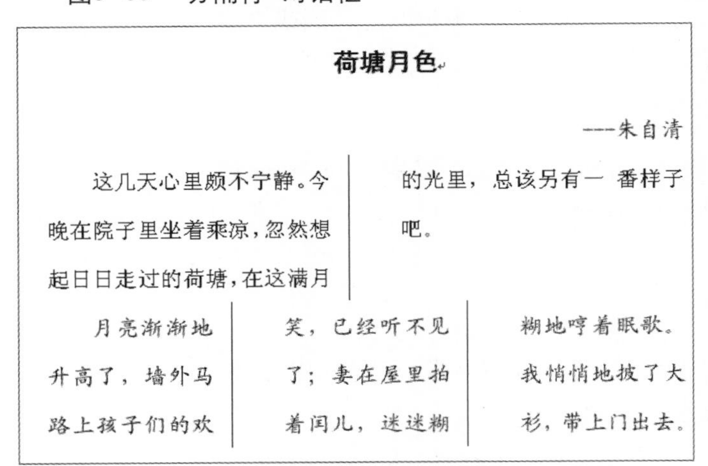

图3—60 采用分隔符后的文档

插入分节符的基本操作步骤如下：

① 将光标移动到需要插入分节符的位置。

② 单击“插入”菜单中的“分隔符”命令，弹出“分隔符”对话框，如图3—59所示。

③ 在“分节符类型”中选择相应按钮，单击“确定”按钮。

如果选中“下一页”单选钮，则可以插入一个分节符，新的节从下一页顶端开始。如果使文章章节的标题总显示在新的一页开始处，常使用这种分节符。

如果选中“连续”单选钮，则可以插入一个分节符，新的节从同一页开始。这种分节符主要用于在一个文档中设置各个部分不同的格式。

3. 删除分隔符

如果要删除分隔符，切换到普通视图中，把光标移动到该分隔符上，按Delete键即可。分隔符被删除后，该分隔符前面的文字将合并到后面的节中，并且文本格式与后者的格式相同。

3.6.4 分栏排版

分栏是指在页面上将一段文本分成并排的几栏，当文本填满第一栏之后移到下一栏。分栏排版常应用于报纸、杂志等排版。分栏前用户要明确分栏的范围、数目、宽度等，基本操作步骤如下：

① 单击“格式”菜单中的“分栏”命令，弹出“分栏”对话框，如图3—61所示。

② 单击选择设置分栏数目、各栏的宽度、两栏之间的距离，以及是否需要分隔线和分栏的应用于范围等。

③ 单击“确定”按钮，完成分栏设置，在页面上可以看到分栏效果。

注意：如要对整篇文档分栏，单击正文任意位置即可；若要对部分文档分栏，则需要选定需要分栏的文本，或者分节操作。

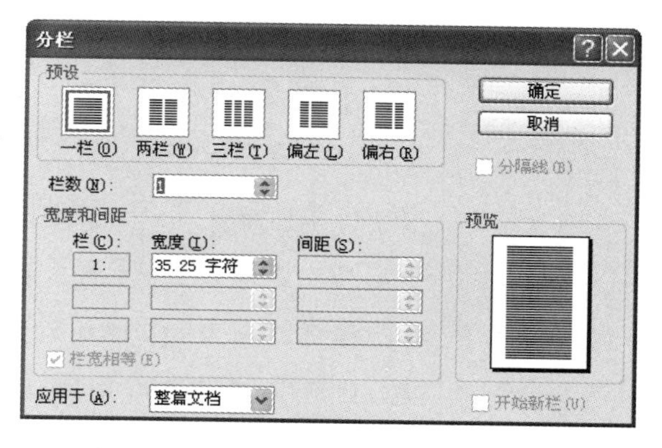

图3—61 “分栏”对话框

3.6.4 目录

1. 创建目录

一般的书籍、论文等长文档在正文开始之前都有目录，通过目录可以了解论述的主题和主要内容，并且可以快速定位到某个标题。在Word 2003中，目录是文档中标题的列表，用户可以快速创建目录。例如，在页面视图中显示文档时，目录中将包括标题及相应的页号。创建目录的基本操作步骤如下：

① 首先将文档切换到页面视图，然后将光标定位到文档中需要插入目录的位置。

② 在菜单栏单击“插入”菜单中的“引用”命令，在弹出的级联菜单中单击“索引和目录”菜单命令，打开“索引和目录”对话框，单击选中“目录”选项卡，如图3—62所示。

③ 在“打印预览”栏中显示目录打印的效果，在“Web预览”栏中显示目录网页的效果。

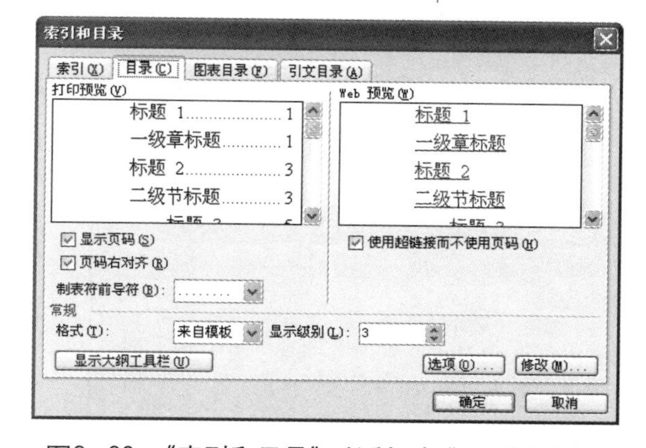

图3—62 “索引和目录”对话框中“目录”选项卡

④ 单击勾选“显示页码”复选框，使目录中每一个标题后边都显示其所在页的页码；单击勾选“页码右对齐”复选框，使目录中的页码全部右对齐。在“制表符前导符”下拉列表框中，选择标题与页码之间的填充符号。如果选中“使用超链接而不使用页码”复选框，则目录采用链接形式，不显示页码。

⑤ 在“常规”栏中的“格式”下拉列表框中，选择目录的显示格式。在“显示级别”数值选择框中，设定目录所包含的标题级别。例如，键入“4”，在目录中显示4个标题级别，即显示标题1、标题2、标题3和标题4。

⑥ 单击“确定”按钮，在插入点位置显示新创建的目录。

2. 更新目录

如果文档内容发生了变化，则需要更新目录。具体操作步骤如下：

① 将光标移动到目录中，单击鼠标右键，调出快捷菜单，单击其中的“更新域”菜单命令，打开“更新目录”对话框。

② 如果文档中只有正文发生了变化而标题没有变化，则选中“只更新页码”单选钮来更新目录中的页码即可。如果添加、删除或者修改了文档的标题，则选中“更新整个目录”单选钮来同时更新目录的标题和页码。

③ 单击“确定”按钮，Word自动更新目录。

事实上，生成的目录并不是普通的文本，而是一个Word域结果，所以该结果可以随时更新。用户也可以将Word域转换成文本，选中要转换的目录，按“Shift+Ctrl+F9”组合键就可以将目录转换成普通的文本。但是将域结果转换为普通文本后，其信息即成为静态文本，不能像域结果一样自动更新。如果需要更新信息，则必须重新插入目录。

3.7 打印输出

创建文档的主要目的是为了保存和发布信息，所以经常需要把文档打印出来。为了使打印出的文档更加美观，用户需要对文档进行页面设置。

3.7.1 页面设置

页面设置主要包括修改页边距、设置纸张与版式、设置文档网格等内容。

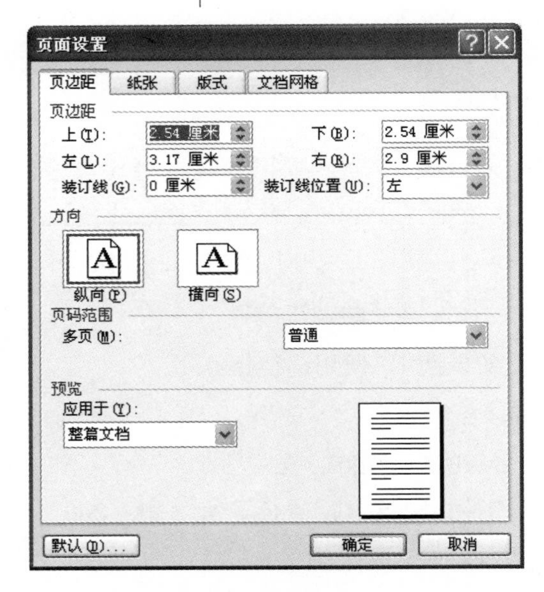

图3–63 “页面设置”对话框中“页边距”选项卡

1. 修改页边距

页边距是页面四周的空白区域，修改页边距的基本操作步骤如下：

① 在菜单栏中单击选择“文件”菜单中的“页面设置”命令，弹出“页面设置”对话框，打开“页边距”选项卡，如图3–63所示。

② 在“页边距”选区中的“上”、“下”、“左”、“右”、“装订线”和“装订线位置”微调框中输入页边距的精确数值。

③ 在“方向”选区中单击选择文本打印的方向。

④ 在“页码范围”下拉列表框中选单击择一种页码范围方式。

⑤ 在“预览”选区中的“应用于”下拉列表框

中选择所要应用的文档项目。

⑥ 单击“确定”按钮，系统将应用页面设置重排文档。

2．设置纸张

设置纸张主要是设置纸张的大小，基本操作步骤如下：

① 在菜单栏中，单击选择“文件”菜单中的“页面设置”命令，弹出“页面设置”对话，单击“纸张”选项卡，如图3—64所示。

② 在“纸张大小”下拉列表框中选择打印纸张的类型，如果需要使用特定的纸型，可以在“宽度”和“高度”微调框中输入相应的数值。

③ 在“纸张来源”选区中的“其他页”列表框中选择纸张位于打印机中的位置，系统默认为“默认纸盒”。

④ 单击“打印选项”按钮，弹出“打印”对话框，如图3—65所示。

⑤ 在“打印”对话框中用户可以根据需要设置“打印选项”、“打印文档的附加信息”、“只用于当前文档的选项”和“双面打印选项”等内容。

⑥ 单击“确定”按钮，确定文档的打印方式，返回“页面设置”对话框。

⑦ 单击“确定”按钮完成纸张设置。

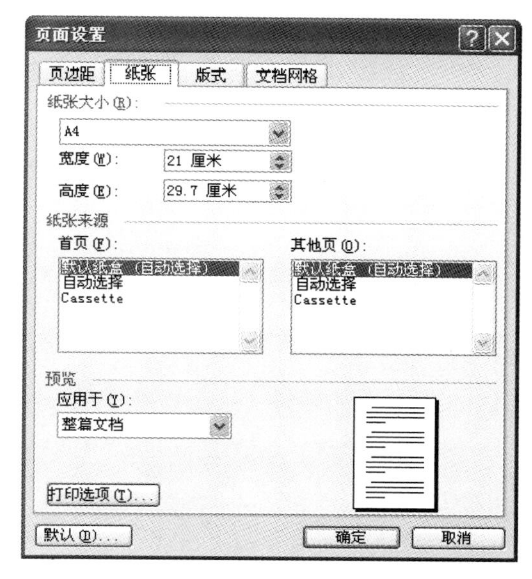

图3—64 “页面设置”对话框中“纸张”选项卡

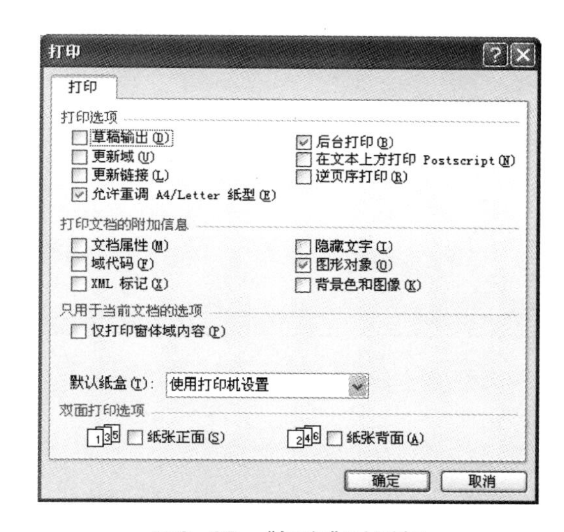

图3—65 “打印”对话框

3.7.2 打印预览

文档编辑完成后，经过页面设置，形成一份较理想的文档。在打印文档之前通常先预览一下文档的整体效果，查看打印效果是否与预想中的版式一致。

预览文档的基本操作步骤如下：

① 在菜单栏中单击选择“文件”菜单中的“打印预览”命令，或单击“常用”工具栏中的“打印预览”按钮，打开“打印预览”工具栏，如图3—66所示。

② 单击“打印预览”工具栏中的“多页”按钮，在弹出的列表框中选择同时显示页面的数量。

③ 单击“打印预览”工具栏中的“放大镜”按钮，鼠标变成放大镜的形状。如果显

图3—66 “打印预览”工具栏

示带加号的放大镜，单击鼠标放大页面；如果显示带减号的放大镜，单击鼠标缩小页面。

④ 预览完毕，单击“打印”按钮，直接打印该文档，单击“关闭”按钮即可关闭打印预览，返回文档编辑页面。

3.7.3 文档输出

如果打印预览的效果满意，即可开始打印文档。打印文档的基本操作步骤如下：

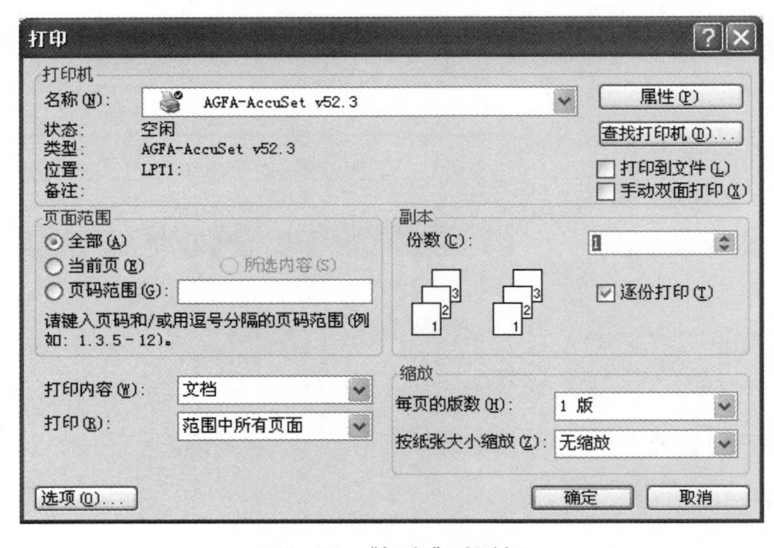

图3—67 “打印”对话框

① 在菜单栏中，单击选择“文件”菜单中的“打印”命令，弹出“打印”对话框，如图3—67所示。

② 在“打印机”选区中，单击“名称”下拉表，选择使用的打印机（如果用户只安装了一个打印机，通常此项不用选择，默认设置即可）。

③ 在“页面范围”选区中选择要打印的页面范围：选中“全部”单选按钮，打印整个文档；选中“当前页”单选按钮，打印当前一页；选中“页码范围”单选按钮，输入要打印的范围。

④ 一篇文档如果需要打印多份，在“副本”选区中的“份数”微调框中单击选择或输入要打印的份数。如果需要逐份打印文档，则勾选“逐份打印”复选框。

⑤ 在“打印内容”下拉列表框中可以有选择地设置打印文档的内容。

⑥ 在“打印”下拉列表框中选择打印的范围，比如选择“奇数页”、“偶数页”或“范围中所有的页面”。

⑦ 在“缩放”选区中可以设置每页打印的版数。

⑧ 设置完成，单击“确定”按钮，打印机开始打印文档。

本章小结

本章主要介绍了Word 2003的安装、启动、退出，Word文档的创建、编辑、格式化等操作。从文档排版美化的目的出发，详细介绍了表格制作、图文混排、文档排版、页面设置等操作，最后简单介绍了Word文档的打印输出操作。

思考题

一、填空题

1. Word提供了5种视图方式，当新建一个文档时，默认进入__________视图方式。

2. Word中改变纸张大小规格，应执行文件菜单的__________命令。

3. 在屏幕左边空白处双击鼠标左键可以选定__________文档。

4. 使用插入菜单中的__________命令可以插入分页符。

5. 修改文本时，首先要选中文本，被选中的文本内容将__________显示。编辑菜单上的__________命令可用于选择整个文本。

6. 利用鼠标选择文本时，将鼠标光标指向所要选择文本内容的__________位置，按住鼠标的__________键并__________拖到所要选择文本内容的结束位置，松开鼠标，光标经过的文本内容将被选择。

7. 段落标记是在按__________之后产生的。

8. 打印页码4—10、16、20表示打印的是__________、__________、__________的内容。

二、简答题

1. Word窗口默认状态下显示哪几个工具栏？如果用户还想显示其他工具栏，如何进行设置？

2. Word窗口的“文件”菜单下的“保存”命令与“另存为”命令有何区别？

3. 复制与剪切命令有什么不同？

4. 如何精确地设置表格的行高和列宽？

5. 怎样在Word文档中插入页眉和页脚？

6. 在Word 2003中是否可以打开多种类型的文档，如文本文档（.txt）、网页文档（.htm）、工作表（.xls）或WPS文档？

三、综合题

1. 在Word中制作一份新年贺卡表达心意，要求通过“页面设置”设置贺卡大小；使用“艺术字”输入“恭贺新春”和“福”，将“福”字旋转倒置；通过“文本框”写寄语、对联等，并设置边框底纹，插入春节元素的图片，例如灯笼、鞭炮等，制作完毕后，打印输出。

2. 建立一个新的Word文档，输入以下文字：

> 月光如流水一般，静静地泻在这一片叶子和花上。薄薄的青雾浮起在荷塘里。叶子和花仿佛在牛乳中洗过一样；又像笼着轻纱的梦。虽然是满月，天上却有一层淡淡的云，所以不能朗照；但我以为这恰是到了好处——酣眠固不可少，小睡也别有风味的。
>
> 月光是隔了树照过来的，高处丛生的灌木，落下参差的斑驳的黑影，峭楞楞如鬼一般；弯弯的杨柳的稀疏的倩影，却又像是画在荷叶上。塘中的月色并不均匀；但光与影有着和谐的旋律，如梵婀玲上奏着的名曲。

要求：设置页眉为“朱自清散文集”； 标题采用艺术字“荷塘月色”；第一段，宋体，四号，首行缩进2字符，行距最小值0磅，两端对齐，插入荷花图片进行修饰；第二段，设置文字分两栏，竖向显示；最后以“荷塘月色”命名保存文档。

3. 将下列内容转化为5行4列的表格：

学号	姓名	成绩	排名
20110101	刘艺	100	1
20110102	罗小军	96	2
20110103	王翰林	89	3
20110104	张冉	81	4

4. 在一个项目小组中，为了保证各成员制作的Word文档风格一致，需要建立统一的文档样式，并转发给其他成员使用，请写出样式创建、保存、转发和使用的具体操作步骤。

第4章 演示文稿PPT的制作

PowerPoint是微软公司出品的Office 办公套件之一，是一个基于Windows环境专门用来制作演示文稿的应用软件。它能帮助用户创建包含文本、图表（图形）、图画和剪贴画图像的演示文稿，还可以插入动画、特技、声音以及其他多媒体效果。在学术交流、产品演示、工作汇报等方面，PowerPoint有着广泛应用。

本章将以PowerPoint 2003为例，介绍演示文稿软件的基本功能和基本操作。

知识要点

第4.1节：PowerPoint的启动、PowerPoint的退出，PowerPoint的窗口组成

第4.2节：演示文稿的创建与打开，PowerPoint的视图，设置放映方式，演示文稿的放映，演示文稿的保存

第4.3节：幻灯片的新建，幻灯片版式，文本的输入与编辑，插入艺术字，插入图片，插入自选图形，插入表格、图表，插入声音和影片，插入公式，插入flash对象，创建超链接，文本与对象的格式化，幻灯片的移动、复制和删除，设置幻灯片背景

第4.4节：定义动画，动作设置，幻灯片的切换方式

第4.5节：母版标题样式，母版文本样式，插入日期，插入编号

第4.6节：页面设置，设置纸张，打印预览，打印输出，演示文稿发布

第4.7节：封面制作，封底制作，页面制作，作品发布

4.1 PowerPoint 2003的运行与用户界面

4.1.1 启动与退出PowerPoint 2003

1. 启动PowerPoint

PowerPoint 2003作为基于Windows系统的应用软件，通常有以下几种启动方法：

方法一：通过开始菜单启动。基本操作步骤如下：

① 在Windows桌面任务栏中，左键单击“开始”按钮，打开“开始”菜单[①]。

② 将鼠标指针指向“所有程序”，弹出相应的级联菜单。

③ 将鼠标指针指向“Microsoft Office”，弹出Office套件相应的级联菜单。

④ 左键单击“Microsoft Office PowerPoint 2003”命令，即可启动PowerPoint。

具体操作流程如图4—1所示。

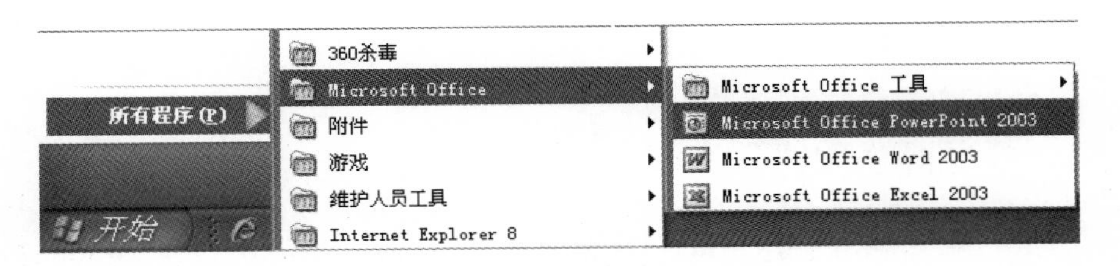

图4—1 启动PowerPoint操作流程

方法二：通过快捷方式启动。如果桌面上有PowerPoint的快捷图标，则双击该图标，即可启动PowerPoint。

2. 退出PowerPoint

演示文稿编辑工作结束后，要退出PowerPoint 2003，用户可以在菜单栏中左键单击“文件”，鼠标左键单击“关闭”或者“退出”命令，或者单击PowerPoint 2003工作界面右上角的“关闭”按钮☒。

4.1.2 PowerPoint 2003的用户界面

启动PowerPoint 2003后，系统会新建一个名为“演示文稿1”的空演示文稿，如图4—2所示。

① 系统安装的软件不同，“开始”菜单和各级联菜单包含的项目也不相同。

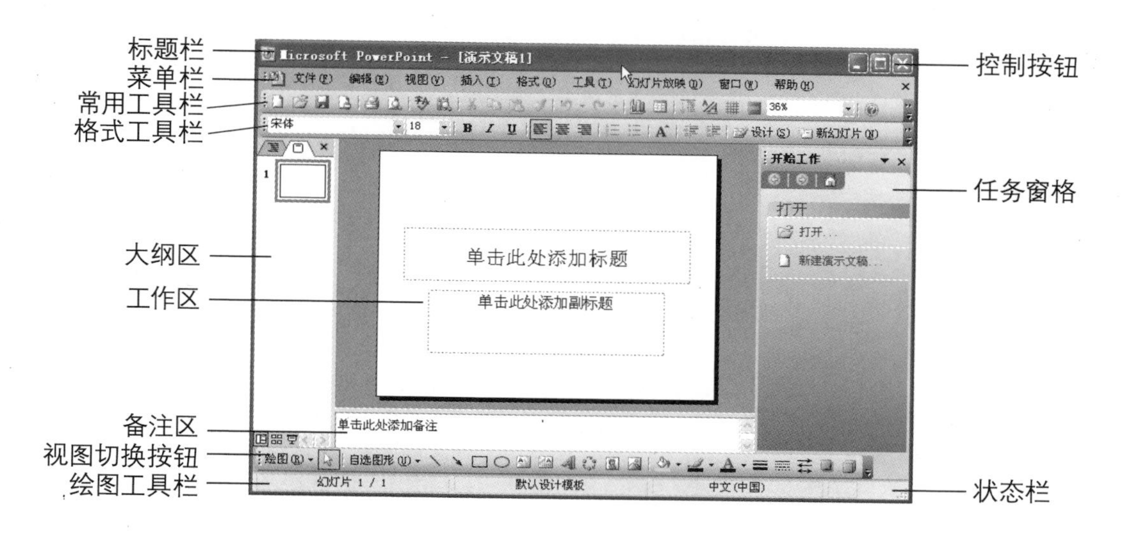

图4—2　PowerPoint 2003的用户界面

作为基于Windows系统的应用软件，PowerPoint 2003窗口完全具有Windows窗口的风格，并且PowerPoint 2003的窗口与其他Office组件类似，除了具有标题栏、菜单栏、“常用”工具栏、“格式”工具栏、任务窗格等，还具有大纲区、工作区、备注区以及视图切换按钮等，用户也可以根据自己的需要自行修改和设定界面布局。

● 大纲区：大纲区主要包含“大纲”和“幻灯片”窗格 大纲 幻灯片 × 。在本区域中，通过单击切换“大纲”或“幻灯片”选项卡，可以快速浏览或编辑整个演示文稿中的任意一张幻灯片。

● 工作区：在普通视图模式下，中间部分是工作区，是编辑幻灯片的主要区域，可以进行文本输入、图形绘制、定义动画以及插入对象等操作。

● 备注区：在普通视图模式下，位于工作区下方，演讲者可以在每张幻灯片的备注区中输入文字，作为讲稿的“备注”信息。备注区内容在幻灯片放映时不会出现在屏幕上（也就是说观众看不到备注区的信息，只有演讲者可以看到），但可以打印。

● 视图切换按钮：位于大纲区的左下角 ，包括“普通视图”按钮、“幻灯片浏览视图”按钮和“幻灯片放映视图”按钮，单击其中一个按钮就会切换到相应的视图状态，演示文稿默认的视图是“普通”视图。

4.2 PowerPoint的基本操作

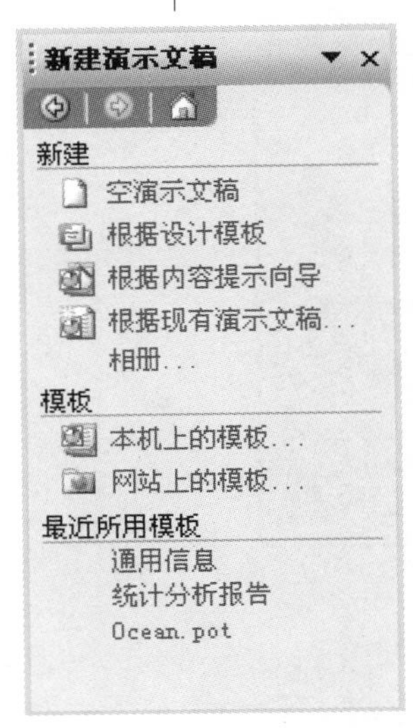

图4—3 “新建演示文稿”任务窗格

4.2.1 新建和打开演示文稿

1. 新建演示文稿

通过PowerPoint 2003创建演示文稿的方法有多种，通常使用以下几种方法：

方法一：新建空白演示文稿。基本操作步骤如下：

① 在“文件”菜单中左键单击“新建”命令，在窗口右侧打开“新建演示文稿”任务窗格，如图4—3所示。

② 在“新建”下方单击“空演示文稿”选项 空演示文稿。

③ 系统会新建一份空白演示文稿，见图4—2，并新建一张幻灯片。

④ 左键单击“单击此处添加标题”和“单击此处添加副标题”提示框，即可在幻灯片中相关位置输入内容。

方法二：根据设计模板创建演示文稿。基本操作步骤如下：

① 在“文件”菜单中左键单击“新建”命令，在窗口右侧打开“新建演示文稿”任务窗格。

② 在“新建”下方单击“根据设计模板”选项 根据设计模板。

③ 系统会将自带的所有模板呈现在任务窗格中，如图4—4所示。

④ 单击相应模板缩略图，系统根据所选设计模板创建一个演讲文稿。

图4—4 “应用设计模板”窗格

方法三：根据内容提示向导创建演示文稿。基本操作步骤如下：

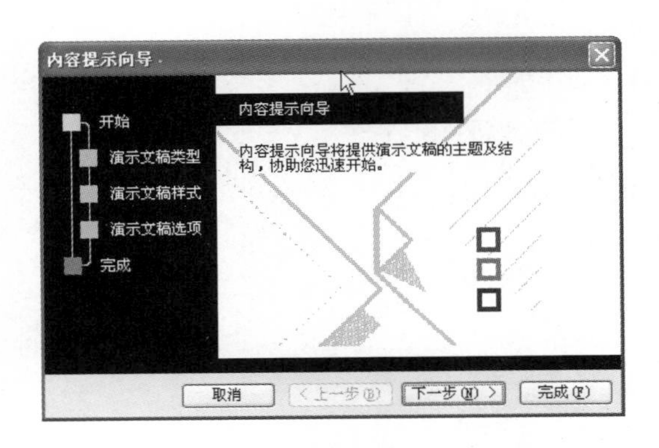

图4—5 “内容提示向导”对话框

① 在“文件”菜单中左键单击“新建”命令，在窗口右侧打开“新建演示文稿”任务窗格。

② 在“新建”下方单击“根据内容提示向导”选项，打开“内容提示向导”对话框，如图4—5所示。

③ 单击“下一步”按钮，弹出演示文稿类型对话框，如图4—6所示，用户可以根据幻灯片的内容选择适用的类型。

④ 单击“下一步”按钮，弹出演示文稿样式

对话框，如图4—7所示。在“您使用的输出类型”中，用户可以根据需要选择适用的输出类型，系统默认选择为“屏幕演示文稿”。

⑤ 单击“下一步”按钮，弹出演示文稿选项对话框，如图4—8所示。在该界面上，输入演示文稿的标题、页脚，单击勾选设置更新日期和幻灯片编号。

⑥ 单击“下一步”按钮，弹出完成对话框，如图4—9所示。单击“完成”按钮，系统会自动生成一个按照专业化方式组织的演示文稿内容大纲。

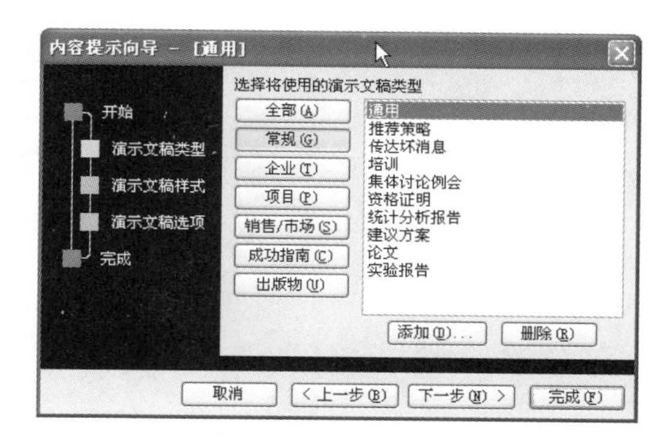

图4—6　演示文稿类型对话框

2. 打开已有演示文稿

在Windows系统中，如果要编辑或浏览已有的演示文稿，必须在PowerPoint中先将其打开，打开演示文稿通常使用以下几种方法：

方法一：找到想要打开的演示文稿所在存储路径，用鼠标双击该文件图标，即可打开演示文稿。

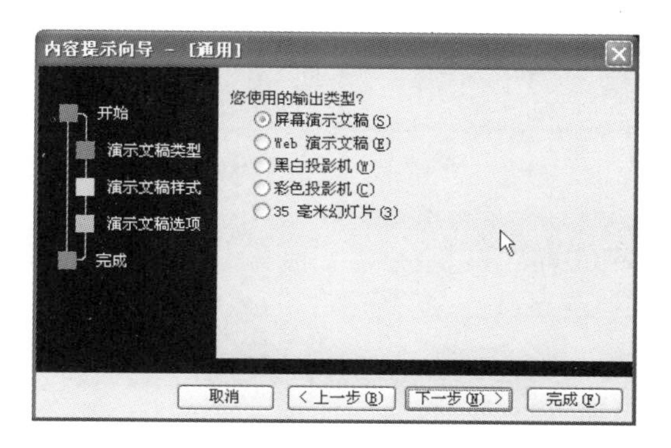

图4—7　演示文稿样式对话框

方法二：在PowerPoint“常用”工具栏中左键单击“打开”按钮，弹出“打开”对话框；在“查找范围”框内打开演示文稿所在的存储路径，单击选中要打开的演示文稿，单击“打开”按钮。

方法三：在PowerPoint菜单栏中单击“文件”菜单中的“打开”命令，弹出“打开”对话框；在“查找范围”框内打开演示文稿所在的存储路径，左键单击选中要打开的演示文稿，单击“打开”按钮。

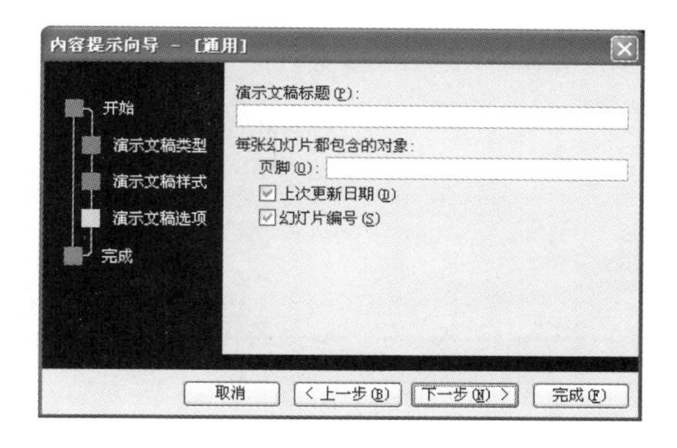

图4—8　演示文稿选项

4.2.2 PowerPoint视图

为了使演示文稿易于浏览、便于编辑，PowerPoint 2003提供了不同的视图方式来显示演示文稿内容，在不同的视图中可以对文稿进行不同的加工，并且对文稿的编辑改动都会反映到其他视图中。PowerPoint 2003提供了普通视图、幻灯片浏览视图、幻灯片放映视图和备注页视图。

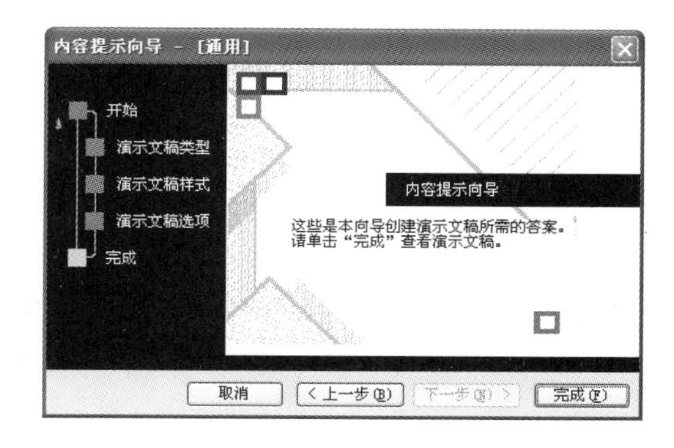

图4—9　完成对话框

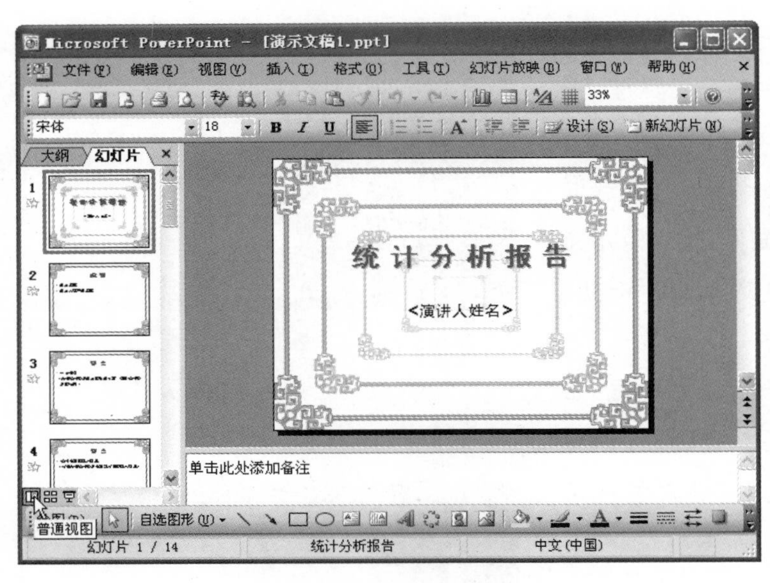

(a)"幻灯片"选项卡

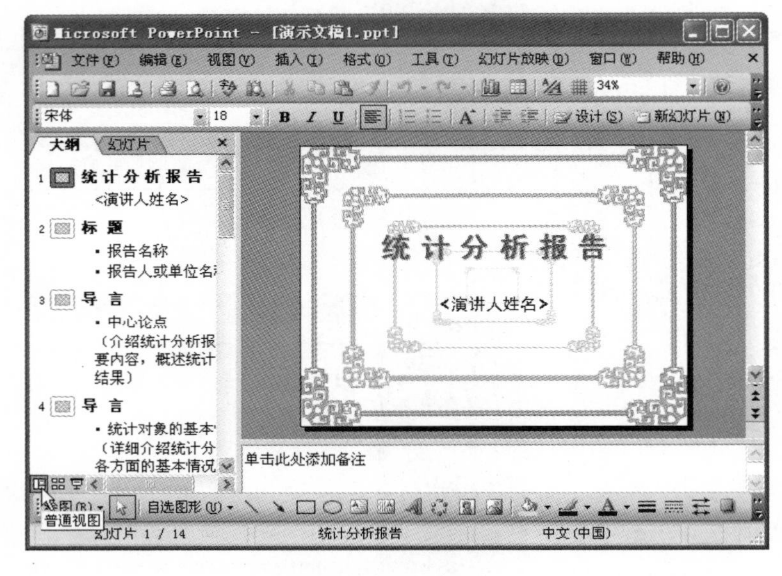

(b)"大纲"选项卡

图4—10　普通视图

1. 普通视图

启动PowerPoint后，系统默认进入普通视图，如图4—10所示。

当演示文稿在其他视图模式下显示时，用户可以在"视图"菜单中单击"普通"命令，或者单击窗口左下角的"普通视图"按钮，即可进入普通视图。普通视图包含大纲选项卡、幻灯片选项卡、幻灯片窗格和备注窗格四个工作区，各工作区的大小可以通过拖动它们之间的分隔框线来调整。

(1) 幻灯片选项卡

"幻灯片"选项卡位于大纲选项卡的右边，单击该选项卡即可进入幻灯片模式。在该模式中演示文稿以幻灯片缩略图形式显示，方便用户对幻灯片进行添加、删除、移动、隐藏和切换等操作。

(2) 大纲选项卡

"大纲"选项卡和"幻灯片"选项卡并排在普通视图的左边窗格上面，单击"大纲"选项卡即可进入大纲模式。在该模式中只显示文稿的文本内容，不显示图形和色彩。文本内容由每张幻灯片的标题和正文组成，默认状态下，每张幻灯片的标题显示在数字编号或图标的右边，每一级标题都是左对齐，下一级标题自动缩进，最多可以缩进五层。用户可以输入文本或编辑文稿中已有文本，例如改变标题和文本的级别，改变标题的顺序等。按住鼠标左键拖动幻灯片可以任意改变幻灯片在文稿中的位置顺序，从而更好地控制演示文稿的结构。

(3) 幻灯片窗格

幻灯片窗格是演示文稿的主要编辑区（也称工作区），该区显示当前幻灯片，用户可以对幻灯片进行编辑、插入对象、输入文本和格式化等操作。

(4) 备注窗格

备注窗格位于幻灯片窗格的下方，专供演讲者使用，用于帮助演讲者记录讲演时所需的一些重点提示，但是备注信息不参与幻灯片放映，可将备注信息打印为备注页。另外，如果要显示备注信息可以将演示文稿保存为Web页。如果在备注中含有图形，必须向备注页视图中添加备注。

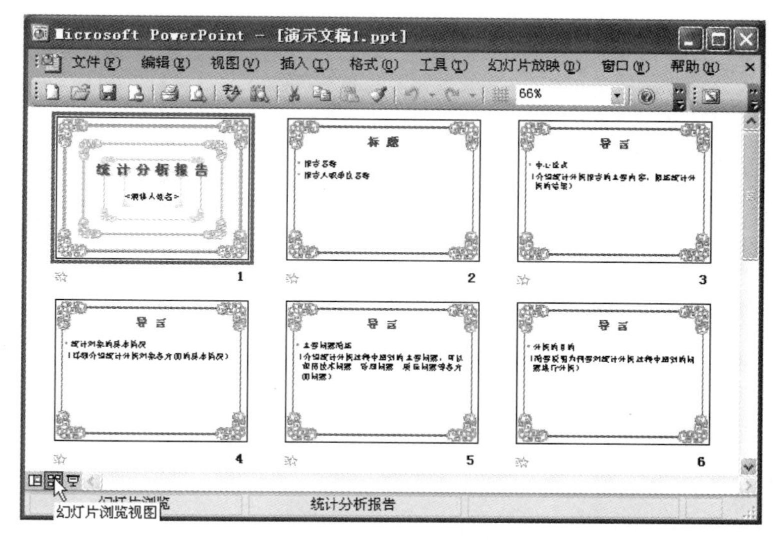

图4—11　幻灯片浏览视图

2. 幻灯片浏览视图

在“视图”菜单中，单击“幻灯片浏览”命令，或者单击窗口左下角的“幻灯片浏览”按钮，可以进入幻灯片浏览视图，如图4—11所示。

使用幻灯片浏览视图可以在窗口中按每行若干张幻灯片缩图的方式顺序显示幻灯片，以便于用户快速地定位到某张幻灯片，还可以对多张幻灯片同时进行复制、移动和删除以及定义幻灯片之间切换方式等操作，但是在浏览视图模式下不能修改幻灯片中的内容。

3. 幻灯片放映视图

在“视图”菜单中单击“幻灯片放映”命令，或者单击窗口左下角的“幻灯片放映”按钮，可以进入幻灯片放映视图。

在幻灯片放映视图中，PowerPoint标题栏、菜单栏、工具栏和状态栏均隐藏起来，整张幻灯片的内容占据整个计算机屏幕。在该视图方式下，用户可以浏览制作的幻灯片效果，按Esc键可以退出幻灯片放映返回到主窗口。

4.2.3　放映演示文稿

制作演示文稿的最终目的是向观众演示，用户可以根据演示文稿的放映环境，设置不同的放映方式，从而给观众留下深刻印象。

1. 设置放映方式

PPT演示文稿制作完成后，既可以由演讲者手工播放，又能够让观众自行播放。为了使观众更好地观看并理解演示文稿，在演示文稿放映前必须对幻灯片的放映方式进行设置。

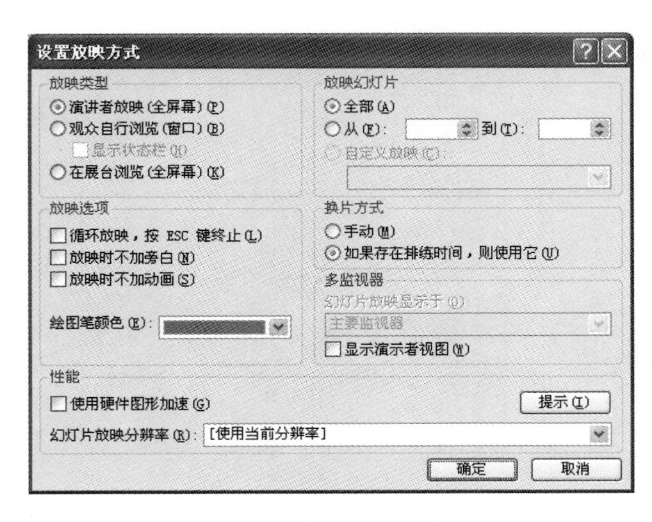

图4—12 “设置放映方式”对话框

在打开的演示文稿中，左键单击“幻灯片放映”菜单中的“设置放映方式”命令，弹出“设置放映方式”对话框，如图4—12所示。

PowerPoint为用户提供了三种演示文稿的放映方式：

① 演讲者放映：此选项可将演示文稿全屏演示，是最常用的方式。如果放映时有专人照管，可以单击勾选“演讲者放映（全屏幕）”方式。在放映过程中，演讲者对演示文稿的播放具有完整的控制权，可以利用绘图笔勾画相关演讲内容，还可以通过快捷菜单显示不同的幻灯片。

② 观众自行浏览：此选项可将演示文稿在计算机屏幕窗口内演示。若在类似于会议、展览中心场所放映演讲文稿，同时又允许观众自己动手操作的话，可以单击勾选“观众自行浏览（窗口）”的放映方式。此选项可将演示文稿在标准窗口中显示，窗口中显示自定义的菜单及快捷菜单，观众可以利用滚动条或“浏览”菜单定位、浏览所需的幻灯片，在放映时可以移动、编辑、复制和打印幻灯片。

③ 展台浏览：此选项将演示文稿以全屏形式在展台上自动放映。如果幻灯片放映时无人看管，可以选择使用“在展台浏览（全屏幕）”方式。在放映过程中，除用鼠标指针选择屏幕对象外，其余功能均无效。使用这种放映方式，必须进行演示文稿的排练计时，即为每一张幻灯片都设置放映时间，否则，显示器上始终放映第一张幻灯片而无法实现自动放映。

“设置放映方式”对话框中其他设置说明：

在“幻灯片放映”框中，用户可以选择幻灯片放映的范围：全部、部分、自定义放映。其中“自定义放映”下拉菜单选项内容为用户自定义放映的名称，选择自定义放映的名称，就仅放映用户自定义的幻灯片。注意，如果用户没有设置自定义放映名称，该下拉菜单灰色不可选。（自定义放映名称的方法：可通过”幻灯片放映”菜单的”自定义放映”命令，选择演示文稿中的某些幻灯片以某种顺序组成，然后自定义一个放映名称。）

在“放映选项”框中，用户可以选择放映时是否循环放映、放映时是否加旁白、放映时是否加动画三个复选框和画笔颜色下拉菜单。

在“换片方式”框中，用户可以选择是人工控制演示文稿的进度，还是使用设置的放映时间自动控制幻灯片的放映进度。

放映方式设置完毕后，单击“确定”按钮即可。演示文稿的放映方式与演示文稿一起保存，设置好放映方式的演示文稿，无论何时被打开放映，其放映方式都不会发生变化。

2．放映演示文稿

从第一张幻灯片开始放映演示文稿，基本操作步骤如下：

① 在PowerPoint中打开要放映的演示文稿。

② 单击“幻灯片放映”菜单中的“观看放映”命令，或者单击“视图”菜单中的“幻灯片放映”命令，或者在键盘上直接按“F5”键，系统将从第一张幻灯片开始放映，按Esc键即可中止放映。

从当前选定幻灯片开始播放演示文稿，基本操作步骤如下：

① 左键单击选中要开始放映的幻灯片。

② 单击窗口左下角的“幻灯片放映”命令按钮 ，系统将从选定的幻灯片开始放映演示文稿。

3．放映过程控制

为了让观众更好地理解演示文稿，在幻灯片的放映过程中需要控制放映过程，右键单击屏幕弹出控制放映过程的快捷菜单，如图4—13所示。

演讲者利用快捷菜单控制幻灯片的放映过程，既可以实现幻灯片之间的跳转，设置黑白屏，又可以利用绘图笔在幻灯片上标示或强调，从而使重点更为突出。

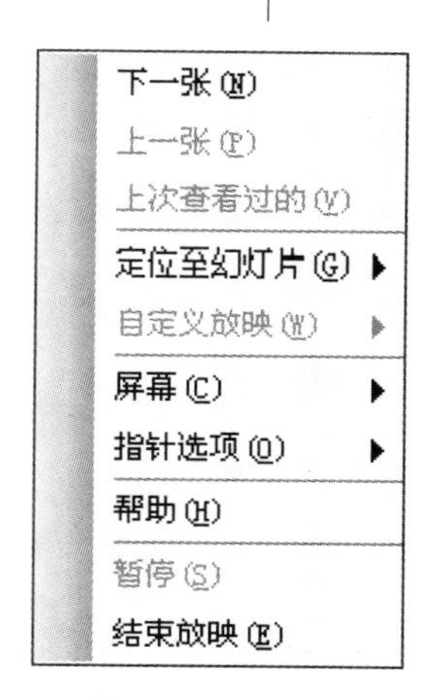

图4—13　控制放映过程的快捷菜单

(1) 在幻灯片放映时利用绘图笔标识或强调

基本操作步骤如下：

① 在幻灯片放映屏幕上单击鼠标右键，弹出快捷菜单。

② 将鼠标指针指向“指针选项”，弹出相应的级联菜单。

③ 将鼠标指针指向相应绘图笔（例如，荧光笔），左键单击即可选中。

④ 把鼠标当画笔，按住鼠标左键拖动，便可以在幻灯片上书写或绘图。

如果要清除已经书写的标识，单击鼠标右键，将鼠标指针指向“指针选项”，在弹出的快捷菜单中单击“擦除幻灯片上所有笔迹”命令，就可将幻灯片上所有使用绘图笔书写的对象完全清除。

(2) 在幻灯片放映时更改绘图笔颜色

基本操作步骤如下：

① 在放映屏幕上单击鼠标右键，弹出快捷菜单。

② 将鼠标指针指向“指针选项”，弹出相应的级联菜单。

③ 将鼠标指针指向“墨迹颜色”，弹出相应的级联菜单。

④ 左键单击即可选择一种所需颜色。

(3) 在幻灯片放映时隐藏绘图笔或指针

基本操作步骤如下：

① 在放映屏幕上单击鼠标右键，弹出快捷菜单。

② 将鼠标指针指向“指针选项”，弹出相应的级联菜单。

③ 在其子菜单中单击选择“永远隐藏”命令。

(4) 在幻灯片放映时跳转到指定幻灯片

基本操作步骤如下：

① 在放映屏幕上单击鼠标右键，弹出快捷菜单。

② 将鼠标指针指向“定位至幻灯片”，弹出相应的级联菜单。

③ 将鼠标指针指向目标幻灯片，左键单击即可跳转。

在放映过程中，在键盘上输入幻灯片的页码，然后按回车键，就会跳转到相应位置。

(5) 结束幻灯片放映

在键盘上按Esc键，或者单击鼠标右键，在弹出的快捷菜单中单击“结束放映”命令。

4.2.4 保存演示文稿

PowerPoint提供了多种方式来保存演示文稿。一个PowerPoint演示文稿可以保存成不同类型的文件，常用的有以下几种类型：ppt格式，双击此格式的演示文稿时，可以在PowerPoint中打开它；pps格式，双击此格式的演示文稿时将自动开始播放；html格式，将演示文稿作为网页文件保存，即为html格式，该格式文稿可以在浏览器上浏览，甚至可以直接上传到自己的网站。

图4—14 “另存为”对话框

1. 保存新建的演示文稿

新建演示文稿时，PowerPoint会依次将其命名为“演示文稿1”、“演示文稿2”

等，用户需要对演示文稿重新命名并及时保存。基本操作步骤如下：

① 单击“文件”菜单中“保存”命令，或者单击工具栏上的“保存”按钮，打开“另存为”对话框，如图4—14所示。

② 在“保存位置”下拉列表框中单击选择保存演讲文稿的位置，在“文件名”文本框中输入文稿的名称，在“保存类型”下拉列表框中选择需要保存的类型，默认状态为演示文稿文档，扩展名为.ppt，最后单击“保存”按钮。

2．保存已有演示文稿

对于已经存在的演示文稿，当编辑修改完毕后，可以在菜单栏中左键单击“文件”菜单中的“保存”命令，或者单击常用工具栏“保存”按钮（Ctrl+S），按原有的文件名和路径保存。如果既想保存修改后的演示文稿，又不想覆盖修改以前的内容，则可以单击选择“文件”菜单中的“另存为”命令保存。

注意：对当前演示文稿重新命名或选择新的保存位置进行保存，当前编辑过的演示文稿就会以新命名的文档保存，而原来的演示文稿仍然在原来的位置，且内容保持不变。

3．保存为Web页

PowerPoint提供了强大的网络功能，可以将作品发布到Internet上自由传播，基本操作步骤如下：

① 单击“文件”菜单中的“另存为Web页”命令，弹出“另存为”对话框。

② 设置“保存位置”、“文件名”和“更改标题”。

③ 单击“发布”按钮，在弹出的“发布Web页”对话框对文稿进行相关设置。

④ 设置完毕后，单击“保存”按钮。

4．自动保存

与Word自动保存功能相同，PowerPoint可以每隔一定时间为用户自动保存一次演示文稿。如果设置自动保存，在编辑演示文稿时，系统会自动地定时将演示文稿保存在恢复文档中。如果死机或是突然断电，PowerPoint会自动恢复演示文稿，从而将类似意外损失减少到最小。与Word的操作类似，用户可以单击“工具”菜单中的“选项”命令，打开“选项”对话框，单击“保存”选项卡，进行自动保存设置。

4.3　演示文稿的制作

PowerPoint 2003演示文稿是一个个单张幻灯片的有序集合，幻灯片是演示文稿的基本组成部分，是作者向观众传达信息的载体。以“普通视图”中大纲

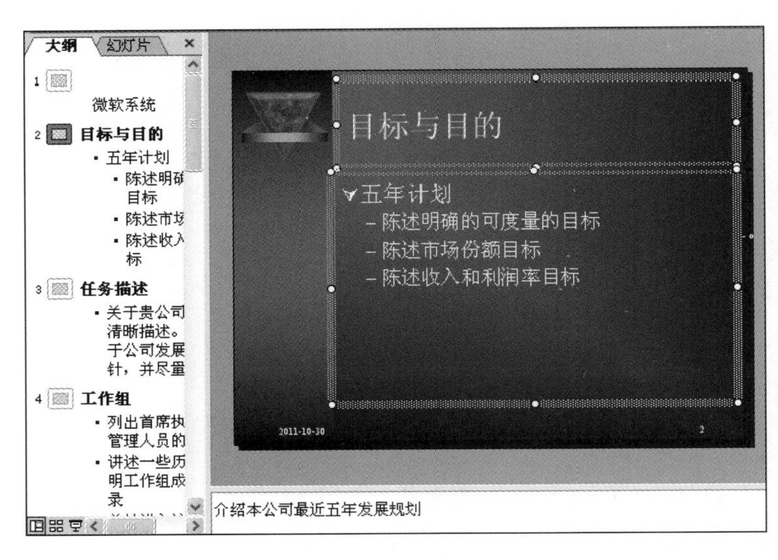

图4–15　幻灯片显示界面

选项卡为例介绍如何制作演示文稿，幻灯片显示界面如图4–15所示。

4.3.1　新建幻灯片

在默认情况下，启动PowerPoint 2003时系统会新建一份空白演示文稿，并新建一张幻灯片（见图4–2）。在演示文稿中插入空白幻灯片，用户可以通过下面四种方法：

方法一：鼠标单击定位幻灯片插入位置（某张幻灯片或者两张幻灯片之间空白处），单击“格式”工具栏中的“新幻灯片” 按钮（Ctrl+M），即可快速添加一张空白幻灯片。

方法二：在幻灯片插入位置单击鼠标右键，在弹出的快捷菜单中单击“新幻灯片”命令，同样可以快速添加一张空白幻灯片。

方法三：在“普通视图”下，鼠标单击定位幻灯片插入位置，然后在键盘按下回车键（Enter），即可快速插入一张空白幻灯片。

方法四：在菜单栏中单击“插入”菜单，在弹出的菜单中单击“新幻灯片”命令，即可插入一张空白幻灯片。

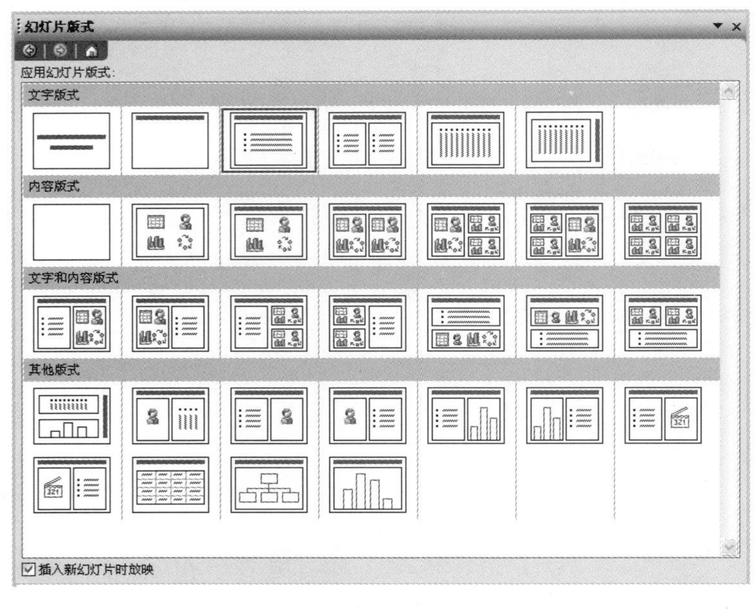

图4–16　“幻灯片版式”窗格

4.3.2　幻灯片版式

版式是幻灯片上标题、文本、图片、图表等内容的布局形式，它由占位符组成，而占位符中可放置文字（如标题和项目符号列表）和幻灯片对象（如表格、图表、图片、形状和剪贴画）。在制作某一张幻灯片时，用户可以预先设计好各种对象的布局，如幻灯片要有什么对象，各个对象的占位符大小、位置、格式等，这种布局形式就是幻灯片的版式。在PowerPoint 2003中，给出了近30种不同风格和用途的版式。

单击“格式”菜单中的“幻灯片版式”命令，系统会自动在右侧的任务窗格中打开“幻灯片版式”窗格，如图4—16所示。

单击任意一种版式，该版式即被应用到当前选定的幻灯片中。如果单击勾选底部的“插入新幻灯片时放映”复选框，以后在新建演示文稿或插入一张幻灯片时，系统会自动在任务窗格中同时打开“幻灯片版式”窗格。

4.3.3　文本的输入和编辑

1．文本的输入

通常情况下，在普通视图下，单击幻灯片中的文本占位符即可进入文本编辑状态（占位符由斜线围成的虚框显示出来，同时插入点会在占位符中闪动），输入文本文字即可。

当自动版式提供的文本占位符不够使用，或者没有占位符时，在幻灯片上需要创建文本对象，可以通过插入文本框对象来实现。基本操作步骤如下：

① 在菜单栏中单击“插入”选项，将光标指向“文本框”命令，弹出相应级联菜单，单击“水平（垂直）”命令，或者单击“绘图”工具栏中的“文本框”或“竖排文本框”按钮。

② 在幻灯片中按住鼠标左键拖拉出一个文本框。

③ 在文本框中输入相应的文字。

④ 调整好文本框的大小，并将其定位在幻灯片的合适位置上。

另外，在普通视图的“大纲”选项卡下，用户可以直接输入文本。

2．文本的编辑

占位符或文本框中的文本段落具有不同的级别，在文本占位符中，输入的文本默认是一级文本。更改文本级别可以在大纲视图下进行，也可以在幻灯片视图下进行。基本操作步骤如下：

① 在普通视图中单击“大纲”选项卡，显示演示文稿的大纲结构图，如图4—17所示。如果该视图中没有“大纲”工具栏，可以在菜单栏中单击“视图”菜单选项，将光标指向“工具栏”，弹出相应级联菜单，单击“大纲”命令，这时在大纲结构图的右侧出现“大纲”工具栏。

② 如果在大纲视图中文本处于折叠状态，可以按或图标展开。

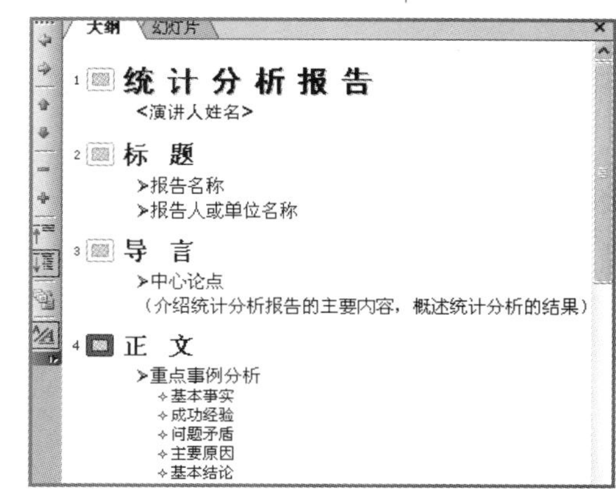

图4—17　大纲结构图

③ 选定要改变级别的文本段落，当未作选择时只更改当前段落（插入点所在的段落）的级别。

④ 单击大纲工具栏中的级别按钮，当单击“升级”按钮 时，可以把选定的段落由低级升高到上一级，当单击“降级”按钮 时，可以把选定的段落由高一级降到下一级。

4.3.4 图片和艺术字插入与设置

1. 插入图片和艺术字

为了增强文稿的演示效果，可以向演示文稿中添加图片。新建幻灯片时可以通过“幻灯片版式”中选择带有图片占位符的自动版式，然后在幻灯片中单击图形占位符区域 ，即可打开“插入图片”对话框，从中查找到所要插入的图片，完成图片的插入。在插入图片时也可以不用图片占位符，基本操作步骤如下：

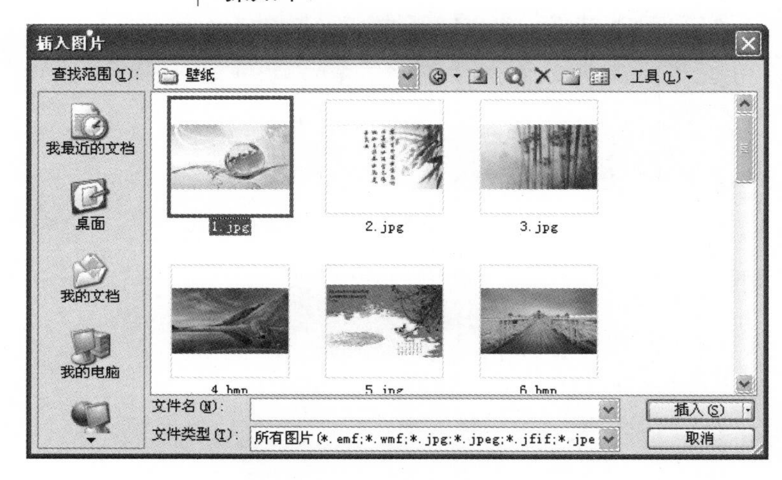

图4–18 “插入图片”对话框

① 单击选中需要承载图片的幻灯片。

② 单击“插入”菜单中的“图片”命令，弹出相应级联菜单，单击“来自文件”命令，打开“插入图片”对话框，如图4–18所示。（用户也可以通过单击“绘图”工具栏中的插入图片按钮 ，打开“插入图片”对话框。）

③ 定位到需要插入图片所在的文件夹，单击选中相应的图片文件，然后单击”插入”按钮，即可将图片插入到幻灯片中。

④ 用拖拉的方法调整好图片的大小，并将其定位在幻灯片的合适位置上即可。

Office多个组件中都有艺术字功能，在演示文稿中插入艺术字可以大大提高演示文稿的放映效果，其操作步骤与Word类似。

2. 图片和艺术字的设置

将图片文件插入到幻灯片中后，经常需要调整其大小和位置，具体步骤如下：

① 将光标放在图片上单击左键，使图片处于选中状态，图片四周就

出现几个空心圆圈的尺寸柄，这说明图片已经被选中，如图4—19所示。

图4—19 图片选中状态

② 把鼠标光标移动到空心圆圈的尺寸柄上，光标呈两边双向箭头时，按住鼠标左键拖动鼠标就能调整图片的大小。光标呈斜方向时拖动鼠标就能按比例缩放图片，光标呈左右方向时拖动鼠标就能改变图片的宽度，光标呈上下方向拖动鼠标就能改变图片的高度。

通过PowerPoint 2003调整图片位置通常使用以下几种方法：

方法一：将光标放在图片上，光标呈十字花形时，按住鼠标左键不放，在工作区中拖动鼠标光标，将图片拖到目的位置，松开鼠标左键即可。

方法二：将光标放在图片上单击左键，使图片处于选中状态，按键盘上的方向键进行位置调整。

4.3.5 插入自选图形

PowerPoint 2003中除了使用图片来增强演示文稿的效果外，还可以使用自选图形，利用“绘图”工具栏可以在幻灯片中绘制出各种形状的图形，并可以添加多种特殊效果，还可以在图形中添加文字。

1．绘制自选图形

在自选图形中有线条、基本形状、流程图、星与旗帜、标注等选项。基本操作步骤如下：

① 选中需要承载自选图形的幻灯片。

② 在菜单栏中单击“插入”选项，将光标指向“图片”命令，弹出相应级联菜单，单击“自选图形”命令，根据自己需要，在弹出的工具栏选项中单击相应选项。

③ 把鼠标指针移动到要绘制的位置，单击左键或者按住鼠标左键拖动，当图形大小合适后，松开鼠标左键即可。

2．在图形中添加文字

除了可以绘制出任意形状的图形外，用户还可以在图形中添加文字，具体操作如下：

在需要添加文字的图形上单击鼠标右键，从弹出的快捷菜单中选择“添加文字”命令，这时光标就出现在选定的图形中。输入需要添加的文字内容，这些输入的文字就会成为图形的一部分，当图形移动时，图形中的文字也跟随移动。

3．多个自选图形的组合与取消组合

幻灯片中添加了多个自选图形并确定好各自位置后，为了防止图形间的相对位置发生改变，用户可以将多个自选图形对象组合成一个整体。

组合图形通常使用以下几种方法：

方法一：按住Ctrl或Shift键的同时，用鼠标分别单击需要组合的图形，同时选中它们之后，在任意一个图形上单击鼠标右键，在弹出的快捷菜单中，左键单击选择“组合”选项即可。

方法二：在“绘图”工具栏上单击“选择对象”按钮 ，按住鼠标左键拖动鼠标，让虚线框包围所有要组合的图形，单击鼠标右键，在弹出的快捷菜单中，左键单击选择“组合”选项即可。

注意：只有将图形设置为浮动式才能进行组合。

如果取消自选图形组合，则选中需要取消组合的图形，单击鼠标右键，在弹出的快捷菜单中，左键单击选择“取消组合”选项，即可取消图形间的组合。

用户还可以在“绘图”工具栏上，单击“绘图”按钮 绘图(D)，在弹出的级联菜单中单击“组合”或“取消组合”命令来实现“组合/取消组合”功能。

4.3.6 插入表格、图表

1．插入表格

为了让观众更直观有效地观看演示文稿，用户可将相关信息制作成表格的形式展示给观众，PowerPoint表格是以表格对象的形式插入在幻灯片上。基本操作步骤如下：

① 选中需要承载表格的幻灯片。

② 在菜单栏中单击“插入”选项，将光标指向“表格”命令，单击鼠标左键，弹出“插入表格”对话框。

③ 输入表格的列数和行数，单击“确定”按钮，即在幻灯片上插入的一个空表。

除上述方法外，用户还可以通过套用“幻灯片版式”插入表格。单击选择带有表格占位符的自动版式，然后在幻灯片中单击表格占位符区域 ，即可以打开“插入表格”对话框，输入表格的列数和行数，单击“确定”按钮，完成表格插入。

2．插入图表

在幻灯片中，关于时间、数据、变化趋势等信息，常用图表的形式来梳理和传达，这样既简明直观又生动形象。基本操作步骤如下：

① 选中需要承载图表的幻灯片。

② 在菜单栏中单击“插入”选项，将光标指向“图表”命令，单击鼠标左键，此时，一个默认的柱状图和数据表已经自动创建。图表的数据表现可以通过修改数据表中的数字和项目实现，如图4—20所示。

③ 如需更改示例数据，则单击数据表上的单元格，然后输入所需信息。

④ 在菜单栏中单击“图表”选项或者右击图表对象，可以设置图表类型、选项和三维图格式。

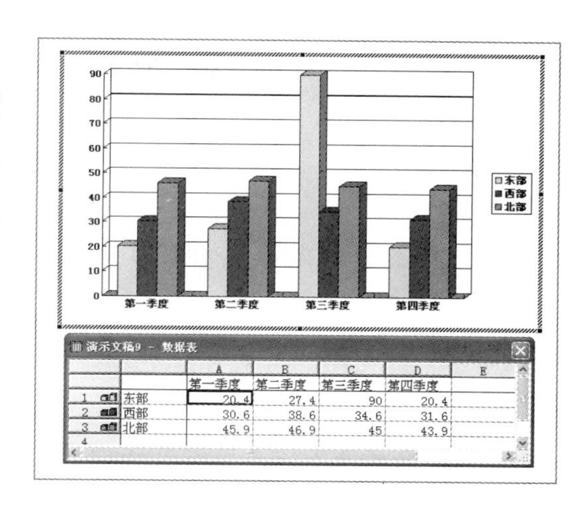

图4—20　插入图表后的示例

⑤ 单击图表以外的任意区域可返回幻灯片。

除上述方法外，用户还可以通过套用“幻灯片版式”插入图表，单击选择带有图表占位符的自动版式，然后单击图表占位符区域，一个默认的柱状图和数据表即可自动创建。

4.3.7　插入声音和影片

用户在幻灯片制作过程中，可以通过插入声音和影片来增强幻灯片播放进程中的感染力。

1. 插入声音文件

PowerPoint演示文稿支持mp3、wma、wav、mid等多种格式声音文件，基本操作步骤如下：

① 选中需要插入声音文件的幻灯片。

② 在菜单栏中单击“插入”选项，将光标指向“影片和声音”命令，弹出相应级联菜单，根据声音文件来源单击相应命令。声音的来源有以下几个方面：

- 剪辑管理器中的声音：使用“剪辑管理器”中自带的声音或音乐。
- 文件中的声音：用户存储的其他声音文件。
- 播放CD乐曲：CD光盘中的声音文件。

图4—21　“插入声音”对话框

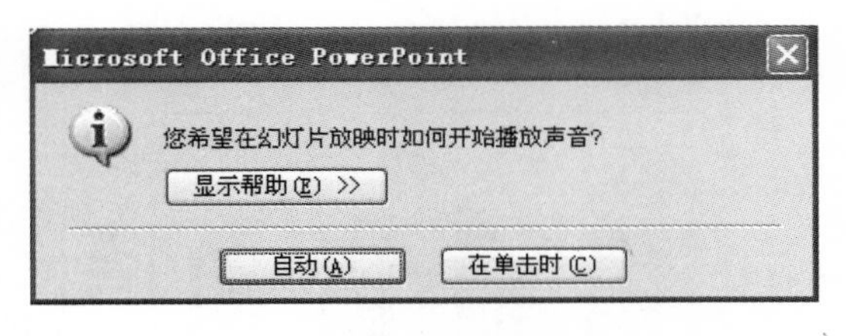

图4—22 播放询问框

● 录制录音：用户自己录制的声音。

③ 本书以插入"文件中的声音"为例，打开"插入声音"对话框，如图4—21所示。单击定位声音文件所在位置，从列表中单击要插入的声音文件，单击"确定"按钮，弹出播放询问框，如图4—22所示，询问在放映时如何播放声音，根据需要选择"自动"或"在单击时"。

④ 将声音文件插入幻灯片后，会显示一个代表该声音文件的声音图标，双击该声音图标即可播放，用户可以根据需要调整该图标的大小和位置。

⑤ 右键单击声音图标，在弹出的快捷菜单中单击"编辑声音对象"命令，可以设置循环播放、音量、播放显示等选项。

如果声音文件大于100 KB，默认情况下会自动将声音链接到用户的文件中，而不是将文件嵌入到演示文稿。这样，如果要在另一台计算机上播放此演示文稿，则必须在复制该演示文稿的同时复制它所链接的声音文件，否则声音文件无法正常播放。

2．插入影像文件

PowerPoint演示文稿中支持插入多种格式的视频剪辑，如avi、mov、mpg、dat（VCD中视频文件的格式）、gif格式等，基本操作步骤如下：

① 选中需要插入影像文件的幻灯片。

② 在菜单栏中单击"插入"选项，将光标指向"影片和声音"命令，弹出相应级联菜单，根据影像文件来源单击相应命令。其中，影像的来源有以下几个方面：

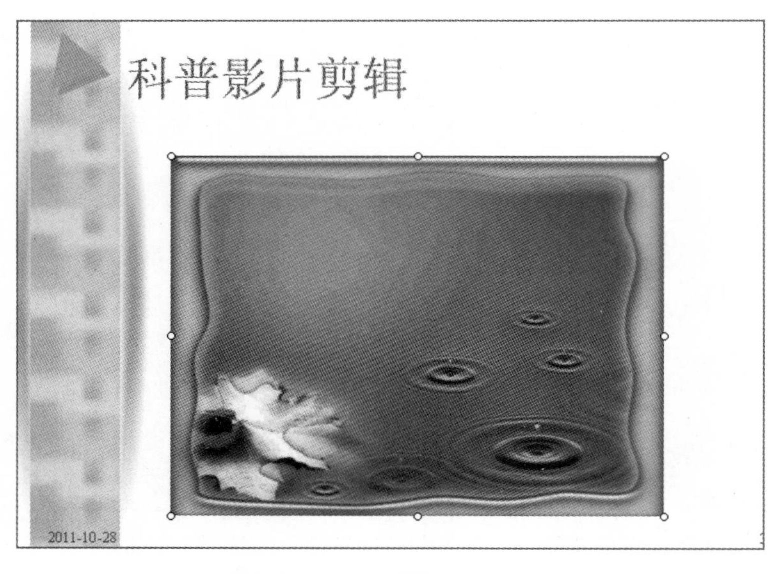

图4—23 插入影像后的示例

● 剪辑管理器中的影像：使用"剪辑管理器"中自带的影像。

● 文件中的影像：用户已存储的其他影像文件。

③ 本书以插入"文件中的影像"为例，打开"插入影像"对话框，单击定位影像文件所在位置，从列表中单击要插入的影像文件，单击"确定"按钮，弹出播放询问框，询问在放映时如何播放影像，根据需要选择"自动"或

“在单击时”。

④ 插入影像文件后，在幻灯片中显示相应图标，如图4—23所示。

⑤ 双击该影像图标即可播放，用户可以根据需要调整该图标的大小和位置。右键单击影像图标，在弹出的快捷菜单中单击“编辑影片对象”命令，可以设置循环播放、音量、播放显示等选项。

4.3.8　插入对象

在幻灯片中可以插入的常用对象种类很多，如Word图片对象、数学公式对象，Flash动画对象等。

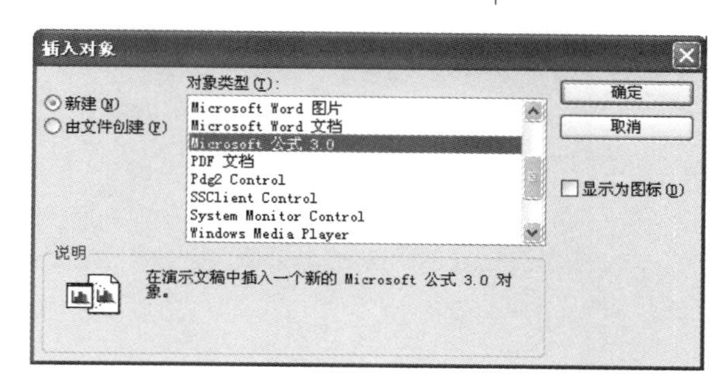

图4—24　“插入对象”对话框

1．在PowerPoint中插入公式

在制作幻灯片时，常常利用公式编辑器在演讲稿中插入公式，基本操作步骤如下：

① 选中需要插入公式的幻灯片。

② 在菜单栏中单击“插入”选项，左键单击“对象”命令，弹出“插入对象”对话框，如图4—24所示。

③ 在“对象类型”列表中单击选择“Microsoft公式3.0”，最后单击“确定”按钮，弹出“公式编辑器”窗口，如图4—25所示。

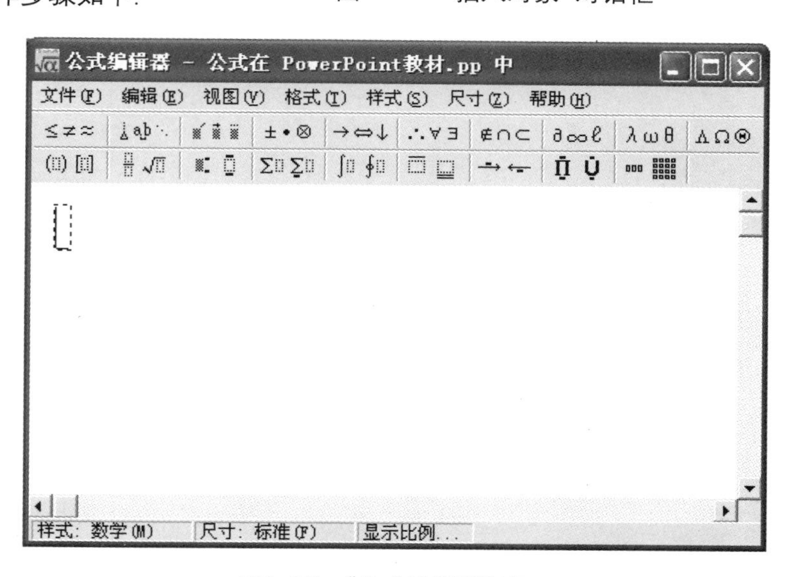

图4—25　“公式编辑器”窗口

④ 在“公式编辑器”窗口中，输入相应公式，设置完成后，关闭当前窗口，在幻灯片中显示新插入的公式，双击该公式图标即可重新进入公式编辑状态。

2．在PowerPoint中插入Flash动画

在使用PowerPoint制作演示幻灯片时，用户可通过插入Flash动画制作声图文并茂的多媒体效果，基本操作步骤如下：

① 选中需要插入动画的幻灯片。

② 在菜单栏中单击“视图”选项，将鼠标指针指向“工具栏”菜单，在弹出的级联菜单中，单击“控件工具箱”命令，打开“控件工具箱”工具栏，如图4—26所示。

图4—26　“控件工具箱”工具栏

图4—27　Flash动画播放示例

③　单击工具栏上的“其他控件”按钮，在弹出的下拉列表中单击选择“Shockwave Flash Object”选项。

④　移动鼠标指针至幻灯片中，按住鼠标左键拖拉出一个矩形框（该矩形框即为播放窗口）。

⑤　单击选中播放窗口，在“控件工具箱”工具栏中单击“属性”按钮，打开“属性”对话框。

⑥　在“Movie”选项后面的方框中输入需要插入的Flash动画文件名称及存放路径，然后关闭属性窗口。

建议将Flash动画文件和演示文稿保存在同一文件夹中，这样就不需要输入存放路径，只需要输入Flash动画文件名称即可。

⑦　调整好播放窗口的大小，将其定位到幻灯片的合适位置上，即可播放Flash动画，如图4—27所示。

4.3.9　文本与对象的格式化

1．文本的格式化

文本格式化是指对幻灯片上文本占位符或文本框中的文本进行格式设置。文本格式设置，可以针对占位符或文本框中的所有文字，也可以只针对其中选定的文字，格式化的内容包括字体的格式化和段落的格式化。文本占位符与文本框文本格式化方法相同，对于文本占位符中的字号和行距等格式信息，PowerPoint本身还可以根据文字的多少、占位符的大小以及用户所作的格式设置自动调节，以达到最佳的效果。

设置文本的格式可以在大纲视图中进行，也可以直接在幻灯片视图下进行，主要包括以下几方面：

①　设置文本的字体格式：与Word的字符格式化类似，不再重复。

②　对齐方式的设置：通过“格式”工具栏中的“对齐方式”按钮，或者通过单击“格式”菜单中的“对齐方式”命令完成。

③　项目符号和编号：通过“格式”工具栏中的“项目符号和编号”按钮，或者通过单击“格式”菜单中的“项目符号和编号”命令完成。

④ 行距的设置：通过单击“格式”菜单中的“行距”命令完成。

⑤ 文本的缩进：通过单击“格式”工具栏中的“缩进”按钮 完成。

2．对象的格式化

格式化对象之前，首先要将该对象选定，单击对象即可选定对象。对于文本框或占位符对象，被选定后将会加上由点阵组成的虚框，如图4—28 (a) 所示，有别于它们处于文字编辑状态时由斜线组成的虚框，如图4—28 (b) 所示。虚框的边角上带有白色空心圆的尺寸柄，其他的各种对象被选定后则没有虚框，只带有同样的尺寸柄，如图4—28 (c) 所示。

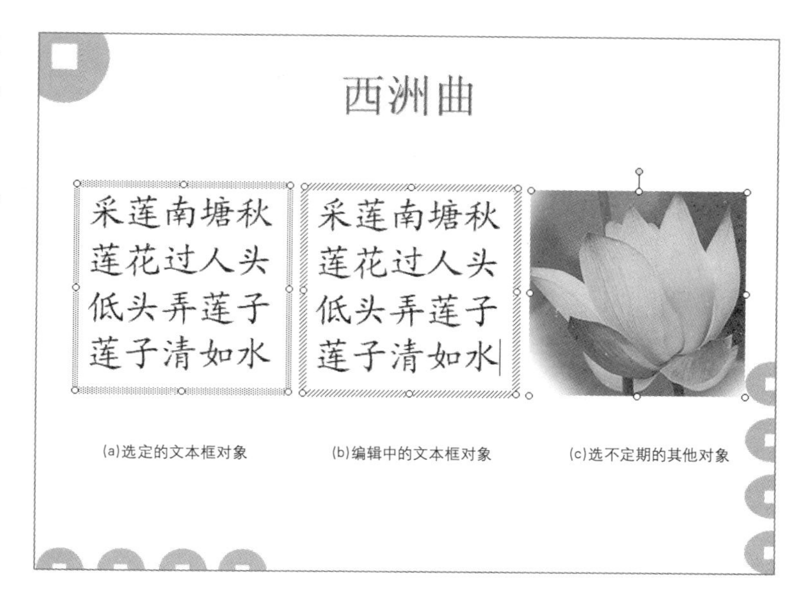

图4—28　对象选择示例

对象的格式包括对象的边框线型和颜色、对象区域内的填充色或填充效果、对象的大小和位置等。对象格式化的方法，可以通过对象格式对话框或工具栏实现。应该注意，表格对象和其他对象的格式化方法有所不同，表格对象的格式化可以用“表格和边框”工具栏来完成，其中表格的边框、填充色、文本的有关属性等也可以用“边框与填充”对话框来调整。

在对象格式化过程中常用的工具栏有“绘图”工具栏、“表格与边框”工具栏、“阴影设置”工具栏、“三维设置”工具栏、“图片”工具栏、“艺术字”工具栏等，可根据需要选择打开。

PowerPoint中对象的格式化与Word中的对象格式化基本相同。

4.3.10　创建超链接

在PowerPoint中，超链接是指从一张幻灯片指向一个目标的链接关系。通过为幻灯片中的文本或对象（如图片、自选图形、艺术字等）创建超链接，从而实现从一张幻灯片到同一演示文稿中另一张幻灯片的跳转，也可以实现从一张幻灯片跳转到电子邮件地址、网页或文件。

1．创建指向到原有文件或网页的超链接

基本操作步骤如下：

① 选定用于代表超链接的文本或对象。

② 在菜单栏中单击“插入”选项，将光标指向“插入超链接”命令，左键单

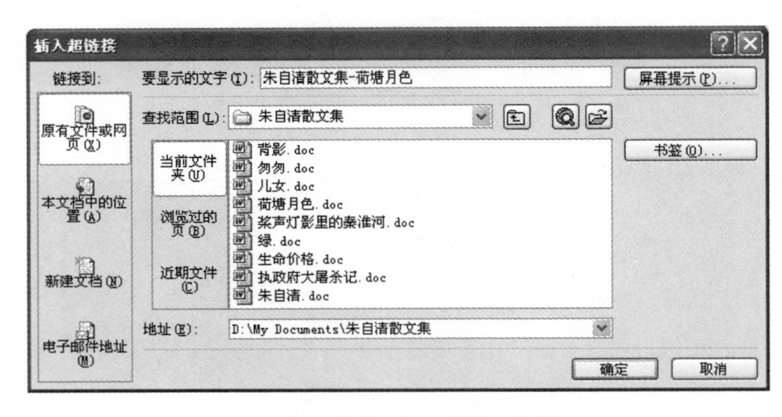

图4—29 “插入超链接”对话框

击，打开“插入超链接”对话框，用户也可以通过单击“常用”工具栏中的“插入超链接”按钮，或者右键单击选定对象，在弹出的快捷菜单中左键单击“插入超链接”命令，打开“插入超链接”对话框，如图4—29所示。

③ 在“链接到”选项框中单击“原有文件或网页”选项。

④ 单击“查找范围”右侧下拉列表，定位到目标位置，单击选中所需的网页或文件。如果需要鼠标指针停留在超链接上时，提示相关信息或简短批注，单击“插入超链接”对话框中的“屏幕提示”，输入提示文本。如果没有指定提示内容，则使用默认提示。

⑤ 单击“确定”按钮，完成插入超链接。

2. 创建指向当前演示文稿中某个位置的超链接

基本操作步骤如下：

① 选定用于代表超链接的文本或对象。

② 在菜单栏中单击“插入”选项，将光标指向“插入超链接”命令，左键单击，打开“插入超链接”对话框，见图4—29。

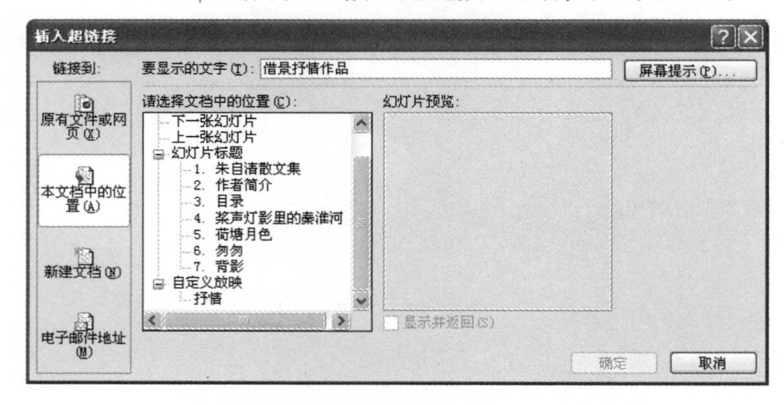

图4—30 “插入超链接”对话框中“本文档中的位置”

③ 在“链接到”选项框中单击“本文档中的位置”选项，如图4—30所示。

④ 在“请选择文档中的位置”选项框中列出当前演示文稿所有标题，在列表中单击选择希望链接的幻灯片，再单击“确定”按钮。

如果链接到自定义放映，在列表中选择希望链接的自定义放映，单击“显示并返回”复选框，单击“确定”按钮，完成插入超链接。

3. 创建指向新文件的超链接

基本操作步骤如下：

① 选定用于代表超链接的文本或对象。

② 在菜单栏中单击“插入”选项，将光标指向“插入超链接”命令，左键单击，打开“插入超链接”对话框，见图4—29。

③ 在“链接到”选项框中，单击“新建文档”选项。

④ 输入新文件的名称，若要更改新文档的路径，单击“更改”按钮进行设置。

⑤ 在“何时编辑”选项框中，单击选择“以后再编辑新文档”或“开始编辑新文档”。

⑥ 单击“确定”按钮，完成插入超链接。

4．创建电子邮件的超链接

基本操作步骤如下：

① 选定用于代表超链接的文本或对象。

② 在菜单栏中单击“插入”选项，将光标指向“插入超链接”命令，左键单击，打开“插入超链接”对话框，见图4—29。

③ 在“链接到”选项框中，单击“电子邮件地址”选项。

④ 在“电子邮件地址”框中键入所需的电子邮件地址，或者在“最近用过的电子邮件地址”框中选取所需的电子邮件地址。

⑤ 在主题框中输入电子邮件信息的主题。

⑥ 单击“确定”按钮,完成插入超链接。

默认情况下，在幻灯片中输入电子邮件或网址，系统会自动为其创建超链接。

如果用户希望删除超链接，按住鼠标左键，拖动光标选定超链接，在键盘上按Del键即可。如果希望只删除超链接但保留文本，用鼠标右键单击要删除的超链接，在弹出的快捷菜单中单击“删除超链接”命令即可。

4.3.11 幻灯片的复制、移动、隐藏和删除

1．复制幻灯片

如果要创建的新幻灯片与在演示文稿中已有的幻灯片相似，可以复制该幻灯片，然后再对复制的幻灯片进行编辑操作，这样可以节省时间。基本操作步骤如下：

① 在普通视图的“大纲、幻灯片”窗格中，选定需要复制的幻灯片。

② 按住Ctrl键，然后按下鼠标左键，拖动鼠标指针将选中的幻灯片拖放到相应位置后松开，此时选中的幻灯片被复制到演示文稿新位置中。如果是制作副本，单击“插入”菜单中的”幻灯片副本”菜单项。

另外，PowerPoint幻灯片的复制操作可用剪贴板来完成，即利用“编辑”菜

单或者右键快捷菜单中的“复制”和“粘贴”命令完成相应操作。

2．移动幻灯片

如果在编辑过程中发现幻灯片的顺序有错误，可以移动幻灯片来调整顺序。基本操作步骤如下：

① 在普通视图的“大纲、幻灯片”窗格中，选定要移动的幻灯片。

② 按下鼠标左键，拖动鼠标指针将选中的幻灯片拖放到相应位置后（在视图中有一条竖线随着指针的移动而移动，用来指示幻灯片要移动到的位置），松开鼠标左键，此时，选中的幻灯片移动到演示文稿的新位置，并且幻灯片的顺序重新排列。

另外，PowerPoint幻灯片的移动操作可用剪贴板来完成，即利用“编辑”菜单或者右键快捷菜单中的“剪切”和“粘贴”命令完成相应操作。

3．隐藏幻灯片

在普通视图的“幻灯片”窗格中，右键单击要隐藏的幻灯片，在弹出的快捷菜单中单击“隐藏幻灯片”命令，即可隐藏该张幻灯片，被隐藏的幻灯片在幻灯片放映时不会出现。

4．删除幻灯片

在演示文稿中可以删除不再需要的幻灯片，在普通视图的“大纲、幻灯片”窗格中右键单击要删除的幻灯片，然后单击“删除幻灯片”命令，或者在普通视图中包含“大纲”和“幻灯片”选项卡的窗格上选定需要删除的幻灯片，在键盘上按Del键进行删除。

4.3.12 幻灯片的背景设置

幻灯片的背景是装饰幻灯片页面外观的重要元素，用户可以根据演示文稿的内容和主题设置幻灯片背景。

在菜单栏中单击“格式”选项，将鼠标光标指向“背景”命令，左键单击，弹出“背景”对话框，如图4—31所示。

在该对话框中，从“背景填充”框 中可以看到当前的背景。单击勾选“忽略母版的背景图形”复选框，可以隐藏幻灯片母版上的背景图形；单击“应用”按钮时，所选背景将会只应用于当前幻灯片；当单击“全部应用”按钮时，所选背景将应用于所有已经存在的幻灯片和后续添加的新幻灯片。

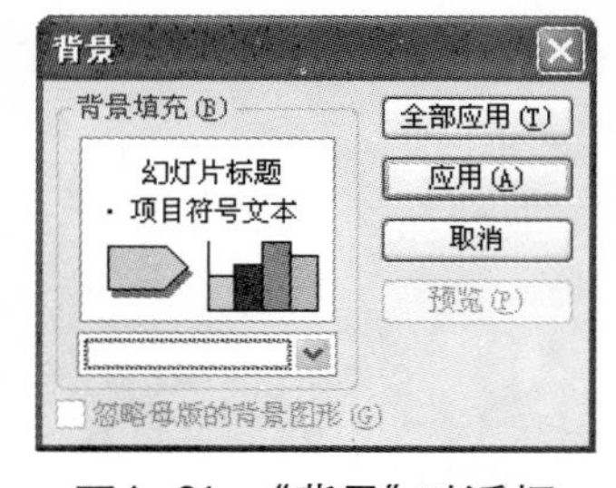

图4—31 “背景”对话框

1．通过颜色设置背景

基本操作步骤如下：

① 在菜单栏中单击“格式”选项，将鼠标光标指向“背景”命

令，左键单击，弹出“背景”对话框，见图4—31。

② 在“背景填充”区，单击“背景填充”下拉列表，打开背景设置菜单，如图4—32所示。

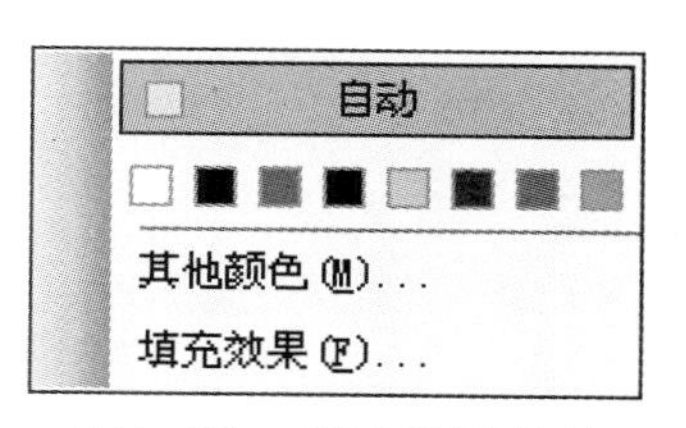

图4—32 背景设置菜单

从“颜色”下拉列表中配色方案提供的八种颜色中，单击选择一种颜色。如果需要选择配色方案以外的颜色，单击“其他颜色”命令，弹出“颜色”对话框，如图4—33所示。

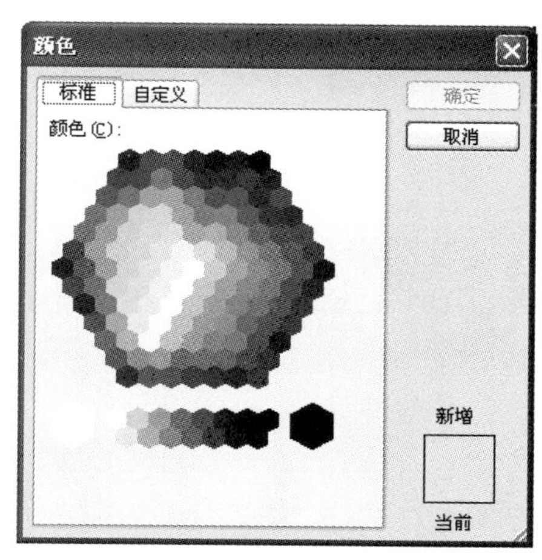

图4—33 “颜色”对话框

在“标准”选项卡中单击所需的颜色，或单击“自定义”选项卡，调配用户所需的颜色，再单击“确定”按钮，系统会将新选择的颜色自动添加到图4—32的颜色列表当中。

2. 通过填充效果或图片设置背景

基本操作步骤如下：

① 在菜单栏中单击“格式”选项，将鼠标光标指向“背景”命令，左键单击，弹出“背景”对话框，见图4—31。

② 在“背景填充”区，单击“背景填充”下拉列表，打开背景设置菜单，见图4—32。

③ 单击“填充效果”，打开“填充效果”对话框，如图4—34所示。

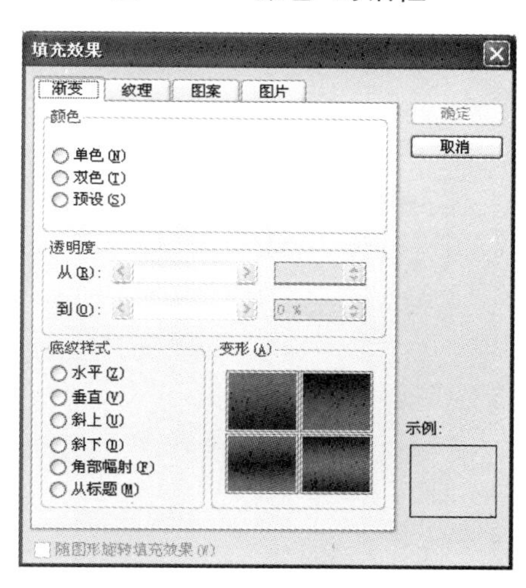

图4—34 “填充效果”对话框

● 若要使用底纹，单击“渐变”选项卡，再单击选择“颜色”选项框中的一种类型，然后在“底纹样式”选项框中单击选择一种底纹样式，最后单击“确定”按钮。

● 若要使用纹理，单击“纹理”选项卡，再单击所需的纹理，或者单击“其他纹理”，选择一个文件并将其插入，然后单击“确定”按钮。

● 若要使用图案，单击“图案”选项卡，再选择所需图案，然后选择前景色和背景色，最后单击“确定”按钮。

● 若要使用图片，单击“图片”选项卡，再单击“选择图片”以查找所需的图片文件，然后单击“插入”，最后单击“确定”按钮。

4.4 演示文稿动画效果设置

4.4.1 自定义动画

自定义动画主要是设置单张幻灯片中对象出现的动画效果和顺序。这样

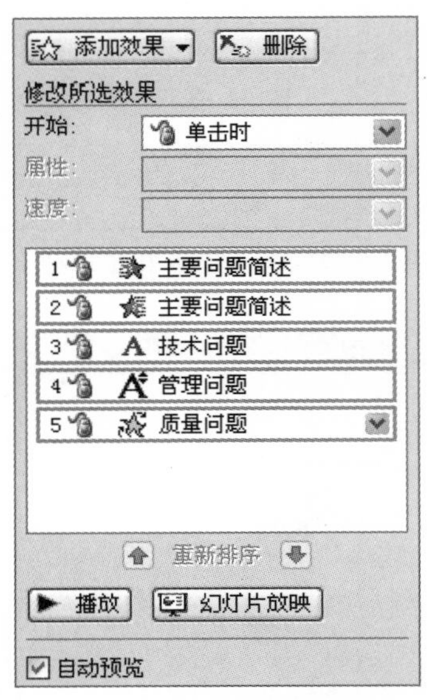

图4—35 “自定义动画”任务窗格

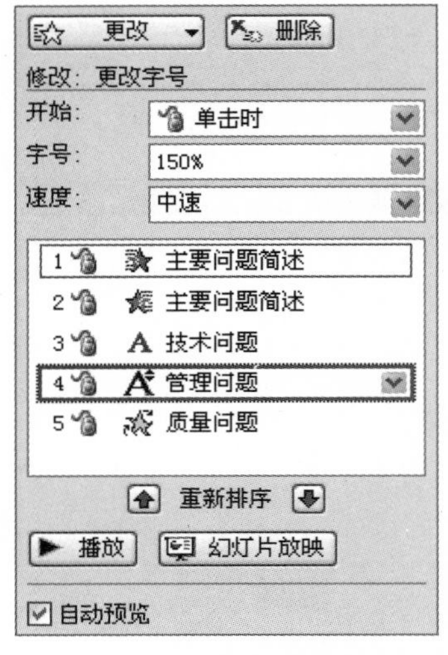

图4—36 “自定义动画”窗格编辑对象动画

不仅能突出重点，又能在讲演时增加观众的视觉效果，达到突出主题的目的。如果用户不设置动画，在放映时，幻灯片上的对象与幻灯片同时在屏幕中出现。用户可以自定义对象出现的动画，基本操作步骤如下：

① 在幻灯片中选中需要设置动画的对象。

② 在菜单栏中单击“幻灯片放映”选项，将光标指向“自定义动画”命令，单击左键，在窗口右侧打开“自定义动画”任务窗格，如图4—35所示。

或者右键单击需要设置动画的对象，在弹出快捷菜单中单击“自定义动画”命令，同样在窗口右侧打开“自定义动画”任务窗格。

③ 单击“添加效果”按钮，出现动画效果菜单。常用的动画效果有以下几种类型：

● 进入：决定对象出现的动画过程。

● 强凋：适用于已有的对象，以动画效果再次显示，起到突出和强调的作用。

● 退出：决定对象从有到无的动画过程。

● 动作路径：决定一个对象的运动轨迹。

从上面四项菜单中选择一种或多种动画效果，在窗口下方会显示效果记录。

④ 编辑动画效果，添加动画效果后，自定义窗格窗口下方会显示已定义了动画效果的对象，单击选中需要编辑动画效果的对象，如图4—36所示。

在该窗格中用户可以进行如下设置：

● 更改动画效果：单击“更改”按钮，可以重新设置动画效果。

● 删除动画效果：单击“删除”按钮，可以将已设置在对象上的动画效果去除。

● 改变动画顺序：单击“重新排序”的上下按钮，可以调整对象在幻灯片中出现的顺序。

⑤ 通过设置动画的开始时间、动画方向及动画速度控制动画效果。

● 开始时间：单击“开始”右边的下拉列表按钮，设置对象在幻灯片中如何开始出现，其中各个选项的含义如下：“单击时”选项，是指在单击鼠标左键或按键盘上一个键；“之前”选项，是指当前选中对象与上一个对象一起出现，动画效果分别按照各自的设置进行；“之后”选项，是指在上一个对象出现结束后，当前对象自动接续出现。

● 动画效果选项：是指对象出现的方向、字体、字号、数量、路径等，每一个对象可以设置不同的动画效果。若对动画作详细设置，可以单击所选设置对象右侧的下拉按钮，单击“效果选项”命令。

● 动画速度：是指动画过程的快慢程度，有非常慢、慢速、中速、快速和非常快多个选项。

⑥ 单击播放按钮 ▶ 播放 ，可以在当前页面查看设置的动画效果。

4.4.2 动作设置

对幻灯片上的任何对象都可以设置动作，通过动作设置，可以把演示文稿链接成一个整体，这样演讲者可以根据自己的需要随时切换到当前文稿的某一张幻灯片，或者快速跳转到其他演示文稿的某一张幻灯片，必要时也可以启动其他的应用程序，如打开某一个Internet网站。通过动作的设置，可增强了演示文稿的综合演示能力。

为对象设置动作的基本操作步骤如下：

① 在幻灯片中选中需要设置动画的对象。

② 在菜单栏中单击“幻灯片放映”选项，将光标指向“动作设置”命令，单击左键，打开“动作设置”对话框，如图4—37所示。

用户也可以在选定对象后单击右键，在快捷菜单中单击“动作设置”命令，打开“动作设置”对话框。

在“动作设置”对话框中有两个选项卡：“单击鼠标”选项卡和“鼠标移过”选项卡。前者是设置放映时鼠标左键单击对象时发生的动作，如图4—37 (a) 所示；后者是设置放映时鼠标指针移过对象时发生的动作，如图4—37 (b) 所示。

③ 设置完成后，单击“确定”按钮。

(a)“单击鼠标”选项卡

(b)“鼠标移过”选项卡

图4—37 “动作设置”对话框

4.4.3 幻灯片切换

在幻灯片切换时可以使用不同的技巧和效果，让演示文稿看起来更连续、更流畅，从而增强作品的美感，提高可读性和趣味性。基本操作步骤如下：

① 在普通视图或者幻灯片浏览视图下，选中需要设置的幻灯片。

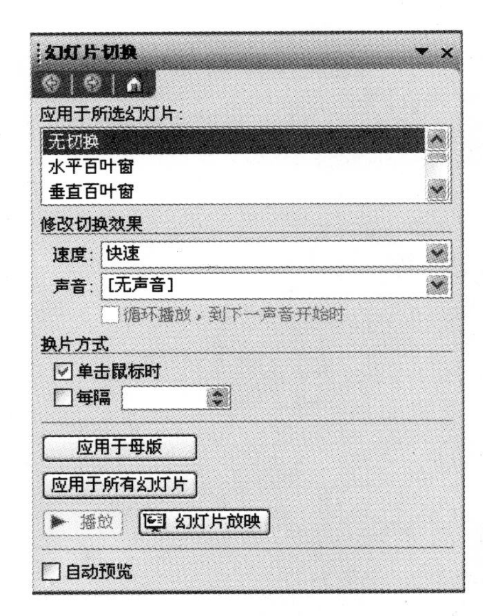

图4—38 “幻灯片切换”任务窗格

② 在菜单栏中单击”幻灯片放映”选项，将光标指向“幻灯片切换”命令，单击鼠标左键，在窗口右侧打开“幻灯片切换”任务窗格，如图4—38所示。

③ 在“效果”列表框中单击选择切换效果，在“速度”列表框中单击选择切换速度，在“声音”列表框中选择所需声音。

④ 在“换页方式”栏中，可以设置两种方式更换幻灯片，一种是单击鼠标换页，另一种是按设定时间值自动换页。在”换页方式”栏中单击”每隔”复选框，输入希望幻灯片在屏幕上停留的秒数，这样就设置了幻灯片的放映时间。

⑤ 设置好对话框中的参数后，系统默认将切换效果应用到用户选择的幻灯片上，可以单击”应用于所有幻灯片”按钮，将切换效果应用到所有幻灯片上。

幻灯片设置了动画效果后，在浏览视图中幻灯片的左下角将出现“☆”图标。

4.5 幻灯片母版及其设计

“母版”是一种特殊的幻灯片，通常用来统一整个演示文稿的幻灯片格式，在演示文稿中插入的新幻灯片完全继承其母版的所有属性。母版的属性包括幻灯片的背景、配色方案、特殊效果、标题样式、文本样式等，这些属性控制了幻灯片的字体、字号、颜色（包括背景色）、阴影和项目符号样式等版式要素。根据用途的不同，母版通常包括幻灯片母版、讲义母版、备注母版三种形式。

如果修改了幻灯片母版，则所有采用这一母版建立的幻灯片格式也随之发生改变。以快速统一调整演示文稿中所有幻灯片的版面格式为例，其基本操作步骤如下：

① 启动PowerPoint 2003，新建或打开一个已有的演示文稿。

② 在菜单栏中左键单击“视图”菜单，弹出相应的级联菜单，将光标指向“母版”，弹出相应的级联菜单，左键单击“幻灯片母版”命令，进入”幻灯片母版视图”状态，如图4—39所示。

演示文稿中的第一张幻灯片使用的母版称为“标题母版”，见图4—39（a），主要用来突出显示演示文稿的标题。在“幻灯片母版视图”状态下，在“幻灯片母版视图”工具栏上单击“插入新标题母版”按钮，即可插入一张“标题母版”。

(a) 标题母版

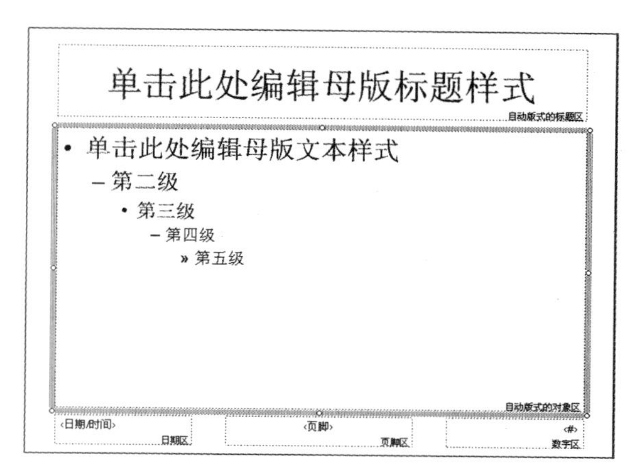

(b) 幻灯片母版

图4–39　幻灯片母版视图

4.5.1　编辑母版标题样式

基本操作步骤如下：右键单击“单击此处编辑母版标题样式”字符，在弹出的快捷菜单中单击“字体”命令，打开“字体”对话框，设置好相应的选项后，单击“确定”按钮返回。

4.5.2　编辑母版文本样式

基本操作步骤如下：

① 分别右键单击“单击此处编辑母版文本样式”及下面的“第二级、第三级……”字符，在随后弹出的快捷菜单中单击“字体”命令，打开“字体”对话框，设置好相应的选项后，单击“确定”按钮返回。

② 分别单击选中”单击此处编辑母版文本样式”、”第二级、第三级……”等字符，单击“格式”菜单中的“项目符号和编号”命令，打开”项目符号和编号”对话框，设置一种项目符号样式后，单击“确定”退出。

③ 设置幻灯片母版的背景和配色方案，在母版上插入对象，对各种对象进行格式化等操作的方法与在普通幻灯片上的操作方法完全一样。

④ 修改完毕后单击“母版”工具栏上的“关闭”按钮，退出母版编辑状态。

4.5.3　插入日期和编号

在幻灯片母版中插入日期和编号，基本操作步骤如下：

① 在菜单栏中左键单击“视图”菜单，弹出相应的级联菜单，将光标指向“页眉和页脚”，弹出相应的级联菜单，单击左键打开“页眉和页脚”对话框，如图4–40所示。

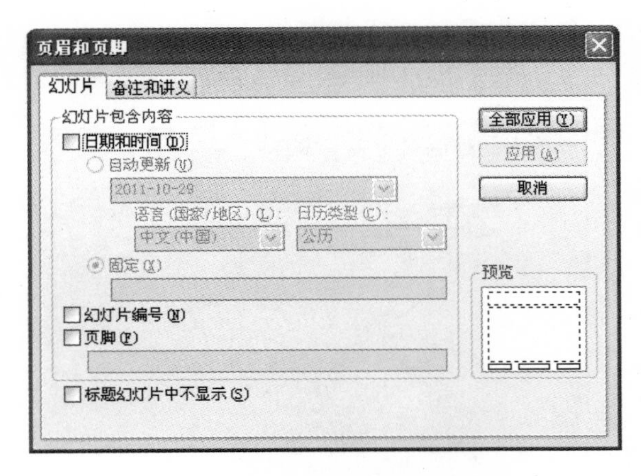

图4—40 "页眉和页脚"对话框

单击勾选"时间和日期"、"幻灯片编号"、"页脚"等，单击"应用"按钮则当前设置只应用于当前幻灯片母版，单击"全部应用"按钮则将当前设置应用于演示文稿的所有幻灯片母版。

② 在幻灯片母版视图中，对日期区、页脚区、数字区进行格式化设置。

全部设置完成后，单击"幻灯片母版视图"工具栏上的"关闭母版视图"按钮 关闭母版视图(C)，即可退出母版视图。

4.6 演示文稿的打印和发布

4.6.1 演示文稿的页面设置

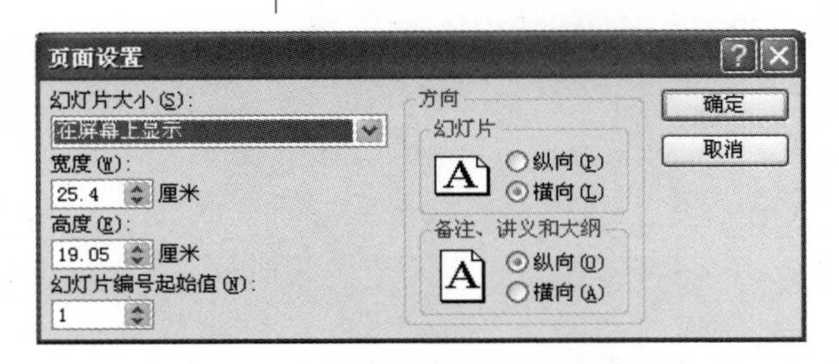

图4—41 "页面设置"对话框

打印演讲文稿之前，一般需要对文稿进行页面设置。用户可以使用系统的默认设置。如果需要重新调整，在菜单栏中左键单击"文件"菜单，弹出相应的级联菜单，将光标指向"页面设置"，单击左键打开"页面设置"对话框，如图4—41所示。

在该对话框中用户可以设置幻灯片大小、幻灯片编号起始值和幻灯片方向等内容，最后单击"确定"按钮完成页面设置。

4.6.2 演示文稿的打印

1. 打印透明胶片

将幻灯片打印为黑白或彩色透明胶片，可以创建使用投影机幻灯片的演示文稿。基本操作步骤如下：

① 打开打印机，装上带有至少六张胶片的纸盒。

② 将演示文稿转换到普通视图状态下，选中第一张幻灯片。

③ 在菜单栏中左键单击"文件"菜单，弹出相应的级联菜单，将光标指向"页面设置"，单击左键打开"页面设置"对话框，见图4—41。

④ 单击"幻灯片大小"框右侧的下拉列表，单击选择"投影机幻灯片"，完成相关设置后关闭"页面设置"对话框。

⑤ 在菜单栏中左键单击"文件"菜单，点击"打印"命令，打开"打印"对

话框，如图4—42所示。

⑥ 单击“颜色/灰度”下拉列表，单击选择“纯黑白”命令。（如果打印机能够处理灰色阴影，可以选择“灰度”复选框。）

⑦ 单击“确定”按钮，PowerPoint将为演示文稿中所有选中的幻灯片打印一个透明胶片。

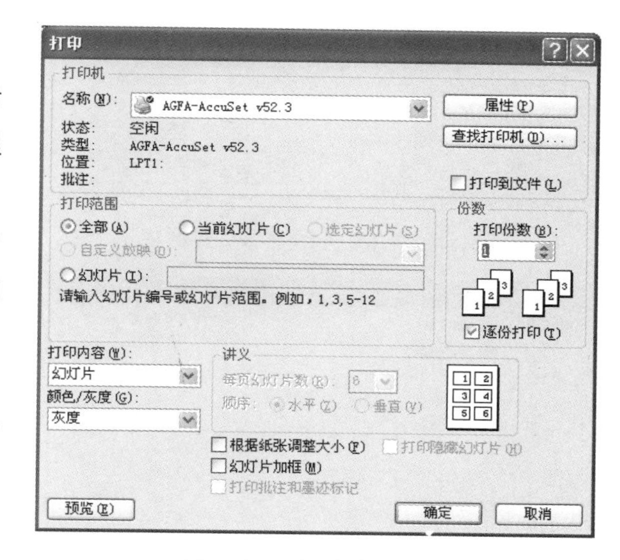

图4—42 “打印”对话框

2. 纸张打印输出

PowerPoint可以打印演示文稿讲义。PPT讲义是指在纸张上打印的幻灯片缩图，一页纸上打印两张、三张或六张幻灯片的缩图，还可以为观众打印演讲者备注。左键单击“文件”菜单中的“打印”命令，打开“打印”对话框，见图4—42，单击“打印内容”下拉列表中的“讲义”或“备注页”，单击“确定”按钮。

4.6.3 演示文稿的发布

将编辑好的演示文稿所使用的字体、所链接的文件和播放器等相关内容打包，既可以保证以后放映时外观及相关项目不会发生改变，又可以在其他未安装PowerPoint的计算机上正常放映。

1. 打包演示文稿

“打包成CD”功能，可以将一个或多个演示文稿连同支持文件一起复制到CD或计算机中。默认情况下，Microsoft Office PowerPoint Viewer包含在打包文件上，即使其他计算机上未安装PowerPoint，也可在该计算机上运行打包的演示文稿。基本操作步骤如下：

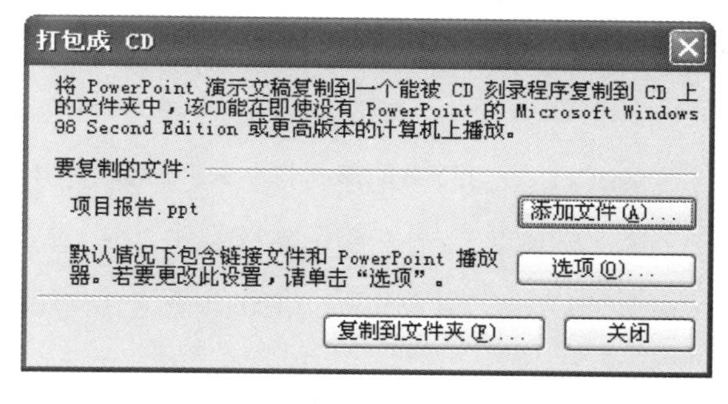

图4—43 “打包成CD”对话框

① 在菜单栏中左键单击“文件”菜单，选择“打包成CD”命令，弹出“打包成CD”对话框，如图4—43所示。

② 若要添加其他演示文稿，单击“添加文件”，选择要添加的演示文稿，然后单击“添加”按钮，可以为每个需要添加的演示文稿重复此步骤。

③ 单击“选项”按钮，打开“选项”对话框，如图4—44所示。

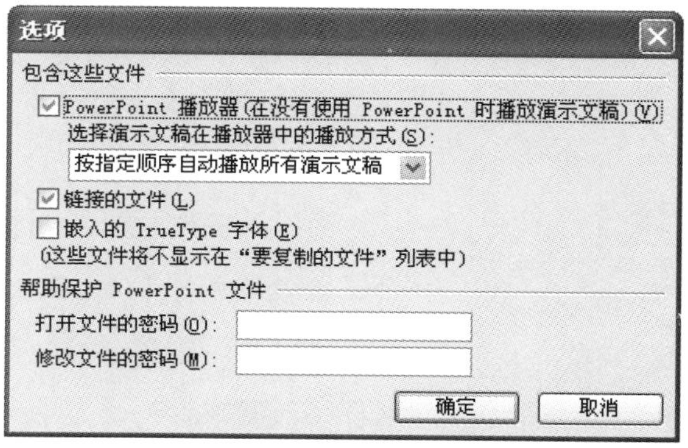

图4—44 “选项”对话框

图4—45 “复制到文件夹”对话框

图4—46 “Microsoft Office PowerPoint Viewer”对话框

在该对话框中，用户可以对打包文件中是否包含播放器、链接文件、字体和密码等相关选项进行设置。

④ 在图4—43中单击“复制到文件夹”按钮，弹出“复制到文件夹”对话框，如图4—45所示。

输入要将演示文稿复制到其中的CD或文件夹的名称，默认名称为“演示文稿CD”，单击“浏览”按钮设置存储位置。

⑤ 所有选项完成后，单击“确定”按钮完成打包设置。

2. 播放打包的演示文稿

将打包的演示文稿在计算机上播放，双击打开打包的文件夹，双击运行pptview.exe文件，弹出“Microsoft Office PowerPoint Viewer”对话框，如图4—46所示。单击选择需要播放的演示文稿，单击“打开”按钮即可播放。

4.7 综合举例：课件制作

本节以课件制作为案例，对PowerPoint相关操作进行剖析梳理，从而使读者快速掌握PowerPoint的使用，能够制作出满足自己需要的演示文稿。

在演示文稿制作之前，首先要明确设计思路，确定PPT的框架结构，绘制简单明了的设计草图，然后根据草图收集相关文字、图形图片和音频视频等素材。

4.7.1 页面设计

好的页面设计不仅能激发阅览兴趣，而且耐人寻味，页面设计的优劣对PPT的整体效果有着非常重要的意义。

1. 封面设计

封面设计在PPT页面设计中具有举足轻重的地位。演示文稿示于观众，第一个印象就依赖于封面。封面设计一般包括主题名、提供方、阅览受众方等文字，以及体现PPT内容、性质、体材的装饰对象。基本操作步骤如下：

(1) 标题编排

① 在桌面上双击PowerPoint的快捷图标，启动PowerPoint。

② 右键单击幻灯片中的“单击此处添加标题”文本占位符，在弹出的快捷菜单中单击“字体”命令，打开“字体”对话框，设置文字字体、颜色、大小等格式，如图4—47所示。

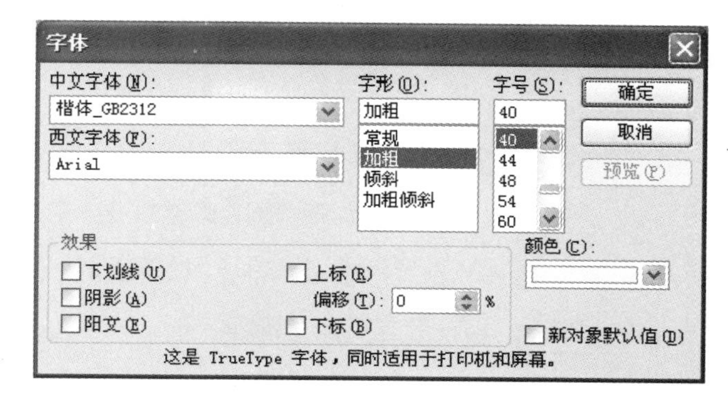

图4—47　“字体”对话框

设置完成后单击“确定”按钮，返回幻灯片编辑窗口，在“单击此处添加标题”文本占位符中输入“简明计算机使用手册”文字。

③ 单击幻灯片中的“单击此处添加副标题”文本占位符，在“格式”工具栏中设置文字字体、颜色、大小等格式，输入“山东教育出版社”文字。

④ 调整文本占位符的大小和位置。

(2) 插入文本框

⑤ 在菜单栏中单击“插入”选项，将光标指向“文本框”命令，弹出相应级联菜单，单击“水平”命令，然后在幻灯片中拖拉出一个文本框，在“格式”工具栏中设置文字字体、颜色、大小等格式，输入“计算机基础系列教材”文字，调整文本框的大小和位置。

(3) 插入日期和时间

⑥ 在菜单栏中单击“插入”选项，将光标指向“插入日期和时间”命令，单击左键弹出“日期和时间”对话框，单击选定格式，单击“自动更新”复选框，单击“确定”按钮，即可将日期插入当前幻灯片中。

(4) 设置封面背景

⑦ 在菜单栏中单击“格式”选项，将光标指向“背景”命令，左键单击弹出“背景”对话框。

⑧ 在“背景填充”区单击“背景填充”下拉列表 [下拉列表]，打开背景设置菜单。

⑨ 单击“填充效果”，单击“图片”选项卡，再单击“选择图片”以查找所需的图片文件，然后单击“插入”按钮，单

图4—48　课件封面

击“确定”按钮，最后单击“应用”按钮，至此一张完整的封面已经设计完成，如图4—48所示。

2. 章节页面设计

在演示文稿的“普通视图”中，单击“插入”工具栏中的“新幻灯片”按钮 新幻灯片(N) (Ctrl+M)，快速插入一张空白幻灯片作为章页面，与设置封面背景类似设置章页面背景。

① 在菜单栏中单击“插入”选项，将光标指向“图片”命令，弹出相应级联菜单，单击“自选图形”命令，在弹出的工具栏选项中单击“线条”，单击直线选项，把光标移到工作区中，按住左键不放拖动鼠标绘制直线，然后双击直线设置其属性。

② 在“绘图”工具栏中单击“文本框”按钮，把光标移到工作区中，按住左键不放拖动鼠标绘制文本框，并输入章节文字。如图4—49所示。

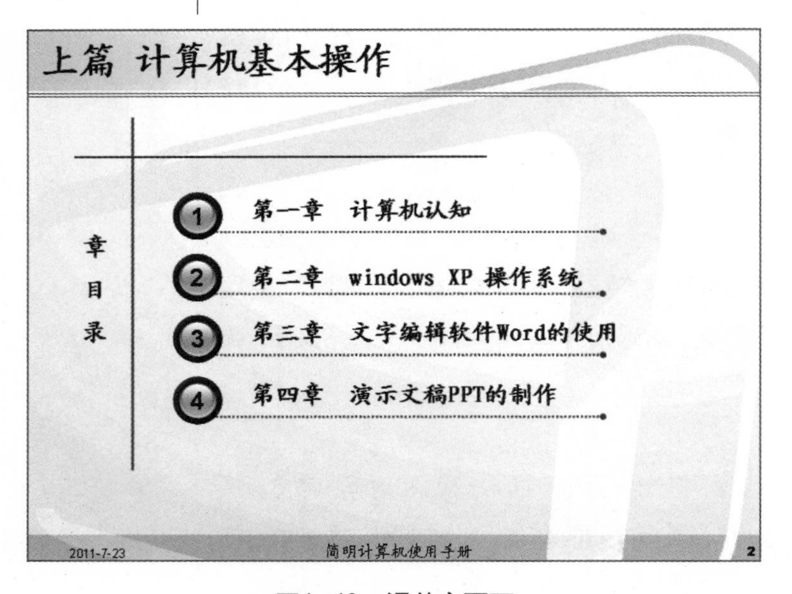

图4—49 课件章页面

节页面的设计类似章页面设计，删除章页面的竖线，将编号自选图形重新设置。

3. 内容页面设计

由于课件演示文稿的大部分幻灯片为内容页面，所以在设计内容页面时，采用幻灯片母版来统一所有内容幻灯片的配色方案、排版样式等，达到快速修饰演示文稿的目的。

4. 封底设计

封底与封面二者之间紧密关联，相互帮衬，相互补充，具体操作同封面类似，如图4—50所示。

图4—50 封底

4.7.2　母板设计

在菜单栏中，左键单击“视图”菜单，弹出相应的级联菜单，将光标指向“母版”，弹出相应的级联菜单。左键单击“幻灯片母版”命令，进入“幻灯片母版视图”状态，制作内容页面母版。右击“单击此处编辑母版标题样式”字符，在随后弹出的快捷菜单中选“字体”选项，打开“字体”对话框，设置好相应的选项后单击“确定”按钮返回。用同样的方法可以设置母版文本样式。

给幻灯片母版插入日期和编号：

① 在菜单栏中左键单击“视图”菜单，弹出相应的级联菜单，将光标指向“页眉和页脚”，弹出相应的级联菜单，左键单击打开“页眉和页脚”对话框。

② 单击勾选“时间和日期”、“幻灯片编号”、“页脚”等选项，单击“全部应用”按钮将设置应用于演示文稿的所有幻灯片。

③ 在幻灯片母版视图中对日期区、页脚区、数字区进行格式化设置，全部设置完成后，如图4—51所示。

单击“幻灯片母版视图”工具栏上的“关闭母版视图”按钮 关闭母版视图(C) 即可退出，至此“幻灯片母版”制作完成。

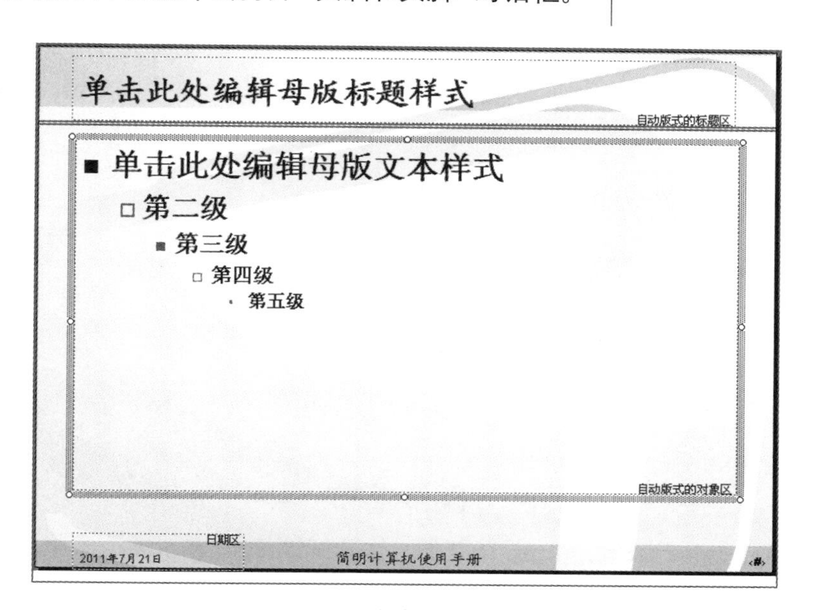

图4—51　幻灯片母版示例

4.7.3　页面制作

1．内容编辑

根据幻灯片版式结构及背景，选择合适字体、统一格式并填充各页文字内容，并把重要文字转化为图表或动画。同时，为了增强幻灯片的感染力，还需要插入声音或视频等多媒体对象。

2．动作设置

在PowerPoint课件制作过程中，涉及修饰动画、图表动画、图片动画、文字动画等相关内容，本节用“字幕式”动画来实现。

① 右键单击需要设置动画的对象，例如，右键单击图4—48中的“山东教育出版社”文本占位符，在弹出的快捷菜单中单击“自定义动画”命令，在窗口

右侧打开"自定义动画"任务窗格。

② 单击"自定义动画"任务窗格中的"添加效果"按钮，在随后弹出的快捷菜单中将光标指向"进入"，弹出级联菜单，单击选中"字幕式"动画命令。

注意：如果在"进入"级联菜单中没有"字幕式"动画命令，可以选择其中的"其他效果"选项进行设置。

③ 设置动画开始时间、动画方向及动画速度控制动画效果。

3. 页面切换

设置课件幻灯片放映时从上一张幻灯片过渡到当前幻灯片的切换方式。基本操作步骤如下：

① 在普通视图或者幻灯片浏览视图下，选中需要设置的幻灯片。

② 在菜单栏中单击"幻灯片放映"选项，将光标指向"幻灯片切换"命令，左键单击，在窗口右侧打开"幻灯片切换"任务窗格（见图4—38）。

③ 在"效果"列表框中单击选择切换效果"向右推出"，在"速度"列表框中单击选择"中速"，在"声音"列表框中单击选择"无声音"。

④ 在"换页方式"栏中单击选择"单击鼠标换页"。

⑤ 设置好对话框中的参数以后，单击"全部应用"按钮，将切换效果应用到所有幻灯片上。

4.7.4 课件发布

课件演示文稿制作完毕后，为了保证该演示文稿能够在其他计算机上正常播放，需要将其"打包"发布。具体操作步骤如下：

① 在菜单栏中左键单击"文件"菜单，选择"打包成CD"命令，弹出"打包成CD"对话框。

② 单击"选项"按钮，打开"选项"对话框，单击勾选包含播放器、链接文件、字体和输入密码。

③ 单击"复制到文件夹"按钮，弹出"打包成CD"对话框，输入文件夹存储的名称"第四章演示文稿课件"，设置存储位置为"我的文档"。

④ 单击"确定"按钮，完成打包设置。

本章小结

本章主要介绍了PowerPoint 2003的启动、退出，演示文稿的新建、保存操作，幻灯片新建、复制、移动和删除以及插入和编辑幻灯片各种对象，设置幻灯片背景、幻灯片版式和母版操作。从动态效果制作的角度出发，详细介绍了自定义动画、动作设置和幻灯片切换等功能，最后详细介绍了演示文稿的打印和发布。

思考题

一、填空题

1. 在PowerPoint中，模板是一种特殊文件，其扩展名为________。

2. 在PowerPoint中，“页眉和页脚”是________菜单中的命令。

3. 要更改幻灯片版式可选择____________菜单____________命令。

4. 要将所有幻灯片的标题文本一律设为蓝色，只需在____________上做一次修改即可。

5. 要从当前幻灯片开始放映，只需单击___________按钮。要从第一张开始放映，可按___________键或选择___________菜单___________命令。

6. 若要在文本占位符之外输入文本，可以插入____________，然后在其中输入文字。

7. 在PowerPoint中，插入在幻灯片上的图表是一个___________对象。

8. 若要对图形进行等比例缩放，可以在拖动控点时按住________键。

9. 若要放映第1、3、6张幻灯片，需要先在_____________菜单中使用____________命令进行设置。

10. 设置某一张幻灯片不使用母版背景，应该勾选“背景”对话框中的____________复选框。

二、简答题

1. 什么是PowerPoint 2003演示文稿，它与Word文档有什么不同？

2. 在PowerPoint中可以添加哪些多媒体对象？（至少列举四种）

3. 演示文稿有几种放映类型方式？用户如何设置放映类型？

4. 对于文本框或占位符对象，如何区别其选定状态和编辑状态？

5. 在PowerPoint中动画分为几类？如何实现该类动画？

6. 什么是幻灯片版式？如何应用幻灯片版式到已有的演示文稿中？

7. 如何在PowerPoint中插入超链接？创建超链接可以指向哪些内容？

8. 如何在每张幻灯片的页脚区插入自动更新的日期？

三、综合题

1. 根据内容提示向导创建一份“产品及售后服务”类型的演示文稿，将所有幻灯片之间的切换方式设置为“水平梳理”效果，切换速度“慢速”，换片方式为“每隔10秒”。

2. 演讲者如果暂时不想放映某几张幻灯片，如何设置？在演示文稿的放映过程中，怎样定位某张幻灯片、标识演讲内容？

3. 新建一张空白幻灯片，在标题占位符中输入“西洲曲”，要求文字居中、带有阴影、字号72磅、字体华文行楷，要求动画效果为“阶梯状”右下进入；在文本占位符中，输入“采莲南塘秋，莲花过人头；低头弄莲子，莲子清如水。”，要求带有项目符号四级显示；插入歌曲“荷塘月色”，要求动画效果为“循环播放、播放后自动隐藏”；插入荷花图片，并为图片定义动画，要求进入效果为“百叶窗”、退出效果为“棋盘”。

4. 如果演讲者希望在幻灯片中插入一个Flash文件和一个影片视频，写出具体操作步骤。如果Flash文件与演示文稿不在同一个文件夹下存储，应该注意哪些问题？

5. 如果演讲者要在一台未安装PowerPoint的计算机上放映演示文稿，应该提前做好哪些准备？

中篇
网络应用

第5章 计算机网络与互联网

随着计算机的发明和计算机技术的飞速发展，计算机技术和通信技术的结合推动了计算机网络的产生和发展。计算机网络，特别是互联网的出现和应用，以更快的速度改变着人们的工作、学习、生活和娱乐方式。今天，我们所处的时代无疑是一个网络时代，计算机网络技术已经成为信息社会最关键的核心技术之一，计算机网络已经成为当今社会最主要的社会基础设施。

本章首先介绍计算机网络的基本概念、网络的分类和网络协议等基础知识，接下来，详细讲解网络硬件和网络设备，最后，讲解计算机连接到互联网的方式和方法，从而使读者对计算机网络技术、网络设备以及计算机在网络中的不同作用建立一个全面的认识。

知识要点

第5.1节：计算机网络，资源共享，网络基础设施，局域网，广域网，城域网，网卡，路由器，双绞线，光纤

第5.2节：互联网，ARPAnet，NSFnet，万维网

第5.3节：Modem上网，路由器宽带上网，无线上网

5.1 计算机网络的基础知识

在20世纪60年代后期和70年代初期，随着计算机技术的飞速发展，计算机的体积越来越小、价格越来越低。低成本、高性能的特点使得计算机的应用领域开始从单纯的科学计算转向事务处理。有了众多计算机硬件资源的同时，企业或组织需要将他们的数据在不同的计算机之间传送，这时人们开始研究计算机之间的互连问题，即建立计算机网络。

5.1.1 计算机网络的概念、功能与分类

1. 计算机网络的概念

所谓计算机网络，就是将分布在不同地理位置的计算机，通过通信线路连接起来，以实现计算机之间的通信和资源共享。随着网络技术和计算机技术的发展，计算机网络为计算机应用提供了一种全新的硬件基础设施。

2. 计算机网络的功能

随着计算机网络技术的发展以及应用需求层次的日益提高，计算机网络功能的外延也不断扩大。归纳起来，计算机网络主要具有以下功能：

(1) 计算机网络通信

在计算机网络环境中，人们将计算机通过通信线路连接在一起，在网络操作系统和通信软件的支持下，信息的传递将直接通过通信线路来完成，这就保证了数据的一致性，并大大提高了人们的工作效率。在计算机网络上，可以收发电子邮件，发布新闻信息，进行电子商务、远程教育、远程医疗，以及传递文字、图像、声音和视频等信息。

(2) 资源共享

计算机网络能够实现计算机之间的资源共享，其资源共享可以分为三类：硬件资源共享、软件资源共享和数据资源共享。

硬件资源共享是指在计算机网络环境中，用户可以将连接在本地计算机的硬件设备，如硬盘、打印机、光盘驱动器等设备共享，允许其他用户通过计算机网络来使用。比如，通过计算机网络，用户可以将本台计算机的文件在连接到网络中的其他计算机的打印机上直接输出。这样可以避免硬件设备的重复购置，节约购置成本。

软件资源共享是指在网络环境中，用户可以将某些重要的软件或者大型软件安装到网络中特定的服务器上，网络中的其他计算机可以远程访问或者调用共享的软件资源，而无须在每个计算机上安装一个备份。

数据资源包括各种数据文件、数据库等，用户可通过网络来使用和更新各种数据资源，即实现数据共享。

数据资源的共享是指在计算机网络中可以建立整个单位的基础数据库，由各个应用程序通过网络来使用和更新各种数据资源，即实现数据共享。

(3) 分布式处理

对于综合性大型科学计算和信息处理问题，可以采用一定的算法，将任务分交给网络中不同的计算机，以均衡使用网络资源，实现分布处理的目的。

(4) 提高系统的可靠性

可靠性对于军事、金融和工业工程控制等行业领域特别重要，通过网络中的冗余（或者热备）部件可以大大提高系统的可靠性。例如，在工作过程中，如果一台设备出现了故障，另外一台备份设备可以及时响应并接管相应服务；网络中的一条通信线路出现了故障，可以自动切换到另一条通信线路来保证不间断通信，从而提高计算机网络系统的可靠性。

3. 网络的分类

通常以通信距离的远近、网络的规模大小和覆盖范围作为标准对计算机网络进行分类，一般分为局域网、城域网和广域网三种。

(1) 局域网（Local Area Network，LAN）

局域网是指地理分布范围较小的计算机网络。通常的覆盖范围在几公里以内，可以是一个大楼内或者是一组相邻的建筑物之间，或者是一个办公室内部计算机的互连。一般来说，LAN技术具有价格低、可靠性高、安装管理方便等优点。

(2) 城域网（Metropolitan Area Network，MAN）

城域网是一种更大的LAN，在地域上覆盖范围在十几到上百公里，通常为一个城市和地区。在功能上主要是指完成接入网中的企业和个人用户与在骨干网络上的运营商之间全方位的协议互通。城域网可以看作是一个城市的信息通信基础设施，是国家信息高速公路NNI（National Information Infrastructure）与城市广大用户之间的中间环节。

(3) 广域网（Wide Area Network，WAN）

广域网是大型、跨地域的网络系统，其覆盖范围可达上千公里甚至全球，如国际互联网Internet。广域网的复杂性高，对通信的要求也高。广域网的网络连接通常利用现有的公用通信网设备，如有线或无线通信网、卫星通信网等来实现。

5.1.2 网络协议

网络协议是网络上所有设备之间通信规则的集合，这些设备包括网络服务器、计算机、交换机、路由器、防火墙等。从本质上讲，协议是运行在各种网络设备上的程序或协议组件，用于定义通信时必须采用的数据格式及其含义，以便实现网络模型中各层的功能。常用的网络协议有TCP/IP协议、NetBEUI协议和IPX/SPX协议。

1. TCP/IP协议

TCP/IP (Transmission Contrd Protocol/Internet Protocol) 是使用最为广泛的协议，是互联网通信实施上的标准。TCP/IP早期是UNIX操作系统使用的协议，现在广泛用于网络互联。由于它是面向连接的协议，附加了一些容错功能，所以其传输速度不快，但它是可路由协议，可跨越路由器到其他网段，是广域网通信的有效协议。现在，TCP/IP协议已经成为Internet的标准协议，又称Internet协议。

2. NetBEUI协议

NetBIOS协议，即网络基本输入输出系统，最初由IBM提出。NetBEUI (NetBIOS Enhanced User Interface) 即NetBIOS增强用户接口，它是微软公司在IBM公司协议的基础上更新的协议，是NetBIOS协议的增强版本。

NetBEUI适用于只有几台计算机的小型局域网，安装后不需要进行设置，被许多操作系统采用，例如Win 9x系列、Windows NT等。在安装了Windows操作系统的计算机中，某些网络服务功能需要安装NetBEUI协议进行通信。

3. IPX/SPX 协议

IPX/SPX (Internet Work Packet Exchange/Sequenced Packed Exchange) 即互联网分组交换/顺序交换协议，是由Novell公司开发的应用于局域网的高速协议，是Novell NetWare网络操作系统的核心。

IPX/SPX协议是面向局域网的高性能协议，是一种可路由协议。和TCP/IP相比，IPX/SPX不使用IP地址，而是使用网卡的物理地址，即MAC地址。在实际使用中，IPX/SPX基本不需要设置，安装后即可使用。在20世纪80年代网络发展初期，由于NetWare在商业上的巨大成功，IPX/SPX得到了众多厂商的支持。

基于以上协议的了解，用户应根据网络规模、操作系统和网段划分来合理使用协议。若只有一个局域网，计算机数量小于10台，没有其他网段或远程客户机，可以只安装速度快的NetBEUI协议，而不用安装TCP/IP协议。若有多个网段或远程客户机，或者需要连接到Internet，则应使用TCP/IP协议。

5.1.3 网络硬件

在计算机网络中，除了计算机、服务器外，还包含了各种各样的网络硬件设备，例如集线器、交换机、路由器等。计算机、网络设备和通信介质按照一定的物理拓扑结构连接在一起，不同的网络设备在网络通信中承担着特定的功能。

1. 网卡

网络适配器（Network Adapter）简称网卡，是计算机与计算机之间通过传输介质直接或间接互联，实现互相通信的接口。网卡插在计算机主机的扩展槽中，提供计算机与网络之间的逻辑和物理的连接链路。常见网卡的数据传输率有10 Mbps、100 Mbps、1 000Mbps和10 Mbps/100 Mbps自适应等。有很多机型已将调制解调器和网络适配器集成到了主机板上。一块普通的网卡如图5-1所示。

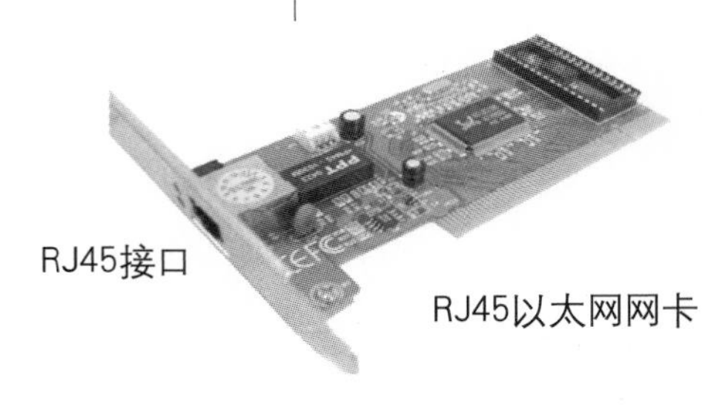

图5-1 网卡示意图

在台式计算机内，网卡要插到计算机的数据总线扩展插槽上，在机箱外部，网卡通过对应的接口与网络线缆连接。不同的网络接口适用于不同的网络线缆类型，常见的接口有以太网的RJ-45接口，用来连接双绞线（网线）。现在无线网卡的应用也很普及，特别是在笔记本电脑中，往往同时安装一个PCMCIA网卡或无线网卡，以增强移动上网能力。

此外，为了硬件识别，每一个网卡都有一个MAC地址。MAC地址是一个可以唯一标识一块网卡的号码，这个号码是在网卡出厂时就写入到网卡中的，无法修改，全球唯一，因此成为网卡的根本标志。

2. 交换机

交换机是一种能够在通信系统中完成信息交换功能的设备。所谓交换，就是将数据或信息从一个端口转发到另一个端口。交换技术避免了传统广播技术所带来的数据冲突，可以大大地提高网络的通信性能。根据网络覆盖范围的不同，交换机一般分为广域网交换机和局域网交换机两大类。广域网交换机主要是应用于电信城域网互联、互联网接入等。局域网交换机应用于局域网络，用于连接终端设备，如服务器、工作站、集线器、路由器、网络打印机等。如果不作特殊说明，我们所说的交换机即指局域网交换机。

图5-2 交换机示意图

传统交换机一般是基于MAC地址识别，又称二层交换机。随着网络技术的发展，现在又出现了三层交换机（IP交换）和四层交换机。一般的局域网交换机如图5-2所示。

3．路由器

路由器是一种网络层互联设备，用于连接多个逻辑上独立的网络。路由器的外形和交换机类似，如图5—3所示。

路由器属于广域网设备，其基本功能是根据数据包的目标IP地址将数据包从一个网络转发到另一个网络。当一个数据包到达路由器时，路由器根据数据包的目标逻辑地址查找路由表。如果存在一条到达目标网络的路径，路由器将数据包转发到相应的端口。如果目标网络不存在，数据包被丢弃。

另外，路由器在网络中还起到隔离网络、隔离广播、路由转发以及防火墙的作用。

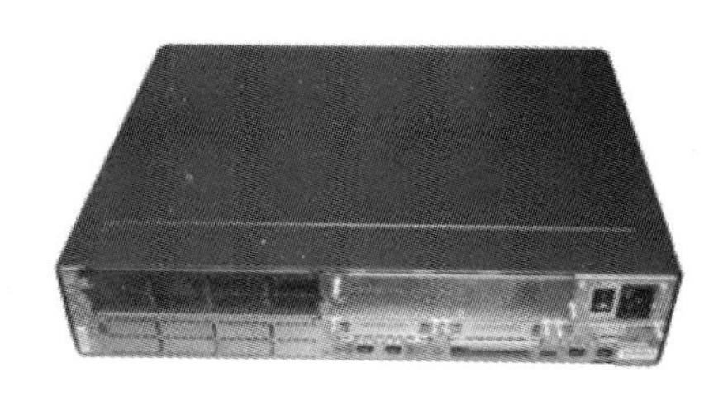

(a) 路由器外观

(b) 路由器内部

图5—3　路由器示意图

4．宽带路由器

随着互联网应用的普及，各大电信运营商分别推出了以ADSL、小区宽带、有线通以及基于IEEE 802.11b的无线局域网接入为代表的宽带接入技术，成为家庭和许多小型机构连接到Internet的主要方式。为了让家庭用户、SOHO用户、网吧、小公司或小企业用户能安全地共享一个账号并高速接入Internet，就需用接入路由器来完成多用户的共享宽带接入。为了区别于传统的路由器，把这种具有ADSL/Cable/FTTx+LAN连接能力的路由器称为宽带路由器或宽带网关。宽带路由器如图5—4所示。

(a) 正面

(b) 背面

图5—4　宽带路由器示意图

宽带路由器一般具有一个10Mbps或10/100Mbps的广域网口（WAN），多个（4~8）10/100 Mbps的局域网口（LAN），通过网络地址转换（NAT）以实现多用户的共享接入。宽带路由器WAN口能自动检测或手工设定宽带运营商的接入类型，具备宽带运营商客户端发起功能（例如，一个PPPoE的客户端，也可以是一个DHCP客户端，也可以分配固定的公网IP地址等）。局域网内的所有计算机不再需要安装任何客户端软件，也不用设定任何代理服务器的地址。

5.1.4　网络传输介质

网络传输介质可分为有线和无线两种。有线传输介质主要有同轴电缆、双绞线和光纤三种类型，同轴电缆和双绞线采用电信号编码和传输数据，光纤则利用光波来编码和传输数据。无线传输则主要是通过电磁波编码和传输数据的。

图5–5 双绞线示意图

图5–6 光纤外观图

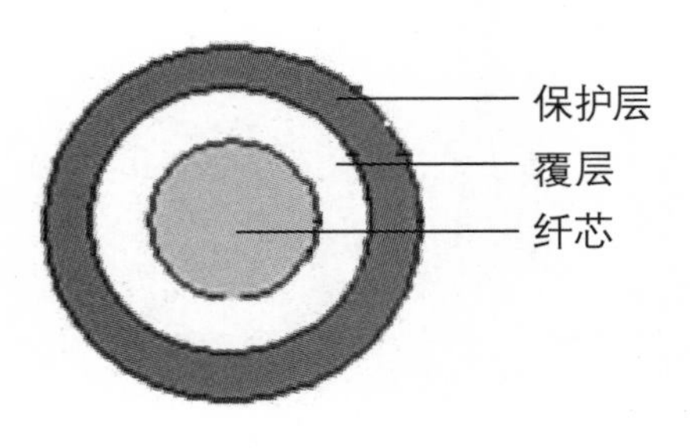

图5–7 光纤结构图

图5–8 同轴电缆示意图

1. 双绞线

双绞线由螺旋状扭结在一起的两条绝缘导线组成，绞合的结构可以有效地减少串扰。现行双绞线电缆由4对相互绝缘的彩色铜线组成，具体为橙/白橙、蓝/白蓝、绿/白绿、棕/白棕。双绞线结构如图5–5所示。

双绞线既可以传输模拟信号，也可以传输数字信号。对于模拟信号，双绞线的最佳中继距离为5~6 km。双绞线作为远程中继线时，最佳中继距离为100 m，传输速率可达10 Mbps，在快速以太网中，传输速率可以达到100 Mbps。双绞线可分为非屏蔽双绞线和屏蔽双绞线。屏蔽双绞线电缆的外层由铝铂包裹，以减小辐射，但并不能完全消除辐射。屏蔽双绞线价格相对较高，安装时要比非屏蔽双绞线电缆困难，因此非屏蔽双绞线被广泛用于以太网络布线。

2. 光纤

光纤是光导纤维的简称，是一种能够传导光信号的传输介质。光纤是由玻璃或塑料等物质材料做成的，由纤芯、覆层和保护层三个部分构成，光纤外观图和结构图如图5–6、图5–7所示。

光纤与其他传输介质相比具有以下优点：带宽高；传输损耗小，中继距离长；无串音干扰；保密性好；抗电磁干扰能力强；体积小，重量轻。

3. 同轴电缆

同轴电缆是由两层导体排列在同一根轴上构成。同轴电缆由四层构成，内芯一般为铜导线，用于传输电信号，外裹一层绝缘材料，外覆密集网状金属屏蔽层，最外面是一层保护性塑料。同轴电缆如图5–8所示。

由于屏蔽层的作用，同轴电缆有较好的抗干扰能力。故同轴电缆比双绞线具有更高的带宽和更好的噪声抑制特性，但是布线成本较高。

同轴电缆主要有两种应用：一种为50 Ω（沿电缆导体各点的电磁电压对电流的比）的电缆，用于基带数字传输；另一种为75 Ω的电缆，用于宽带模拟传输。

4. 无线传输

无论使用双绞线、同轴电缆还是光纤作为传输介质，都是在通信设备之间建立一个物理连接。在许多情况下，物理连接是不实际的，甚至是不可能的，这就需要无线通信。无线通信利用物理学电磁波理论，电磁波是发射天线感应电流而产生的电磁振荡辐射，电磁波在自由空间传播，被接收天线感应。无线通信的例子很多，例如无线广播、卫星电视等。

外观图

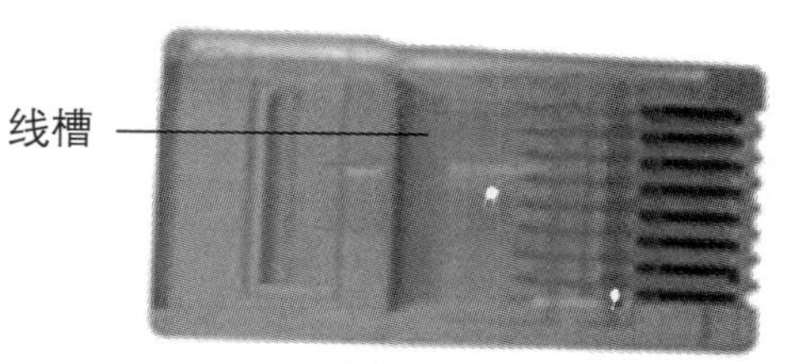

内部结构图

图5–9 水晶头外观及内部结构

5. 水晶头

RJ–45水晶头是连接非屏蔽双绞线的连接器，为模块式插孔结构，它为设备的连接提供一个标准的插头。RJ–45接头一共有8个引脚槽（线槽），称为8Pin，镀金引脚也有8个，称为8C。水晶头结构如图5–9所示。

RJ–45接口类似于电话线接口，电话机上使用的接口叫做RJ–11接口。电话中使用的RJ–11接头有两种：一种用于连接电话线，有6个引脚槽、2根引脚，称为6P2C；另一种用于连接电话和听筒，为4P4C。

5.2 网络的产生与发展

从概念上讲，互联网（Internet）是一个全球范围的网间网。通过路由器等网络互连设备和TCP/IP协议，将全球范围的、不同结构的、安装不同类型操作系统的计算机网络连接在一起，以实现全球范围的计算机通信和资源共享，这就是Internet。

1968年，美国国防部高级研究计划局（Advanced Research Project Agency，ARPA）主持研制了用于军事研究的计算机实验网络ARPAnet。该网络的设计指导思想是：要求网络能够在遭受严重破坏时（如某些节点不能工作或某些线路中断），仍然能够保持运行。在1969年底，建立起一个由4台计算机互连的分组交换试验网络ARPAnet。1976年，ARPAnet发展到57个节点，连接了100多台不同类型的计算机，网络用户发展到2 000多个。

1982年，ARPAnet被分成两部分，一部分作为军用，称为MILnet，另一部分作为民用，即早期的Internet。为了将不同的计算机局域网和广域网互连，即解决网络之间互相通信的问题，ARPAnet决定采用网络互连协议IP（Internet Protocol）来取代网络控制协议NCP（Network Control Protocol），这就是国际互联网Internet名称的由来。

如果把Internet的发展划分阶段的话，那么1968~1984年的这个时期可以看成是Internet的提出、研究和试验阶段，这时的Internet以ARPAnet为主干网。由于ARPAnet采用离散结构，不设中央网络控制设备，实现了网络渠道的多样性，从而减少了系统彻底崩溃的可能性，网络的生存能力得到了保证，实现了ARPA的最初构想。

从1984年到1992年可以看做是Internet的实用发展阶段。为了使全美国的科学家和工程师能够共享那些过去只有军事部门和少数科学家才能够使用的超级计算机设施，美国国家科学基金会NSF（National Science Foundation）于1985年提供巨资建设了全美5个超级计算中心，同时建设了高速信息网络NSFnet，将这些超级计算中心和各科研机构相连。1986年NSFnet成功地成为Internet的第二个骨干网。NSFnet对Internet的推广起到了巨大的推动作用，它使得Internet不再是仅有科学家、工程师、政府部门独享的网络，Internet进入了以资源共享为中心的实用服务阶段。以连接NSFnet的局域网数量为例，1988年7月只有170个，到1992年1月就发展到4 500个。

1992年以后Internet开始进入它的商业化发展阶段，Internet用户开始向全世界扩展，并以每月15%的速度迅速增长，每30 min就有一个网络连入Internet。随着网上通信息量的急剧增长，Internet开始不断采用新的技术以适应发展的需求，其主干网由政府部门资助开始向商业计算机公司、通信公司转化。

在Internet商业化的过程中，万维网（World Wide Web，WWW）的出现，使Internet的使用更简单、更方便，开创了Internet发展的新时期。1989年，在瑞士日内瓦欧洲核子物理研究中心（CERN）工作的Tim Berners-Lee首先提出了WWW的概念。到1990年末，第一个WWW软件研制成功，该软件能够让用户在Internet上查阅和传输超文本文档，通过超链接实现了Internet上的任意漫游。

当前，Internet在中国正在以惊人的速度发展。2011年1月19日，中国互联网络信息中心在京发布了《第27次中国互联网络发展状况统计报告》。《报告》显示：截至2010年12月底，我国网民规模突破4.5亿大关，达到4.57亿，较2009年底增加7330万人，互联网普及率攀升至34.3%，较2009年提高5.4个百分点。我国手机网民规模达3.03亿，较2009年底增加6930万人。手机网民在总体网民中的比例进一步提高，从2009年末的60.8%提升至66.2%。手机网民较传统互联网网民增幅更大，构成拉动中国总体网民规模攀升的主要动力。我国网民上网设备多样化发展，笔记本电脑上网使用率增速最大。《报告》显示：2010年，网民使用台式电脑、手机和笔记本电脑上网的占比分别为78.4%、66.2%和

45.7%。与2009年相比，笔记本电脑上网使用率上升最快，增加了15个百分点，手机和台式电脑上网使用率分别增加5.4%和5%。

5.3 连接到互联网

Internet是目前唯一遍及全球的计算机网络，连接了世界各地数以亿计的计算机，通过TCP/IP协议进行通信。常用的接入方式可大体分为专线接入和拨号接入两种。所谓的专线接入就是用户与ISP之间通过专用的线路连接，这其中又分模拟专线和数字专线两种。拨号接入就较简单多了，通过一根普通的电话线，再加上计算机和Modem就可以连接到Internet。然而人们最关心的就是它的接入方式及相应技术，经过对基础设施的改造和重新建设，我国的通信网络已实现了从模拟到数字、从铜缆到光纤的转变。

5.3.1 接入互联网的方式

接入Internet的方式很多，常见的有电话拨号上网、ADSL拨号上网、小区宽带上网和无线上网等方式。从接入原理上，连接互联网的方法分为Modem拨号和通过局域网上网两大类。

1．使用Modem上网

Modem是一种将计算机连接到公共交换电话网络上的数据通信设备，它能够将计算机的数字信号转换（调制）成能够在电话线路上传送的模拟信号，在另一端的调制解调器又将模拟信号解调回数字信号。该方式上网的优点是原始投入小，只要有一台电脑、一个Modem、一部电话即可；缺点是上网速率低。

2．通过LAN上网

局域网中的计算机可以通过局域网连接方式很容易地接入到Internet。例如，现在大部分的高等院校和部分的中等院校和中学已经建立了校园网，并且接入了Internet，用户可以很容易地通过校园网接入Internet。

LAN方式上网主要分为宽带上网和无线上网。

小区宽带上网是目前大中城市非常普及的一种宽带接入方式，网络服务商采用光纤接入到整栋楼，再通过网线接入家庭。小区宽带通常采用宽带共享的方式，在上网高峰时期，宽带网速会有影响。

无线上网是以传统局域网为基础，还是以无线网络交换设备和无线网卡构建的无线上网方式，只要上网终端没有连接有线线路，都称为无线上网。如今，在城市里的很多酒店、飞机场、会议场所都具备无线上网条件。

5.3.2 使用Modem上网

如果计算机配有Modem，通过电话线，就可以方便地连接到Internet。

1. 选择ISP

通过电话线拨号上网是一种常用的上网方式，它利用ISP提供的Internet接入服务。因此，使用Modem上网，用户首先应该选择合适的ISP，并且申请对应的网络账号。

2. 安装Modem

通过电话线拨号上网，必须在用户端安装调制解调器。因为电话线路传输的是模拟信号，而计算机只能处理数字信号，调制解调器将完成模拟信号到数字信号以及数字信号到模拟信号的转换。

调制解调器有内置和外置两种，内置的调制解调器需要插在主机内部主板的扩展槽中，外置的调制解调器插在机箱后面的com端口即可。调制解调器有Line和Phone两个接口，Line接口连接入户电话线，Phone接口和电话机相连。安装了硬件调制解调器后还要在计算机上安装相应的驱动程序，驱动程序软件在购买调制解调器时由厂商提供。

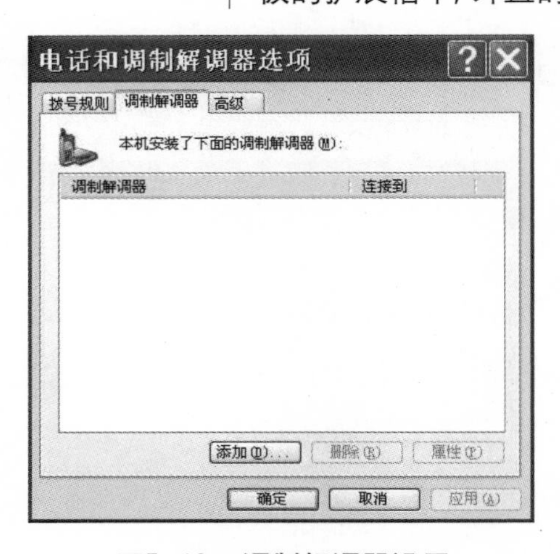

图5—10 调制解调器设置

设置Modem的具体步骤如下：

① 打开“控制面板”，双击“电话和调制解调器选项”，选择“调制解调器”选项卡，如图5—10所示。

② 单击其中的“添加”按钮，将打开“添加/删除硬件向导”。如果用户清楚调制解调器的型号，可以选择“不要检测我的调制解调器，我将从列表中选择”复选框，选中该复选框，安装向导不进行硬件检测，这样即使计算机上没有安装调制解调器硬件，也不影响驱动程序的安装。如图5—11所示。

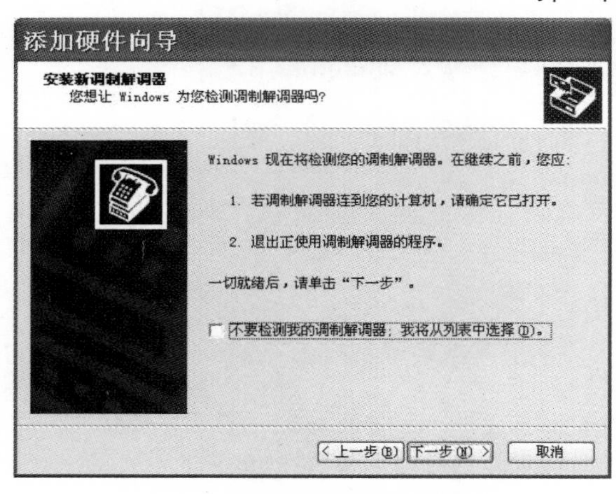

图5—11 安装新调制解调器

③ 选择下一步，根据向导提示选择调制解调器的制造商和型号，然后选择安装调制解调器的端口，如图5—12所示。

④ 单击下一步，选定端口为COM1，如图5—13所示。

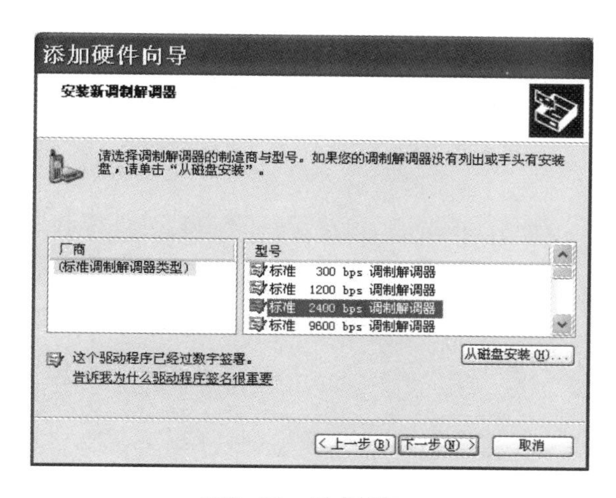

图5—12　选择端口

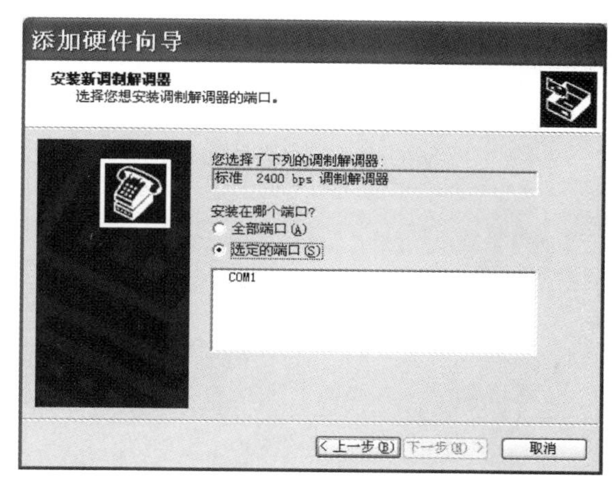

图5—13　选定端口

⑤　单击下一步，点击"完成"按钮，安装向导将完成调制解调器的安装过程，如图5—14所示。

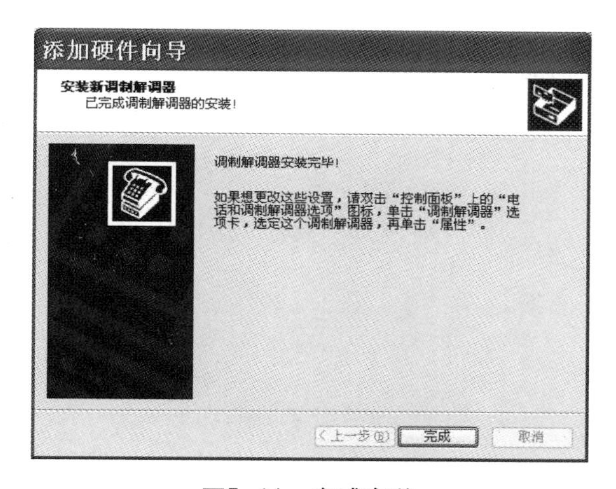

图5—14　完成安装

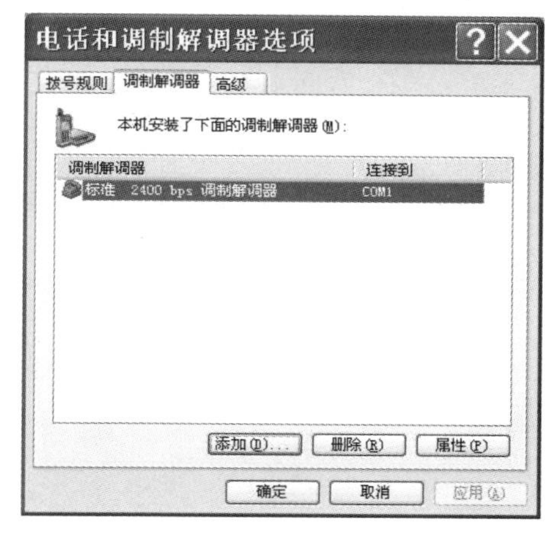

图5—15　查看调制解调器

⑥　在控制面板的"调制解调器"选项卡中将列出安装的调制解调器项目，如图5—15所示。

3. 新建网络连接

当安装了调制解调器之后，计算机就可以建立各种类型的拨号连接。例如，通过拨号连接到Internet。创建新的拨号连接，对于Windows XP操作系统，具体步骤如下：

①　在"控制面板"中双击"网络连接"图标，打开"网络连接"文件夹，如图5—16所示。

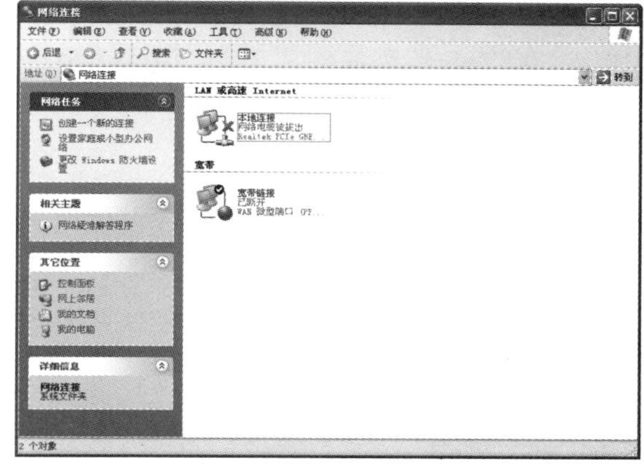

图5—16　Windows XP"网络连接"文件夹

② 在“网络连接”文件夹中单击左侧网络任务区域中的“创建一个新的连接”，启动“新建连接向导”，单击下一步，显示“网络连接类型”对话框，如图5—17所示。

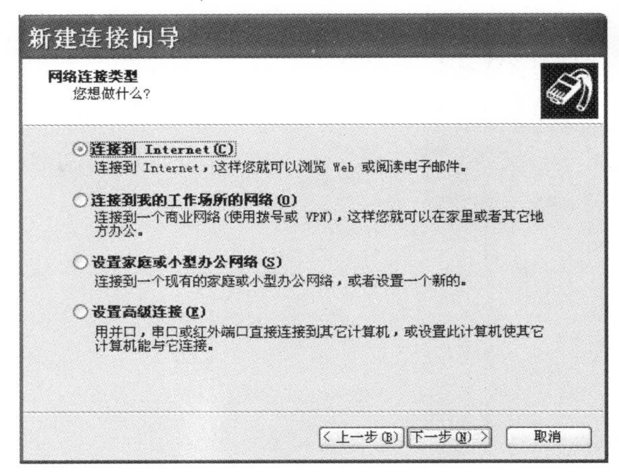

图5—17 “网络连接类型”对话框

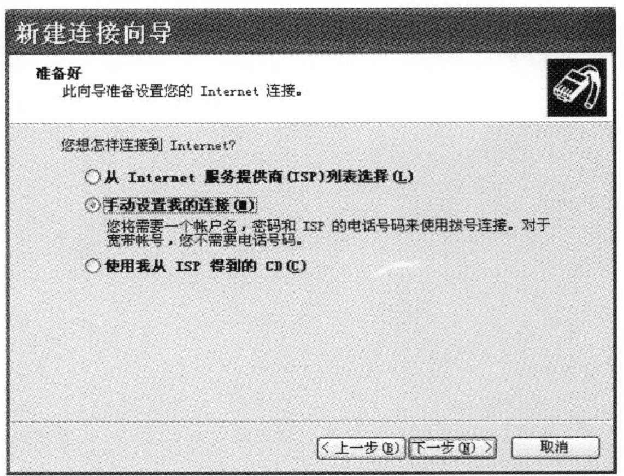

图5—18 Internet连接方式

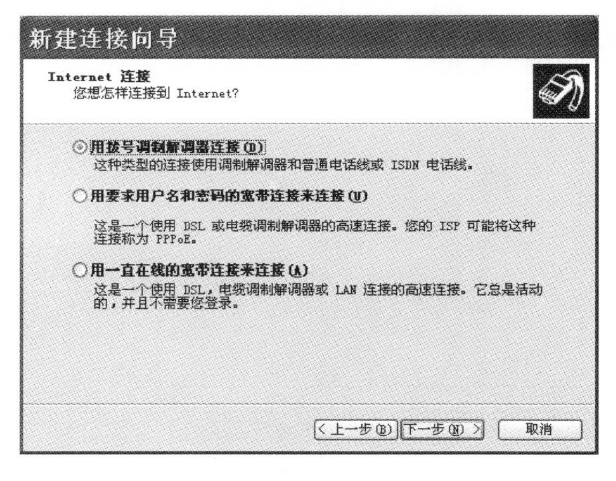

图5—19 Internet连接方式

图5—20 网络连接文件夹

③ 选择“连接到Internet”单选钮，单击“下一步”按钮，选择连接到Internet的连接方式，如图5—18所示。

④ 选择“手动设置我的连接”，接下来将显示Internet连接方式选择界面，如图5—19所示。

⑤ 选择“用拨号调制解调器连接”单选钮，单击下一步，按照向导提示依次输入：ISP名称，ISP拨号电话号码，ISP提供的账户名和密码（直接拨号通常不需要账户名和密码）。最后完成新建连接向导，在“网络连接”文件夹中添加一个新的连接图标“电信163”，如图5—20所示。

如果一个连接不可用，则在相应的图标上显示一个红色的差号，在图标旁系统提示简短提示。如果连接图标的右上角带有一个锁形标志，表明该连接启用了防火墙。右单击一个连接图标，在快捷菜单中执行“属性”命令，可以对该连接进行相应的设置。

4. 使用拨号连接

在“网络连接”文件夹中，双击某个拨号连接图标，打开“拨号连接”对话框。在拨号连接对话框中，正确输入对应的用户名和密码，点击“拨号”按钮即可，如图5–21所示。连接成功后，用户就可以进行上网浏览和信息查询等操作。

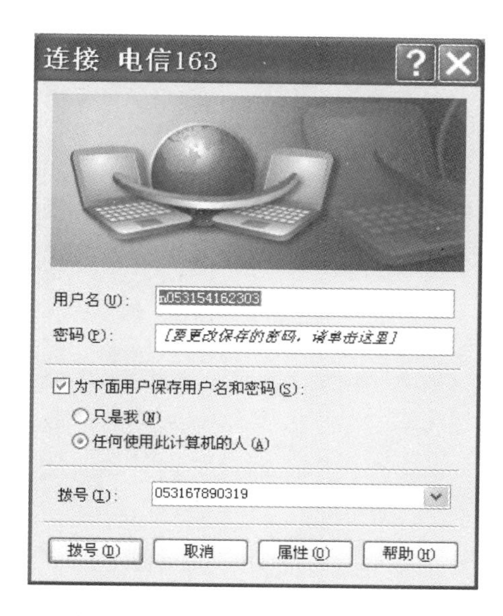

图5–21 连接上网

5. 配置拨号连接属性

在“拨号连接”对话框中，单击“属性”按钮，打开相应的拨号连接属性对话框。通过拨号连接属性对话框，可以设置拨号连接的常规属性、一般选项（如设置重拨次数、时间间隔等）、安全选项、网络选项（包括拨号服务器的类型，TCP/IP网络协议等）以及一些高级设置（如Internet连接共享、防火墙等），如图5–22所示。

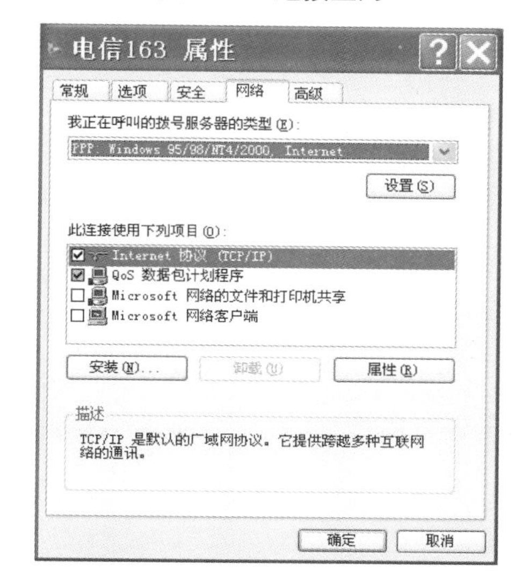

图5–22 网络属性设置

5.3.3 使用宽带路由上网

目前，宽带接入主要有3种接入方式，分别是ADSL、Cable Modem和FTTX+LAN以太网接入技术。第一种方式利用对传统电话线路，改变网络传输技术，实现宽带接入，有效提高了网络带宽，上网的同时不影响电话业务。第二种是利用现有的有线电视网，用户需要增加一个有线调制解调器。第三种则是铺设网络专属线路，实现光纤到楼、双绞线入户，为用户提供独享带宽。目前，一般多采用以太网技术实现社区宽带网接入。

1. 宽带路由器的安装与连接

近几年来，中国电信、中国网通、中国联通、中国铁通、中国移动以及一些有线电视运营商等在原来一些传统的业务基础上，纷纷推出相应的宽带接入服务。为了让家庭用户、网吧、小型公司或企业用户能安全地共享一个账号高速接入Internet，可以在运营商网络边缘安装一个接入路由器，来完成多用户的共享宽带接入。为区别于传统的路由器，我们把这种具有ADSL/Cable/FTTX+LAN连接能力的路由器称为宽带路由器或宽带网关，家用宽带路由器外观如图5–23所示。

图5–23 宽带路由器示意图

使用宽带路由器，必须将ISP线路连接到宽带路由器的WAN端口，宽带路由器的LAN端口可以直接连接到用户计算机，也可以连接交换机或集线器（HUB）等设备，让更多的用户共享一个宽带用户账户。此外，如果是无线宽带路由器，用户还可以无线上网。

宽带路由器线路连接的具体做法如下：

目前，ISP提供的网络接入线路有两种，一种是利用普通的电话线，一种是光纤入户或者双绞线入户。对于这两种接入方式，用户在购买宽带路由器时需要说明相关的接入线路类型，以购置不同类型的宽带路由器。两种路由器都具有拨号功能，只是提供的外网接口类型不同，两种接口对应的名称分别为“LINE”口和“WAN”口。对于第一种线路，用户把电话线接头连接宽带路由器对应的LINE接口上。对于第二种线路，入户的双绞线的RJ45水晶头直接连接到路由器对应的WAN口上。最后，需要共享上网的电脑网卡接口通过双绞线与路由器上的LAN接口相连。

图5—24

图5—25

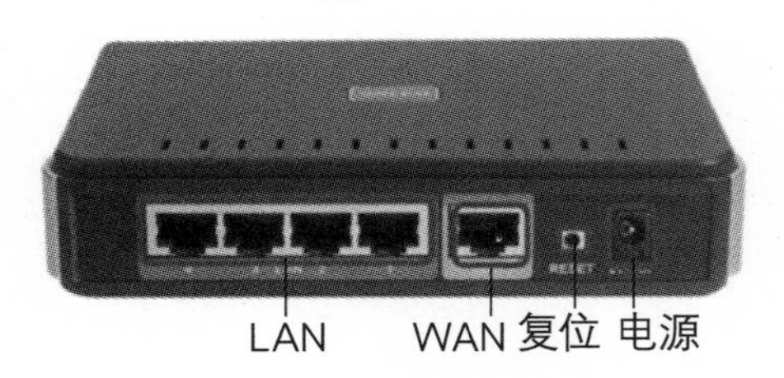

图5—26

下面以D-Link宽带路由器为例介绍宽带路由器连接方法（第二种线路接入方式）：http://www.jb51.net/softjc/10470.html

(1) 连接宽带路由器到ISP网络

首先，将路由器自带的交流电源适配器连接到路由器后面板上，将适配器插入电源插座。如果前面板的电源LED指示灯亮，表明操作正确，如图5—24所示。

然后，将一条以太网缆线（双绞线）的一端插入路由器后面板上的WAN端口。如果看到路由器前面板的WAN口的LED指示灯亮，表明操作正确，如图5—25所示。

最后，将另一条以太网缆线的一端插入路由器后面板上的任一LAN端口，另一端插入用于配置路由器的计算机网卡上。如果看到路由器前面板的LAN口的LED指示灯亮，表明操作正确，如图5—26所示。

注意：要复位系统设置为工厂设置，可以按照以下方法进行：不要断开宽带路由器的电源，然后用曲别针按下复位（RESET）按钮并保持5 s以上，放开按钮将自动重启，完成系统复位操作。

宽带路由器一般通过宽带调制解调器如ADSL Modem、Cable Modem的以太网口接入Internet。安装宽带路由器实现的局域网和广域网宽带接入拓扑结构，如图5—27所示。

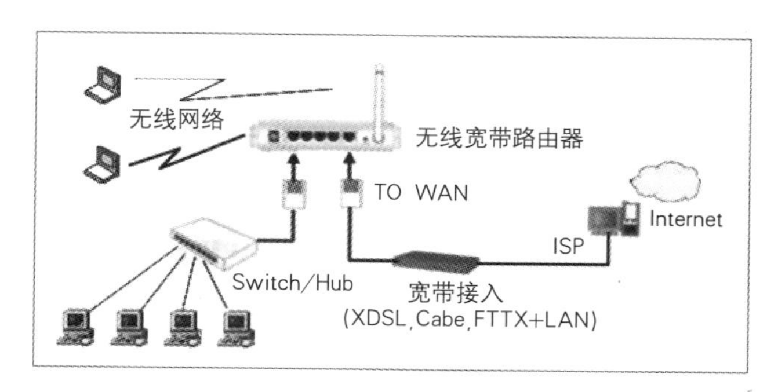

图5—27　使用宽带路由器的共享宽带接入网络拓扑结构

(2) 正确配置计算机的网络设置

首先，在计算机桌面上鼠标右键点击网上邻居，在弹出的菜单中选择“属性”，如图5—28所示。打开网络连接窗口，在该窗口中右键单击“本地连接”，在弹出的菜单中选择“属性”，如图5—29所示。

图5—28　打开“网上邻居”属性

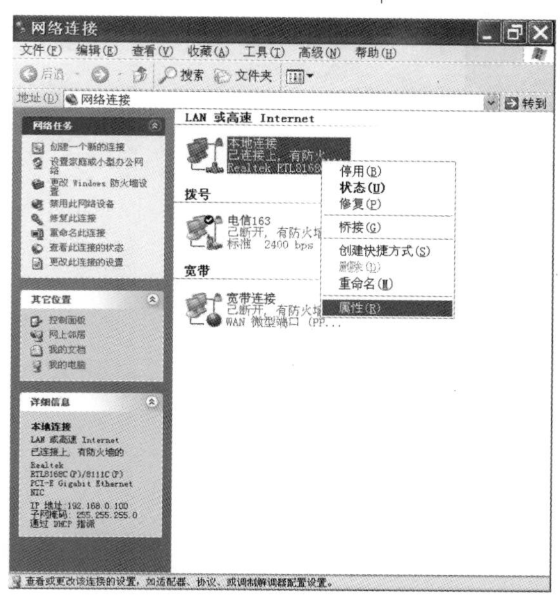

图5—29　打开“本地连接”属性

在随后打开的窗口中先选择“Internet协议（TCP/IP）”，再用鼠标点击“属性”，如图5—30所示。

在随后打开的窗口里，IP地址选项框中有两种设置方法：方法一：单击“自动获得IP地址”，路由器会利用内置的DHCP服务为计算机自动分配IP地址（这种方法最简单）；方法二：单击“使用下面的IP地址”，则需手动设置IP地址，IP地址应设置为192.168.1.2～192.168.1.254，子网掩码为255.255.255.0，默认网关为192.168.1.1（根据路由器厂商不同，地址配置不同，比如，IP地址应设置为192.168.0.2~192.168.0.254，子网掩码为255.255.255.0，默认网关为192.168.0.1）。在安装配置时，建议用户参考路由器使用手册。

注意：在图5-31中，“DNS服务器地址”配置选项框中，单击“使用下面的DNS服务器地址（E）”，可以按照ISP提供的相关地址配置，也可以单击“自动获得DNS服务器地址”，具体情况需要参考ISP提供的相关入网资料。

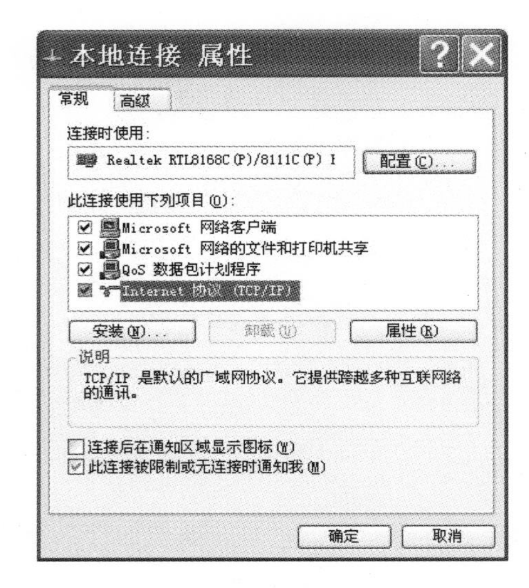

图5—30　设置“TCP/IP协议”属性

图5—31　“IP地址设置”对话框

2．宽带路由器的配置

宽带路由器与外网线缆和本地计算机正确连接并且配置好计算机网络设置之后，可以配置宽带路由器。宽带路由器通常是即插即用设备，不需要安装任何驱动程序，一般通过浏览器（Web方式）进行相关配置。下面以D-Link宽带路由器为例，介绍路由器配置的一般步骤：

① 打开宽带路由器电源，启动计算机系统，在浏览器地址栏中输入厂家配置的路由器默认IP地址，一般为192.168.1.1或192.168.0.1，打开“登陆窗口”对话框，输入用户名和密码，如图5—32所示。一般情况下，用户名和密码的出厂设置均为“admin”（以用户手册为准）。

② 输入登录密码并选择“登录”按钮，出现设置向导对话框，如图5—33所示。

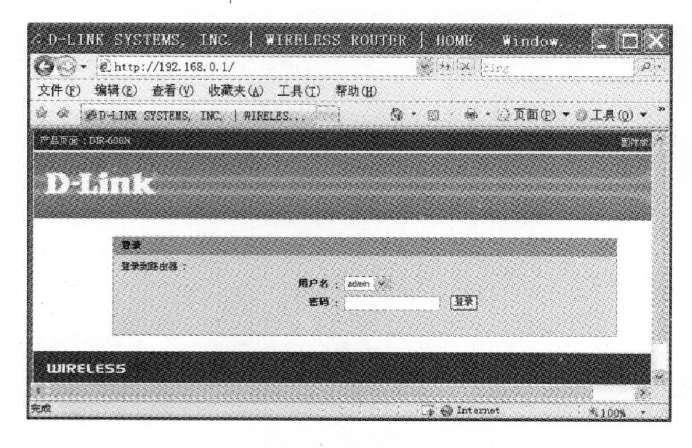

图5—32　“路由器登录窗口”对话框

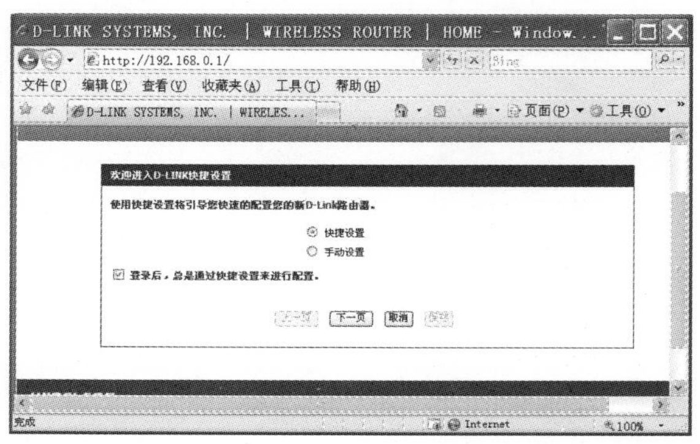

图5—33　“路由器设置”对话框

③ 在图5—34中选择“快捷设置”并按“下一步”选项，进入“Internet连接”即宽带接入方式配置对话框，如图5—34所示。

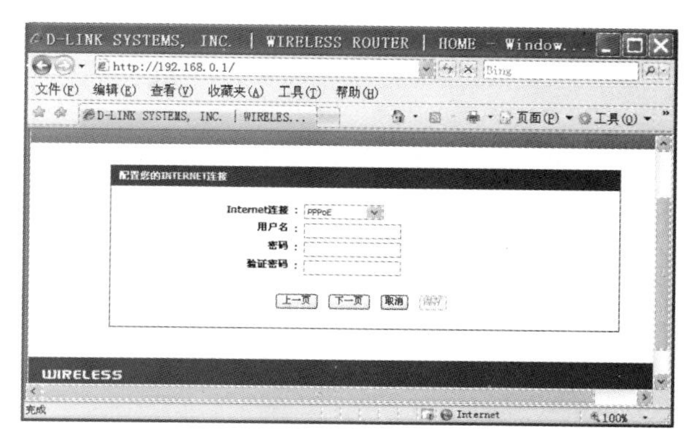

图5—34　“选择宽带接入方式”对话框

宽带接入配置这一步是宽带路由器配置中最重要的一步，一般情况下，路由器支持三种常用的宽带接入方式，根据用户选择的ISP实际接入线路情况进行选择。

如果上网方式为ADSL虚拟拨号方式，在界面中“Internet连接”选项中选择“PPPoE”（基于以太网的点到点协议，PPPoE拨号是我们通常所说的ADSL拨号上网）。在用户名和密码对应的文本框中输入ISP（网络服务商）提供的相关信息。

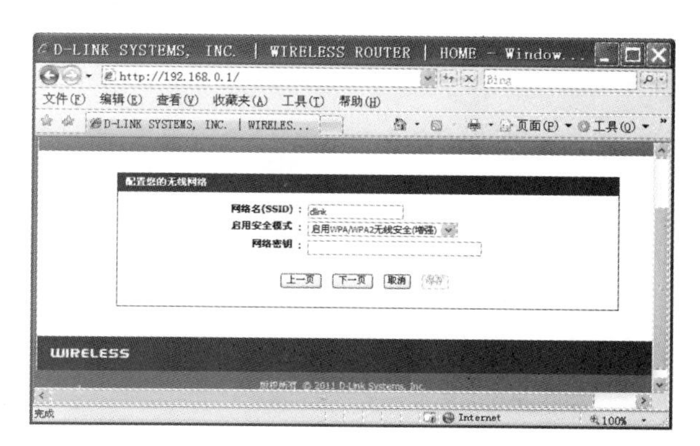

图5—35　“无线网络设置”对话框

如果上网方式为静态IP方式，选择“以太网宽带，网络服务商提供的固定IP地址（静态IP）”选项，则会弹出一个对话框，在其中配置从网络服务商（例如中国电信）获取的IP地址、子网掩码、网关和DNS地址等信息。

如果上网方式为动态IP方式，选择“以太网宽带，自动从网络服务商获取IP地址（动态IP）”单选项，则会直接进入到下一步。

④ 以上为路由器WAN口设置及本地网络配置，点击“下一页”将进入无线网络的配置，如图5—35所示。

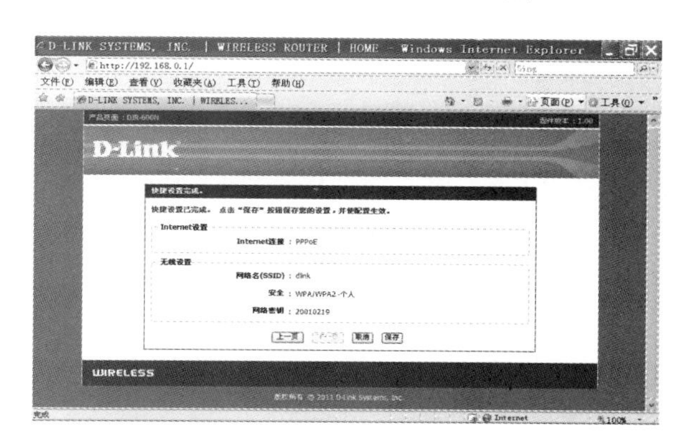

图5—36　“保存设置”对话框

在此窗口可以为无线网络命名，比如“dlink”，并设置好自己的8位数网络密码。

⑤ 设置无误后，点击保存，如图5—36所示，保存本次设置。

3．有线上网

对于多台有线工作站，正确配置网络设置（详细参见前节内容）后，运行计算机上的浏览器程序，就可以通过宽带路由器上网，最终完成宽带接入和多用户的Internet共享任务。

4．无线上网

无线宽带路由器同时支持无线设备共享上网，下面介绍无线网络客户端配置，如IP地址分配方式、无线网络安全认证方式、网络安全配置和管理员口令

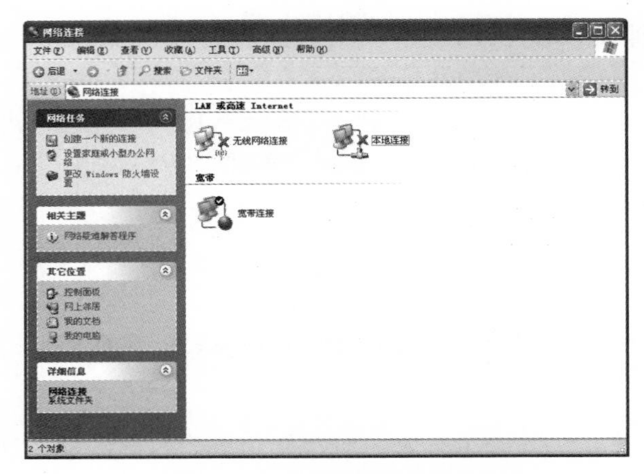

图5—37 “网络连接”文件夹

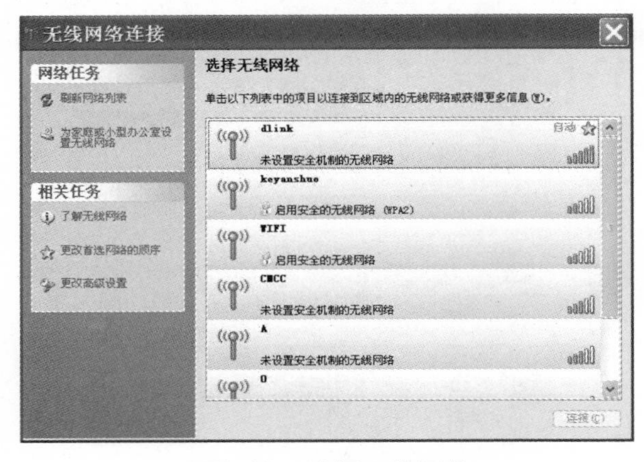

图5—38 选择无线网络

图5—39 “无线网络密码设置”对话框

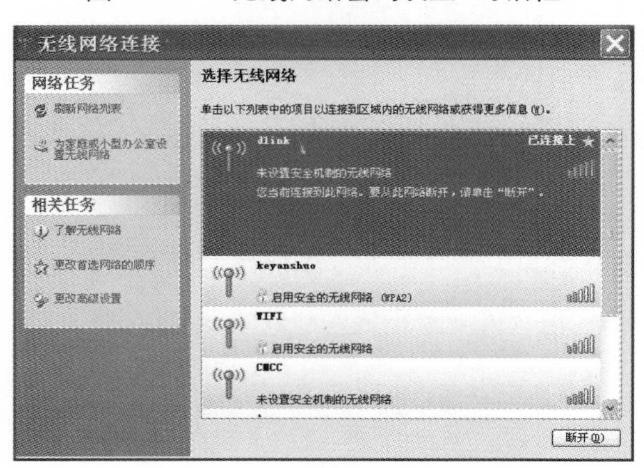

图5—40 无线网络连接成功

配置等。具体操作步骤如下。

① 在“开始”菜单中选择“设置”[①]，单击“网上邻居”，打开“网上邻居”文件夹，如图5—37所示。

② 右键单击“无线网络连接”，在弹出的菜单中点击“查看可用的无线连接”命令，显示系统搜索到的可用无线网络列表，如图5—38所示。

③ 选择要连接的无线网络，如“dlink”，选择“连接“按钮。接下来在弹出的“无线网络连接”对话框中输入“网络密码”，左键单击“连接”按钮，如图5—39所示。

④ 此时，“dlink”无线网络显示“已连接上”，如图5—40所示。

① 要把开始菜单切换到经典开始菜单。

本章小结

本章主要介绍了计算机网络的基础知识、互联网的发展以及网络接入的方式。在计算机网络的基础知识中，介绍了网络的概念、分类和协议，以及网络硬件基础知识。从网络应用的实际出发，详细介绍了互联网的各种接入方式，并对拨号连接和宽带路由上网的连接与设置重点做了讲解。

思考题

一、填空题

1. 计算机网络是指____________，其基本功能是实现计算机之间的_______和_______。

2. 传输层的主要功能是___________。

3. 网路接入的主要方式有_______、_______、_______和_______。

4. 按照地理分布范围来划分，计算机网络可分为________、_________和_________。TCP/IP协议的全称是___________。

5. 计算机网络拓扑结构分为_______、_______、_______等多种形式。

二、简答题

1. 计算机网络的定义是什么？

2. 简述网卡的基本功能。

3. 什么是网络协议？

4. 光纤传输介质的优点和缺点分别是什么？

5. 双绞线的优缺点是什么？

6. 接入互联网的方式有几种？其各自的优缺点是什么？

三、综合题

1. 当发现网卡驱动有故障时，如何重新安装网卡驱动程序？

2. 如何设置路由器宽带上网？

3. 如何设置路由器无线网络，如何利用无线终端上网？

第6章
WEB浏览器与上网浏览

Internet是信息的海洋，这些信息分布在全球各地无以计数的不同类型的服务器上。在Internet发展初期，查找和传递信息非常麻烦，需要使用多个不同的工具软件。20世纪90年代以来，随着Web的诞生，在Internet中检索信息变得简单。Web技术将Internet中的Web服务器通过超链接连在一起，用户可以在不同的服务器上自由地转移，来寻找需要的信息资源。同时，Web还支持其他传统的Internet服务，只要在计算机上安装相应的Web客户端程序，即Web浏览器，就可以在Internet中进行信息查询、信息浏览、文件下载、收发邮件、参与BBS讨论等。

本章将介绍IE浏览器的工作界面，如何使用IE浏览器浏览网页，浏览器的收藏夹功能，以及收藏夹的导入与导出，浏览器的各种使用设置，管理和优化等。

知识要点

第6.1节：Web浏览器，IE浏览器

第6.2节：启动浏览器，窗口界面，地址栏，标题栏，状态栏，浏览窗口

第6.3节：地址栏，文字的保存，图片的保存，网页的保存

第6.4节：添加收藏夹，整理收藏夹，导入与导出收藏夹

第6.5节：在线音乐，在线视频

第6.6节：IE常规设置，主页设置，连接方式，代理服务器上网，清除私人信息，安全设置

第6.7节：常用网站

6.1 Web浏览器及其功能

浏览器是Web客户端程序，用户要浏览Web页面必须在本地计算机上安装浏览器软件。通过在浏览器地址栏中输入网址，可以打开指定的网站，浏览不同网页的文本或超文本信息（图片、视频、动画等）。

6.1.1 Web浏览器概述

在浏览器的地址栏中输入要访问的URL地址（或网址），确定后，计算机将连接到对应的服务器，服务器响应客户端发送的地址，处理相应的网页文件并发送到客户端浏览器。浏览器收到服务器传送的文件后，对文件内容从上到下进行解释执行，并在浏览器窗口中以网页形式呈现。

浏览器程序除了具有通信功能外，还是一个解释机，它能够根据网页内容，对网页中的各种标记进行解释显示。如果网页中包含客户端脚本程序，浏览器将执行这些客户端脚本代码，以增强网页的交互性和动态效果。

在Web发展初期，最常见的浏览器是Netscape，是Web浏览器的一种，后来微软在其Windows操作系统中集成了Internet Explorer（IE）浏览器，使得IE成为最常用的浏览器。随着应用的深入，用户在使用过程中发现了IE浏览器存在一些安全性问题，因此，涌现出许多新兴的浏览器，如：Maxthon（傲游）浏览器、360安全浏览器和Firefoxs浏览器等。

6.1.2 Web浏览器软件

Web浏览器软件有很多，其中IE浏览器是微软公司推出的免费浏览器，目前最常用的版本为IE7.0。IE浏览器最大的好处在于，浏览器直接绑定在微软的Windows操作系统中，当用户电脑安装了Windows操作系统，无需另外安装。通常情况下，IE浏览器除了在桌面上有一个快捷方式外，在“任务栏”左侧的“快速启动”工具栏中也设有“启动Internet Explorer浏览器”按钮图标。

双击桌面上的“Internet Explorer”图标，将启动IE浏览器。若用户通过拨号连接到Internet，默认情况下，启动浏览器同时进行拨号连接。如果希望手工拨号连接，可以通过“Internet选项”对话框的“连接”选项卡进行相关设置。

如果IE浏览器设置了首页，双击浏览器后，浏览器将自动地连接到默认首页地址。如果没有设置默认首页，则打开的浏览器窗口显示空白页，即不显示任何网页文件。通过浏览器“工具”菜单中的“Internet选项”对话框，可以设置IE浏览器的默认首页为空白页或其他主页，如校园网的WWW服务器地址、ISP

的网站地址、或某个常用的搜索引擎网址等。

另一个常用的Web浏览器软件是傲游浏览器（Maxthon Browser），它是一款基于IE内核、多功能、个性化、多页面的浏览器。它允许在同一窗口内打开任意多个页面，减少浏览器对系统资源的占用率，提高网上冲浪的效率。同时还能有效防止恶意插件，阻止各种弹出式、浮动式广告，提高网上浏览的安全性。用户可以在互联网上免费下载Maxthon（傲游）浏览器，浏览器官方网址为：http://cn.maxthon.com/。

目前，浏览器的种类较多，各有特点，但基本功能都相似。用户可以在计算机上安装多个浏览器以选择使用，浏览器之间不会冲突。本书将以Internet Explorer浏览器为例，介绍浏览器的使用及其相关操作。

6.2 认识IE浏览器

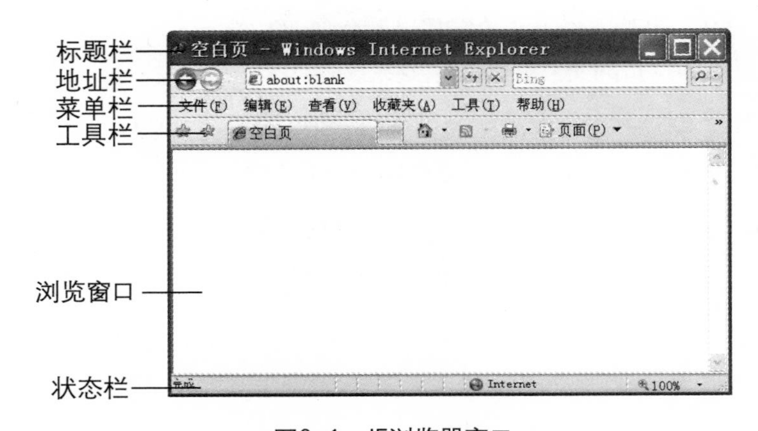

图6—1 IE浏览器窗口

使用浏览器，用户不仅可以通过访问Web服务器来浏览网页，还可以访问传统的Internet服务，只要在浏览器“地址”栏中输入URL寻址表达式就可以定位Internet中不同的信息资源空间。浏览器窗口如图6—1所示。

IE浏览器的窗口由标题栏、菜单栏、工具栏、地址栏、状态栏、浏览窗口和滚动条组成。

① 标题栏：位于窗口的最顶端，用于显示当前所打开的网页标题或IE浏览器所显示的超文本文件名称，右端按钮依次是“最小化”、“最大化”和“关闭”按钮。

② 地址栏：位于标题栏的下方，显示当前网页的URL地址或打开本地计算机中文件的位置。

③ 菜单栏：位于地址栏的下方，共列出六项一级菜单，每个菜单都含有子菜单，并含若干命令。

④ 工具栏：位于菜单栏下方，菜单栏中常用的选项以按钮的方式存放在该栏，用户可以根据自己的需求调整这些工具按钮。在该栏中列出了浏览网页时常用的工具按钮，如“主页”、“收藏夹”等。

⑤ 浏览窗口：位于浏览器中部，显示当前网页的内容。用户可以通过右侧

的垂直滚动条和下方的水平滚动条来浏览整个网页内容。

⑥ 状态栏：用于显示信息或者网页的打开进度。

6.3　网页浏览

在Web浏览器的地址栏中用户输入网址，然后点击“转到”按钮或者按回车键，便可以打开对应的网站。用户可以选择性地浏览网页中的内容，也可保存网页中的丰富的信息资源。

图6—2　CNNIC网站首页

6.3.1　地址栏与网址的输入

浏览器运行后，首先显示浏览器中设置的主页。主页一般是用户经常访问的页面，如果主页设置为空白页，最初运行浏览器时，在地址栏中将显示“about：blank”，此时用户需要输入相应的网址，然后按Enter键或单击地址栏右边的“转到”按钮，来访问Web页面。具体操作步骤如下：打开IE浏览器，在地址栏中输入“//www.cnnic.com.cn”并按Enter键，便打开了“中国互联网信息中心”网站，如图6—2所示。

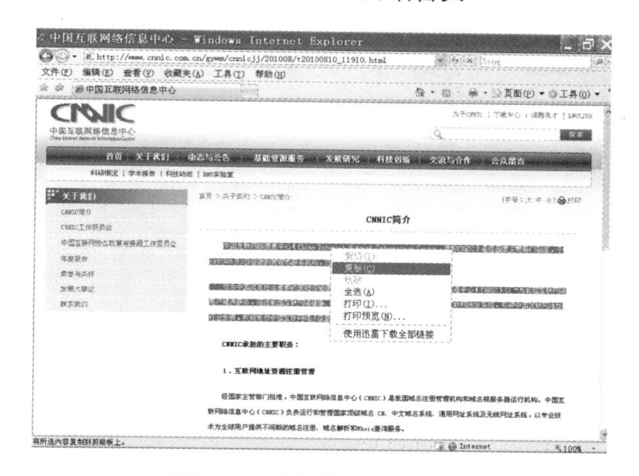

图6—3　选择要复制的文本

6.3.2　文本的保存

用户在Web浏览中遇到自己感兴趣或者想保存的文本，一般可以采用直接复制的办法来保存。具体操作步骤如下：

① 按住鼠标左键在网页上拖动，选择想要保存的文字，在选定的文本上单击鼠标右键，在弹出的快捷菜单里选择“复制”命令，如图6—3所示。

② 打开Word应用程序，单击鼠标右键，在弹出的快捷菜单里选择“粘贴”命令，如图6—4所示。

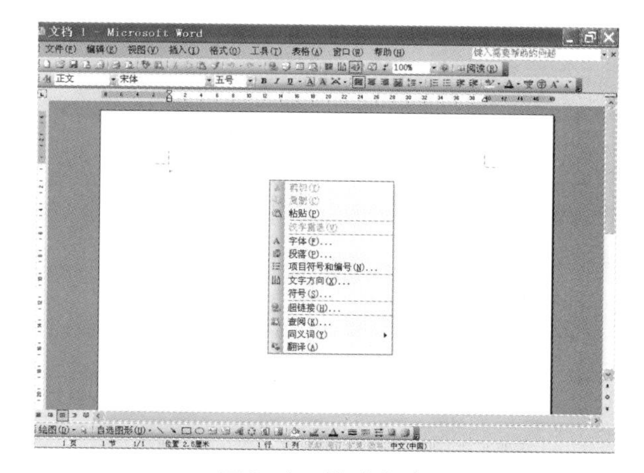

图6—4　粘贴文本

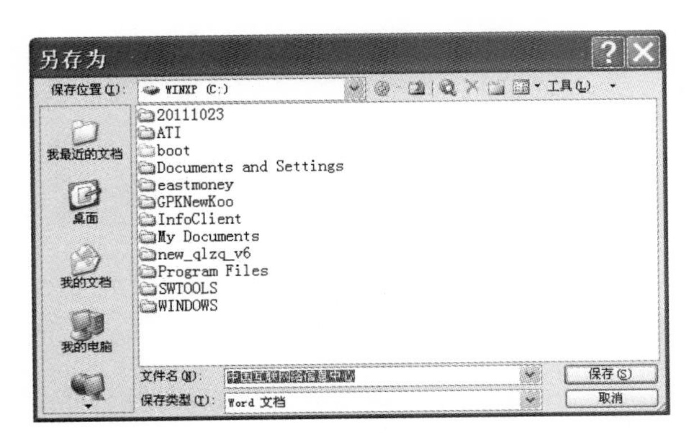

图6—5 “另存为”对话框

③ 编辑文本后可以保存成文件。在Word文档中点击“保存”工具按钮，打开“另存为”对话框，选择要保存的位置并保存文本，如图6—5所示。

6.3.3 图片的保存

保存网页上的图片也是Web浏览中常见的操作之一，具体步骤如下：

① 打开需要保存图片的网页，鼠标右键单击该图片，在弹出的快捷菜单中单击“图片另存为…”命令，如图6—6所示。

图6—6 图片另存为

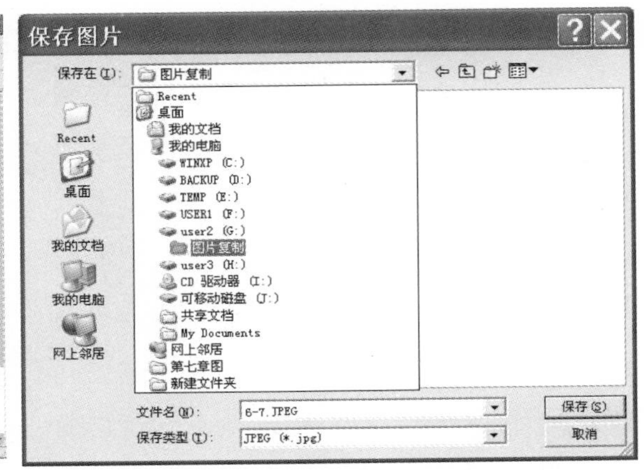

图6—7 选择保存的位置

图6—8 查看保存的图片所在的文件夹

② 弹出“保存图片”对话框，在“保存在”下拉列表中选择好图片保存的位置，输入图片文件名称或者选择默认，点击“保存”按钮，如图6—7所示。

③ 打开已保存图片的文件夹，在窗口中可以看见保存的图片，如图6—8所示。

6.3.4 网页的保存

如果用户对正在浏览的整个Web页面感兴趣，可以将网页保存到自己的计算机中。在“文件”菜单中执行“另存为…”命令，选择的网页则会被保存，如图6—9所示。

网页可以保存为四种不同的类型，分别介绍如下：

(1)“网页，全部”类型

该类型可以保存呈现该网页中包含的全部文件，包括网页中的图片、框架和样式表，该选项将按原始格式保存所有文件。选择该选项，系统将在指定的目录下新建一个网页文件和一个与网页文件同名的文件夹，该文件夹中存储网页中包含的图片等文件。

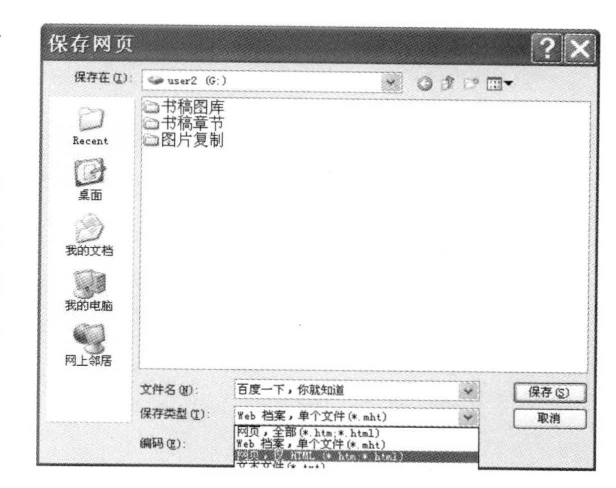

图6—9 保存网页的四种格式

(2)“Web档案，单个文件(*.mht)”类型

该类型可以把显现该Web页的可视信息保存在一个MIME编码的文件中。mht文件存储网页的所有内容，相对于“网页，全部”选项，管理更加方便。双击.mht文件，可以在浏览器中打开。与“网页，全部”保存模式不同，保存为单一的mht文件，不建立同名的文件夹保存网页中包含的文件，使得网页管理更加方便。

(3)“网页，仅HTML”类型

最为推荐的一种方式。该选项保存网页中的文字及网页的原有格式，但它不保存其中的图片、声音或其他文件。

(4)“文本文件”类型

该选项只保存当前Web页的文本，将以纯文本格式保存Web页信息。

若以“网页，全部”和“Web档案，单个文件(*.mht)”类型保存网页，可脱机查看保存的网页(脱机是指没有连接到Internet的计算机，脱机状态下只能查看被保存的当前页)。

6.4 使用收藏夹

“收藏夹”是浏览器收录网页的一个实用工具，当用户遇到自己喜欢的网页或者希望快捷打开某个网页，可以将该网页收藏起来，浏览器将在系统根目录中的收藏夹中保存网页信息。

6.4.1 将Web页添加到收藏夹

要将当前浏览的Web页添加到收藏夹，在菜单栏中选择“收藏”，执行“添加到收藏夹...”，打开“添加到收藏夹”对话框，如图6—10所示。

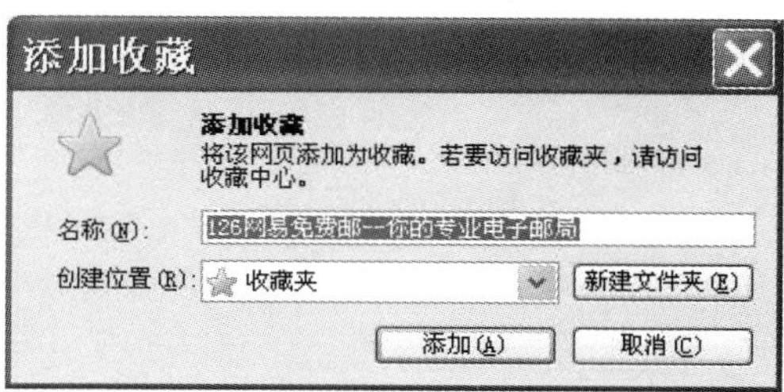

图6—10 “添加到收藏夹”对话框

在“添加到收藏夹”对话框中，可以更改页面的名称。单击“新建文件夹”按钮，可以用来建立收藏网页的文件夹。建立完文件夹后，选择创建位置选项右侧的下拉菜单，可以选择其中一个文件夹来保存要收藏的Web页地址。“新建文件夹”功能可以实现对收藏网址的分类管理。此外，也可以单击工具栏中的“收藏”按钮，打开收藏夹，完成网页收藏和收藏夹的整理操作。

如果以后要打开收藏的Web页，可单击“收藏”菜单，然后单击要打开的Web页。当收藏的Web页不断增加时，为了便于查找与使用，可以将它们整理到不同的文件夹中，详细操作将在下一节介绍。

6.4.2 整理收藏夹

如果收藏夹中收藏的网址很多，可以创建不同文件夹来整理收藏的项目，实现对收藏网页或网址的分类管理。通常按照网页主题来整理Web页，例如，创建一个名为“文学艺术”的文件夹来存储有关文学和艺术类的网址。

① 在菜单栏中选择“收藏”，执行“整理收藏夹”，打开“整理收藏夹”对话框，如图6–11所示。

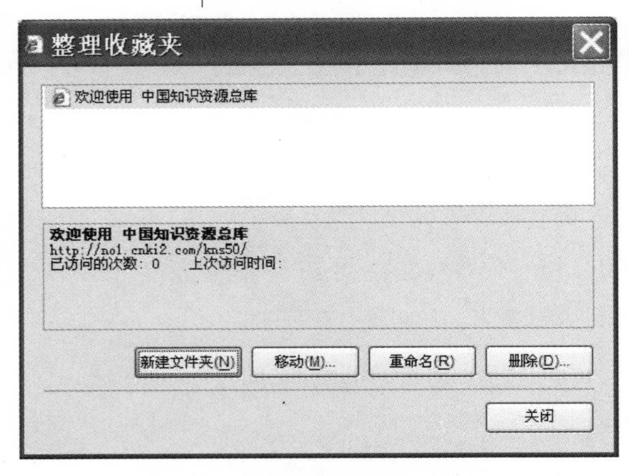

图6–11 “整理收藏夹”对话框

② 单击“新建文件夹”，键入文件夹的名称“文学艺术”，然后按Enter键。

③ 在收藏网页列表中，左键选择网页快捷方式不放，将其拖到“文学艺术”文件夹中即可。

如果因为快捷方式或文件夹太多而不方便拖动操作，可以使用“移至文件夹”按钮。方法为：单击选中该快捷方式，再点移至文件夹，在弹出的文件夹列表中选择要保存到的文件夹，点击”确定“按钮即可。

图6–12 “导入和导出“命令

6.4.3 导入和导出收藏夹

收藏夹中的内容保存在本地计算机上，如果希望在另外的计算机上使用当前计算机上收藏的网址，可以通过导入和导出收藏夹的内容来实现URL的共享。

① 要导出收藏，单击“文件”菜单，然后单击“导入和导出”，如图6–12所示。

② 打开“导入/导出向导”对话框，如图6–13所示。

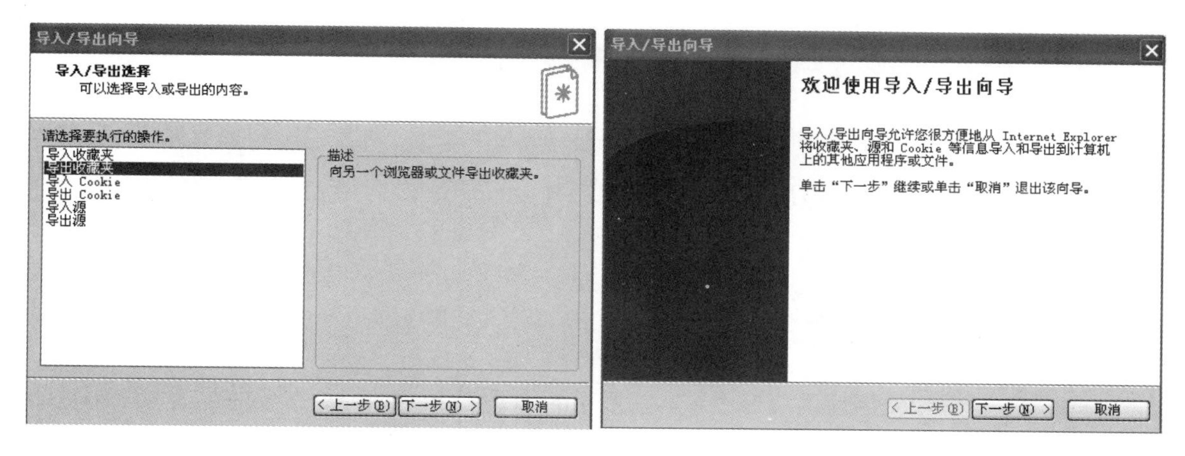

图6–13 “导入/导出向导“对话框　　图6–14 “导入/导出选择“对话框

③ 选择“导出收藏夹”选项，并选择“下一步”按钮，进入“选择导出的内容”对话框，如图6–14所示。

④ 在复选框上勾选“收藏夹”并单击“下一步”按钮，进入选择“从哪个文件夹导出收藏夹”对话框，如图6–15所示。

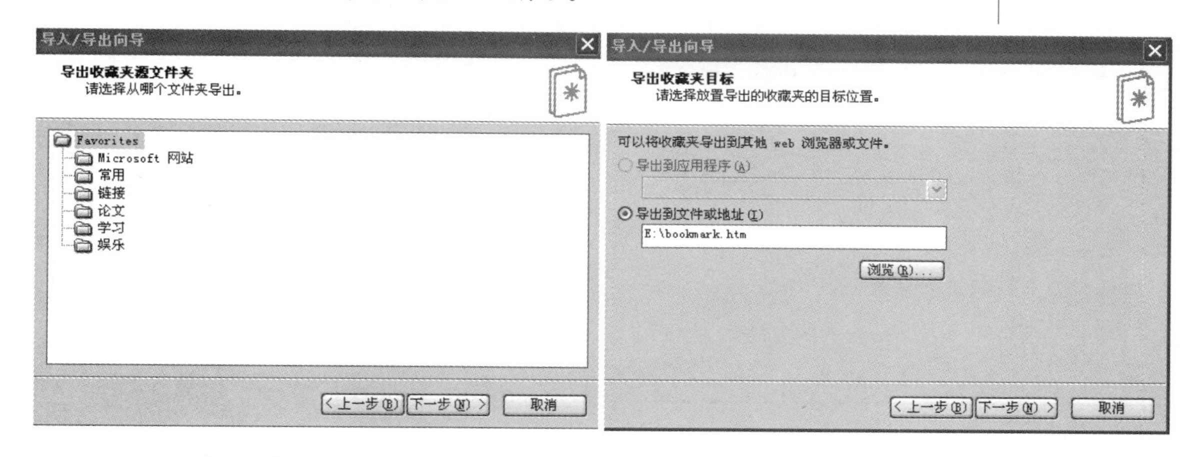

图6–15 “导出收藏夹源文件夹“对话框　　图6–16 “导出收藏夹目标“对话框

在图6–15中，系统默认导出所有的收藏夹内容，用户也可以根据需要做出选择，然后单击“下一步”按钮，打开“导出收藏夹目标”对话框，如图6–16所示。

默认情况下，导出的收藏项目被另存为HTML文件（扩展名为htm），使用其他任何浏览器都可以将其导入。用户可以通过浏览器打开导出的收藏夹文件（比如图片中的bookmark.htm文件），单击某个超链接即可直接打开某个网站或Web页。图6–17为用浏览

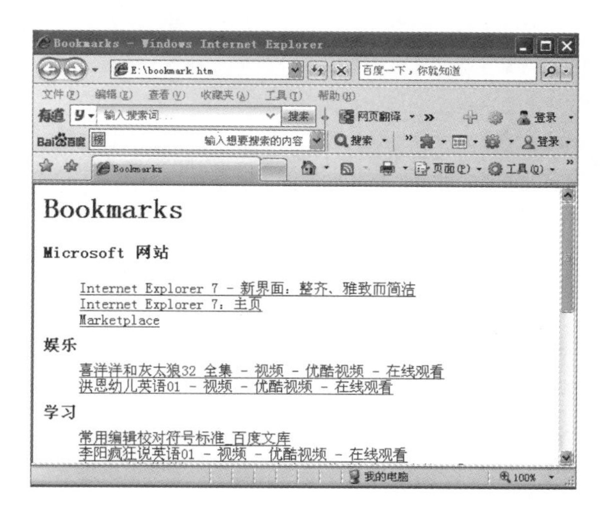

图6–17 导出后的收藏夹示例

器打开收藏夹文件的界面。

导出的收藏文件通常很小，如果想与他人共享收藏的项目，可以通过优盘或电子邮件将它复制到其他计算机。当需要时，将其导入到浏览器中（导入方法与导出相似），或者使用浏览器直接打开该文件，点击其中的超链接即可。

6.5 在线影音

网络为用户提供了丰富多彩的娱乐资源，如音乐、视频和广播等，浏览器的一个重要功能就是分享各类在线影音。

6.5.1 在线听音乐

在网络上有大量的音乐，用户想欣赏这些音乐，可以采取在线听音乐的方式。

在众多网络音乐资源中，百度网站推出的MP3搜索引擎为用户提供了方便，通常情况下，用户只需要输入关键字，就能够搜索到想听的歌曲。

图6—18　百度首页

① 打开浏览器，在地址栏中输入百度的网址，并按Enter键，打开百度网页，如图6—18所示。

② 在网页中单击“MP3”选项，在文本框中输入想听的歌曲名称，按“百度一下”按钮，如图6—19所示。

图6—19　“歌曲搜索”页面

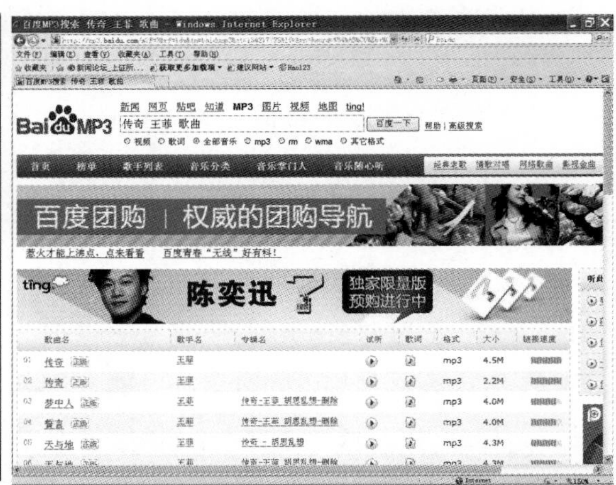

图6—20　“歌曲选择”页面

③　在页面中列出搜索结果，在歌曲列表中选择歌曲，单击右边对应“试听”按钮▶，如图6-20所示。

④　弹出“百度音乐盒”页面，用户可以看到歌曲的缓冲进度和与歌曲同步的动态歌词，如图6-21所示。

图6-21　“歌曲试听”页面

6.5.2　在线看视频

互联网不仅提供了大量的音乐素材，而且也提供了丰富的视频资源，用户可以使用浏览器观看视频。用户点击率比较高的视频网站有优酷网（www.youku.com）、土豆网（www.tudou.com）和迅雷看看（www.xunlei.com）。优酷网和土豆网都是微视频服务平台，用户可以分享各种视频资料和作品。下面以优酷网为例，介绍在网站上观看视频的具体操作步骤。

①　打开视频网站。打开IE浏览器，在地址栏中输入优酷网的网址www.youku.com，如图6-22所示。

图6-22　优酷网首页

图6-23　“视频搜索”页面

②　在页面顶部点击“电视剧”，在页面上文本框中输入想看视频的关键字，例如“亮剑”，如图6-23所示。

③　在文本框中输入关键字后，系统自动将搜索结果以列表框的形式呈现，用户可以单击选择其中的视频，也可以点击“搜库”按钮，在搜索结果中选择视频观看，如图6-24所示。

④ 播放视频。打开视频播放页面，视频缓冲需要一段时间，缓冲完成后用户则可观看视频，如图6—25所示。

图6—24 “视频选择”页面　　图6—25 “视频播放”页面

6.6 浏览器的基本设置

合理设置浏览器，可以提高用户的上网体验。包括对浏览器的主页、网页文字、网页颜色和安全进行设置。

6.6.1 Internet选项常规设置

在IE的菜单栏中打开“工具”菜单，单击“Internet选项...”，打开“Internet选项”对话框，如图6—26所示。

在“常规”选项卡中，用户可以对主页、浏览历史记录、搜索、选项卡和外观等选项进行设置。

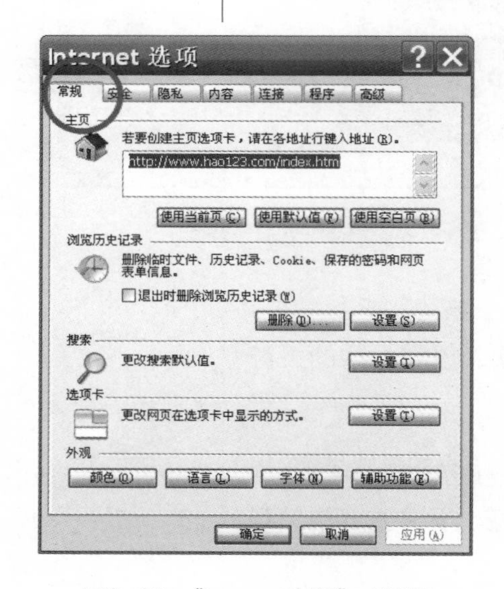

图6—26 “Internet选项”对话框

(1) 主页设置

主页是用户每次打开Internet Explorer时最先显示的Web页。主页一般设置为用户需要频繁查看的Web页，或者可供用户快速访问所需信息的自定义站点，如某个搜索引擎的主页。

单击“使用当前页”按钮，则将当前浏览的Web页设置为主页。单击“使用空白页”，则在地址后面的文本框中显示about: blank，此时打开IE浏览器，客户机不打开任何Web页，即显示空白页。另外，用户还可以在地址后面的文本框中输入一个常用的主页地址，如cn.yahoo.com，单击“确定”或“应用”按钮即完成了主页设置。

有些网站，特别是一些不良网站，为了增加网站的访问量，可能通过注册表来恶意修改用户浏览器主页，并且灰化主页地址后面的文本框，使用户无法修改。此时需要借助于一些实用工具（如360安全卫士）来修改浏览器的默认主页。

(2) 浏览历史记录

“历史记录”列表中保存了曾经访问过的Web页，它们被保存在本地硬盘的History文件夹中。在“历史记录”区域，可以更改“历史记录”列表保存Web页的天数。单击“清除历史记录”按钮，将清空历史记录文件夹“History”，暂时释放计算机上的磁盘空间。

常规选项中的搜索功能提供修改搜索选项功能，主要查看和管理浏览器的加载项；选项卡浏览时是更改网页在选项卡中显示的方式；外观则提供对浏览网页的颜色、语言和字体等进行预置设置。

6.6.2 选择网络连接

如果计算机配置了多种接入Internet的方式，例如，计算机已经连接到局域网中，如果计算机还配置了无线网卡，并且所在区域又有无线网络，可以通过浏览器设置接入Internet的网络连接方式。

在“Internet选项”对话框中单击“连接”标签，打开“连接”选项卡，如图6—27所示。

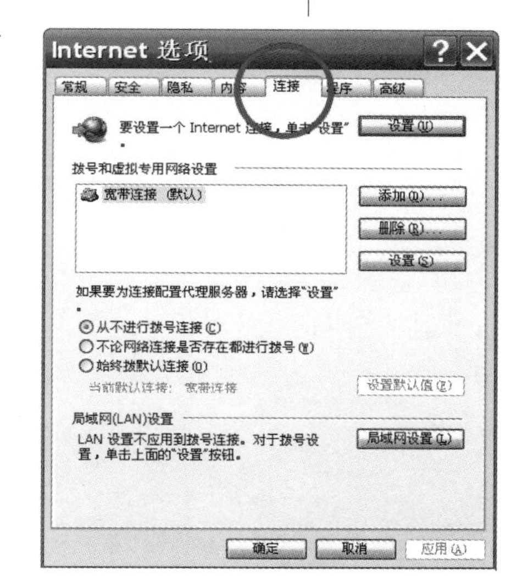

图6—27 “Internet选项”对话框中“连接”选项卡

“连接”选项卡中列出了计算机连接Internet的方式，如果计算机同时建立了拨号连接和通过局域网连接，在每次连接时要选择其中的一种。

如果需要拨号连接，应在“拨号设置”区域中设置默认拨号选项。若未设置拨号连接，则该区域将灰化。

注意：如果希望通过局域网连接，应在“拨号设置”区域中选中“从不进行拨号连接”，否则，启动IE时，首先进行拨号连接。

6.6.3 清除私人信息

用户在访问网页时，输入的用户名、密码、搜索内容、邮箱地址等可能会被自动地记录在上网的计算机中。如果他人使用同一台机器上网，很容易获知这些个人资料。为了保证个人资料安全，可以将这些自动保存的信息清除，具体方法

如下:

① 在IE浏览器中打开“工具”菜单中的“Internet选项”对话框,再打开“内容”选项卡,如图6—28所示。

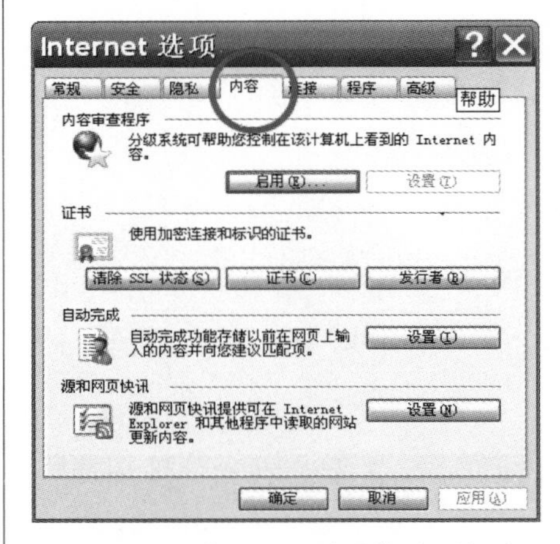

图6—28 “Internet选项”对话框中“内容”选项卡

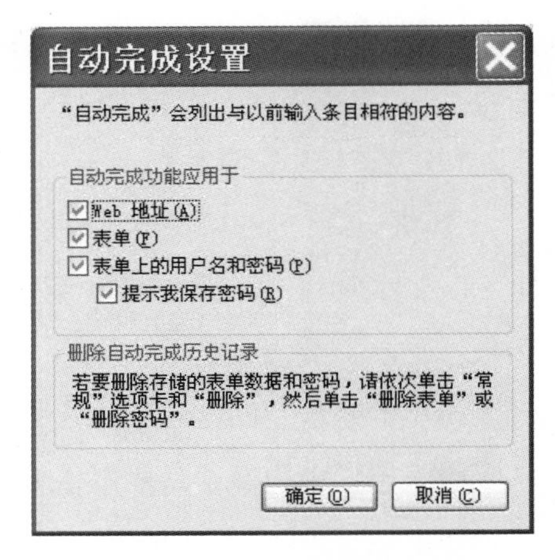

图6—29 “自动完成设置”对话框

② 在“自动完成”选框中单击“设置”按钮,打开“自动完成设置”对话框,在该对话框中取消选中的相应项目,再单击“删除自动完成历史记录”按钮即可,如图6—29所示。

本节我们以IE浏览器为例介绍了Web浏览器的一些主要功能设置,其他浏览器的设置方法与此类似,大家在使用时灵活运用。

6.6.4 网页文字大小设置

在浏览网页时,如果文字大小不合适,可以通过浏览器菜单栏中的“查看”选项进行设置,更改网页文字的大小。具体操作如下:

打开浏览器,单击菜单栏中“查看”选项,在下拉菜单中将鼠标移至“文字大小”命令,根据弹出的级联菜单,依据个人浏览习惯选择合适的文字大小,如图6—30所示。

图6—30 网页文字大小设置

6.6.5 安全设置

浏览器的安全设置包括调整安全级别、设置可信站点以及受限站点。调整安全级别可以防止一些控件程序的非法运行,而设置可信站点和受限站点则可以避免计算机访问一些不良网站,保证信息安全。

(1) 设置安全级别

打开"Internet选项"对话框，单选"安全"选项，如图6–31所示。

在"选择要查看的区域或更改安全设置"选项组下选中"Internet"图标，单击"自定义级别"按钮。系统默认的安全级别为"中级"，用户可以对Internet进行安全设置，比如把安全级别提高，也可以更改列表中对应的不同选项，最后点击"确定"按钮，打开"安全设置"对话框，如图6–32所示。

图6–31　"Internet选项"卡对话框中"安全"选项卡

图6–32　"安全设置"对话框

(2) 设置可信站点

在"Internet选项"对话框中，单选"安全"选项卡中"选择要查看的区域或更改安全设置"选项区域，单击"可信站点"图标进行设置，如图6–33所示。

图6–33　可信站点设置示例

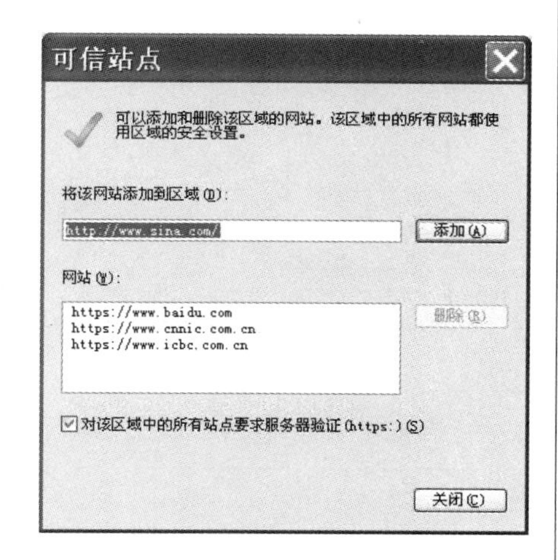

图6–34　"可信站点"对话框

单击"站点"按钮，打开"可信站点"对话框，如图6–34所示，其中显示可信站点列表。

在"将该网站添加到区域"文本框中输入可信站点的网址，比如新浪网址，输入www.sina.com，单击“添加”命令，即可在“网站”显示列表中显示该网址，单击“关闭”按钮，完成“可信站点”设置。

(3) 设置受限站点

在“安全”选项卡中“选择要查看的区域或更改安全设置”区域，点击“受限站点”图标，如图6—35所示。

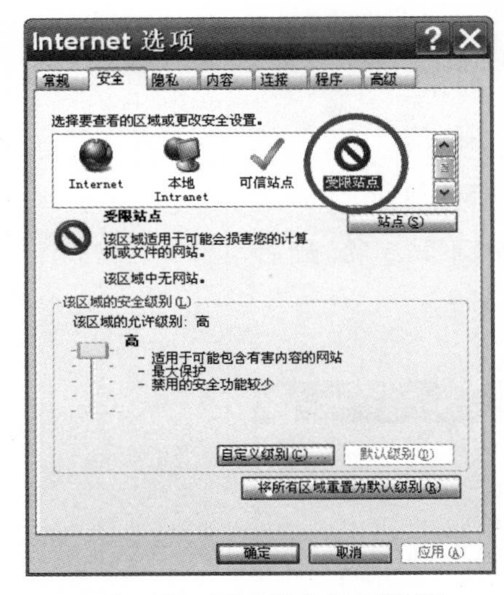

图6—35　受限站点设置示例

在图中单击“站点”按钮，打开“受限站点”对话框，如图6—36所示。

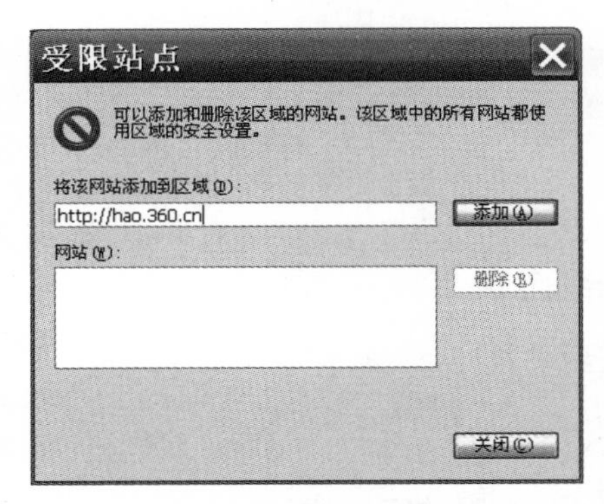

图6—36　“受限站点”对话框

在”将该网站添加到区域“文本框中输入受限站点的网址，比如输入hao.360.cn，并按“添加”命令，完成后点击“关闭”按钮。

6.7　国内外常用的门户网站

所谓“门户网站”即是“网络内容提供商（ICP）”。通常情况下，这些网站提供新闻、论坛、财经、广告、教育、游戏、博客、聊天、邮箱、搜索引擎等内容。对于一个网络用户，特别是一个新手，门户网站可以给用户提供便捷。

下面是一组常用的中文网站，见表6—1。

表6—1　常用中文网站一览表

网站	网址	说明
中华网	www.china.com	提供综合新闻信息类站点
雅虎中国	cn.yahoo.com	最有实力的综合门户搜索网站
新浪	www.sina.com.cn	国内外不同类型的新闻与评论、人物专题、图库
网易	www.163.com	国内最大的网络社区和门户网站
中国人	www.chinaren.com	年轻人的门户，华人最大的青年社区，以校友录起家，归属于搜狐门下
MSN中国	www.msn.com.cn	包括各类资讯、购物、游戏方面的内容，以及电子邮箱、即时通讯、blog门户服务
博客中国	www.bokee.com	免费提供专业博客（Blog）托管服务

（续表）

网站	网址	说明
阿里巴巴	www.alibaba.com.cn	全球最大的网上贸易市场
淘宝	www.taobao.com	提供在线出售、拍卖、在线支付服务
金融街网	www.jrj.com.cn	证券、期货、外汇、个人理财、新闻等
华军软件	www.onlinedown.net	共享软件发布下载的交流之园
携程网	www.ctrip.com	旅游信息、出行指南、社区、网上预订房、订票
PPlive	www.pplive.com	用于互联网上大规模视频直播的共享软件
ip138 IP查询	www.ip138.com	含IP地址查询、手机归属地查询内容
hao123网址之家	www.hao123.com	起步最早的个人网址站，归于百度
265上网导航	www.265.com tb.265.com	方便、快捷的上网导航，包含一大批实用工具网址，例如电视节目、万年历、列车时刻表、手机位置、IP查询等

在Internet中，每天都有大量的网站产生，常用网站开启了我们进入Internet世界的窗口和通道，用户可以在整个Internet中查找所需要的信息。今天，Internet已经成为我们工作、生活和娱乐不可或缺的内容。

本章小结

本章主要介绍了浏览器的功能、网页浏览、使用收藏夹、在线影音和浏览器的基本设置，详细介绍了通过浏览器浏览网页，保存文本、图片和网页，使用浏览器的收藏夹，对用户喜欢的网址进行整理，导入与导出收藏夹等内容。

从拓展用户上网技巧的目的出发，本章还重点讲解了使用浏览器欣赏网络音乐以及网络视频。在浏览器的设置上，重点讲述了常规设置、连接方式设置、安全级别设置等内容。

思考题

一、填空题

1. 启动IE浏览器的方法有________种，分别是________和________。

2. IE浏览器的工作界面由______、______、______、______、______、______、______组成。

3. IE浏览器的安全设置包括对Internet、______、可信站点和______的安全设置。

4. 当用户在浏览网页时遇见字号很小的网页时，可以通过浏览器菜单栏中的______选项进行设置。

5. 导出收藏夹的文件名默认为____________。

6. 输入可信站点的网址，比如新浪网址，要输入__________，并按“添加”命令，完成后点击“关闭”按钮。

二、简答题

1. 如何设置浏览器的字体？

2. 如何把一个网址添加到收藏夹？

3. 如何在收藏夹里新建一个文件夹？

4. 如何在网络上用浏览器欣赏音乐？

三、综合题

1. 如何在浏览器中设置可信站点和受限站点？

2. 如何在浏览器中欣赏视频？

3. 如何在浏览器中设置主页？

4. 如何在浏览器中保存图片？

5. 如何在浏览器中保存网页？

6. 如何导入与导出收藏夹？

第7章 E-mail服务

Internet已经成为最主要的通信媒体，在Internet中，通信通常分为同步通信和异步通信两种类型，其中同步通信包括即时消息、在线聊天等，异步通信包括E-mail、BBS论坛等。其中，E-mail已经成为Internet中最普及的服务之一，彻底改变了人们传统的通信方式，成为大众化的通信手段。

本章将以163网易邮箱为例，介绍免费邮箱的申请、邮件的发送和接收以及常用的邮件管理等。

知识要点

第7.1节：电子邮件，E-mail账号，电子邮件程序，SMTP协议，POP3协议

第7.2节：E-mail账号注册，邮箱登录与退出，合法邮箱名，邮箱基本设置

第7.3节：发送邮件，接收邮件，邮件回复

第7.4节：通讯管理，文件夹管理

7.1 电子邮件的基本知识

电子邮件作为一种新的通信手段，具有数字化、使用方便快捷、费用低廉等特点，下面介绍有关电子邮件的基本概念。

1. 电子邮件

电子邮件（E—mail）是一种崭新的通信方式，它利用Internet实现用户之间的通信。电子邮件不仅能发送和接收普通文字信件，而且还能够发送和接收图像、声音、动画、视频、电影等多媒体邮件。电子邮件采用存储转发的方式，用户可以不受时间、地点的限制随意地收、发邮件。

2. SMTP协议

SMTP（Simple Mail Transfer Protocol）即简单邮件传输协议，它是TCP/IP协议套件的成员。SMTP采用客户机/服务器（Client/Server）结构，主要负责底层的邮件系统如何将邮件从一台机器传至另外一台机器。安装了SMTP服务的计算机称为外发邮件服务器，负责将客户的邮件发送出去。

3. POP3协议

POP3（Post Office Protocol）即邮局协议，同样是TCP/IP协议套件的成员。POP3是把邮件从电子邮箱中传输到本地计算机的协议。安装了POP3服务的计算机称为接收邮件服务器，负责客户端接收邮件。一个完整的邮件服务器应该同时支持SMTP和POP3两种协议，或者将两种服务装在不同的服务器上，一台负责发送邮件，一台负责接受邮件。

4. 电子邮箱和电子邮箱地址

电子邮箱是网络电子邮局为网络客户提供网络交流的电子信息空间，它具有存储和收发电子信息的功能。要收发电子邮件，必须申请电子邮箱，建立电子邮箱地址。电子邮箱地址可以从门户网站（如163网易邮箱E—mail.163.com，新浪邮箱mail.sina.com.cn，雅虎邮箱mail.cn.yahoo.com等）中注册申请。企业或者机构也可以搭建自己的E—mail服务器，为工作人员提供E—mail服务。

电子邮箱地址包括用户名（User Name）和电子邮件服务器域名。每一个电子邮箱都有唯一的一个邮箱地址，称为电子邮箱地址（E—mail Address）。

完整的电子邮箱地址由两部分组成，其格式为：

用户名@电子邮件服务器域名

第一部分为邮箱用户名，即邮箱账号；第二部分为服务器的主机域名，它表示建立邮箱所在的服务器；两部分用“@”分隔，读作“at”，表示“在”的意思。例如，山东教育出版社职教成教编辑部的邮箱为：zjcj@sjs.com.cn 。

5．电子邮件程序

电子邮件程序是指电子邮件的接收、发送与管理的应用程序。常用的程序有：Microsoft的Outlook Express、网景公司的Netscape messenger等。使用电子邮件程序需要分别设置发件服务器地址和收件服务器地址。目前，大多数门户网站都以Web界面方式提供免费邮箱服务。基于Web的邮件收发方式需要输入用户名和密码，不需要用户进行SMTP服务器和POP3服务器的设置，使用更加简单方便。

6．收发邮件

当通过邮件程序编辑完一个电子邮件后，使用程序的发送功能，将把相应的邮件发送到对应SMTP服务器上。SMTP服务器将按照设置的策略，根据收件人地址，将邮件传送到接收方的POP3服务器中。接收邮件就是将邮件从POP3服务器上下载到本地计算机的过程。邮件的发送和接受过程如图7—1所示。

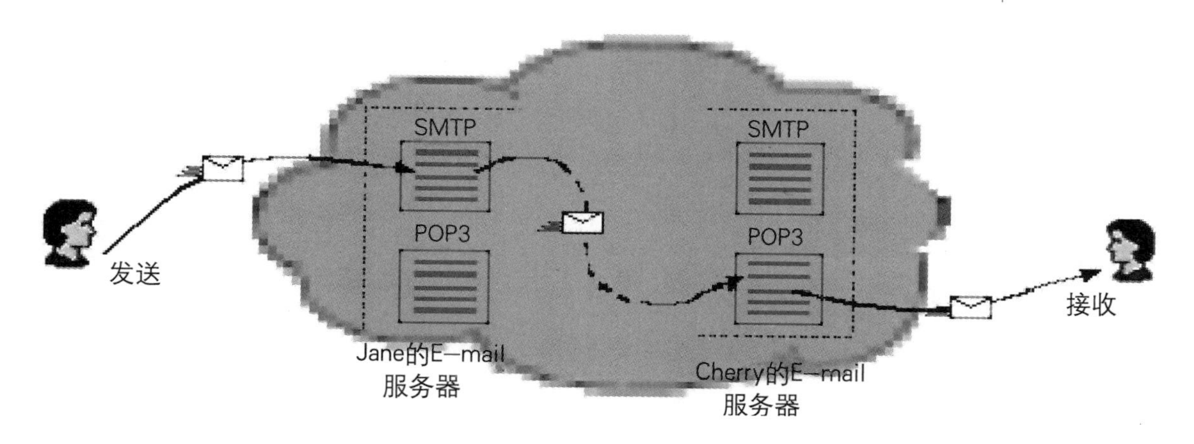

图7—1 E-mail传输过程示意图

7.2 免费邮箱的申请

7.2.1 免费邮箱的申请

免费邮箱是为用户免费提供的电子邮件传输服务，它允许用户从任何互联网通路上登录到免费邮箱的网站。用户也可以使用搜索引擎，输入关键字“免费邮箱”进行查询，获取提供免费邮箱网站的网址。

本节以163网易邮箱为例，介绍电子邮件的申请和使用，基本操作步骤如下：

① 打开浏览器，在浏览器地址栏中输入“E—mail.163.com”，按Enter键，浏览器将切换到网易免费邮箱注册和登录首页，如图7—2所示。

图7—2 “网易免费邮箱注册和登录首页”页面

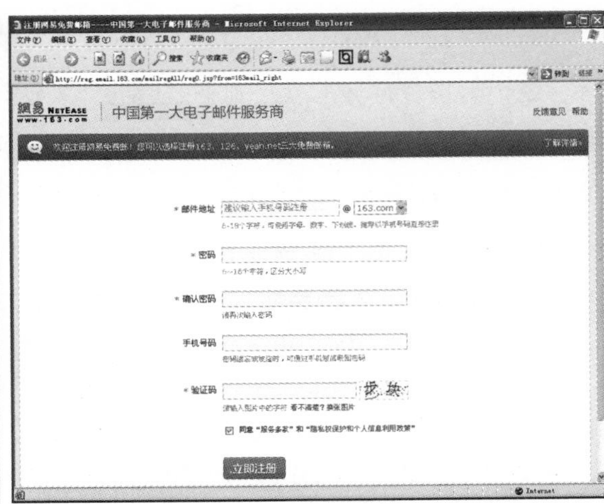

图7—3 “邮箱注册”页面

② 在网易免费邮箱注册和登录首页，单击页面右下角的“立即注册”按钮，打开邮箱注册页面，如图7—3所示。

③ 在邮箱注册页面中，用户根据各项内容提示，填写“邮件地址”、“密码”、“确认密码”（内容与密码内容一致）、“手机号码”（选填）、验证码等注册信息。

- 填写注册信息时，带“*”号的选项属于必填项。
- 用户应避免输入的用户名和密码过于简单。
- 为了避免忘记用户名和密码，用户可以将填入的合理信息加以记录，以备后用。
- 如果用户填写信息合理，则系统给予✔提示。
- 如果用户填写信息不合理，需要更改，则系统给予❗提示。

例如，单击“邮件地址”右侧的文本框，输入希望的邮件用户名（账号）名称“sdjndn”，此时系统提示用户该邮件地址已经被注册，如图7—4所示。

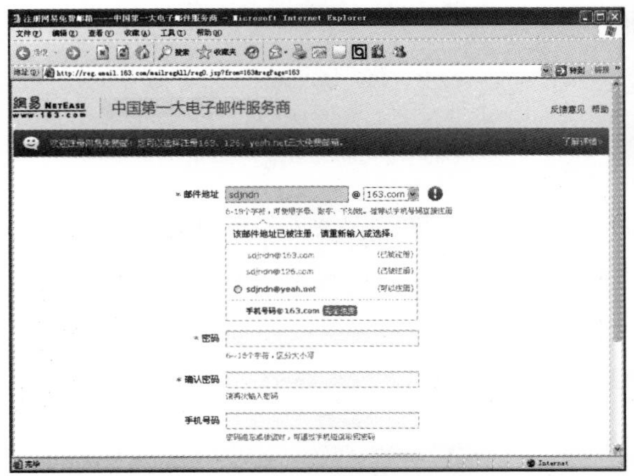

图7—4 “注册信息填写”页面

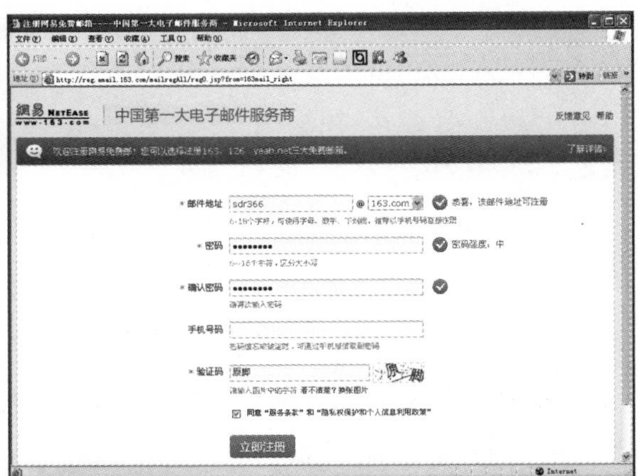

图7—5 “注册信息输入完毕”页面

用户需要修改邮件地址名称，直到系统提示“恭喜，该邮件地址可注册”，用户可以继续填写其他选项。其中，在填写“验证码”时，要仔细辨别字符，当字符看不清楚时，可以单击“看不清楚？换张图片”，图片进行变换。当注册信息输入完毕后，页面如图7-5所示。

④ 用户确认无任何内容修改后，单击页面底部的“立即注册”按钮提交。如果注册不成功，则弹出错误提示，修改完善后再次提交，直至成功；如果注册成功，系统将自动跳转到所申请的邮箱首页，并弹出“注册成功”提示框，如图7-6所示。

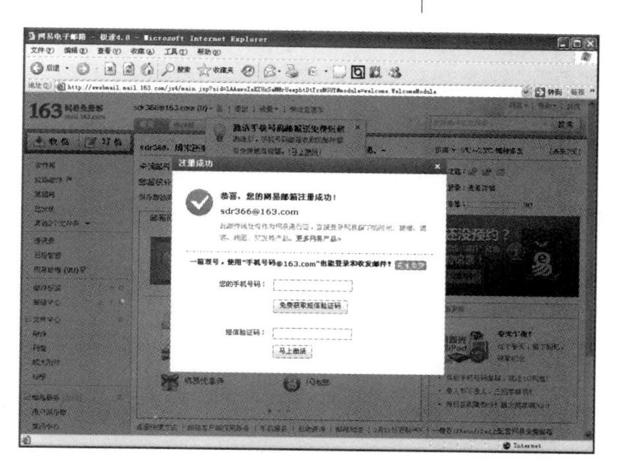

图7-6 “邮箱注册成功”页面

在此处“sdr366@163.com”即是该用户的邮箱地址，只要获取该地址，无需密码，即可向该邮箱发送邮件；“sdr366”是用户名，即邮箱账号，以后用户可以不受时空限制，通过用户名和密码访问自己的邮箱。一个用户可以申请多个电子邮箱，即拥有多个电子邮箱地址。

7.2.2 注册邮箱常见的问题

一个合法的邮箱账号由a-z的小写英文字母、0-9的数字或下划线组成，邮箱名长度应在6-18个字符之间，不能使用空格键，不能使用中文，可以完全由数字组成。免费邮箱注册成功后，用户名与邮箱地址不可以更改，如果用户对申请的用户名不满意，则只能重新注册。

很多免费邮箱用户不能直接注销，如果超过90天没有登录邮箱，或发送垃圾邮件触犯服务条款，账号将会被系统冻结，处于冻结状态的账户随时都有可能被系统清空，用户将不能接收邮件。如果用户在连续180天时间内没有登录查看邮箱，网站将视为用户自行放弃该邮箱账号的使用权，网站有权从系统中删除账号，以供他人注册、使用。

7.2.3 邮箱的设置

1. 电子邮箱的登录和退出

申请电子邮箱成功后，用户可以通过互联网上的任何一台计算机访问自己的邮箱，访问的首要工作即是验证用户名（账号）和密码是否正确。电子邮箱登录的基本操作步骤如下：

① 打开浏览器，在浏览器地址栏中输入“E-mail.163.com”，按Enter键，浏

览器将切换到网易免费邮箱注册和登录首页，见图7—2。

② 单击“账号”右侧文本框，输入邮箱用户名，单击“密码”右侧文本框，输入邮箱密码。例如，以登录“sdr366@163.com”邮箱为例，首先，在邮箱用户名处输入“sdr366”，再输入邮箱密码，登录填写页面如图7—7所示。

图7—7 “登录填写”页面

图7—8 网易电子邮箱首页

③ 填写无误后，单击“登录”按钮，页面将跳转至sdr366@163.com邮箱首页，如图7—8所示。

一般情况下，大部分邮件系统的框架基本一致，只有个别地方设计具有产品特色。通常，页面左侧是常用功能导航栏，页面右侧显示当前功能的内容。

邮件系统所提供的文件夹中包括收件箱、发件箱、草稿箱、垃圾箱。

● 收件箱：默认收到邮件的存储位置。

● 发件箱：已发送邮件的留档存储位置。

● 草稿箱：用来存放待修改内容的暂时性的邮件。

● 垃圾箱：用来存储在收件箱、发件箱、草稿箱中删除的邮件。

当邮箱使用完毕后，建议用户不要以直接关闭浏览器的方法退出邮箱。单击邮箱页面顶部地址右侧的“退出”命令，然后再关闭浏览器，这样可确保邮箱的安全使用。

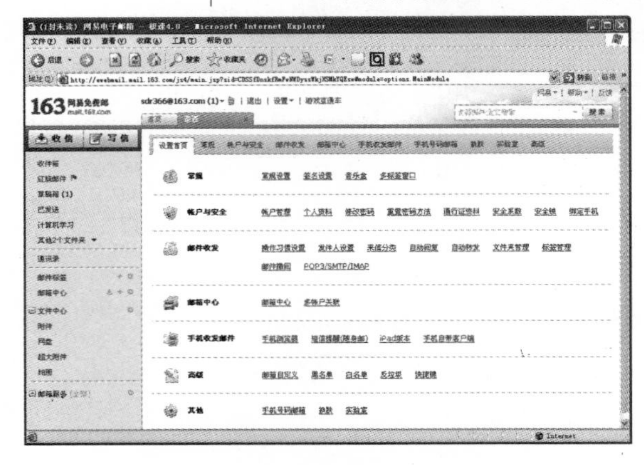

图7—9 “邮箱设置”页面

2. 邮箱的基本设置

在邮箱首页顶部，地址右侧单击“设置”菜单中的“邮箱设置”命令，进入邮箱设置页面，如图7—9所示。

● 如果用户希望发送邮件时显示用户姓名，可以单击“账户与安全”分组中的“个人资料”命令，进入“个人资料”页面，单击“姓名”右侧文本框，填写用户希望显示的姓名，最后单击页面底部“确定”按钮，返回“邮箱设置”页面，完成操作。

● 如果用户希望重新设置电子邮箱的登录密码，可以单击“账户与安全”分组中的“修改密码”命令，进入“修改密码”页面，填写“现在的密码”和“设置新的密码”及验证码等信息，进行密码设置。

● 如果用户希望在写邮件时可以从设定好的签名中选择一款作为邮件的落款，自动贴在信后发出，可以单击“常规”分组中的“签名设置命令”，打开签名页面，在该页面中，单击“添加签名”按钮，输入“标题”和“签名内容”（签名内容可以点击编辑框右上方的“推荐签名”）后，单击“保存”或“保存并设为默认”，完成签名档设置。当用户选择“保存并设为默认”时，该签名将会自动插入到所发送的每封邮件的底部。

● 如果用户无法即时处理电子邮件时，为了让寄信方知道用户是否收到信件，可以单击“邮件收发”分组中的“自动回复”命令，打开“自动回复”页面。在该页面中单击点选“自动回复”命令，编辑自动回复的正文内容，设定执行时间，点击“确定”即可设置完毕。自动回复启动后，当用户收到新邮件时，邮箱将会自动回复一封用户预先设置好的文字内容发送到对方的信箱中。

除了可以对邮箱进行上述设置之外，用户还可以对主页、联系人和邮箱日历等相关选项进行设置，设置完成保存即可。

7.3　邮件的发送和接收

使用Web收发电子邮件是最为常见的方式，即在网页中利用电子邮箱发送和接受电子邮件。

7.3.1　发送邮件

基本概念：

● 通讯录：主要用于存放常用联系人的地址。用户可以直接在通讯录中编辑联系人，也可以在收发邮件时将对应的E—mail地址保存。

● 发件人：系统默认显示用户登录的账号名称和E—mail地址。

● 收件人：填写收件人的E—mail地址。如果同时发送同样内容的信函给多个收件人，可以依次填写多个E—mail地址，地址中间用分号（；）隔开。如果通讯录中有收件人，可以从通讯录中单击导入。

● 主题：即是发送邮件的标题，是对整封邮件的概括和提炼，合适的主题能够让收件人快速了解信函的内容和作用。

● 保存邮件到草稿箱：邮件在编辑过程中，如果用户不能及时发送邮件，可以选择保存为草稿，即先将邮件保存到草稿箱，留待以后再编辑发送。

● 正文：是信的主体，主要用于文字的交流，用户可以与平时写信一样，注意抬头称号、结尾的礼貌用语。

● 附件：附件是一个或多个文件，它是电子邮件的重要特色，用户可以将本地计算机中的文件以附件的形式进行发送。

● 签名：带有用户设置签名的邮件。

下面，通过"使用sdr366@163.com邮箱给SDLNDX2011@163.com邮箱发送邮件"为例，介绍邮件的发送过程，基本操作步骤如下：

① 根据7.2.3节中邮箱登录的讲解，成功登录sdr366@163.com电子邮箱首页，见图7—8，单击页面左侧导航栏的"写信"命令，进入邮件撰写与发送页面，如图7—10所示。

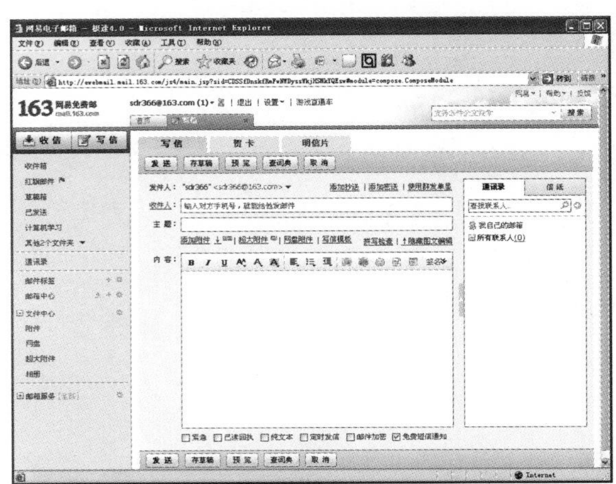

图7—10 "写信"页面

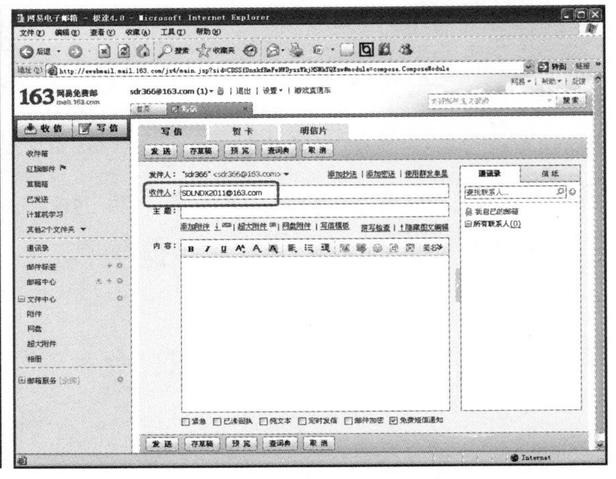

图7—11 "填写收件人"页面

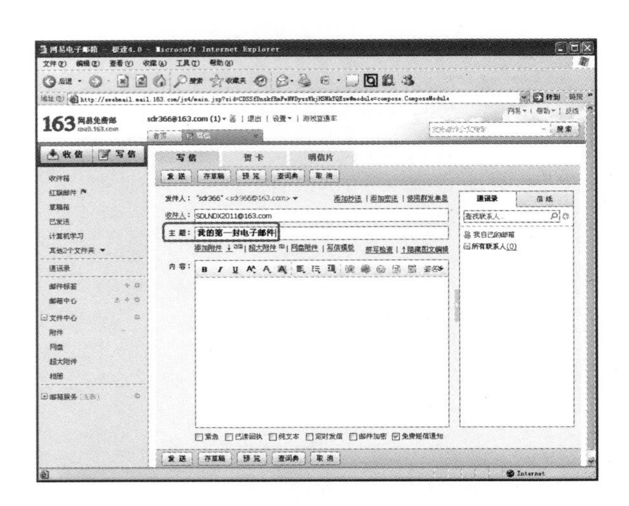

图7—12 "填写主题"页面

② 在"发件人"右侧，系统将自动显示出发件人邮箱信息："sdr366"<sdr366@163.com>；单击"收件人"右侧文本框，输入收件人电子邮箱地址：SDLNDX2011@163.com，如图7—11所示。

注意：如果通讯录中保存有收件人的电子邮箱地址，用户可以直接单击该收件人，系统将自动完成"收件人"文本框处信息填写。目前，网易邮箱支持最多发送给40个收件人。

③ 单击"主题"右侧文本框，输入邮件主题，例如，"我的第一封电子邮件"，如图7—12所示。

④ 邮件附件是指在电子邮件正文之外，附属的相关文件，它与邮件内容一起传送至收件人，附件形式可以是图片、文档、音频、视频和压缩包等文件。如果邮件不需要发送附件，则可以省略步骤④⑤⑥，从步骤⑦继续；如果邮件需要发送附件，单击"添加附件"命令，弹出附件上传对话框，如图7—13所示。

图7—13 "附件上传"对话框

⑤ 定位至附件文件所在的文件夹，单击选中相应的文件，然后单击对话框中的"打开"按钮，邮件系统开始附件上传。

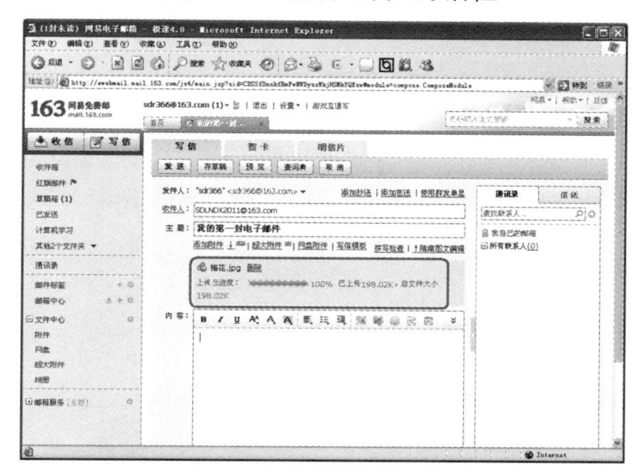

图7—14 "附件上传完毕"页面

⑥ 当附件"上传总进度"为100%时，表示所需文件已经以附件形式上传至邮件中，如图7—14所示。

如果用户对本次上传不满意，可以单击附件文件右侧"删除"命令，删除已上传的附件；如果用户需要上传多个附件文件，则依次执行步骤④和⑤，上传全部附件。

⑦ 在"内容"右侧文本框输入信函内容，通过正文上方的格式工具栏设置信件格式，如图7—15所示。

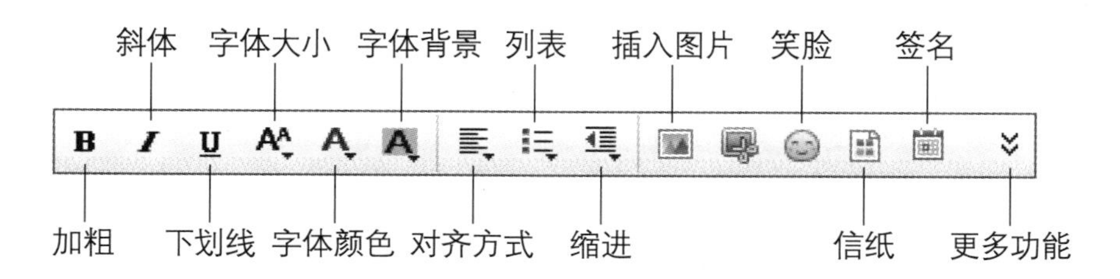

图7—15 "格式"工具栏

当用户将鼠标指向图标时，系统将会自动显示相应功能提示。

- 加粗：单击该按钮，选中的文本以粗体方式显示。
- 斜体：单击该按钮，选中的文本以斜体方式显示。
- 下划线：单击该按钮，选中的文本下面添加下划线。
- 字体大小：单击该按钮，为选中的文本设置字号。

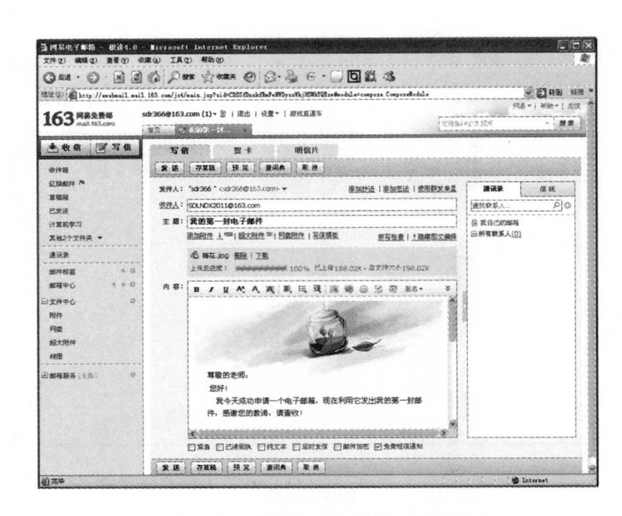

图7—16　“内容填写完毕”页面

● 字体背景：单击该按钮，为选中的文本设置背景。

● 字体颜色：单击该按钮，为选中的文本设置颜色。

● 对齐方式：包括左对齐、右对齐和居中对齐方式。

● 列表：包括符号列表和数字列表。

除上述功能外，用户可以设置添加图片、表情、信纸、日期、签名等选项，进一步美化正文内容。当信函内容编辑完毕后，页面如图7—16所示。

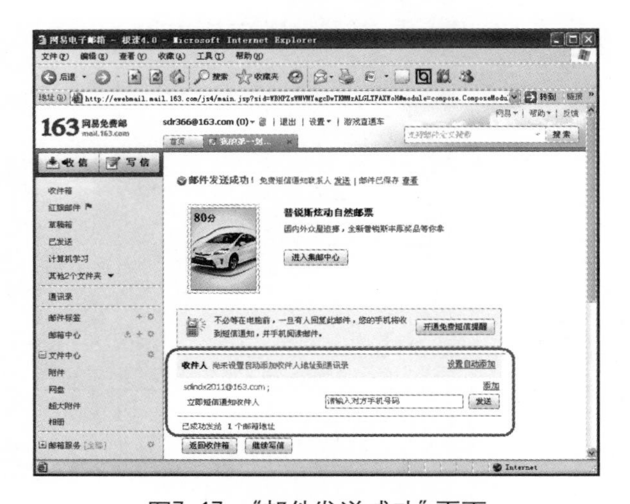

图7—17　“邮件发送成功”页面

在邮件撰写的①—⑦过程中（即未单击“发送”命令之前），如果用户希望保存页面内容，留待以后再继续编辑发送，单击“存草稿”按钮，将邮件保存到草稿箱。当用户希望对该邮件编辑发送时，登录邮箱后直接进入“草稿箱”编辑发送即可。

⑧　单击“发送”按钮，系统进入邮件发送情况提示页面，例如，邮件发送成功如图7—17所示。

如果用户已经设置“发信后，自动保存联系人”功能，系统会自动将收件人添加到通讯录。

如果用户尚未设置自动添加收件人地址到通讯录，单击“添加”按钮完成该功能设置。

注意：当用户勾选正文编辑框下方的“定时发信”按钮后，需要设置发送的时间，单击“发送”按钮，页面提示“定时发信设置成功”，设置好的邮件保存在“草稿箱”中。如果需要修改/编辑定时发信，用户可以直接打开草稿箱中保存的该邮件，编辑之后再单击“发送”按钮即可。如果用户需要取消定时发信，直接在草稿箱中删除保存的邮件即可。

7.3.2　接收邮件

收件人为了阅读邮件，必须及时接收邮件。下面，以“使用sdr366@163.com邮箱接收邮件”为例，介绍邮件的接收过程，基本操作步骤如下：

① 根据7.2.3节中邮箱登录的讲解，成功登录sdr366@163.com电子邮箱首页，见图7—8，单击页面左侧导航栏“收信”命令，进入邮件“收件箱”页面，如图7—18所示。

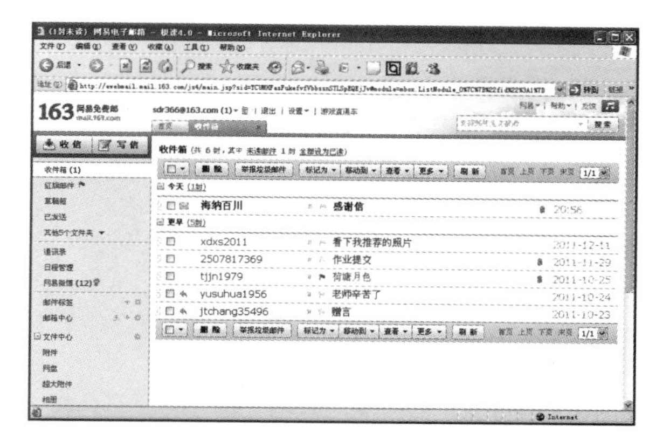

图7—18 “收件箱”页面

② 在该页面中，系统将显示出收件箱总共收取邮件列表、每封邮件的状态、发件人、邮件主题、每封信是否含有附件以及收信日期。

例如：新邮件，已回复邮件，包含附件邮件，设置标记邮件。

查看收件箱内的邮件时，邮件默认会自动地按照发送的日期排序，最新的排在最上面。单击邮件列表上方的“查看”命令中的“排序”命令，然后单击选择排列方式，用户可以根据需求设置邮件排序。

③ 在收件箱邮件列表中，单击某邮件主题即可显示该邮件的具体内容。例如，单击查看由用户“海纳百川”发送的“感谢信”邮件，如图7—19所示。

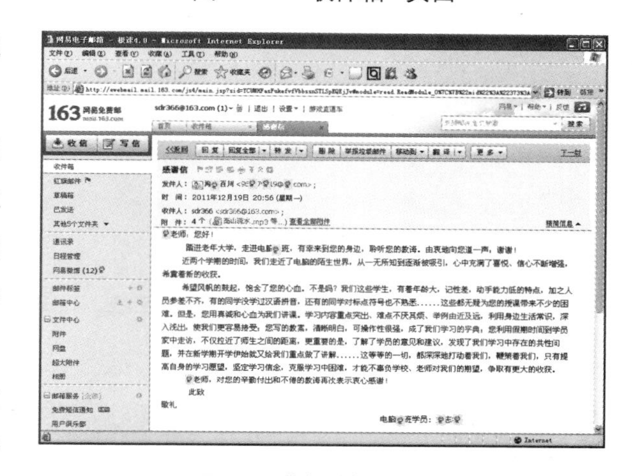

图7—19 “查看邮件”页面

打开邮件后，将显示该邮件的头信息、内容以及附件的名称。邮件的头信息包括主题、发件人、发送时间和收件人，邮件内容显示邮件的正文信息，邮件附件显示附件的文件名。

● 转发信件：单击“转发”命令，用户可以将这封邮件保持不变地转发给其他收件人。转发后的邮件发件人将不是原发件人，而是转发的邮件地址。

● 删除信件：单击“删除”命令，即可将邮件删除到垃圾箱，用户可以从垃圾箱中恢复。

● 移动邮件：单击“移动到”命令，将正在阅读的邮件移动到用户指定的文件夹中。

● 保存发件人地址至通讯录：单击“发件人”右侧地址，在打开的快捷菜单中单击“添加到通讯录”命令，将发件人邮件地址存入用户的通讯录中。

● 查看其他信件：针对打开邮件在文件夹中位置，单击“上一封”或“下一封”命令，可以直接打开与它相邻的邮件。

● 预览和下载附件：如果邮件含有附件，单击“查看附件”命令，系统

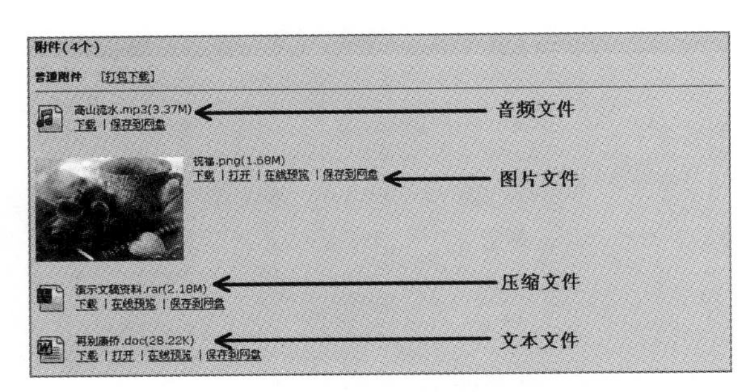

图7—20　邮件附件

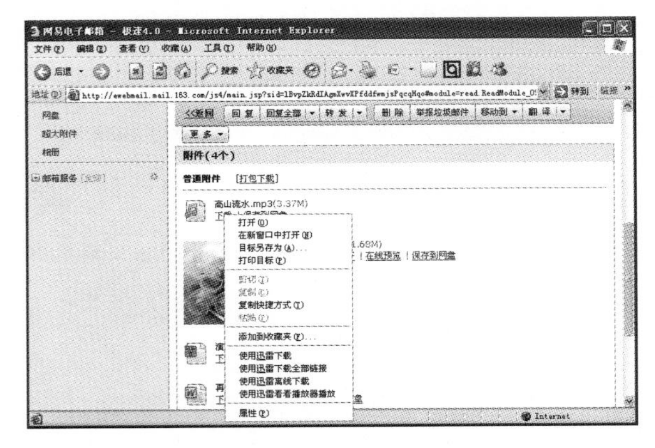

图7—21　“附件下载”页面

图7—22　“另存为”对话框

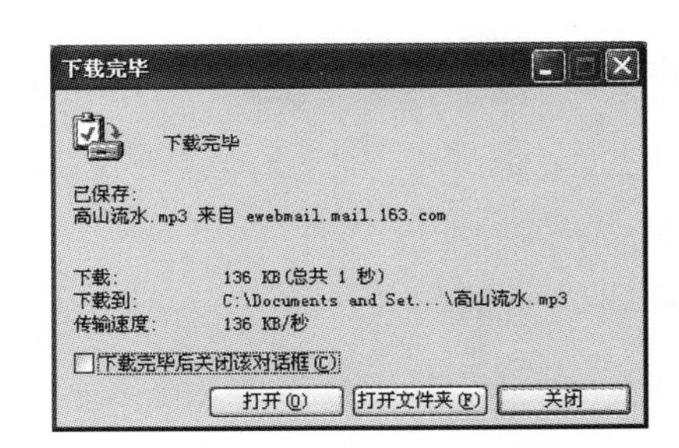

图7—23　“下载完毕”对话框

在正文下面将显示出附件内容，如图7—20所示。

当附件是支持网页显示的文件时，比如Word文档、图片等，用户可以单击附件文件名右侧的“查看附件”或者“在线预览”命令，实现附件的浏览阅读；当附件是不支持网页显示的文件时，用户可以将文件下载到本地计算机后再打开。以下载“高山流水”为例，介绍邮件附件的下载过程，基本操作步骤如下：

① 右键单击附件文件名下方的“下载”命令，打开命令菜单，如图7—21所示。

② 在弹出的菜单中单击选择“目标另存为...”命令，打开“另存为”对话框，如图7—22所示。

③ 定位至附件文件所要保存的文件夹位置，然后单击对话框中的“保存”按钮，即可进行附件的下载。下载完成后，系统弹出“下载完毕”对话框，如图7—23所示。

④ 用户根据自身需求，单击相应按钮完成操作。

7.3.3　邮件回复

在邮件阅读完毕后，收件人将根据需要回复发件人。以“使用sdr366@163.com邮箱回复邮件”为例，介绍邮件的回复过程，基本操作步骤如下：

① 登录邮箱，进入收件箱页面，见图7—18，在收件箱中，单击需要回复邮件的主题，打开邮件内容，见图7—19。

② 在邮件顶部或底部单击“回复”按钮，进入邮件回复页面，如图

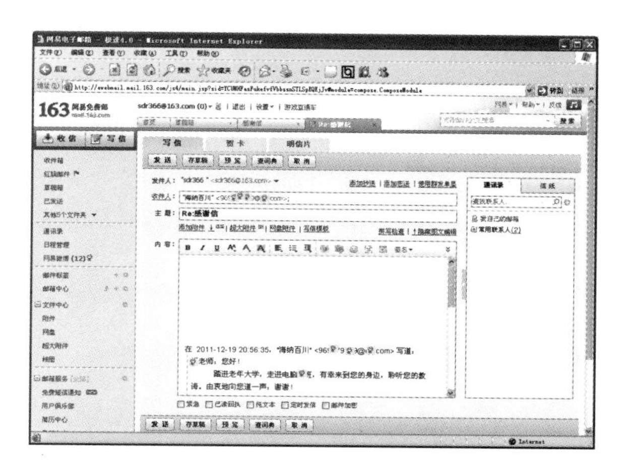
图7—24　“邮件回复”页面

7—24所示。在该页面中，系统自动显示“收件人”地址、“发件人”地址和“主题”，同时，回复邮件的正文将自动加入到邮件正文当中。

③ 在“内容”中，编辑回复正文内容，设置完毕后，如图7—25所示。

④ 回复邮件编辑完毕后，单击“发送”按钮，发送该邮件。

7.4　常用邮件管理

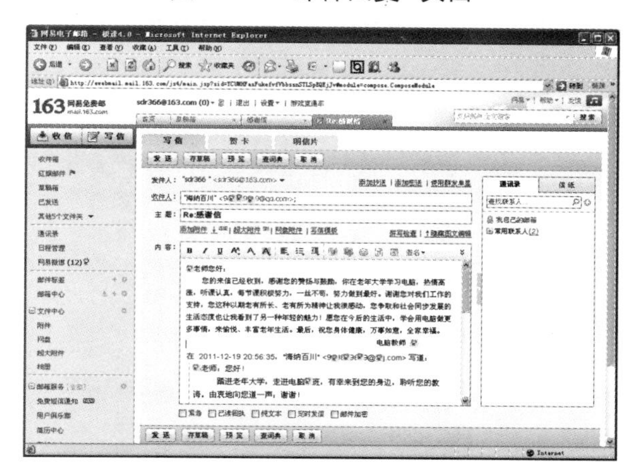
图7—25　“邮件回复编辑”页面

在各个门户网站提供的E—mail服务系统中，通常为用户提供邮件系统辅助功能，比如通讯录的管理、文件夹的管理、安全设置和个性签名等。

7.4.1　通讯录管理

通讯录是邮件系统中常用的联系人信息管理工具，在通讯录中用户可以保存常用的电子邮件地址和其他联系信息，以便在撰写电子邮件时方便使用。

1．添加联系人

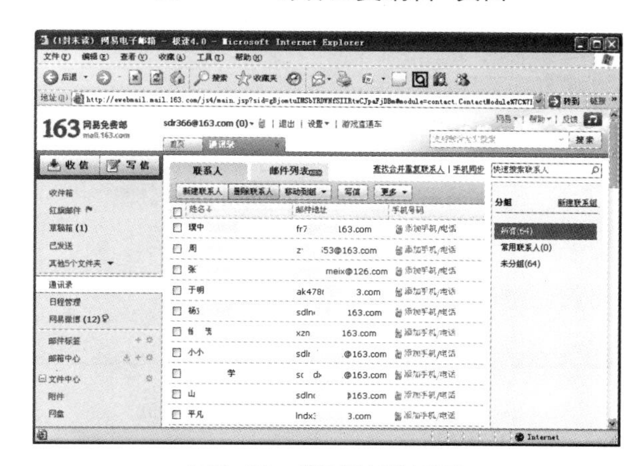
图7—26　“通讯录”页面

通讯录是用户个人通讯录和邮件列表的集合，用户可以随时登录到系统中查看或修改自己的通讯录。其中，添加联系人的基本操作步骤如下：

① 在邮箱首页左侧导航栏中单击“通讯录”命令，进入“通讯录”页面，如图7—26所示。

② 单击通讯录页面的“新建联系人”按钮，进入“新建联系人”页面，如图7—27所示。

③ 在该页面中，填写相关的联系人信息，用户可以根据需要输入联系人的姓名、职务、昵称、电子邮件地址等信息。其中，除姓名和电子邮箱为必填选项之外，其他选项用户可以忽略不填，如图7—28所示。

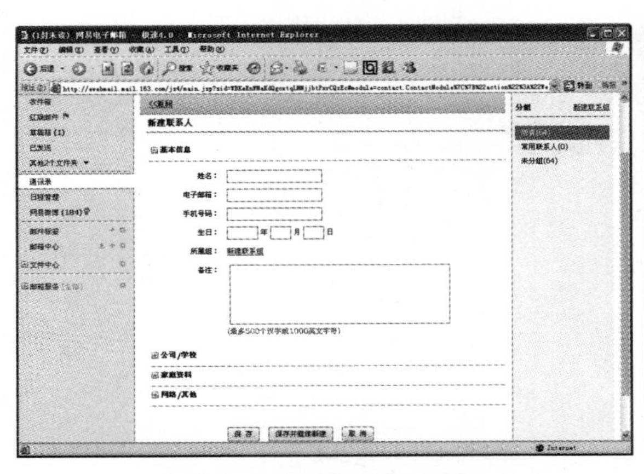

图7—27 “新建联系人”页面

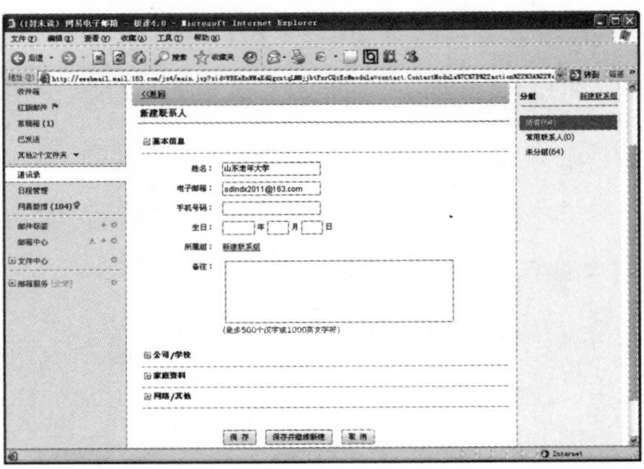

图7—28 “联系人填写”页面

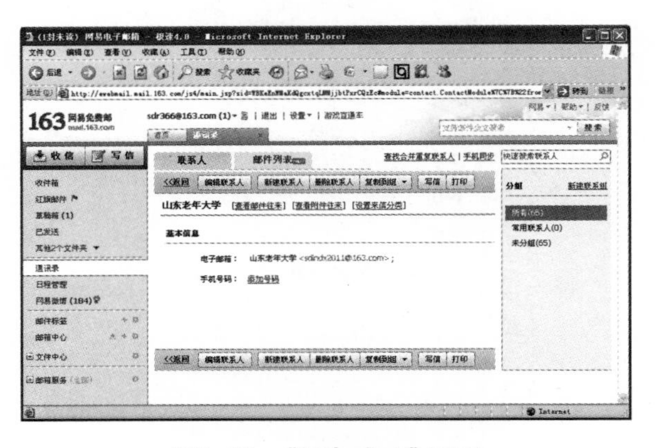

图7—29 “保存成功”页面

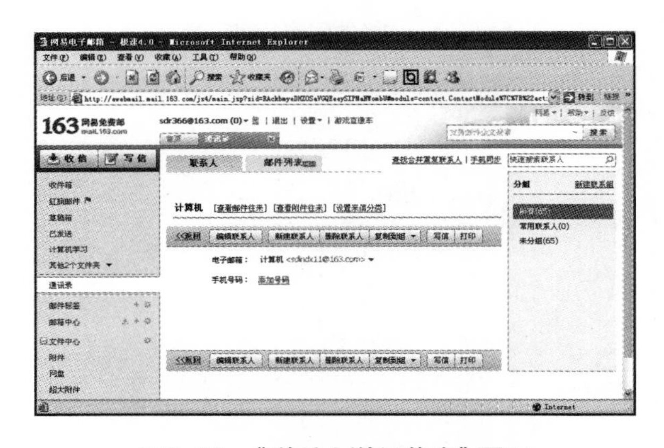

图7—30 “联系人详细信息”页面

④ 信息填写完毕后，单击页面底部的“保存”按钮，进入保存成功页面，如图7—29所示。

2. 联系人信息管理

在成功添加完联系人之后，用户需要对联系人信息进行编辑和管理，基本操作步骤如下：

① 在邮箱首页左侧导航栏中单击“通讯录”命令，进入“通讯录”页面，见图7—26。

② 如果用户需要删除联系人，则单击勾选需要删除的联系人，可以选择单个或多个，然后单击页面上方的“删除联系人”按钮，系统弹出确认信息“您真的要删除这些地址项吗？”，单击“确定”按钮，即可将选中的联系人资料删除。

③ 如果用户要管理联系人信息，则单击联系人信息，进入“联系人详细信息”页面，如图7—30所示。

- 单击“编辑联系人”按钮，用户可以编辑该联系人的详细资料。
- 单击“查看邮件来往”按钮，系统自动列出该联系人发送给该用户的所有邮件。
- 单击“写信”按钮，系统自动链接到写信页面，并自动在发件人地址栏中显示该联系人的地址。

7.4.2　文件夹管理

在网易邮箱中，用户可以通过文件夹管理功能，清空文件、添加或删除文件夹、查看信箱列表，例如，邮箱的总体和单个文件夹下的邮件数目、新邮件数、占用空间数等，有利于用户直观统计和合理运用空间。

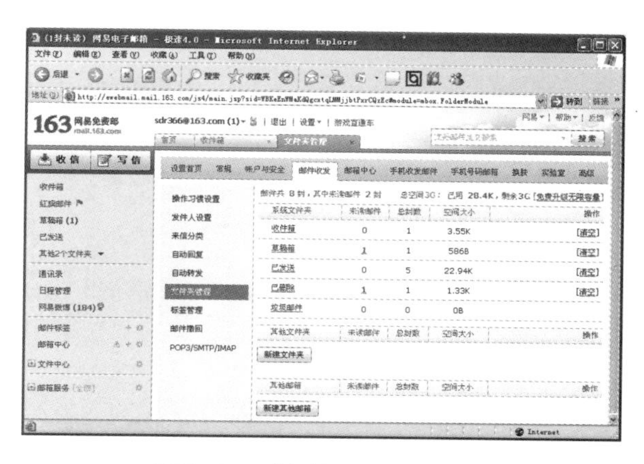

图7—31　“文件夹管理”页面

1. 文件夹的新建和删除

如果邮箱中的信件数量比较多，为了便于邮件的管理，邮箱系统为用户提供文件夹管理功能，用户可以建立不同的文件夹，将邮件分门别类地保存到不同的文件夹中，便于用户的查找和使用。在邮箱中，新建文件夹的基本操作步骤如下：

① 进入邮箱首页，在邮箱左侧导航栏中单击“其他*个文件夹”菜单下的“管理文件夹”命令，进入“文件夹管理”页面，如图7—31所示。

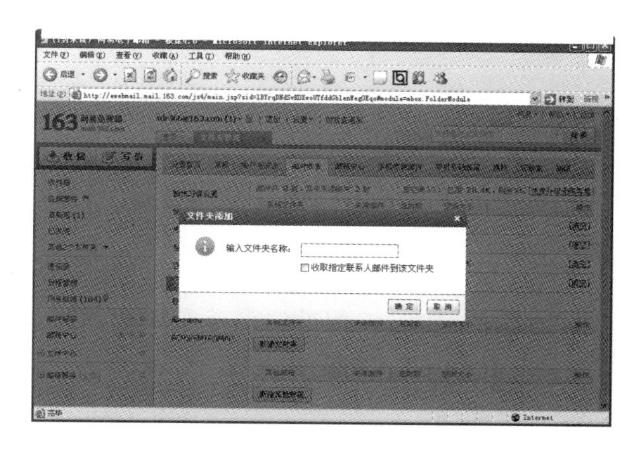

图7—32　“文件夹添加”对话框

② 单击“新建文件夹”按钮，弹出“文件夹添加”对话框，如图7—32所示。

③ 输入文件夹名称，例如输入“计算机学习”。如果用户需要“收取指定联系人邮件到该文件夹”，单击勾选该命令即可，确认无误后，单击“确定”按钮，在“其他文件”分组中，文件夹成功建立，如图7—33所示。

当用户创建的文件夹不再需要时，可以进行删除操作。如果该文件夹中包含邮件内容，则需要首先进行清空处理，单击文件名右侧的“清空”命令，

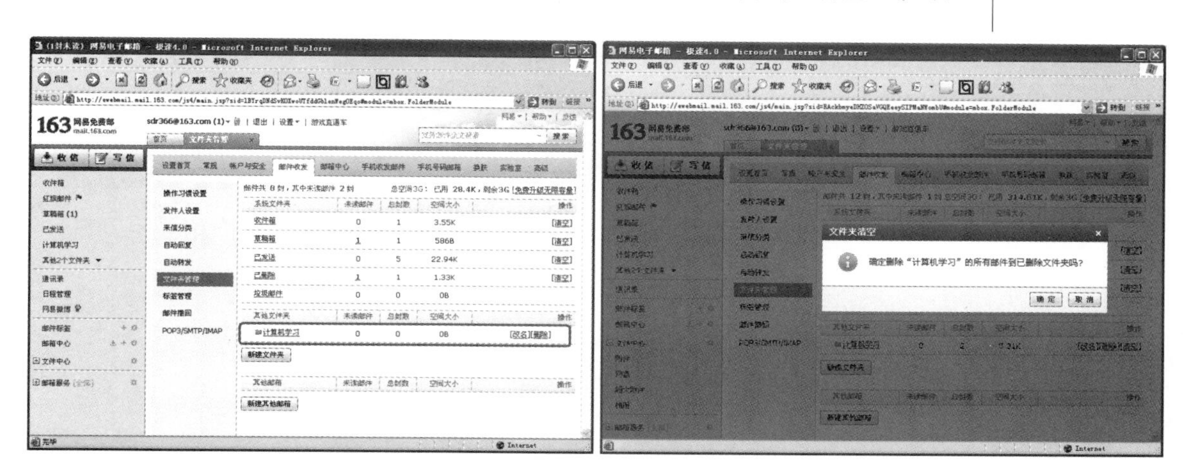

图7—33　“新建‘计算机学习’文件夹”页面

图7—34　“清空文件夹”页面

图7—35 “选择移动邮件”页面

如图7—34所示。单击“确定”按钮完成清空操作，最后单击文件名右侧的“删除”命令。

注意：用户只能删除“其他文件”中的文件夹，对于“系统文件”中的文件夹，用户可以清空内容，但是无权删除。

2. 邮件存储位置管理

当新邮件阅读完毕后，用户可再根据需要，将邮件转移到对应的文件夹或邮箱中，从而方便邮件的存储管理。基本操作步骤如下：

① 登录邮箱，单击页面左侧导航栏“收信”命令，进入邮件“收件箱”页面，单击勾选邮件主题左侧的复选框，选中需要选择的邮件。例如，单击勾选主题为“看下我推荐的照片”和“荷塘月色”两封邮件，如图7—35所示。

② 单击邮箱页面中的“移动”按钮，弹出下拉菜单供用户选择，如图7—36所示。

图7—36 “移动到”菜单页面

图7—37 选择“计算机学习”文件夹

图7—38 邮件移动后收件箱页面

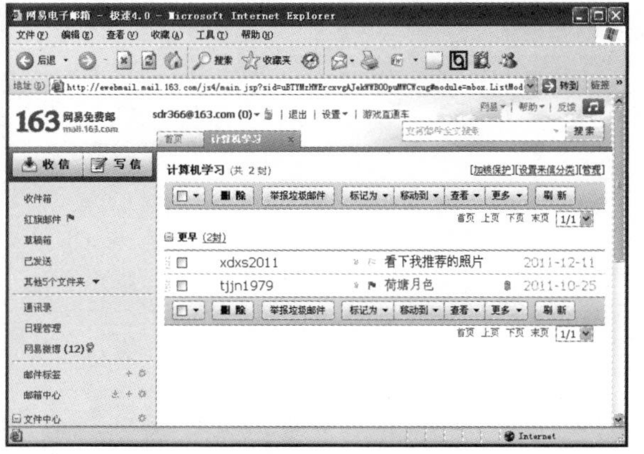

图7—39 “计算机学习”文件夹页面

③ 如果将当前选中的邮件转移到"计算机学习"文件夹中，则移动鼠标至"计算机学习"命令，选择"计算机学习"文件夹，如图7—37所示。

④ 单击选择"计算机学习"命令，此时，邮件移动后收件箱页面中勾选的邮件将不再存在，如图7—38所示。

⑤ 在邮箱左侧导航栏中，单击"其他*个文件夹"菜单下的"计算机学习"命令，进入"计算机学习"文件夹页面，用户可以看到被转移到该文件夹中的邮件列表，如图7—39所示。

本章小结

本章首先介绍了电子邮件、邮件传输协议、邮件传输的基本过程等基本知识，然后以163网易邮箱为例，详细讲解了免费邮箱的申请、邮件的发送和接收、常用邮件管理、通讯录的管理以及文件夹的管理等知识。

思考题

1. 举例说明邮件传输的基本过程。

2. 如果在邮件发送之后用户才发现邮件错误，请问能否撤回已发送的邮件？如果可以，如何操作？

3. 当通讯录中联系人数目比较多时，例如，亲人、好友、同事、陌生人等，如何进行通讯录分组管理？

4. 网易邮箱提供了大量爱情、礼物、校园、季节、生日、节日等心情贺卡，用户如何通过发送贺卡为好友送去真挚的祝福？

5. 登录163网易邮箱，单击左侧菜单"文件中心"下的"网盘"命令，即可进入163 网盘，请问如何使用网盘上传本地文件？如何扩充网盘容量？

6. 如果用户希望在邮箱中拒绝收到垃圾邮件或某个人的邮件，应该如何操作？

第8章
QQ娱乐

随着Internet应用的普及，即时通信技术已经越来越大众化，用户可以在网络中选择不同的即时通信软件，这些软件能让用户之间进行无时间延迟的沟通与交流。在众多即时通信软件中，腾讯QQ是一款常用的即时通信软件，它支持在线聊天、视频电话、点对点断点续传文件、共享文件、网络硬盘、QQ邮箱等多种功能。随着移动网络技术的发展，QQ如今已经能够在众多移动通信终端上安装。通过移动互联网，即时通信与交流变得更方便、快捷。本章将详细介绍腾讯QQ的基本功能和使用方法。

知识要点

第8.1节：即时通信，即时通信的分类，即时通信的应用

第8.2节：文件下载，QQ安装，QQ账号，QQ基本设置

第8.3节：查找和添加好友，文字聊天，音频聊天，视频聊天

第8.4节：在线文件，离线文件

第8.5节：QQ空间，日志

第8.6节：QQ游戏，QQ游戏安装与运行

8.1 即时通信技术

即时通信已经随着社会的发展越来越趋向于大众化，用户可以在网络中选择不同的即时通信软件，目前常用的有腾讯聊天软件QQ、MSN、网络电话TOM–Skype等，即时通信技术可以应用于日常生活、教育、医疗、军事等各个领域。

1．即时通信的概念

即时通信中的即时，就是指快速、马上的意思，因此即时通信是指通过某种技术达到快速、便捷的沟通，可以在线进行交流，包括视频或语言聊天，为人们的交流提供了真正的方便与快捷。

2．即时通信的分类

以文本通信为例的即时通信原理分为传统的C/S模式和P2P模式。C/S模式的关键在于功能的分布，即把一些功能放在前端机（即客户机）上执行，另一些功能放在后端机（即服务器）上执行。而P2P是以非集中方式使用分布式资源来完成关键任务的一类系统和应用。

（1）C/S模式

使用传统的C/S模式来实现即时通信会给服务器带来很大的压力，服务器会有较高的负载量，只能支持较少的客户端通信，并可以对聊天信息进行服务器端的监控。而对于音频通信，则无法满足其实时性的要求，采用服务器转发聊天信息可以实现用户之间的离线发送信息。

（2）P2P模式

采用P2P模式传递消息，可以不通过中心技术服务器转发，聊天、音视频通信对服务器性能没有太大的影响。不通过服务器转发的P2P在用户离线的情况下不能发送信息，因此在实际使用中可以将P2P和传统的C/S模式相结合，使用中心服务器保存用户发送的离线信息。

8.2 QQ的下载与安装

腾讯QQ是深圳市腾讯计算机系统有限公司开发的一款基于Internet的即时通信软件。腾讯QQ支持在线聊天、视频电话、点对点断点续传文件、共享文件、网络硬盘、QQ邮箱等多种功能。目前，最新版本是腾讯QQ2012。QQ2012是开源软件，可以从网上任意自由下载，下面我们详细介绍腾讯QQ下载与安装的方法。

8.2.1 QQ下载

“QQ2012”是开源软件，可以通过“腾讯QQ”的官方网站下载，下载的基本步骤如下：

① 打开IE浏览器，单击鼠标左键，将光标定位在地址栏中，输入网址“www.qq.com”，按回车键，进入“腾讯网”主页，如图8—1所示。

图8—1 “腾讯网”主页　　　　图8—2 “腾讯软件中心”页面

② 鼠标左键单击网页左上角的“QQ软件”按钮，打开“腾讯软件中心”页面，如图8—2所示。

③ 单击“QQ2012 Beta1”[①]按钮，打开QQ下载页面，如图8—3所示。

图8—3 “QQ下载”页面　　　　图8—4 “另存为”对话框

④ 鼠标右键单击“立即下载”按钮，弹出快捷菜单，在菜单中选择“目标另存为...”命令，弹出“另存为”对话框，如图8—4所示。

---

① 随着时间的变换，QQ软件版本会不断更新，本章中“QQ2012”与“QQ2012 Beta1”所指相同。

⑤ 单击“保存在”下拉菜单，选择将文件保存在“E盘”，鼠标单击“保存”按钮，文件开始下载，如图8–5所示。

⑥ 当绿色指示条移动到最右侧，表示文件完成下载，“打开”及“打开文件夹”按钮灰化取消。单击“打开文件夹”按钮，打开“E盘”，可以看到QQ的安装文件，如图8–6所示。

图8–5　“文件下载”窗口

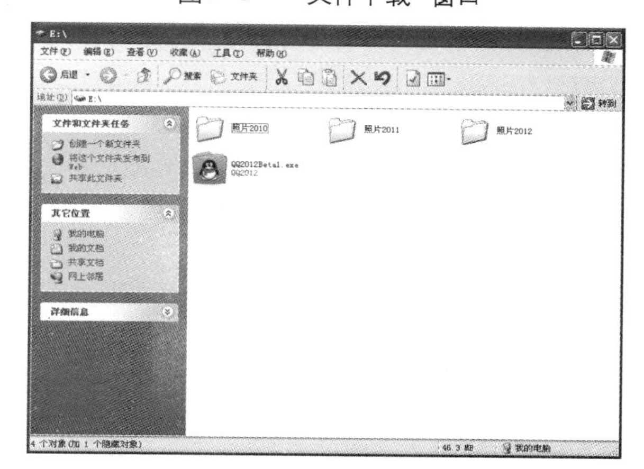

图8–6　E盘存放的文件

8.2.2　QQ安装

① 打开“QQ2012 Beta1”安装程序所在的文件夹，鼠标双击QQ安装文件图标，启动“打开文件”对话框，如图8–7所示。

② 单击“运行”按钮，启动QQ的安装向导，如图8–8所示。

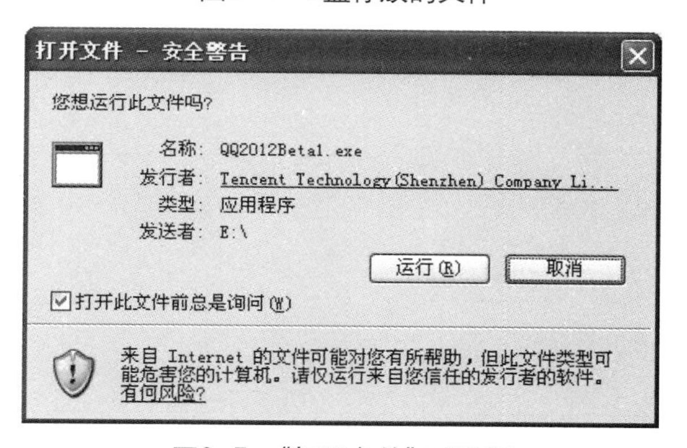

图8–7　“打开文件”对话框

单击窗口最右侧的垂直滚动条，可以看到完整的协议内容。如果认同协议中的条款，可以选中“我已阅读并同意软件许可协议和青少年上网安全指引”按钮前面的复选框；如果不同意协议中的内容，可以单击“取消”按钮，取消安装过程。

③ 单击“下一步”按钮，出现自定义安装选项设置界面，如图8–9所示。

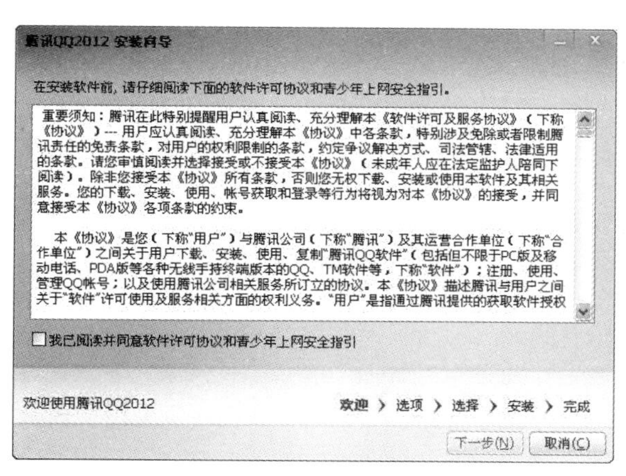

图8–8　“QQ2012安装向导”对话框

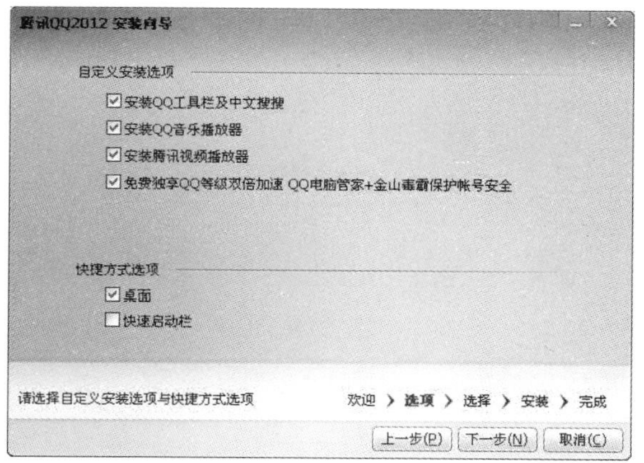

图8–9　“QQ2012安装向导”对话框

在“自定义安装选项”中，系统默认安装全部的选项，用户可以自定义安装的选项，不需要某个安装选项，可以用鼠标单击复选框，取消安装；在“快捷方式选项”中，系统默认勾选“桌面”选项，程序安装结束后，桌面会显示QQ程序的快捷方式；勾选“快速启动栏”，系统会在快速启动栏中添加QQ程序的快捷图标。

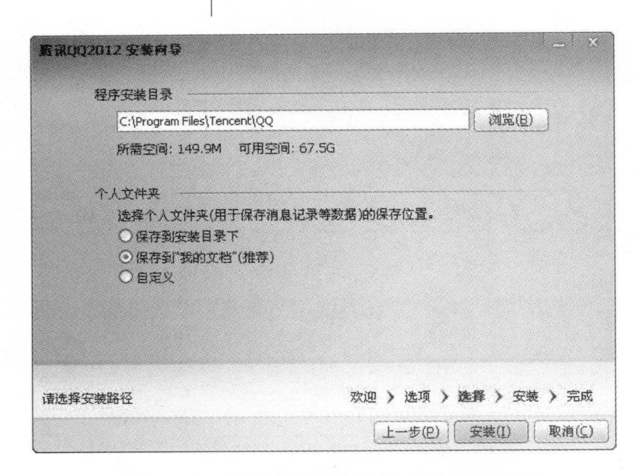

图8—10 “QQ2012安装向导”对话框

④ 单击“下一步”按钮，弹出选择安装位置窗口，如图8—10所示。

默认的安装目标文件夹是“C:\Program Files\Tencent\QQ”，如果用户决定将QQ安装在这个目录下，单击“安装”按钮。通常我们都是安装在默认文件夹下，如果用户想更改软件安装目录，单击图中“浏览”按钮，选择新的安装目录即可。

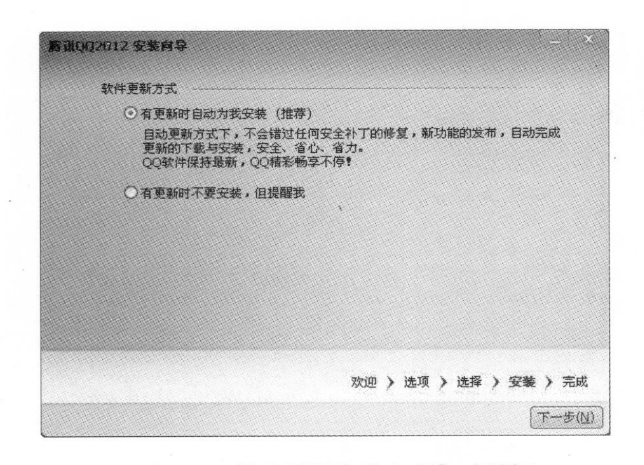

图8—11 “QQ2012安装向导”对话框

⑤ 单击“安装”按钮，开始安装程序，安装结束后显示“软件更新方式”界面，如图8—11所示。

⑥ 单击“下一步”按钮，显示“安装完成”界面，如图8—12所示。

安装完成对话框有四个选项，系统默认全部选中。选中“开机时自动启动腾讯QQ2012”选项，表示每次启动计算机时会自动运行该软件；选中“立即运行腾讯QQ2012”选项，表示单击“完成”按钮后，系统会自动运行QQ2012软件；选中“设置腾讯网为主页”选项，计算机浏览器会修改主页地址，将“腾讯网”设为首页；选中“显示新特性”选项，运行“腾讯QQ2012”之后，软件会显示QQ2012版本的功能和特点。

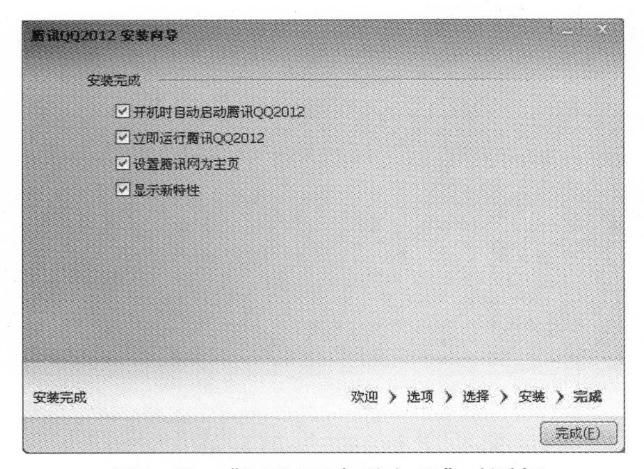

图8—12 “QQ2012安装向导”对话框

⑦ 单击“完成”按钮，QQ2012安装成功。

成功安装QQ2012后，在“开始”菜单的所有程序文件夹中添加了“腾讯软件”程序组，如图8—13所示。

图8—13 “开始”菜单中“腾讯QQ”程序组

8.2.3 QQ账号申请

QQ软件可以通过网络与好友进行交流，信息能够即时发送和接收，支持语音视频聊天，功能非常全面。此外，QQ还具有传输文件、共享文件、QQ邮箱等功能。用户要想使用QQ的相关功能，必须拥有一个属于自己的账号，"腾讯网"支持用户申请QQ账号的要求，下面介绍具体申请方法。

图8—14 "QQ启动"界面

① 在桌面上双击"腾讯QQ"快捷图标，启动QQ应用程序，如图8—14所示。

② 在"QQ2012"窗口中单击"注册账号"按钮，打开"QQ注册"页面，如图8—15所示。

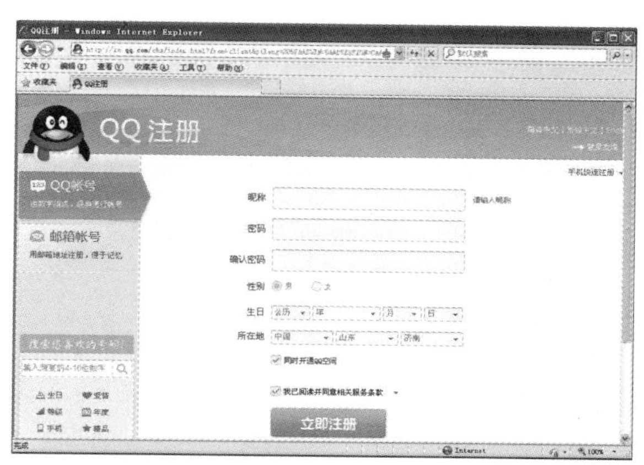

图8—15 "QQ注册"页面

申请页面中包含用户申请QQ账号时必须填写的选项，信息在账号申请成功后还可以改动，具体修改方法我们会在后面的章节详细介绍。下面介绍各个选项的填写方式和注意事项：

● 昵称：昵称是指用户在使用QQ时的虚拟姓名，可以由英文字母、汉语字符等组成，申请之后也可以随时更改昵称。

● 密码：为了保护QQ账号不被盗取，我们要尽可能地设置安全级别较高的密码。

● 确认密码：在"确认密码"对话框中要输入和"密码"对话框完全相同的信息，只有两次输入的密码完全一致，系统才允许进行下一项填写，否则系统会提示"您密码输入不一致"。重复输入密码，可以让用户再次确定输入的密码，防止因为操作失误而输错密码。

● 性别：根据实际情况，选择"男"或"女"。

● 生日：生日选择支持农历与公历两种形式，系统默认的是公历选项，用户可以单击公历下拉菜单，更改为农历选项；"年"、"月"以及"日"选项都是以下拉菜单的形式显示，用户单击相应的下拉菜单，根据实际情况输入数字或选择选项即可。

● 所在地："所在地"选项也是以下拉菜单的形式，供用户选择输入，系统会根据用户的IP地址给出实际所在地，如果满足用户需求，可以不改动。

● 同时开通QQ空间：为用户省去开通空间的步骤，直接拥有自己的空间地址。

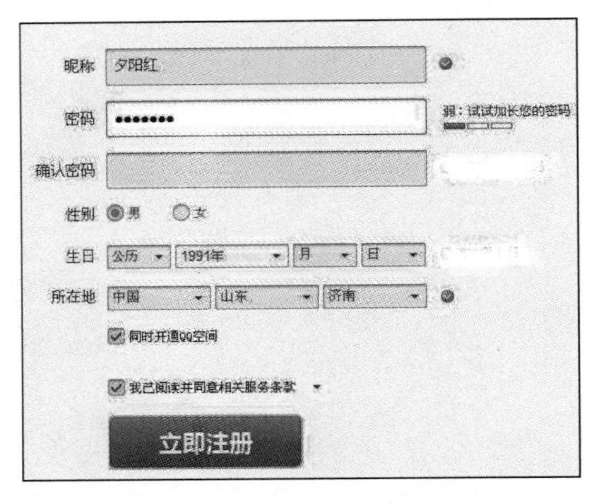

图8—16　注册信息

例如，我们以昵称为“夕阳红”、密码为“qq12345”、身份为“女性”、生日为公历“1956—08—16”为例，介绍具体的申请方法：

① 鼠标单击“昵称”文本框，定位光标，输入“夕阳红”。鼠标单击其他文本框时，可以看到昵称文本框后面出现了一个绿色的符号✔，表示昵称输入合法。

② 鼠标单击“密码”文本框，输入“qq12345”，随着字符的输入，系统会提示用户密码的安全级别。例如，输入“qq12345”后，系统会给出提示信息：“弱：试试加长您的密码”，如图8—16所示。

注意：为了提高密码的安全性，设置密码时尽量遵循以下原则：

- 尽量设置便于记忆的长密码，因为密码越长，则被破解的可能性就越小。
- 尽量在密码中插入符号。
- 不要在密码中出现您的账号。
- 不要使用您的个人信息作为密码的内容，如生日、身份证号码、亲人或者伴侣的姓名等。
- 每隔一段时间更新一次账号的密码，新密码也要遵守以上原则。

③ 单击“确认密码”对话框，输入相同的密码。

④ 鼠标单击“女”单选按钮。

⑤ 鼠标单击“年”选项，输入1956或拖动垂直滚动条，选中1956年，用同样的方式选择8月以及16日。

⑥ 单击“立即注册”按钮，完成申请，弹出申请成功页面。

图8—17　注册成功信息

用户按要求填写申请信息，申请成功后，系统会随机分配给用户一个QQ号码。例如，本例申请到的号码为2395316617，如图8—17。

QQ号码是腾讯QQ的账号，全部由数字组成，在用户注册时由系统随机选择产生。大家要牢记申请到的账号及自己设定的密码，这是登陆QQ软件的必备信息，同时，QQ号码作为我们的身份标识，可以让其他用户精确地找到。

8.2.4 QQ的启动与退出

1．QQ的启动

启动QQ的方法与其他应用程序的方法类似，主要有两种常用方法。通过“开始”菜单启动的步骤如下：

① 单击任务栏最左边的“开始”按钮，弹出“开始”菜单。

② 选择“所有程序”的“腾讯软件”文件夹，在级联的“QQ2012”文件夹下选择“腾讯QQ”命令，即可启动“QQ2012”，见图8–14。

利用桌面上的QQ快捷方式也可以启动“QQ2012”。在安装QQ软件时我们已经选择了在桌面上创建QQ快捷方式选项，在桌面上找到快捷方式图标，双击鼠标可以启动QQ。

图8–18 “QQ启动”界面

例如，本例以号码2395316617、密码是“qq12345”为例介绍登陆方法。

① 启动QQ后，在账号文本框中单击左键定位鼠标，输入字符“2395316617”。

② 鼠标单击密码文本框输入“qq12345”，在密码选项中输入英文字符时要注意区分大小写。输入结束后，界面如图8–18所示。

- 记住密码：勾选“记住密码”复选框，下次启动QQ时，不需要用户再次输入密码，系统会记录密码自动登录，比较方便。但为了安全起见，只有在家庭上网时可以使用此选项，否则，不建议勾选此选项。
- 自动登录：勾选“自动登录”选项，用户不需要单击“登录”按钮，系统自动登录QQ。如果用户同时勾选“记住密码”和“自动登录”选项，计算机开机时就自动登录QQ了。
- 状态设置按钮：单击按钮右侧的下拉菜单后，显示6种状态选项。

我在线上：提示好友用户在线；

Q我吧：打开这个状态后，提示好友随时都可以和你聊天；

离开：提示好友我此时不在电脑旁；

忙碌：提示好友我现在很忙，不希望被打扰；

请勿打扰：收到消息不再提示，直接保存在消息

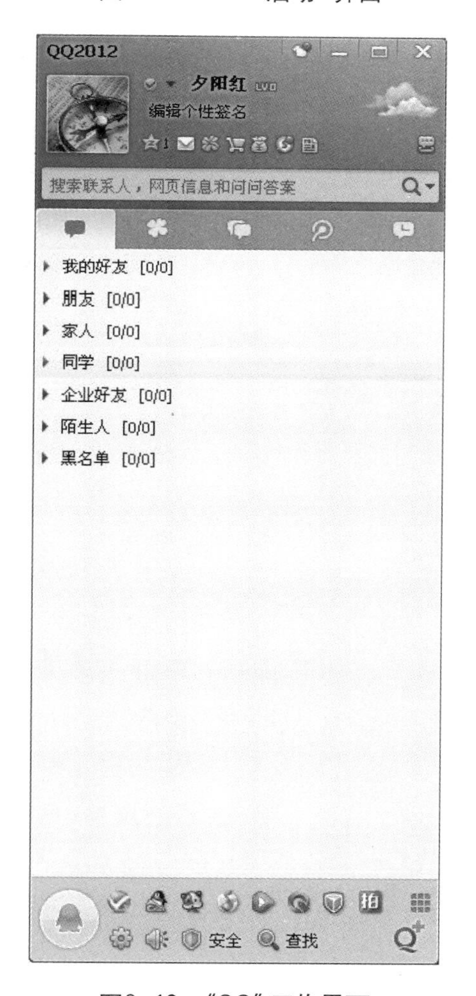

图8–19 “QQ”工作界面

盒子中；

隐身 ：设置成隐身状态后，在其好友的列表中，用户呈“不在线”状态。

③ 单击“登录”按钮，启动QQ2012，其工作界面如图8–19所示。

2. QQ的退出

退出QQ通常有三种方法：单击QQ标题栏右上角的“关闭”按钮，或者选择主菜单中的“退出”命令，均可关闭QQ；另外，当QQ软件处于活动的状态，按Alt+F4键也可以关闭QQ。

8.2.5 QQ的基本设置

1. 更改头像

QQ头像是用户的虚拟形象，最开始是由卡通人物设计而成，后来随着QQ版本的升级，慢慢演变成可以由个人设计头像，可以是自己的相片、自己喜欢的明星人物等任何图片，尺寸一般为40×40像素。

① 单击“头像”图标，打开“我的资料”对话框，如图8–20所示。

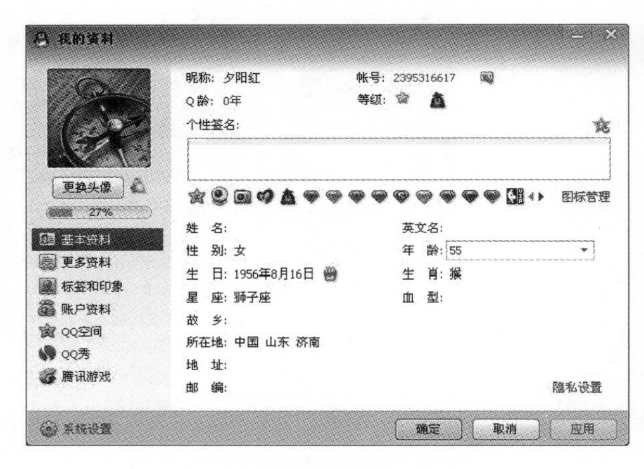

图8–20 “我的资料”对话框

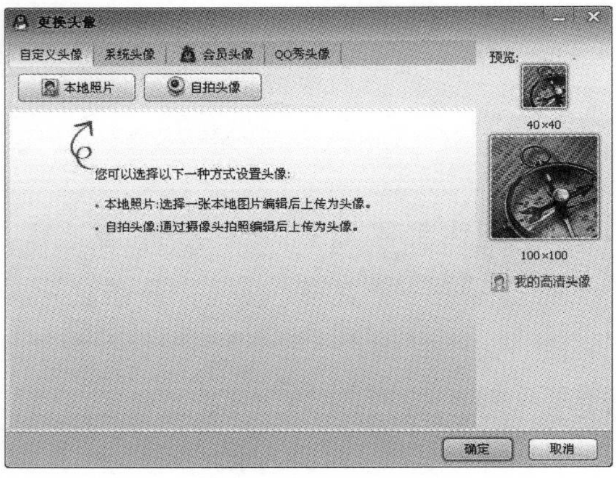

图8–21 “更换头像”对话框

② 用户登录QQ后，系统会自动指定一个头像，如果要更改为其他头像，单击“更换头像”按钮，弹出“更换头像”对话框，如图8–21所示。

● 本地照片：允许用户使用存放在本台计算机中的图片作为头像，自己的照片或喜欢的素材都可以作为头像显示。例如，要将E盘中“照片2011”文件夹中的“IMG_0352.JPG”文件作为头像显示，具体操作步骤为：首先，单击“本地照片”按钮，弹出“打开”对话框；在“查找范围”下拉菜单中，找到E盘中“照片2011”文件夹；在文件中单击“IMG_0352.JPG”文件；单击“确定”按钮，弹出“更换头像”对话框，如图8–22所示；鼠标单击蓝色边缘的选中框，移动鼠标到合适的位置，对话框右侧显示当前的预览效果，单击“确定”按钮，更改头像成功。

● 系统头像：QQ提供了77个推荐头像，供用户选择。鼠标单击“系统头像”选项卡，弹出如图8–23所示的“系统头像”对话框；鼠标拖动窗口右侧的垂直滚动条，可以预览所有的系统头像；鼠标选中任意图标，单击“确定”按钮，可以更改头像。

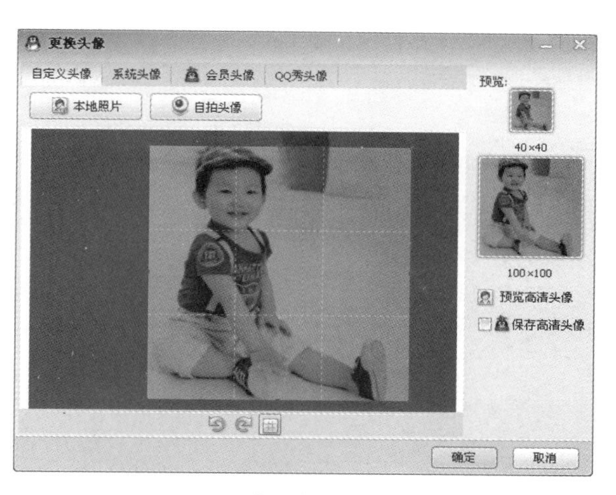

图8–22　“更换头像”对话框

2．设置签名

鼠标单击“个性签名”文本框（见图8–20），定位光标后，允许用户输入个性签名。个性签名可以是自己心情的写照或是喜欢的文字，输入后显示在QQ主菜单中。例如，单击“个性签名”文本框，光标闪动后输入文字“祝愿老年朋友身体健康！”，签名设置成功。

另外，单击QQ主界面的“编辑个性签名”选项（见图8–19），也可以输入签名。

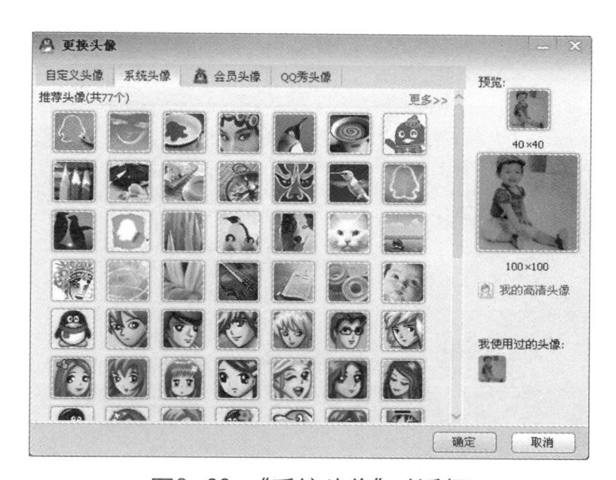

图8–23　“系统头像”对话框

3．系统设置

QQ软件中的各种系统设置项目，可以保证用户在网上的安全和聊天的方便。运行QQ2012之后，在QQ客户界面（见图8–19）单击界面底部的“系统设置”按钮，打开QQ2012系统设置界面，如图8–24所示。

QQ2012系统设置界面中的设置包括“基本设置”、“状态和提醒”、“好友和聊天”、“安全设置”以及“隐私设置”等方面。

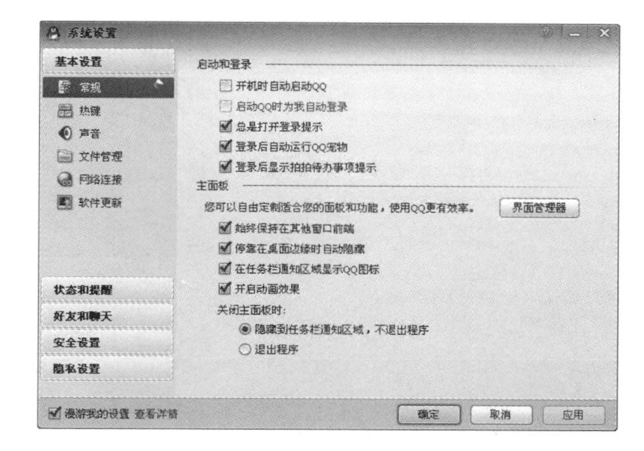

图8–24　“QQ2012系统设置”界面

- 基本设置：“基本设置”中比较常用的选项是常规、声音和文件管理。常规选项可以设置登录相关选项以及界面管理；“声音”选项可以设置QQ在活动时的声音，比如，可以开启好友消息、系统消息、好友上线等活动的提示音；文件管理选项中可以设定消息记录保存的位置，可以进行文件夹清理。
- 状态和提醒：可以设置用户登录后的状态。例如，用户当前的状态是“我在线上”，可以通过此选项改为“隐身”状态。
- 好友和聊天：可以设定接收文件的默认存储路径。

● 安全设置：可以申请密码保护、文件传输的安全级别，默认推荐的安全级别为中等安全级别。

● 隐私设置：可以设置用户的基础资料是允许所有人可见，或者只允许好友可见，或者是只允许自己可见。

8.3 QQ聊天

8.3.1 查找和添加QQ好友

QQ软件最主要的功能就是可以让用户在网络中与QQ好友进行及时通信，俗称“聊天”。QQ账号第一次登录时，好友名单是空的，如果要和其他人联系，必须要查找并添加好友。QQ提供了多种方式查找好友，下面我们具体介绍每种查找方式的不同。

1. 精确查找QQ好友

单击主界面中的查找图标 查找，弹出“查找联系人”对话框，如图8−25所示。系统默认的第一个查找页面为“精确查找”页面，“精确查找”页面适合明确知道对方QQ号码，要添加对方为好友的情况。

图8−25 “查找联系人”对话框

例如，要添加号码为“69713688”的好友，具体操作步骤如下：

① 鼠标单击查找对话框，光标闪动后输入字符“69713688”，弹出查找结果页面，如图8−26所示。

② 鼠标单击联系人头像右侧的添加好友按钮 ⊕，弹出“添加好友”对话框，如图8−27所示。

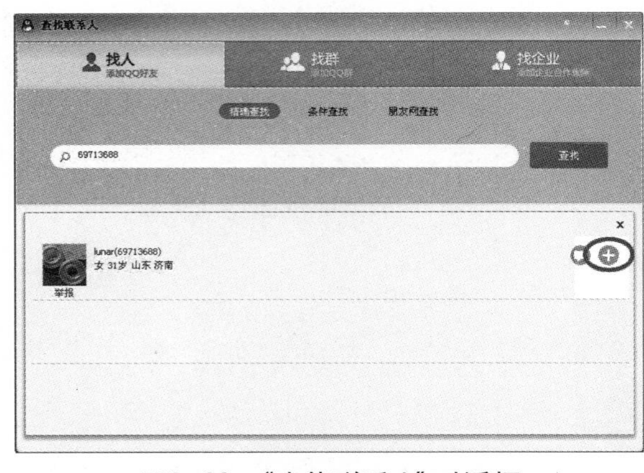

图8−26 “查找联系人”对话框

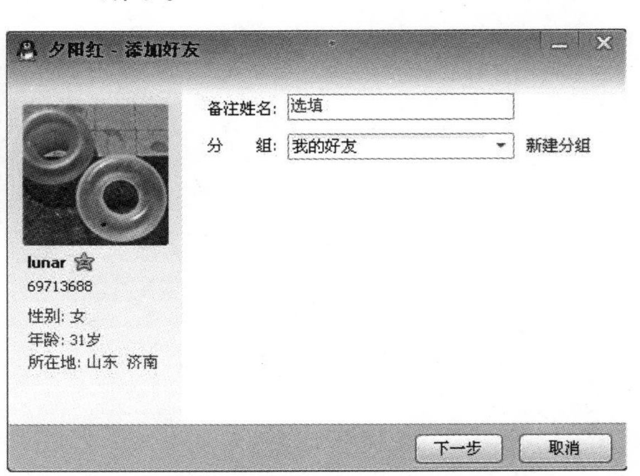

图8−27 “添加好友”对话框

③ 在“请输入验证信息”对话框中输入你要和对方说的话，比如告诉他你是谁等信息，本例输入文字“我是王倩”，单击“下一步”按钮，弹出添加备注姓名对话框，如图8–28所示。

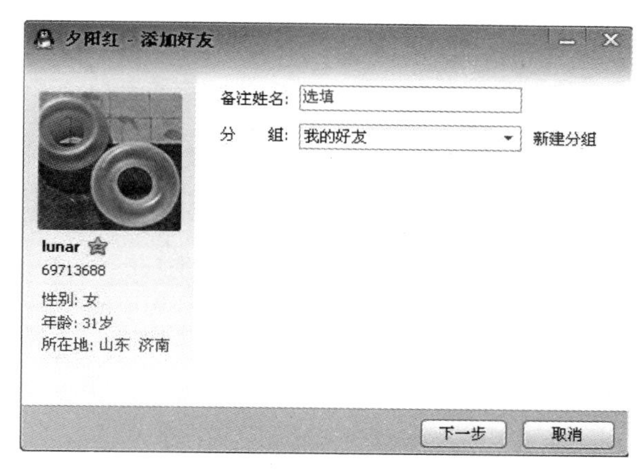

图8–28　“添加好友”对话框

④ 添加备注姓名后在好友列表中会显示备注姓名，有助于用户记住好友身份，本例中输入信息“妹妹”，单击“下一步”按钮，“添加好友”对话框提示用户已经“发送请求，正在等待对方通过”。

这时，用户69713688如果已经登录QQ，会收到系统提示信息，如图8–29所示。

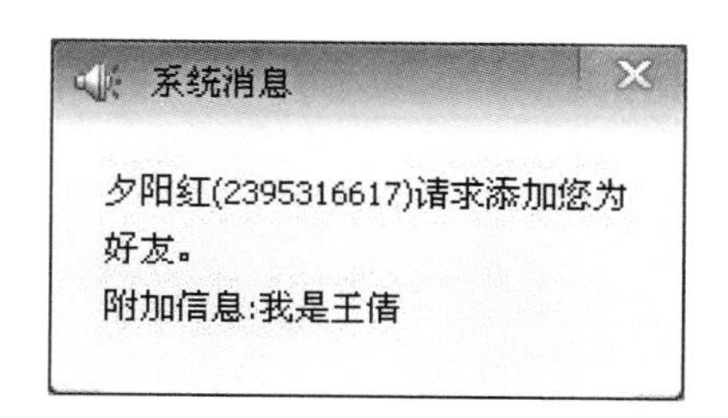

图8–29　“系统提示信息”对话框

如果对方同意添加你为好友，“我的好友”组里就会显示这个联系人的头像。

注意：如果网络中其他QQ用户添加我们为好友，我们也会收到如图8–29的请求消息。

2. 按条件查找QQ好友

单击“查找联系人”对话框（见图8–25）中的“条件查找”按钮，对话框中显示“条件查找”选项卡，如图8–30所示。

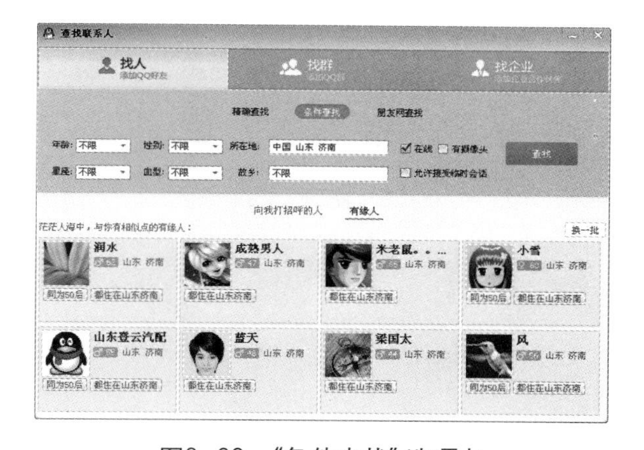

图8–30　“条件查找”选项卡

查找的条件包括“年龄”、“性别”、“所在地”、“星座”、“血型”、“故乡”等选项，每一个选项都有下拉菜单，鼠标单击下拉菜单，会显示相应的条件内容，拖动并单击鼠标，可以进行内容的选择。当所有的条件设置结束后，单击“查找”按钮，系统将查找结果返回。

例如，我们要查找好友，设置查找条件为：年龄40岁以上、性别为女性、所在地在济南，单击“查找”按钮，系统返回的查找结果如图8–31所示。

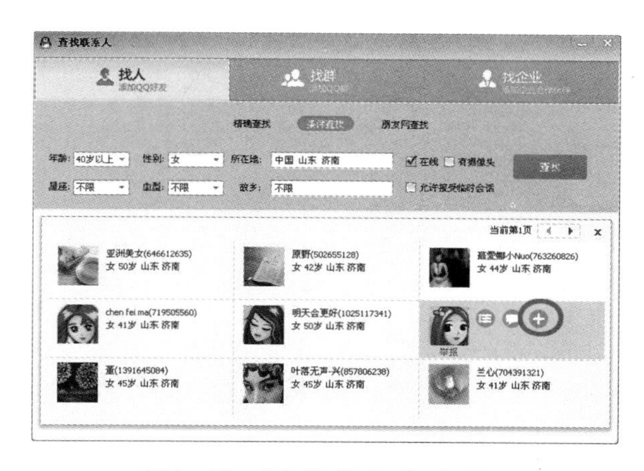

图8–31　“查找联系人”对话框

满足查找条件的结果会有很多，每个选项都会显示联系人的昵称、QQ号码以及其他查找条件，移动鼠标到目标联系人的头像处，将出现“添加”按钮，添加方法同上所述。

3. 朋友网查找

朋友网原名QQ校友，是腾讯公司打造的真实的社交网络，在朋友网中可以与同学、朋友、同事、校友、老乡保持亲密的联系，了解他们的最新状态。

4. 联系人分组管理

当用户的好友数量很多，客户端界面会显得很繁杂。为实现更加方便的管理、沟通和交流，QQ在“我的好友”列表之外又添加了“朋友”、“家人”、“同学”等其他分组，每个组中可以存放相应的联系人。

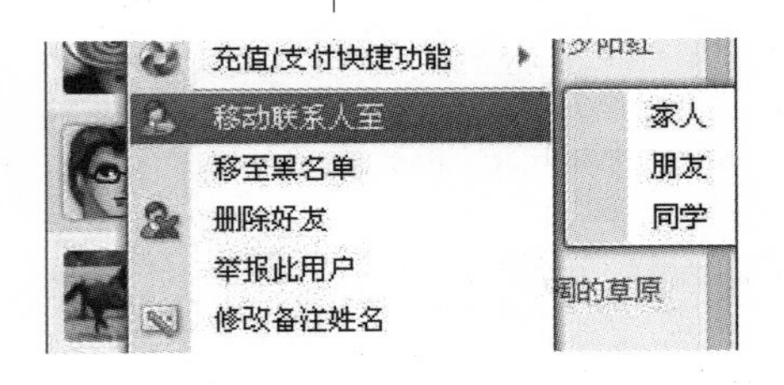

图8—32 “移动联系人至”文件夹

(1) 联系人分组

将好友分组的具体方法为：右键单击好友头像，弹出快捷菜单，鼠标单击“移动联系人至”文件夹，如图8—32所示。“移动联系人至”文件夹后面包含“朋友”、“家人”、“同学”三个选项，单击相应选项即可。

例如，要将“妹妹”联系人添加到“家人”分组中，具体方法如下：右键单击“妹妹”头像，在弹出的快捷菜单中，鼠标单击“移动联系人至”文件夹，单击“家人”选项。完成操作后，我们看到，QQ界面中妹妹联系人已经从“我的好友”分组移动到了“家人”分组中，如图8—33所示。

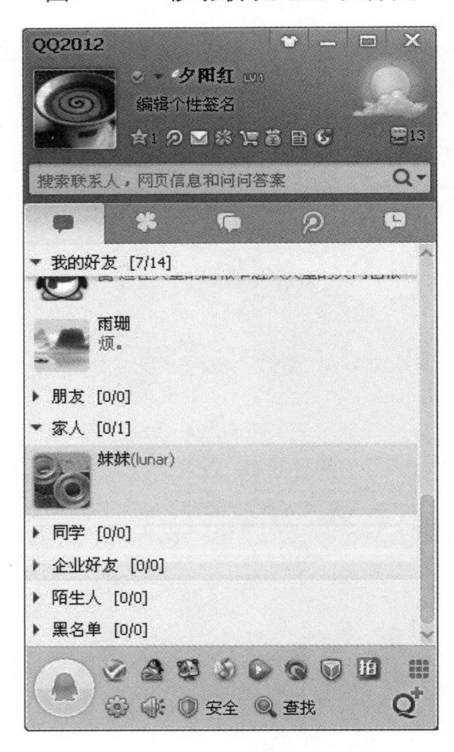

图8—33 QQ工作界面分组信息

(2) 新建分组

QQ允许用户新建分组，当“朋友”、“家人”、“同学”三个选项都不合适时，鼠标右键单击QQ界面中的任意分组，在弹出的快捷菜单中选择“添加分组”命令，可以新建分组。例如，鼠标右键单击“同学”分组（见图8—33），弹出快捷菜单，鼠标单击“添加分组”命令，在“我的好友”分组上方出现新建分组文本框，如图8—34所示。

光标闪动，允许用户输入分组名称，输入“同事”，按回车键，分组创建成功，如图8—35所示。

注意：在每个分组后会显示每个组中的人数以及当前在线的人数，例如我的好友[6/8]表示一共有8个好友，当前在线的好友为6人。其中头像为彩色图标，表示此联系人在线；头像为黑白图标，表示此联系人隐身或当前不在线。

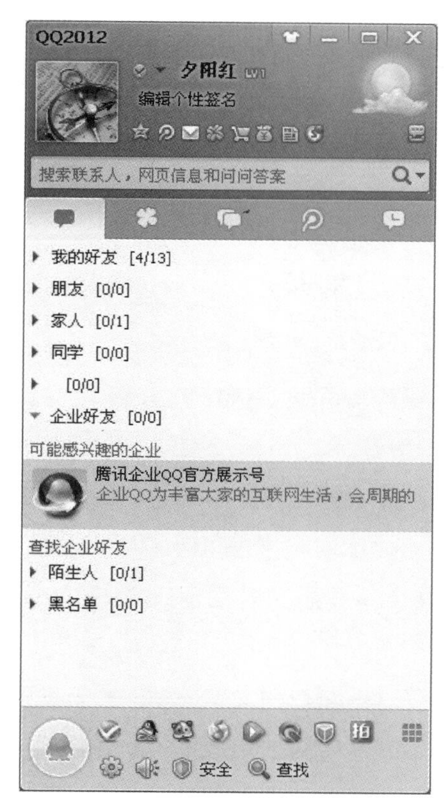

图8—34　“新建分组”文本框

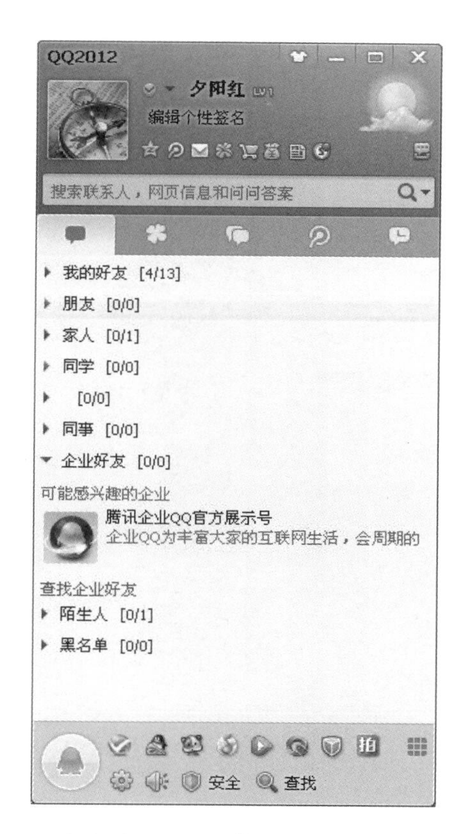

图8—35　QQ工作界面分组信息

5. 删除联系人

如果用户不再想与某个好友联系，可以选择删除该用户，但是该用户仍然可以向你发送消息。删除联系人的方法为：鼠标右键单击好友头像，在弹出的快捷菜单中选择“删除好友”，见图8—32。

6. 移至黑名单

如果把某个好友移至黑名单中，那么他永远无法看到你在线，他给你发送的消息也会被QQ后台的数据库拦截，不能发送成功。移至黑名单的方法为：鼠标右键单击好友头像，在弹出的快捷菜单中选择“移至黑名单”，见图8—32。

7. 修改备注姓名

备注姓名是用户在QQ界面中对好友的一个标示姓名，有助于用户清晰地区分好友。备注姓名在添加好友时可以设定，在QQ界面中也可以更改备注姓名。鼠标右键单击好友头像，弹出快捷菜单，选择“修改备注姓名”命令（见图8—32），弹出“修改备注姓名”对话框；鼠标单击文本框，输入备注姓名，单击“确定”按钮，备注姓名修改成功。

在查找好友时也可以查找群以及企业。QQ群是腾讯公司推出的多人聊天交流服务，用户可以查找并加入自己喜爱的群，和大家共同交流感兴趣的话题。例如，老年大学的同学可以创建一个群，每个人发送的消息大家都可以看到。腾讯还提供群空间服务，在群空间中，用户可以使用论坛、相册、共享文件等多种交流方式。企业QQ是专为企业用户量身定制的在线客服与营销平台，可以发送企业的营销消息。

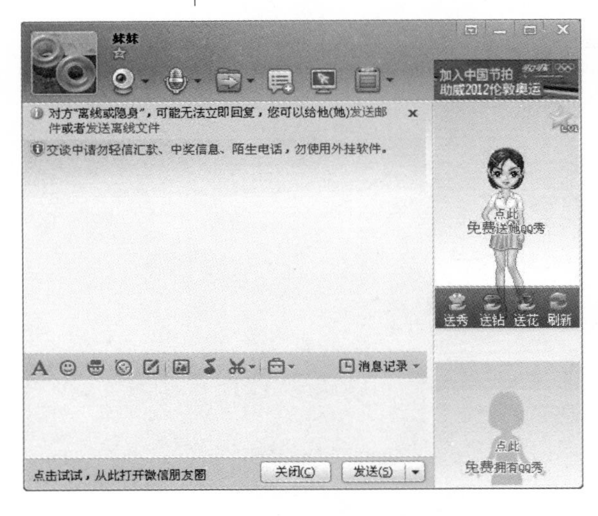

图8—36　“聊天”对话框

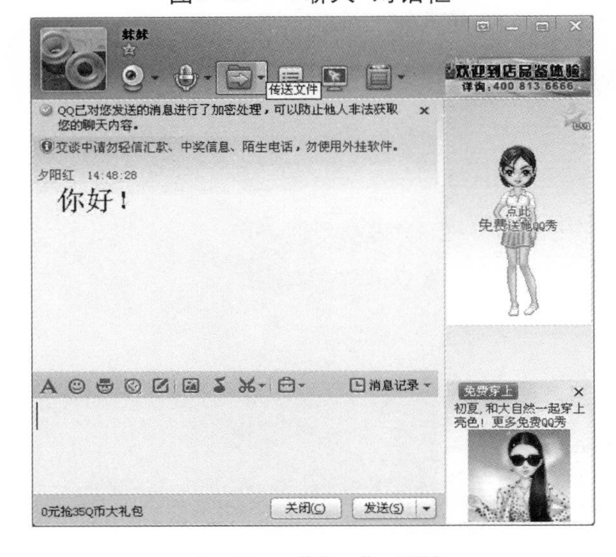

图8—37　“聊天”对话框

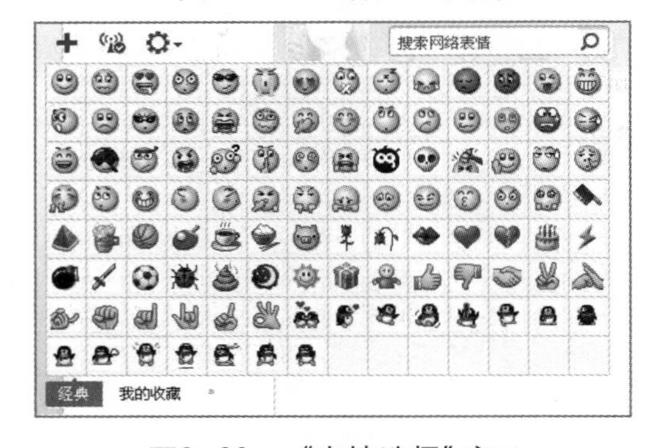

图8—38　“表情选择”窗口

8.3.2　发起聊天

1．文字聊天

鼠标双击联系人头像，打开聊天对话框，如图8—36所示。

光标自动定位在文本编辑区，提示用户输入信息。例如，输入“你好！”，单击“发送”按钮后，文字将显示在对话窗口，如图8—37所示。

显示在对话窗口的文字，意味着信息已经发送成功，等待对方回复即可。单击“字体选择工具栏”按钮 A，可以设置文字的字体、字号和颜色等选项，具体操作方法和Word中的操作相同。

对方发送消息后，通知区域闪动对方的头像，提示有消息需要接收，同时会有声音提示。鼠标单击闪动的头像，对话窗口中就会显示对方的留言。

2．添加表情

单击聊天窗口的添加表情图标 ☺，弹出表情选择窗口，如图8—38所示。

鼠标单击任意表情后，表情就添加到文本编辑区，可以向对方发送表情。在与网友聊天的过程当中，适时使用表情图片能够增加聊天的趣味性。用户不仅可以使用QQ软件自带的表情符号，还可以将网上或本地硬盘中的任意图片添加到“我的收藏”文件夹中，作为表情图标发送。

添加本地硬盘中的图片到“我的收藏”文件夹中，步骤如下：

① 单击“添加表情”按钮 （见图8–38），弹出“打开”对话框，如图8–39所示。

② 单击“查找范围”下拉菜单，找到要添加图片在本地磁盘中的位置，选中文件后单击“打开”按钮。

③ 单击“我的收藏”按钮（见图8–38），显示添加图片的缩略图。

注意：添加的图片是作为表情图标使用，要求文件大小不能超过300 K。

图8–39 “打开”对话框

3．发送窗口抖动

我们发消息给好友，迟迟没有响应，也许是对方没有关注到消息，“窗口抖动”功能可以解决这一问题。鼠标单击对话窗工具条上的抖动图标，届时你和你好友的对话窗口将一同轻轻抖动，同时伴随有抖动提示音。

4．发送图片

在聊天窗口可以向好友发送图片。鼠标单击发送图片图标，弹出“发送图片”对话框，可以通过“查找范围”对话框选择本地磁盘中存储的图片，选择图片单击“打开”按钮，可以向好友传送图片。

注意：发送的图片大小不能超过1 M，超过1 M的图片要使用传送文件命令来发送照片。

5．点歌

在聊天过程中可以为好友点播歌曲，单击点歌按钮，弹出“点歌”页面，如图8–40所示。

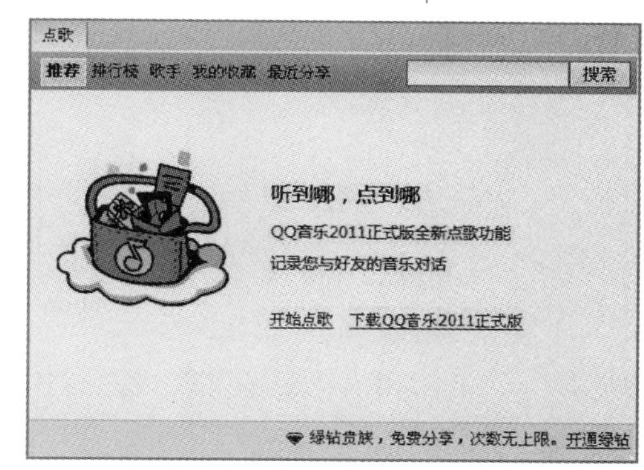

图8–40 “点歌”页面

单击“开始点歌”，“点歌”页面出现推荐的歌曲供用户选择，如图8–41所示。

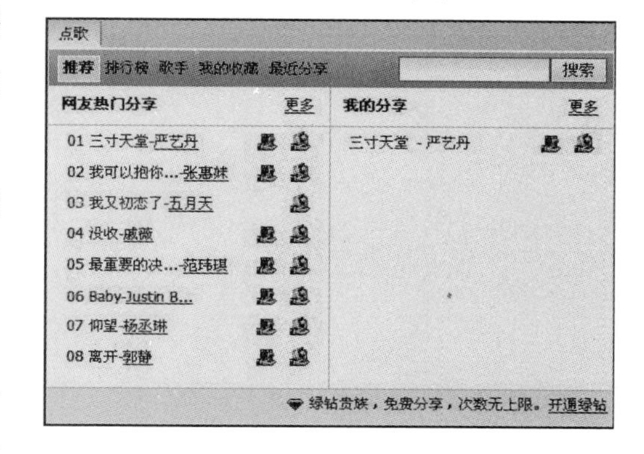

图8–41 “点歌”页面

用户可以试听系统推荐的歌曲，还可以试听排行榜中的歌曲，或是按歌手查找自己喜欢的音乐。单击歌曲后面的“点MV”按钮，可以将点播MV的消息发送给好友，好友可以单击提示信息中的“去看看”按钮，看到MV；单击歌曲后面的“点歌”按钮，好友可以单击提示信息中的“听听看”按钮，听到歌曲。

6．屏幕截图

用户在聊天的过程中，可以从电脑屏幕中截取部分区域发送给好友，或保存为图片文件。鼠标单击”屏幕截图“按钮✂，系统进入截图状态，单击左键后不松手，拖动鼠标出现矩形框，当矩形框包含要截图内容时松开左键，出现截图工具条，鼠标单击”完成截图“按钮，可将图片发送到聊天窗口；如果想要将此图片作为文件保存，单击”保存“按钮，设置存储路径；如果要取消本次截图，单击”取消“按钮即可。

7. 查看聊天记录

系统会自动记录用户与好友的聊天记录。当用户要查看与某个好友的聊天记录时，单击聊天窗口的“聊天记录”按钮，对话框右侧将显示用本台电脑聊天时的所有记录。例如，打开与“妹妹”的聊天记录窗口，如图8—42所示。

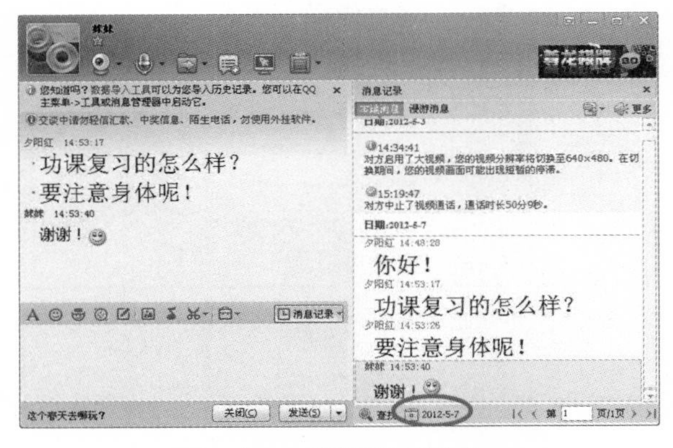

图8—42　“聊天记录”窗口

在聊天记录中，刚发生的聊天记录保存的位置比较靠后。当聊天记录很多时，要查找之前的聊天记录，可以按聊天时间进行查找，单击“日历”图标，即可设置查找时间。

在群中发言与两个人聊天的方式完全相同，只是每个人的发言可以被群中所有的用户看到。如果用户想和群中某个人私聊的话，单击群中该人头像，即可进行两个人的私聊。

8.3.3 QQ音频与视频

QQ聊天除了可以用文字聊天外，还支持语音与视频聊天，非常方便。

1. 语音聊天

单击聊天窗口上方的“开始语音会话”图标🎙，窗口右侧会出现语音面板，如图8—43所示。

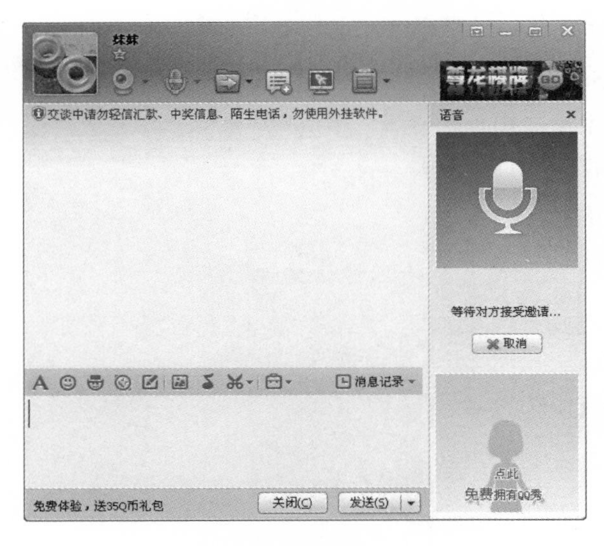

图8—43　语音面板

如果对方长时间没有响应请求，单击“取消”图标，可以取消本次语音聊天的请求；如果对方接受请求，语音面板变为通话状态，如图8—44所示。

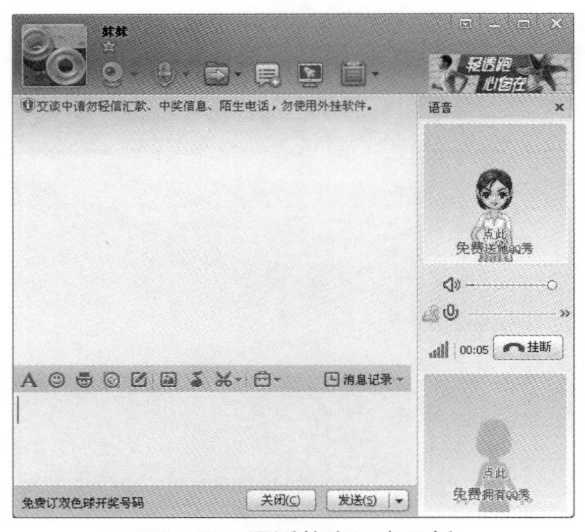

图8—44　通话状态语音面板

面板中显示当前聊天的时长，单击“挂断”按钮，取消语音聊天。可以通过“麦克风静音”按钮与“扬声器静音”按钮，设定扬声器与麦克风的状态。

“麦克风静音”按钮：单击“麦克风静音”按钮，可以听到对方的声音，但是对方听不到自己的声音。

“扬声器静音”按钮：单击“扬声器静音”按钮，自己听不到对方的声音，但对方能听到自己的声音。

2．视频聊天

单击聊天窗口上方的“开始视频会话”图标，窗口右侧会出现视频面板，等待对方接受邀请。对方接受邀请后，视频聊天窗口如图8-45所示。

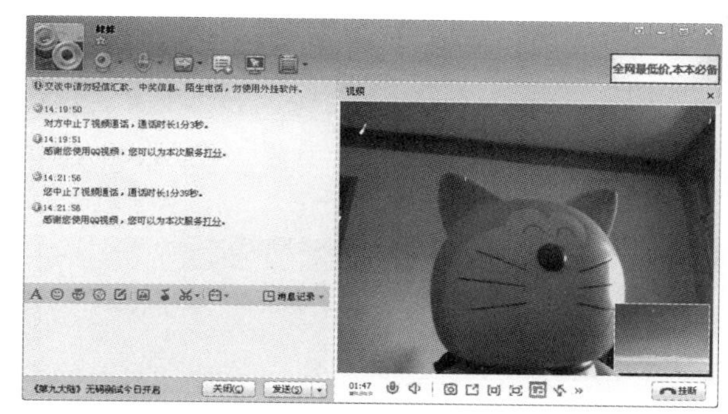

图8-45 “视频聊天”窗口

在视频聊天窗口中，可以看到对方当前的状态，同时可以听到声音。在视频窗口下方包含视频窗口的设置按钮，可以调整视频窗口的显示状态。

拍照图标：单击拍照图标，可以用摄像头拍下对方的画面，作为图片文件保存在本地磁盘中。

视频浮动窗口图标：单击视频浮动窗口图标，视频窗口与聊天窗口分开，作为独立的窗口存在，允许用户将窗口拖动到显示器的不同位置；同时，视频浮动窗口图标会变为“点击返回会话窗口”图标，单击“点击返回会话窗口”图标，窗口将返回会话状态。

大视频窗口图标：单击大视频窗口图标，进入大视频模式，在该模式下支持640×480高分辨率视频。

全屏显示图标：单击全屏显示图标，视频窗口全屏幕显示，按Esc建可以退出全屏幕状态。

隐藏小窗口图标：默认状态下，视频窗口的小窗口中显示用户自己的聊天画面。单击隐藏小窗口图标，可以隐藏小窗口视频。

切换自己与对方画面按钮图标：单击切换自己与对方画面按钮图标，可以将视频的大窗口和小窗口互换显示位置，再次单击图标，返回初始状态。

注意：语音聊天时，双方需要安装麦克风；视频聊天时，双方需要安装摄像头。

8.4 传输文件

QQ软件支持传输文件功能。例如，在聊天过程中想要发给对方一张照片，单击聊天窗口的发送文件图标，单击图标的下拉菜单，显示共有四种传送文件的方式，分别为发送文件、发送文件夹、发送离线文件、传文件设置四个命令。

8.4.1 发送在线文件

1. 发送文件

单击“发送文件”命令，弹出“打开”对话框，如图8—46所示。

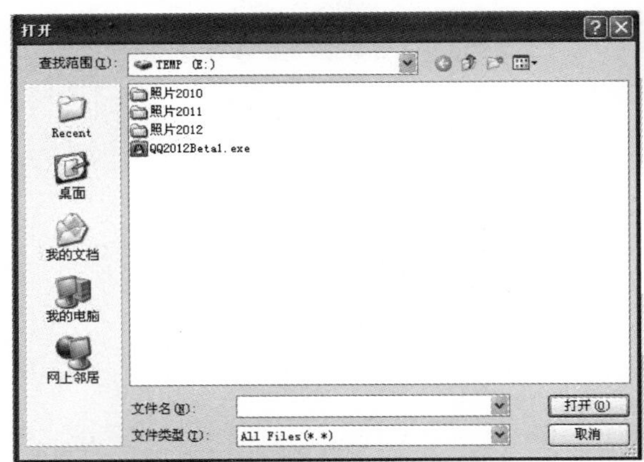

图8—46 “打开”对话框

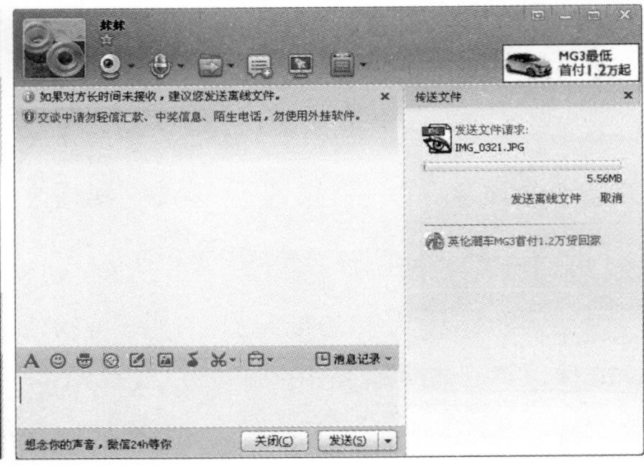

图8—47 “传送文件”对话框

图8—48 “系统提示”对话框

在“查找范围”对话框中选择本地文件所在位置，单击“打开”按钮，弹出“传送文件”对话框，如图8—47所示。

如果对方在线，会收到传送文件的提示，“系统提示”对话框如图8—48所示。

对方单击接收命令，文件会存放在对方电脑的默认文件夹中；单击“另存为”命令，会弹出“另存为”对话框，允许用户选择其他的存放位置。

2. 发送文件夹

单击“发送文件夹”命令，弹出“浏览文件夹”对话框，如图8—49所示。

发送文件夹时，需要对方同意接受文件。如果对方没有接收文件，窗口处于等待状态，如图8—50所示。

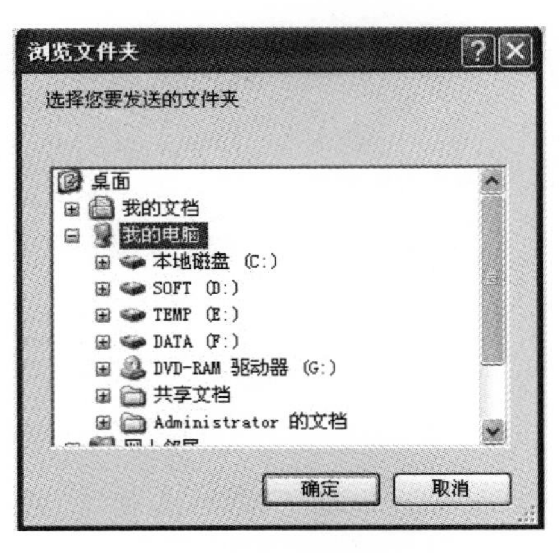

图8—49 “浏览文件夹”对话框

如果对方不在线或长时间没有接收文件夹，单击“取消”按钮，结束发送文件夹的操作。

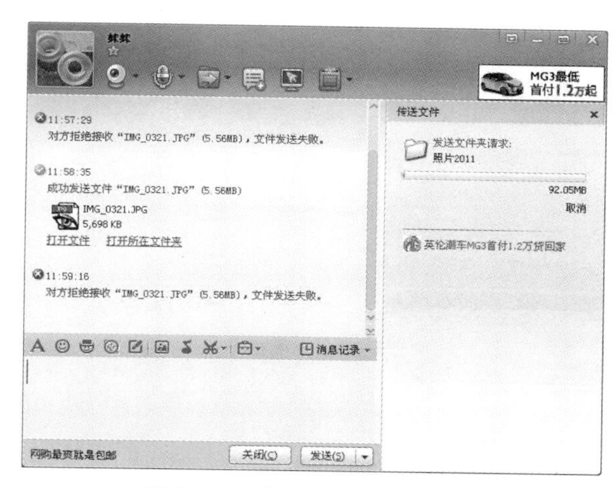

图8—50 “发送文件夹”窗口

8.4.2 发送离线文件

1. 发送离线文件

发送离线文件与发送文件的方法相同，只是发送离线文件无需对方立即接收文件，文件自动上传到服务器，并弹出提示信息：“已成功上传至服务器，我们将为你的好友保存7天。”在7天内，对方随时可以接收文件，接收成功后，系统也会给出提示信息，提示对方接收是否成功。

2. 传文件设置

单击“传文件设置”命令，弹出“文件传输”对话框，如图8—51所示。

单击“更改目录”按钮，弹出“浏览文件夹”对话框，如图8—52所示。

图中的“FileRecv”文件夹是接收文件默认的保存位置，鼠标拖动垂直滚动条，能够看到本地磁盘的其他盘符，可以选择新的文件保存位置。

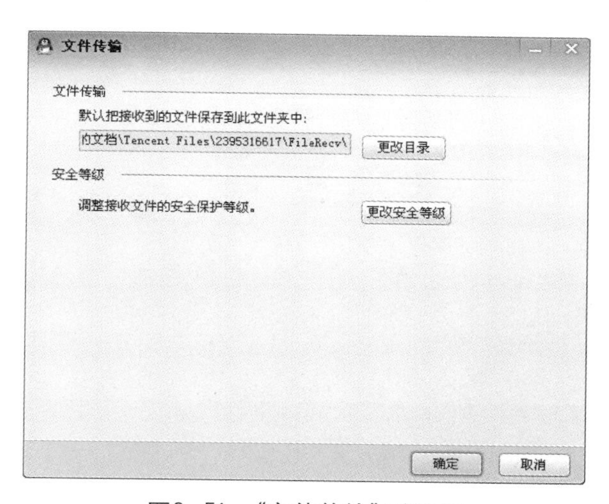

图8—51 “文件传输”对话框

图8—52 “浏览文件夹”对话框

8.5 QQ空间

QQ空间是一个专属于用户自己的个性空间，是一种全新的网络生活方式。空间中可以书写网络日志、建立相册、添加音乐，并可以根据自己的意愿更改空间装饰风格。

8.5.1 QQ空间的开通

在申请QQ账号时，如果选择了“同时开通空间”复选框，用户可以直接使用QQ空间的各项功能；如果在申请QQ账号时没有选择“同时开通空间”复选

图8—53　快捷菜单

框，则需要再次申请开通QQ空间。具体申请方法如下：

① 成功登录QQ后，在“我的好友”组中位于第一位的是用户自己的头像，右键单击自己的头像，弹出快捷菜单，如图8—53所示。

② 在快捷菜单中选择“QQ空间”选项，进入“个人中心”页面，如图8—54所示。

③ 单击页面右上角的“立即开通QQ空间”选项，进入“新用户注册”页面，如图8—55所示。

图8—54　“个人中心”页面

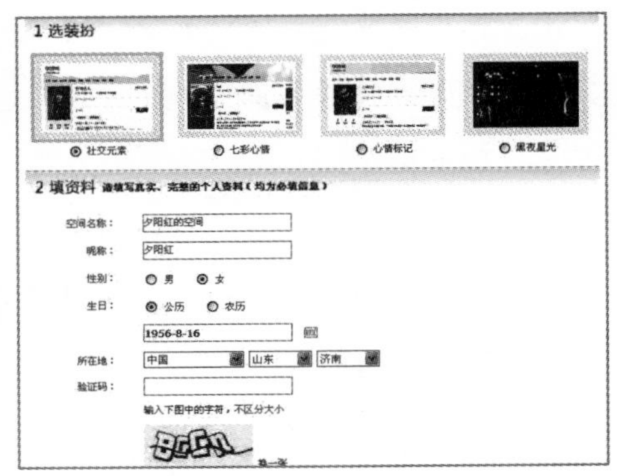

图8—55　“新用户注册”页面

④ 选装扮：空间开通需要选择装扮，也就是空间的模板。系统提供了四种默认的空间模板，用户单击模板下方的单选按钮后，系统会选择相应的模板作为用户空间的装扮。

⑤ 填资料：在这一项中，系统会将QQ中的信息自动导入进来。如果用户认为无需改动资料，在“验证码”文本框中输入系统提示的验证码。例如，本例中提示的验证码为“BGGN”。

注意：验证码输入不区分大小写。

输入验证码后，鼠标向下拖动页面右侧的垂直滚动条，勾选“已经阅读协议并同意《QQ空间服务条款》”复选框，并选择“开通并进入我的QQ空间”按钮，系统显示提示信息“注册成功，即将进入您的空间”，表示空间开通成功。

系统会自动跳转到“夕阳红的空间”页面，如图8—56所示。

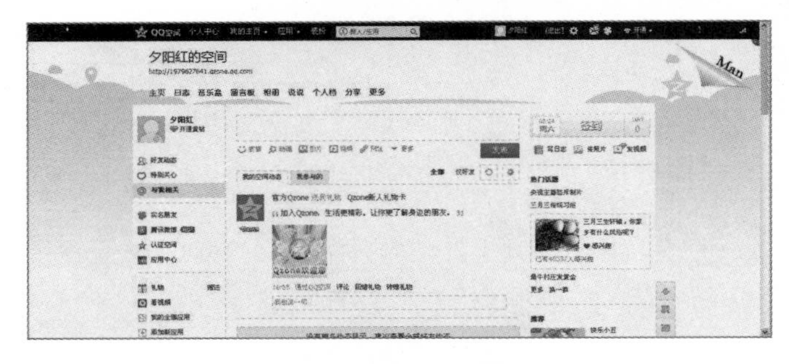

图8—56　“夕阳红的空间”页面

成功开通QQ空间后，单击QQ工作界面（见图8—19）的“QQ空间信息中心按钮” ，可以直接进入空间。

8.5.2　QQ空间的使用

不同的用户选择的QQ空间模板可能各不相同，但是模板包含的功能选项是相同的。在空间的功能选项中，主要包括主页、日志、音乐盒、留言板、相册、说说、个人档、分享等功能。下面我们详细介绍空间中比较常用的日志、说说、相册和音乐盒等功能。

1. 书写日志

单击QQ空间个人主页里的"日志"选项，进入日志页面，如图8—57所示。

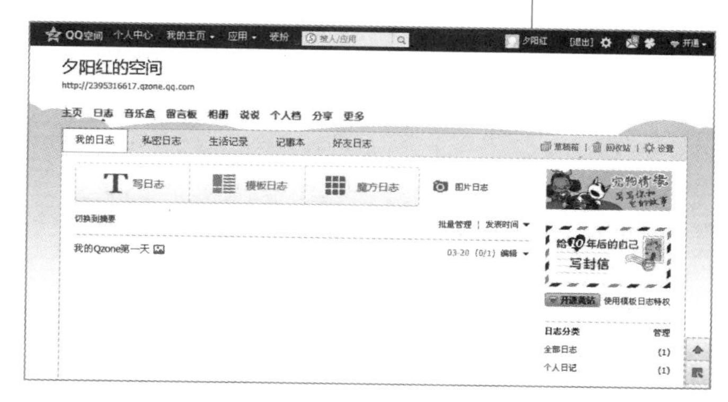

图8—57 "我的日志"页面

在"我的日志"选项卡下提供了三种书写日志的方式，分别为"写日志"、"模板日志"和"魔方日志"。我们以"写日志"为例，介绍书写并发表日志的方法。

① 单击写日志图标 T写日志，进入"写日志"页面，如图8—58所示。

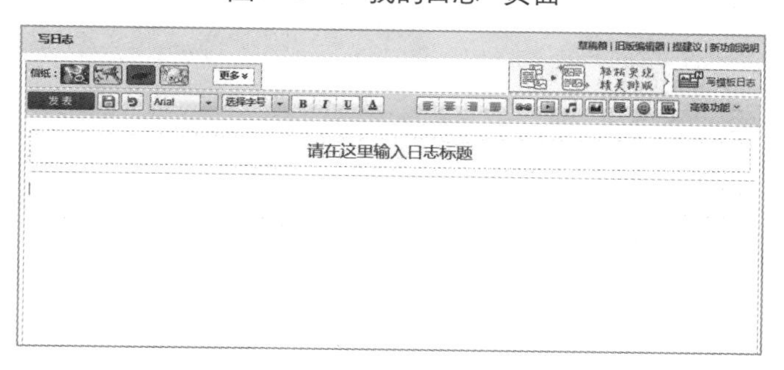

图8—58 "写日志"页面

② 设置日志标题：鼠标单击"请在这里输入日志标题"文本框，光标会定位在文本框中，允许用户输入日志标题，如输入标题为"制作美味蛋糕"。

③ 鼠标单击内容文本框，可以输入日志的具体内容，如输入制作蛋糕的详细步骤与注意事项。

④ 添加背景：单击"信纸"后的缩略图，见图8—58，可以预览并添加相应的背景。本例单击缩略图的第一项"烟火"，效果如图8—59所示。

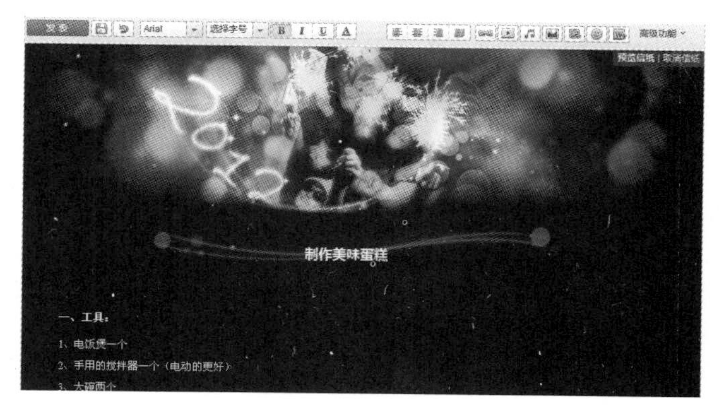

图8—59 "背景预览"页面

⑤ 设置字体格式：工具条中设置字体的图标与Word中相应的图标含义相同，可以设置字体的大小、颜色等。

⑥ 单击窗口右上角的"预览信纸"图标，可以预览日志的效果。

⑦ 日记书写结束后，单击窗口左上方的"发表"按钮，日志发表成功，弹出"发表成功"的提示信息，如图8—60所示。

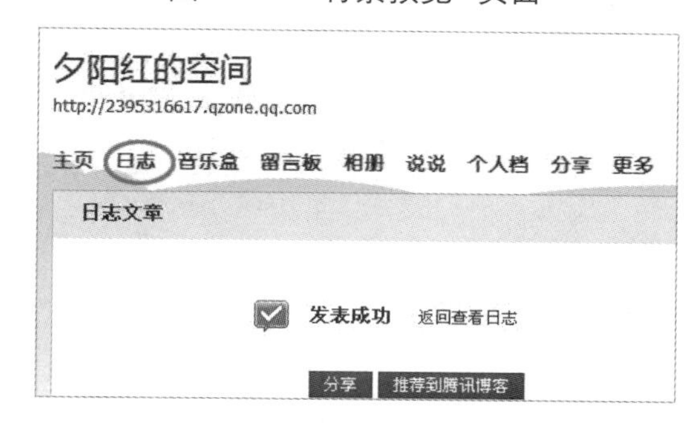

图8—60 "发表成功"的提示信息

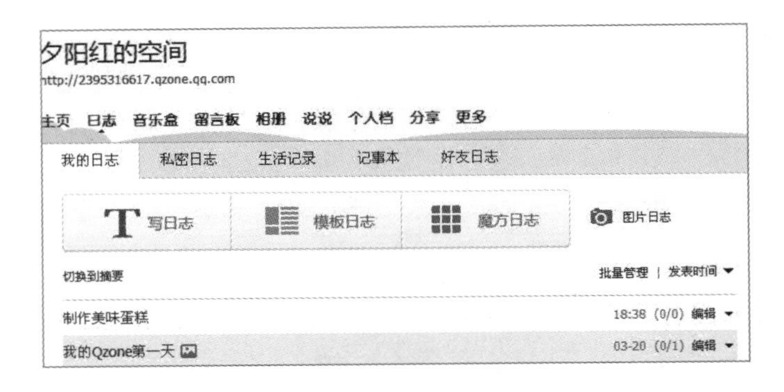

图8—61 “我的日志”页面

单击“日志”按钮，返回到“我的日志”页面，如图8—61所示。

从图中可以看到刚刚发表日志的标题“制作美味蛋糕”，单击标题即可进入日志页面。如果想更改日志的内容，单击“编辑”按钮，即可进入日志编辑状态，允许用户更改日志内容。

日志发表后，QQ好友可以浏览日志，并可能给主人留言。例如，单击日志标题进入日志后，看到“评论”选项后面有数字显示，如图8—62所示。

图8—62 “日志”页面

这表示有人在看过日志后书写了评论，单击“评论”按钮，可以看到好友对于该篇日志的评论内容，主人可以回复好友的评论。

2．写说说

“说说”是比日志篇幅更小、更随意的一种表达方式，可以理解为用户当前的心情、感想，通常是比较简单的一句话。

单击空间主页的“说说”按钮，见图8—60，进入“说说”页面，如图8—63所示。

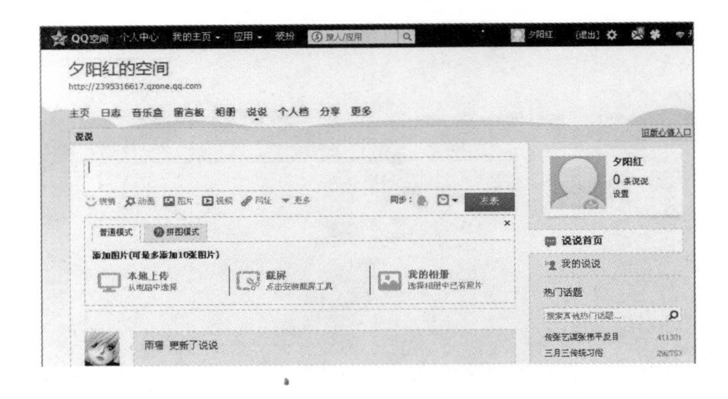

图8—63 “说说”页面

在说说文本框中可以输入文字，也可以添加表情、图片等多媒体信息。例如，在说说文本框中输入“祝妈妈生日快乐！”，单击“表情”按钮，选择笑脸图标😊后，单击“发表”按钮，在“说说”页面可以看到刚刚的“说说”消息，如图8—64所示。

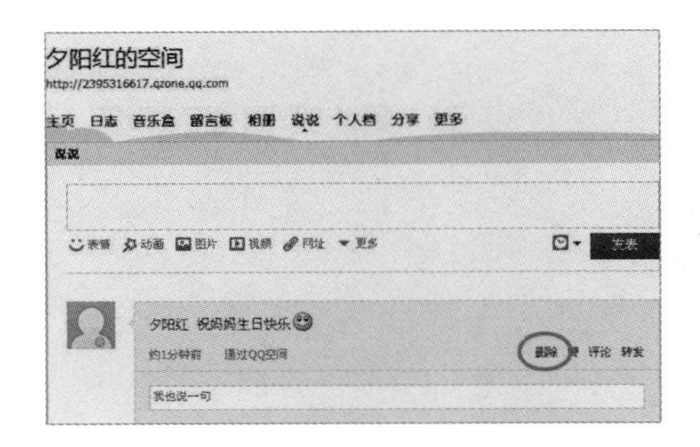

图8—64 “说说”页面

用户可以取消发表的说说内容，单击图中的“删除”按钮，可以删除说说内容。

3. 建立相册

用户可以在空间中上传照片，QQ相册是QQ用户的个人相片展示、存放的平台，所有QQ用户免费享用1 G容量的相册空间。用户可以设置相册为公开、提问回答、好友可见、仅主人可见四种状态，可以随时管理相册，包括增加、删除、转移等操作。建立相册的具体步骤如下：

① 单击空间主页的"相册"图标（见图8−60），进入"相册"页面，如图8−65所示。

图8−65 "相册"页面

② 单击"上传照片"按钮，弹出"创建相册"窗口，如图8−66所示。

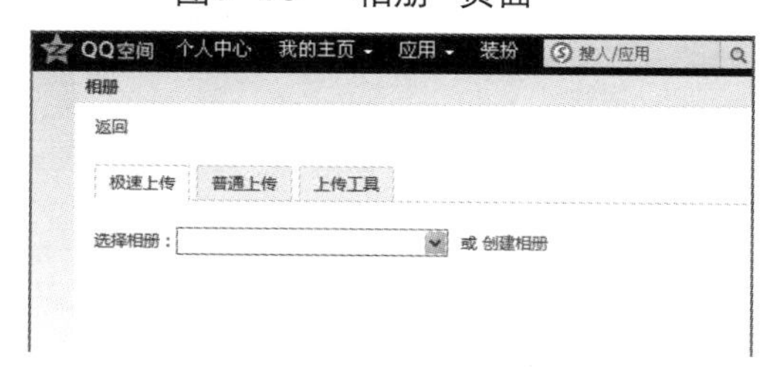

图8−66 "创建相册"窗口

③ 第一次上传照片时要创建一个相册文件夹，单击"创建相册"按钮，弹出"创建相册"对话框，如图8−67所示。

● "相册名称"文本框：单击"相册名称"文本框，输入相册标题。例如，输入"精美图片欣赏"。

● "相册描述"文本框：鼠标单击"相册描述"文本框，输入对这个相册的描述信息。也可以跳过这个选项，不填写任何内容。

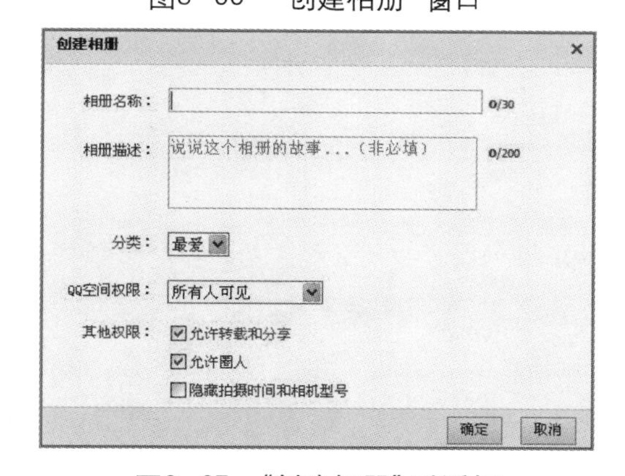

图8−67 "创建相册"对话框

分类下拉菜单：分类下拉菜单中包括"最爱"、"人物"、"风景"等分类目标，鼠标单击下拉菜单，根据相册内容，选择一个合适的分类即可。

● "QQ空间权限"："QQ空间权限"选项可以设定查看空间的用户权限，分为"仅主人可见"、"所有人可见"、"全部QQ好友可见"、"回答问题的人可见"等四种权限。

④ 相册信息设定结束后，单击"确定"按钮，弹出"添加照片"页面，如图8−68所示。

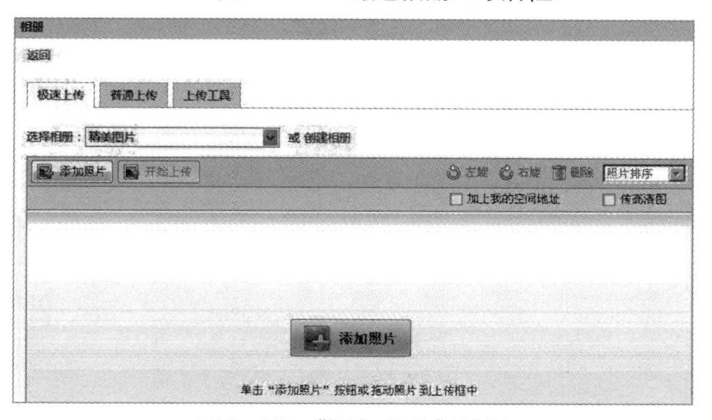

图8−68 "添加照片"页面

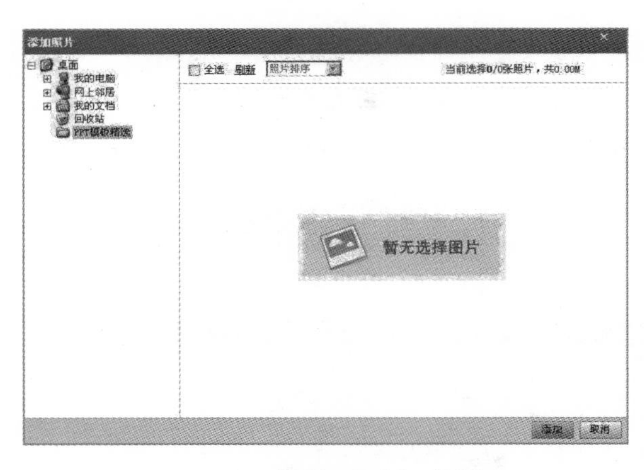

图8—69 “添加照片”对话框

⑤ 单击“添加照片”按钮，弹出“添加照片”对话框，如图8—69所示。

⑥ 在对话框左侧，以“资源管理器”的方式显示本地磁盘的文件。例如，要添加E盘中“照片2011”文件夹中的照片，单击“我的电脑”前的加号图标，选择E盘，选择“照片2011”文件夹，“添加照片”对话框中会显示文件夹中的所有图片，如图8—70所示。

图8—70 “添加照片”对话框

单击照片缩略图，可以选中照片。如果文件夹中的图片全部要上传到空间中，则单击“全选”复选框，可以选择全部图片。

⑦ 单击“添加”按钮，弹出“急速上传”页面，如图8—71所示。

要上传的照片中有横版和竖版两种形式，为了方便浏览，用户应该把照片旋转为最佳的浏览方式。例如，选中图片“IMG_0321”，鼠标单击窗口右上角的“左旋”按钮，可以旋转照片的角度。

图8—71 “急速上传”页面

⑧ 对所有照片设置结束后，单击“开始上传”按钮，图片开始上传。照片上传结束后，弹出“上传成功”对话框，如图8—72所示。

⑨ 如果还有其他照片要上传到空间，单击“继续”按钮；否则，单击“完成”按

图8—72 “上传成功”对话框

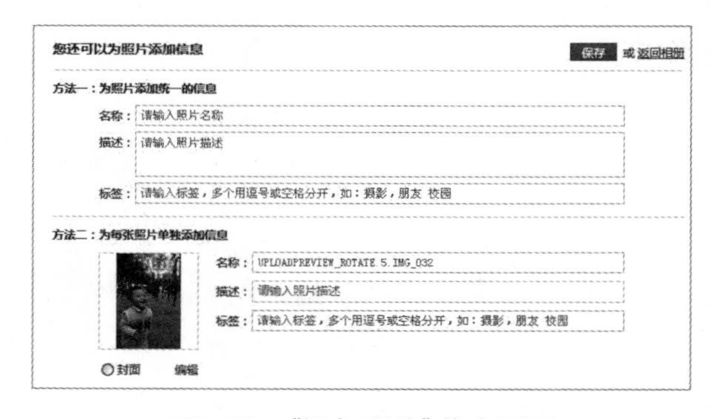

图8—73 “添加照片”信息页面

钮，结束图片上传。弹出"添加照片"信息页面，如图8—73所示。

● "名称"文本框：可以为照片添加统一的标题，例如，在选项"方法一"的"名称"文本框中输入"两岁照片"。

● "描述"文本框：在"描述"文本框中为照片添加"阳光小伙子"的描述信息。在方法二中，可以为每张照片添加描述信息。单击图片后的"封面"单选按钮，可以将该图片设为文件夹的封面。

⑩ 所有的信息添加结束后，单击"保存"按钮，弹出"添加照片信息完成！"提示窗口，如图8—74所示。

单击"返回相册"按钮，返回到"我的相册"页面，添加的相册文件夹显示在页面中，如图8—75所示。

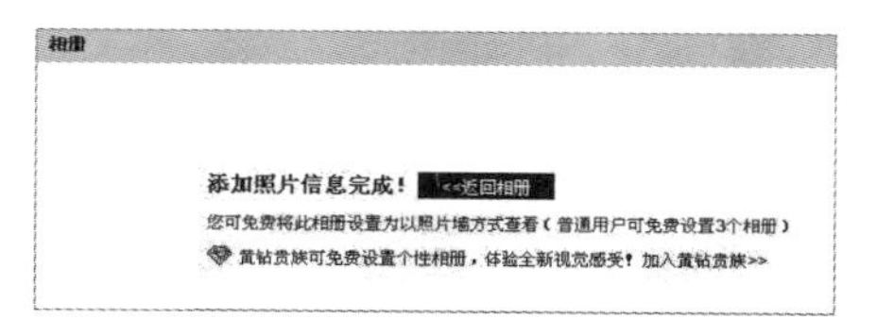

图8—74　"相册"提示窗口

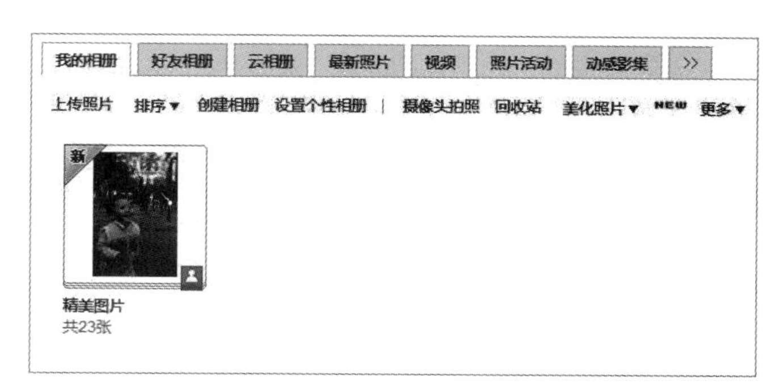

图8—75　"我的相册"页面

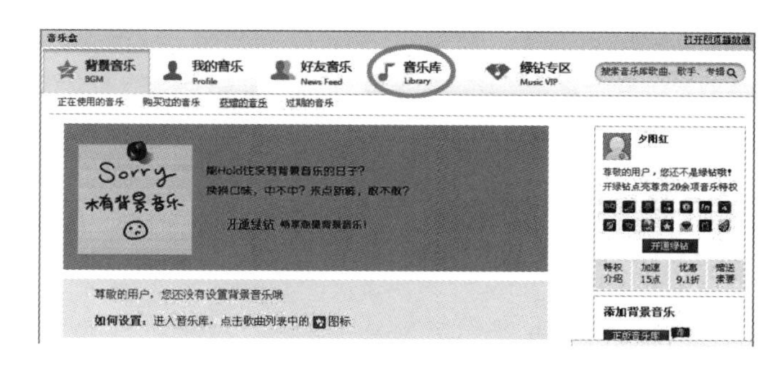

图8—76　"音乐盒"页面

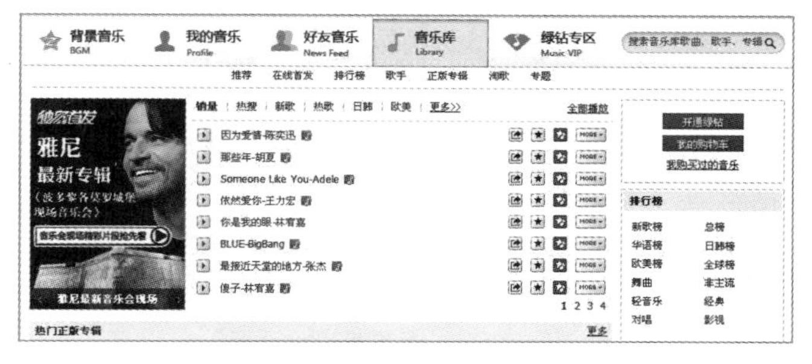

图8—77　"音乐库"页面

4. 添加音乐

用户可以添加网络音乐到"我的音乐"页面，在自己的空间收听喜欢的音乐，还可以为空间设置背景音乐，进入空间自动播放背景音乐。下面介绍在空间中添加网络音乐的具体步骤：

① 单击空间主页的"音乐盒"图标（见图8—60），进入"音乐盒"页面，如图8—76所示。

② 单击"音乐库"按钮，进入"音乐库"页面，如图8—77所示。

③ 在音乐库页面，向下拖动垂直滚动条，找到"添加网络音乐"选项，如图8—78所示。

④ 单击"添加网络音乐"，弹出"添加网络音乐"对话框，如图8—79所示。

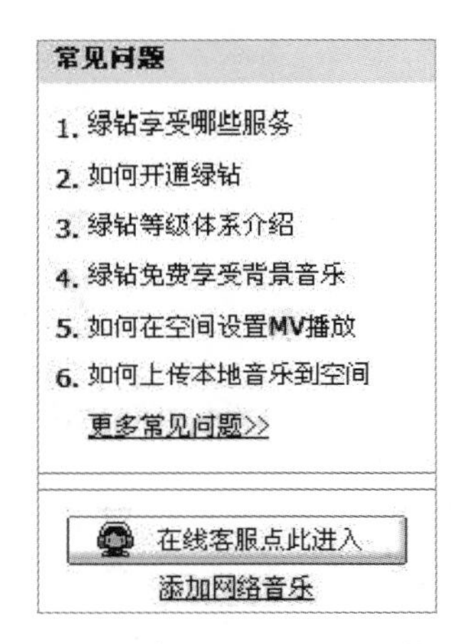

图8—78 “音乐库”页面截图

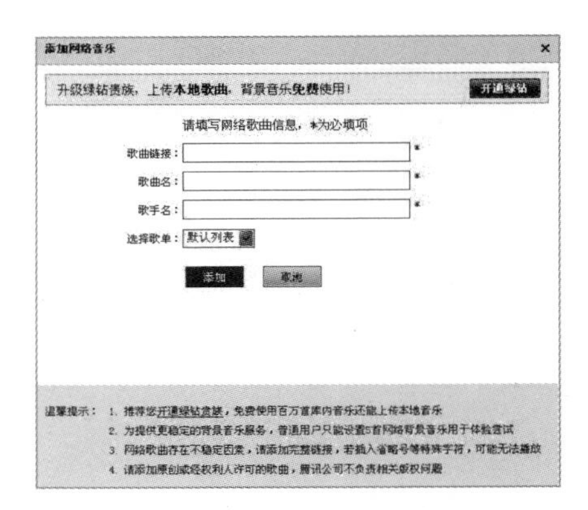

图8—79 “添加网络音乐”对话框

⑤ 填写网络歌曲的具体信息，包括歌曲链接地址、歌曲名、歌手名等信息。

歌曲链接地址可以在“搜狗音乐”或其他网站中获取，例如，在“搜狗音乐”中查找歌曲“青藏高原”的歌曲链接，具体方法如下：

● 打开IE浏览器，鼠标单击文本框，输入“搜狗音乐”的网址“mp3.sogou.com”，进入“搜狗音乐”页面，如图8—80所示。

图8—80 “搜狗音乐”页面

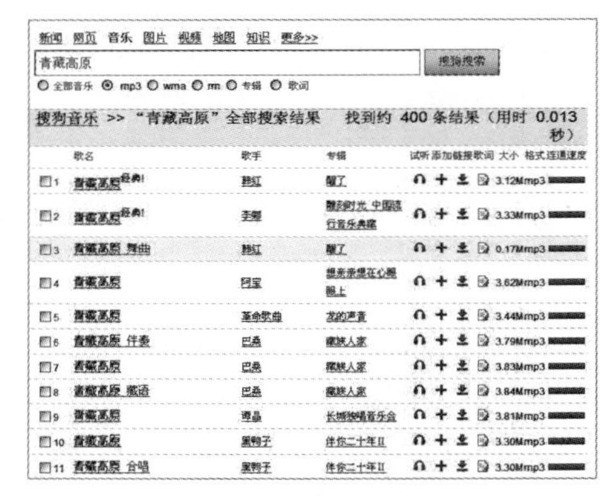

图8—81 “查找结果”页面

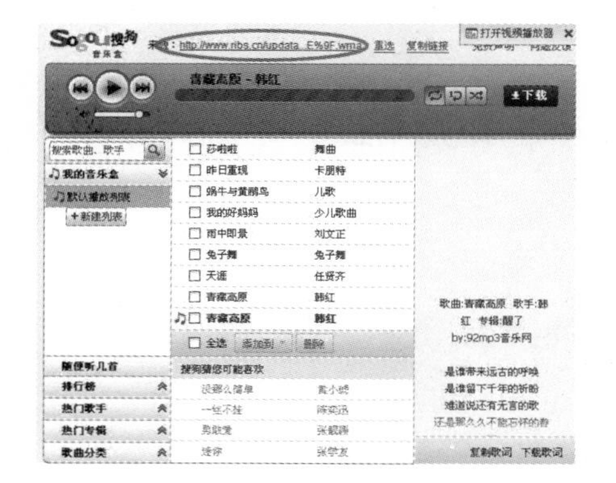

图8—82 “搜狗音乐盒”

● 在搜索框内输入歌曲名称“青藏高原”，选择音乐格式为“.mp3”格式，单击“搜狗搜索”按钮，返回查找结果页面，如图8—81所示。

● 单击最上方歌曲的“试听”按钮 ，弹出“搜狗音乐盒”，如图8—82所示。

● 单击“复制链接”按钮。

● 返回“添加网络音乐”对话框，见图8—79，单击“歌曲链接”对话框，按“CTRL+V”组合键复制歌曲链接。在歌曲名文本框中输入“青藏高原”，在歌手名文本框中输入“韩红”。

⑥ 单击“添加”按钮，弹出的“添加网络音乐”对话框中提示添加音乐成功，如图8-83所示。

⑦ 单击“返回我的音乐”按钮，进入“我的音乐”页面，如图8-84所示。

⑧ 鼠标单击“默认列表”，进入“默认列表”文件夹，如图8-85所示。

添加的网络音乐都存放在“默认列表”文件夹中，单击“播放”按钮▶，可以播放添加的音乐。

单击歌曲后面的“设为Qzone背景音乐”图标，可以将歌曲设为背景音乐，普通用户最多只能添加5首网络音乐作为背景音乐。添加背景音乐后，用户登录空间，系统自动播放背景音乐。如果想让背景音乐为静音，单击键盘的“Esc”键即可，再次单击可以取消静音设置。

5. 发表日志

① 单击QQ空间个人主页里的“日志”选项，进入日志页面，见图8-60。

② 单击写日志图标T写日志，进入“写日志”页面，如图8-86所示。

③ 书写日志标题：在“请在这里输入日志标题”文本框中单击鼠标，输入日志标题为“硕硕的第一堂早教课”，如图8-87所示。

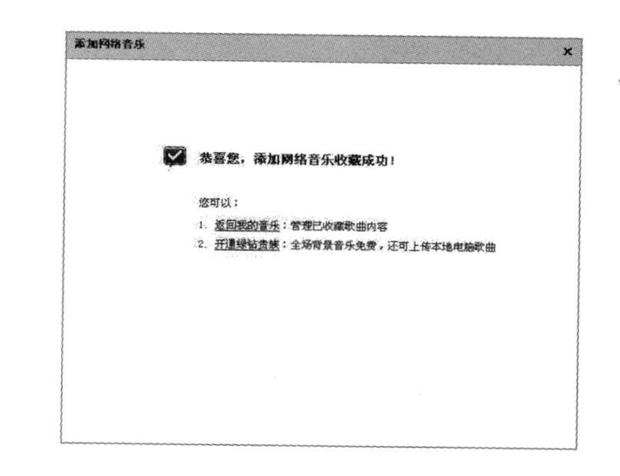

图8-83 “添加网络音乐”对话框

图8-84 “我的音乐”页面

图8-85 “默认列表”文件夹

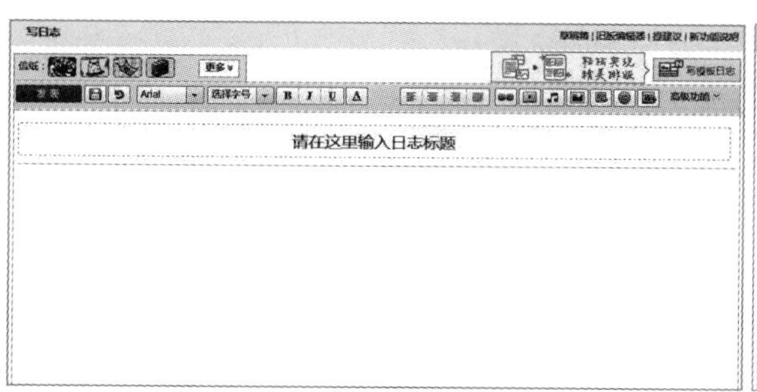

图8-86 “写日志”页面

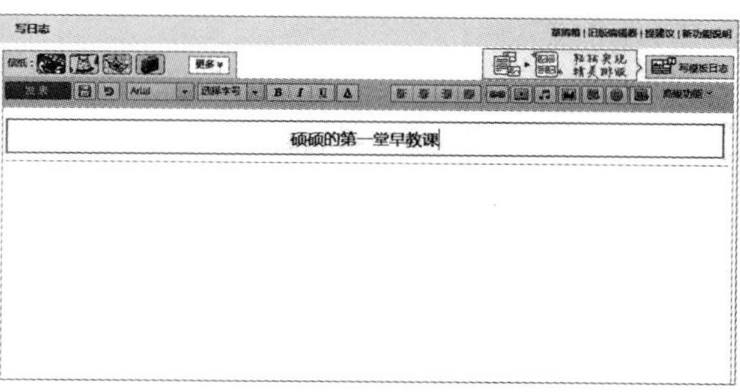

图8-87 “写日志”页面

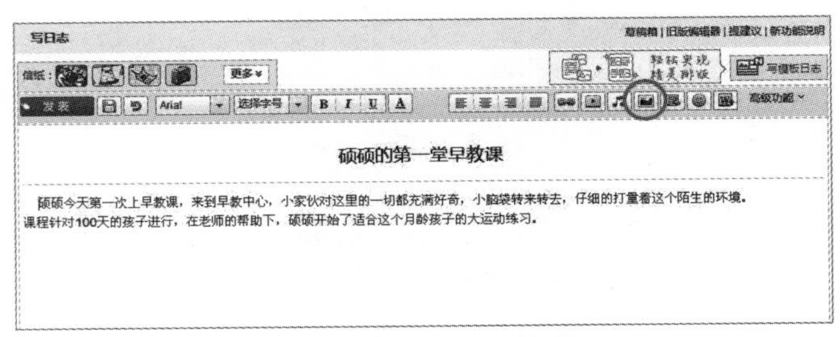

图8－88 “写日志”页面

④ 书写日志正文：鼠标单击正文文本框，输入日志正文，如图8－88所示。

⑤ 添加图片：单击工具栏中的插入图片图标，弹出“插入图片”对话框，如图8－89所示。

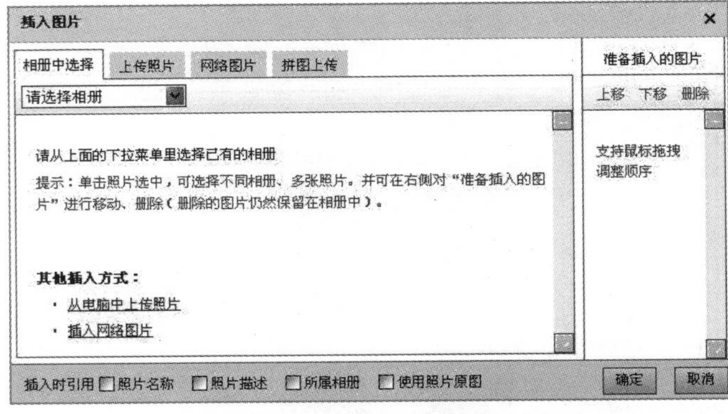

图8－89 “插入图片”对话框

插入在日志中的图片可以是相册中的图片，也可以是本地磁盘中的文件，本例插入的是本地磁盘中的文件。单击“上传照片”选项卡，在选项卡中单击“选择照片”按钮，弹出“选择要上传的文件”对话框，如图8－90所示。

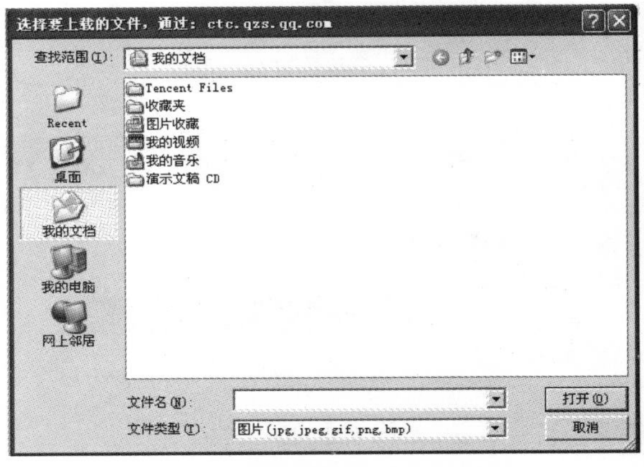

图8－90 “选择要上传的文件”对话框

图8－91 “插入图片”对话框

单击“查找范围”对话框，可以选择本地图片的存放位置。例如，本例图片存放的位置为“E:\照片2010\早教1.jpg”，选中图片后单击“打开”按钮，图片缩略图出现在上传区域，如图8－91所示。

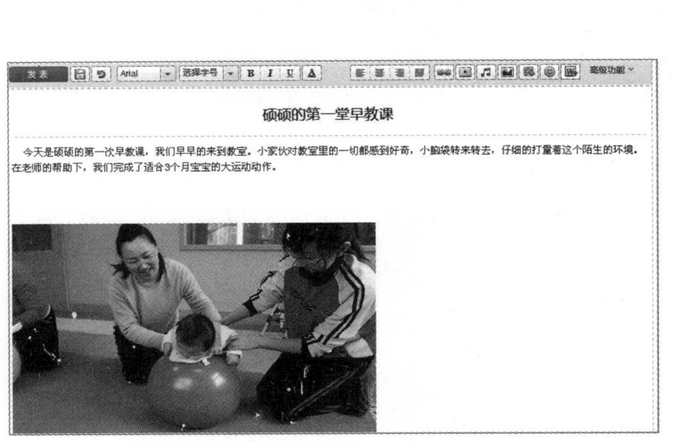

图8－92 日志页面

鼠标单击“上传照片”按钮，图片上传至“准备插入的图片”文件夹，单击“确定”按钮，照片添加到日志文件中，如图8—92所示。

⑥　添加音乐：鼠标单击正文文本框，单击插入音乐按钮 ，弹出“插入音乐”对话框，如图8—93所示。

日志中插入的音乐可以从音乐收藏中选择，也可以使用网络链接或搜索音乐库来添加音乐，本例选择“搜索音乐库”的方式添加音乐。鼠标单击“搜索音乐库”选项卡，弹出“插入音乐”对话框，如图8—94所示。

本例中要插入莫扎特的小夜曲，鼠标单击“搜索”文本框，输入“莫扎特小夜曲”，单击“确定”按钮，返回搜索结果，如图8—95所示。

鼠标单击第二项歌手为“纯音乐”的“选择”按钮，歌曲出现在“已选择歌曲”列表中，如图8—96所示。

单击“确定”按钮，音乐添加到日志页面，如图8—97所示。

⑦　插入视频：单击插入视频按钮 ，弹出“插入视频”对话框，如图8—98所示。

本例日志中要插入一段关于早教作用的视频，单击“使用网络链接”选项卡，在视频地址对话框中输入视频的地址 http://v.youku.com/v_show/id_XMTMyNDQ2Njc2.html，单击“确定”按钮，视频资料插入到日志中，如图8—99所示。

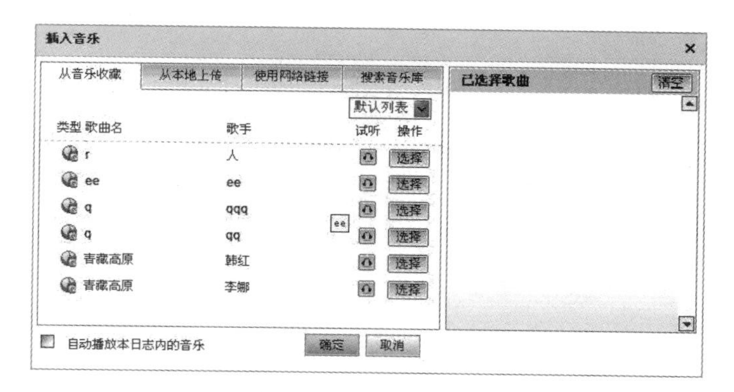

图8—93　“插入音乐”对话框

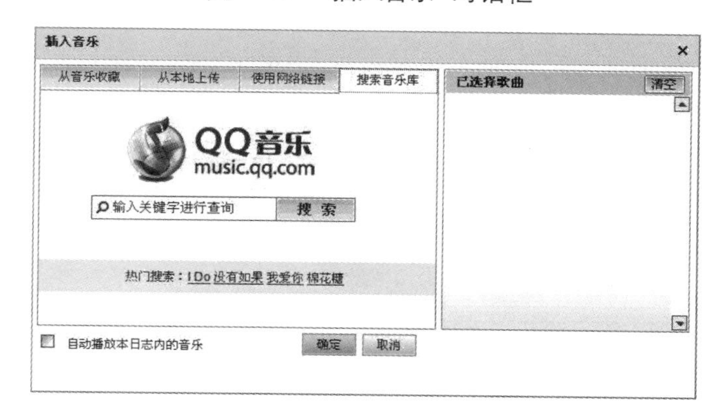

图8—94　“插入音乐”对话框

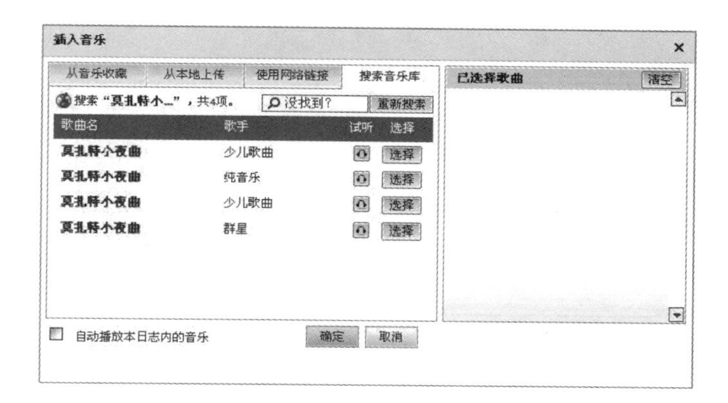

图8—95　“插入音乐”对话框

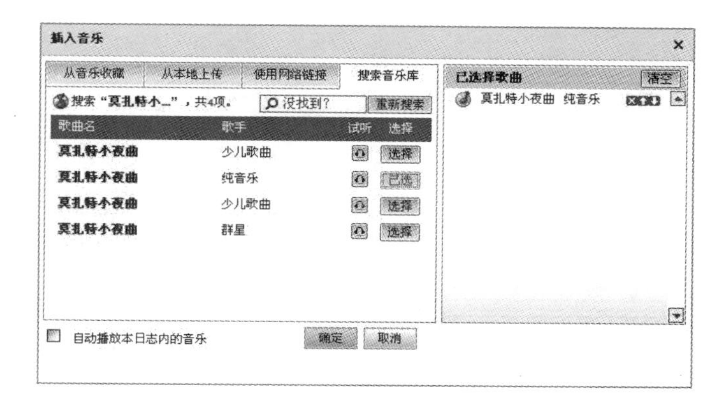

图8—96　“插入音乐”对话框

图8—97　日志页面

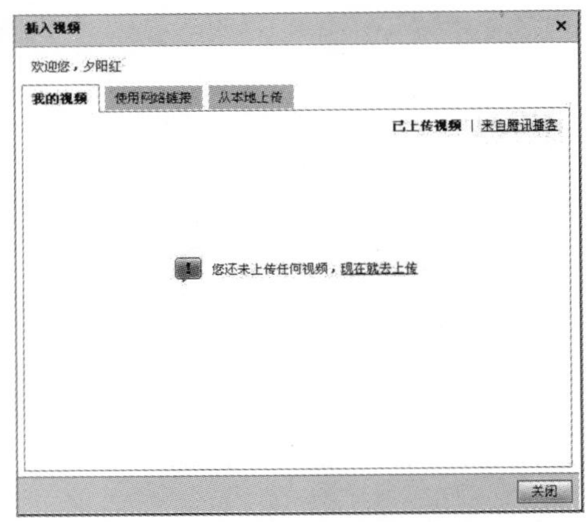

图8—98　“插入视频”对话框

图8—99　日志页面

图8—100　日志主页面

图8—101　“个人档”页面

日志书写结束后，单击窗口左上方的“发表”按钮（见图8—86），日志发表成功，弹出“发表成功”的提示信息。单击“日志”按钮，进入日志主页面，如图8—100所示。

在日志主页面中可以看到刚刚发表的日志标题，单击标题右侧的编辑按钮，可以编辑日志的内容。

在书写日志的过程中，可以插入多种媒体形式，使日志的内容丰富多彩。如在本例中，使用了文本、图片、音乐、视频等媒体形式，更全面地记录日志内容。

8.5.3　QQ空间设置

1. 个人资料设置

“个人档”中的信息是用户开通空间时输入的，个人信息允许更改，单击“个人档”按钮，进入“个人档”页面，如图8—101所示。

(1) 修改个人头像

单击“修改头像”按钮，弹出“修改头像照片”对话框，如图8—102所示。

作为头像的图片可以是本地磁盘中的图像文件，也可以是空间相册文件夹中的图片，具体的操作方法与QQ头像的设置方法基本相同，可参照8.2.5的内容进行头像设置操作。

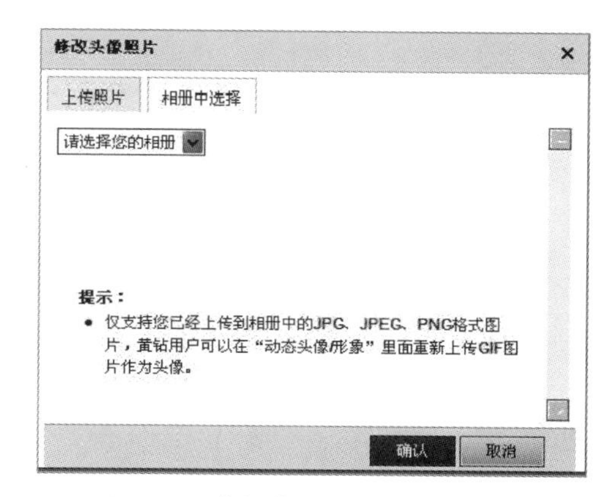

图8—102 “修改头像照片”对话框

(2) 修改个人信息

单击图中“修改”按钮，弹出“空间设置”页面，如图8—103所示。

在空间设置页面提供了“权限设置”、“空间设置”以及“个人资料”三方面内容，默认的当前页面是“个人资料”中的“基本资料”选项。可以更改基本信息，更改结束后，鼠标向下拖动垂直滚动条，可以看到“保存”按钮，单击“保存”按钮，更改信息成功。

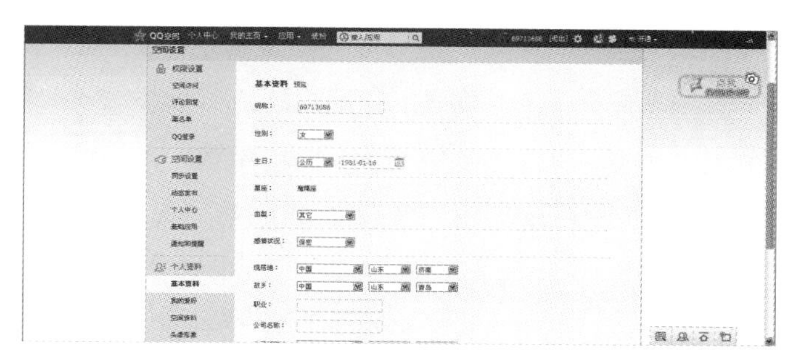

图8—103 “空间设置”页面

2．QQ空间装修

(1) 换模板

鼠标单击空间主页的“装扮”按钮（见图8—56），进入“一键装扮”页面，如图8—104所示。

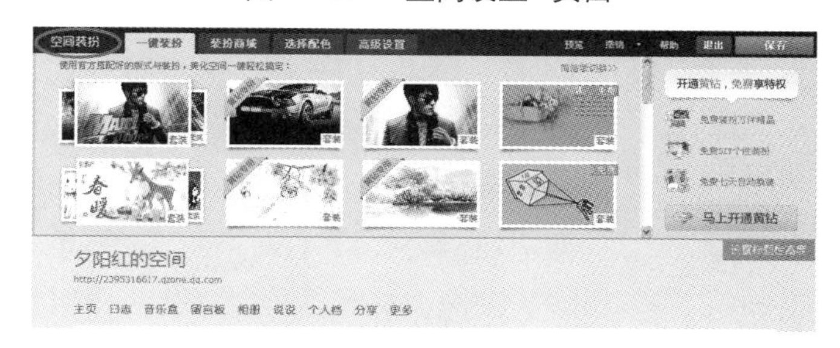

图8—104 “一键装扮”页面

鼠标单击“空间装扮”选项卡，进入“空间装扮”页面，向下拖动垂直滚动条，找到“免费装扮”组，如图8—105所示。

图8—105 “免费装扮”组

例如，我们单击“3月日历”为主题的模板，空间将会呈现改模板的预览效果，如图8—106所示。

如果用户对当前状态满意，单击窗口右上角的“保存”按钮，空间装修结束。如果不满意，可以继续更换其他模板，观看预览效果，直到满意为止。

图8—106 模板的预览效果

注意：

- QQ中有部分服务是面向收费用户的，普通用户只能使用免费功能。
- 每个模板的缩略图中会提示改模板的有效期，日期超过有效期，模板自动回到默认状态。

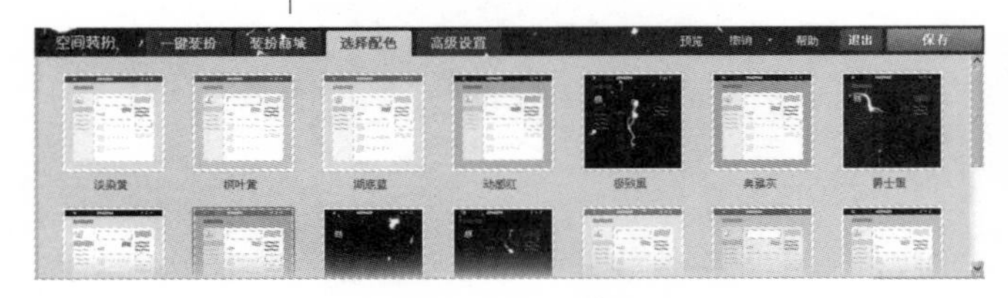

图8–107 “选择配色”页面

(2) 选择配色

单击“选择配色”选项卡（见图8–104），进入“选择配色”页面，如图8–107所示。

配色页面提供了21种配色方案，鼠标拖动右侧的垂直滚动条，可以看到所有的配色缩略图。鼠标单击任意的配色缩略图，空间的配色方案就发生相应的变化，用户根据预览效果决定是否保留配色方案。如果保留，单击屏幕右上角的“保存”按钮；否则，单击其他的配色方案继续查看预览效果。如果对所有的配色方案都不满意，单击“退出”按钮，空间恢复之前的状态，单击“撤销”下拉菜单，选择“还原到默认的装扮”命令，空间可以恢复到默认的装扮。

8.6 QQ游戏

QQ游戏是腾讯自主研发的休闲游戏平台。QQ游戏分为两大类：一种是非QQ游戏平台下的网络游戏；另外一种则是基于QQ游戏平台下的，该类游戏大部分为休闲游戏。本章将介绍QQ游戏平台下的休闲游戏的下载、安装和使用。

8.6.1 QQ游戏的下载与安装

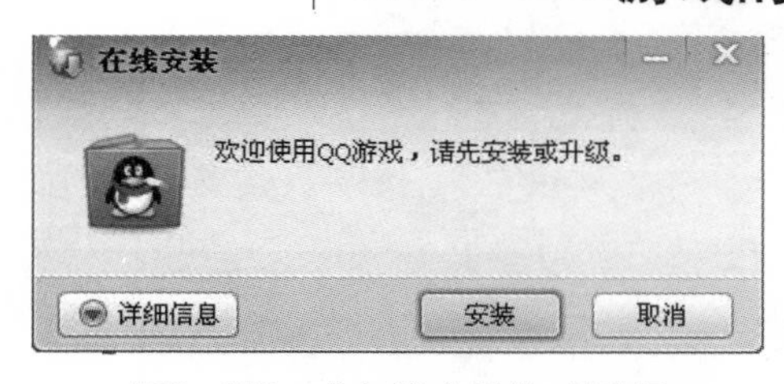

图8–108 “在线安装”对话框

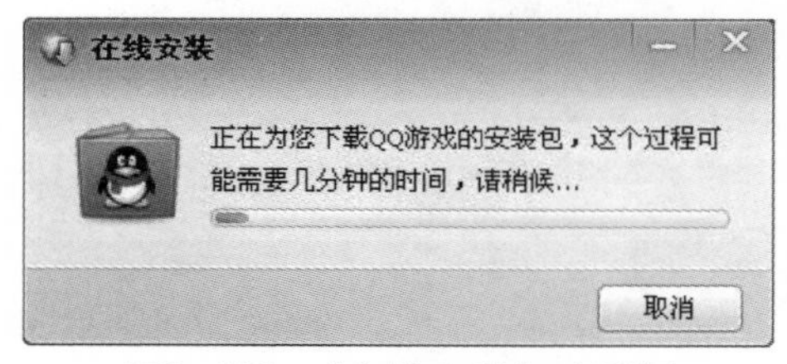

图8–109 “在线安装”对话框

1. QQ游戏大厅的下载

① 鼠标单击QQ主页面底部的“QQ游戏”快捷图标，弹出“在线安装”对话框，如图8–108所示。

② 单击“安装”按钮，显示游戏下载进度提示，如图8–109所示。

③ 进度指示条走到最右侧，表示游戏下载完成，系统自动弹出“QQ游戏2011ReleaseP2安装”对话框，如图8–110所示。

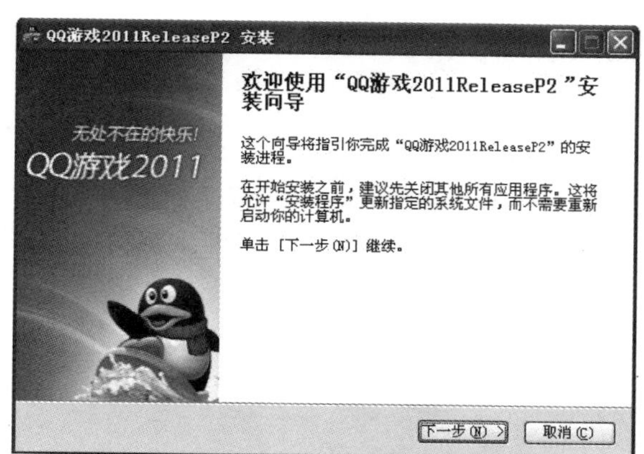

图8–110 "QQ游戏2011ReleaseP2安装"对话框

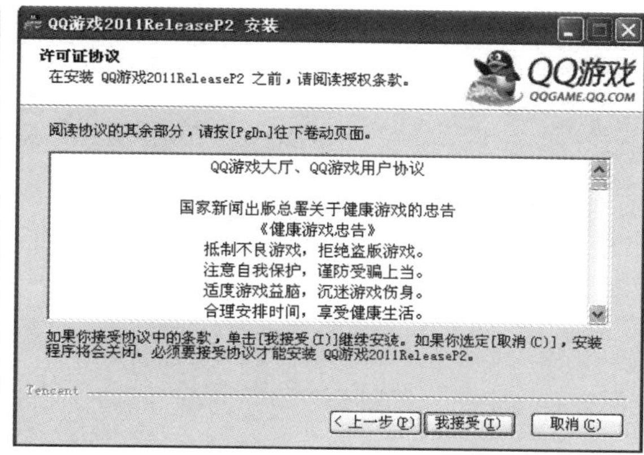

图8–111 "QQ游戏2011ReleaseP2安装"对话框

④ 单击"下一步"按钮，进入"许可证协议"窗口，如图8–111所示。

⑤ 单击图中的"我接受"按钮，将弹出QQ游戏"选择安装位置"对话框，如图8–112所示。

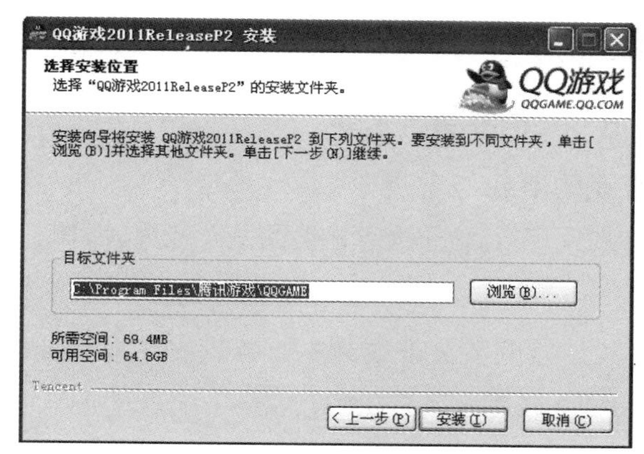

图8–112 "QQ游戏2011ReleaseP2安装"对话框

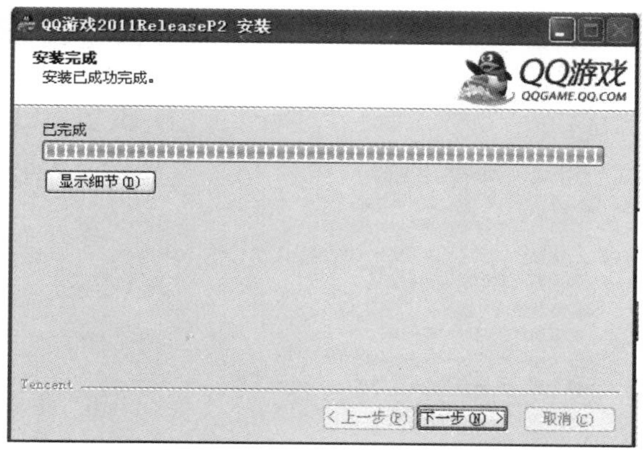

图8–113 "QQ游戏2011ReleaseP2安装"对话框

如果用户不想把QQ游戏安装在默认路径下，可以单击"浏览"按钮，选择安装位置。

⑥ 单击图中的"安装"按钮，系统自动执行安装命令，安装完成后的对话框如图8–113所示。

⑦ 单击上图中的"下一步"按钮，在弹出的"安装选项"中选择"启动游戏大厅"，如图8–114所示。

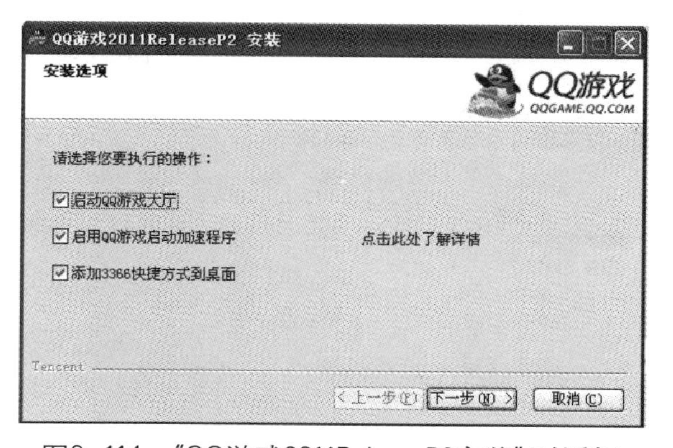

图8–114 "QQ游戏2011ReleaseP2安装"对话框

单击"下一步"按钮，弹出"请填写实名注册信息"对话框，如图8–115所示。

鼠标单击关闭按钮 ✕ ，关闭对话框即可。关闭对话框后，进入QQ游戏大厅页面，如图8–116所示。

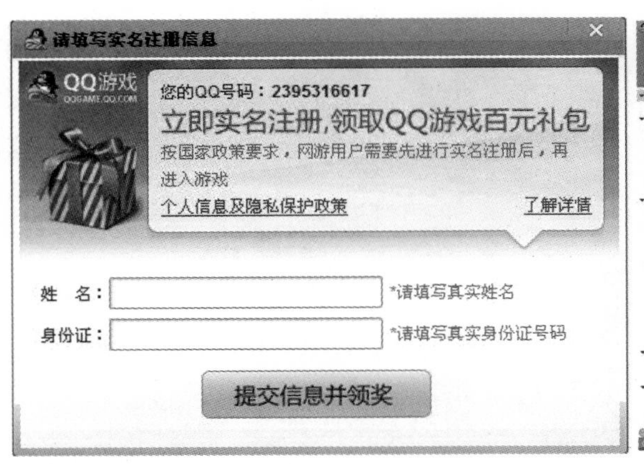

图8—115　“请填写实名注册信息”对话框

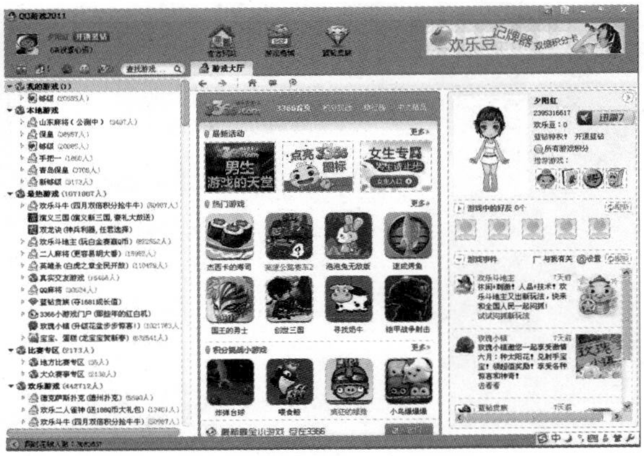

图8—116　“QQ游戏大厅”页面

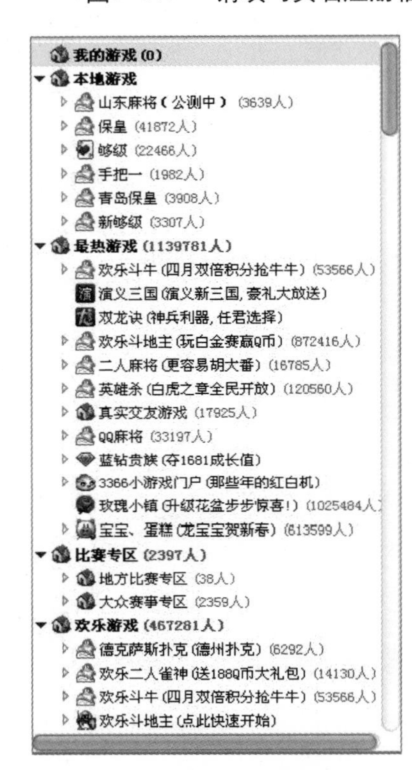

图8—117　游戏列表

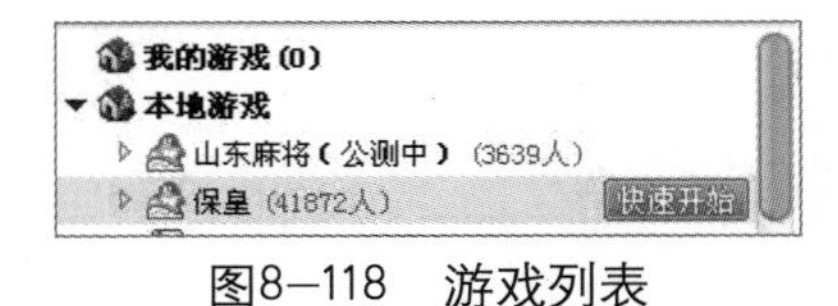

图8—118　游戏列表

2．QQ游戏登录

QQ游戏大厅安装成功后，用户再次进入大厅时只需直接单击进入游戏按钮，系统自动登录大厅。

8.6.2　QQ游戏的使用

1．QQ游戏的下载与安装

进入QQ游戏大厅后，位于大厅左侧的是游戏列表，如图8—117所示。

用户在开始游戏前要先下载具体的游戏程序，我们以“保皇”游戏为例介绍具体的下载方法：

① 鼠标移动到“保皇”游戏列表，系统会级联显示“快速开始”按钮，如图8—118所示。

② 单击“快速开始”按钮，系统弹出尚未安装此游戏的提示信息，如图8—119所示。

③ 单击“确定”按钮，弹出“QQ游戏更新”对话框，如图8—120所示。

④ 系统在下载游戏的同时自动进行安装，安装成功后，弹出安装成功的“提示信息”对话框，如图8—121所示。

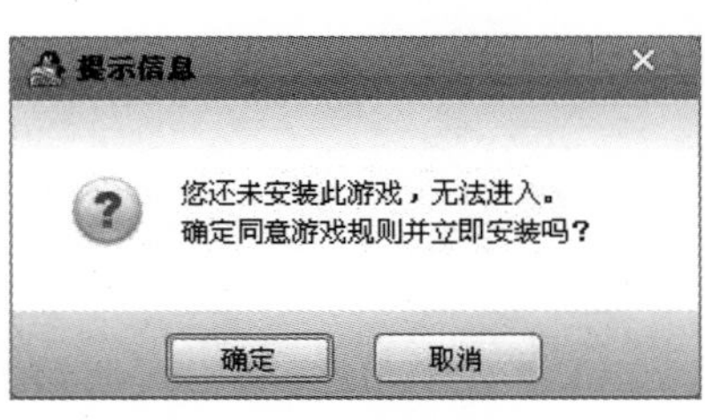

图8—119　提示信息

图8—120　“QQ游戏更新”对话框

⑤ 单击“确定”按钮，进入“保皇”游戏页面，如图8—122所示。

图8—121　“提示信息”对话框

2．进入游戏

当游戏项目安装成功后，会显示自己独特的游戏图标。例如，“保皇”游戏安装成功后，在游戏列表中显示的图标为，未安装的游戏图标为，需要用户自行安装。

“保皇”游戏安装成功后，游戏列表会添加该游戏，如图8—123所示。

游戏列表中包含“网通”与“电信”两个专区，每个专区下面包含多个游戏分区，每一个分区又包含多个游戏房间，每个房间包含多张桌子，用户要按顺序依次找到房间，坐在桌子上，才能开始游戏。

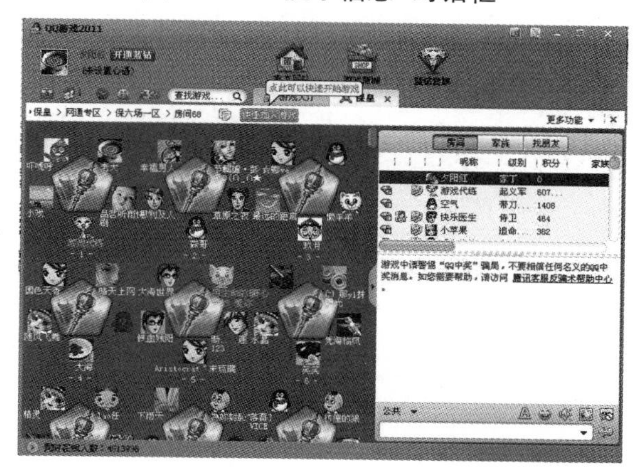

图8—122　“保皇”游戏页面

下面我们按顺序介绍开始游戏的步骤：

① 鼠标单击“保六场一区”，展开分区包含的游戏房间，如图8—124所示。

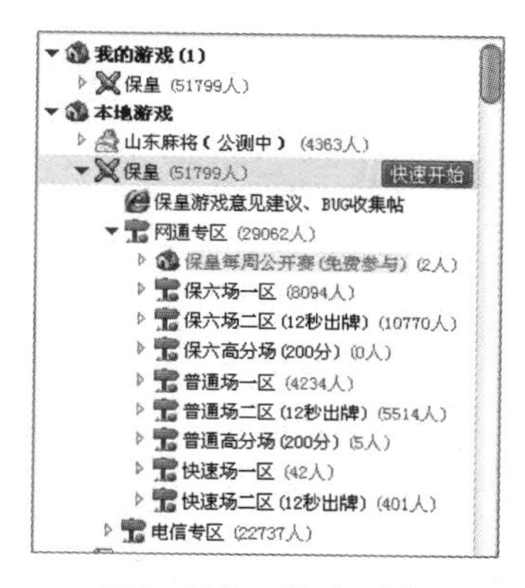

图8—123　游戏列表

鼠标向下拖动垂直滚动条，可以看到共有60个游戏房间，每个房间名称后面有一个括号，括号中的数字表示该房间的现有人数，400人为上限。用户选择房间时要选择人数没有达到上限的房间，鼠标单击房间名称，进入房间。

② 单击“房间4（395人）”，进入“房间4”页面，如图8—125所示。

桌子中空位图标表示用户可以坐下；开始游戏图标表示用户已经选择“开始游戏”命令，正等待其他用户开始游戏。

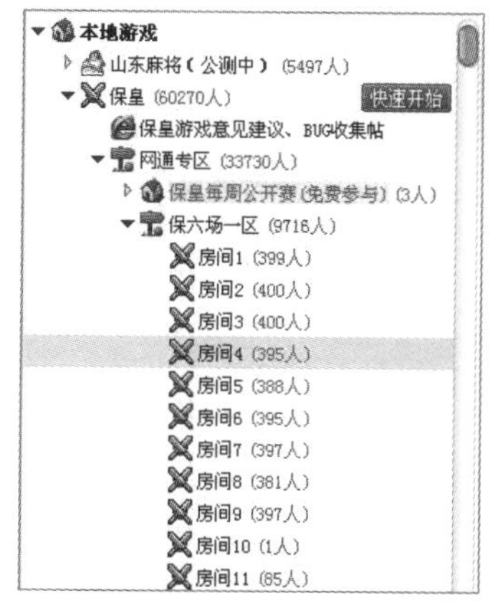

图8—124　分区包含的游戏房间

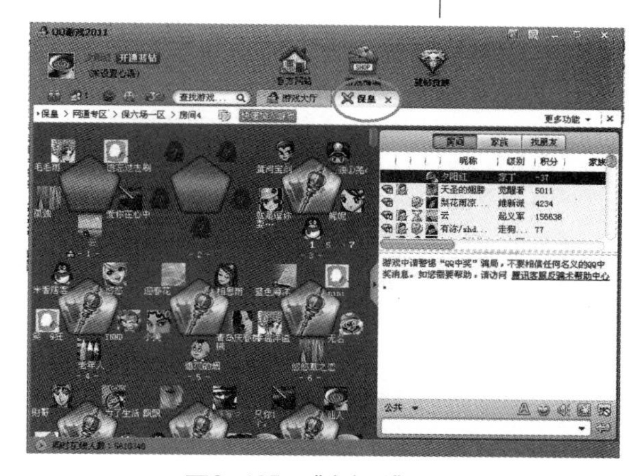

图8—125　“房间4”页面

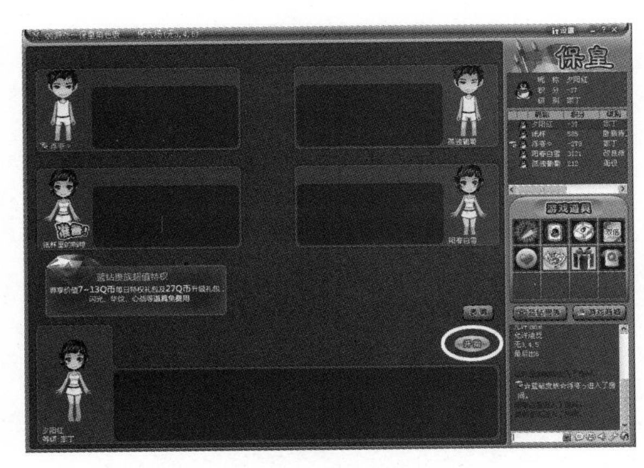

图8—126　“游戏房间”页面

③ 鼠标单击任意空位，进入游戏房间，如图8—126所示。

④ 单击“开始”按钮，等待游戏开始。

单击游戏房间标题栏的帮助按钮 ? ，可以阅读“保皇”游戏的帮助文件，详细了解游戏规则。在帮助文件中详细介绍了开始游戏的步骤、游戏的规则以及游戏界面各种图标的含义及使用方法，可以帮助用户使用“保皇”游戏。

3. 退出游戏

① 离开桌子：用户进入房间后也开以离开，单击房间右上角的关闭按钮 × ，可以退出桌子，回到房间，在房间中可以选择其他桌子开始游戏。

② 退出房间：用户单击游戏选项卡的关闭按钮（见图8—125），可以退出房间，进入游戏大厅，在游戏大厅中可以选择开始其他类别的游戏。

③ 退出游戏大厅：用户单击游戏大厅的关闭按钮（见图8—116），可以退出游戏大厅，关闭QQ游戏。

QQ游戏中其他游戏的下载与安装的方法与“保皇”游戏相同，用户可以选择自己喜爱的游戏进行下载与安装。不同游戏的游戏规则不同，但是都有帮助文件，用户可以阅读游戏帮助文件，详细了解游戏规则。帮助文件中会详细介绍开始游戏的步骤，以及在游戏过程中各种图标的使用含义，可以帮助用户熟悉并使用游戏的各项功能。

本章小结

本章首先介绍了即时通信的概念，以QQ工具为例，详细介绍了QQ的下载与安装、QQ文字聊天、语音聊天和视频聊天以及好友之间传送文件，最后介绍了QQ空间的使用和QQ游戏等内容。

思考题

1. 如何查找自己喜欢的QQ群并申请加入该群？

2. 当自己开通QQ空间之后，如何设置访问用户必须通过密码访问个人空间主页？

3. 与三个好友聊天，给其中一个好友发送在线视频。

下篇

常用工具软件

第9章 媒体播放软件

影音文件在大众的生活中占有重要地位，大量的视频、音频文件丰富了人们的学习和生活。各种媒体播放软件层出不穷，“超级解霸”是国内市场的一款资深媒体播放器，深受用户的好评。相对于其他的多媒体播放软件，超级解霸支持各类媒体文件共600余种格式，是一款名副其实的“万能媒体播放软件”，本章将详细介绍其基本功能和使用方法。

知识要点

第9.1节：媒体播放器概念，Windows Media Player播放器，RealPlayer播放器

第9.2节：文件下载，超级解霸安装，超级解霸启动，超级解霸退出

第9.3节：播放列表，播放窗口，播放时长，播放控制窗口

第9.4节：音频文件播放，视频文件播放，光盘播放，使用播放列表，网络视频播放

第9.5节：播放控制菜单，播放控制按钮，播放画面设置，播放截图，播放顺序设置

9.1 媒体播放器与常用产品

媒体播放器又称媒体播放机，通常指计算机中用来播放多媒体的播放软件，例如Windows Media Player、RealPlayer等。随着媒体行业的不断发展，媒体播放器不单指软件播放器方面，硬件媒体播放器也得到了长足的发展，例如，一些广告画面播放器、公交电视、便携式媒体播放器等同样是媒体播放器。

1. Windows Media Player

Windows Media Player是一款Windows系统自带的播放器，这款播放器最早出现在1992年，当时微软在Windows 3.1系统当中捆绑了Media Player播放器，作为Microsoft Windows的一个组件，简称“WMP”，并被一直保留至今。Windows Media Player可以播放MP3、WMA、WAV等格式的音频文件。在V8以后的版本，安装解码器之后可以播放RM格式文件，还可收听VOA、BBC等国外电台。在视频方面可以播放AVI、MPEG-1格式，安装DVD解码器以后可以播放MPEG-2、DVD格式，支持刻录CD。V9以后的版本支持与便携式音乐设备同步音乐。从1992年WMP1.0版本问世以来发展到今天，现在最新版本为12.0，于Windows 7系统内正式推出。Windows Media Player已经从原来单纯的Windows组件发展成为一个全能的网络多媒体播放器，受到用户的喜爱。

2. RealPlayer

RealPlayer是应用广泛的网上多媒体播放工具，可以在线收听、收看实时音频、视频和Flash动画。使用它不必下载音频/视频内容到本地，只要带宽允许，就能完全实现网络在线播放，用户可以极为方便地在网上收听、收看自己感兴趣的歌曲、广播或电视节目，并且在播放过程中能够录制视频。

RealPlayer的第一个版本在1995年4月面世，是互联网上首个媒体串流播放软件，相关音频文件可以通过互联网在线播放，方便用户了解最新资讯和相关消息。现在最新的版本是RealPlayer 2011，新版的RealPlayer除了强大的播放功能之外，它看起来更像是一个媒体中心，无论是计算机本地硬盘还是外接移动设备，所有存储的音乐、视频文件甚至图片，RealPlayer都可以进行管理。

3. 其他

除了像Windows Media Player、RealPlayer等媒体播放器软件，一些硬件媒体播放器在日常生活中也非常实用。媒体播放器硬件多为便携式设计，体积小巧，携带方便。播放器设有连接外接存储设备的插口，可以外接存储设备，如TF卡和U盘等。用户将喜欢的音频文件存储在TF卡或U盘中，插入到播放器中即可播放音乐。根据外接存储设备容量的不同，存储的音频文件数量也不尽相同。一般的便携式媒体播放器支持的播放格式比较少，但都可以播放MP3格式的文件。如果播放格式不支持，可以事先将音频文件转换为MP3格式即可正常播放。常用的音频格式转换软件有GoldWave、格式工厂等。

9.2 超级解霸的下载与安装

相对于其他的多媒体播放软件，超级解霸支持各类媒体文件格式共计600余种，是一款名副其实的“万能媒体播放软件”，是国内能与微软Media Player、RealPlayer相媲美的桌面播放器产品之一。

9.2.1 “超级解霸”的下载与安装

1.“超级解霸”的下载

“超级解霸”是开源软件，通过“百度”搜索引擎可以搜索到“超级解霸”的官方下载网址，现在主流的应用版本是“超级解霸2010”。下载的基本步骤如下：

① 打开IE浏览器，在地址栏中输入百度的网址“www.baidu.com”，进入百度搜索引擎，如图9—1所示。

② 将光标定位在搜索文本框中，输入“超级解霸”，如图9—2所示。

③ 单击“百度一下”按钮，在搜索出来的网页中找到名称为“最新超级解霸2010官方免费下载”的主页，单击鼠标左键打开网页，如图9—3所示。

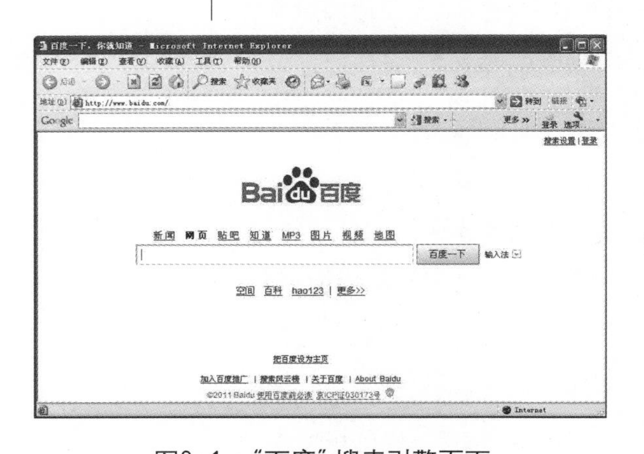

图9—1 “百度”搜索引擎页面

图9—2 “百度”搜索引擎页面

图9—3 “超级解霸”下载页面

④ 使用鼠标右键单击网页中“立即下载”按钮，弹出快捷菜单，如图9—4所示。

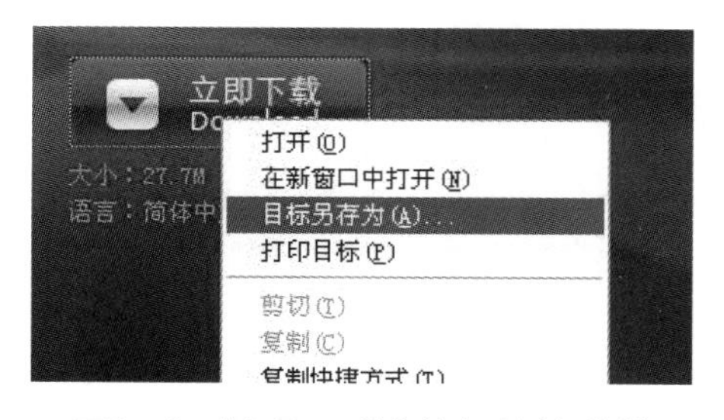

图9—4 “立即下载”按钮快捷菜单

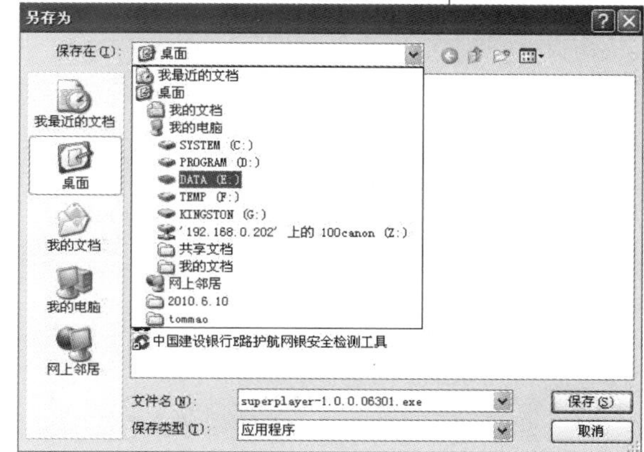

图9—5 “另存为”对话框

⑤ 选择“目标另存为...”命令，打开“另存为”对话框，如图9—5所示。

⑥ 在“另存为”对话框中，选择程序的存放位置，本例将程序存放在“E盘”中，单击“保存”按钮。文件开始下载，当下载页面的绿色进度条运行到最右边时表示软件下载完成，“下载完毕”界面如图9—6所示。

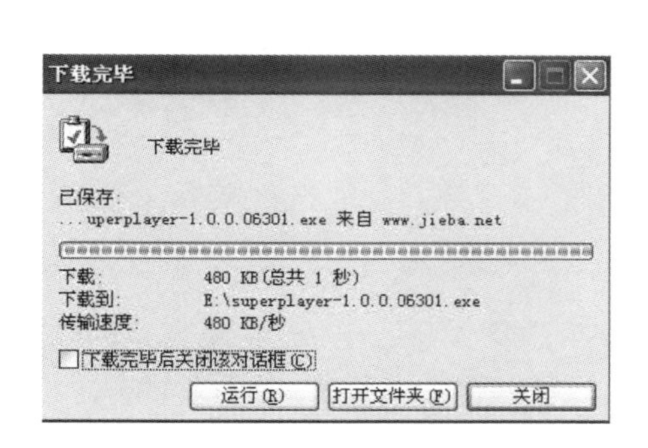

图9—6 “下载完毕”界面

图9—7 下载文件所在的文件夹

单击“打开文件夹”按钮，即可显示文件存储所在的文件夹，可以看到“超级解霸”的安装文件，如图9—7所示。

2. “超级解霸”的安装

① 打开“超级解霸”安装程序所在的文件夹，鼠标双击“超级解霸”安装文件图标 superplayer-1.0.... 1.0.0.06301 ，启动“超级解霸”的安装向导，如图9—8所示。

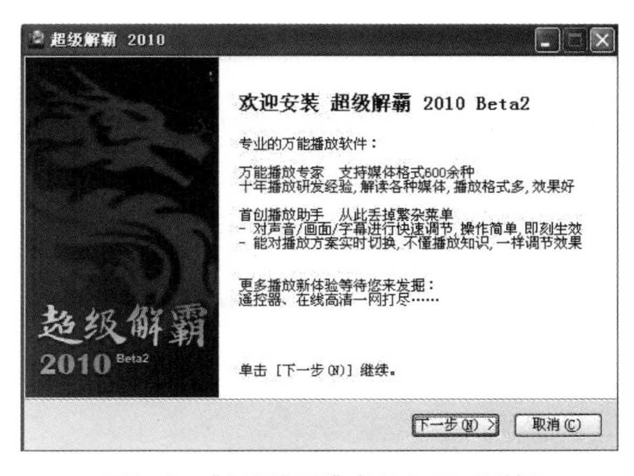

图9—8 “超级解霸”安装向导对话框

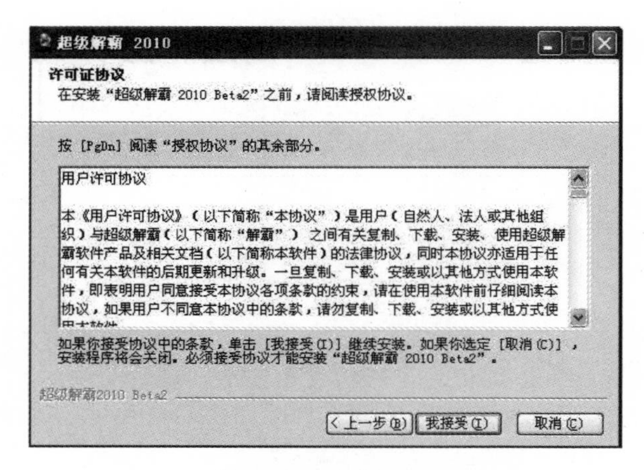

图9—9 "超级解霸"安装向导对话框

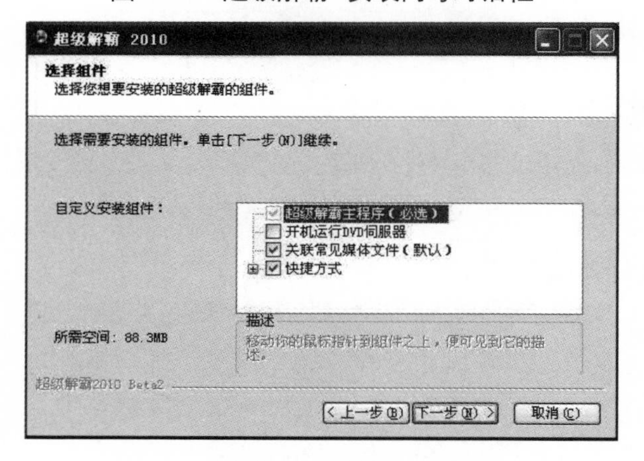

图9—10 "超级解霸"安装向导对话框

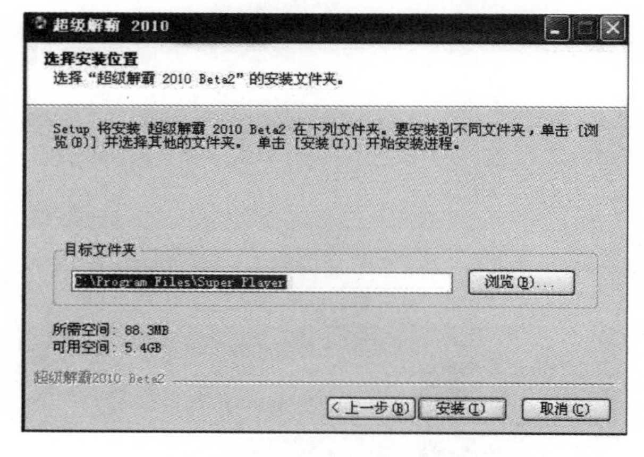

图9—11 "超级解霸"安装向导对话框

② 单击"下一步"按钮，显示"超级解霸"许可证协议对话框，如图9—9所示。

单击窗口最右侧的垂直滚动条可以看到完整的协议内容。如果认同协议中的条款，可以单击"我接受"按钮；如果不同意协议中的内容，可以单击"取消"按钮，取消安装过程。

③ 单击"我接受"按钮，弹出"选择组件"对话框，如图9—10所示。

"超级解霸"的安装过程中，支持用户自由选择程序组件，除了"主程序"是必选安装的组件外，其他选项由用户自主选择是否安装。安装向导中默认选择的是"关联常见媒体文件"选项，默认安装过程中自动关联了本机常见媒体文件，在"超级解霸"安装完毕后，计算机中存储的电影等视频文件都被"超级解霸"自动关联，设为文件默认的打开方式；选中"快捷方式"选项，"超级解霸"安装结束后在桌面创建快捷图标；选中"开机运行DVD伺服器"选项，系统可以动态地监视DVD的插入与取出，自动地启动相应的程序来打开DVD文件供用户欣赏，非常方便，但现在用户播放DVD的频率并不高，所以这一选项可以不选。

④ 单击"下一步"按钮，弹出选择安装位置对话框，如图9—11所示。

默认的安装目标文件夹是"C:\Program Files\Super Player"，如果用户决定将"超级解霸"安装在这个目录下，单击"安装"按钮。如果用户想更改软件安装目录，则单击图中"浏览"按钮，选择新的目标文件夹即可。

⑤ 单击"安装"按钮，系统开始安装程序，安装结束后，显示安装完成对话框，如图9—12所示。

安装界面中勾选了自动运行复选框，所以单击"完成"按钮后，系统会自动运行"超级解霸"软件。

⑥ 单击"完成"按钮，"超级解霸"安装成功。

成功安装"超级解霸"后，在"开始"菜单的"所有程序"文件夹中生成"超级解霸"级联菜单，包含"超级解霸"命令，如图9–13所示。

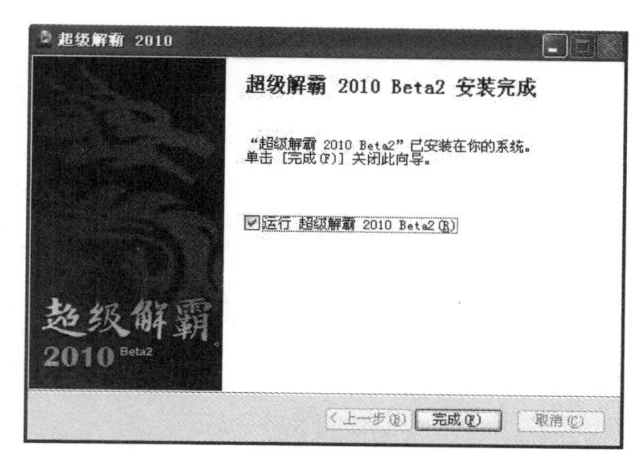

图9–12 "超级解霸"安装完成对话框

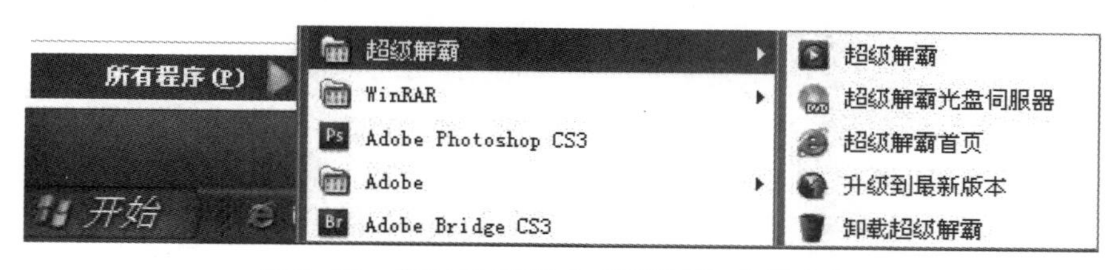

图9–13 "开始"菜单中"超级解霸"程序组

9.2.2 "超级解霸"的启动与退出

1. "超级解霸"的启动

启动"超级解霸"的方法与启动其他应用程序类似，主要有三种常用方法。

通过"开始"菜单启动"超级解霸"的基本步骤如下：

① 单击任务栏最左边的"开始"按钮，弹出"开始"菜单。

② 将鼠标指针指向"所有程序"，弹出相应的级联菜单。

③ 将鼠标指针指向"超级解霸"，弹出其组件相应的级联菜单。

④ 单击"超级解霸"命令即可启动。

除了通过"开始"菜单启动"超级解霸"外，还可以通过打开影音文件的方法来启动"超级解霸"。双击"我的电脑"或"Windows资源管理器"中的目标文件，可以打开影音文件并同时启动"超级解霸"。例如，在电脑的"F盘"中有一个"录像–宝宝201106"的文件夹，里面存放着视频文件，用户可以使用"超级解霸"播放文件，基本操作步骤如下：

图9–14 超级解霸文件

① 在桌面上双击"我的电脑"图标，打

开“我的电脑”窗口。

② 在窗口中用鼠标双击“F盘”后选中“录像—宝宝201106”文件夹，鼠标双击打开文件夹，用户看到的图标就是可以用“超级解霸”打开的文件，如图9—14所示。

③ 双击要播放的文件即可启动“超级解霸”。

双击桌面上的“超级解霸”快捷方式，也可以启动“超级解霸”程序。

启动“超级解霸”后，其工作界面如图9—15所示。

图9—15 “超级解霸”工作界面

2. “超级解霸”的退出

退出“超级解霸”通常有三种方法：单击“超级解霸”标题栏右上角的“关闭”按钮，或者选择“文件”菜单中的“退出”命令，均可关闭“超级解霸”；当“超级解霸”软件处于活动状态下，按Alt+F4组合键也可以关闭“超级解霸”。

9.3 “超级解霸”工作界面

启动“超级解霸”后进入工作界面，见图9—15，界面由超级解霸按钮、标题栏、播放列表、播放屏幕和播放控制窗口5个部分组成，各部分功能介绍如下。

1. “超级解霸”功能菜单

“超级解霸”功能菜单是“超级解霸”主菜单入口，单击左上角的“超级解霸”按钮，可以进入“超级解霸”主菜单，其中包括文件、播放、设置、皮肤、帮助、退出等命令。通过此菜单，可以使用“超级解霸”的各项功能。

2. 标题栏

标题栏位于“超级解霸”窗口的顶部，没有文件播放时无显示内容，打开文件时此处显示加载的文件名。右边是控制“超级解霸”界面形态的3个按钮，可对“超级解霸”的工作界面进行设置，从左侧起分别为“最小化、最大化/还原、关闭”按钮。

3．播放列表

播放列表是一个自定义的音频和视频文件列表。通过播放列表，用户可以将各种数字媒体文件组织在一起并指定播放顺序，方便操作。单击窗口右下方的“显示/隐藏播放列表”按钮，可以显示或隐藏播放列表。播放列表中有如下选项：

- 添加文件：添加选中文件到播放列表。
- 移除文件：删除播放列表中选中记录。
- 清空列表：清空播放列表中所有记录。
- 播放模式：提供单个播放、顺序播放、随机播放、循环播放等播放模式。

4．播放窗口

用于显示视频内容的窗口区域。

5．播放时长

提示播放影片的播放进度，指示条最左侧显示当前影片的播放时间，最右侧显示影片总时长，指示条中红色的部分标记影片播放进度。

6．播放控制窗口

在工作界面的最下方，提供播放、暂停、停止、打开文件、切换文件与音量控制等功能。

9.4 音频和视频文件的播放

9.4.1 常用媒体格式

1．音频格式

数字音频格式即以数字形式进行记录、处理和播放的音频信号。数字音频格式的出现，是为了满足高保真复制、存储、传输的需求。数字音频格式最早指的是CD，CD经过压缩之后又衍生出多种适于在随身听上播放的格式。这些压缩过的格式，用户可以分为两大类：有损压缩的格式和无损压缩的格式。下面简单介绍一些常见的音频格式。

(1) WMA格式

WMA是微软公司推出的音频格式，全称视窗媒体音频（Windows Media Audio）。与MP3格式相同，WMA也是有损数据压缩格式。从压缩比角度来说，在低于192 kbps的编码速率条件下，WMA可以在同样音质条件下获得比MP3

文件更小的体积；但当编码速率高于192 kbps时，MP3的音质要好于WMA。微软官方宣布的资料中称WMA格式的可保护性极强，甚至可以限定播放机器、播放时间及播放次数，具有相当的版权保护能力，美国的主要唱片公司EMI和BMG公司等正式确定使用由微软公司开发生产的WMA方式。

(2) MP3格式

MP3是目前使用用户最多、应用最为广泛的有损压缩数字音频格式，它的全称是MPEG (Moving Picture Experts Group) Audio Layer—3。MP3格式的音频文件最大的特点就是能以较小的比特率、较大的压缩比达到近乎完美的CD音质。CD是以1.4 MB/S的数据流量来表现其优异的音质，而MP3仅需要112 KB/S或128 KB/S就可以达到逼真的CD音质。所以，可以用MP3格式对WAV格式的音频文件进行压缩，既可以保证音质效果，也达到了减小文件容量的目的。

(3) WAV格式

WAV是一种波形文件，它可以直接记录声音的波形，具有较好的声音品质，许多浏览器都支持此格式，并且不要求安装插件。用户可以利用CD、磁带、麦克风等获取自己的WAV文件。但是，WAV文件容量通常较大，严格限制了可以在WEB页面上使用的声音剪辑的长度。

(4) MIDI格式

MIDI格式一般用于器乐类的音频文件。许多浏览器都支持MIDI格式的文件，并且不要求安装插件。尽管其声音品质非常好，但由于声卡质量不同，音质效果也会有所不同。较小容量的MIDI文件也可以提供较长时间的声音剪辑。MIDI文件不能录制，并且必须使用特殊的感触件和软件在计算机上进行合成。

(5) ASF格式

ASF (Advanced Streaming Format) 是微软公司针对Real公司开发的新一代网上流式数字音频压缩技术，其技术特点是同时兼顾了保真度和网络传输需求，具有一定的先进性。由于微软的影响力，这种音频格式正获得越来越多的支持。

2. 视频格式

视频格式可以分为适合本地播放的本地影像视频和适合在互联网播放的网络流媒体影像视频两大类。

(1) MPEG格式

MPEG (Motion Picture Experts Group) 格式包括MPEG—1，MPEG—2和MPEG—4在内的多种视频格式。MPEG—1主要应用在VCD的制作和一些视频片

段下载，使用MPEG—1的压缩算法，可以把一部120 min长的电影压缩到1.2 GB左右大小。MPEG—2主要应用于DVD的制作及HDTV（高清晰电视广播）视频的编辑和处理，使用MPEG—2的压缩算法，可以把一部120 min长的电影压缩到5～8 GB的大小。MPEG—4标准对传输速率要求较低，可以利用很窄的带宽，通过帧重建技术压缩和传输数据，以最少的数据获得最佳的图像质量，主要应用于视像电话、视像电子邮件和电子新闻等方面。

(2) AVI格式

AVI（Audio Video Interleaved）格式是由微软公司推出的视频格式，是将语音和影像同步组合在一起的文件格式，即音频视频交错格式。它对视频文件采用了一种有损压缩方式，但压缩比较高，因此尽管画面质量不是太好，但其应用范围仍然非常广泛。

(3) MOV格式

MOV即QuickTime影片格式，它是Apple公司开发的一种音频、视频文件格式，用于存储常用数字媒体类型。QuickTime原本是Apple公司用于Mac计算机上的一种图像视频处理软件，具有跨平台和存储空间要求小等技术特点。采用了有损压缩方式的MOV格式文件，画面效果较AVI格式要稍微好一些。

(4) RAM格式

RAM格式文件是Real公司对于RM/RA格式的改进版，改进流媒体协议的支持程度，但图像质量较为下降，多用于网络视频传输。

(5) FLV格式

FLV（Flash Video）流媒体格式是一种新的视频格式，由于它形成的文件极小、加载速度极快，使得网络浏览视频文件更加流畅。它的出现有效地解决了视频文件导入Flash后，由于导出的SWF文件体积庞大而影响在线播放等缺点。

9.4.2 播放列表与文件夹

1. 打开文件夹

使用“打开文件夹”命令可以将计算机中不同存放位置的文件添加到播放列表中，方便用户对播放列表中文件的操作。例如，用户要打开“F盘”中的“录像—宝宝201106”文件夹，操作步骤如下：

① 单击“超级解霸”窗口最左端的“超级解霸”功能菜单，打开“文件”子菜单，如图9—16所示。

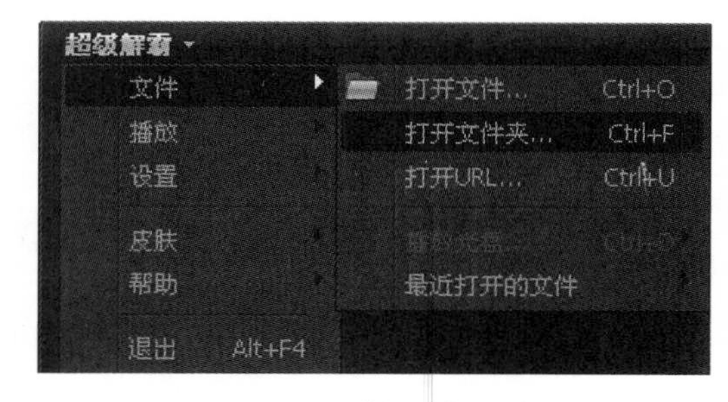

图9—16 “文件”菜单

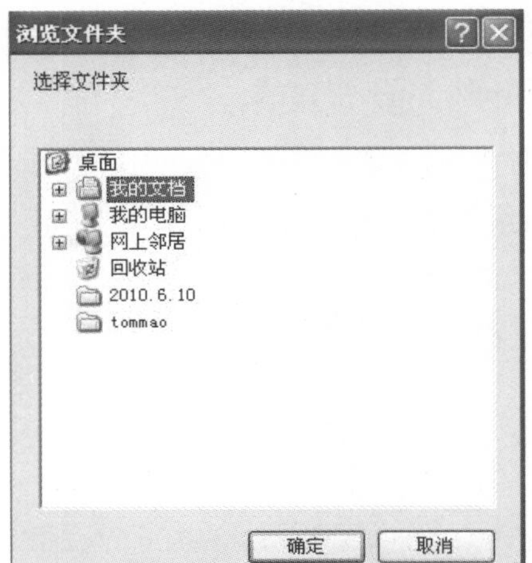
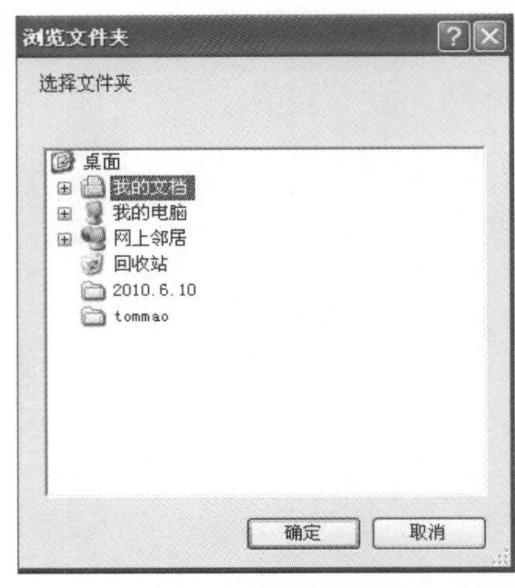

图9–17 “浏览文件夹”对话框

② 单击“打开文件夹”命令，弹出“浏览文件夹”对话框，如图9–17所示。

③ 在“浏览文件夹”对话框中，鼠标单击“我的电脑”，在展开的树形目录结构中单击“F盘”，单击“录像–宝宝201106”文件夹，单击“确定”按钮，即可打开选中的文件夹。打开文件夹后，“超级解霸”播放列表中就显示了该文件夹中所有的文件，如图9–18所示。

2．播放列表

播放列表是包含一个或多个数字媒体文件的列表类型，用户可以将自己最喜爱的资源添加到播放列表中，列表中可以包含歌曲、视频等任意文件的组合。用户执行“打开文件夹”操作后，“超级解霸”自动将文件夹中的文件添加到播放列表中，用户可以通过鼠标双击相应文件的方法将其打开，文件播放结束后在播放列表中仍然存在，用户可以对播放列表中的文件进行添加、删除等操作。播放列表有显示、隐藏两种状态，单击▤按钮可以隐藏播放列表，再次单击则重新显示播放列表。

图9–18 “超级解霸”播放列表

在图9–18所示的播放列表下方，包含“添加文件”按钮、“移除选中文件”按钮和“清空播放列表”按钮等功能按钮，支持播放文件列表的添加、删除和清空操作。

① 添加文件：单击“添加文件”按钮➕后弹出“打开”对话框，用户可选择要添加到播放列表中的文件。

② 移除选中文件：如果不想在播放列表里显示某个文件，鼠标单击该文件后，再单击“删除”按钮➖即可。

③ 清空播放列表：如果用户暂时不需要当前播放列表中的文件，可以单击“清空播放列表”按钮🗑清空播放列表。清空播放列表后，列表中不显示任何文件。

9.4.3 播放音/视频文件

1．打开视频文件

“超级解霸”界面友好，播放音频和视频文件非常简单。下面介绍“超级解霸”播放视频文件的常用方法。

方法一：使用视频播放窗口的“打开文件”按钮播放视频文件。

例如，播放存储在电脑“F盘”中“录像–宝宝201106”的文件夹里面的视频文件，具体操作步骤如下：

① 鼠标单击“超级解霸”视频播放窗口的“打开文件”按钮，如图9–19所示。

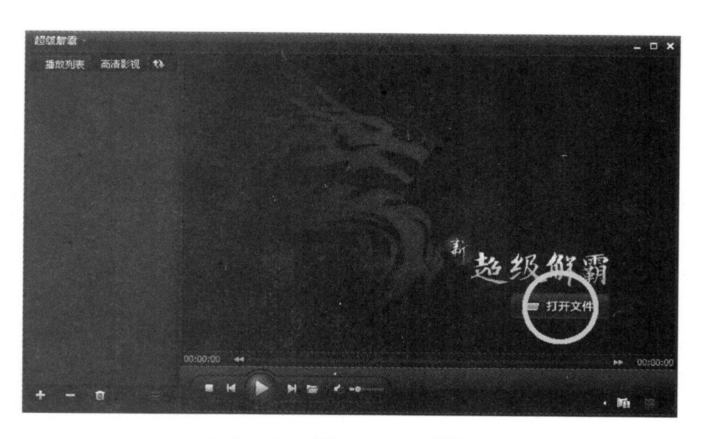

图9–19　“打开文件”按钮

② 单击“打开文件”按钮，弹出“打开”对话框，如图9–20所示。

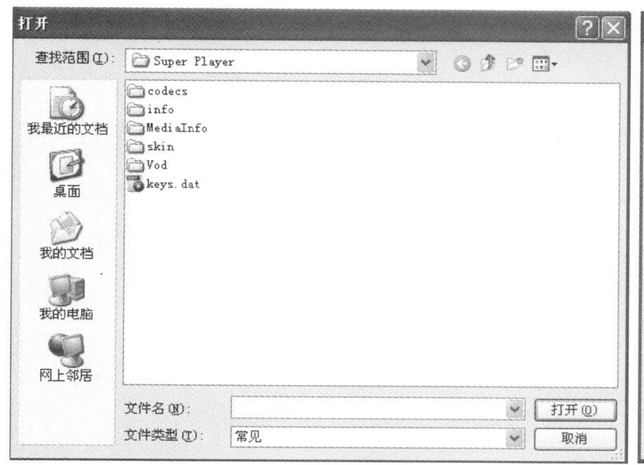

图9–20　“打开”对话框

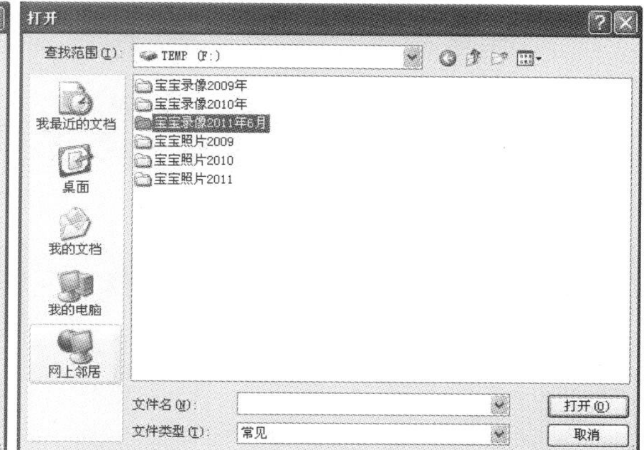

图9–21　“打开”对话框

③ 在弹出的“打开”对话框窗口中单击“查找范围”下拉列表框，选择视频文件的存储路径。本例中，鼠标单击“F盘”，在弹出的对话框中显示了“F盘”下所有的文件和文件夹，如图9–21所示。

④ 鼠标单击“录像–宝宝2011年6月”文件夹，在弹出的窗口中显示了该文件夹下所有的文件，如图9–22所示。

图9–22　“打开”对话框

⑤ 单击鼠标选中要播放的文件，然后单击“打开”按钮，文件开始播放，播放界面如图9–23所示。

方法二：使用“打开文件”命令播放文件。

基本操作步骤如下：

图9—23 “超级解霸”播放界面

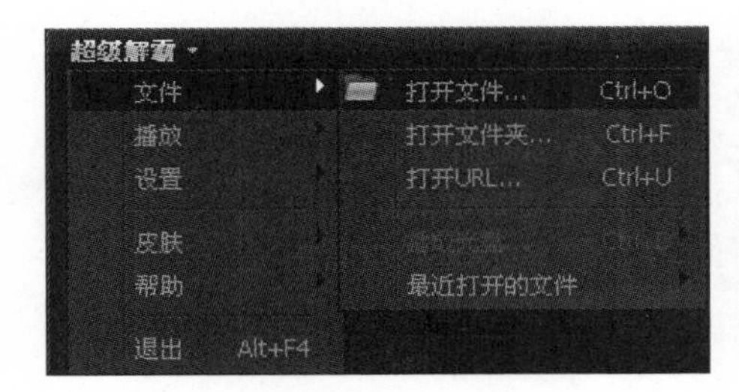

图9—24 “文件”菜单

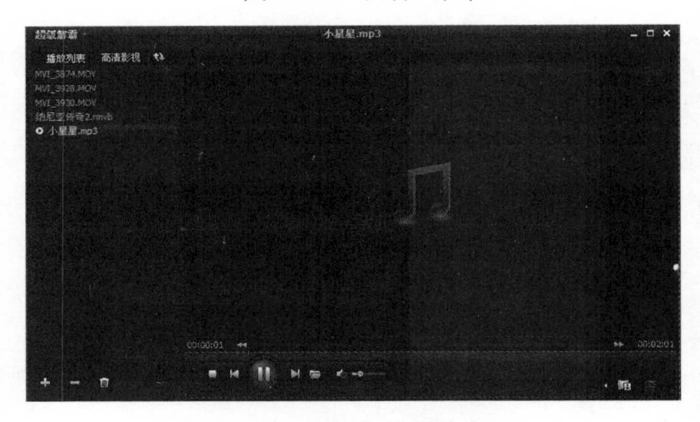

图9—25 音频文件播放界面

① 单击“超级解霸”窗口最左端的“超级解霸”，选择“文件”子菜单，如图9—24所示。

② 单击“文件”子菜单的“打开文件”命令，弹出“打开”对话框（见图9—22）。

③ 鼠标单击要播放的文件，单击“打开文件”按钮，文件播放。

方法三：使用播放控制窗口中的“打开文件”快捷按钮播放文件。

视频播放过程中，方法一中的“打开”按钮不再显示，用户可以通过播放控制窗口中的“打开文件”快捷按钮播放新的文件。单击“打开文件”快捷按钮，弹出“打开”对话框（见图9—20），用户选择新的视频文件存放位置，单击“打开”按钮即可播放新的视频文件。

2．打开音频文件

“超级解霸2010”将音频和视频播放器合二为一，打开音频文件的方法和打开视频文件的方法完全相同，只是音频文件打开后只有声音播放，播放屏幕中只显示一个静态的音符符号。在播放列表中，可以通过文件的扩展名清楚地分开音频和视频文件，音频文件播放状态如图9—25所示。

9.4.4 播放光盘

“超级解霸”支持DVD或者VCD碟片的播放。碟片插入光驱后，“超级解霸”自动搜索光盘驱动器，在用户单击“播放光盘”命令后，显示相应的光盘驱动器盘符。

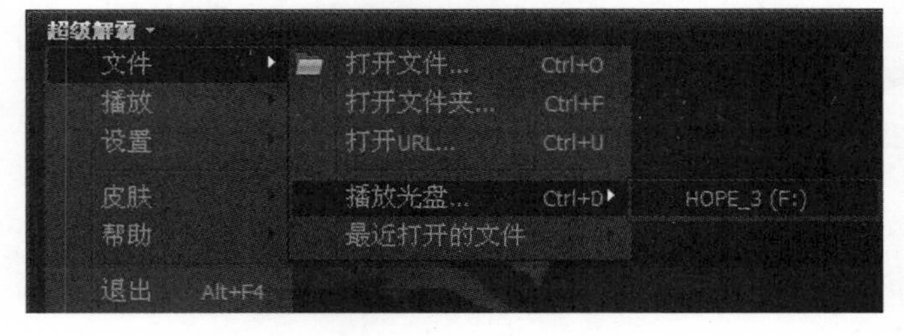

图9—26 文件菜单

例如，用户有一张存放电影“纳尼亚传奇”的光盘，具体的播放方法如下：

① 单击“超级解霸”功能菜单，

选择“文件”菜单，单击“播放光盘”命令，如图9—26所示。

② 在级联菜单中显示的是光盘的盘符与卷标，单击卷标就可以播放光盘内容了，同时在播放列表中也会添加光盘中所有的视频文件。

9.4.5 网络视频播放

“超级解霸”不仅能播放本地音频与视频文件，同时也有丰富的网络音频和视频资料供用户选择观看。在播放列表右侧，就是“高清影视”区，点击即可进入点播界面，如图9—27所示。

“高清影视区”根目录显示的是音频和视频资料的分类汇总界面，鼠标双击任意分类，就会显示此分类下的所有文件汇总。根据题目的内容，用户可以随意找到喜欢的音视频文件进行欣赏。当用户双击某部影片时，软件会先将其调入播放列表，视一部影片的长短，“超级解霸”将其分成3—9段。用户需要在播放列表中选择要观看的影片片段，无法像其他同类软件那样直接播放。

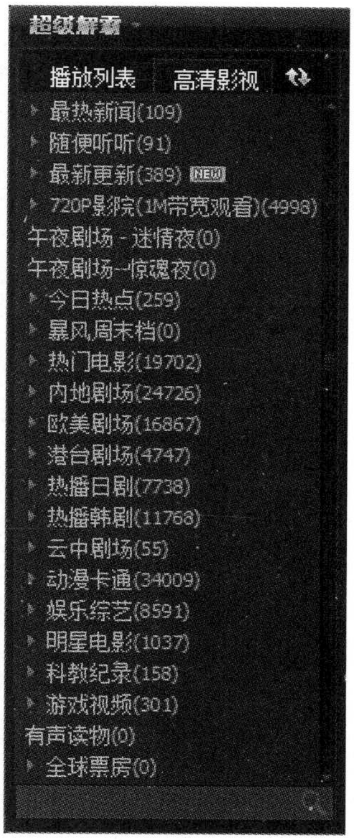

图9—27 “高清影视”区

例如，用户要观看“720P影院”栏目内的视频文件，基本操作步骤如下：

① 鼠标双击“720P影院”，展开此目录下所有分类内容，如图9—28所示。

② 鼠标双击“战争”目录，显示此目录下所有的影视资源，如图9—29所示。

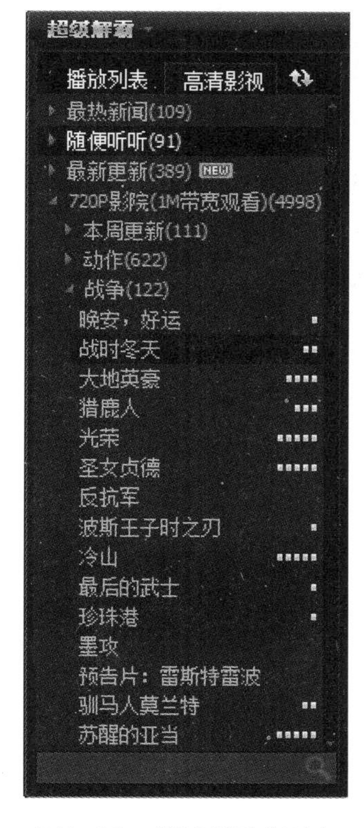

图9—28 “720影院”列表

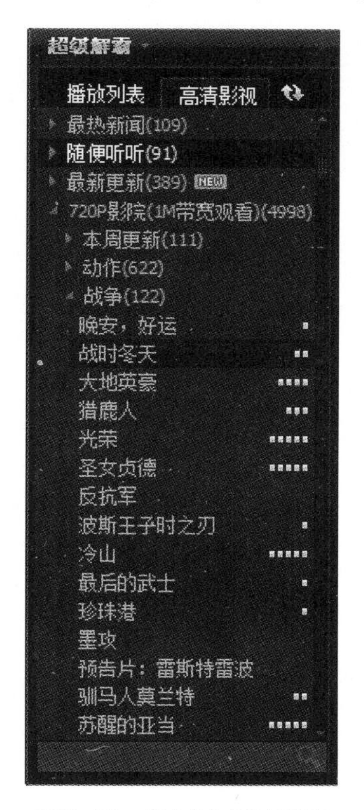

图9—29 “战争”目录列表

图9—30 “战时冬天”资源列表

③ 在电影目录中，选择目标电影并双击鼠标，可把电影文件调入到播放列表中。例如，用户双击电影“战时冬天”，界面自动转入到播放列表界面，并自动添加“战时冬天”的上下集资料，如图9—30所示。

④ 鼠标双击“战时冬天_01”，等待界面缓冲结束，就可以观看电影了。

“高清影视”频道下汇集了上百部影片、剧集，要想快速地查找某个影视文件就要依赖影片搜索功能。在频道列表下方就是一个实时节目搜索框，将电影片名输入其中，“超级解霸”就会自动完成搜索，并显示搜索结果。

9.5 超级解霸播放设置

9.5.1 播放控制的设置

用户可以根据需求对超级解霸的播放方式进行实时设置，下面简单介绍“超级解霸2010”的常用设置方法。

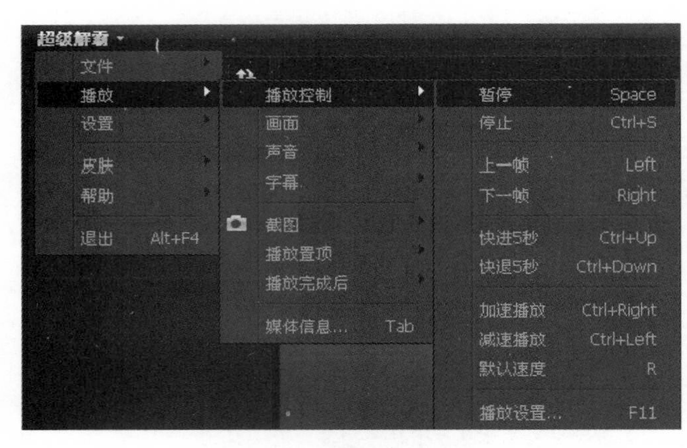

图9—31 “播放控制”菜单

1. 播放控制菜单

鼠标单击“超级解霸”按钮，选择“播放”菜单的“播放控置”组，在其级联菜单中显示了所有的操作，包括暂停、停止、上一帧、下一帧、快进、快退等命令，如图9—31所示。

播放视频文件时，在播放窗口中单击鼠标右键，也可以弹出此菜单。

下面简单介绍各个命令功能：

- 暂停：暂时停止影片的播放，画面处于静止状态。
- 停止：结束影片的播放，“超级解霸”界面变成初始状态。
- 上一帧：对人的视觉来说，每秒钟播放24幅图像就可以感觉到连续的运动画面，每一个画面就称为一帧。在视频播放的过程中，用户有时想要精确地看到某个画面，就需要执行“上一帧”或“下一帧”命令。例如，单击“上一帧”按钮，将视频向前移动一帧。
- 下一帧：将视频向后移动一帧。无论单击“上一帧”还是“下一帧”命令，视频都会成为暂停状态，鼠标单击画面的任意部分，可继续播放视频文件。

● 快进/快退5秒：单击“快进/快退5秒”命令，视频自动向前/向后，间隔5秒后继续播放。

● 加速播放：视频按原始速率的2倍进行播放。

● 减速播放：视频按原始速率的0.5倍进行播放。例如，如果在观看培训视频的同时记笔记，可以减小播放速度。

● 默认速度：若要返回到正常播放速度，单击“默认速度”。

2．播放控制按钮

在视频播放窗口显示区下方，显示播放时长和播放控制窗口，如图9－32所示。

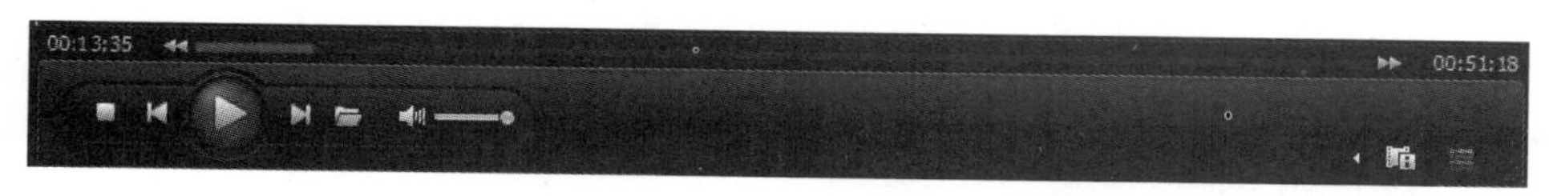

图9－32 “播放控制”窗口

播放时长和播放控制窗口中的按钮功能如下：

● 播放时长：播放时长分影片总时长、当前播放时长、悬停取时三部分。最左侧显示的时间是当前播放时长；在进度条的任意位置悬停鼠标，可显示该点相对视频总时长的时间值，拖放进度条可以随意更改节目播放的进度；最右侧显示的时间是影片总时长。

播放控制窗口中的功能按钮从左向右依次为：

● 停止按钮：停止影片的播放，播放器处于停止状态。

● 上一个按钮：播放上一个节目，此功能仅适用于本地播放的情况。

● 播放/暂停：影片在播放状态时，单击“暂停”按钮可以暂停播放的影片，此时，“暂停”按钮变成“播放”按钮；处在“暂停”状态的影片，单击“播放”按钮，可以继续播放影片。

● 下一个按钮：顺序播放下一个节目。

● 声音调节按钮：单击声音调节按钮，可以静音，按钮图标变成，再次单击鼠标可以取消静音。声音调节按钮右侧的声音指示条可以调节音量，向右拖动调节点声音变大，反之变小。滚动鼠标的中键也可以调节音量。

● 打开文件快捷按钮：在影片的播放过程中，用户单击“打开文件”快捷按钮，可以快速地更改播放影片，非常方便。

9.5.2 播放画面的设置

“超级解霸”为满足用户不同的观影方式，提供了三种播放模式及四种播放比例。鼠标单击“超级解霸”功能菜单，选择“播放”文件夹下的“画面”组件，弹出

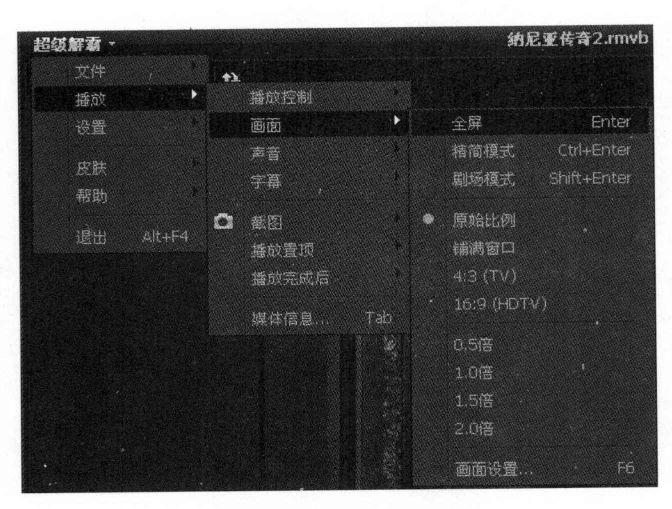

图9—33 “播放”菜单

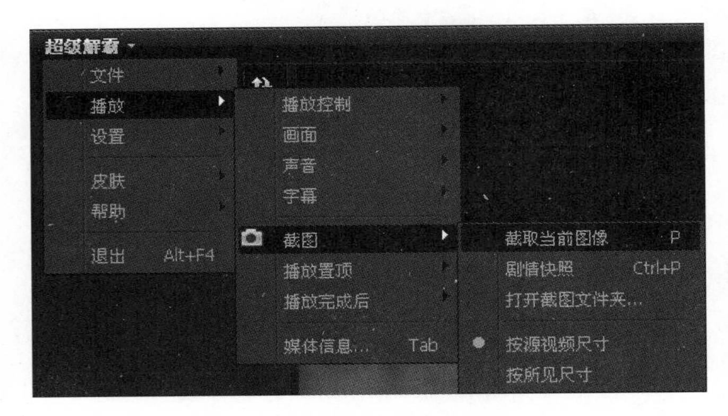

图9—34 “截图”菜单

图9—35 “截图”界面

“画面”子菜单，如图9—33所示。

“超级解霸”播放窗口能够根据不同显示器、画面比例进行自由变换。“画面”菜单下各个命令的功能如下：

● 全屏模式：全屏模式就是占有整个电脑屏幕。

● 精简模式：精简模式将界面中除播放窗口以外的所有部分全部隐藏起来。

● 原始比例：影片拍摄时使用的比例。

● 铺满窗口：按屏幕比例全屏显示。

● 4∶3（TV）/16∶9（HDTV）：4∶3与16∶9指的是画面长宽比。16∶9接近该黄金分割线，选择16∶9比选择4∶3的视觉效果更好。

9.5.3 视频截图

1．视频截图

在视频播放过程中，用户可以利用“视频截图”功能，抓取喜欢的场景，作为图片文件保存在磁盘中。

用户需要截屏时，单击“超级解霸”功能菜单，选择“播放”子菜单，在子菜单中选择“截图”菜单，单击“截取当前图像”命令，如图9—34所示。

例如，当电影《纳尼亚传奇》播放到22分39秒的时候，用户按照上述方法，单击“截取当前图像”命令，如图9—35所示。

“截取当前图像”命令可以把当前画面作为一张图片保存在指定的文件夹中。单击“截取当前图像”命令，屏幕左上角弹出提示信息，提示“当前图片已保存”，同时提示图片保存的位置。

鼠标单击“截图”菜单下的“打开截图文件夹”命令，弹出图片保存的默认文件夹，文件夹中存放着刚刚截取的图片。例如，用户在如图9—35所示的播放画面下进行截图，在默认的文件夹中就会存储这张图片。打开默认文件夹，可以看到刚刚存储的图片文件，如图9—36所示。

图9—36 截图文件夹

保存图片的文件夹是播放器默认的文件夹，如果用户要将图片存放到自定义文件夹中，可以使用“截图设置”命令更改文件存放位置。单击“超级解霸”窗口左上角的“超级解霸”功能菜单，单击“设置”菜单中的“常规设置”命令，打开“高级选项”对话框。单击对话框左侧的“截图设置”命令，可以更改文件存放位置，“高级选项”对话框如图9—37所示。

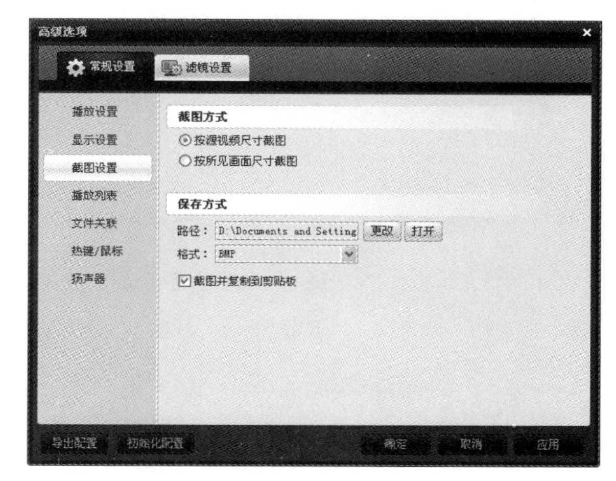

图9—37 “高级选项”对话框

对话框中各选项功能如下：

① 截图方式：选择“按源视频尺寸截图”命令，系统按照视频的原始尺寸进行截图；选择“按所见画面尺寸截图”命令，系统按照视频窗口的实际尺寸进行截图。

② 保存方式：路径文本框显示的是系统当前截图存放的路径。单击“更改”按钮，弹出“浏览文件夹”对话框，用户可以设定新的图片存储位置；单击“打开”按钮，弹出系统上一次设定的默认文件夹；单击“格式”下拉列表，可以选择图片的存储格式，共有BMP、JPG和PNG三种图片格式供用户选择。

设置结束后，单击“应用”按钮，可以保存相关选项；单击“确定”按钮，可以保存相关选项并关闭“高级选项”对话框。

2. 剧情快照

对于没有看过的影片，剧情快照可以帮助用户提前预览剧情，大概了解剧情和剧中人物。剧情快照按照一定的时间间隔，将影片用12幅画面汇编在一起，形成一份静态的影片缩略图，生成的剧情海报可以让用户提前预览当前影片的大体情节。

当视频播放时，鼠标单击“超级解霸”功能菜单，选择“播放”子菜单；在子菜单中选择“截图”文件夹，单击“剧情快照”命令，播放器自动提取影片中不同时间点的场景，生成影片的剧情快照。影片播放时，在视频播放区单击鼠

图9—38 剧情快照

标右键，弹出的快捷菜单也有“剧情快照”命令，可以生成精美的剧情图片。

例如，生成影片“纳尼亚传奇”的剧情快照，如图9—38所示。

在生成的剧情快照上方显示了影片的相关信息，其中包括片名、影片的播放总时长、编码方式及文件的大小和分辨率，用户可以通过这些信息对影片有更详细的了解。

9.5.4 播放顺序设置

1. 播放置顶

“置顶”就是当有多个程序运行时，置顶的窗口总是在所有打开窗口的最前方。“播放置顶”就是在用户播放视频或音频文件时，打开的其他程序窗口都在播放器后方显示。也就是说，用户始终可以看到完整的播放窗口，而不被其他窗口挡住。当用户边看视频边做其他工作的时候，设置“播放器置顶”播放方式可以使视频窗口不被其他窗口覆盖，保证用户观看视频播放的过程不被打扰。尤其是现在很多网页可以自动弹出一些广告页面，这些页面总是会打断用户观看视频，影响观影效果。设置“播放器置顶”播放方式后，就不会出现这种情况了。

鼠标单击“超级解霸”功能菜单，选择“播放”子菜单，单击“播放置顶”文件夹，其子菜单中有三项命令，分别为“播放时”、“始终”与“从不”，如图9—39所示。

菜单中各命令的功能如下：

① 播放时：鼠标选择“播放时”命令，只有视频文件在播放过程中“超级解霸”界面才处于置顶状态，播放暂停或播放结束状态时“置顶”命令不起作用。

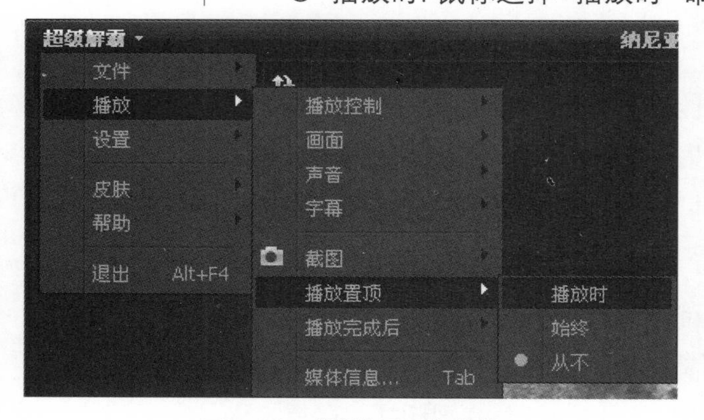

图9—39 “播放置顶”菜单

② 始终：只要“超级解霸”处于活动状态，则“置顶”命令一直有效。

③ 从不：表示“超级解霸”与其他程序一样，可以调整位置，能覆盖其他窗口，也可被其他窗口挡住。

2. 播放模式

单击播放列表右下方的“设置播放模式”图标，可以设置“超级解霸”的播放模式。“播放模式”菜单如图9—40所示。

播放模式有单个播放、顺序播放、随机播放和循环播放等选项，菜单中各命令的功能如下：

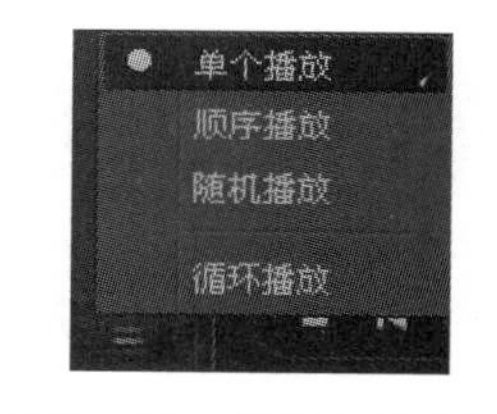

图9—40 “播放模式”菜单

① 单个播放：只播放选择的音频或视频文件，播放结束就停止。

② 顺序播放：按播放列表中文件的顺序播放，全部文件播放结束就停止。

③ 随机播放：所有在播放列表中的文件不按顺序播放，系统随机选择文件进行播放。

④ 循环播放：如果想重复单个播放、顺序播放、随机播放这三个状态的任意一种，需要单击“循环播放”命令，此时“循环播放”前会出现一个“√”（见图9—40），再次单击鼠标，可以取消循环播放状态。

本章小结

本章介绍了媒体播放器的概念、播放器的分类、主要产品及特点，详细介绍了超级解霸播放工具的使用，包括超级解霸的工作界面、播放列表、播放控制菜单、播放控制按钮、视频截图、播放顺序等知识点。

思考题

1. 在播放列表中添加6首自己喜欢的音乐，设定音乐播放模式为顺序并循环播放。

2. 播放一部自己喜爱的电影，结合本章所学内容做相应设置，使电影播放结束后自动关闭。

3. 在播放电影的过程中，截取一张自己喜欢的场景作为图片文件保存，并设置保存路径为“E:\喜爱电影\”。

4. 单击“设置”菜单中的“常规设置”命令，可以打开“高级选项”对话框，对话框中包含文件关联选项如图9—41所示，请说明文件关联设置的相关含义。

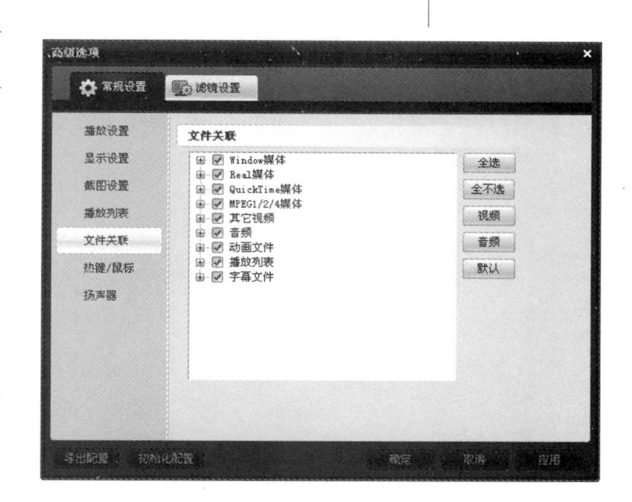

图9—41 “高级选项”对话框

第10章
图片浏览软件

目前，图片是最常用的媒体形式之一，用户常常需要借助工具软件对图片进行浏览、处理和修改等操作。ACDSee是ACDSystems公司开发的图像管理软件，是目前最流行的图像处理软件之一，它广泛应用于图片的获取、管理、浏览、优化甚至和他人的分享。

本章主要介绍ACDSee 10.0简体中文版处理图片的一些基本操作，通过大量实例使读者快速地掌握图片处理的基本方法及ACDSee的基本功能。

知识要点

第10.1节：图片类型，图片格式

第10.2节：文件下载，ACDSee的安装，ACDSee的启动，ACDSee的退出

第10.3节：文件打开，收藏夹设置，图片搜索，图片缩放，图片旋转，图片播放，图片查看模式

第10.4节：图片尺寸调整，图片裁剪，图片保存

10.1 图片类型及其格式

随着数码相机、数码摄像机等电子产品的普及以及多媒体技术的应用，人们欣赏和处理图片的频率越来越高，了解图片的类型及其格式可以帮助用户更好地管理图片。图片的类型是指计算机存储图片的方式与压缩方法，通常可以通过查看图片文件的扩展名来了解图片的类型及其格式。图片可以以多种文件格式进行储存，常用的图片格式有BMP、JPEG、GIF、PNG、TIFF、PSD、RAW等。下面简单介绍这几种格式。

① BMP格式：BMP格式是Windows系统下的标准位图格式，在Windows环境中运行的图形图像软件都支持BMP图像格式，使用很普遍。其结构简单，未经过压缩，一般图像文件会比较大。

② JPEG格式：JPEG格式是目前网络上最流行的图像格式，是可以把文件压缩到最小的格式。它采用一种特殊的有损压缩算法，将不易被人眼察觉的图像颜色删除，从而达到较大的压缩比（可达到2:1甚至40:1）。因为JPEG格式的文件所占空间小，下载速度快，目前各类浏览器均支持JPEG这种图像格式。

③ GIF格式：GIF格式图片支持透明度、压缩、交错和多图像图片（动画GIF），适用于多种操作系统。GIF文件的数据是一种基于LZW算法的连续色调的无损压缩格式，它的特点是压缩比高，磁盘空间占用较少，其压缩率一般在50%左右。由于其文件所占空间小，网上很多小动画都是GIF格式。

④ PNG格式：PNG格式的原名称为“可移植性网络图像”，是一种新兴的网络图像格式，它汲取了GIF和JPEG二者的优点，能把图像文件压缩到极限以利于网络传输，又能保留所有与图像品质有关的信息。它的显示速度很快，只需下载图像信息的1/64就可以显示出低分辨率的预览图像。与JPEG格式类似，网页中有很多图片都采用这种格式，它压缩比高于GIF格式，同时支持图像透明，可以利用Alpha通道调节图像的透明度。

⑤ TIFF格式：TIFF格式是Mac中广泛使用的图像格式。TIFF标记图像文件格式是现存图像文件格式中最复杂的一种，它具有扩展性、方便性、可改性，TIFF被认为是印刷行业中最受支持的图形文件格式。

⑥ PSD格式：PSD格式是Photoshop默认的文件格式，这种格式可以存储Photoshop文件中所有的图层、图层效果、Alpha通道、参考线、剪贴路径和颜色模式等信息。PSD格式在保存时会被压缩，但与其他文件格式相比，文件要大很多。因为它存储了所有的原图信息，编辑修改很方便。

⑦ RAW图像格式：RAW格式是未经处理、未经压缩的格式，可以把RAW概念化为“原始图像编码数据”或更形象地称为“数码底片”。与TIFF格式一

样，RAW是一种“无损失”数据格式，对于500万像素的数码相机，一个RAW文件保存了500万个点的感光数据。目前越来越多的数码相机已开始使用RAW格式拍摄照片，这样用户可以任意调整色温和白平衡，进行类似“暗房”的制作，而且不会造成图像质量的损失，保持了图像的品质。但是用户所拍摄的RAW格式的图片不能在计算机浏览器直接打开，这是因为RAW数据没有进行图像处理，没有生成通用图像文件，所以想打开RAW文件，只能利用数码相机附带的RAW数据处理软件，将其转换成TIFF格式或者其他普通格式。

10.2 ACDSee的下载与安装

ACDSee是由ACD Systems开发的一款图像管理软件，几乎支持所有的图形格式，并带有部分专业的图像处理功能。它提供了良好的操作界面、简单的人性化操作方式、优质快速的图形解码方式和强大的图形文件管理功能等。

10.2.1 ACDSee的下载与安装

1. ACDSee的下载

通过“百度”搜索引擎可以搜索到很多ACDSee的下载网址，现在主流的应用版本是ACDSee 10.0，下载的基本步骤如下：

① 打开IE浏览器，在地址栏中输入百度的网址“www.baidu.com”，进入“百度”搜索引擎，如图10—1所示。

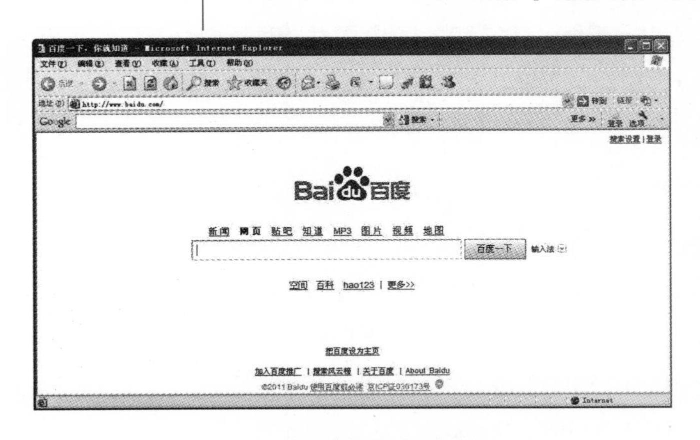

图10—1 “百度”搜索引擎页面

② 在搜索文本框中输入“ACDsee 10.0简体中文版”，如图10—2所示。

图10—2 “百度”搜索引擎页面

③ 在百度搜索引擎中单击“百度一下”按钮。使用百度搜索出来的网页多数可以下载ACDSee 10.0简体中文版（为了避免感染病毒，建议在官方网站或者大型网站下载），搜索结果如图10—3所示。[①]

① 搜索引擎不同时间推荐的网页有所不同。

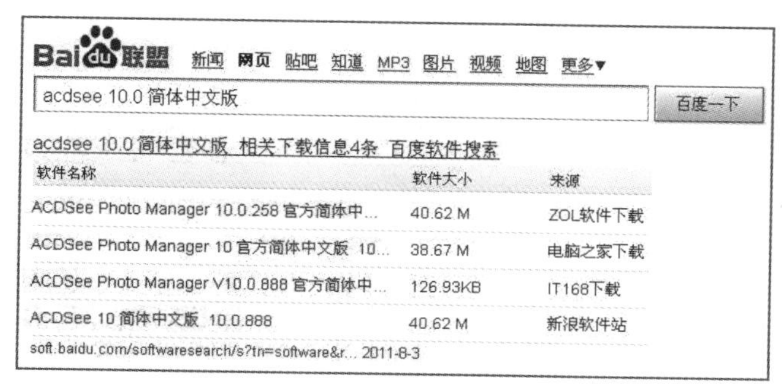

图10—3 搜索结果

图10—4 “ACDSee下载”页面

④ 用户选择位于搜索结果中最上方的网页进行下载，单击鼠标左键打开网页，弹出的下载页面如图10—4所示。

⑤ 左键单击网页中“立即下载”按钮，打开新的下载页面，如图10—5所示。

⑥ 在下载地址网页中，服务器会根据用户IP地址的不同推荐不同的下载地址，例如本例中服务器推荐使用电信下载，鼠标右键单击“电信下载一”按钮，弹出的快捷菜单如图10—6所示。

图10—5 “ACDSee下载”地址

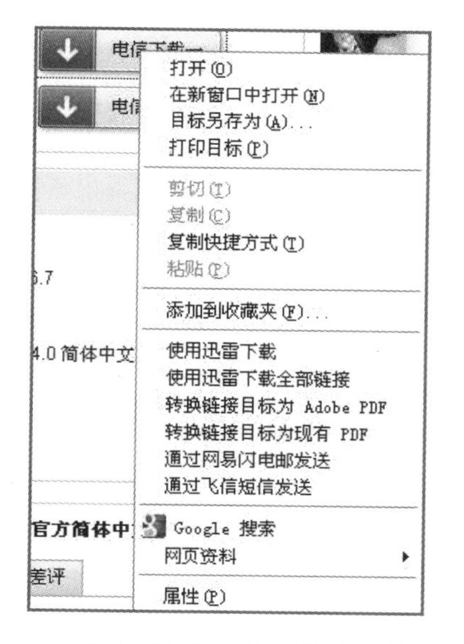

图10—6 “电信下载一”快捷菜单

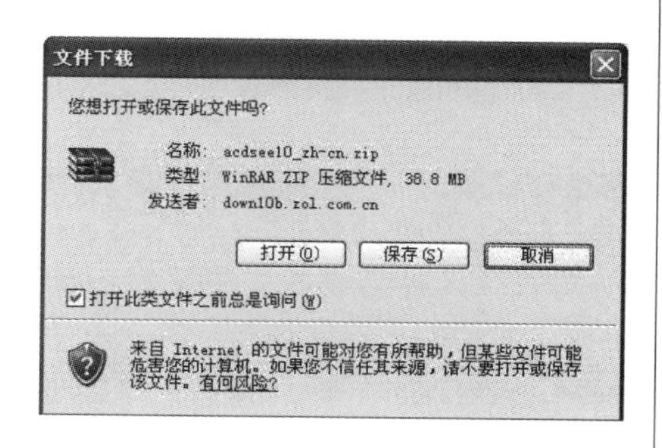

图10—7 文件下载窗口

⑦ 在快捷菜单中左键单击“目标另存为...”按钮，弹出文件下载窗口，如图10—7所示。

⑧ 单击“保存”按钮，弹出“另存为”对话框，如图10—8所示。

⑨ 单击“保存在”下拉菜单，选择将文件保存在“E盘”，左键单击“保存”按钮，文件开始下载，如图10—9所示。

图10—8 “另存为”窗口

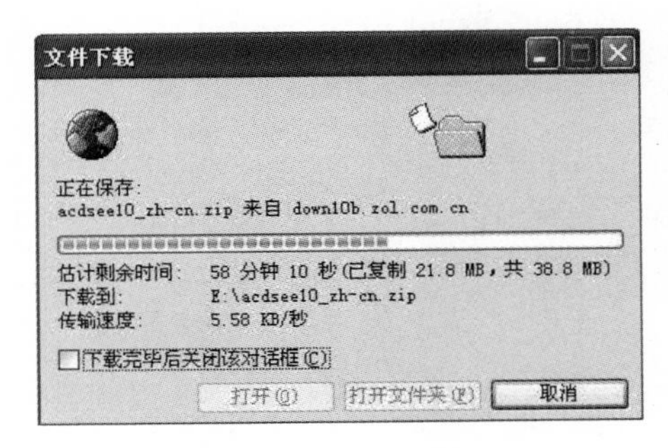

图10—9 “文件下载”窗口

图10—10 下载文件所在的文件夹

⑩ 当绿色指示条移动到最右侧时表示文件完成下载,“打开”及“打开文件夹”按钮灰化取消,单击“打开文件夹”按钮打开“E盘”,可以看到ACDSee的安装文件,如图10—10所示。

2. ACDSee的安装

下载的ACDSee安装软件是压缩文件,需要先解压缩后再进行安装。解压缩的方法是右键单击压缩包,弹出如图10—11所示的窗口。

鼠标单击选择“解压到当前文件夹”命令,文件解压后,在“E盘”下就出现了ACDSee的安装文件,如图10—12所示。

具体的安装过程如下:

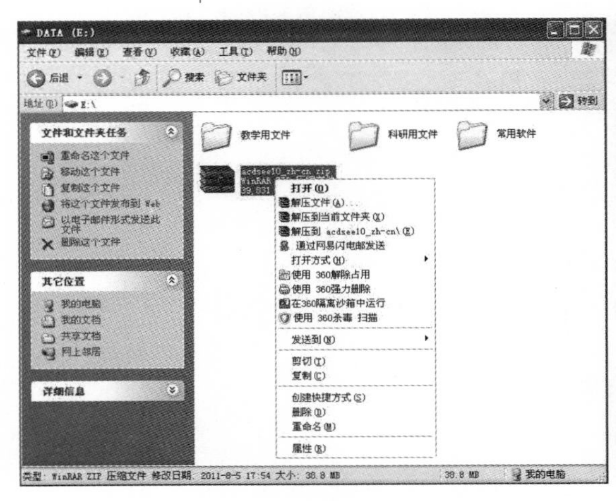

图10—11 “解压缩文件”对话框

图10—12 解压缩后的安装文件

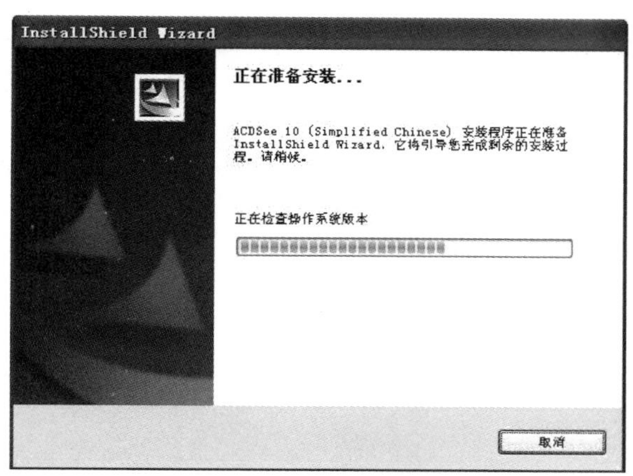

图10—13　“ACDSee” 安装向导对话框

图10—14　“ACDSee” 安装向导对话框

① 打开ACDSee安装程序所在的文件夹，鼠标左键双击ACDSee安装文件图标，弹出安装向导窗口，如图10—13所示，大约1 s后安装向导检查过操作系统版本之后，自动弹出如图10—14的安装界面。

② 左键单击“下一步”按钮，开始ACDSee的安装，安装向导如图10—15所示。

图10—15　“ACDSee” 安装向导对话框

单击窗口最右侧的垂直滚动条可以看到完整的协议内容。如果认同协议中的条款，可以单击“我接受”按钮；如果不同意协议中的内容，可以单击“取消”按钮，取消安装过程。

③ 单击“我接受该许可证协议中的条款”单选按钮，“下一步”按钮高亮显示，单击“下一步”按钮，弹出安装类型窗口，如图10—16所示。

安装类型有“完整安装”与“自定义”两种方式，默认的选项是完整安装。选择”完整安装”，系统将程序的所有功能完全安装，虽然占用的磁盘空间较多，但是安装的程序功能较多，建议初学者选择这一选项。”自定义”安装可以根据用户需要选择安装程序的功能和安装位置，建议熟练用户使用。

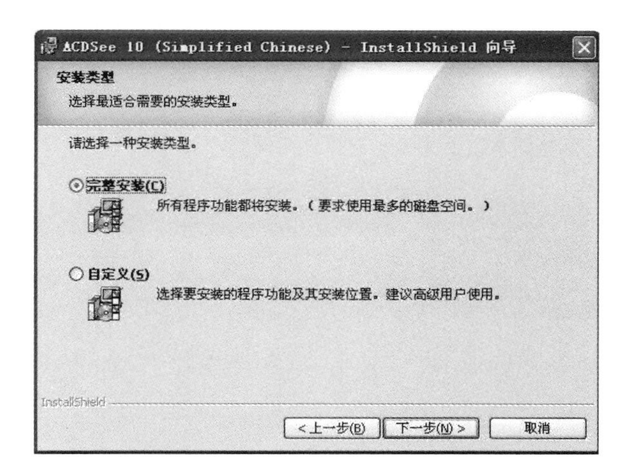

图10—16　“ACDSee” 安装向导对话框

④ 单击“下一步”按钮，弹出如图10—17所示的安装界面。

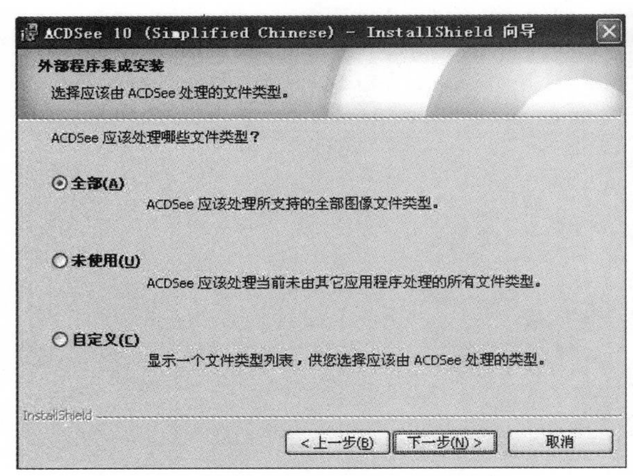

图10—17　“ACDSee”安装向导对话框

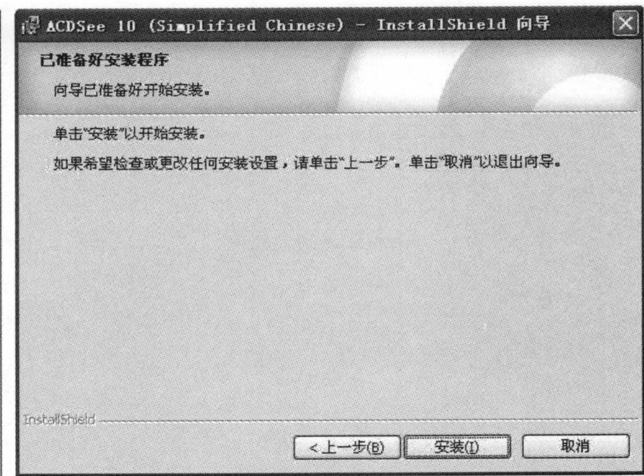

图10—18　“ACDSee”安装向导对话框

这一步系统选择由ACDSee处理的文件类型，默认的是“全部”选项，这样ACDSee可以处理所支持的全部图像文件类型，建议用户选择这一选项。

⑤ 单击安装向导中的“下一步”按钮，如图10—18所示。

⑥ 单击安装向导中的“安装”按钮，系统开始安装ACDSee，如图10—19所示。绿色进度条运行到最右侧时安装过程结束，结束后弹出如图10—20所示的界面。

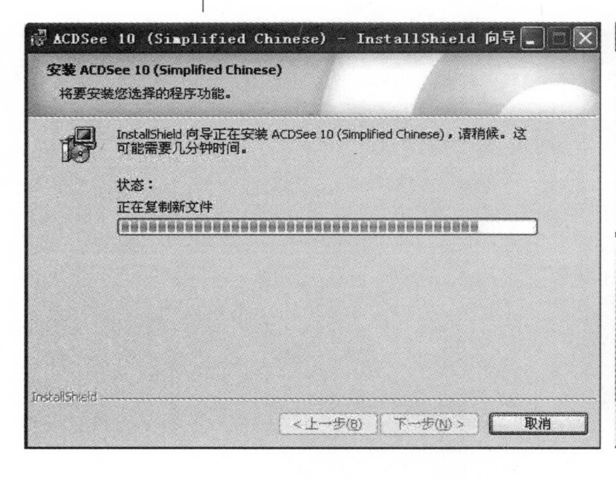

图10—19　“ACDSee”安装向导对话框

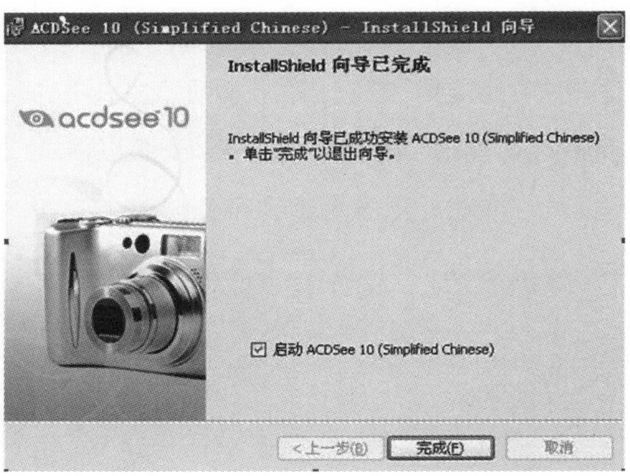

图10—20　“ACDSee”安装向导对话框

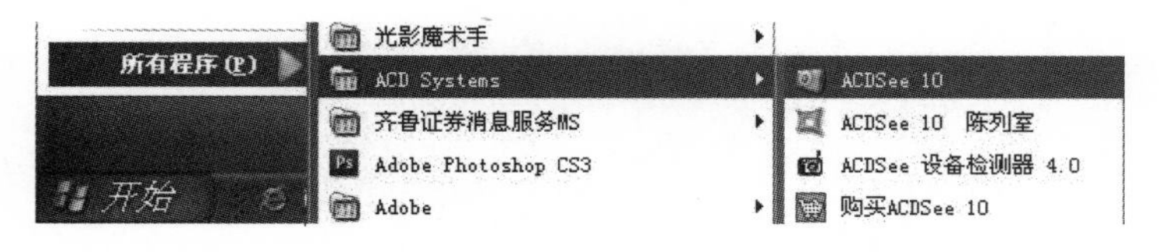

图10—21　“开始”菜单中“ACD Systems”程序组

安装界面中默认勾选了自动运行复选框（如图10—20），单击“完成”按钮后，系统会自动运行ACDSee。

⑦ 单击安装向导中的“完成”按钮，ACDSee安装成功。软件成功安装后，在“开始”菜单的“所有程序”文件夹中可以看到ACDSee程序，如图10—21所示。

10.2.2　ACDSee的启动与退出

1. ACDSee的启动

启动ACDSee的方法与启动其他应用程序的方法类似，主要有三种常用方法。通过开始菜单启动，基本操作步骤如下：

① 在Windows桌面任务栏中左键单击“开始”按钮，打开“开始”菜单。

② 将鼠标指针指向“所有程序”，弹出相应的级联菜单。

③ 将鼠标指针指向“ACD Systems”，弹出ACDSee套件相应的级联菜单。

④ 左键单击“ACDSee 10”命令，即可启动ACDSee。

除了通过“开始”菜单启动ACDSee的方法之外，还可以通过命令方式或者快捷方式来启动ACDSee。

左键单击Windows桌面任务栏中的“开始”按钮，在打开的“开始”菜单中单击“运行”命令，弹出“运行”对话框，在对话框中输入“ACDSee”，然后左键单击“确定”按钮，即可启动ACDSee。

通过快捷方式启动的方法很简单，在桌面上找到“ACDSee 10”的快捷方式图标，左键双击该图标，即可启动ACDSee。如果需要创建快捷方式，首先单击“开始”菜单，找到ACDSee程序，然后在ACDSee程序上单击右键，选择“发送到”菜单中的“桌面快捷方式”命令即可。

启动ACDSee后，工作界面如图10—22所示。

图10—22　ACDSee“浏览器”工作界面

2. ACDSee的退出

退出ACDSee通常有四种方法：单击ACDSee标题栏右上角的“关闭”按钮，或者选择“文件”菜单中的“退出”命令，均可关闭ACDSee；左键双击ACDSee标题栏左上角的控制菜单按钮，或在ACDSee软件处于活动状态下按Alt+F4组合键，也可以关闭ACDSee。

10.3 使用ACDSee浏览图片

10.3.1 ACDSee工作界面

ACDSee用户界面提供便捷的途径来使用各种工具与功能，利用它们可以浏览、查看、编辑和管理图片与媒体文件。ACDSee由三个主要部分组成：“浏览器”、“查看器”和“编辑模式”。

1. 浏览器

ACDSee“浏览器”是用户界面的主要浏览与管理组件，启动ACDSee后出现的界面就是浏览器（见图10—22）。

ACDSee“浏览器”界面由若干窗格组成，大多数窗格不用时可以关闭。ACDSee“浏览器”界面及常用窗格功能介绍如下：

(1) 主工具栏

主工具栏提供常用命令的快捷方式，包括后退、前进、向上、获取照片等命令。

(2) 上下文相关工具栏

也可称为工具选项栏，当用户选择不同工具时，上下文相关工具栏根据“浏览器”中当前所选的项目提供不同的快捷方式。

(3) “文件列表”窗格

“文件列表”窗格总是可见的，它显示当前文件夹的内容和最新的搜索结果。

(4) “文件夹”窗格

“文件夹”窗格显示计算机的目录结构，类似于Windows的“资源管理器”中的目录树。用户可以使用“文件夹”窗格来浏览文件夹，并在“文件列表”窗格中显示其中的内容。通过单击窗格左侧各个文件夹的“轻松选择”框，还可以在“文件列表”中显示多个文件夹的内容。

(5) “预览”窗格

“预览”窗格显示“文件列表”窗格中当前所选图像或媒体文件的缩略图预览和直方图。用户可以通过调整“预览”窗格来调整缩略图的大小，还可以指定是在“预览”窗格中播放媒体文件还是仅显示第一帧。

(6) “整理”窗格

“整理”窗格列出可指定给文件的类别与评级，以帮助排序和管理文件。用户也可以使用“整理”窗格中“特殊项目”区域，快速查看计算机上的所有图像，以及当前文件夹中未分类的文件。

(7) 状态栏

状态栏位于“浏览器”窗口的底部，显示当前所选的文件、文件夹或类别的有关信息。

“文件列表”窗格总是可见的，关闭其他窗格后，ACDSee“浏览器”界面如图10—23所示。

图10—23 ACDSee“浏览器”工作界面

2. 查看器

“查看器”用来播放媒体文件，并使用完整的分辨率一次显示一张图像，用户还可以在“查看器”中打开窗格来查看图像属性，按照不同的缩放比例显示图像的区域，或是查看详细的颜色信息。在“Windows资源管理器”中双击关联的文件类型，可以直接打开查看器，使用查看器可以快速翻阅某个文件夹中的全部图像，“查看器”界面如图10—24所示。

图10—24 ACDSee“查看器”工作界面

ACDSee“查看器”工作界面介绍如下：

(1) “查看器”工具栏

“查看器”工具栏提供常用命令的快捷方式，用户可以通过在工具栏上的设置选项来显示或隐藏工具栏，并且可以使用大图标或小图标。

(2) “编辑”工具栏

“编辑”工具栏位于“查看器”左侧，“编辑”工具栏提供ACDSee“编辑模式”中各种编辑工具的快捷方式。

(3) 编辑区域

编辑区域是“查看器”的主要区域，用于显示当前图像或媒体文件，用户可以自定义“查看器”窗口，缩小或放大图像与媒体文件。

(4) 状态栏

状态栏位于查看器窗口底部，显示当前图像或媒体文件的有关信息，例如，图片的名称、图片大小等信息。

3. 编辑模式

用户可以在ACDSee的“编辑模式”中打开图像，使用编辑工具可以调整或增强图像效果，“编辑模式”界面如图10—25所示。

图10—25　ACDSee“编辑模式”工作界面

ACDSee“编辑模式”工作界面介绍如下：

(1)“编辑模式”工具栏

“编辑模式”工具栏提供常用的命令与缩放控件。

(2) 编辑面板

屏幕左侧显示“编辑面板”，提供所有的编辑工具与效果。在“编辑面板”中，单击某个名称可以打开该工具，并使用它来编辑图像。编辑面板提供了很多工具，还提供一个可以自定义的菜单，在不使用时可以将其关闭或隐藏。

(3)“缩放”控件

编辑图像时，可以使用“编辑模式”右上角的“缩放”控件来调整图像的缩放比例。

(4) 预览窗口

预览窗口可以预览图像的编辑效果。

(5) 状态栏

状态栏位于窗口最下方，显示正在编辑的图像的有关信息，例如，图片的修改日期、图片的缩放比例等。

10.3.2　图片的打开

1. 图片的打开

方法一：使用“打开”命令打开图片。

在“文件”菜单中，执行“打开”命令可以打开图片。左键单击“浏览器”菜单栏中最左端的“文件”命令，在下拉菜单中单击“打开”命令，弹出“打开”对话框。在“查找范围”下拉列表中可以打开图片所在的文件夹，选中要打开的图片，左键单击“打开”按钮就可以打开图片。

例如，在“我的文档”中存放着“家庭照片”文件夹，打开此文件夹里存放的图片，具体操作步骤如下：

① 启动ACDSee，用左键单击“浏览器”菜单栏中的“文件”菜单，如图10–26所示。

② 选中“打开...”命令，打开“打开文件”对话框，如图10–27所示。

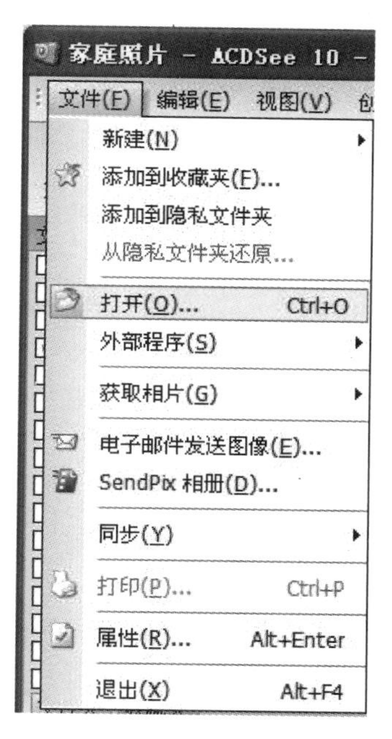

图10–26　“文件”菜单

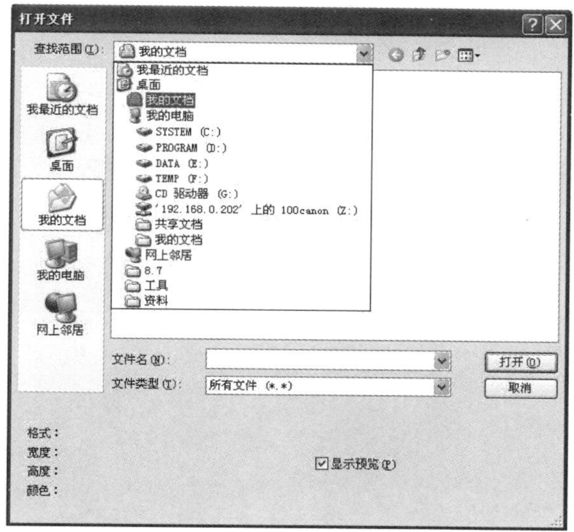

图10–27　“打开文件”对话框

图10–28　“打开文件”对话框

③ 在弹出的“打开文件”对话框中，左键单击“查找范围”下拉列表框，选择“我的文档”，单击“打开”按钮，“打开文件”对话框如图10–28所示。

④ 在弹出的对话框中显示了“我的文档”下所有的文件和文件夹，用户选择“家庭照片”文件夹，即用鼠标单击“家庭照片”文件夹后选择“打开”按钮，“打开文件”对话框如图10–29所示。

⑤ 在弹出的窗口中显示了该文件夹下所有的文件，左键单击任意文件，在窗口下方显示图片预览效果。如果确认要打开这幅图片，则左键单击“打开”

按钮。图片打开后在“查看器”中显示，“查看器”窗口如图10—30所示。

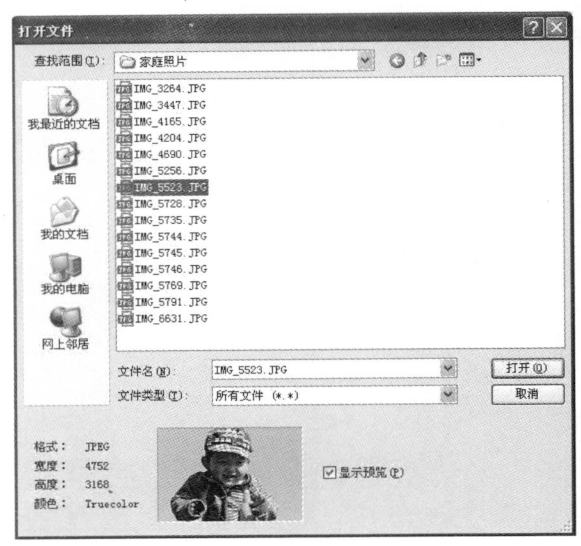

图10—29 “打开文件”对话框

图10—30 “查看器”窗口

如果要同时打开多幅图片，则在第四步的时候鼠标拖动选择多幅图片，再左键单击“打开”按钮，此时预览处显示的是所有照片中第一幅图片的预览图像，如图10—31所示。

图10—31 “打开文件”对话框

图10—32 “查看器”窗口

左键单击“打开”按钮，可以在“浏览器”中同时打开所有选中的图片。

同时打开多幅图片之后，可以在“查看器”中利用快捷按钮顺序切换所有被打开的图片，如图10—32所示。

通过键盘中的方向键或鼠标的中键也可以切换被打开的图片。

左键单击“查看器”右上角的关闭按钮可以关闭“查看器”，关闭“查看器”后“浏览器”中显示所有已被打开的图片，如图10—33所示。

图10—33 “浏览器”窗口

方法二：通过“浏览器”中的“文件夹”窗格打开图片。

“文件夹”窗格中显示计算机的目录结构，类似于Windows的资源管理器中的目录树。用户可以使用“文件夹”窗格来浏览文件夹，并在“文件列表”窗格中显示其中的内容。

图10—34 “浏览器”窗口

例如，用户通过文件夹窗格的方式打开“我的文档”下“风景”文件夹，查看里面的图片，具体操作步骤如下：

① 启动ACDSee，用左键单击浏览器“文件夹”窗格中“我的文档”前面的”+“图标，展开“我的文档”文件夹，左键单击“风景”文件夹，在浏览窗口中以缩略图的方式显示该文件夹中所有的图片，如图10—34所示。

图10—35 “浏览器”窗口

② 通过拖动垂直滚动条可以查看所有图片的缩略图，左键单击任意图片可以在“预览”窗格中显示该图片的缩略图，如图10—35所示。

通过调整预览窗格还可以调整缩略图的大小，左键单击预览窗格的边框，可以将窗格在水平、垂直以及对角线的方向进行缩放。

③ 如果确认要打开这幅图片，则用左键双击图片缩略图，图片被打开并显示在“查看器”中。例如，左键双击“草地”文件缩略图，在“查看器”中打开该图片，如图10—36所示。

图10—36 “查看器”窗口

图10—37 轻松选择栏

2. 选择多个文件夹

普通用户一般会使用Windows自带的“图片查看器”来浏览图片，但这种方式一次只能浏览一个文件夹中的图片，多张图片之间的切换也不是很方便。ACDSee可以轻松地同时打开多个文件夹中的多幅图片。打开多个文件夹中的多幅图片，需要使用“轻松选择栏”，如图10—37所示。

“轻松选择栏”是“文件夹”窗格左侧一列垂直的复选框，用户可以使用“轻松选择栏”选择多个文件夹或类别，并在“文件列表”窗格中显示它们的内容。例如，在图10—35的状态下，用户还要追加显示“卡通”与“家庭照片”文件夹中的图片，只需要用鼠标单击“卡通”与“家庭照片”文件夹前的复选框，所选文件夹中的图片全部被打开，见图10—37，拖动垂直滚动条可以查看全部被打开的图片缩略图。

3. 收藏夹

如果用户有一部分图片或图片所在的文件夹经常使用，还可以使用“收藏夹”窗格给最喜欢的文件、文件夹或应用程序创建快捷方式，这样，就可以在“收藏夹”窗格中快速访问特定的文件，而不必再去搜索。

当用户把常用的图片或文件夹加入到“收藏夹”中去，ACDSee会建立“收藏夹”数据库，在浏览窗口的“收藏夹”栏会列出所有进入“收藏夹”文件的快捷方式。这样，无论文件的路径有多深，都能快速定位，非常方便。

将文件或文件夹加入“收藏夹”的方法非常简单，只需要在文件夹或文件上单击鼠标右键，在弹出的快捷菜单中选择“添加到收藏夹”命令，单击“确定”按钮即可。

10.3.2 图片的获取与搜索

1. 图片的获取

日常生活中用户多数使用数码相机进行拍照，ACDSee可以快速地浏览数码相机中的照片。相机与计算机连接好之后，用鼠标单击菜单栏“获取相片”按钮（见图10—37）。在弹出的下拉菜单中选择“从相机或读卡器”命令，就能打开照片获取向导，轻松导出相机里的照片。

现在的数码相机都支持Exif信息功能，Exif是包含在照片文件头的一段信息，是JPEG和TIFF等格式图片中包含的一组“元数据”，包括了日期时间、光圈、快门、焦距、白平衡、相机型号等详细拍摄参数，在数码相机的浏览模式下可以查看该信息。在ACDSee10.0中可以详细地查看照片的各种属性，包括分辨率、图像大孝光圈、大孝快门时间、焦距、拍摄时间等信息，通过其查看照片的EXIF信息，用户可以提高自己的摄影技术。

2．图片的搜索

当计算机中存储了大量图片，而用户又无法清楚地记住每幅图片的具体存放位置时，查找一张图片会非常麻烦。ACDSee的“搜索”功能可用于在计算机中搜索文件与文件夹，“搜索”操作需要在“浏览器”中进行。在“浏览器”的“视图”菜单中单击“搜索”命令，弹出“搜索”窗格，在该窗格中可以输入文件名、关键词或图像属性来进行搜索。

“快速搜索栏”可以快速查找文件与文件夹，用户只需要在“快速搜索栏”中输入关键词，直接单击“快速搜索栏”右边的“快速搜索”按钮就可以进行搜索，搜索方法简单实用。

10.3.3　图片的查看模式

1．查看模式

ACDSee10.0具备7种查看模式，分别为“略图+详细信息”、“胶片”、“略图”、“平铺”、“图标”、“列表”以及“详细信息”，不同的查看模式有不同特点。更改查看模式的方法：鼠标单击浏览器菜单栏的视图命令，在弹出的下拉菜单中单击视图子菜单，在级联菜单中单击相应的选项即可更改图片的查看模式，如图10—38所示。另外，通过单击文件列表窗口的查看快捷按钮也可以设置图片的查看模式。

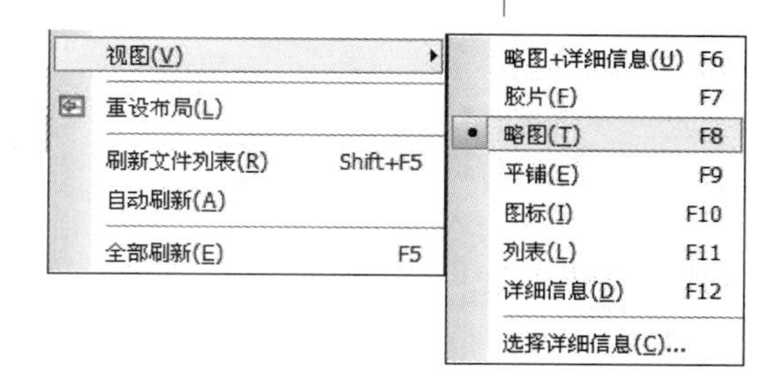

图10—38　“视图”菜单

下面简单介绍各个模式。

① 胶片：在“文件列表”窗格底部单独的一行中显示文件的略图预览，在扩展的“预览”窗格中显示当前所选的图片，如图10—39所示。

② 略图：在“文件列表”窗格中显示全部图像与媒体文件的略图预览，

图10—39　胶片模式

图10—40　平铺模式

ACDSee浏览器默认的查看模式就是“略图”模式。

③ 平铺：在“文件列表”窗格中以平铺的方式显示每一个文件，包括“略图”预览与文件信息。通过拖动略图大小滑块，可以调整文件略图平铺的大小，如图10—40所示。

④ 图标：在列表中显示文件，以默认的系统大图标显示每种文件类型。

⑤ 列表：显示包含文件名与扩展名的列表。

⑥ 详细信息：显示文件名列表以及每个文件的详细信息，如大小、格式以及创建日期。

⑦ 略图+详细信息：在列表中显示文件名与详细信息，并将略图预览添加到文件名列。例如在10—41中，用户可以看到这幅图像的基本信息，包括文件名、文件大小、图像类型、修改日期、图像属性、标题和评级等信息。

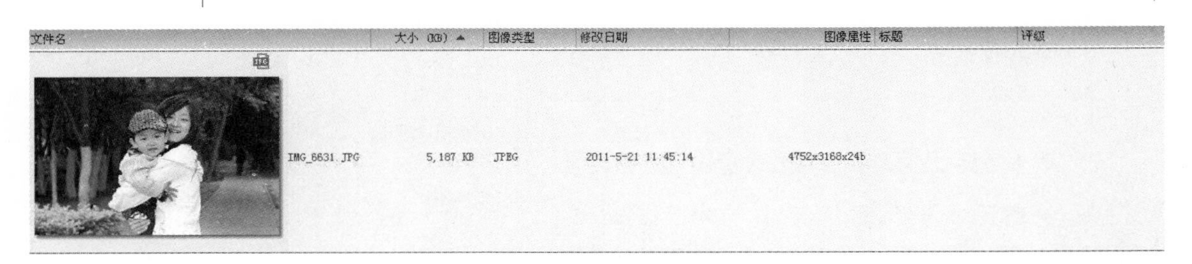

图10—41　略图+详细信息

2. 自定义详细信息

在“详细信息”与“略图+详细信息”查看模式中，图像显示信息仅仅是其全部信息的一部分，用户可以根据自己不同的需要对详细信息进行设置。

左键单击“视图”菜单（见图10—38）中“选择详细信息”命令，弹出“选择详细信息”对话框，如图10—42所示。

“选择详细信息”对话框中各命令的详细含义如下：

添加信息：在“可用的详细信息”窗格中选择一个文件夹或详细信息名称，然后单击“添加”按钮，添加文件夹时会添加该文件夹中的所有详细信息名称。

删除信息：在当前显示的详细信息窗格中选择一个详细信息名称，然后单击删除。

调整位置：要在文件列表窗格中向左移动某列，在当前显示的详细信息窗格中选择其名称，然后单击上移；要在文件列表窗格中向右移动某列，在当前显示的详细信息窗格中选择其名称，然后单击下移。

设置结束后单击“确定”按钮，即可更改“详细信息”的选项。

例如，在图10−41中，“详细信息”的选项为“文件名、文件大小、图像类型、修改日期、图像属性、标题和评级”共七项内容。现在，用户要把“详细信息”的选项改为“文件名、文件大小、图像类型、图像属性、文件位置”等五项内容，基本的操作方法如下：

① 去掉“标题”和“评级”两项信息：在图10−42中选择“当前显示的详细信息”窗口，单击选择“标题”选项，“删除”按钮高亮显示，单击“删除”按钮后“标题”选项消失。采用同种方法删除“评级”选项，如图10−43所示。

② 添加“文件位置”选项：“文件位置”选项位于“文件属性”目录下，鼠标单击“文件属性”的“+”图标展开属性列表，在“文件位置”前的复选框中单击鼠标左键，勾选后再单击“添加”按钮，“文件位置”选项添加成功，如图10−44所示。

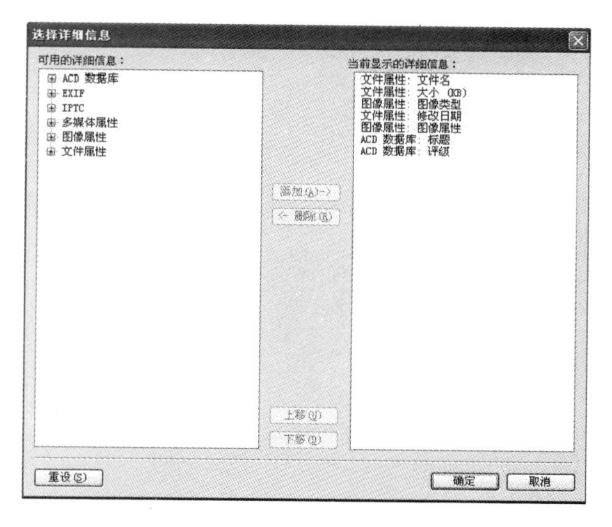

图10−42　“选择详细信息”对话框

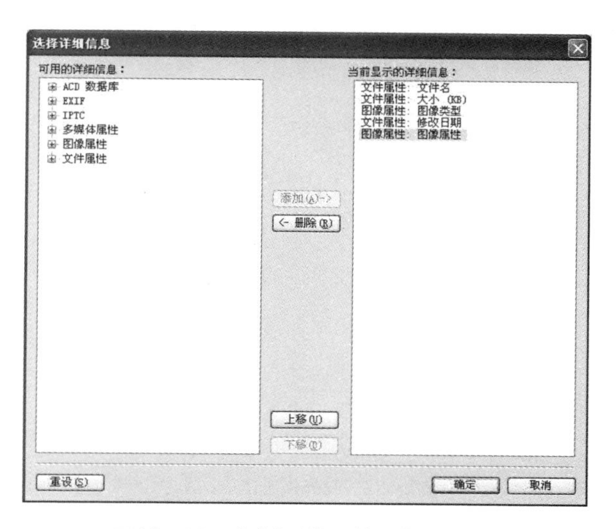

图10−43　“选择详细信息”对话框

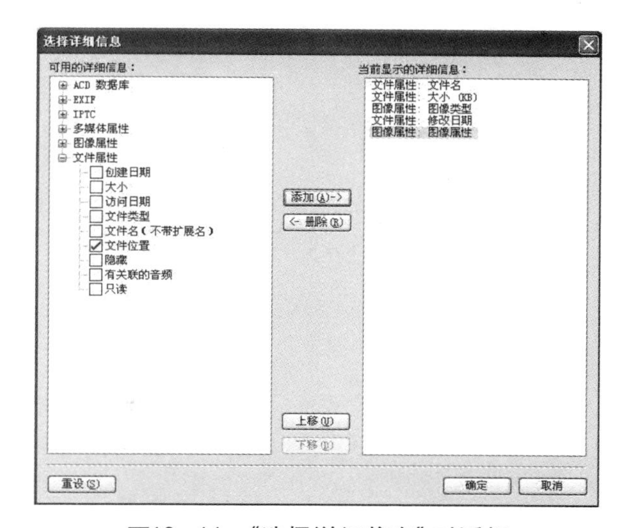

图10−44　“选择详细信息”对话框

③ 单击“确定”按钮。

用户再次选择图10—41所示的图片，并设置图片的查看模式为“略图+详细信息”，如图10—45所示。

图10—45 “略图+详细信息”模式

此时用户可以看到图像的基本信息，包括文件名为IMG_6631.JPG、文件大小为5187 KB、图像类型为JPEG、图像属性为4752*3168*24b、文件位置为D:Backup\我的文档\家庭照片，与用户自定义的详细信息内容完全一致。

10.3.4 图片的缩放

默认情况下，“查看器”按图片的原始尺寸显示。当文件很大，“查看器”屏幕显示不开时，用户可以使用“缩放”工具放大或缩小被打开的图像。

缩放(Z) 修改(I) 工具(T) 帮助(H)
放大(M) 数字小键盘 +
缩小(O) 数字小键盘 -
实际大小(S) 数字小键盘 /
适合图像(I) 数字小键盘 *
适合宽度(W) Alt+右方向键
适合高度(H) Alt+下方向键
缩放锁定(L) Ctrl+数字小键盘 /
缩放到(Z)... Z
平移锁定(P) L

图10—46 “缩放”菜单

1. 使用缩放命令

单击“查看器”菜单栏中“缩放”命令，在弹出的菜单中选择所需的缩放选项，如图10—46所示。

“缩放”菜单中各个命令选项的具体含义如下：

● 放大：增加图像的显示尺寸。当图像放大到超出“查看器”窗口时，鼠标指针变成手状，可以用来平移或滚动图像，以便查看图片的全部内容。

● 缩小：减少图像的显示尺寸，使图像缩小显示。

● 实际大小：按原始尺寸显示图像。当原始尺寸很大，超出“查看器”窗口时，鼠标指针变成手状，可以用来平移或滚动图像，以便查看图片的全部内容。

● 适合图像：按“查看器”窗口所能容纳的最大缩放比例显示图像。当打开的图片尺寸超出查看器窗口的尺寸时，系统会自动按照适合“查看器”屏幕的尺寸显示，避免用户对每一幅图像进行缩放调整，方便用户快速浏览。

● 适合宽度：将图像调整到接触“查看器”窗口的左右两侧。

● 适合高度：将图像调整到接触“查看器”窗口的上下两侧。

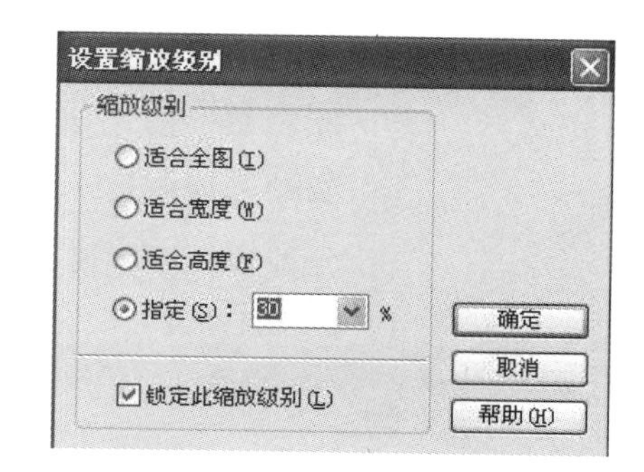

图10—47　“设置缩放级别”对话框

● 缩放锁定：按当前图像的缩放选项显示所有图像。如果调整缩放级别，则新的缩放级别应用于其他所有图像。

● 缩放到：打开“设置缩放级别”对话框，如图10—47所示。“设置缩放级别”对话框中包含“缩放级别”选项，其中“适合全图”命令可以缩放图像，使之占满整个”查看器”窗口；“适合宽度”命令可以缩放图像，使之占满整个”查看器”窗口的宽度；“适合高度”命令可以缩放图像，使之占满整个”查看器”窗口的高度；“指定”选项可以指定缩放比例，用户可以在文本框中输入数字，或单击下拉列表选择缩放级别。

● 平移锁定：锁定图像的平移区域，可以使用平移锁定设置，自动将一系列大图像的相同区域放到“查看器”窗口的中央。

“缩放”菜单中的各个命令也可以搭配使用，例如，当一幅图像很大，在“查看器”窗口中显示不开时，可以通过拖动鼠标的方式移动图像，以便查看图像的特定区域。

浏览被打开的多个图像时，如果用户希望在“查看器”中自动缩放每个图像，并且平移到相同的区域，具体操作步骤如下：

① 在“查看器”中，将大图像平移到希望查看的特定区域。

② 使用“缩放”菜单，将图像放大到希望所有图像使用的缩放比例。

③ 单击“缩放”菜单，选择“缩放锁定”命令，以保持当前的缩放级别。

④ 单击“缩放”菜单，选择“平移锁定”命令。

2. 使用缩放工具

单击视图菜单中缩放工具命令，然后单击鼠标左键来放大图像，或单击鼠标右键来缩小图像。

3. 放大图像的特定区域

如果要按照较高的缩放比例来查看图像的特定区域，用户可以使用放大镜工具。

在“查看器”中单击视图菜单的“放大镜”命令，弹出如图10—48所示的放大镜窗格。在图像需要放大的区域上移动鼠标指针，在放大镜窗格中可以查看该区域放大后的效果。

例如在图10—48所示的图片中将鼠标移动到扣子所在的位置，放大镜窗格中显示其

图10—48　“放大镜”窗格

放大后的效果。移动放大镜窗格底部的滑块，可以增加或缩小缩放比例。选择固定复选框，可以将滑块设置应用于原始大小的图像；清除固定复选框，可以将滑块设置应用于查看器中缩放过的图像。选择“平滑”复选框，可以将平滑边缘功能应用于图像中放大的部分；清除“平滑”复选框，可以查看单独的像素。

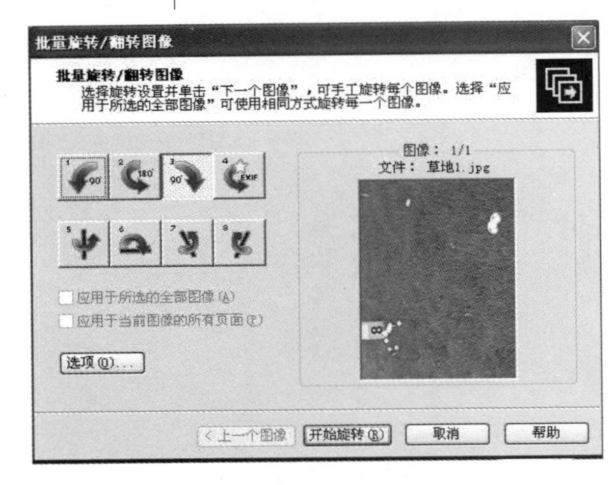

图10—49 “旋转/翻转”对话框

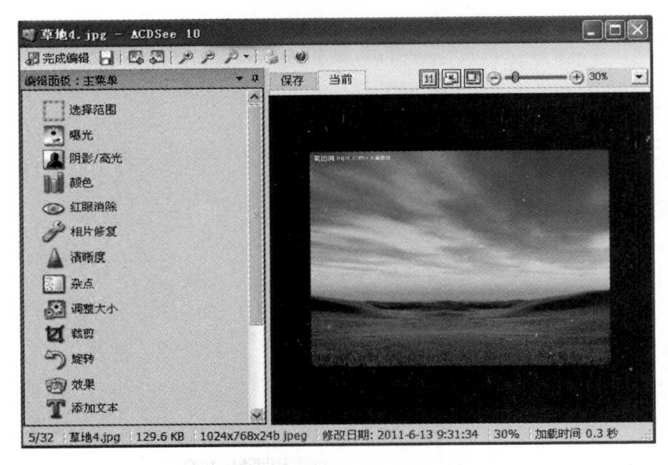

图10—50 “编辑模式”窗口

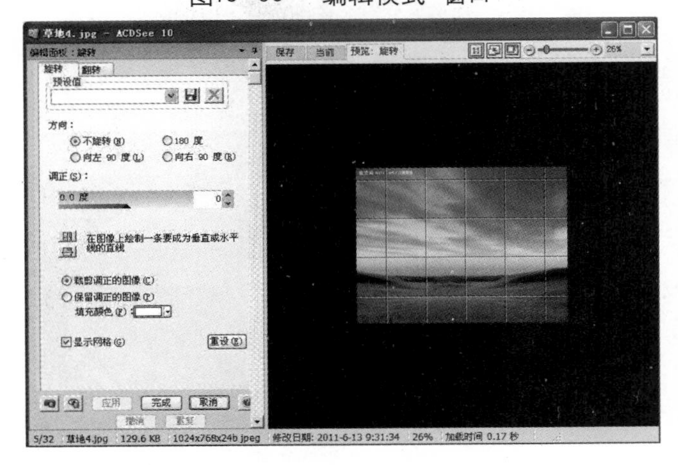

图10—51 “编辑面板”窗口

10.3.5 图片的旋转

用户在使用数码相机拍照时，可能采用不同的取景拍摄方式，例如，有时要用到竖拍方式，这种情况图片在计算机里打开后就是横向显示的。ACDSee可以将图片旋转到合适的观看角度，方便用户浏览图片。

1. 图片旋转

旋转图片需要在“编辑模式”中实现，用户可以按预设或自定义角度来旋转图像。旋转图片的方法有三种：

方法一：在“查看器”中打开图像，然后单击“修改”菜单下的“旋转/翻转”命令，弹出“旋转/翻转”对话框，如图10—49所示。

“旋转/翻转”对话窗包含8个旋转按钮，可以将图像按不同角度或不同坐标轴旋转。其中，“EXIF”选项可以根据图像包含的任何EXIF数据来旋转图像。（不影响没有EXIF信息的图像）

方法二：在“浏览器”中选中要旋转的图像，鼠标单击“工具”菜单栏，选择“使用编辑器打开”子菜单，单击“编辑模式”命令，进入“编辑模式”。鼠标单击“编辑模式”左侧的“编辑面板”中的“旋转”工具，如图10—50所示。

单击“旋转”工具后弹出“编辑面板”窗口，如图10—51所示。

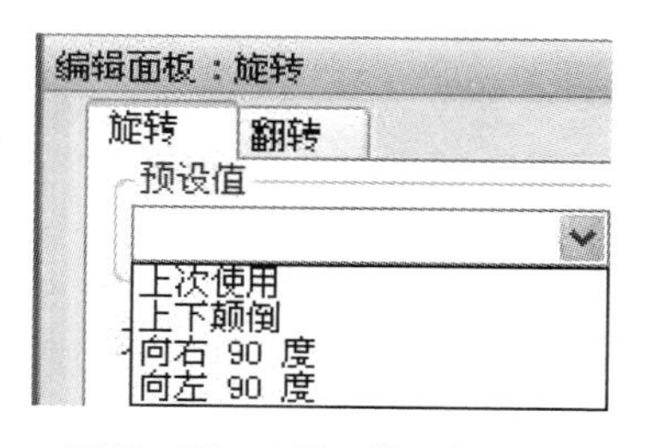

图10—52　预设值下拉菜单

"旋转"选项卡上各命令的含义如下：

● 预设值：单击"预设值"的下拉列表，弹出如图10—52所示的下拉菜单。

下拉菜单包含四个命令。"上次使用"：对于大多数工具，单击"应用"或"完成"按钮时，ACDSee自动保存最近的选项设置；"上下颠倒"：沿横轴翻转图像；"向右90度"：将图像按顺时针方向旋转90度；向左90度：将图像按逆时针方向旋转90度。

● 方向：单击"方向"组中的单选按钮，可以选择默认的方向选项。

● 调正：左右拖动调正滑块，可以使图像看上去很平直。

● 水平、垂直按钮：单击水平或垂直按钮，可以在要设为水平或垂直的图像上使用鼠标指针绘制一条直线。

● 裁剪调正的图像：如果要在调正之后裁剪图像，可以选择"裁剪调正的图像"命令。

● 保留调正的图像：如果不希望裁剪调正的图像，选择"保留调正的图像"命令。

● 填充颜色：从填充颜色下拉列表中选择要在调正的图像后面显示的颜色。

● 显示网格：选择"显示网格"选项，以便在图像上显示网格，网格有助于调正和裁剪图像。

● 应用：单击"应用"按钮，可以按设置的选项对图像进行更改。"应用"按钮初始状态为不可用，设置参数后会取消灰化，高亮显示。

● 完成：单击"完成"按钮，应用更改并关闭工具。

● 取消：单击"取消"按钮，可以丢弃所有更改，并关闭此工具。

2．批量旋转

当多幅图像都需要旋转时，如果针对每一幅图像都做重复旋转操作会浪费大量的时间，尤其图片较多时，ACDSee的浏览器可以对多幅图像进行批量旋转操作。

打开要旋转处理图像所在的文件夹，然后按Ctrl键，鼠标分别单击要旋转的所有图片，将图像都选中，再单击工具菜单，选择旋转/翻转图像命令，在弹出的窗口中选择一种旋转方式后，单击"开始旋转"按钮，就可以批量旋转所有选择的图片了。

例如用户以"风景"文件夹中的"草地1"、"草地2"、"草地5"这三幅图像为例进行旋转，具体操作步骤为：

① 在浏览器的文件夹中选择"风景"文件夹，按住Ctrl键，然后用鼠标依次单击"草地1"、"草地2"、"草地5"三幅图像，使图片缩略图高亮显示（带有

图10—53 “浏览器”窗口

蓝色边框），表示图片处于选中状态，如图10—53所示。

② 单击“工具”菜单下的“旋转/翻转”命令，弹出“批量旋转/翻转图像”对话框，如图10—54所示。

③ 选中“向右旋转90度”按钮，并单击“开始旋转”按钮，弹出“正在旋转文件”窗口，如图10—55所示。

④ 单击“完成”按钮，三幅图像完成旋转。

注意：如果遇到照片要旋转的方向不一样，则取消“应用于所选的全部图像”复选框，当前图像设置好旋转方向后单击“下一幅图像”，依次设置好所有图片旋转方向后，单击“开始旋转”按钮，就可以按不同方向批量旋转所有选择的图片。

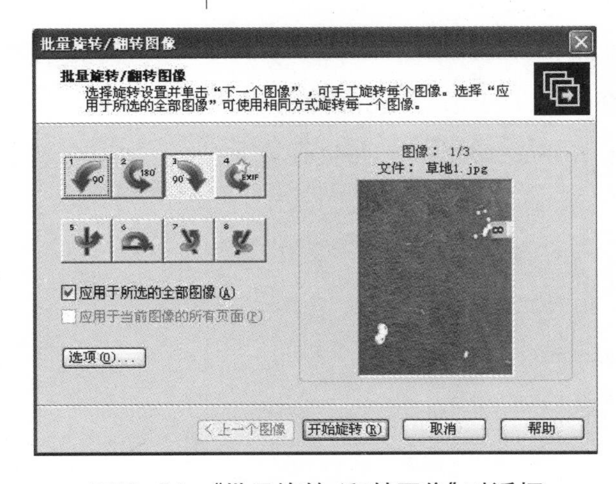

图10—54 “批量旋转/翻转图像”对话框

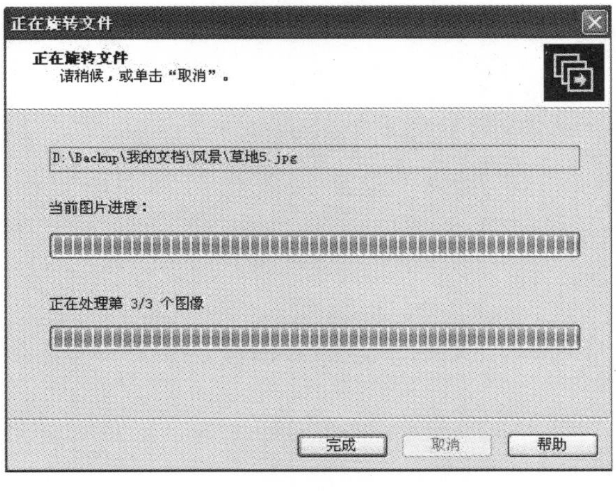

图10—55 “正在旋转文件”窗口

10.3.6 图片的播放

当用户浏览多幅图片时，频繁单击鼠标切换图片比较麻烦，ACDSee可以设置图片的幻灯片播放模式，这样可以按一定的时间间隔自动顺次显示文件夹中的图片，放映过程中可以按“Esc”键结束放映。

1. 从浏览器中启动幻灯放映

从浏览器中启动幻灯放映的方法非常简单，首先，通过“文件夹”窗格选择需要放映图片所在的文件夹，或是在“文件列表”窗格中直接选择要放映的图像，再单击“工具”菜单栏的“自动幻灯放映”命令，打开“幻灯放映属性”对话框，如图10—56所示。

在“幻灯放映属性”对话框中，可以选择或更改幻灯放映选项。其中“基本”选项卡可以选择转场效果，选择或清除每个转场效果旁边的复选框，幻灯放映将随机选择所有转场效果。“图像延迟”可以指定幻灯放映时每个图像的显示时间，以秒为单位。在“预览”窗口中会不断变换设置好的幻灯预览效果，用户确定放映属性后，单击“确定”按钮，完成幻灯放映设置。

2. 从查看器启动幻灯放映

从“查看器”启动幻灯放映的方法与从“浏览器”中启动幻灯放映的方法非常相似。首先都要选择需要放映图片所在的文件夹，或是在文件列表窗格中直接选择要放映的图像，然后双击任意图片进入“查看器”。在“查看器”中单击“视图”菜单栏的“自动幻灯放映”命令，在弹出的“幻灯放映属性”对话框中选择或更改幻灯放映选项后，单击“确定”按钮，具体的设置方法与前节完全相同。

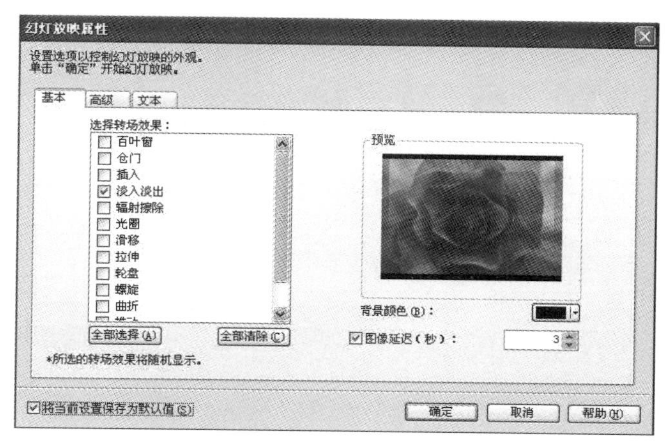

图10—56 “幻灯放映属性”对话框

10.4 其他常用操作

10.4.1 尺寸调整

现在数码相机的用户越来越多。一般地，200万像素相机标准的数码照片的分辨率为1 600×1 200，照片文件大小在500—600 K左右；300万像素或者更高像素的数码相机，拍摄的照片文件更大，如500万像素分辨率为2 560×1 920，一张照片大小在4.5 M左右。用户如果要和朋友分享或者浏览数码照片，需要对图片的大小做出调整，特别是网站对上传的图片也有大小限制。要更改大批量照片的尺寸，如果用户逐张调整，会耗费时间和精力，ACDSee可以批量调整照片的大小，这样，提高效率的同时也为用户节省宝贵的硬盘资源。

1. 调整图片尺寸

调整图片尺寸需要在“编辑模式”中实现，用户可以通过调整图像的像素、百分比或实际/打印尺寸来调整图片的大小。调整大小时，也可以选择纵横比，以及用于调整图像外观的“重新采样滤镜”。

用ACDSee打开图片所在文件夹，任意选取一张图片，选择“工具”菜单栏的“使用编辑器打开”子菜单后单击“编辑模式”命令，弹出“编辑模式”窗口。在“编辑面板”中选中“调整大小”工具，弹出“调整大小”编辑面板，如图10—57所示。

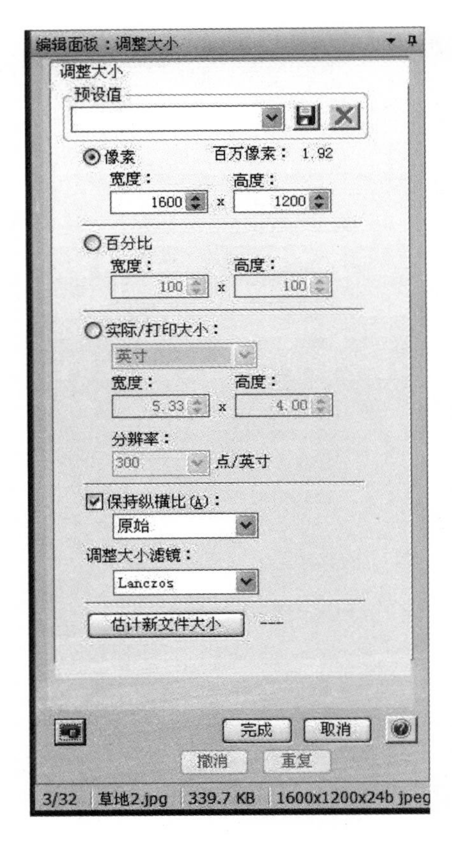

图10—57 "调整大小"编辑面板

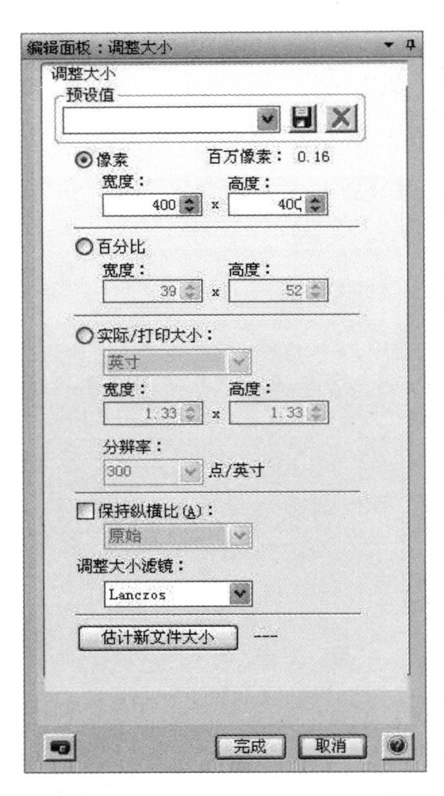

图10—58 更改参数后的"调整大小"编辑面板

调整图像大小编辑面板参数介绍：

● 像素：将图像调整到指定的像素尺寸。

● 百分比：按照宽度和高度调整原始图像的某个百分比，例如宽度和高度都为原图的50%。

● 实际/打印大小：调整图像使之与特定的输出大小匹配，单击下拉列表可以指定度量单位。

● 保持纵横比：如果要维持指定的长宽比，选择"保持纵横比"复选框，然后从下拉列表选择合适的纵横比。其中，"原始"选项可以保持原始图像的长宽比；"1×1"选项可以使图片高度与宽度相等；"2×3"选项可以强制宽高比为2∶3等等；"自定义"选项应用自定义比率，在"自定义"对话框中用户可以输入宽高比。

● 调整大小滤镜：从滤镜下拉列表中选择"重新采样滤镜"。

例如，用户要将"风景"文件夹下的"草地2"图片的尺寸改为400×400像素，具体操作步骤如下：

① 在浏览器的文件夹中选择"风景"文件夹，在"文件列表"窗口用鼠标单击"草地2"选中图片。

② 单击"工具"菜单栏的"使用编辑器打开"子菜单，选择"编辑模式"命令，弹出"编辑模式"对话框，在"编辑面板"中选中"调整大小"工具，弹出"调整大小"编辑面板（见图10—57）。

③ 更改"调整大小"编辑面板，单击"完成"按钮，更改后的"调整大小"编辑面板参数如图10—58所示。

其中的参数设置主要有：

● 更改纵横比：在图10—57中用户看到这幅图像的原始像素为1 600×1 200，要求更改为400×400像素，图像尺寸发生变化的同时纵横比也发生了变化，所以要把"保持纵横比"选项的复选框改为非选中状态（用鼠标单击即可）。

● 更改图像尺寸：在像素选项下的宽度文本框中输入400，高度文本框中也输入400。

2．调整多个图像的大小

用户可以通过多种方法调整一组图像的大小，包括指定它们的像素尺寸、原始大小的百分比或限制为一个实际的打印尺寸。“批量调整图像大小”工具引导用户完成整个过程。在“浏览器”中选择一个或多个图像，然后单击“工具”菜单栏，选择“批量调整图像大小”命令，弹出“批量调整图像大小”对话框，如图10—59所示。

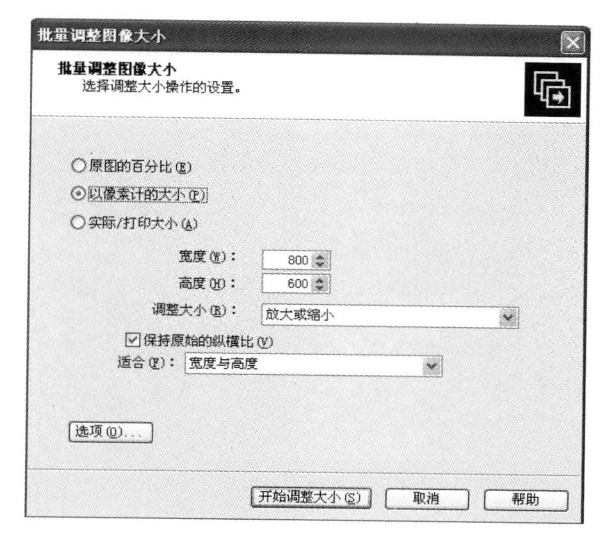

图10—59　“批量调整图像大小”对话框

批量调整图像大小编辑面板参数介绍：

● 原图的百分比：按图像原始大小的百分比调整图像大小。单击“原图的百分比”单选按钮，可设置的参数有“百分比”和“应用于”两个选项。“百分比”指定如何调整图像大小，输入小于100的百分数可以缩小图像，输入大于100的百分数可以放大图像；“应用于”命令可以将调整大小应用于高度或宽度，或是二者同时应用。

● 以像素计的大小：将图像调整为按像素计算的特定大小。图10—59中为此选项。其中，“宽度”可以指定以像素为单位的图像的新宽度；“高度”可以指定以像素为单位的图像新高度；“调整大小”可以设置“保持原始的纵横比”来保留原始图像的宽高比，或者设置“适合”命令指定是否根据指定的宽度保持纵横比。

● 实际/打印大小：将图像大小调整为特定的打印尺寸。其中，“单位”选项可以指定度量单位；“宽度”选项可以为图像指定新的宽度；“高度”选项可以为图像指定新的高度；“分辨率”选项可以为图像指定打印分辨率；“保持原始的纵横比”选项可以保留原始图像的宽高比；“适合”选项可以指定是否根据指定的宽度保持纵横比。

当用户设置相关选项后，单击“开始调整大小”按钮，开始批量调整图片尺寸。

例如，用户要调整“风景”文件夹下所有图片的尺寸为原图大小的30%，具体操作步骤如下：

① 在“浏览器”中选择“风景”文件夹，在图像列表中单击任意图像缩略图后按Ctrl+A组合键全选图片。

② 单击“工具”菜单栏选择“批量调整图像大小”命令，在“批量调整图像大小”对话框中选择“原图的百分比”选项，设置“百分比”选项为30，如图10—60所示。

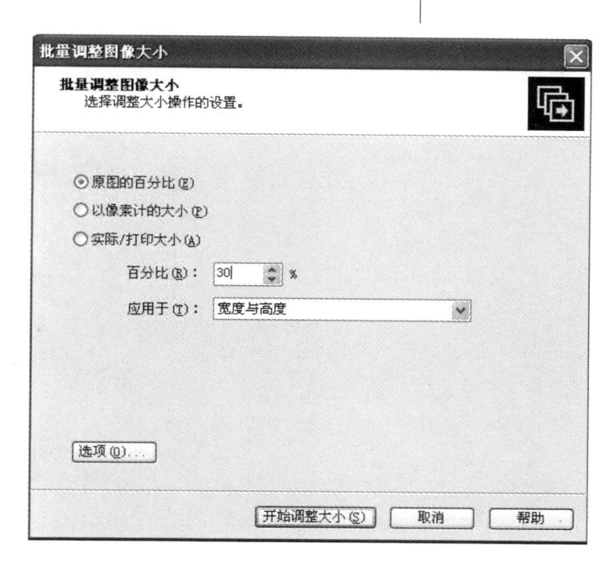

图10—60　“批量调整图像大小”对话框

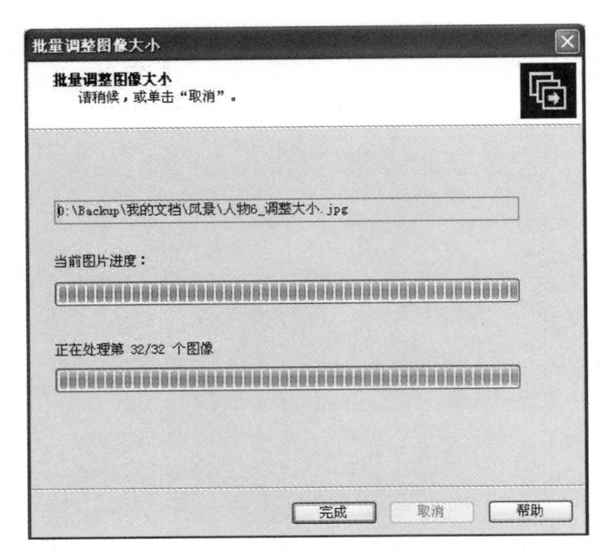

图10—61 “批量调整图像大小”对话窗

③ 单击“开始调整大小”按钮，当图像调整结束后弹出结束对话框，如图10—61所示。

④ 单击“完成”按钮。

用户在“批量调整图像大小”对话框中可以看到当前操作批量处理了32个图像。

10.4.2 图片的裁剪

可以使用“裁剪”工具来删除图像上不想要的部分，或是将图像画布缩减到特定的尺寸。裁剪图像需要在“编辑模式”中单击编辑面板上的“裁剪”工具，弹出如图10—62所示“裁剪”工作界面。

图10—62 “裁剪”工作界面

左侧的裁剪编辑面板可以精确调整裁剪窗口的大小以及比例，鼠标单击拖动右侧的裁剪窗口，可以移动窗口到选择要保留的图片位置。

“裁剪”编辑面板参数介绍：

- 预设值：默认显示上次使用裁剪工具设置的尺寸。
- 限制裁剪窗口的比例：选择“限制裁剪比例”复选框，在下拉列表中选择比例，然后选择或清除“横向”复选框，在横向与纵向之间切换裁剪窗口。
- 将所需的裁剪窗口比例输入“宽度”与“高度”数字显示框，以像素、英寸、厘米或毫米为单位指定裁剪窗口的准确大小。
- 估计新文件大小：在原始尺寸中显示图片的原始大小，调整好裁剪窗口后单击“估计新文件大小”按钮，可以估算出裁剪后图像的大小。
- 调暗裁剪区域外部：将裁剪窗口以外的部分变暗，拖动底部三角形滑块，向左拖动可以使裁剪窗口以外的区域变暗，向右拖动可以变亮。

单击“完成”按钮或双击“裁剪”窗口可以裁剪图像并关闭此工具，单击“取消”按钮可以退出此工具不做任何操作。

例如，用户只想保留图10—62中圆形物体周围500×500像素大小的位置，具体操作步骤如下：

① 打开文件进入“编辑模式”，在“编辑模式”中单击编辑面板上的“裁剪”工具，弹出相应的裁剪界面，见图10—62。

② 设置裁剪窗口大小：在高度与宽度数字显示框中分别输入数值500，鼠标单击“裁剪窗口”后向下拖动窗口，到圆形物体周围释放鼠标，如图10—63所示。

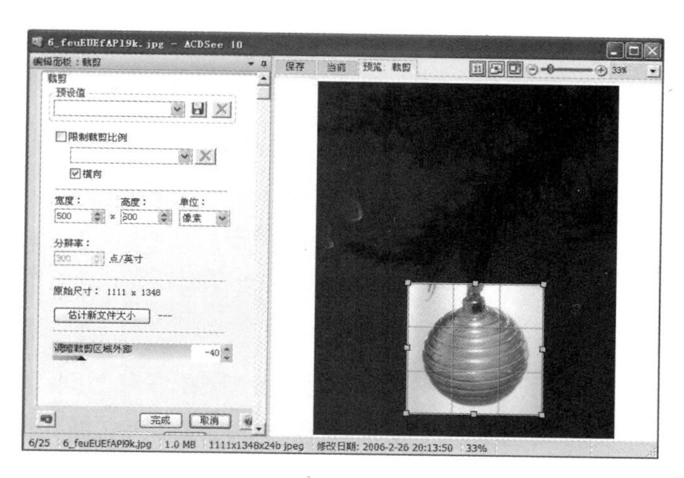

图10—63 “裁剪”工作界面

③ 单击“完成”按钮，窗口返回“编辑模式”主菜单，右侧显示裁剪结束的图片，如图10—64所示。

除了通过设置裁剪面板的参数更改裁剪窗口外，还可以使用鼠标拖动的方式调整裁剪窗口的大小及位置：将光标定位到裁剪窗口的边缘或角落，直至它变成双向箭头，此时拖动鼠标直至获得裁剪窗口所需的大小，双击鼠标即可完成裁剪。

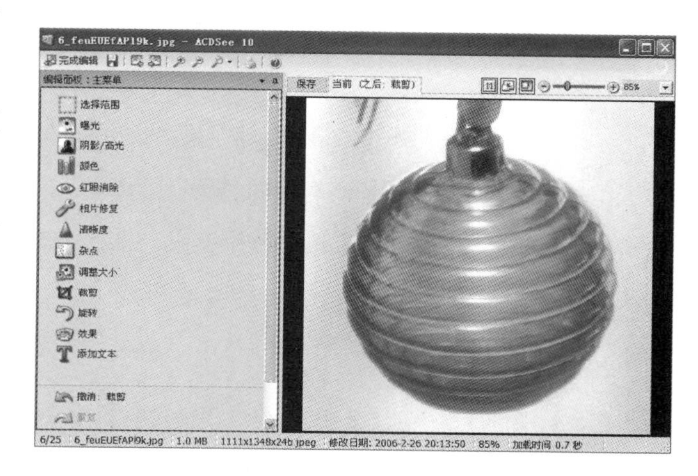

图10—64 “裁剪”工作界面

10.4.3 图片文件的保存

当ACDSee中编辑的图片满足用户需求时，可以将文件保存下来以便今后使用。ACDSee保存文件要在“查看器”中操作，保存文件时可以选择“保存”命令或“另存为”命令。“保存”命令会按照原路径保存文件，也就意味着会覆盖原文件；“另存为”命令可以在文件编辑后更改路径或文件名进行存储，这样原位置的文件不会受到影响。

单击“查看器”工具栏上的“保存”按钮或单击“文件”菜单中的“保存”命令可以保存文件。

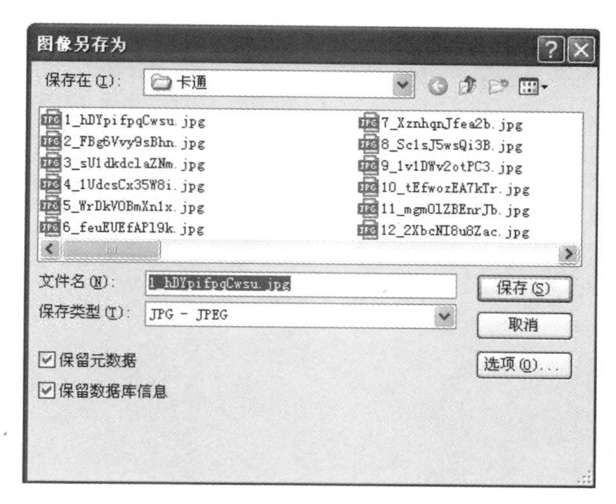

图10—65 “图像另存为”对话框

第一次保存文件时，“保存”命令与“另存为”命令完全相同，会弹出“另存为”对话框，如图10—65所示。

以后每一次的保存操作可以直接单击“查看器”工具栏上的“保存”按钮或单击“文件”菜单中的“保存”命令，用户不需要设定路径和文件名，软件以原路径和原文件名存盘，不再弹出“另存为”对话框。图像“另存为”对话框各参数含义如下：

● 保存在：单击“保存在”下拉列表可以选择图片的存放位置。

● 文件名：“文件名”文本框中可输入图片的名称（如使用原文件名则不需要更改）。

● 保存类型：单击“保存类型”下拉列表可选择图片的保存类型。ACDSee支持的图片保存类型有BMP、GIF、JPEG、PNG、PSD、TIFF等14种格式。

本章小结

本章首先介绍了图片文件的概念、文件格式及各种格式的特点，并且以ACDSee工具软件为例，详细介绍了该软件的功能及使用方法，包括图片的搜索、获取、查看模式、缩放工具、旋转工具、尺寸调整和图片裁剪等。

思考题

1. 使用搜索工具与快速搜索工具栏搜索图片有何不同？若要指定搜索文件的属性应该使用哪种方法？

2. 裁剪“照片1.jpg”的一部分内容，使其成为一个新的文件“照片2.jpg”，并且仍然要保存“照片1.jpg”的原文件。

3. 将某一文件夹下的图片的尺寸改为宽为400像素，并强制图片按2∶3的纵横比保存。

第11章 压缩软件

计算机中的每个文件都会占用一定的磁盘空间，压缩文件可以减少文件的磁盘占用空间；此外，压缩文件还可以提高网络传输的速率。使用相应解压缩程序展开文件，可以将其复原到原始大小，展开的文件与压缩前的原始文件完全相同。WinRAR是一种高效快速的文件压缩软件，界面友好，使用方便，压缩率比较高，压缩速度快，应用非常广泛。本章将详细介绍WinRAR的基本功能和使用方法。

知识要点

第11.1节：有损压缩，无损压缩，压缩包，解压缩

第11.2节：文件下载，WinRAR的安装，WinRAR的启动，WinRAR的退出

第11.3节：文件压缩，文件解压缩，分卷压缩

第11.4节：压缩文件密码设置，文件压缩格式

11.1 文件压缩的基础知识

用户从Internet下载文件或收发邮件时，很多时候要用到压缩文件，什么是压缩文件呢？直观地说，一个较大的文件经过压缩后，产生另一个较小容量的文件，较小的文件经过解压缩后内容和原文件完全相同，这个较小容量的文件就叫做这个大容量的文件的压缩文件。压缩主要是为了节约空间，另外，通过压缩可以把很多文件压到一个压缩包里，能给对应的文件操作带来方便。例如，用户要通过聊天软件"腾讯QQ"给朋友传送10张照片，如果单个文件传送需要传送10次，如果把这10张照片压缩成一个文件，则只需要传送一次，提高了工作效率。

1. 文件压缩的概念

压缩可以分为有损压缩和无损压缩两种。有损压缩是指经过压缩、解压之后的数据与原始数据不同，但是非常接近。有损压缩又称为破坏型压缩，即将次要的信息数据压缩掉，牺牲一些质量来换取空间，使压缩比提高。这种方法经常用于因特网上的数据传输，尤其是在流媒体应用以及视频电话领域。有损压缩广泛应用于动画、声音和图像文件中，比如影碟文件格式mpeg、音乐文件格式mp3和图像文件格式jpg等。但是，有时要求被压缩的数据必须准确无误，人们便设计出了无损压缩方式，比如常见的zip格式、rar格式等。

压缩软件就是利用压缩原理压缩数据的工具，压缩后所生成的文件称为压缩包。一般情况下，压缩包体积只有原来的几分之一甚至更小（不同数据格式对应的压缩比不同，比如文本文件的压缩比要远大于视频文件）。当然，压缩包是另一种文件格式，如果想使用其中的数据，需要用压缩软件把数据还原，这个过程称作解压缩，常见的压缩软件有WinZIP、WinRAR等。

压缩的文件格式有很多种，其中常见的有zip格式、rar格式和自解压文件exe格式等。而在Windows系统中，最常用的压缩管理软件有WinZIP和WinRAR两种。其中，WinRAR可以解压缩绝大部分压缩文件，而WinZIP不能解压缩RAR格式的压缩文件。Exe格式的文件属于自解压文件，只要用鼠标双击这类文件图标，便可以自动解压缩，因为exe格式的自解压文件内包含解压缩程序，所以对应的文件容量会相对大一些。

2. 常见的文件压缩格式

WinRAR可以创建两种不同的压缩文件格式，即RAR格式和ZIP格式，每一种格式都有自己的优点。

ZIP格式的压缩文件最大的优点就是普及率高。比如说，用户要传送压缩文件，但无法确定收件人是否安装了WinRAR软件，就可以将文件压缩成ZIP格式。另一个优点便是速度快，在创建时，ZIP格式的压缩文件通常会比RAR格式的文件快一些。

RAR压缩格式比ZIP压缩格式更能够提供较好的压缩率，RAR另外一个重要功能是支持“多卷”压缩文件。此外，RAR格式还具有ZIP格式没有的重要功能，例如恢复记录，它允许物理受损数据的恢复，还能对重要的压缩文件加锁，以防止被别人意外更改。

RAR格式可以管理的文件大小几乎是无限制的（最大8 589 934 591 GB），而在ZIP格式中压缩文件的单个文件的最大值为4 GB。

除了完整支持RAR格式和ZIP格式之外，WinRAR还提供了一些其他功能。其他压缩工具创建的文件，如ISO、JAR、CAB等格式文件，利用WinRAR也可以进行相关操作，比如查看内容、解压缩等。

ISO格式：ISO是一种光盘镜像文件，无法直接使用，需要利用工具进行解压后才能使用。因为光盘镜像文件可以真实反映源光盘的完整结构，所以人们通常将光盘制作成镜像文件在网络上传播。获取到光盘镜像文件的用户，可以用刻录机将光盘镜像文件刻录一张与源光盘一模一样的光盘。

CAB格式：CAB文件是Windows的压缩格式，用于存储多个压缩文件的压缩包文件。这些文件通常用于软件的安装，也用来减小文件大小和缩短网络下载时间。

11.2 WinRAR的下载与安装

“WinRAR”是最常用的文件压缩管理软件之一，最新版本为WinRAR4.01中文简体版。除了RAR格式和ZIP格式文件外，WinRAR程序可以解开CAB、ARJ、LZH、TAR、ISO等多种类型的档案文件、镜像文件或TAR组合型文件。

11.2.1 WinRAR的下载与安装

1. WinRAR的下载

通过“百度”搜索引擎可以搜索到WinRAR的官方下载网址，现在主流的应用版本是WinRAR4.01，下载的基本步骤如下：

① 打开浏览器，在地址栏中输入百度的网址“www.baidu.com”，进入百度搜索引擎，如图11–1所示。

图11–1 “百度”搜索引擎页面

② 将光标定位在搜索文本框中，

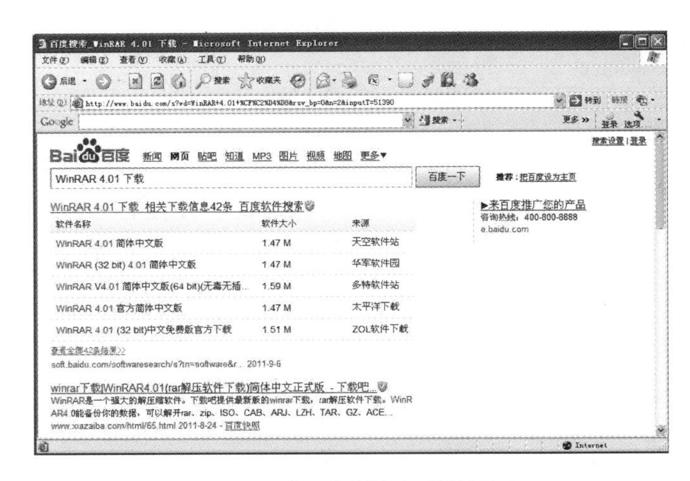

图11—2 “百度”搜索引擎页面

输入“WinRAR4.01下载”，单击“百度一下”按钮，使用百度搜索出来的网页多数都可以下载WinRAR，搜索结果如图10—2所示。[①]

③ 用户选择位于搜索结果中最上方的网页进行下载，单击鼠标左键打开网页，下载页面如图11—3所示。

④ 鼠标拖动页面右侧的垂直滚动条，找到下载地址，如图11—4所示。

图11—3 “WinRAR下载”页面

图11—4 “WinRAR下载地址”界面

⑤ 右键单击“本地高速下载”，在弹出的快捷菜单中选择“目标另存为...”命令，打开“另存为”对话框，如图11—5所示。

⑥ 在“另存为”对话框中选择程序的存放位置，本例将程序存放在“E盘”中，单击“保存”按钮，文件开始下载，当下载页面的绿色进度条运行到最右边时表示软件下载完成，“下载完毕”界面如图11—6所示。

单击“打开文件夹”按钮，即可显示下载文件所在的文件夹，可以看到WinRAR的安装文件，如图11—7所示。

图11—5 “另存为”对话框

① 搜索引擎不同时间推荐的网页有所不同。

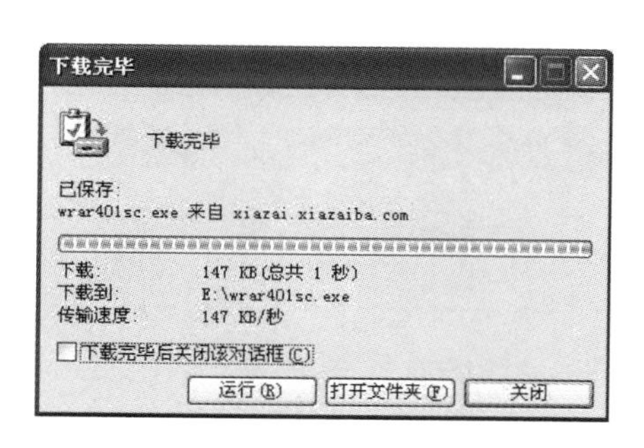

图11—6　“下载完毕”窗口

图11—7　下载文件所在的文件夹

2. WinRAR的安装

① 打开WinRAR安装程序所在的文件夹，鼠标双击WinRAR安装文件图标 wrar401sc.exe，启动WinRAR的安装向导，如图11—8所示。

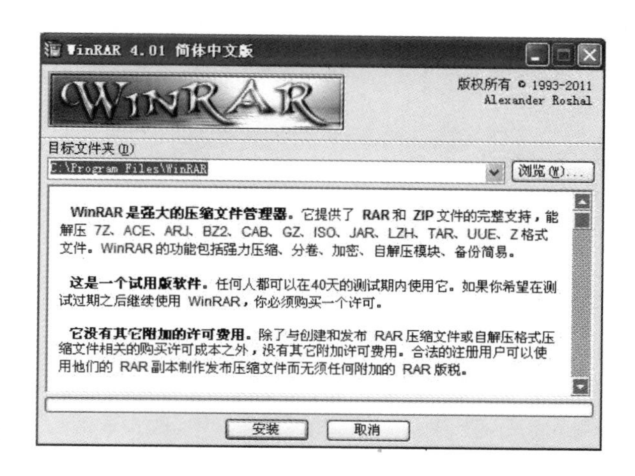

图11—8　“WinRAR”安装向导对话框

单击窗口最右侧的垂直滚动条可以看到完整的协议内容，如果认同协议中的条款，可以单击“安装”按钮；如果不同意协议中的内容，可以单击“取消”按钮，取消安装过程。

② 单击“安装”按钮，显示WinRAR安装向导，如图11—9所示。

“WinRAR关联文件”项中提供了可与WinRAR创建文件关联的压缩包类型，在此用户可以根据需要进行选择，默认的选项是选择全部文件类型；“界面”选项框中用户可以根据需要勾选“在桌面创建WinRAR快捷方式”、“在开始菜单创建WinRAR快捷方式”和“创建

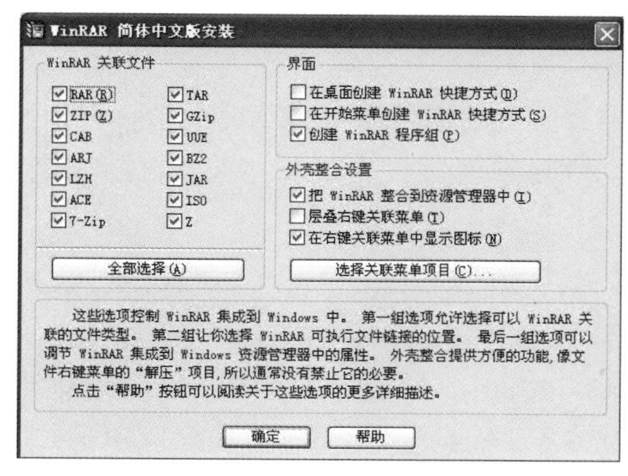

图11—9　“WinRAR”安装向导对话框

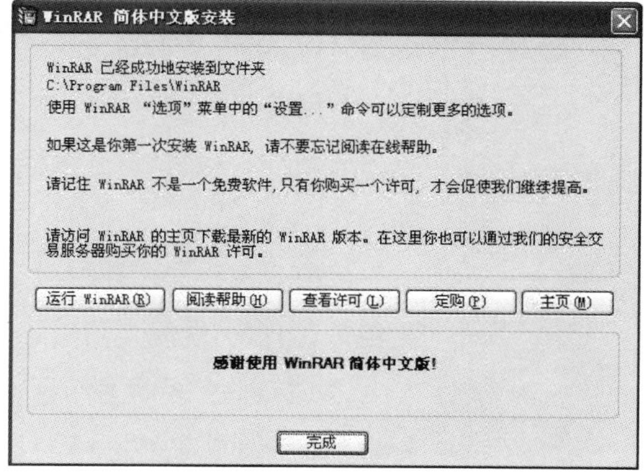

图11—10　“WinRAR”安装向导对话框

WinRAR程序组”选项；在“外壳整合设置”选项框中，可以设置鼠标右键菜单中添加WinRAR命令。

③ 单击“确定”按钮，WinRAR开始安装，安装结束后，界面如图11—10所示。

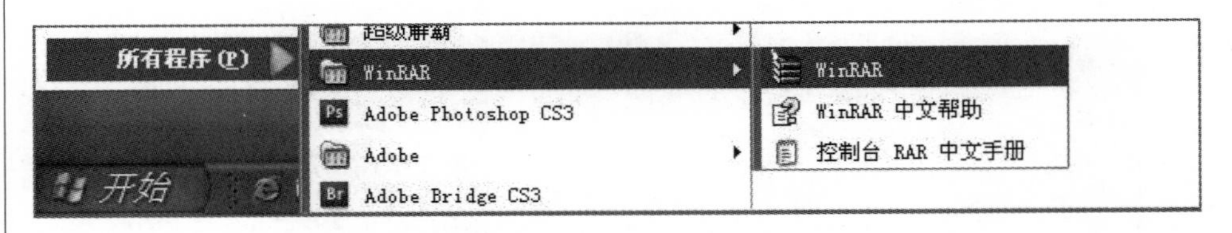

图11—11 “开始”菜单中“WinRAR”程序组

鼠标单击“运行”按钮可以直接启动WinRAR，单击“阅读帮助”按钮可以打开WinRAR的帮助文件，详细了解WinRAR的使用方法。

④ 单击“完成”按钮，WinRAR安装成功。

成功安装WinRAR后，在开始菜单的所有程序文件夹会显示WinRAR的启动选项，如图11—11所示。

11.2.2 WinRAR的启动与退出

1. WinRAR的启动

启动WinRAR的方法与其他应用程序的启动方法类似，主要有三种常用方法。

通过“开始”菜单启动的步骤如下：

① 单击任务栏最左边的“开始”按钮，弹出“开始”菜单。

② 选择“所有程序”中的WinRAR文件夹下的WinRAR命令，即可启动WinRAR。

此外，鼠标双击任意压缩文件解压缩时也可以启动WinRAR。例如，在电脑的“E盘”中有一个名为“acdsee10_zh—cn.zip”的压缩文件，双击这个压缩文件的同时也启动了WinRAR。

利用桌面上的WinRAR快捷方式也可以启动程序。在桌面上创建WinRAR快捷方式图标，在快捷方式图标上双击鼠标可以启动WinRAR。WinRAR工作界面如图11—12所示。

WinRAR的工作界面由标题栏、菜单栏、工具栏、目录栏、文件列表区、状态栏组成，各部分功能介绍如下：

① 标题栏：标题栏位于WinRAR窗口的顶部，显示需要压缩的文件名称。标题栏右侧是控制WinRAR界面形态的3个按钮，从左侧起分别为“最小化、最大化/还原、关闭”按钮。

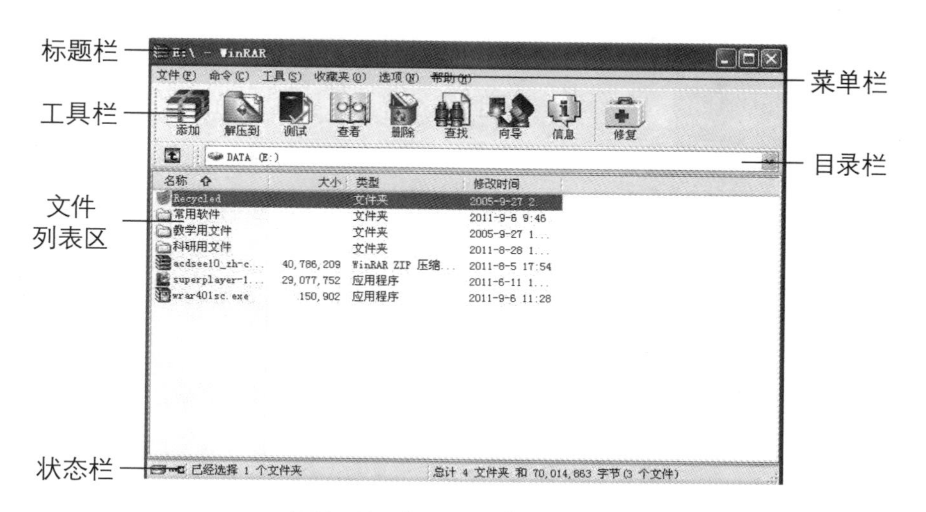

图11—12 “WinRAR”工作界面

② 菜单栏：菜单栏位于标题栏下方，包含文件、命令、工具等6个菜单。

③ 工具栏：工具栏中包含了WinRAR常用命令的快捷方式按钮。

④ 目录栏：可以选择资源管理器中的不同位置。

⑤ 列表文件区：列表文件区可以显示当前文件夹，或者通过WinRAR打开压缩文件时，显示其中所有被压缩文件等内容，这被称为“文件管理和压缩文件管理模式”。在列表区显示每一个文件的名称、大小、类型和修改时间等参数。

⑥ 状态栏：状态栏位于WinRAR窗口的底部。状态栏的左边包含“驱动器”和“钥匙”两个小图标，在“驱动器”图标上单击鼠标可以更改当前的驱动器；在“钥匙”图标上单击鼠标可以为当前文件设置密码。

2．WinRAR的退出

退出WinRAR通常有三种方法：单击WinRAR标题栏右上角的“关闭”按钮，或者选择“文件”菜单中的“退出”命令，均可关闭WinRAR；另外，当WinRAR软件处于活动状态时，按Alt+F4组合键也可以关闭WinRAR。

11.3 使用WinRAR压缩文件

11.3.1 新建压缩文件

用WinRAR压缩文件可以为用户提供一些方便，例如想将多个文件通过“腾讯QQ”等联络工具传送给好友时，或者将多个文件以电子邮件的方式邮寄给朋友时，如果用WinRAR将这些文件压缩成一个压缩文件，不仅可以减小文件的大小，传送的成功率也会提高。

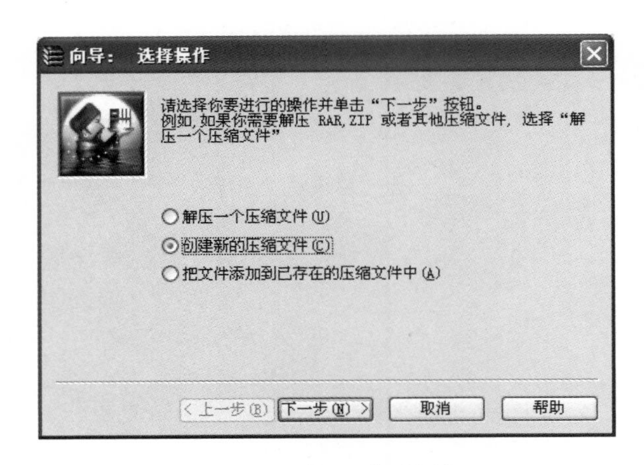

图11—13 “向导”对话框

图11—14 “选择要添加的文件”对话框

1. 使用WinRAR的向导新建压缩文件

WinRAR的“向导”界面为初学用户设计，允许用户使用向导模式执行基本的压缩和解压缩操作。用户只需点击工具栏上的向导按钮，并选择一个想要执行的操作，就可以创建一个压缩文件。使用“向导”新建压缩文件的基本步骤如下：

① 单击“工具”菜单的“向导”命令，或者直接单击“向导”图标，打开向导对话框，如图11—13所示。

② 单击“创建新的压缩文件”单选按钮后，鼠标单击“下一步”按钮，弹出“选择要添加的文件”对话框，如图11—14所示。

如果要添加的文件不在弹出图11—14所示的默认文件夹下，可以使用“查找范围”下拉列表更改路径，以找到要压缩文件所在的位置。

③ 选中“常用软件”文件夹，单击“确定”按钮，弹出“选择压缩文件”对话框，如图11—15所示。

④ 默认的压缩文件名与被压缩文件夹同名，用户也可以修改，单击“下一步”按钮，弹出“压缩文件选项”对话框，如图11—16所示。

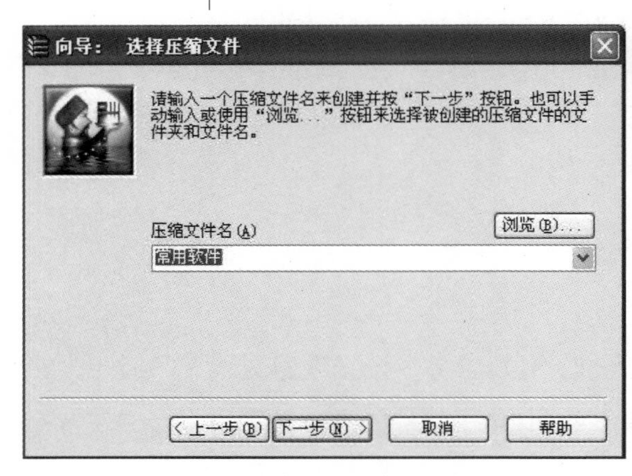

图11—15 “选择压缩文件”对话框

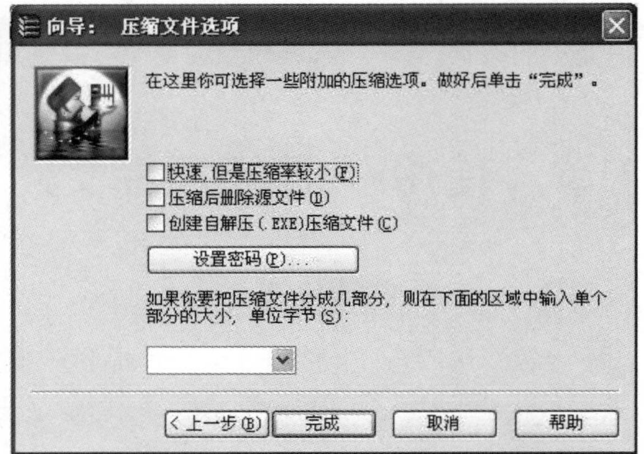

图11—16 “压缩文件选项”对话框

⑤ 单击"完成"按钮，向导开始创建压缩文件，弹出"正在更新压缩文件"对话框，如图11—17所示。

如果希望中断正在进行的压缩任务，在命令窗口单击"取消"按钮。单击"后台运行"按钮将WinRAR最小化，放到任务区。当压缩任务结束，命令行窗口会出现并且以新创建的压缩文件作为当前选定的文件。

文件压缩结束后在"E盘"会出现名为"常用软件.rar"的压缩文件，如图11—18所示。

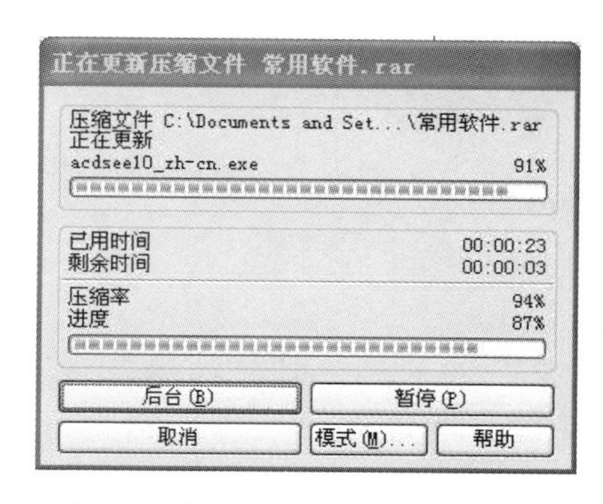

图11—17 "正在更新压缩文件"对话框

图11—18 压缩文件所在的文件夹

2．使用"添加"按钮新建压缩文件

当WinRAR运行时，主界面会显示当前文件夹包含的文件和文件夹列表。用户可以通过"目录栏"转到要压缩文件所在的路径，单击"添加"按钮新建压缩文件。例如，用户要将"F盘"下"宝宝照片2011"文件夹压缩成一个压缩文件，使用"添加"按钮完成压缩的步骤如下：

① 启动WinRAR，更改目录栏，找到含有要压缩文件所在的文件夹。本例转到"F盘"，文件列表区显示"F盘"下的所有文件，如图11—19所示。

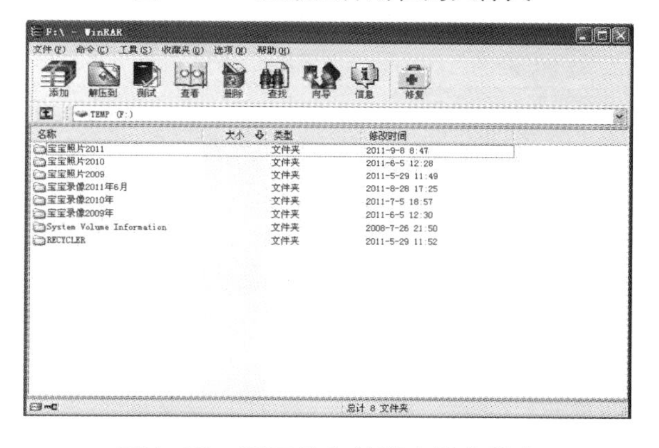

图11—19 要压缩文件所在的文件夹

如果要更改默认目录，可以使用Ctrl+D快捷键的方法打开驱动器列表，选择含有压缩文件的盘符，如图11—20所示。

更改盘符即更改当前驱动器，进一步选择磁盘中的文件，也可以单击位于左下角的驱动器小图标，更改当前的驱动器。按下退格键Backspace，或工具栏下面的"向上"按钮，可以转到上级目录，选中文件夹按下Enter键或在其他任何文件夹上双击都可进入该文件夹。

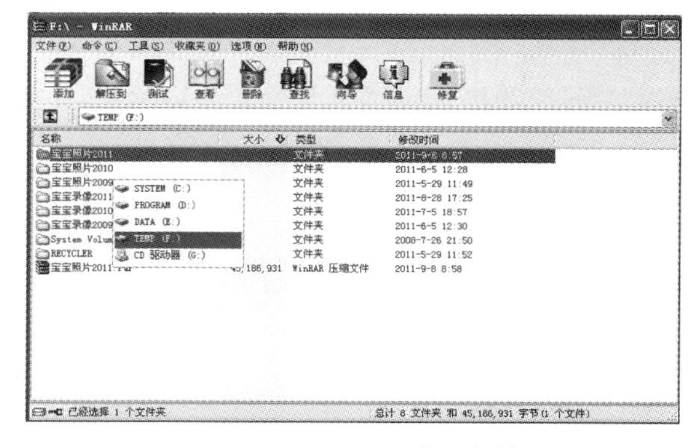

图11—20 显示驱动器盘符

② 选中"宝宝照片2011"文件夹，单击

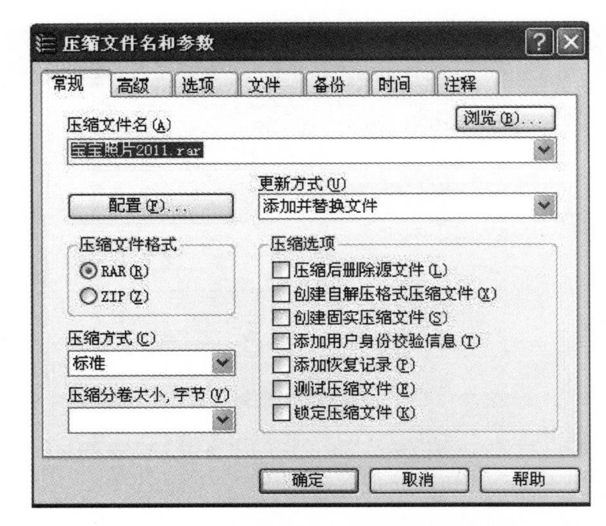

图11—21 “压缩文件名和参数”对话框

“添加”按钮，弹出“压缩文件名和参数”对话框，如图11—21所示。

③ 单击“确定”按钮，开始压缩。

3.“添加文件到压缩文件”命令

在文件列表中选中要压缩的文件，单击“命令”菜单中“添加到压缩文件”命令，可以压缩文件。无论使用哪种方式，都会弹出“压缩文件名和参数”对话框（见图11—21），输入“目标压缩文件名”或是直接接受默认名即可。

4. 使用鼠标右键创建压缩文件

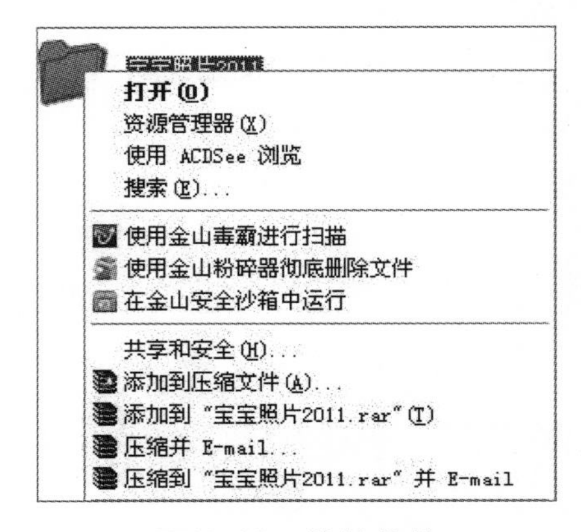

图11—22 快捷菜单

WinRAR支持右键菜单快速压缩，这种操作十分简单，用户可以在Windows界面中直接压缩文件。在资源管理器或桌面上选择要压缩的文件，在选定的文件上单击鼠标右键，选择“添加到压缩文件”命令，可创建压缩文件。例如，要将“F盘”下“宝宝照片2011”文件夹压缩成一个压缩文件，只需要在资源管理器中找到“F盘”，选择“宝宝照片2011”文件夹，右键单击文件夹，在弹出的快捷菜单中选中“添加到压缩文件”命令，快捷菜单如图11—22所示。

快捷菜单中各命令含义如下：

① 添加到压缩文件：单击“添加到压缩文件”命令后，弹出“压缩文件名和参数”对话框（见图11—21），允许用户做相关设置。在“压缩文件名和参数”对话框中，可以设置压缩的路径、文件名、压缩率、是否加密码等一些压缩参数。

② 添加到“.rar”：可以直接压缩文件，用户单击此命令后，系统会直接压缩，压缩参数使用默认参数，压缩路径与被压缩文件所在路径相同（源文件和压缩文件在同一个文件夹内）。

③ 压缩并E—mail：该命令是先采用默认的压缩参数进行压缩，然后通过E—mail把压缩的文件发送出去。这一选项很少使用，用户现在一般都不使用电子邮件程序，大多数使用Web邮箱发送邮件。

④ 压缩到“.rar”并E—mail：该命令在压缩文件结束后，自动弹出发送邮件窗口。和“压缩并E—mail”选项一样，这个选项现在也很少使用。

5. 分卷压缩

“分卷压缩”功能比较实用。用户发送邮件或者在论坛里发帖等操作经常要上传附件，但不同程序往往限制上传附件的大小。例如，在某些论坛上传的附件要小于5 M，当用户要上传的附件大于5 M时，就可以使用分卷压缩。右键单击所选文件，选择“属性”命令，可以查看文件夹的大小。例如，右键单击“F盘”下“宝宝照片2011”文件夹，弹出“属性”对话框，如图11–23所示。

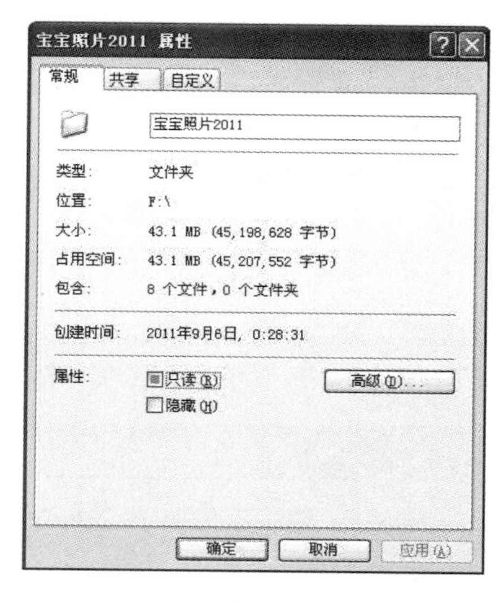

图11–23　“属性”对话框

在“属性”对话框中看到文件夹大小是43.1M，如果每个压缩文件不能大于5M，就要把文件分卷压缩，基本步骤如下：

① 右键单击要分卷压缩的文件，从弹出的快捷菜单中选择“添加到压缩文件”命令。

② 弹出“压缩文件名和参数”对话框，见图11–21。

③ 在“常规”选项卡中，鼠标单击“压缩分卷大小”下拉列表框，输入压缩分卷的大小为5 M，对话框如图11–24所示。

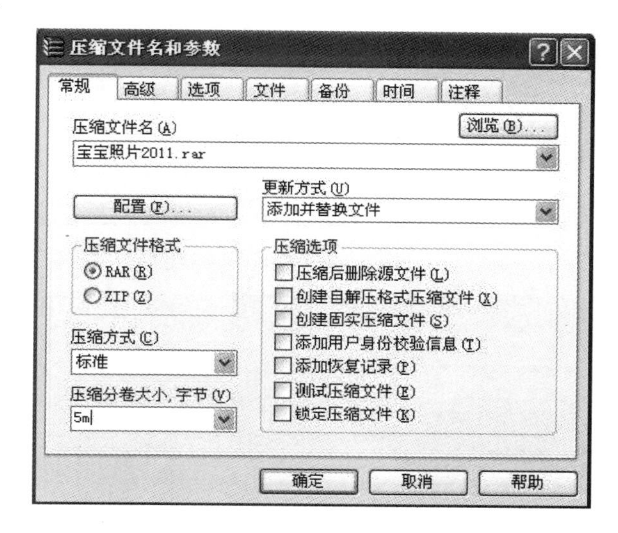

图11–24　“压缩文件名和参数”对话框

④ 单击“确定”按钮，开始分卷压缩。

分卷压缩结束后，在资源管理器中打开“F盘”，可以看到很多新的压缩包，如图11–25所示。

新出现的压缩包就是分卷压缩后的文件，以原文件名+“part”+数字作为文件名，如“宝宝照片2011.part01.rar”，每个压缩包的容量都在5 M以内。如果将分卷压缩包都上传到网上，用户在下载完这些分卷压缩包之后，把它们放到同一个文件夹里，双击后缀名中数字最小的压缩包解压，WinRAR就会自动解出所有分卷压缩包中的内容，把它合并成一个文件。

图11–25　压缩包所在文件夹

11.3.2　把文件添加到压缩文件中

如果用户创建压缩包后还希望向压缩包中添加新文件，可以选择“添加到＜压缩文件名＞”命令，把新文件添加到指定的压缩文件中。例如，“F盘”中有一个“宝宝照片2011.rar”的压缩包，还有一个名为“14个月.jpg”的文件，资料如图11—26所示。

要把名为“14个月.jpg”的文件添加到“宝宝照片2011.rar”的压缩包中，基本操作方法如下：

① 启动WinRAR，在目录栏对应的下拉列表中选择“F盘”，显示F盘文件列表，如图11—27所示。

② 选中“14个月.jpg”文件，单击工具栏中的“添加”按钮，弹出“压缩文件名和参数”对话框。

③ 在对话框中单击“压缩文件名”下拉列表，出现可以添加的文件名，如图11—28所示。

④ 鼠标选中“宝宝照片2011.rar”文件，单击“确定”按钮，文件添加成功。在资源管理器中，用户双击“宝宝照片2011.rar”压缩包，会看到新添加的文件。

选择“命令”菜单，单击“添加到压缩文件”命令，也可以向压缩包中添加文件。在第一步选中文件之后，鼠标选择“命令”菜单，单击“添加到压缩文件”命令，或者右键单击所选文件，在弹出的快捷菜单中选择“添加到压缩文件”命令，这两种方法都可以弹出“压缩文件名和参数”对话框，完成添加文件的操作。

在资源管理器中也可以把文件添加到压缩文件中：找到文件所在位置，使用鼠标左键拖着文件图标放到已存在的压缩文件图标上，这时文件会自动添加到压缩文件中，这种操作方法非常简单实用。

图11—26　要添加文件所在的文件夹

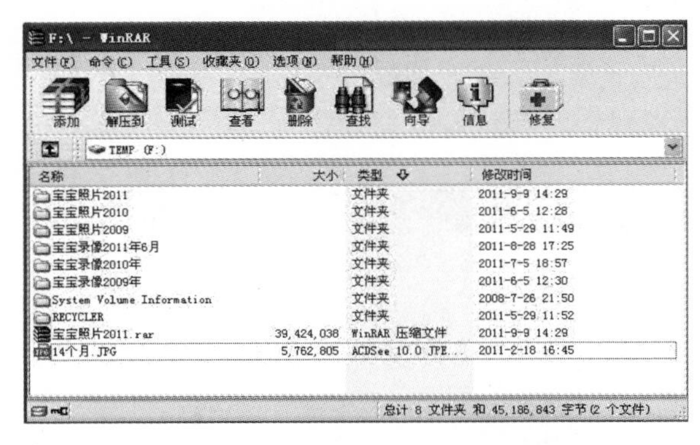

图11—27　“WinRAR”主界面

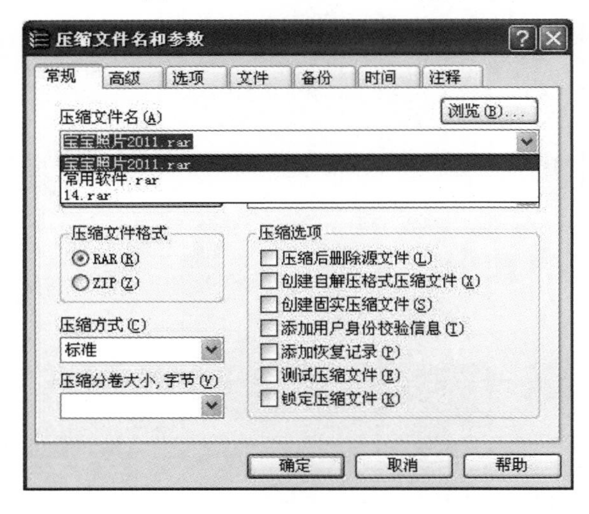

图11—28　“压缩文件名和参数”对话框

11.4　使用WinRAR解压缩文件

11.4.1　使用WinRAR图形界面模式解压缩文件

使用WinRAR图形界面模式解压缩文件之前，必须先在WinRAR中打开压缩文件。当压缩文件在WinRAR中打开时，会显示文件夹中的内容，然后选择要解压缩的文件和文件夹。选择了一个或者多个文件后，在WinRAR窗口顶端单击“解压到”按钮，在对话框输入目标文件夹，并单击“确定”按钮即可完成解压缩。

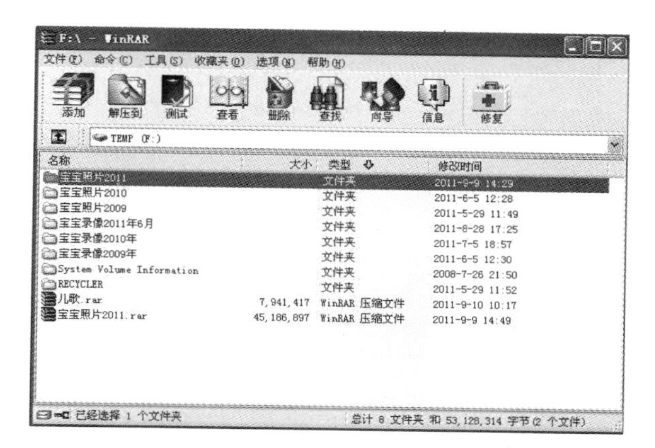

图11—29　“WinRAR”主界面

在WinRAR中打开压缩文件的方法也有多种，可以先启动WinRAR，然后再打开压缩文件，也可以在Windows资源管理器中或在桌面的压缩文件上双击鼠标左键，打开压缩文件。因为在安装WinRAR时默认选择了“将压缩文件关联到WinRAR”选项，所以双击左键后，压缩文件会在WinRAR程序中打开。

例如，用户要解压缩“F盘”的“宝宝照片2011.rar”压缩包，基本操作步骤如下：

① 启动WinRAR，更改目录栏，选择“F盘”，文件夹列表如图11—29所示。

② 鼠标双击“儿歌”压缩包，弹出压缩包内的文件，如图11—30所示。

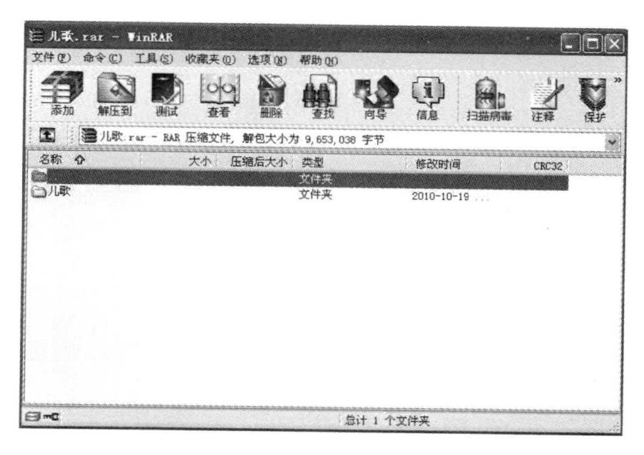

图11—30　压缩包中的文件

如果压缩包中有多个文件，也可以只选择其中的一部分解压缩。选中文件的方式与在资源管理器中选择文件的方式相同，可以使用Shift键+鼠标单击文件的方式选择多个连续的文件，使用Ctrl键+鼠标单击文件的方式选择多个不连续的文件。

③ 选中文件夹列表区中的“儿歌”文件夹，单击“命令”菜单，选择“解压到指定文件夹”命令，或者选中文件夹后，直接单击工具栏上的“解压到”按钮，弹出“解压路径和选项”对话框，如图11—31所示。

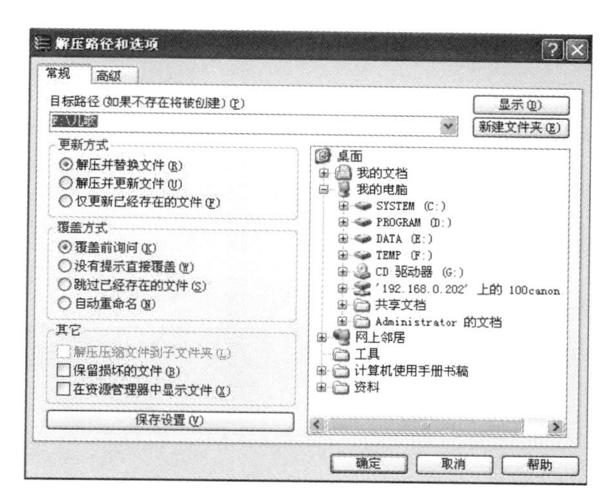

图11—31　“解压路径和选项”对话框

对话框中各个选项功能如下：

● 目标路径：在“目标路径”下拉列表可以改变解压文件的目标文件夹。默认路径与压缩文件所在路径相同，如果要把文件解压到其他路径下，可以通过“目标路径”下拉列表改变，或是从文件夹树窗格中选择一个已存在的文件夹。如文件夹不存在，也可以单击“新建文件夹”按钮建新的解压位置。

● 更新方式：其中“解压并替换文件”命令是默认选项，如果选择“解压并更新文件”命令，解压选定的文件，然后把目标文件夹不存在的文件复制到目标文件夹中；“仅更新已存在的文件”命令在解压选定的文件时，解压缩目标文件夹中的同名文件，并进行覆盖。

● 覆盖方式：“覆盖前询问”为默认选项，覆盖原有文件之前先提示；“没有提示直接覆盖”命令直接覆盖文件，而没有任何提示；“跳过已存在的文件”命令不会覆盖已存在的文件；“自动重命名”命令可以将解压的文件中存在的同名文件自动重命名，重命名文件后，在目录中会生成类似“filename (N) .txt”的名字，“filename.txt”是原始的文件名，“N”是一个数字。

● 其他：“解压压缩文件到子文件夹”选项只有在解压对象是多个文件时可用，解压的所有内容放到单独的文件夹中，文件夹名字基于压缩文件名产生。“保留损坏的文件”选项，当解压不正确时，WinRAR并不删除损坏的文件，这样用户可以尝试从坏掉的文件中保留部分信息；如果不勾选此选项，在解压缩时WinRAR自动删除压缩过程中损坏的文件。如果选择“在资源管理器中显示文件”命令，解压完成后WinRAR打开资源管理器窗口并显示目标文件夹的内容。

● 保存设置：保存解压对话框的当前设置，保存的设置被作为下一次打开此对话框的默认配置。

④ 单击“确定”按钮开始解压缩，解压结束后打开“F盘”，看到解压后的文件夹，如图11—32所示。

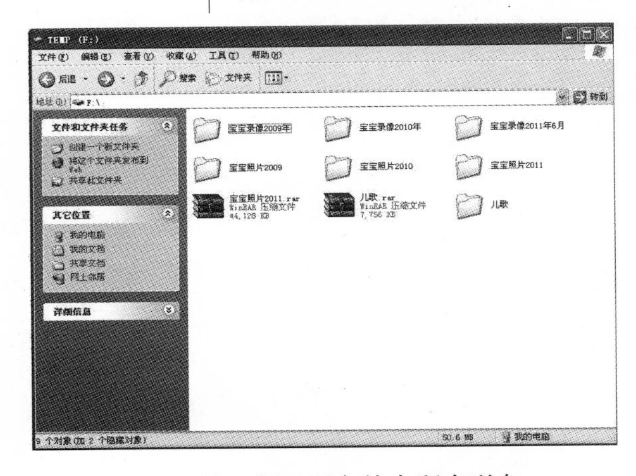

图11—32 解压后文件夹所在磁盘

11.4.2 使用鼠标右键解压缩文件

利用鼠标右键快捷菜单进行解压缩的操作十分简单，在资源管理器或桌面上选择要解压缩的文件，在选定的文件上单击鼠标右键，并选择“解压文件”命令即可。

例如，要将“F盘”下“儿歌”压缩包使用快捷菜单的方式解压缩，在资源管理器中找到“F盘”，右键单击“儿歌”压缩包，在弹出的快捷菜单中选中“解压文件”命令即可，快捷菜单如图11—33所示。

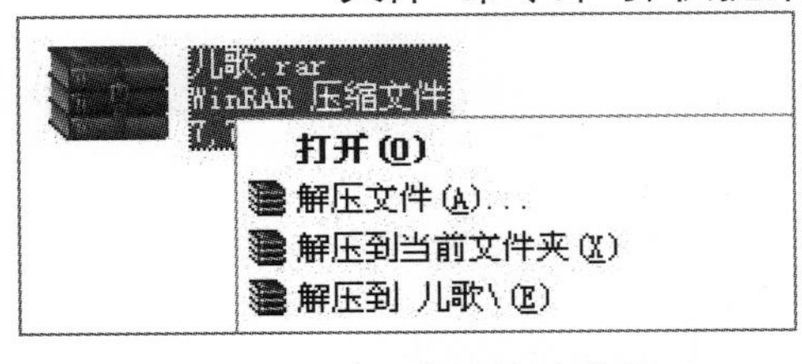

图11—33 压缩包快捷菜单

快捷菜单各选项功能如下：

● 解压文件：在“解压文件”命令对话框输入目标文件夹并单击“确定”按钮，在对话框中可以设置一些高级选项。

● 解压到当前文件夹：“解压到当前文件夹”

把压缩包里面的文件解压后放到压缩包所在的文件夹内。"解压文件"命令中使用的默认文件夹如果是压缩包所在的文件夹，则这两个命令执行的操作就完全相同。

- 解压到"儿歌"："解压到<文件夹名>"命令来解压文件到指定的文件夹，而不需要设置其他的附加选项。

11.4.3　鼠标右键拖动压缩文件解压缩

使用鼠标右键拖着一个或是多个选定的压缩文件，并将它们放到目标文件夹，然后在出现的菜单选择"解压到<文件夹名>"命令，也可以解压缩文件。例如，要将"F盘"中的"儿歌"压缩包解压到"儿歌精选"文件夹中，可以通过鼠标右键拖动文件进行解压缩，"F盘"中的存储文件如图11—34所示。

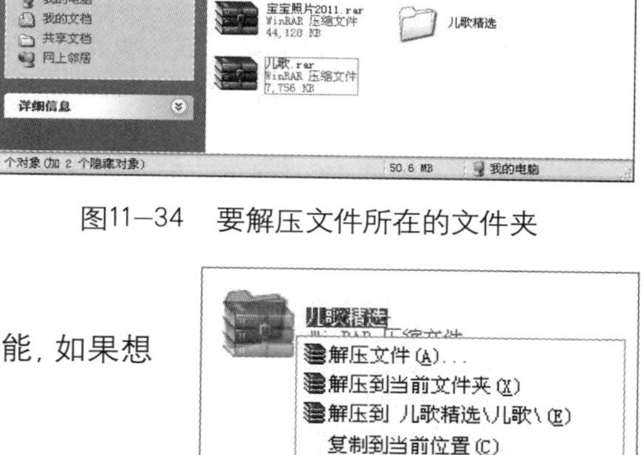

图11—34　要解压文件所在的文件夹

右键单击"儿歌"压缩包，拖动到"儿歌精选"文件夹上释放鼠标，弹出快捷菜单，如图11—35所示。

右键拖动压缩包的方法除了具有解压功能外，快捷菜单中还有复制和移动压缩包的功能，如果想放弃操作，可以单击"取消"命令。

解压文件(A)...
解压到当前文件夹(X)
解压到 儿歌精选\儿歌\(E)
复制到当前位置(C)
移动到当前位置(M)
在当前位置创建快捷方式(S)
取消

图11—35　快捷菜单

11.4.4　解压缩分卷压缩文件

在11.3.1新建压缩文件章节中，介绍了分卷压缩文件的方法，解压缩这些分卷文件比较容易。把分卷压缩文件放到同一个文件夹里，双击后缀名中数字最小的压缩包解压，WinRAR就会自动解出所有分卷压缩包中的内容，并把它合并成一个文件。例如，用户收到分卷压缩的文件（见图11—25）全部文件后，新建"宝宝照片"文件夹，全选压缩文件并拖动到"宝宝照片"文件夹中，双击压缩文件中名字数字最小的文件（"宝宝照片2011.part1.rar"）开始解压缩，解压结束后在"宝宝照片"文件夹中会出现"宝宝照片2011"文件夹。

11.5　WinRAR密码设置

WinRAR除了压缩和解压缩外还有很多用途，例如在压缩的时候加上密码即可保密存储一些文件。

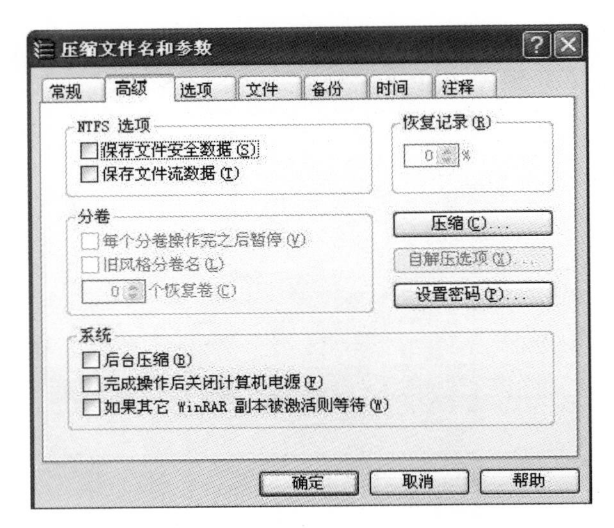

图11—36　“压缩文件名和参数”对话框

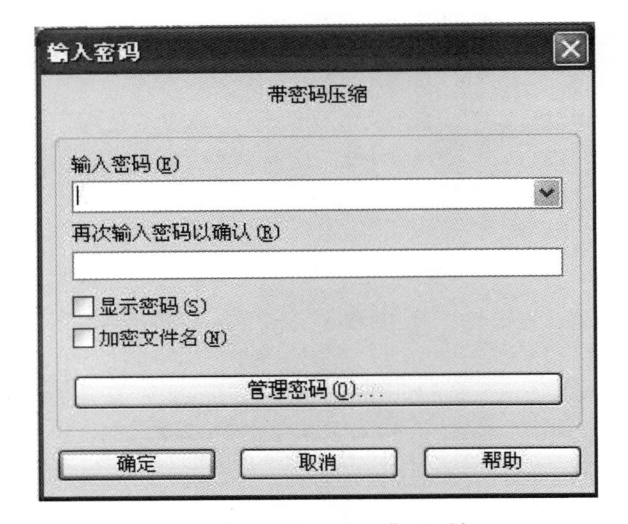

图11—37　“输入密码”对话框

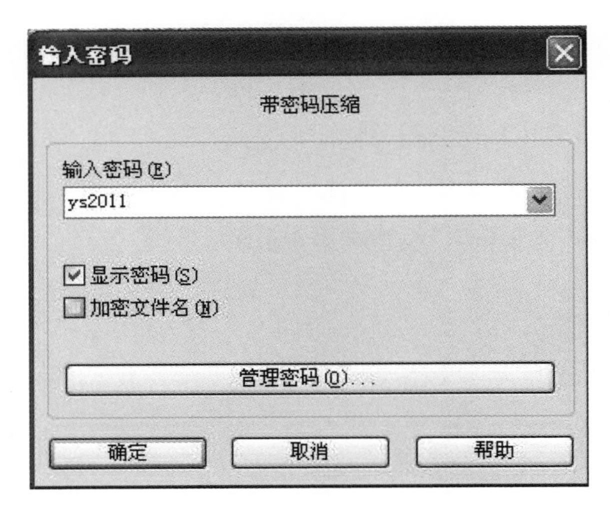

图11—38　“输入密码”界面

例如，在11.3.1节中，用户将“F盘”下“宝宝照片2011”文件夹压缩成一个压缩文件，在压缩过程中弹出了“压缩文件名和参数”对话框（见图11—21），在该对话框中可以设置密码。具体操作步骤如下：

① 鼠标单击“高级”选项卡，“压缩文件名和参数”对话框如图11—36所示。

② 单击“设置密码”按钮，弹出“输入密码”对话框，如图11—37所示。

为了增强安全性，密码长度最少要8个字符。不要使用任何语言的单词作为密码，最好是任意的随机组合字符和数字，并且要注意密码的大小写。RAR压缩文件支持的密码最大长度是127个字符。

③ 在“输入密码”文本框中输入密码，在“再次输入密码以确认”文本框中输入相同的密码进行确认。如果两次输入的密码不同，系统将提示用户重新输入密码。

“输入密码”对话框其他参数含义如下：

● “显示密码”：选中“显示密码”复选框后弹出“输入密码”界面，显示刚刚输入的密码，供用户确认，确认密码界面如图11—38所示。

● “加密文件名”选项：RAR格式不只允许对数据文件加密，而且对其他的可感知的压缩文件区域都可加密，如文件名、大小、属性、注释等。如果用户希望加密这些内容，需要在密码对话框中选择“加密文件名”选项。

④ 单击“确定”按钮，开始压缩。

当用户不再需要密码的时候，可以将输入的密码删除。要删除密码，只需要输入空字符串来替换原先的密码即可。

单击WinRAR窗口底部左下角的钥匙图标也可以加密压缩文件。单击钥匙图标，弹出“压缩文件名和参数”对话框，设置密码的方法同上。

本章小结

本章首先介绍了文件压缩的基本概念、文件压缩格式等基础知识，然后以WinRAR压缩工具为例，详细介绍了新建压缩文件的不同方法、分卷压缩、文件解压缩以及密码设置等内容。

思考题

1. 在“照片”文件夹下存放着“2009年照片”、“2010年照片”以及“2011年照片”三个文件夹，如何将“2009年照片”和“2010年照片”两个文件夹压缩成一个压缩包，并且命名压缩包为“照片合集.rar”？

2. 如何将下载到桌面的文件解压到“D:/”？

3. 如何利用WinRAR的密码设置功能加密压缩文件?

第12章 文件下载

在互联网广泛应用的信息社会，下载共享的网络资源已经习以为常，使用下载工具软件可以快速、高效地下载用户需要的文件。迅雷是中国互联网最流行的下载工具软件之一，给用户提供了高速下载的体验。本章主要介绍迅雷简体中文版下载网络资源的一些基本操作，使读者快速地掌握下载资源的基本方法及迅雷的基本功能。

知识要点

第12.1节：文件下载，网络蚂蚁，网际快车，迅雷

第12.2节：迅雷下载，迅雷安装，迅雷启动，迅雷退出

第12.3节：新建下载任务，批量下载，下载任务管理，文件管理

第12.4节：迅雷看看播放器，搜索影视资源

12.1　文件下载及其常用工具

文件下载是指通过网络传输文件，把互联网上或其他电子计算机上的信息保存到本地计算机上的一种网络活动。例如，从Web站点将某文件下载到硬盘。

1. 文件下载的方法

(1) 使用浏览器下载

使用浏览器下载是许多上网初学者常使用的方式，它操作简单方便。在浏览过程中，单击想下载的链接（比如Word文档，zip格式、rar格式的压缩文件等），浏览器就会自动启动下载任务，在任务中指定下载文件的存储路径即可。若要保存图片，只要右单击网页上的图片，选择“图片另存为”命令即可。通过浏览器下载的方式虽然简单，但有它不足之处，例如不能限制速度、不支持断点续传等，下载速度也比较慢。

(2) 使用专用软件下载

使用专用软件下载能够充分利用网络带宽，从而达到在最短的时间内将一个文件下载下来的目的。下载软件运用多线程等技术加快下载速度，提高带宽的利用率，同时支持断点续传。用浏览器下载的话，如果下载任务没有完成，文件存在于临时文件夹中很容易被清除掉，下载软件的断点续传功能可以解决这一问题。

2. 常见下载工具软件介绍

常见的专业下载工具软件有网络蚂蚁、网际快车、迅雷等，下面简单介绍各种下载软件。

(1) 网络蚂蚁（NetAnts）

“网络蚂蚁”是传统的下载工具软件之一，操作简单，受到了广大网友喜爱。软件利用了很多技术手段，如多点连接、断点续传、计划下载等，使用户在现有的条件下大大地加快了下载的速度。由于用蚂蚁搬家来象征它从网络上下载数据，因此该下载软件称为网络蚂蚁。

(2) 网际快车（FlashGet）

“网际快车”是多线程及续传下载软件，诞生于1999年，是国内第一款也是唯一一款为世界200多个国家和地区的用户提供服务的国产软件。2004年，“趋势媒体集团”收购网际快车（FlashGet）客户端软件，FlashGet从以前的单一客户端软件逐渐发展成为了集资源下载客户端、资源门户网站、资源搜索引擎、资源社区等多种服务为一体的互联网资源分享平台。

(3) 迅雷

“迅雷”使用的多资源超线程技术，基于网格原理，能够将网络上存在的服务器和计算机资源进行有效的整合，构成独特的迅雷网络，通过迅雷网络各种数据文件能够以最快的速度进行传递。多资源超线程技术还具有互联网下载负载均衡的功能，在不降低用户体验的前提下，迅雷网络可以对服务器资源进行均衡，有效降低了服务器负载。伴随着中国互联网宽带的普及，迅雷凭借“简单、高速”的下载体验，正在成为高速下载的代名词。

12.2 迅雷工具的下载与安装

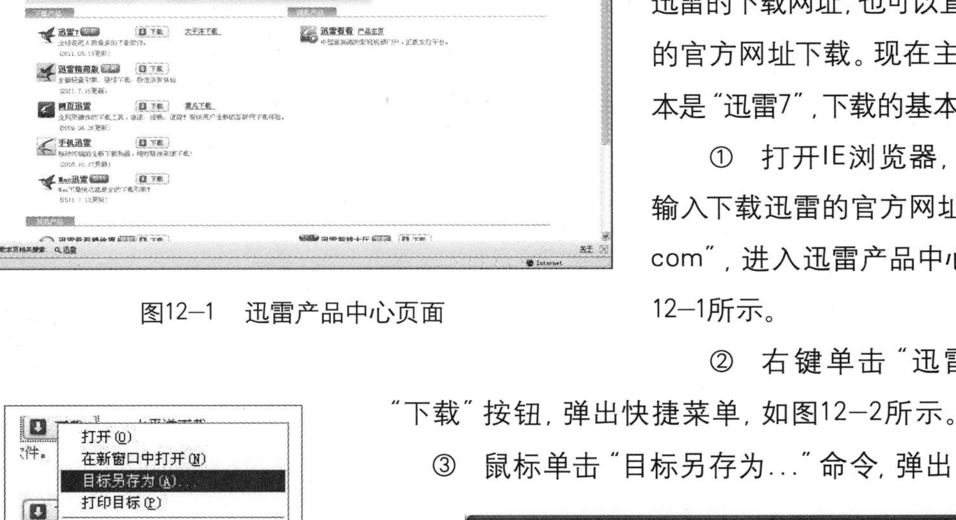

图12—1　迅雷产品中心页面

12.2.1 迅雷的下载与安装

1. 迅雷的下载

迅雷是开源软件，可以从网上自由下载，通过搜索引擎可以搜索到很多迅雷的下载网址，也可以直接登录迅雷的官方网址下载。现在主流的应用版本是“迅雷7”，下载的基本步骤如下：

① 打开IE浏览器，在地址栏中输入下载迅雷的官方网址“dl.xunlei.com”，进入迅雷产品中心页面，如图12—1所示。

② 右键单击“迅雷7”右侧的“下载”按钮，弹出快捷菜单，如图12—2所示。

③ 鼠标单击“目标另存为...”命令，弹出“另存为”对

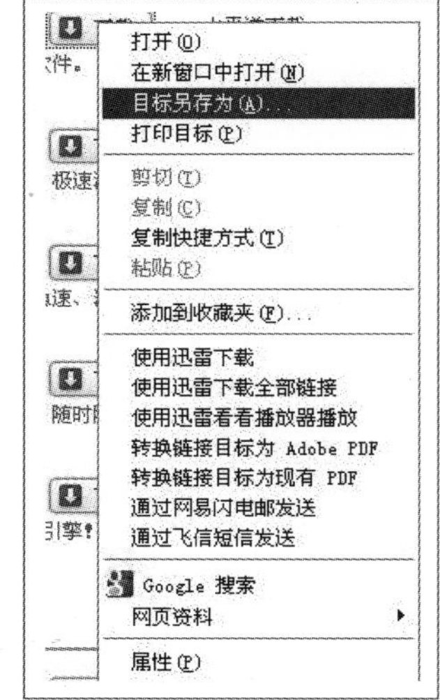

图12—2　“下载”按钮快捷菜单

图12—3　“另存为”对话框

话框，如图12—3所示。

④ 选择“E盘”为存储路径，单击“保存”按钮，弹出“文件下载”对话框，下载完毕后，如图12—4所示。

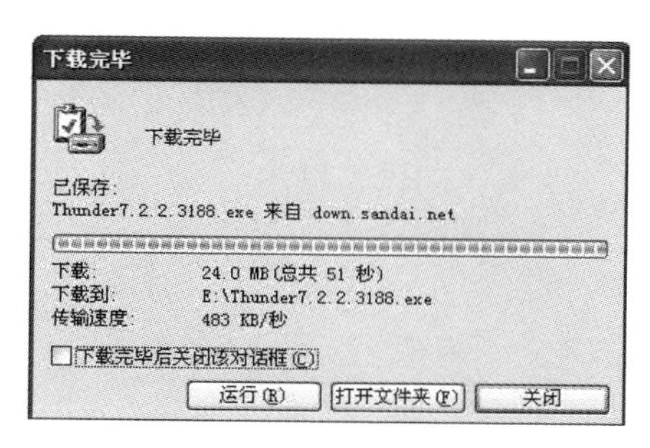

图12—4 “下载完毕”窗口

图12—5 下载文件所在的文件夹

单击“打开文件夹”按钮，打开E盘，可以看到迅雷的安装文件，如图12—5所示。

2．迅雷的安装

① 打开“迅雷”安装程序所在的文件夹，鼠标双击“迅雷”安装文件图标 Thunder7.2.2.318…，启动“迅雷”的安装向导，如图12—6所示。

单击窗口最右侧的垂直滚动条，可以看到完整的协议内容。如果认同协议中的条款，可以单击“接受”按钮；如果不同意协议中的内容，可以单击“取消”按钮，取消安装过程。

② 单击“接受”按钮，选择“迅雷”的安装路径，如图12—7所示。

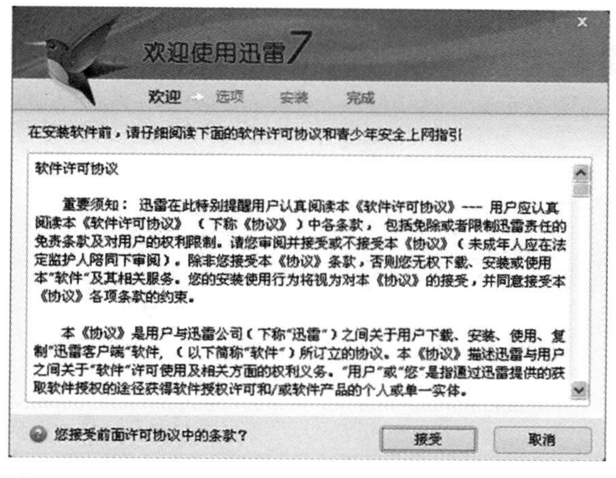

图12—6 “迅雷”安装向导对话框

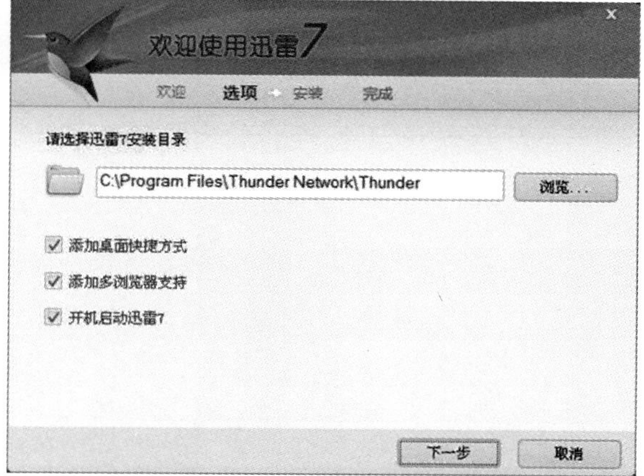

图12—7 “迅雷”安装向导对话框

默认的安装目标文件夹都是“C:\Program Files\Thunder Network\Thunder”，如果用户决定将“迅雷”安装在这个目录下，单击“下一步”按钮，否则用户可单击图中“浏览”按钮，选择新的目标文件夹即可。

③ 单击“下一步”按钮，弹出如图12–8所示的安装界面。

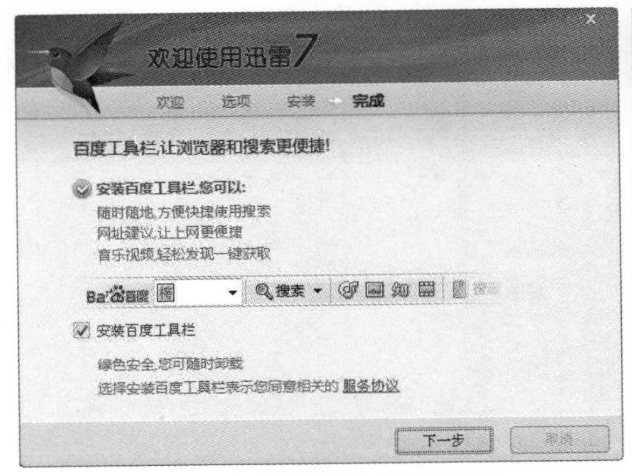

图12–8 “迅雷”安装向导对话框

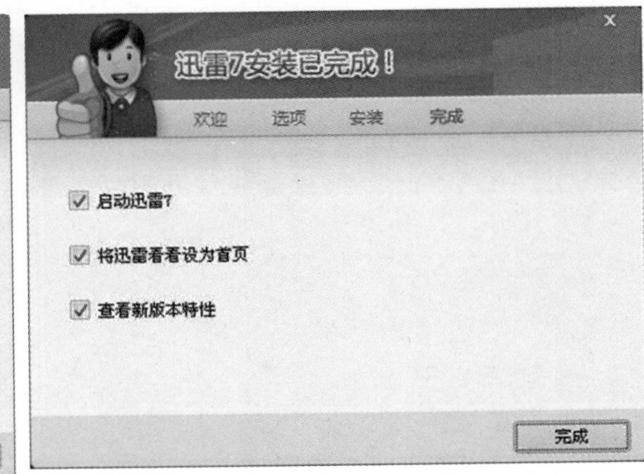

图12–9 “迅雷”安装向导对话框

④ 单击“下一步”按钮，显示安装完成界面，如图12–9所示。

单击安装向导中的“完成”按钮，”迅雷“安装成功。安装界面中勾选了“启动迅雷7”复选框，所以单击“完成”按钮后，系统会自动运行迅雷。

软件成功安装后，在“开始”菜单的“所有程序”菜单中添加“迅雷软件”程序组，如图12–10所示。

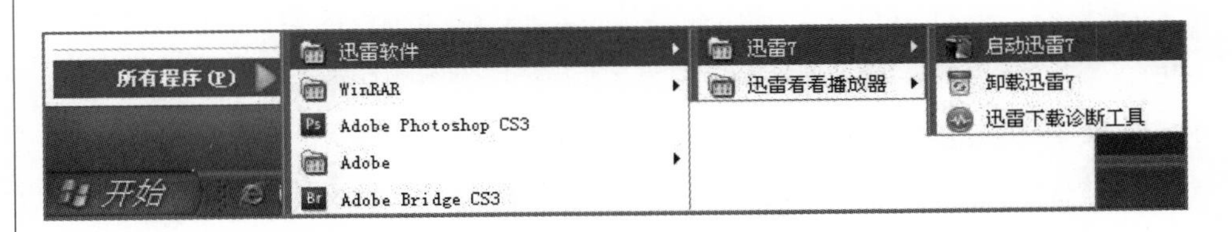

图12–10 “开始”菜单中“迅雷7”程序组

12.2.2 迅雷的启动与退出

1. “迅雷”的启动

启动“迅雷”的方法与启动其他应用程序的方法类似，可以通过“开始”菜单启动，也可以通过快捷按钮启动。单击“开始”菜单，指向“所有程序”命令，在弹出的“迅雷软件”中选择“迅雷7”文件夹，鼠标单击“启动迅雷7”命令即可启动它。

在安装迅雷时，如果用户选择了“在桌面上创建快捷方式”选项，安装结束后桌面上自动创建“迅雷7”的快捷图标，双击该图标也可启动迅雷，页面如图12–11所示。

如果用户希望“迅雷”的页面简洁一些，可以通过“配置中心”自行配置相关选项来简洁界面。单击迅雷“标题栏”右侧的“菜单”图标，在弹出的菜单中选择“配置中心”命令，弹出“配置中心”选项卡，单击“我的下载”按钮下的“常用设置”选项，如图12–12所示。

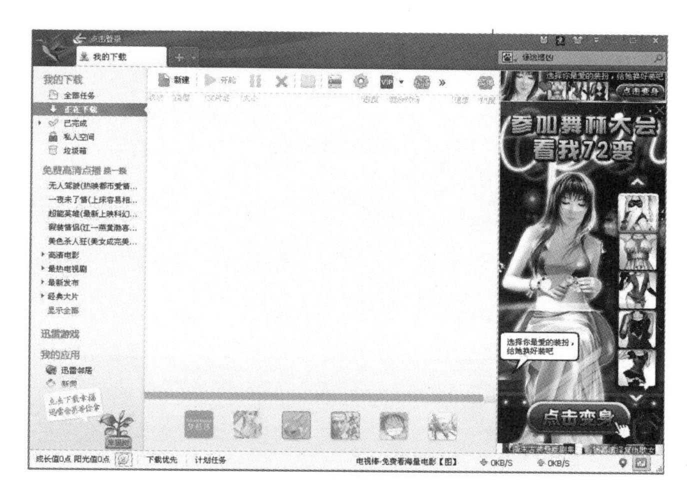

图12–11 “迅雷7”工作页面

单击“显示左侧网络影视”、“显示左侧我的应用”、“显示左侧迅雷游戏”三个选项前面的复选框，取消选择，界面即可简洁显示，简洁工作页面如图12–13所示。

在“配置中心”选项卡中可以查看并更改“迅雷”的各项设置，用户单击“基本设置”与“我的下载”下的各个选项，即可更改相关设置。

图12–12 “配置中心”选项卡

“迅雷”启动后，在屏幕的右上角会显示一个“悬浮窗”图标 ，“悬浮窗”是下载软件的特色组件，能够利用一个很小的空间，向用户展示下载进度、速度显示等信息。“悬浮窗”可以隐藏，在Windows“系统通知区域”中找到“迅雷”的图标，在“迅雷”图标上单击鼠标右键，选择“隐藏悬浮窗”命令，即可将悬浮窗隐藏，再次单击鼠标右键，选择“显示悬浮窗”命令，可将悬浮窗显示。

2.“迅雷”的退出

单击“迅雷”的工作界面的关闭按钮，迅雷并没用真正退出，在计算机屏幕的右上角仍然显示“迅雷”的悬浮窗。在Windows“系统通知区域”中找到“迅雷”的图标，在“迅雷”图标上单击鼠标右键，选择“退出”命令，即可退出“迅雷”。另外，鼠标右键单击“悬浮窗”，选择“退出”命令也可以退出“迅雷”。

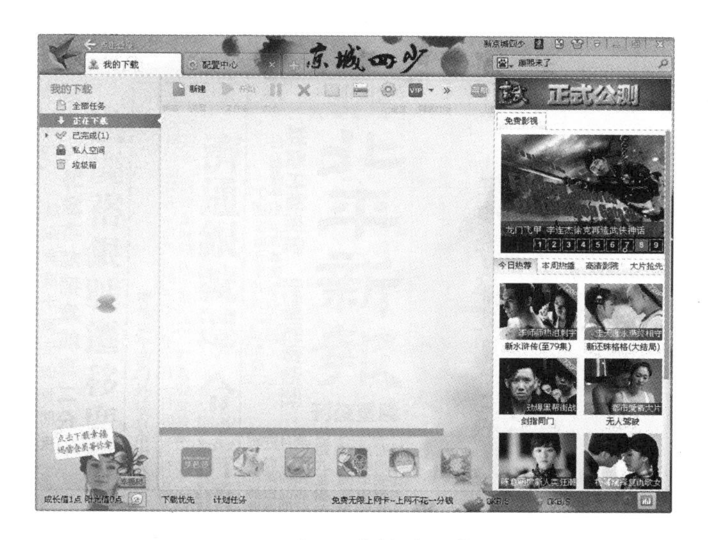

图12–13 “迅雷”简洁工作页面

12.3 文件下载

12.3.1 新建下载任务

在浏览网络资源时，使用“目标另存为…”命令，可以将服务器的文件直接下载到用户的硬盘上，非常方便。但是遇到几百兆（MB）或更大的文件，使用“目标另存为”命令下载文件速度会很慢，此时可借助专用的文件下载软件进行下载。

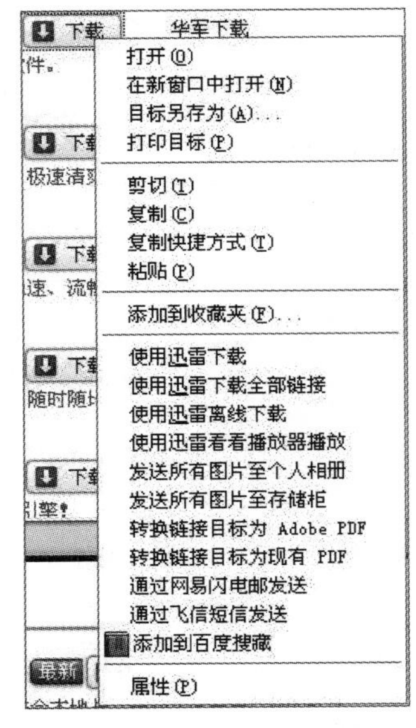

图12–14 快捷菜单

1. 新建下载任务

在迅雷中，添加下载任务的方式非常便捷，比较常用的方式，主要有以下3种：

(1) 右键导入下载任务

系统成功安装“迅雷7”后，在资源下载页面，右键单击任意下载链接，弹出的快捷菜单中都会有“使用迅雷下载”这一选项。如果没有安装“迅雷”，快捷菜单中没有该选项，用户只能使用“目标另存为”命令下载，如在本章第二节下载“迅雷”软件时用到的方法，见图12–2。安装“迅雷”软件后，鼠标右单击下载链接，会弹出快捷菜单，如图12–14所示。

可以看到快捷菜单中多了一组“使用迅雷下载”命令，单击“使用迅雷下载”命令，弹出“新建任务”对话框，如图12–15所示。

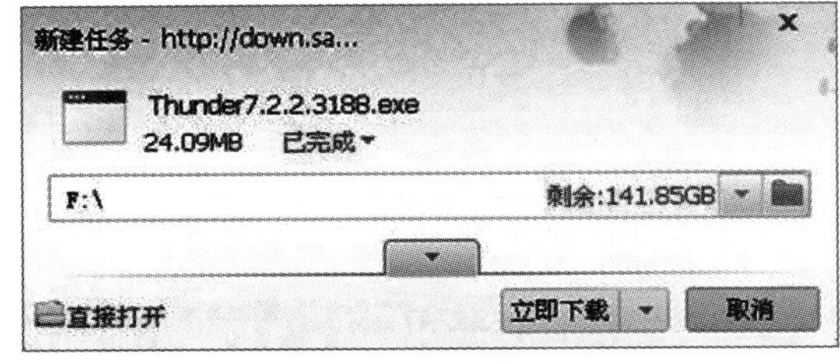

图12–15 “新建任务”对话框

用户需要选择文件的存放位置，“新建任务”对话框中的路径是默认的存储路径，如果用户要更改当前存储路径，鼠标单击“打开”按钮，弹出“浏览文件夹”对话框，如图12–16所示。

图12–16 “浏览文件夹”对话框

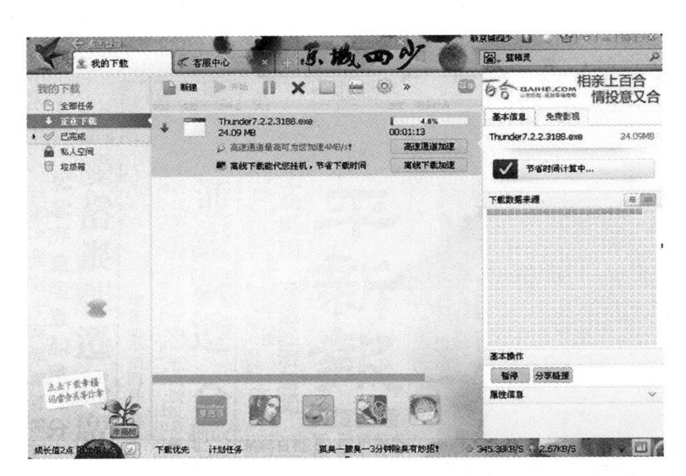

图12–17 迅雷“我的下载”页面

单击目录树，可以更改下载文件要存储的文件夹。如果要在资源管理器中创建新文件夹，单击“新建文件夹”按钮，创建文件夹。选定文件夹后，单击“确定”按钮，文件开始下载，弹出迅雷“我的下载”页面，如图12—17所示。

(2) URL下载

URL(Uniform Resource Locator)即统一资源定位器，也就是用户通常所说的网址。视频、音乐、图片等文件上传到网络后都有对应的地址，使用URL下载需要知道资源的URL，然后粘贴到“新建任务”对话框中就即可。

例如，有一个下载“国歌”的URL为“http://220.189.203.107/UploadFiles/bmzx/2011/5/201105161717105884.mp3”，使用URL下载的步骤如下：

① 单击“新建下载任务”按钮，弹出新建任务对话框，如图12—18所示。

② 将URL地址复制后粘贴在地址栏里，单击“继续”按钮。

③ 弹出“浏览文件夹”窗口，见图12—17。

④ 选定存储地址后，单击“确定”按钮开始下载。下载结束后，在“迅雷”主界面的“已完成”文件夹中能够看到下载的文件。

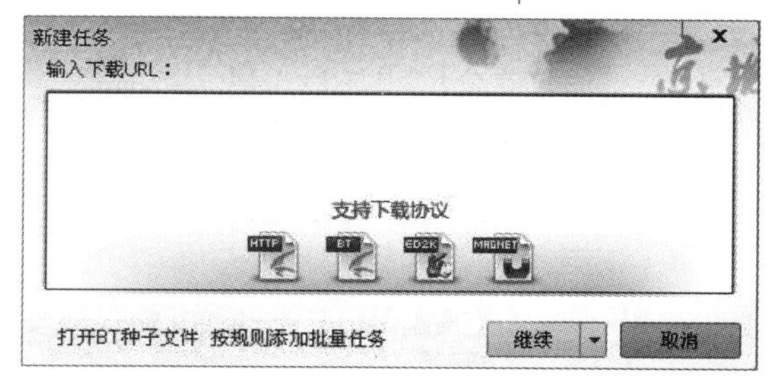

图12—18 “新建任务”对话框

(3) 鼠标拖动到悬浮窗口下载

“迅雷”还具有智能悬浮窗口，下载文件时，可以用左键按住链接地址，将其拖放至悬浮窗口，松开鼠标就会弹出“新建任务”的对话框（见图12—15），在“新建任务”的对话框中，选择好文件的存放目录即可。在下载的过程中，悬浮窗 迅雷7 会显示下载任务完成的百分比。

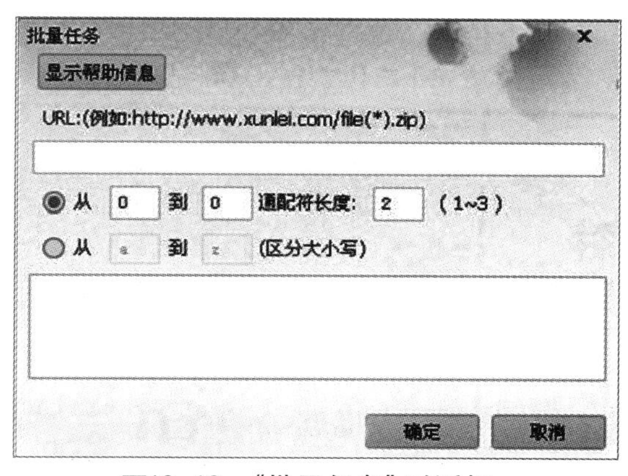

图12—19 “批量任务”对话框

2. 建立批量下载任务

利用迅雷“批量下载”功能可以同时创建多个特征相似的下载任务。比如，下载电视剧的时候，每个剧集的文件地址都很类似，例如，第一集的文件地址是“http://www.xunlei.com/01.zip”，每一集的下载地址只是最后面的数字不同，第十集的下载网址是“http://www.xunlei.com/10.zip”。像这样的地址，如果逐一建立各个下载任务，操作非常烦琐，通过建立“批量任务”可以一次性下载所有的剧集。

单击主菜单图标，选择“新建任务”命令，弹出“新建任务”对话框（见图12—18），单击对话框中的“按规则添加批量任务”按钮，弹出“批量任务”对话框，如图12—19所示。

“批量任务”对话框中各选项功能如下：

URL文本框：URL文本框中输入的是下载资源的网址，对话框中给出了示例网址的格式。在示例网址“http://www.xunlei.com/file(*).zip”中，file代表批量任务中相同的文件名，*代表不同的部分。例如上面提到的10个地址中，只有数字部分不同，如果用(*)表示不同的部分，这些地址可以写成“http://www.xunlei.com/(*).zip”。

在“从”后面的文本框中，填写下载地址的起始数值，“到”后面的文本框中，填写下载地址的终止数值。通配符长度指的是这些地址不同部分数字的长度。例如，从01.zip—10.zip，通配符长度就是2；从001.zip—100.zip时，通配符长度就是3。

设置相关信息后，单击“确定”按钮，弹出“选择要下载的网址”对话框，检查地址确定无误后，单击“确定”，可以将这些下载任务一次性添加到任务列表中。

例如，某网站提供电视剧《潜伏》的全集下载，具体的下载网址为“ftp://dygod2:dygod2@d062.dygod.cn:4010/潜伏/[电影天堂www.dygod.cn]潜伏（孙红雷）01.rmvb”，用建立“批量任务”的方法下载文件，其基本步骤如下：

① 单击主菜单图标，选择“新建任务”命令，弹出“新建任务”窗口（见图12—18），单击对话框中的“按规则添加批量任务”按钮，弹出“批量任务”对话框（见图12—19）。

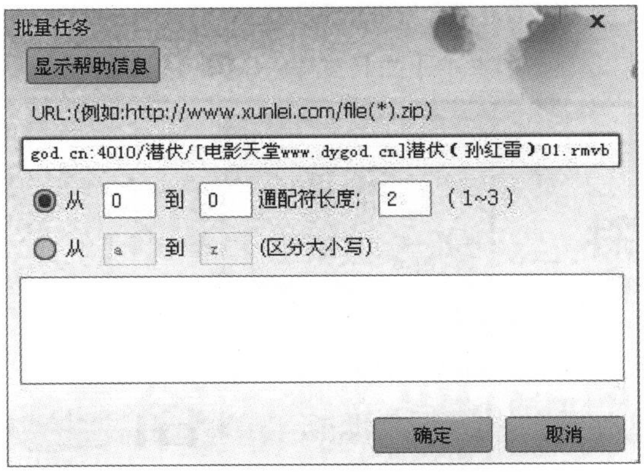

② 复制网址“ftp://dygod2:dygod2@d062.dygod.cn:4010/潜伏/[电影天堂www.dygod.cn]潜伏（孙红雷）01.rmvb”后粘贴到URL中，如图12—20所示。

图12—20 “批量任务”对话框

③ 改变URL中的地址为示例地址的格式，把“01”改为“(*)”。需要注意的是，这里输入的括号必须为半角状态的括号。改好后的地址如图12—21所示。

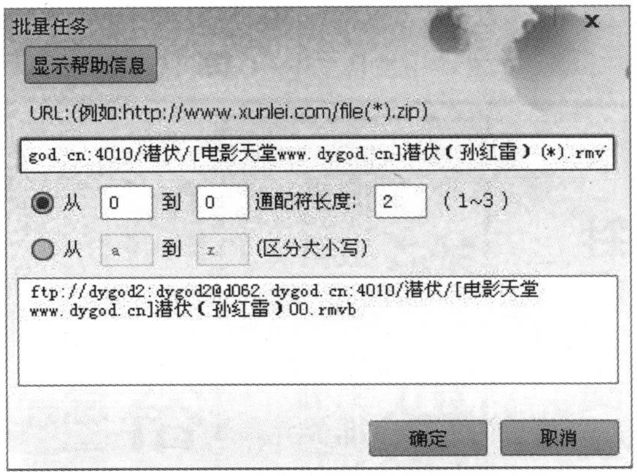

“批量任务”对话框中，最下方文本框中的内容是迅雷自动添加的，提示用户要下载资源的具体地址，用户不需要改动。

图12—21 “批量任务”对话框

④ 填写下载加载剧集的范围，《潜伏》电视剧一共有30集，如果全部下载，用户就在“从”后的文本框中填写“1”，“到”后的文本框填写“30”，填写后“批量任务”对话框如图

12–22所示。

"批量任务"对话框中，最下方文本框中自动显示本次下载的所有任务。如果用户只需要下载第10集到第20集，在"从"后的文本框中填写"10"，"到"后的文本框填写"20"即可。

⑤ 单击"确定"按钮，弹出"选择要下载的URL"对话框，如图12–23所示。

在"选择要下载的URL"对话框中，显示要下载的所有文件地址。在"批量任务"对话框中，选择下载范围时必须为连续的范围。在"选择要下载的URL"对话框中，可以对单个文件做是否下载的选择，点击复选框可取消对应文件的下载。因此，在这一步确定的下载列表才是用户最终要下载的内容。

⑥ 单击"确定"按钮，弹出"新建任务"对话框，设置保存路径，如图12–24所示。

勾选"使用相同配置"选项可以让所有的文件都存放在相同的目标路径中，系统不再逐一询问每个下载文件的存放路径。

⑦ 选中"使用相同配置"选项前的复选框，单击"立即下载"按钮，文件开始下载，在迅雷的"正在下载"文件夹中可以看到下载的文件。

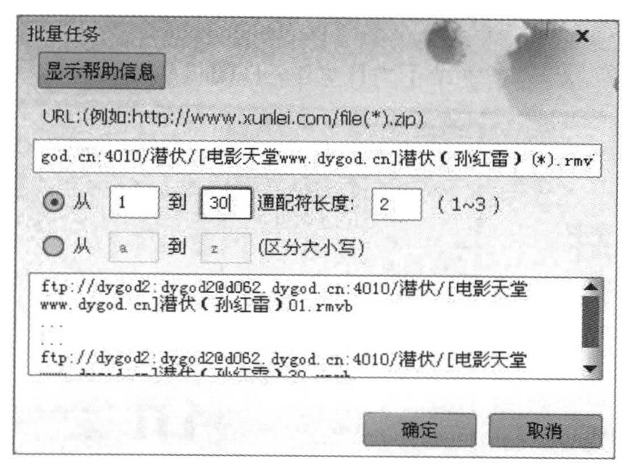

图12–22　"批量任务"对话框

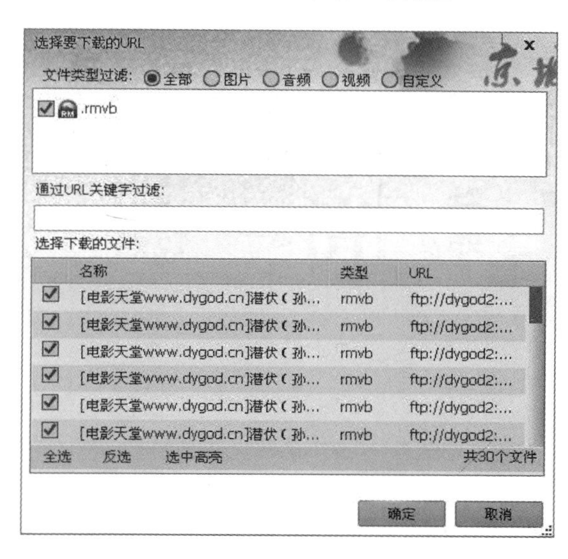

图12–23　"选择要下载的URL"对话框

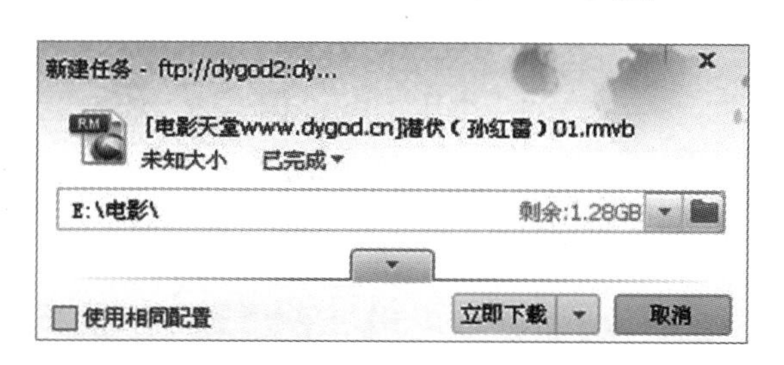

图12–24　"新建任务"对话框

12.3.2　下载任务管理

1. 任务分类说明

在"迅雷"的主界面左侧就是任务管理窗口，该窗口中包含一个目录树，分为"正在下载"、"已下载"和"垃圾箱"三个分类。鼠标单击一个分类就会看到对应分类中的任务，每个分类的作用如下：

① 正在下载：没有下载完成或者发生错误的任务都在这个分类中。当下载一个文件的时候，单击"正在下载"可以查看该文件的下载状态。

② 已下载：下载完成后的任务会自动移动到"已下载"分类。如果发现下载完成后下载文件在窗口中不见了，单击"已下载"分类即可看到该文件已下载完毕。

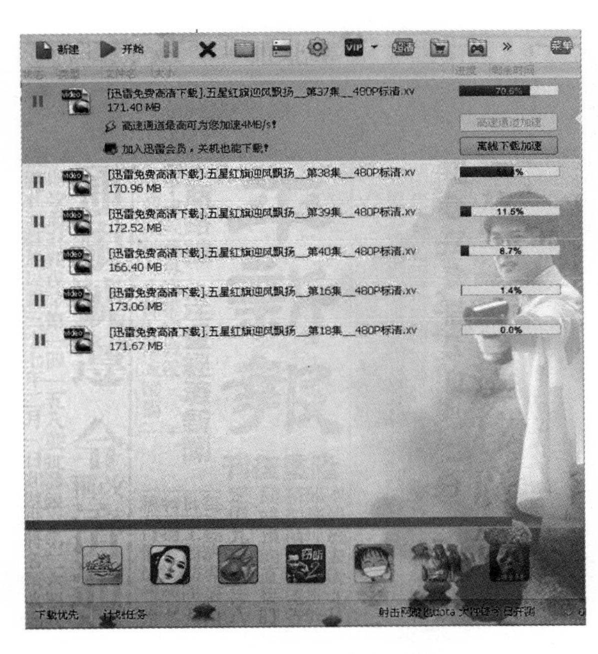

图12—25 “正在下载”工作页面

③ 垃圾箱：用户在“正在下载”和“已下载”中删除的任务都存放在迅雷的“垃圾箱”中，“垃圾箱”的作用就是防止用户在删除时失误，发生误删。在“垃圾箱”中删除任务时，会提示是否把存放于硬盘上的已下载的文件一并删除。

2．下载状态管理

建立新下载任务后，“迅雷”会自动开始下载。有时需要暂停任务下载，或任务本身下载失败，需再次开始暂停的或者下载失败的任务。单击“我的下载”选项卡的“正在下载”文件夹，会弹出正在下载的任务列表，如图12—25所示。

任务列表中文件最左侧的按钮显示任务当前的下载状态，按钮表示任务正在下载，按钮表示任务暂停下载。单击选中任务列表中的任意任务，可以进行如下操作：

● “开始”按钮：任务处于暂停状态时，单击“开始”按钮可以继续下载任务。

● “暂停”按钮：处于下载状态的任务，单击“暂停”按钮可以暂停下载任务。

● “删除”按钮：单击“删除”按钮可以删除选中的下载任务。在迅雷的下载列表中，可以按住shift或ctrl键的同时，单击鼠标选中多个文件。

在任务列表中，右键单击下载任务，在弹出的快捷菜单中也有“开始任务”、“暂停任务”和“删除任务”命令选项。

3．下载任务排序

在所有下载文件的信息中，顶端有信息栏，记录着下载文件的状态、类型、文件名、大小、进度、剩余时间、速度等信息。这些信息可以帮助用户了解下载资料的基本信息，“迅雷”可以根据每一项信息对下载列表中的文件进行排序。在对应信息上单击鼠标，文件就会按照该信息重排文件。例如，在“进度”信息栏上单击鼠标，文件就会按照文件的进度从大到小顺序排列文件，再次单击改为从小到大顺序排列文件。如果下载列表中的任务非常多，通过排序，用户可以很方便地找到将要下载结束或刚刚开始下载的文件。

4．下载分组

“迅雷”可以将任务列表中的文件按时间、类型等不同类别分组，便于文件的管理。单击“分组”按钮，弹出“分组”菜单，如图12—26所示。

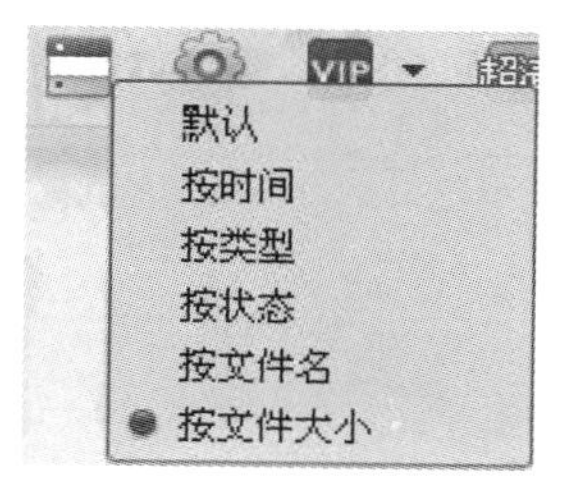

图12—26 “分组”菜单

按“时间”分组，“迅雷”会以一星期为时间点对任务列表中的任务分类；按“类型”分组，迅雷会按照文件类型分组，把类型相同的任务放在同一组；按“状态”分组，迅雷会把任务分成“正在下载”、“暂停下载”、“已下载”三个组；按“文件名”分组，迅雷会把任务按数字、英文字符、中文等分成不同分类；按“文件大小”分组，迅雷会把文件容量按照10 M的倍数分类。

例如，对“全部任务”文件夹中的任务按类型分组，基本操作步骤如下：

① 单击“全部任务”按钮，默认的页面如图12—27所示。

图12—27 “全部任务”页面

② 单击“分组”按钮，选择“按类型”分组，分组后，单击组名前面的折叠按钮，可以将组内文件折叠显示，页面如图12—28所示。

分组后，用户可清晰地了解不同类型文件的数量，界面也比较整洁。

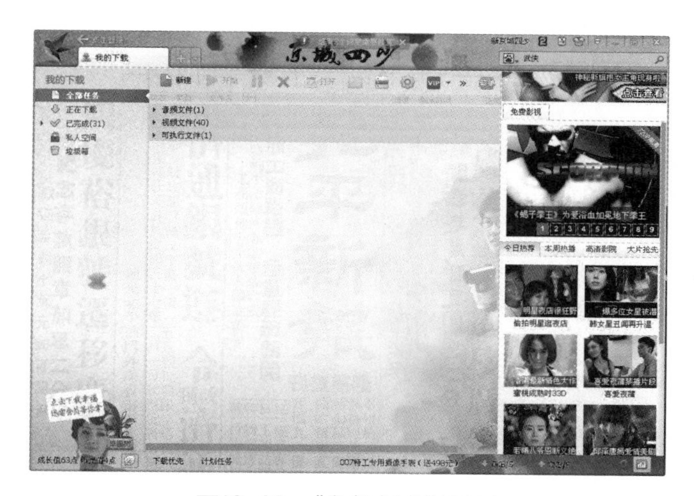

图12—28 “全部任务”页面

5. 下载优先

“迅雷”支持“下载优先”功能，单击“下载优先”按钮，弹出快捷菜单，如图12—29所示。

启用“智能上网”模式，进行网页操作的时候，“迅雷”会限制下载速度，使流量和带宽优先满足浏览网页的需求。而“下载优先”模式则默认无论有无浏览网页，都把带宽优先分配在下载上，有可能导致浏览网页速度很慢，甚至无法打开。但是，无论基于什么模式，下载速度首先都会限制于网络的总体带宽。

图12—29 “下载优先”快捷菜单

6. 计划任务

“迅雷”支持用户按计划下载任务，单击“计划任务”按钮，弹出快捷菜单，如图12—30所示。

“计划任务”快捷菜单中各命令功能如下：

- 智能下载：开启智能下载，如果用户长时间没有操作计

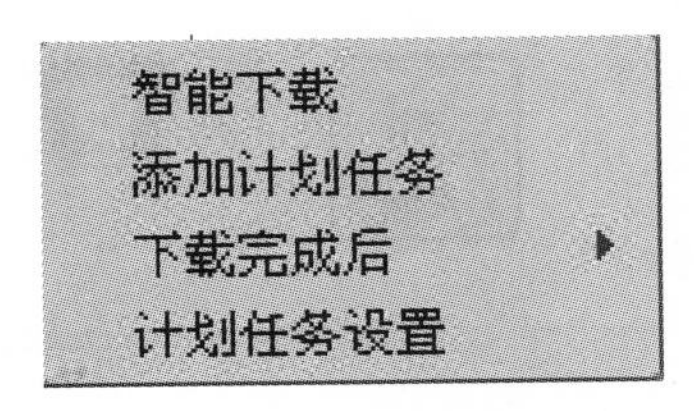

图12—30 "计划任务"快捷菜单

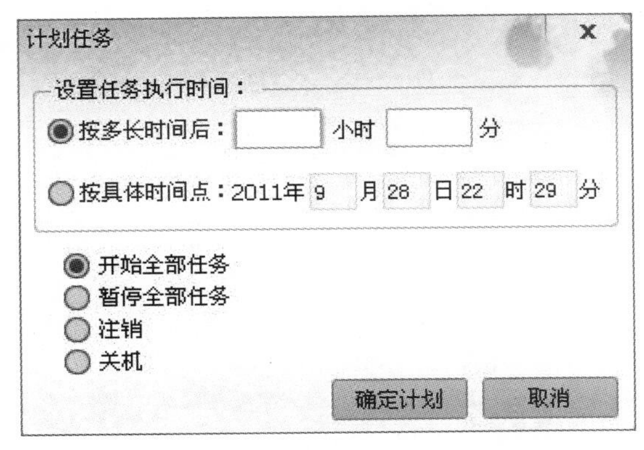

图12—31 "计划任务"对话框

算机，为用户开始处于暂停下载状态的任务，当用户回来操作时任务将会自动暂停，这样用户可以更好地利用网络。

● 下载完成后：该命令可以指定"迅雷"完成下载任务后的任务，如"关机"、"待机"还是"退出迅雷"。

● 添加计划任务：该命令可以实现诸如"指定时间下载某个任务、指定时间开始全部任务、指定时间关机、注销、睡眠、重启"等功能。单击"添加计划任务"命令，弹出"计划任务"对话框，如图12—31所示。

在"设置任务执行时间"选项下，可以按相对时间或绝对时间来指定计划任务，在下方的单选按钮组中指定具体的任务类型。

12.3.3 文件管理

下载文件有两个重要的性能指标，一是下载的速度，二是下载文件的管理。"迅雷"具有强大的文件管理功能，包括支持拖拽、更名、添加描述、查找、恢复、分享、文件名重复时可自动重命名等，而且下载前后均可进行文件管理。

1. 更改默认文件的存放目录

"迅雷"在安装过程中提示用户选择安装路径，默认的情况，系统会自动创建一个目录"C:\Program Files\Thunder Network\Thunder"。但是，如果将下载的文件放在系统盘下有很多弊端，例如，系统盘一旦出现问题需要重装时，其中的下载文件会丢失。同时，下载时产生的临时文件和页面文件会影响系统盘的速度，长期下载积累的文件或者临时文件会将"系统盘"的空间耗尽。所以用户最好选择大容量的磁盘作为下载空间，而且最好不选择系统盘。

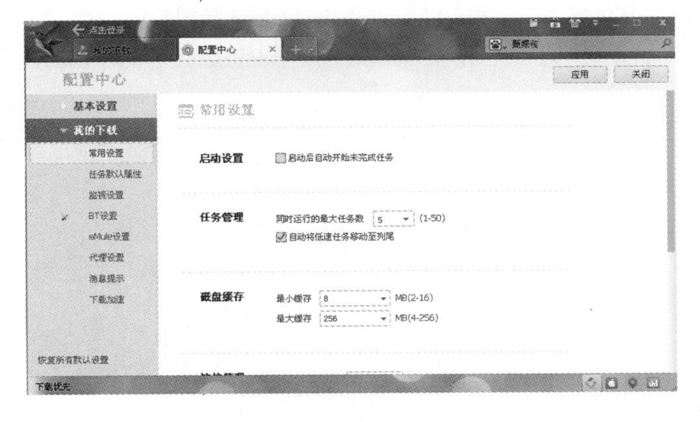

图12—32 "配置中心"设置面板页面

在"我的下载"选项卡下，单击"菜单"按钮，在"工具"子菜单中选择"下载配置中心"命令，弹出"配置中心"选项卡，单击"我的下载"列表，选中"任务默认属性"项，"配置中心"设置面板如图12—32所示。

常用目录中有两个选项：选择"自

动修改为上次使用过的目录”，可以将新下载的文件和上次下载的文件存放在同一目录下；选择“使用指定的存储目录”后，单击“选择目录”按钮，弹出“浏览文件夹”对话框，可以选择新的文件夹作为文件的默认存储目录。

2. 本地搜索

要查找任务列表中某个特定的资源，可以使用“查找”工具栏进行搜索。单击“菜单”按钮，在弹出的“编辑”子菜单中单击“查找”命令，在任务窗口上方会出现“查找”工具栏。

在“查找”工具栏中输入文件的关键字，即可进行查找。如果任务列表中有包含关键字的任务，则会在任务名称处加上浅黄色的标记，表示查找成功。例如，用户要在“已完成”分类中查找名为“五星红旗迎风飘扬”的文件，打开“查找”工具栏后，输入关键字“五星红旗”，查找结束后文件列表如图12—33所示。

图12—33 “已完成”分类文件列表页面

工具栏最右端的任务数显示“1/35”，表示一共查找到了35个包含关键字的文件，当前选中的是第一个文件。若“查找”工具栏最右端的任务数显示“0/0”，表示没有查找到相关资源。

12.4 迅雷的相关应用

12.4.1 使用“迅雷看看”

1. 使用“迅雷看看”

“迅雷看看”是迅雷公司出品的一款在线播放插件，采用P2P点对点传输技术，可以在线流畅观看高清晰的视频文件。“迅雷看看”向用户提供包括电影、电视剧、动漫、综艺等各类节目，是一款集电视台线上直播、高清晰下载为一体的多媒体视频点播平台。内容上，“迅雷看看”已与全国10多家主流宽频平台、内容提供商签订了全面合作协议，为用户提供上百万小时的视频内容，让用户享受更丰富、更自主的视觉大餐。

“迅雷看看”是页面式的在线播放频道，系统只要安装了“web迅雷”、“迅雷5”或者更高版本，无须单独下载或者安装迅雷看看，即可正常使用。

在安装“迅雷7”的第四步中，如果选中“将迅雷看看设为首页”的选项（见

图12—34　“迅雷看看”主页

图12—35　“在线播放”页面

图12—9)，双击IE浏览器，打开的默认页面就是“迅雷看看”主页。如果用户在安装时没有选择这一选项，可以在地址栏输入“迅雷看看”的网址“www.xunlei.com”，进入“迅雷看看”的主页，如图12—34所示。

“迅雷看看”网站包括电影、电视剧、纪录片等12个视频选项，用户可以单击自己喜欢的类型分类进行浏览。每个分类下有独立的分类页面，方便用户浏览相关资源。

“迅雷看看”首页上有最新的电影资讯，用户可了解当前的荧屏流行趋势。例如，鼠标滑过电影排行榜时，显示当前位于排行榜第一位的影片，单击电影片名弹出在线播放页面，用户便可以欣赏该电影，在线播放页面如图12—35所示。

利用播放影片下方的控制按钮组可以对播放的影片进行控制，按钮的详细功能如下：

① 暂停/开始按钮：影片在播放状态时，单击“暂停”按钮，可以暂停播放的节目，此时“暂停”按钮变成“播放”按钮；处在“暂停”状态的影片，单击“播放”按钮，继续播放影片。

② 停止按钮：单击“停止”按钮，停止影片的播放，播放页面处于停止状态。播放页面会自动记录用户观看影片的时间，进度条的上方会显示一条提示信息，提示用户影片的停止时间。如果用户要继续播放影片，单击“继续观看”按钮即可；如果用户要从头观看影片，可以单击“开始”按钮。

③ 声音调节按钮：单击声音调节按钮，会弹出声音指示条，可以在0—100%范围内调节音量。

④ 全屏/退出按钮：全屏模式可以全屏幕播放视频，在全屏播放模式下窗口右上角会显示“退出全屏”按钮，单击“退出全屏”按钮可以退出全屏模式。另外，播放页面随着浏览器大小的改变而改变，用户也可以通过拖动浏览器边框来改变播放页面的大小。

⑤ 进度条：拖动影片进度条，可以实现影片跳转。迅雷看看支持整个影片跳转，无论当前区段是否已经下载，播放器都能在新位置快速缓冲，非常方便。

2. 边下边播

在下载电影的时候，优质资源可以一边下载一边播放，不用等到影片完全下载完毕后观看，非常方便。支持“边下边播”的影片资源在下载时，文件列表中文件名的后面会出现一个“边下边播”按钮 PLAY，如图12—36所示。

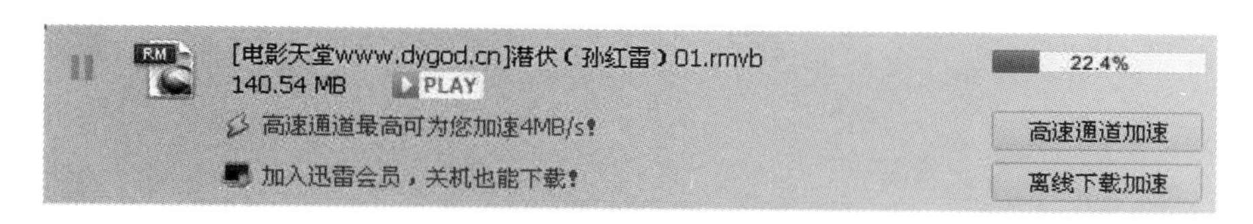

图12—36　下载列表

单击“边下边播”按钮 PLAY，弹出“边下边播”提示框，如图12—37所示。

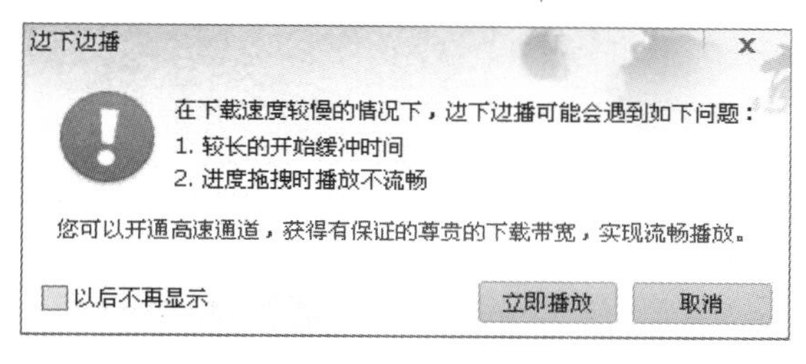

图12—37　“边下边播”对话框

单击“立即播放”按钮就可以弹出“迅雷看看”播放器，一边下载一边播放视频文件。当用户下载电影文件的时候，右键单击正在下载的文件，在弹出的快捷菜单中也可以选择“边下边播”命令。

12.4.2　视频播放器

视频播放器软件很多，“迅雷看看播放器”是一款结合本地与互联网在线高清点播的客户端软件。“迅雷看看播放器”整合了由迅雷看看网站提供的电影、电视剧、动漫、综艺、大片等丰富的影视资源，约有上百万小时的视频内容，而且动态持续更新，是一个庞大的影音媒体资源库。

1. “迅雷看看播放器”的启动

单击“开始”菜单，指向“所有程序”，在弹出的“迅雷软件”中选择“迅雷看看播放器”文件夹，鼠标单击“迅雷看看播放器”命令即可，如图12—38所示。

图12—38　“迅雷看看播放器”页面

“迅雷看看播放器”包括播放、片

库和找片三个选项页，播放页包含在线视频、播放列表、信息栏与视频播放区四个组成部分。

① 在线视频：以目录树的形式分类显示可在线观看的影视资源。

② 播放列表：树形在线视频列表，在线点播更加便捷。在播放列表中可以收集保存用户喜欢的影片，播放列表中的视频可以自动顺序播放。播放列表中的影片用不同的字体颜色进行区分，比如看过的影片将用棕色来表示。

③ 信息栏：信息栏推荐的资源类型分成全部、电影、电视剧、动漫、综艺五个部分，鼠标悬停在分类标题处，会显示该分类下的热门资源。拖动垂直滚动条，信息栏下方还有“热门推荐”、“踩你喜欢看的”的两个栏目，都是迅雷自动向用户推荐的影片。

④ 视频播放区：显示播放影片内容的区域。

播放页中的在线视频、播放列表与信息栏都可以隐藏。单击“隐藏列表栏”按钮可以隐藏在线视频和播放列表栏，同时出现“显示”按钮；单击“显示”按钮可以显示在线视频和播放列表栏。利用“隐藏信息栏”按钮，同样可以隐藏或显示“信息栏”。

2. 本地文件播放

“迅雷看看播放器”支持本地播放与在线视频两种模式。顾名思义，本地播放即播放本地计算机上的媒体文件。能够播放的格式很多，包括RM、RMVB、WMV、WMA、ASF、AVI、MP3、MP4、MPEG、MKV、MOV、TS等。除了传统的视频格式外，也能够支持高清格式视频播放。鼠标单击视频播放窗口的“打开文件”按钮，弹出“打开”对话框，可以选择视频文件进行播放。

3. 在线视频播放

播放在线视频的方法与本地播放类似，都需要先找到视频资源。用户可以通过片库或搜索引擎搜索影片，也可以使用“在线视频”选项卡进行分类浏览。例如，在信息栏中，电影排行榜第一位的影片是《忠犬八公》[①]，双击电影便可播放影片，播放器页面如图12—39所示。

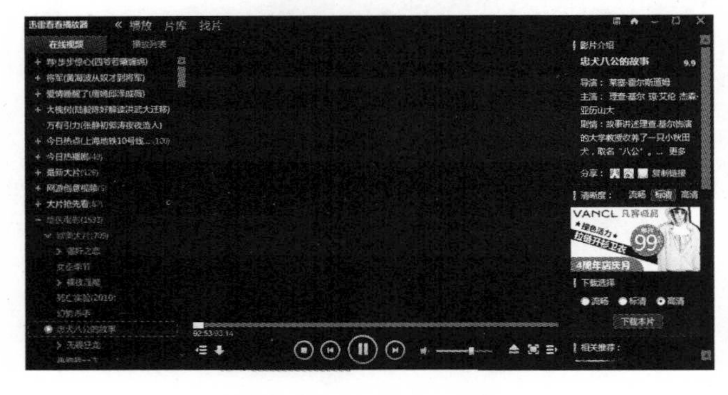

图12—39 “播放器”页面

电影播放时，信息栏会显示电影的导演、主演和剧情等相关资料，帮助用户初步了解影片。

在“在线视频”列表中，显示影片所在的影视分类，并且对正在观看的

① 信息栏中不同时间推荐的电影资源有所不同。

影片的片名做突出标记，以蓝色字体显示，外部加边框，如图12—39所示。

视频播放器下方的按钮组可以帮助控制播放器，按钮组中按钮功能如下所示：

：播放上一集。

：播放下一集。

：播放影片按钮。

："打开"文件夹。

：调节影片音量，向右拖动滑块影片音量变大，向左拖动滑块影片音量变小。

：停止播放影片，界面回到初始状态，播放器可以自动记录上次关闭播放器时的文件位置，单击"继续播放"按钮继续播放影片。

：影片全屏播放，双击后全屏播放。按键盘左上角的Esc键可以退出全屏模式，恢复到原窗口。

12.4.3　搜索影视资源

1. 分类浏览

"迅雷看看播放器"还支持迅雷看看片库，可以做到网络视频直接播放。单击上方的"片库"按钮，进入"片库"页面，可以分类浏览"迅雷看看"的影片内容，页面如图12—40所示。

图12—40　"片库"页面

"片库"有清晰、醒目的分类和人性化的引导。片库共提供电影、电视剧、综艺、动漫等四种分类，在每个分类中还可以按年份和地区以及参演明星来筛选影片。片库支持"复合筛选"功能，选择影片类型后，再按年份和地区或明星等其他选项来筛选影片。单击"电影"分类后，页面如图12—41所示。

图12—41　"电影"分类页面

在"电影"分类界面左侧的索引分类中，可以按照"分类"、"年份"和"地区"以及"明星"来筛选影片。

例如，选择动作、内地、2011，筛

图12—42　“电影”分类页面

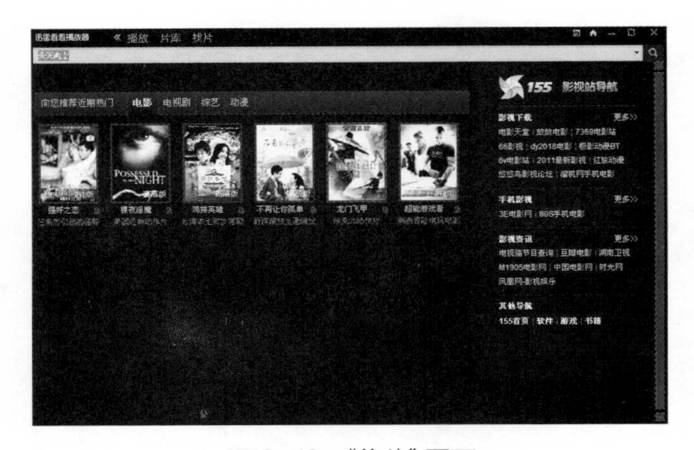

图12—43　“找片”页面

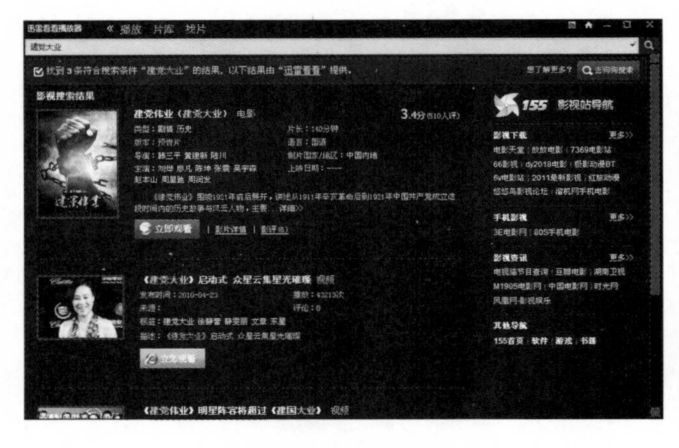

图12—44　“找片”页面

选结果如图12—42所示。

窗口中显示出来的影片都是2011年内地的动作片，用户可以挑选感兴趣的影片进行播放。另外，在搜索结果上方有“最新”、“热播”和“评分”三种排序方式，单击相应的按钮，可以将影片按是否热门、更新先后和评分多少进行排序。

2．搜索影片

单击“找片”按钮，弹出“找片”页面，如图12—43所示。

(1) 搜索引擎

在搜索栏中输入用户感兴趣的关键字，单击搜索按钮后，显示所有的搜索结果。例如，在搜索栏中输入“建党大业”关键字，单击搜索按钮，弹出的搜索结果如图12—44所示。

在搜索结果中单击影片中对应的“立即观看”按钮，即可返回到播放器中播放。

另外，用户也可以在“片库”页面上方的搜索栏中输入用户感兴趣的关键字，来查看影片。

(2) 影视站点导航

“找片”页面右侧有影视站点导航，推荐热门的影视资源下载网址和影视资讯浏览网站等，用户可以单击网站名称进行跳转，在打开的网站中进一步搜索影视资讯。

本章小结

本章首先介绍了文件下载的概念、分类以及常见下载软件。然后以迅雷下载工具为例，详细介绍了新建下载任务、批量下载任务、下载任务排序、下载任务分组、下载优先等相关操作。同时，为满足用户在线浏览影视资源的需求，介绍了使用“迅雷看看”搜索影视资源、播放在线视频等内容。

思考题

1. 某网站提供了30集电视剧的下载地址，如何使用“迅雷”批量下载功能下载其中的第15集到25集？

2. 如何使用“迅雷”的“边下边播”功能？

第13章 电子相册

数字化是指将模拟信号转换为数字信号的过程。随着计算机、数码相机、摄像机的普及，数字化生活逐步向人们靠近，照片数字化正成为趋势。使用电子相册的方式保存照片正成为一种流行趋势，各种制作电子相册的软件应运而生。PhotoFamily（电子相册王）是最流行的电子相册制作软件之一，是实用的照片管家，其独具特色的“相册”、“相册柜”管理模式，特有的相册翻页特效和相册背景音乐，相册打包、相册刻录保存等功能深受用户喜爱。本章将详细介绍电子相册王的基本功能和使用方法。

知识要点

第13.1节：数码相片，电子相册，电子相框

第13.2节：文件下载，PhotoFamily安装，PhotoFamily启动，PhotoFamily退出

第13.3节：播放列表，播放窗口，播放控制窗口

第13.4节：打包相册，刻录光盘，打包成AVI文件

第13.5节：光盘播放，相册包播放，AVI文件播放

13.1 照片数字化与管理

数码照片是数字化的摄影作品，通常指数码相机的摄影作品，数码照片直接可以在计算机上进行后期处理。随着数码相机在家庭中的普及，人们习惯把照片保存在计算机中，但久而久之，会发现照片文件慢慢地占满了用户的硬盘空间，相片管理复杂，浏览照片也变得十分枯燥，电子相册制作软件可以很好地解决这些问题。通过电子相册制作软件，可以把照片动态地、多姿多彩地展现，通过电子相册制作软件打包相片，可以方便地把多个照片以一个整体分发给亲朋好友，也可以刻录在光盘上保存，方便在影碟机上播放。

相比于传统纸质相册，电子相册具有传统相册无法比拟的优越性：传统相片的个体数量多，时间长了会自然褪色、发黄，而电子相册不会出现这种问题；易于复制，传统相片底片遗失后很难复制；欣赏性强，图、文、声、像并茂的表现手法，随意修改编辑的功能，不同的美化效果，不同的特技变换、转场，还可以配上优美的音乐，得到视听双重享受。

电子相册分为两种，一种是软件类型的电子相册，一种是硬件类型的电子相册。用软件制作的电子相册属于软件类型，硬件类型指能够不借助计算机也可以在LCD面板上显示数码照片的电子产品。在硬件类型电子相册中可以展示照片的效果，还能够将照片显示到电视机上，可以外接U盘、SD卡、MMC卡，除播放图片外，还可播放MP3，而且可以边播放图片边听MP3、看电影等；支持DAT格式、MPEG格式、MPG格式（VCD文件）、VOB格式（DVD文件）等多种格式文件；可以输出音频或视频到音响或电视机。

13.2 PhotoFamily的下载与安装

13.2.1 PhotoFamily的下载与安装

PhotoFamily是最流行的电子相册制作软件之一，具有简单快速的照片编辑功能，独具特色的管理模式，特有的相册翻页特效和相册背景音乐，集合了照片的浏览、管理、修饰等功能，把感觉上很复杂、专业的图像处理变得非常容易，在数分钟内就可以帮助用户制作出绚丽多彩的电子相册，非常适合家庭使用，并有多种输出方式，让用户轻松和家人或朋友分享多彩的数码生活。

1. PhotoFamily的下载

通过“百度”搜索引擎可以搜索到电子相册王的官方下载网址，现在主流的应用版本是PhotoFamily 3.0，下载的基本步骤如下：

① 打开IE浏览器，在地址栏中输入百度的网址“www.baidu.com”，进入百度搜索引擎，如图13—1所示。

② 将光标定位为在搜索文本框中输入“电子相册王3.0下载”，单击“百度一下”按钮，搜索结果如图13—2所示。[①]

③ 在搜索出来的网页中单击最上方的下载页面，弹出下载页面，如图13—3所示。

④ 鼠标右单击网页中“下载地址”按钮，下载地址页面如图13—4所示。

图13—1 “百度”搜索引擎页面

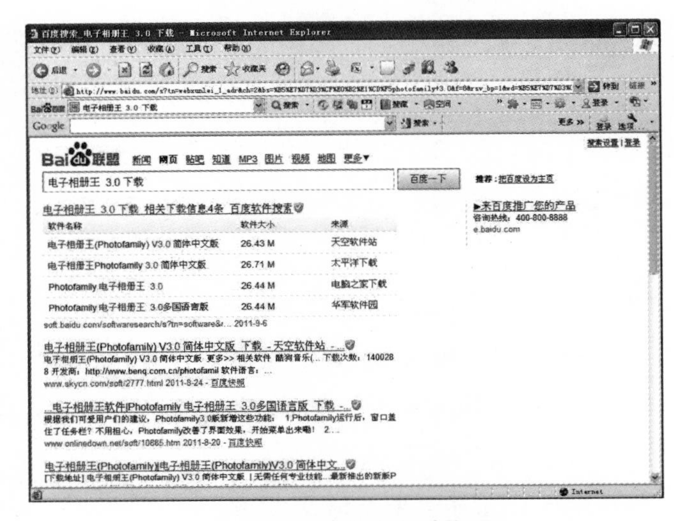

图13—2 “百度”搜索引擎页面

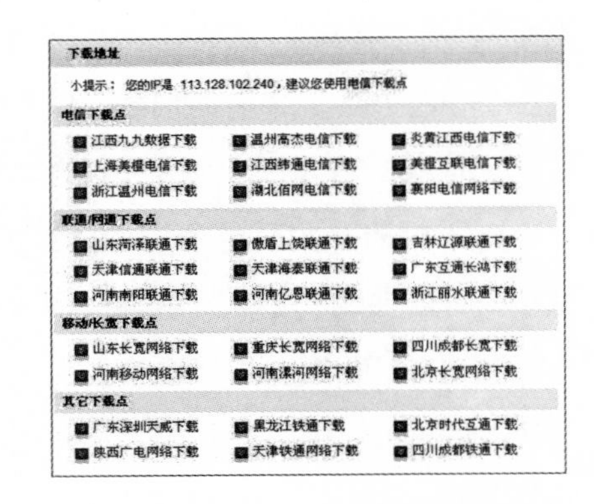

图13—4 下载地址页面

图13—3 “电子相册王”下载页面

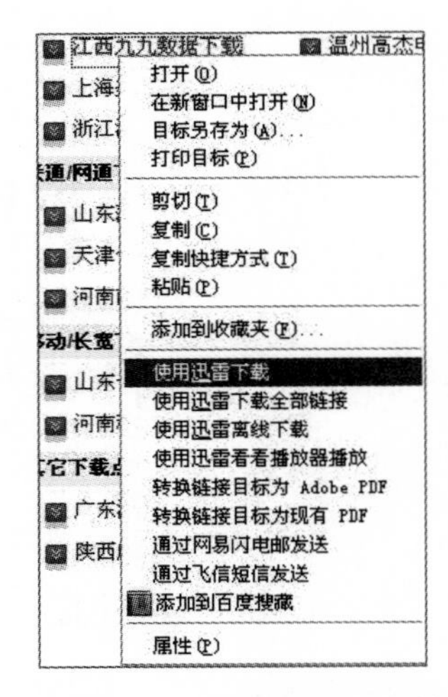

图13—5 弹出的快捷菜单

① 搜索引擎在不同时间推荐的网页有所不同。

网页上显示的站点都可以进行下载，系统会根据用户的IP地址推荐不同的下载站点，本例中推荐使用电信下载，用户可以根据自己的实际情况选择。

⑤ 鼠标右单击“江西九九数据下载”，弹出快捷菜单，如图13–5所示。

⑥ 选择“使用迅雷下载”命令，在弹出的“新建任务”对话框中，设置保存路径在“E盘”，如图13–6所示。

⑦ 单击“立即下载”按钮，文件开始下载。任务下载结束后，在E盘中可以看到PhotoFamily的安装文件，如图13–7所示。

2. PhotoFamily的安装

① 下载的“PhotoFamily”安装软件是压缩文件，需要先解压缩，再进行安装。鼠标双击PhotoFamily安装程序压缩包，打开压缩文件，如图13–8所示。

② 鼠标双击“Setup.exe”文件，开始安装PhotoFamily，安装向导弹出“选择设置语言”对话框，如图13–9所示。

③ 单击“确定”按钮，弹出PhotoFamily安装向导，如图13–10所示。

④ 单击“下一步”按钮，弹出安装许可证协议对话框，如图13–11所示。

单击窗口最右侧的垂直滚动条，可以看到完整的协议内容。如果认同协议中的条款，可以单击“我接受”按钮；如果不同意协议中的内容，可以单击“取消”按钮取消安装过程。

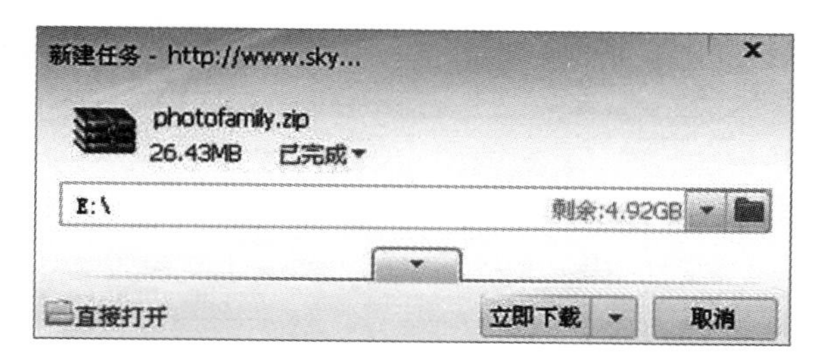

图13–6　“新建任务”对话框

图13–7　下载文件所在的文件夹

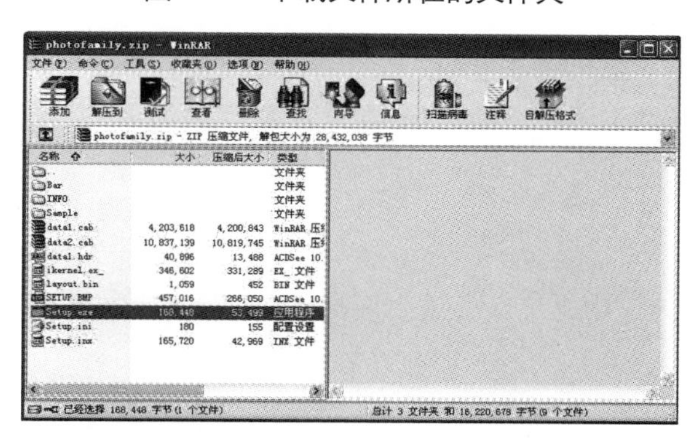

图13–8　解压“PhotoFamily”文件页面

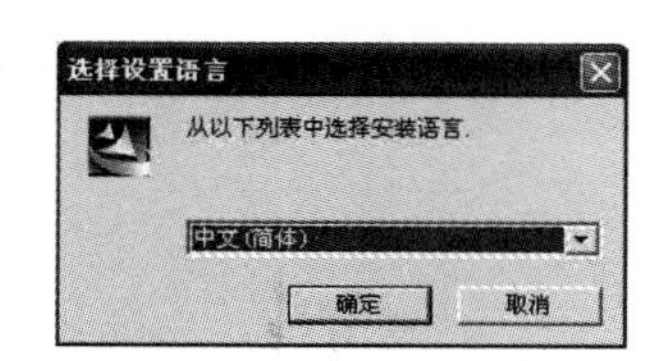

图13–9　“选择设置语言”对话框

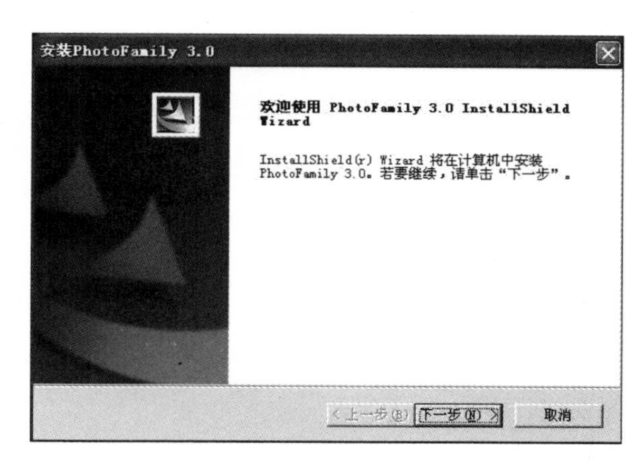

图13–10　“PhotoFamily”安装向导对话框

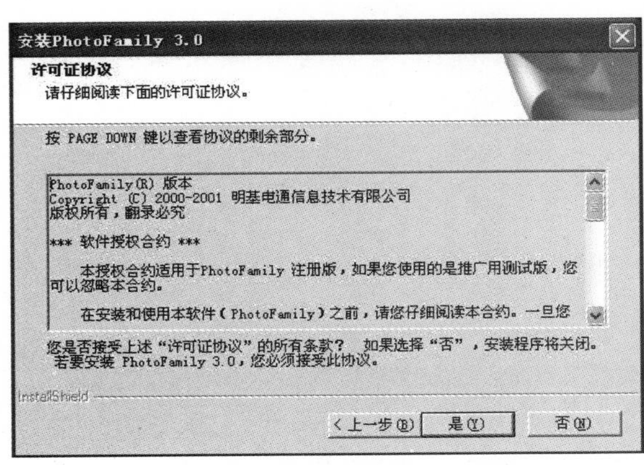

图13—11 "PhotoFamily" 安装向导对话框

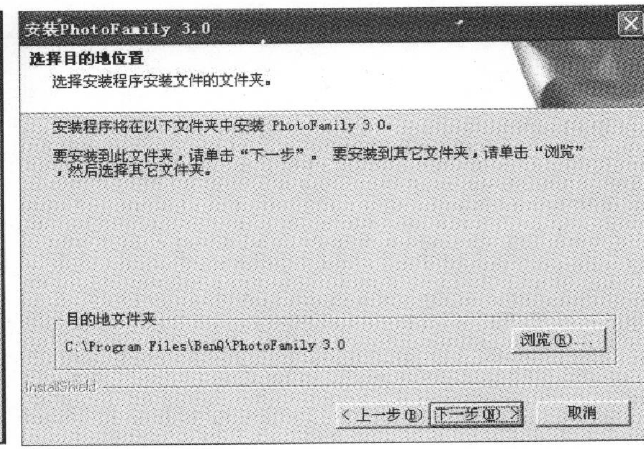

图13—12 "PhotoFamily" 安装向导对话框

⑤ 单击"是"按钮，系统选择安装路径，如图13—12所示。默认的安装目标文件夹是"C:\Program Files\BenQ\PhotoFamily 3.0"，如果用户决定将"电子相册王"安装在这个目录下，单击"下一步"按钮。如果用户想更改安装目录，则单击图中"浏览"按钮，选择新的目标文件夹即可。

⑥ 单击"下一步"按钮，弹出"选择工作路径"对话框，如图13—13所示。

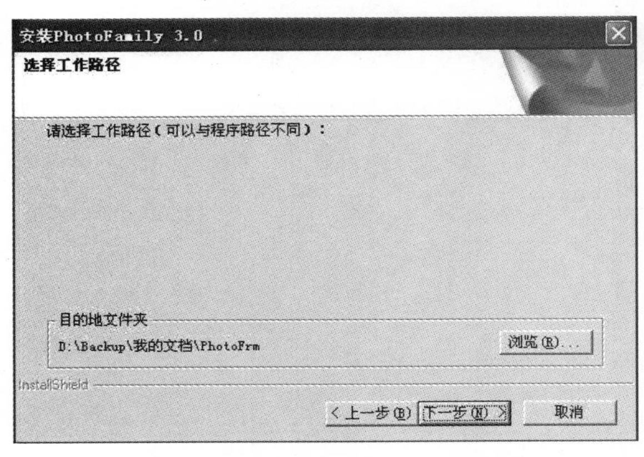

图13—13 "PhotoFamily" 安装向导对话框

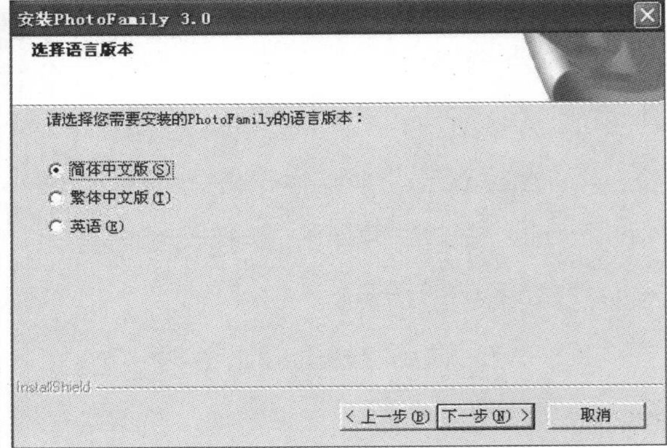

图13—14 "PhotoFamily" 安装向导对话框

⑦ 单击"下一步"按钮，弹出"选择语言版本"对话框，如图13—14所示。

⑧ 单击"下一步"按钮，弹出"选择组件"对话框，如图13—15所示。

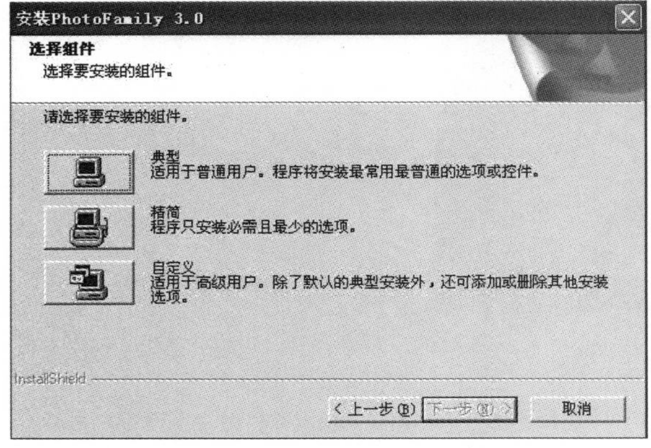

图13—15 "PhotoFamily" 安装向导对话框

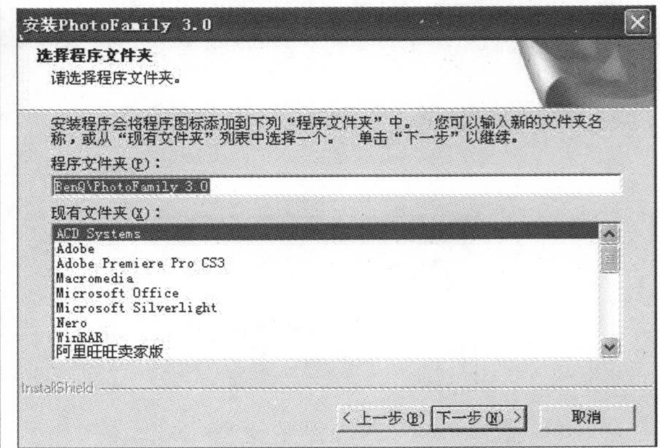

图13—16 "PhotoFamily" 安装向导对话框

⑨ 单击“典型”按钮，弹出“选择程序文件夹”对话框，如图13–16所示。

⑩ 单击“下一步”按钮，弹出是否创建“快捷方式”对话框，如图13–17所示。

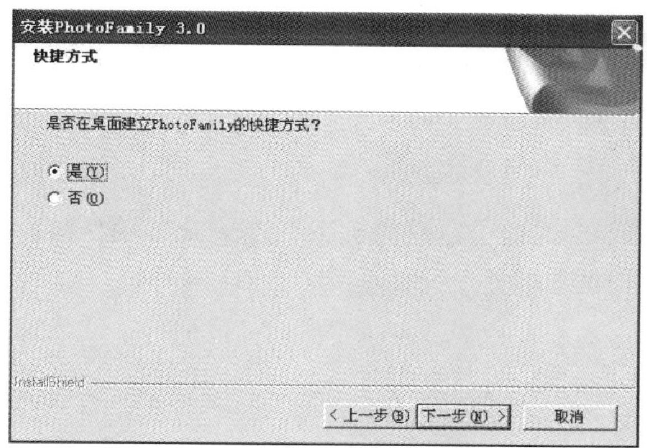

图13–17　“电子相册王”安装向导对话框

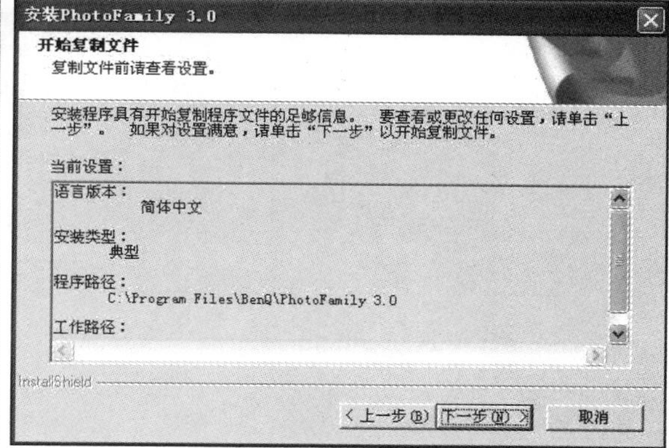

图13–18　“PhotoFamily”安装向导对话框

⑪ 单击“下一步”按钮，安装向导“开始复制文件”，如图13–18所示。

⑫ 单击“下一步”按钮，安装向导完成安装后显示界面，如图13–19所示。

安装界面默认选择了自动运行复选框，单击“完成”按钮后，系统会自动运行“电子相册王”软件。

⑬ 单击“完成”按钮，PhotoFamily完成安装。

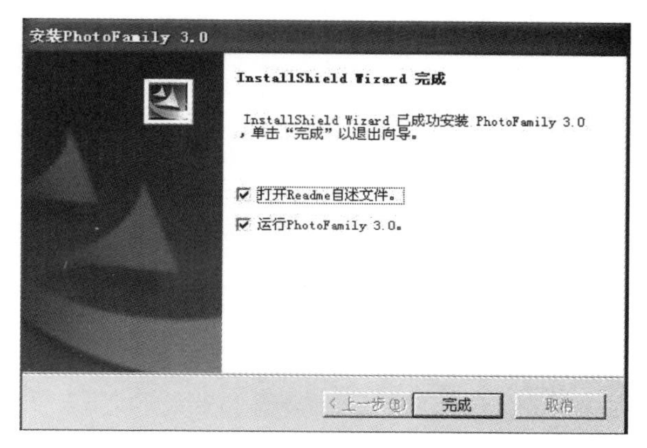

图13–19　“电子相册王”安装向导对话框

成功安装PhotoFamily后，在“开始”菜单的“所有程序”菜单中会显示“PhotoFamily”对应的启动选项，如图13–20所示。

图13–20　“开始”菜单中“PhotoFamily”程序

13.2.2　PhotoFamily的启动与退出

1. PhotoFamily的启动

鼠标单击“开始”菜单，指向“所有程序”，选择“BenQ”，单击“PhotoFamily 3.0”命令，可以启动PhotoFamily，工作界面如图13–21所示。

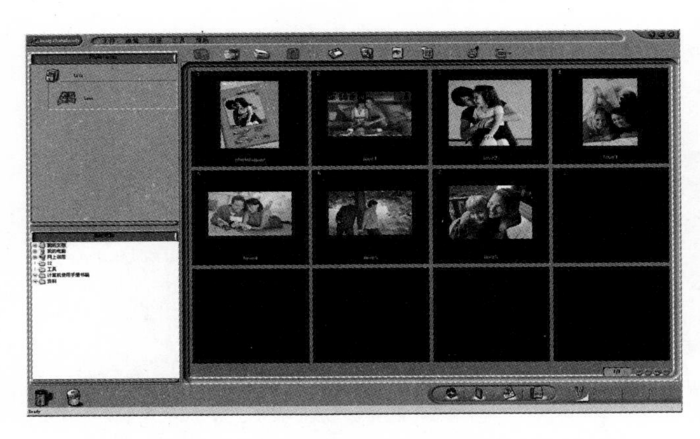

图13—21 “PhotoFamily”工作界面

2. PhotoFamily的退出

退出PhotoFamily通常有三种方法：单击PhotoFamily标题栏右上角的“关闭”按钮，或者选择“文件”菜单中的“退出”命令，均可关闭PhotoFamily；另外，当PhotoFamily软件处于活动的状态下，按Alt+F4组合键也可以关闭PhotoFamily。

13.3 电子相册制作

13.3.1 模板的概念

在电子相册制作的过程中，专业知识不够又缺乏制作经验的用户可以灵活利用电子相册中的模板。应用电子相册模板会使制作电子相册变得简单，制作过程中只需要将模板内的照片换成自己的照片，无需做过多设置，便可制作一段精美专业的电子相册。

电子相册模板是相册中定义的一组页面版式，其中部分内容可编辑，如添加自己的照片，部分内容不可编辑，如模板的版式。在模板中除了可以更换图片，也可以添加音乐。在享受视觉效果的同时，也能享受美妙的听觉效果。添加音乐有两种方式，一是为电子相册软件本身提供的音乐，另外就是从本地添加音乐。

为了使PhotoFamily有更多的效果，用户可以将软件的模板升级。升级的方法有两种，一种是手动升级，一种是自动升级。

① 自动升级方法：PhotoFamily软件模板的自动更新要在软件注册的情况下方可使用。选择“帮助”菜单中的“模板更新”选项，在“模板更新”的子菜单中选择“在线更新模板”选项。

在弹出一个模板升级精灵的面板中选择“下一步”，然后在出现的下一个模板升级精灵面板中选择“开始”即可。通过升级精灵，可以连接到明基公司的网站，直接下载PhotoFamily提供的最新的相册模板文件，并将下载的模板文件自动存放到本地相应的目录下。

② 手动导入模板：用户安装PhotoFamily后，会在本地磁盘产生名为“PhotoFamily 3.0”的文件夹（例如C:\Program Files\BenQ\PhotoFamily 3.0\），该文件夹包含“PhotoEdi”子文件夹，用户将要导入的模板文件保存到这个文件夹下，就可以在PhotoFamily 3.0中使用导入的模板了。

13.3.2　创建相册

PhotoFamily除了有用户熟悉的Windows目录管理模式外，还特别采用了新颖的“相册柜”和“相册”来管理图片。

1．相册柜

“相册柜”用来储藏“相册”。用户不能直接把图片放在“相册柜”里，需要先把相片放进“相册”，然后再放进“相册柜”，每个相册柜都可以储存无限数量的相册。

图13—22　相册管理区

PhotoFamily自带了一个名为“life”的示例相册柜，用户可以新建自己的相册柜。在“文件”菜单里选择“新相册柜”命令或在键盘上按下“Ctrl+H”，“相册管理区”里就会出现一个“相册柜”图标。

例如，用户要创建一个名为“宝贝成长记录”的相册柜，基本操作步骤如下：

① 在“life”相册柜处于选中的状态时，鼠标单击“文件”菜单，选中“新相册柜”命令创建相册柜。直接右键单击“相册管理区”，在快捷菜单中选中“新相册柜”命令，也可以创建相册柜。在相册管理区中，新创建的相册柜显示在示例相册柜“life”下方，如图13—22所示。

② 新建的相册柜名称默认是“相册柜”，单击相册柜名称的位置可以重命名。鼠标单击相册柜默认名“相册柜”的位置，相册名反白显示，允许用户更改，如图13—23所示。

③ 在文本框中输入“宝贝成长记录”，按回车键Enter即可。当文件名字大于3个汉字时，文件名只显示第一个字，后面用“?..”代替。如本例中的相册柜显示的名称为“宝?..”。

图13—23　相册重命名界面

在相册柜属性对话框中，用户可以看到相册柜的全名和其他基本信息，还可以为相册柜填写注释。有三种方法可以打开“相册柜属性”对话框：选定一个相册柜，然后在“文件”菜单里选择“属性”命令；用鼠标右键单击一个相册柜，在弹出的快捷菜单里选择“属性”命令；先选定一个相册柜，然后单击PhotoFamily工具栏上的“属性”按钮。“相册柜属性”对话框如图13—24所示。

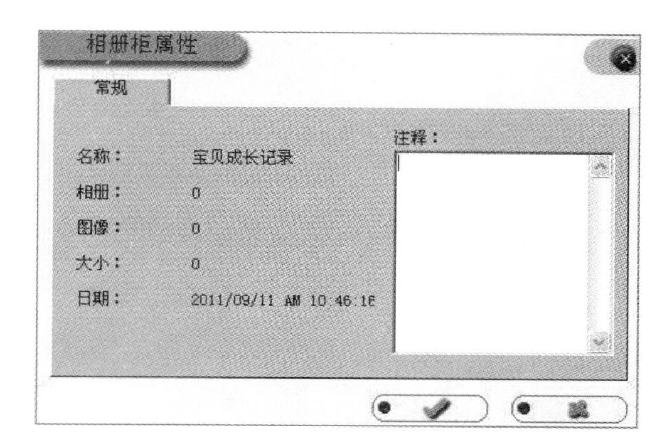

图13—24　“相册柜属性”对话框

对话框各项目功能如下：

● 名称：当前相册柜的名称。

● 相册：当前相册柜里所储存的相册的数目。

● 图片：当前相册柜里储存的图片总数。

● 大小：当前相册柜里储存的图片总体积。

● 日期：当前相册柜的创建日期。

● 注释：用户自定义的相册柜描述，用户可以在空白的文本输入区键入相关信息。

相册柜还包括选中、折叠等其他相关操作。单击选定一个相册柜，在缩略图窗口里会显示该相册柜里的所有相册。双击相册柜，会“显示/隐藏”相册柜内相册图标列表。右键单击相册柜，弹出快捷菜单，如图13–25所示。

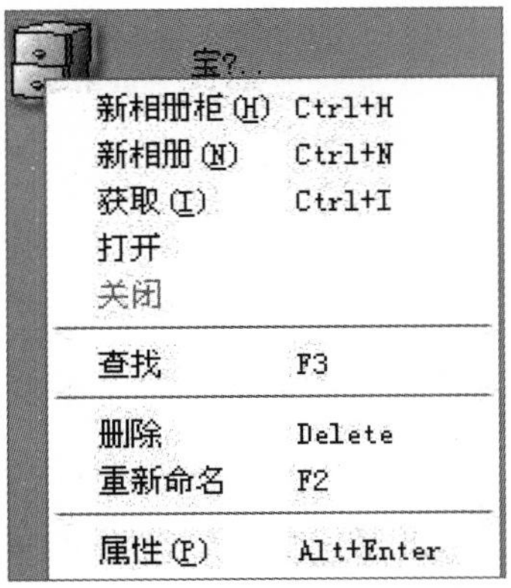

新相册柜(H) Ctrl+H
新相册(N) Ctrl+N
获取(I) Ctrl+I
打开
关闭
查找 F3
删除 Delete
重新命名 F2
属性(P) Alt+Enter

图13–25 “相册柜”快捷菜单

快捷菜单各命令功能如下：

● 新相册柜：创建一个新相册柜，默认相册名称是“相册柜”。

● 新相册：在当前相册柜里创建一个新相册，默认相册名称是“相册0”。

● 获取：在当前相册柜里创建一个新相册，同时弹出“打开”对话框，向相册中添加照片。

● 打开：打开相册柜，并在相册柜图标下方列出相册柜里所有相册的图标。

● 关闭：关闭相册柜，并隐藏相册柜图标下方列出的所有相册图标。

● 查找：在指定范围里查找图片文件。

● 删除：将当前相册柜以及相册柜里的所有相册移入到回收站。

● 重新命名：更改当前相册柜的名称。

● 属性：显示相册柜“属性”对话框。

2. 相册

“相册”是用来存储图片的文件夹。“相册”全部放在各个“相册柜”中，可以将同一类图片放进同一本相册，再将储存相似类型图片的相册放进同一个相册柜，使图片收藏井井有条，每本相册最多可以储存100幅图片。启动PhotoFamily后，在示例相册柜“Life”中有一本名为“Love”的示例相册（见图13–21），浏览器窗口中可以看到，相册中包含7张照片，以缩略图形式显示各个照片。

(1) 创建新相册

选中要添加相册的相册柜，选择“文件”菜单，单击“新相册”命令可以创建相册。成功创建相册后，该相册会出现在它所属相册柜的图标下方。单击PhotoFamily工具栏上的“新相册”图标，也可以向选中的相册柜里添加新相册。默认的相册名是“相册0”，单击相册名可以重命名。例如，用户在相册柜“宝贝成长记录”中创建相册“留念2010”，基本操作步骤如下：

① 选中“宝贝成长记录”相册柜，选择“文件”菜单，单击“新相册”命令。

② 右键单击相册图标，选中“重命名”命令，输入“留念2010”。

③ 按回车键Enter即可。

(2) 相册相关操作

在相册中可以进行浏览、导入图片等操作。单击选中一本相册，窗口中会显示相册中所有图片的缩略图。当相册被选中时，它的图标边缘会出现淡绿色的边框，表示选中状态。双击相册，可以切换至“浏览/虚拟相册”界面，右键单击相册，弹出快捷菜单，如图13—26所示。

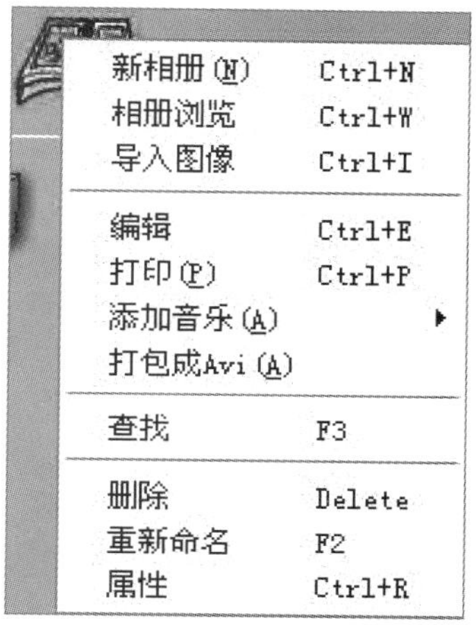

图13—26　相册快捷菜单

菜单各命令功能如下：

- 新相册：创建新相册。
- 相册浏览：切换至相册浏览界面，用户可以在虚拟相册里浏览选中相册里的所有图片。
- 导入图像：将图片导入到选中相册。
- 编辑：切换至图片编辑界面，用户可以编辑选中的图片。
- 打印：打印选中相册中的所有图片。
- 添加音乐：为相册录制旁白或添加音乐文件。
- 打包成Avi：把电子相册转换成视频Avi格式。
- 查找：在指定的相册柜或相册里查找需要的图片。
- 删除：将选中的相册及其中的所有图片移至回收站。
- 重新命名：更改选中相册的相册名。
- 属性：显示选中相册的属性对话框。

(3) 相册属性

用户可以通过修改相册属性，创建风格独特的相册。在PhotoFamily主界面中，用鼠标右键单击一本相册，在弹出的快捷菜单里选择“属性”命令，弹出“属性”对话框。或者，先选中一本相册，然后单击PhotoFamily工具栏上的“属性”按钮，也可以弹出“属性”对话框。例如，右键单击自带相册“Love”，在弹出

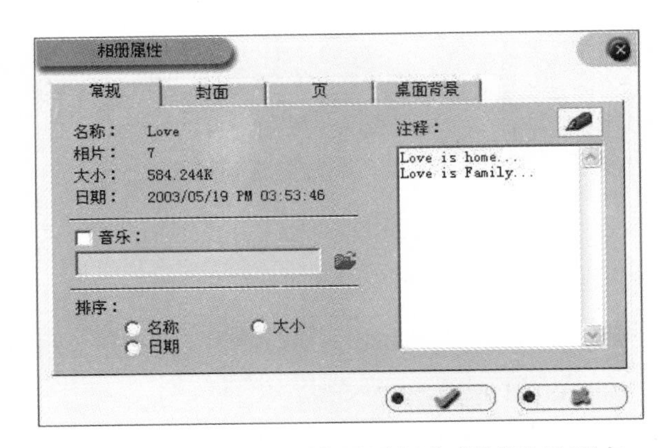

图13—27　“相册属性”对话框中“常规”选项卡

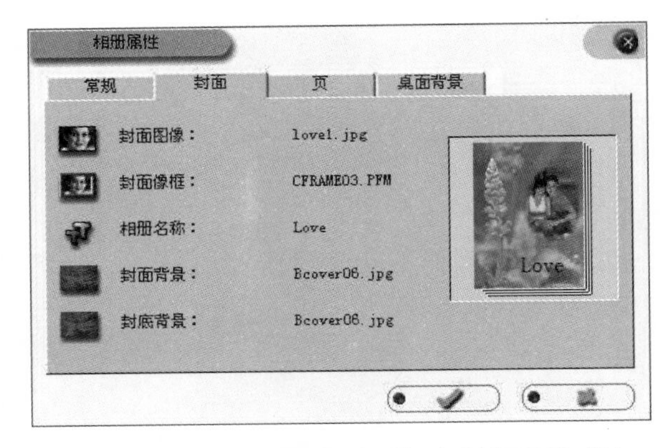

图13—28　“相册属性”对话框中“封面”选项卡

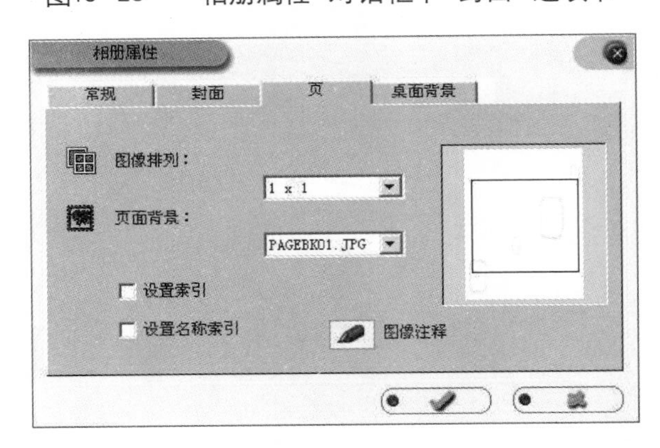

图13—29　“相册属性”对话框中“页”选项卡

的快捷菜单里选择“属性”命令，弹出“相册属性”对话框，如图13—27所示。

“相册属性”对话框的第一选项卡是“常规”，常规信息选项卡各命令功能如下：

- 名称：显示该相册的相册名。
- 相片：显示该相册里储存的图片数目。
- 大小：显示该相册里储存的所有图片所占空间总数。
- 日期：显示相册创建日期。
- 注释：由用户自定义的相册描述，可以在空白的文本框里添加该相册的附加注释。
- 音乐：勾选音乐复选框可以为该相册添加背景音乐，在下方的输入框中输入指定的音乐文件的路径，或单击输入框右侧的“浏览”图标，搜索需要添加的音乐文件。
- 排序：相册里的图片按照文件名、文件大小或创建日期排序。

对话框的第二选项卡是“封面”，如图13—28所示。封面设置选项卡各命令功能如下：

- 封面图像：相册封面上显示的图片。默认的相册封面是相册中的第一张图片，用户可以单击左侧图标更换相册封面图片。
- 封面像框：封面图片四周采用的像框。用户可以单击左侧图标更换相册封面像框，PhotoFamily提供了多种像框供用户选择。
- 相册名称：可以单击图标为相册更名。
- 封面背景：相册封面的背景花纹。用户可以单击左侧图标更改。
- 封底背景：相册封底的背景花纹。用户可以单击左侧图标更改。

对话框的第三选项卡是“页”设置，如图13—29所示。页选项卡各命令功能如下：

- 图像排列：在图像排列下拉菜单里，可以选择在虚拟相册的每一页里显示的图片数，1x1、2x1、2x2、3x2、1+2、2+1代表图片数量，右侧的预览窗口里可以预览选中的页面格局。

● 页面背景：在页面背景下拉菜单里，用户可以选择在虚拟相册内页的底纹图案，右侧的预览窗口里可以预览背景效果。

● 设置索引：选中这个复选框，在浏览虚拟相册时，每幅图片的左上角会列出该幅图片在相册中的序列号。

● 设置名称索引：选中这个复选框，在浏览虚拟相册时，图片下方列出该图片的文件名。

● 图像注释：修改注释文字的格式。

对话框的第四个选项卡是"桌面背景"设置，如图13—30所示。桌面背景选项卡中可以设置个性化的相册"浏览桌面"背景，各命令功能如下：

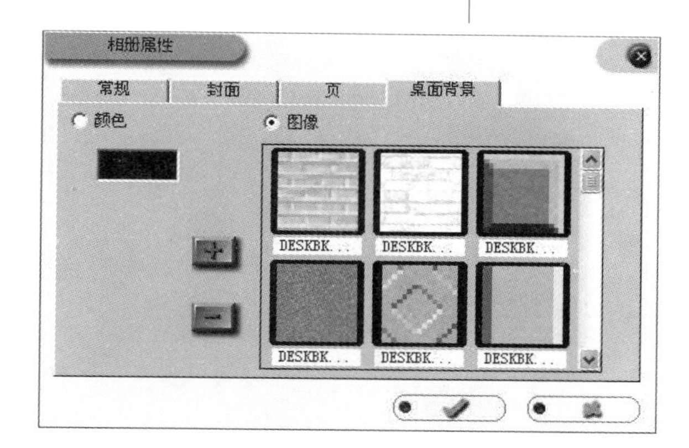

图13—30　"相册属性"对话框中"桌面背景"选项卡

● 颜色：选中"颜色"单选按钮，设置桌面背景为纯色界面。单击单选按钮下方的色块，会弹出一个调色板，用户可以在调色板里选择喜欢的背景颜色。

● 图像：选中"图像"单选按钮，在右侧的预览窗口里可以看到多种图案，单击选中一个图案即可。如果列出的图案都不满意，用户可以按[+]按钮浏览本地计算机，并添加喜欢的图案，按[−]按钮删除不喜欢的图案。

设置好相册属性之后，按[✓]按钮保存设置并退出，按[✗]按钮则取消设置并退出。

13.3.3　导入图片

1."导入图像"命令

在图片管理区中创建相册柜和相册后，就可以向相册中导入图片了。单击鼠标选定一个相册，在"文件"菜单里选择"导入图像"命令，弹出"打开"对话框，在"查找范围"下拉列表选择图片所在的文件夹，单击选中想导入的图片，单击"打开"按钮，即可将图片导入到选定的相册中。选择导入图片时，可以单击图片选中一幅图片，也可以拖动鼠标选择多幅图片。例如，用户要将"我的文档"中"照片2010"文件夹的图片导入到相册"留念2010"中，可以使用如下方法：

① 单击选定"留念2010"相册，在"文件"菜单里选择"导入图像"命令，弹出"打开"对话框，如图13—31所示。

图13—31 “打开”对话框

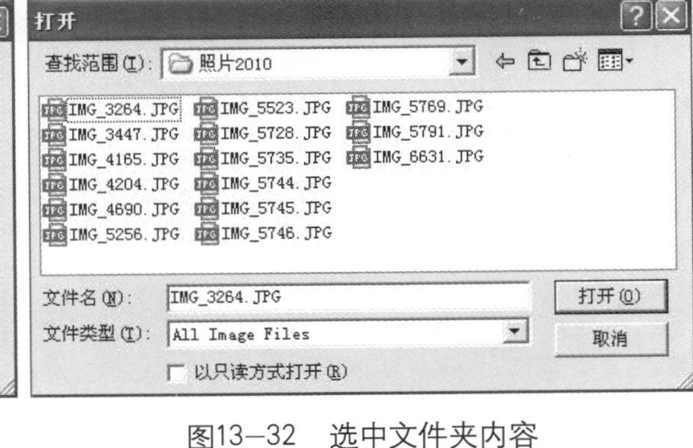

图13—32 选中文件夹内容

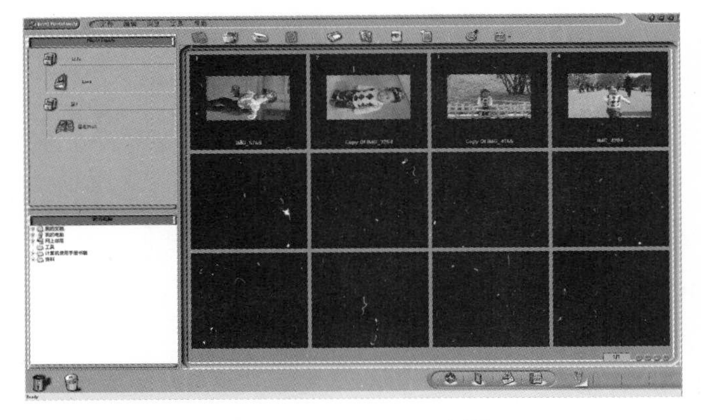

图13—33 PhotoFamily主界面

图13—34 资源管理器

② 单击“查找范围”下拉列表，选择“我的文档”中“照片2010”文件夹，内容如图13—32所示。

③ 单击“查看菜单”图标，选择“缩略图”的方式，在缩略图的查看模式下选中四张照片，再单击“打开”按钮，PhotoFamily开始自动导入照片，导入结束后弹出主界面，如图13—33所示，在缩略图窗口中显示的是刚刚导入的四张照片。

2．拖动鼠标添加图片

在“我的电脑”里找到想要导入的图片，鼠标拖动图片到目标相册的图片浏览窗口中，PhotoFamily会自动导入图片，一次可拖动一幅或多幅图片。例如，要把“我的文档”下“照片2010”文件夹中的照片添加到相册“留念2010”中，在资源管理器中打开“照片2010”文件夹，如图13—34所示。

鼠标单击照片，使照片处于选中状态，在图片上按住鼠标左键不放，向图片浏览窗口中拖动鼠标，当鼠标出现图标时，释放鼠标，图片便添加成功。

3．使用储藏柜

“储藏柜”是一个暂存空间，可以将相册柜、相册和图片拖放进储藏柜。储藏柜位于PhotoFamily主界面的左下角，存放的图片不能超过100张。储藏柜存满照片时，用户可以进行整理，删除不必保留的图片。通过储藏柜，可以在

PhotoFamily里完成多种操作。

(1) 导入图片

在“资源管理器”中找到想放进相册的图片，用鼠标左键拖放将它拖进储藏柜，储藏柜的图标会变成。

注意：在“资源管理器”中查找图片时，文件的查看模式最好选择“缩略图”模式。在该模式下可以预览图片，便于查找。

双击“储藏柜”图标便可打开储藏柜，储藏柜里储存的图片会在缩略图窗口里以列表方式列出。鼠标右键单击列表里的任意图片，弹出快捷菜单，选择“发送至相册”命令，弹出“发送至相册”对话框，如图13—35所示。

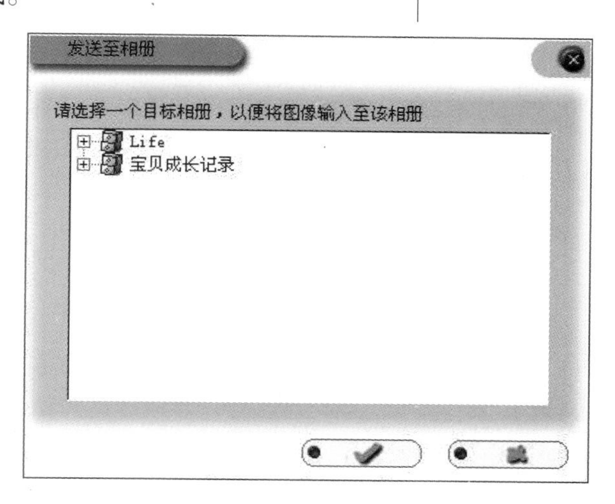

图13—35 “发送至相册”对话框

窗口列表中可能会有多个相册柜，用鼠标单击选定相册柜，在展开的相册柜中选择目标相册。

鼠标双击选中“宝贝成长记录”相册柜，选择“留念2010”相册后，单击按钮，系统自动添加图片。

(2) 储存用户的图片

用户可以通过鼠标拖放的方式，将喜欢的或较私人的相册柜、相册或图片放进储藏柜，在用户下一次想浏览它们时，可以更快地找到它们。放在储藏柜里的图片不能直接观看，必须先把它们导入到某个相册中，才能打开欣赏。

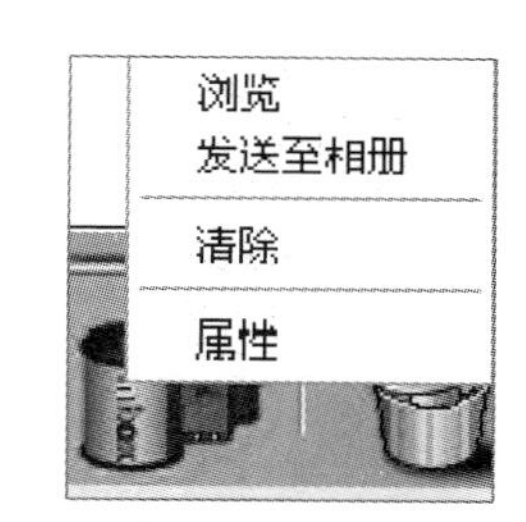

图13—36 “储藏柜”快捷菜单

双击储藏柜图标，便可打开储藏柜，储藏柜里储存的图片会以列表方式列出。鼠标右键单击储藏柜，会弹出快捷菜单，如图13—36所示。

菜单各命令功能如下：

- 浏览：打开储藏柜，将储存的图片在缩略图窗口里以列表方式列出。
- 发送至相册：将储藏柜里的所有图片发送到用户指定的相册。
- 清除：删除储藏柜里的所有内容。
- 属性：显示属性对话框，用户可以看到储藏柜里储存的图片总数、总体积，也可以为储藏柜加上注释，并设置各项目的排序方式，例如按名称、大小或创建日期排序。

4. 在资源管理器中发送图片

在“资源管理器”中找到图片文件，右键单击文件，在弹出的快捷菜单里有两个相关选项，分别为“发送到PhotoFamily相册”和“发送到PhotoFamily储藏柜”。单击“发送到PhotoFamily相册”命令，弹出“发送至相册”对话框（见图13—35），鼠标单击选择一个相册，可以将“资源管理器”中的图片直接发送到选中的相册中。单击“发送到PhotoFamily储藏柜”命令，选中的图片将发送到“储藏柜”中。

13.3.4 编辑图片

用PhotoFamily可以渲染图片的效果，如尺寸大小、色彩、光线等。软件内置了丰富实用的特效、变形、趣味合成模板，通过这些模板渲染图片，如马赛克、浮雕、挤压、球形等，并可以合成个性化的信纸、卡片、月历、像框等。

1. 图片编辑界面

在PhotoFamily主界面中，选定一幅图片或一本相册，然后单击工具栏上的编辑按钮，切换到图片编辑界面，如图13—37所示。

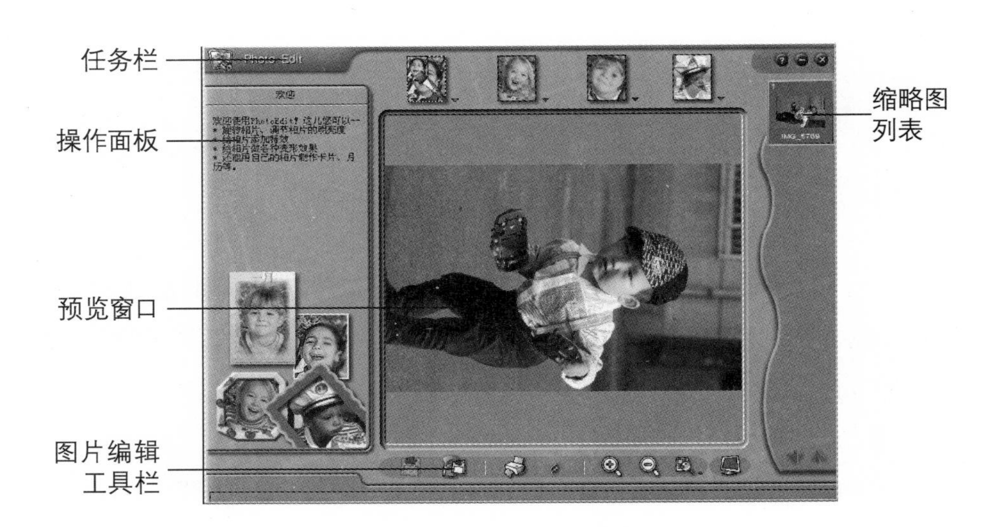

图13—37　图片编辑界面

图片编辑界面介绍如下：

- 任务栏：选择对图片进行何种编辑操作。
- 操作面板：在任务栏里选定编辑任务后，操作面板上会显示相应的编辑模板或编辑工具。
- 预览窗口：界面中央是预览窗口，在这里可以即时预览对图片操作后的各种效果。
- 缩略图列表：选择一幅图片或一本相册进入编辑界面，如果选中的是相册，缩略图列表里会显示当前相册中所有图片的缩略图。当用户在缩略图列表中选定一幅图片时，图片边缘会出现淡绿色的边框，表示这幅图片处于编辑状态。

- 图片编辑工具栏：图片编辑工具栏包含常用命令的快捷方式。其中单击“保存”按钮，可以保存对图片做过的修改；单击“另存”按钮，可以将当前图片文件另存为一个新的文件；单击“重载原始数据”按钮，可以取消对当前图片所做的一切操作，并重新载入原始图片；单击“浏览”按钮，可以选择一个比例来预览窗口中的图片；单击“全屏浏览”按钮，可将预览窗口放大到全屏。

2. 图片调节

将鼠标移到任务栏的“调节”按钮时，会弹出子任务栏，如图13—38所示。

子任务栏上从左到右分别是旋转、调节大小、亮度、色彩平衡和色彩饱和度按钮。单击任意按钮，操作面板上就会显示相应操作选项或模板。如果显示的是模板，双击选中用户满意的模板，可以将模板中的效果应用到当前图片上。

图13—38 “调节”按钮子任务栏

(1) 旋转图片

在用户扫描照片或拍摄照片时，会有横向照片或角度不正的照片，PhotoFamily的旋转图片功能可以调整照片角度。

在图片编辑界面中，鼠标单击“调节”子任务栏的旋转按钮，会弹出“旋转”窗口，窗口左侧的“旋转”操作面板如图13—39所示。

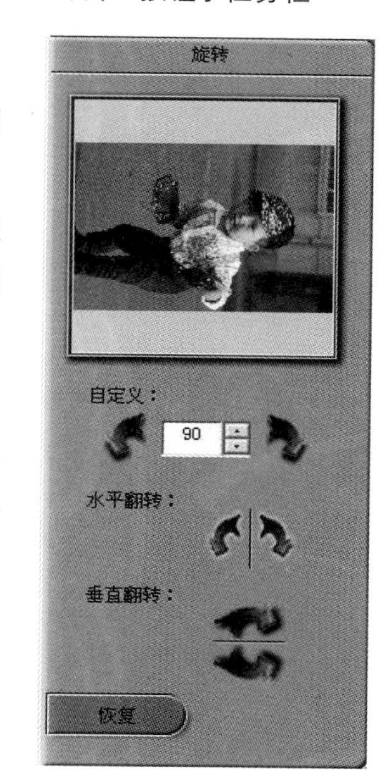

图13—39 “旋转”操作面板

操作面板上功能按钮介绍如下：

- 自定义：用户可以在下方的输入框里键入旋转的角度数。单击按钮，依照输入的角度数按逆时针方向旋转当前图片；单击按钮，按顺时针方向旋转图片。
- 水平翻转：水平翻转图片。
- 垂直翻转：垂直翻转图片。

对调整后的图片效果感到满意时，单击工具栏上的“保存”图标，保存所做的修改；如果不满意，可以单击“恢复”按钮，重新载入原始图片。

(2) 调整图片大小

如觉得有些图片尺寸太大或太小，可以用“调整图片大小”命令轻易地改变图片尺寸。

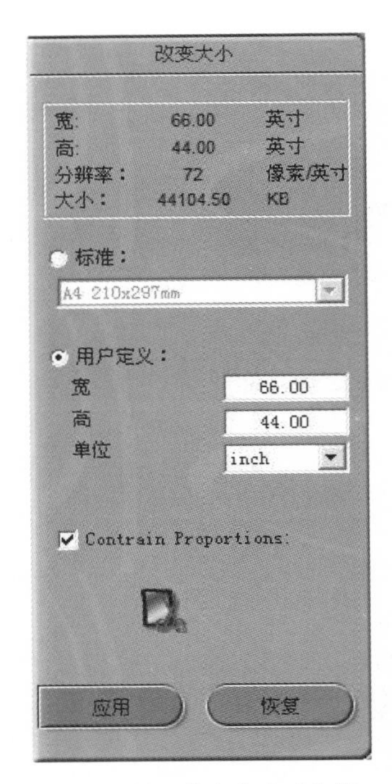

图13—40 “改变大小”操作面板

在图片编辑界面中，鼠标单击“调节”子任务栏的“改变大小”按钮，会弹出“改变大小”窗口，“改变大小”操作面板如图13—40所示。

操作面板上功能按钮介绍如下：

- 原始尺寸：操作面板的上半部，列出了图片的原始尺寸。
- 标准：如果用户选择标准单选按钮，单击下拉菜单可以挑选合适的图片尺寸，包括A4(210x297mm)、A5(148x210mm)、Size1(640x480像素)、Size2(800x600像素)、Size3(1 024x768像素)、Size4(1 280x1024像素)等选项。
- 用户定义：可以在宽、高输入框里键入用户需要的数值，在单位下拉菜单里选择数值的单位，可选单位有英寸、厘米或像素。
- Contrain Proportions：这一选项为固定比例复选框，图片的长宽比例将会被锁定，在调整图片尺寸时图片不会变形。
- 裁切按钮：用户想要裁剪当前图片，只需单击面板下方的裁切按钮，然后用鼠标在右侧的预览窗口里拖动画出方框，框住用户想保留的部分，最后双击方框执行裁剪操作。

当对调整后的图片效果感到满意时，单击“应用”按钮，将调节效果应用到当前图片上；如果不满意，可以单击“恢复”按钮，重新载入原始图片。

(3) 图片亮度

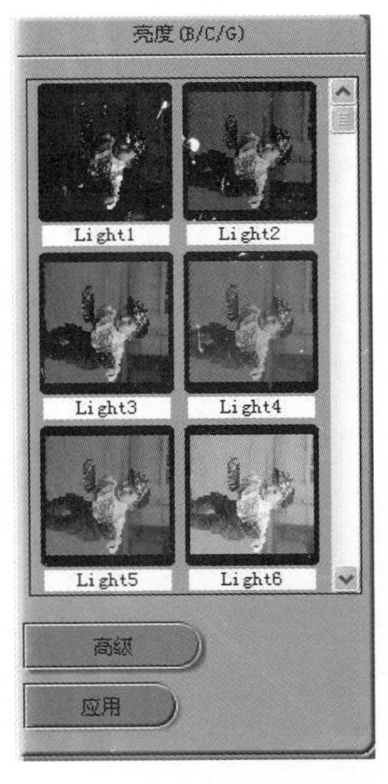

图13—41 “亮度”操作面板

在图片编辑界面中，鼠标单击“调节”子任务栏的“改变亮度”按钮，会弹出“亮度”窗口，其中，“亮度”操作面板如图13—41所示。

图中是亮度调节初级模式，操作面板上共显示了10个亮度调节模板。单击选中用户满意的模板，然后单击“应用”按钮，将选中的模板效果应用到当前图片上。如果用户对这些模板都不满意，单击“高级”按钮切换到亮度调节“高级”模式，可以手动调节亮度、对比度和Gamma参数。

3. 图片特效

图片“特效”子任务栏中，各命令的操作方法与其他任务栏中命令的操作方法基本一致，图片“特效”子任务栏如图13—42所示。

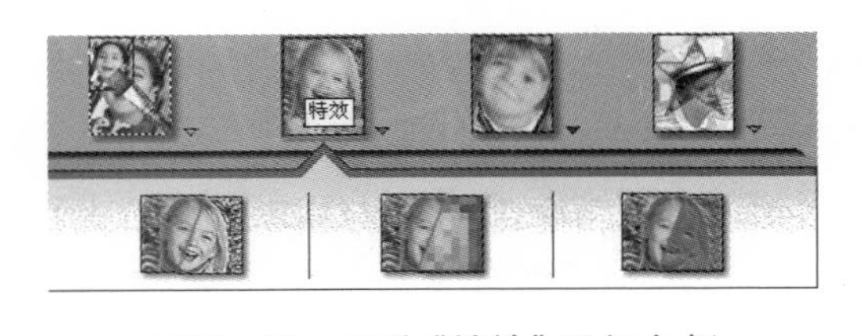

图13—42 图片“特效”子任务栏

子任务栏上从左到右分别为调焦、马赛克和浮雕按钮。单击任意按钮，操作面板上就会显示相应模板。选中用户满意的模板双击或单击“应用”

按钮，模板显示的效果便可以应用到当前图片上。

- 调焦：在拍摄照片时如果没有对准焦距，照片会有些模糊，调焦功能可以把照片调整好。
- 马赛克：操作面板中有10个马赛克效果模板，双击模板或单击"应用"按钮，模板显示的效果便可以应用到选中的图片上。
- 浮雕：和马赛克效果一样，浮雕操作面板中也有10个浮雕效果模板，双击模板或单击"应用"按钮，模板显示的效果便可以应用到选中的图片上。

例如，用户对示例图片"love2"做马赛克效果，原图如图13–43所示。

图13–43 示例图片效果

图13–44 效果图

添加马赛克效果后，图片效果如图13–44所示。

4. 图片变形

图片"变形"子任务栏，如图13–45所示。

图13–45 图片"变形"子任务栏

子任务栏上从左到右分别为倾斜、球形、挤压、旋涡和波纹按钮。单击任意按钮，操作面板上就会显示相应模板，选中用户满意的模板，双击模板或单击"应用"按钮，可以将模板显示的效果应用到当前图片上。

例如，对示例图片做旋涡变形效果，原图如图13–46所示。添加旋涡效果后，效果图片如图13–47所示。

图13–46 示例效果图

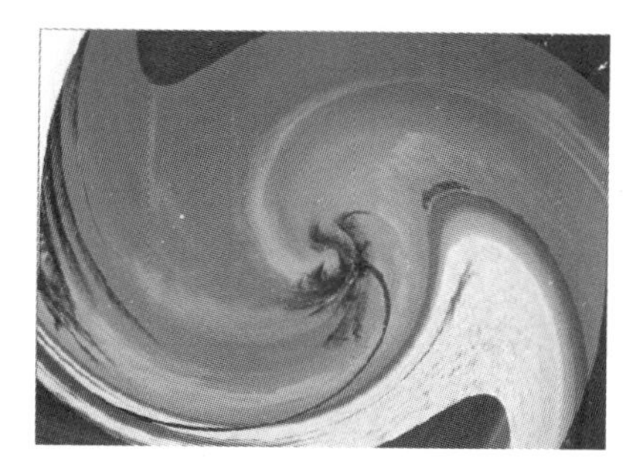
图13–47 效果图

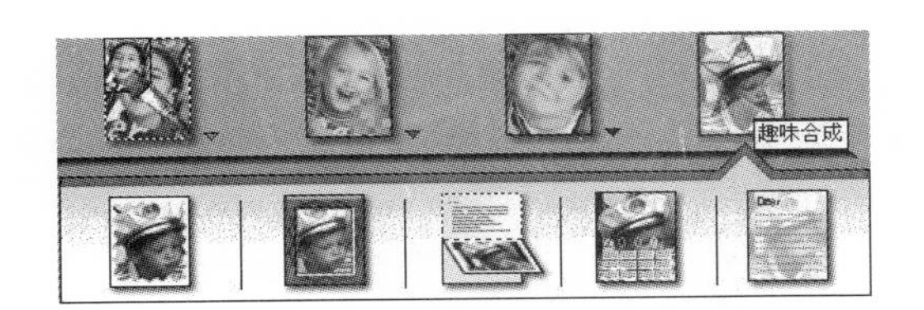

图13—48 “趣味合成”子任务栏

图13—49 “EDGE06”模板效果

图13—50 “FRAME06”模板效果

图13—51 “卡片”窗口

5. 趣味合成

“趣味合成”子任务栏上有5个按钮，从左到右分别为毛边、像框、卡片、日历和信纸，如图13—48所示。单击任意按钮，操作面板上就会显示相应模板，双击选中用户满意的模板，可以将模板显示的效果应用到选中的图片上。

(1) 毛边

毛边的模板有6种，双击任意一个模板，可以将模板效果应用到当前图片上。例如，把“EDGE06”模板应用到照片中，效果如图13—49所示。

(2) 相框

相框的模板也有6种，双击任意一个模板，可以将模板效果应用到当前图片上。例如，把“FRAME06”模板应用到照片中，效果如图13—50所示。

(3) 卡片

用户可以用自己的照片来做贺卡，还可以在贺卡中添加贺词，“卡片”窗口如图13—51所示。

在卡片模板列表里共有10种贺卡模板，拖动垂直滚动条，可以查看全部模板的缩略图。双击任意模板，或选定某一模板，然后单击“应用”按钮，即可将这个模板的效果应用到当前图片上，选中的照片马上就变成一张漂亮的贺卡，在图片编辑界面中央的预览窗口里可以预览这张新贺卡。

我们以添加“CARD2”模板为例，介绍图片套用模板后的操作方法。添加“CARD2”模板后窗口预览效果如图13—52所示。

鼠标单击预览窗口的照片处，照片四周会出现淡绿色的边框，同时出现抓手工具，拖动鼠标可调整图像在模板中的位置，使其更好地融入模板中。“卡片”窗口左下角有一个添加文本按钮，单击此按钮，弹出“文字编辑”面板，如图13—53所示。

图13—52　“CARD2”模板效果

● 字体：在光标闪烁处输入文字，字体下拉菜单里可以选择字体。

● 大小：大小输入框里键入代表字号的数值。

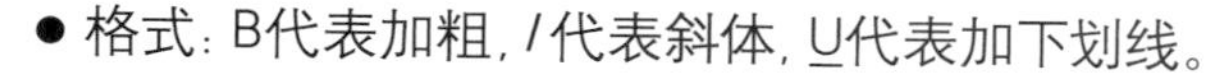

● 格式：B代表加粗，I代表斜体，U代表加下划线。

● 颜色：选择字体颜色。右侧的颜色控制区里有7个色块，双击较小的6个色块中的任意一个，上方文字输入区中选中的文字就会变成该色块的颜色。如果用户想调配新的字体颜色，可以单击左侧较大的色块，在弹出的调色盘里选取更多的色彩。

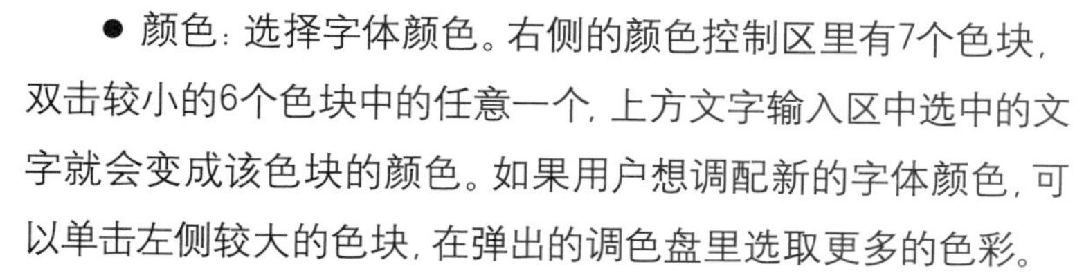

● 对齐：选择字体对齐方式。PhotoFamily提供了六种文字对齐方式，可以使横向排列的文字向左对齐、居中对齐和向右对齐，使纵向排列的文字向顶端对齐、居中对齐和下端对齐。

● 返回按钮：完成文字编辑后，单击按钮，回到贺卡模板页。

如果对新制作的贺卡满意，单击图片编辑工具栏上的“保存”按钮，保存当前图片所做的改动；如果不满意，可以单击“重新载入图片原始数据”按钮重新载入图片。

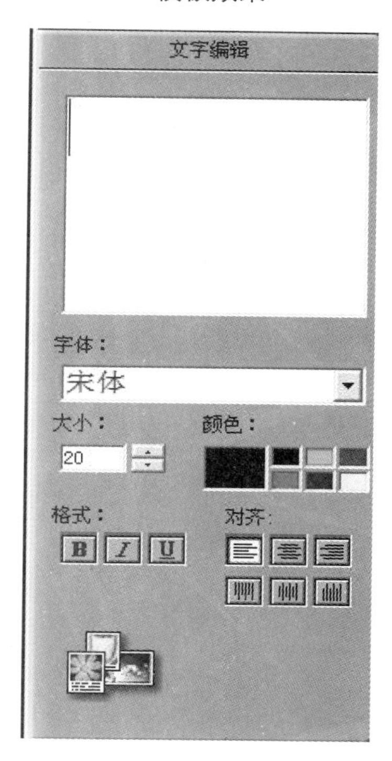

图13—53　“文字编辑”面板

(4) 月历

用户可以用自己的照片来做月历，编辑月历的文字和颜色等信息，月历窗口如图13—54所示。

在月历模板列表里共有6种月历模板，双击任意模板，或选定某一模板，然后单击“应用”按钮，即可将这个模板的效果应用到当前图片上，使图片变成一张月历。在图片编辑界面中央的预览窗口里，可以预览这张新月历。以添加“CALEND04”模板为例，介绍图片套用模板后的操作方法。添加

图13—54　月历窗口

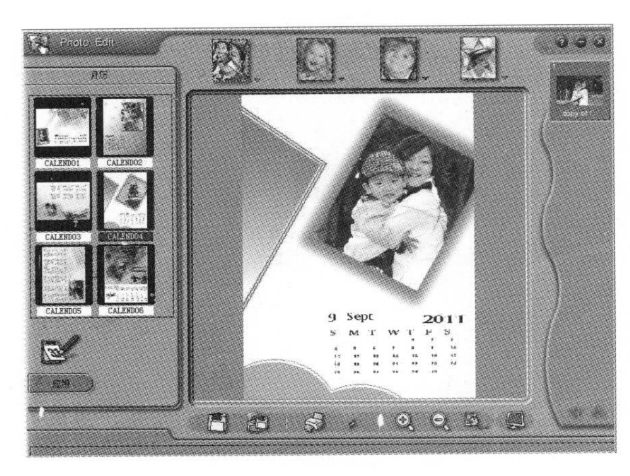

图13—55 “CALEND04”模板效果

“CALEND04”模板后，窗口显示预览效果如图13—55所示。

鼠标单击预览窗口的照片处，照片四周会出现淡绿色的边框，同时出现抓手工具，拖动鼠标可调整图像在模板中的位置，使其更好地融入模板中。单击窗口左下角的文本按钮，弹出“设置月历”操作面板，如图13—56所示。

设置月历面板的选项功能如下：

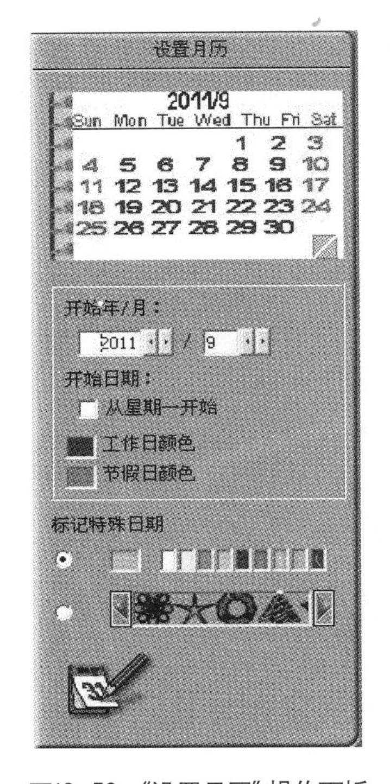

图13—56 “设置月历”操作面板

● 预览窗口：在面板上方的预览窗口里，可以预览月历文字区的显示效果。

● 开始年/月：在文本输入框里键入月历显示的年、月数字，输入框里显示的默认值是系统当前日期。

● 开始日期：如果用户喜欢以星期一作为每个星期的开始，可以选择“从星期一开始”复选框。

● 工作日颜色和节假日颜色：“工作日颜色”和“节假日颜色”这两个色块显示月历中工作日和节假日的表示颜色。如果想更换色块的颜色，可以单击相应色块，从弹出的调色盘里选取新的颜色。

● 标记特殊日期：在月历上标出用户需要特别记住的日子。在单选框右侧的色块中选取用户想用来做标记的颜色。如果这一行小色块中没有满意的颜色，也可以双击色块行最左侧的较大色块，在弹出的调色盘里选取喜欢的颜色。选定颜色之后，用户的鼠标在预览窗口里会变成形，单击任意一个日期，就可以把这个日期的显示颜色变成刚刚选中的颜色；单击“用特别标记来标出特殊日期”单选按钮，可以在右侧列出的图形标记中单击选中用户喜欢的标记，当选定一个图形标记后，鼠标在预览窗口里会变成形，单击任意一个日期，就可以在这个日期上添上图形标记。

单击“添加文本”按钮，可以返回月历面板。

(5) 信纸

信纸的制作过程与毛边和相框的制作过程基本相同，使用照片制作信纸后，窗口显示预览效果，如图13—57所示。

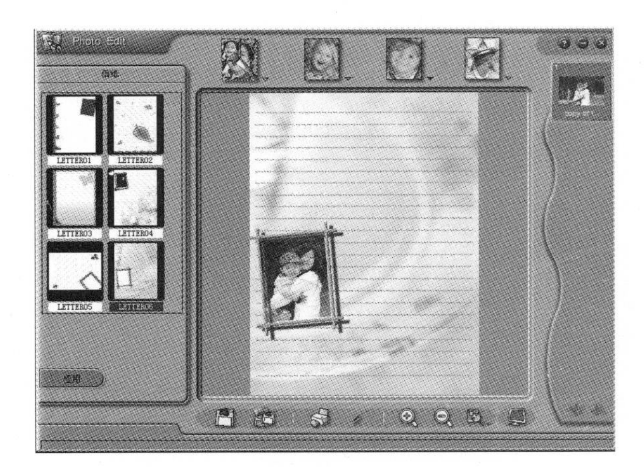

图13—57 制作信纸的预览效果

13.3.5　添加音乐

1. 相册音乐

PhotoFamily允许用户为每个相册添加音乐或录制旁白。注意，如果要录制一段音乐或者旁白，必须先将把麦克风连到计算机上。选择一个相册，单击鼠标右键，在弹出的快捷菜单中选择“添加音乐”选项，弹出子菜单，如图13—58所示。

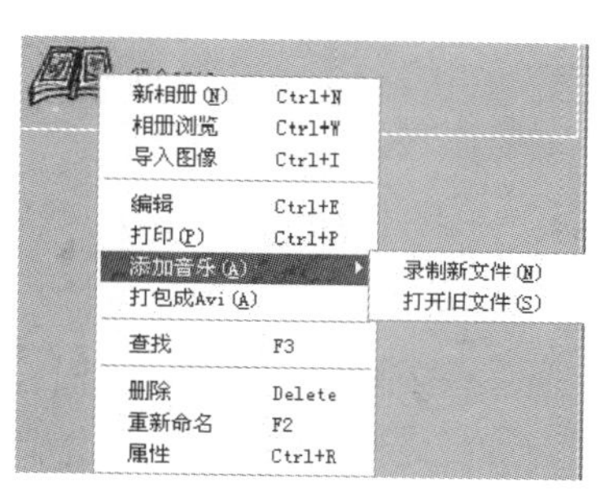

图13—58　“添加音乐”子菜单

“添加音乐”子菜单命令功能如下：

- 录制新文件：PhotoFamily提供了一个迷你录音机，单击“录制新文件”命令后，弹出录音机界面，如图13—59所示。

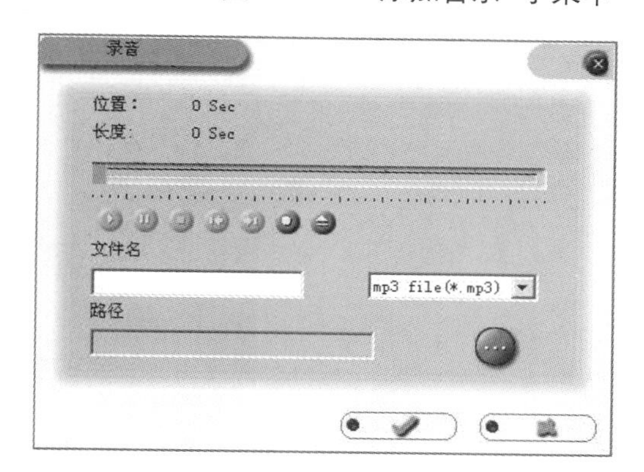

图13—59　录音机界面

在录音机界面中，单击按钮开始录音，单击按钮停止录音。录制声音后，用户可以单击按钮播放录制的声音文件。如果想打开一个已有的声音文件，可以单击按钮。

录好一个文件后，用户要输入文件名，并在下拉菜单里选择文件类型，按按钮，弹出“选择目录“对话框。选定文件保存路径后，按按钮保存文件并关闭录音面板；如要放弃操作，按退出按钮。

- 打开旧文件：可以为相册添加本地磁盘存储的音乐文件，单击此命令，弹出“打开”对话框，如图13—60所示。

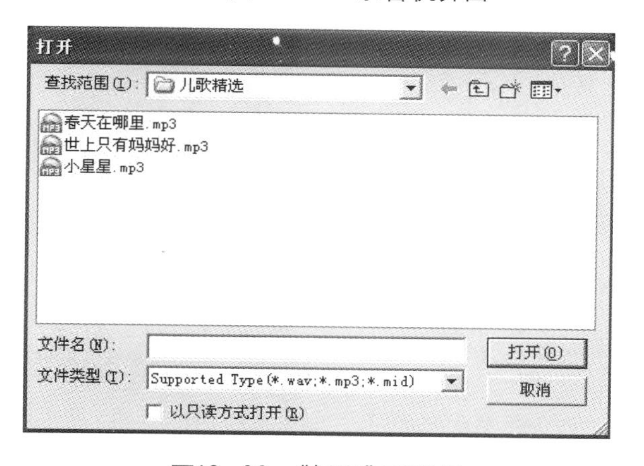

图13—60　“打开”对话框

在“查找范围”下拉菜单中可以选择音乐文件所在的文件夹，选择音频文件名后，单击“打开”按钮，即可为相册添加音乐。PhotoFamily支持mid格式、Mp3格式和wav格式共3种音频文件。

在相册中可以添加多首音乐文件，右键单击相册，选择“属性”命令，弹出“属性”对话框（见图13—27）。如果相册中添加了音乐文件，“常规”选项卡中的“音乐”选项会显示已经加载的音乐文件名。如果继续添加或删除音乐文件，可以单击“常规”选项卡中的“打开文件夹”按钮，弹出的“音乐设置”对话框，如图13—61所示。

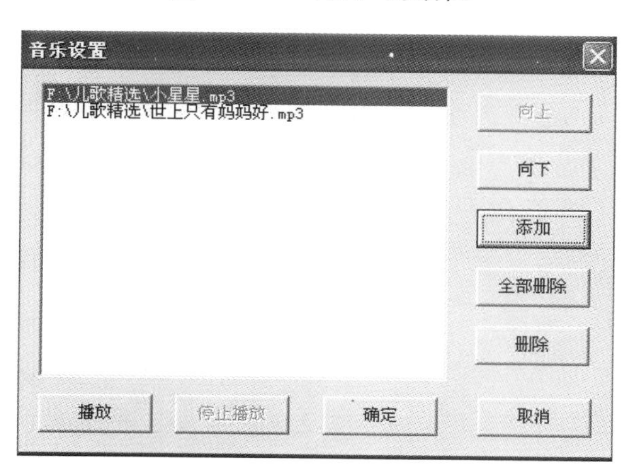

图13—61　“音乐设置”对话框

音乐设置对话框中各按钮的功能如下：

- 向上：将选中的音乐文件从当前的位置移动到上一个位置。
- 向下：将选中的音乐文件从当前的位置移动到下一个位置。
- 添加：单击按钮弹出“打开”对话框，可以一次添加一首或多首音乐，音乐格式为PhotoFamily支持的三种格式(mid格式、wav格式和Mp3格式)。
- 全部删除：单击此按钮删除所有的音乐文件。
- 删除：单击此按钮删除选中的音乐。
- 播放：播放选中的音乐文件。
- 停止播放：暂停播放音乐文件。
- 确定：单击“确定”按钮，完成所有的操作。
- 取消：取消所做的设置。

2．图片音乐

PhotoFamily可以为相册里每一幅单独的图片添加音乐文件，每幅图像只能添加一首音乐，如果重复添加，系统只保留最后的音乐文件。

13.3.6 播放设置

浏览多幅图片需要不断地单击鼠标，操作比较麻烦，用户可以设置自动播放模式浏览相册。选择“文件”菜单，单击“放映幻灯片设置”命令，弹出“自动播放设置”对话框，如图13—62所示。

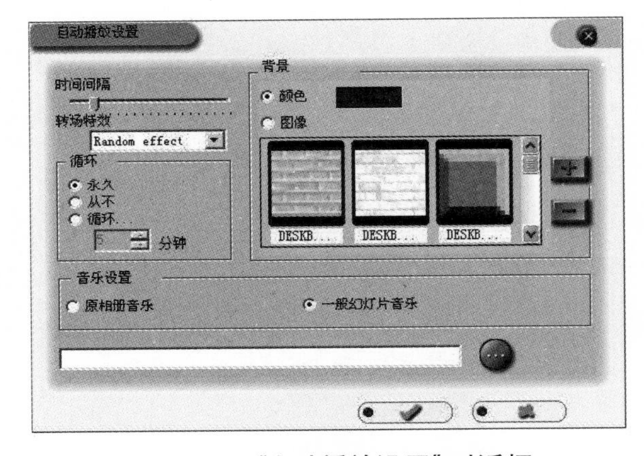

图13—62 “自动播放设置”对话框

“自动播放设置”对话框的各项参数功能介绍如下：

- 时间间隔：可以调节自动播放的速度。向左拖动“时间间隔”滑块，加快自动播放速度；向右拖动“时间间隔”滑块，降低自动播放速度。
- 转场特效：在“转场特效”下拉菜单里可以设置图片转场（切换）效果，使自动播放更加生动有趣。
- 循环：在循环选项框中选择“永久”选项，自动播放，不停地循环；选择“从不”，播放到相册最后一张图片时，停止自动播放；选择“循环...”选项，并在下方的输入框中输入循环播放的时间。
- 背景：在背景选项框中可以设置自动播放的背景。自动播放的背景既可以是纯色的，也可以是有图案填充的。如果选择颜色，可以单击颜色单选框右侧的色块，在弹出的调色板里选定一种颜色；如果选择图像，可以在单选框下方的预览区里选择一种图案来填充背景。

● 音乐设置：选中"原相册音乐"命令，可以在放映时播放原相册的背景音乐；选中"一般幻灯片音乐"命令，需要单击"浏览"按钮，打开音乐文件夹，为自动播放重新选择音乐。

13.3.7 效果预览

1．图像浏览

PhotoFamily提供了图片浏览（全屏）模式和虚拟相册模式两种浏览方式。

在PhotoFamily主界面里，用户只能看到图片的缩略图，双击图片的缩略图，会切换至图像浏览模式，供用户仔细地欣赏图片。例如，双击示例相册"Life"中名为"Love2"示例文件，弹出图像浏览窗口，如图13—63所示。

图13—63　图像浏览窗口

示例图片的文件较小，显示全部图像后窗口还有留白空间。当图片较大时，窗口可能显示不了图片的原尺寸，此时右键单击图片，在弹出的快捷菜单中选择"自动贴合窗口"命令，可以将图片缩小到适合窗口大小播放。

2．浏览工具栏

浏览工具栏位于图片/相册浏览界面的顶部，用户可以通过工具栏上的工具快速完成多种操作。工具栏的默认状态是自动隐藏，将鼠标移到屏幕顶部停留，会出现工具栏。如果用户要固定住工具栏，单击工具栏右侧的按钮，即可将工具栏固定在屏幕上，此时按钮会变成形。

浏览工具栏各个按钮的功能如下：

● /：切换到当前相册里的第一幅/最后一幅图片。

● /：切换到当前相册里的上一幅/下一幅图片。

● ：停止自动播放。

● ：开始自动播放。

● ：设置自动播放时切换图片的间隔时间。向左拖动滑块，可以缩短间隔时间；向右拖动滑块，可以拉长间隔时间。

● 16：设置自动播放时切换图片的间隔时间，可精确到秒。

● ：播放相册背景音乐。可以在相册"属性"对话框里为相册设置背景音乐，单击按钮可以停止音乐播放。

● ：单击按钮，在图像浏览模式和相册浏览模式之间切换。

● ：切换到图片编辑界面。

● ：打开"打印设置"对话框，设置打印尺寸、打印数量、打印范围等参数。

● ：在图像浏览模式下，单击此按钮可以查看当前图片属性；如果在相册浏览模式下，单击按钮可以查看当前相册的属性。

● ：该按钮只在图像浏览模式中出现，单击播放图片音乐，再次单击关闭图片音乐。播放图片音乐时，相册背景音乐会暂停。

● ：退出图像窗口。

3. 相册浏览

相册中所有的编辑操作结束后，可以预览相册的效果。在"相册柜"中选择好相册后，单击工具栏的"浏览"按钮，或单击右键选择快捷菜单的"相册浏览"命令，即可进入相册浏览窗口。相册浏览窗口也叫"虚拟相册"模式，"虚拟相册"是PhotoFamily最出众的功能之一。例如，右键单击示例相册"Life"后，选择"相册浏览"命令，进入相册浏览窗口，效果如图13—64所示。

图13—64　相册浏览窗口

相册浏览窗口的第一页是相册的封面，设置相册属性对话框的"封面"选项，可以更改封面显示的照片以及显示效果，单击相册便可翻页，进入相册的目录页，如图13—65所示。

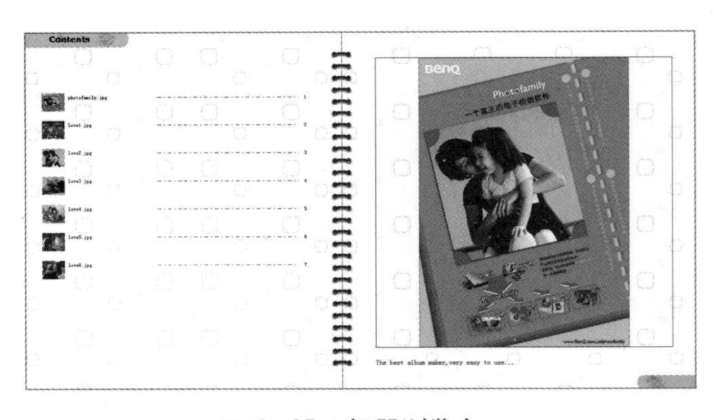

图13—65　相册浏览窗口

左侧显示目录页部分，右侧是相册内容的第一页，在浏览器窗口中用鼠标拖动缩略图，可以更改图片在相册中的位置。单击鼠标可以翻页，在左侧单击鼠标相册向右翻页，在右侧单击鼠标相册向左翻页。如果不想频繁单击鼠标，可以单击工具栏上的按钮，让虚拟相册自动翻页。

13.4　输出相册

13.4.1　打包相册

PhotoFamily可以把电子相册打包成一个独立的可执行文件（.exe文件），打包文件可以在任何计算机上运行，无论是否已经安装PhotoFamily。

单击选定一本相册，单击“工具”菜单，选择“打包相册”命令，会出现“打包相册”对话框，如图13−66所示。

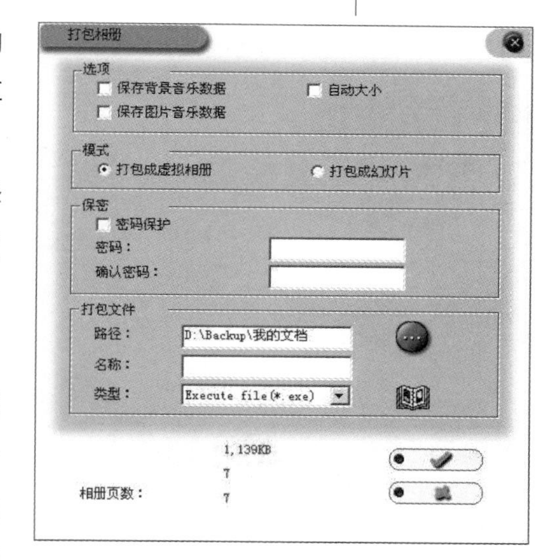

图13−66　“打包相册”对话框

“打包相册”对话框各参数功能如下：

- 选项：在选项框中，用户可以选择是否要把相册背景音乐、图片音乐与相册一起打包。这些音乐文件通常体积较大，将它们一起打包会增加打包后相册的体积。如果用户想要体积较小的打包相册，不勾选对应选项即可。可以选择“自动大小”选项来自动压缩图片，以减小整个压缩包的大小。缩小图片的规则是图片的最大宽度不超过屏幕分辨率的一半。
- 模式：在模式框中可以选择打包后的相册运行模式，以虚拟相册模式运行，或以幻灯片模式运行。
- 保密：如果希望相册内容保密，可以为打包后的相册加上密码。选中密码保护复选框，然后在下方的密码输入框和确认密码输入框中输入相同的字符串即可。
- 打包路径：在打包文件框里需要选择打包后相册的保存路径。单击按钮可以弹出“选择目录”对话框，可设置打包相册的文件名和文件类型。

当用户做完所有的设置后，鼠标单击按钮开始打包，单击按钮取消本次设置。

13.4.2　刻录光盘

PhotoFamily支持刻录功能，可以将虚拟相册刻录到光盘上。用户可以选择刻录相册柜、相册和相册打包后的相册包，但是用户不能通过PhotoFamily直接把单独的图片刻录到光盘上。刻录光盘时，用户的计算机上需要有一台光盘刻录机，并且系统已安装Nero公司的Nero软件（要求Nero 5.0或以上版本）。

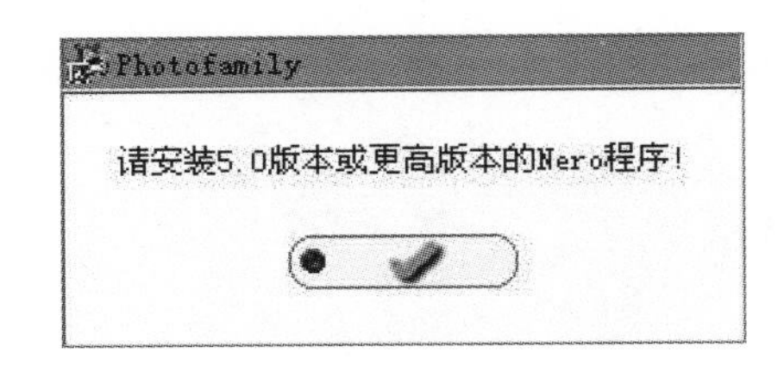

图13－67　PhotoFamily提示窗

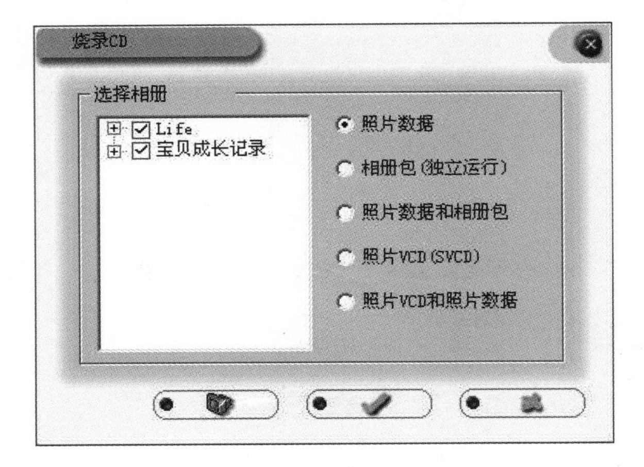

图13－68　“烧录CD”对话框

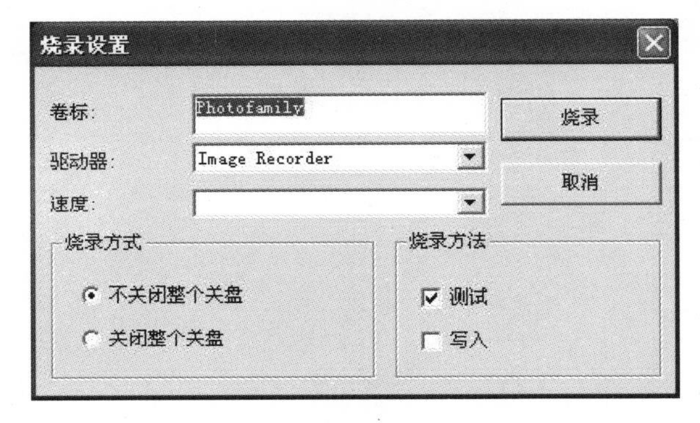

图13－69　“烧录设置”对话框

单击选定一本相册，单击“工具”菜单选择“光盘刻录”命令。如果系统没有安装刻录软件Nero，会弹出提示框，要求用户安装软件，提示框如图13－67所示。

刻录软件Nero是开源软件，可以从网上自由下载，下载和安装的方法和其他应用软件相同。刻录软件Nero安装成功后就可以刻录光盘了，具体步骤如下：

① 单击“工具”菜单，选择“光盘刻录”命令，或在选定对象上单击右键，在弹出的快捷菜单里选择“刻录光盘”命令，出现“烧录CD”对话框，如图13－68所示。

单击统计容量按钮可以预览要刻录内容的容量。选定要刻录的对象时尽量让选定对象的总体积接近500－600兆(因为单张空CD光盘能够刻录的最大数据量在500－600兆)，这样刻录时会比较经济。如果用户需要刻录相册包，PhotoFamily会提示用户首先将相册打包。

② 在对话框里选中用户要刻录的对象，单击确定按钮后弹出“烧录设置”对话框，如图13－69所示。

卷标：卷标是一个磁盘的唯一的标识，允许用户自定义。

③ 单击“烧录”按钮，开始刻录光盘。

13.4.3　打包成Avi文件

Avi (Audio Video Interleaved) 是微软公司推出的视频格式文件，它应用广泛，是目前视频文件的主流。PhotoFamily支持把相册打包成Avi视频模式功能，让用户可以更流畅地浏览相片。如果需要把相册打包成Avi视频模式，在计算机上需要安装DivX5.0以上的编码解码器(DivX是一种MPEG4编码格式，它的原型是微软的MPEG4编码，旧版的MPEG4编码不允许在Avi文件格式上使用，DivX编码格式是为解决这个问题而设计的)。

图13－70　Photo2MovieWiz提示窗

单击选定一本相册，单击“工具”菜单，选择“打包成

Avi”命令。如果系统没有安装DivX5.0，会弹出提示框，要求用户安装软件，提示框如图13—70所示。

DivX5.0是开源软件，可以从网上自由下载，下载和安装的方法和其他应用软件相同。成功安装DivX5.0后，就可以制作视频内容了。下面以示例相册为目标相册，介绍打包成Avi视频模式功能。

图13—71 “视频生成向导”对话框

① 在“工具”菜单里选择“打包成Avi”命令，或者在相册上单击右键选择“打包成Avi”选项，会出现“视频生成向导”对话框，如图13—71所示。

② 单击“导入照片”按钮，弹出“视频生成向导”对话框，如图13—72所示。

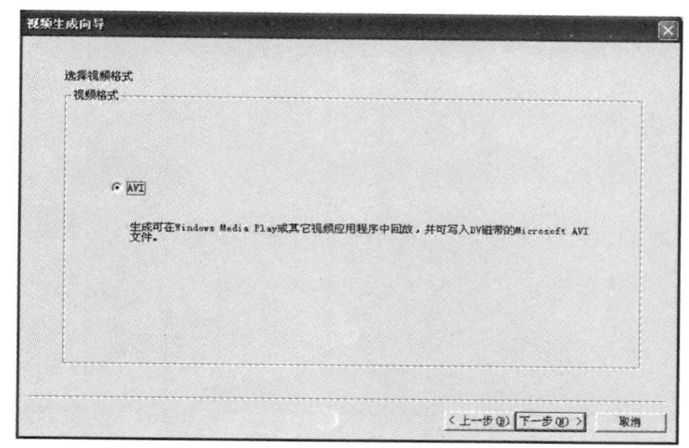

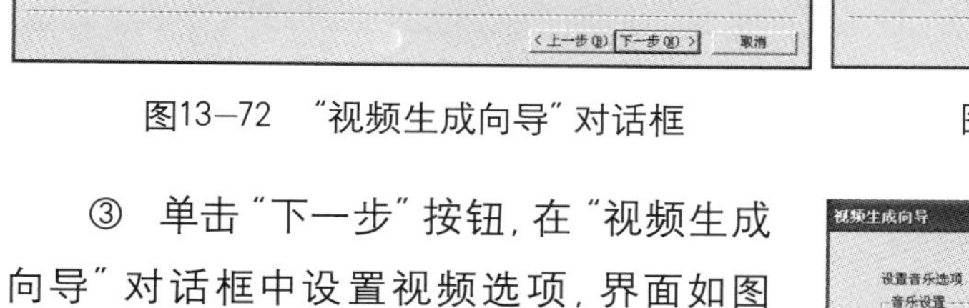

图13—72 “视频生成向导”对话框

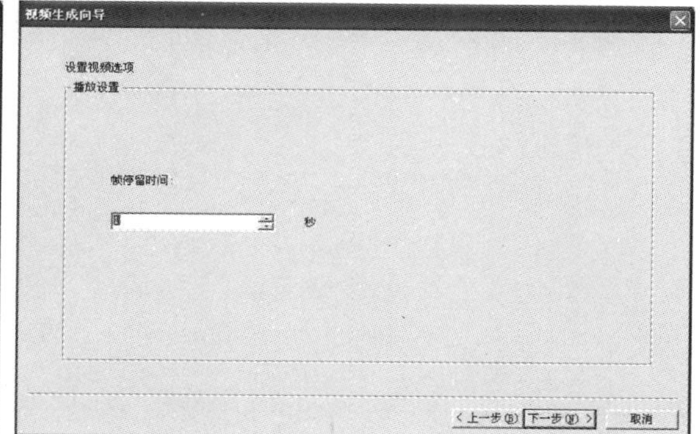

图13—73 “视频生成向导”对话框

③ 单击“下一步”按钮，在“视频生成向导”对话框中设置视频选项，界面如图13—73所示。

“帧停留时间”选项可以设定视频中图片切换的时间间隔，以秒为单位。

④ 单击“下一步”按钮，在“视频生成向导”对话框中设置音乐选项，界面如图13—74所示。

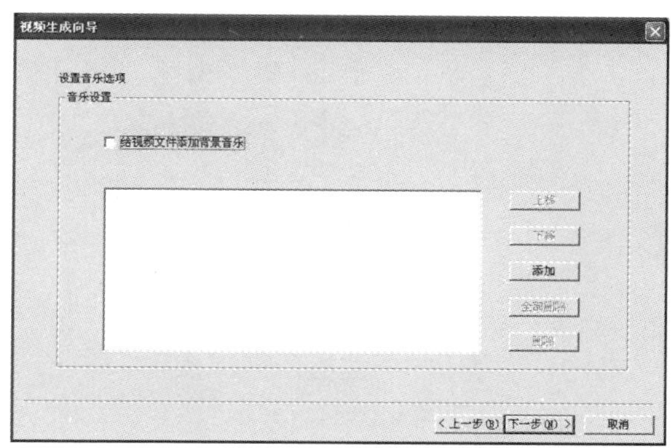

图13—74 “视频生成向导”对话框

⑤ 单击“添加”按钮，弹出“打开”对话框，可以在本地磁盘中选择要添加的音频文件。

注意：添加的音频文件只能为wav格式的文件。

⑥ 单击“下一步”按钮，在“视频生成向导”对话框中设置Avi格式，界面如图13—75所示。

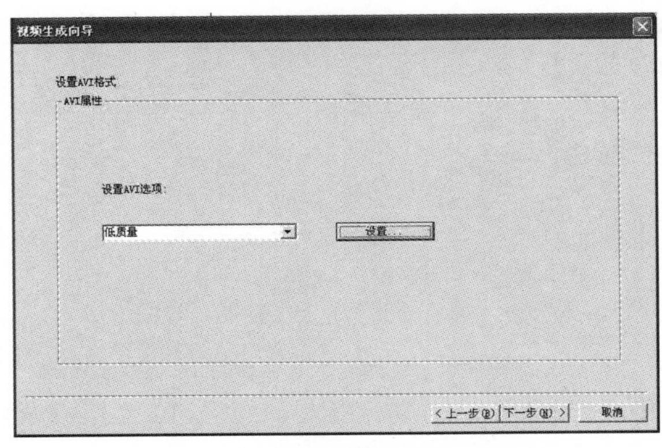

图13—75 “视频生成向导”对话框

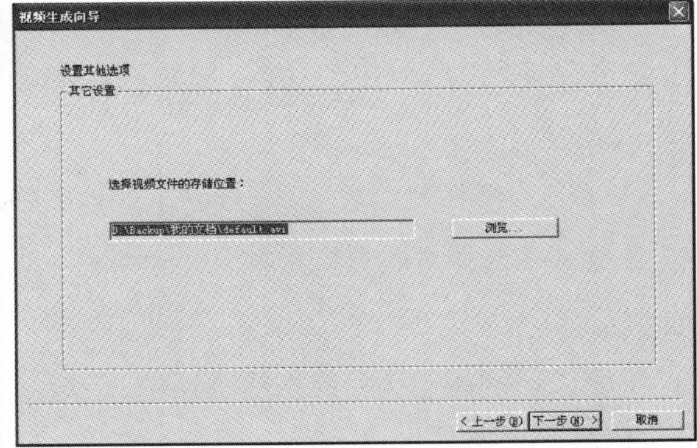

图13—76 “视频生成向导”对话框

⑦ 单击“下一步”按钮，在“视频生成向导”对话框中设置视频文件的存储位置，如图13—76所示。

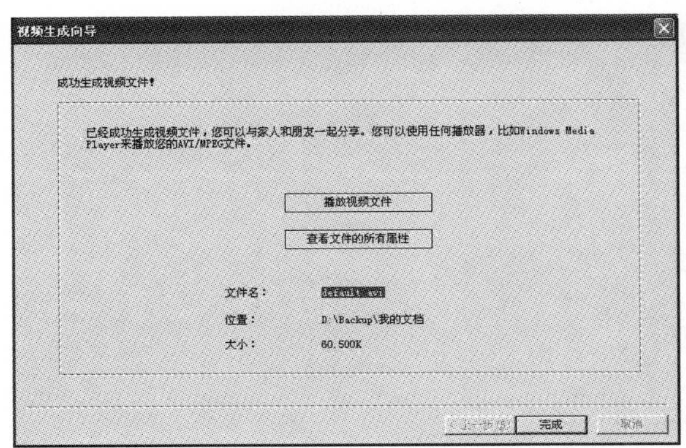

图13—77 “视频生成向导”对话框

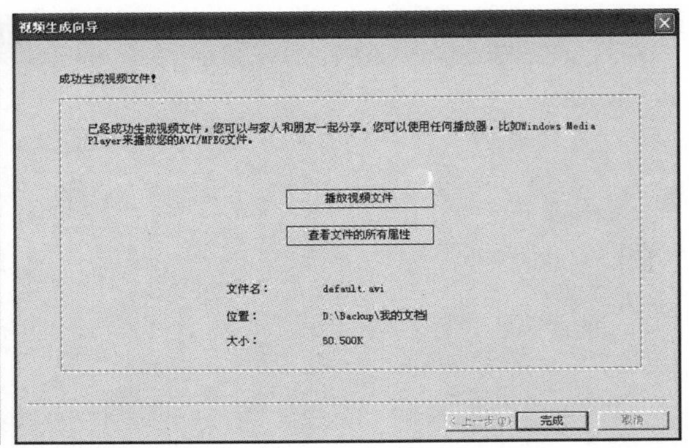

图13—78 “视频生成向导”对话框

⑧ 单击“下一步”按钮，开始生成视频文件，如图13—77所示。

单击“播放视频文件”按钮，弹出默认视频播放器播放生成的Avi文件，单击“查看文件的所有属性”按钮，弹出PhotoFamily帮助文件。

⑨ 单击“完成”按钮，视频文件制作成功。

除了以上功能之外，PhotoFamily还可以直接将图像导出到OCR、打印机中，将图像以E—mail、传真的形式发出。具体的操作方法大致相同，用户可以根据向导的提示完成操作。

13.5 电子相册播放

1. 光盘播放

当用户的系统中安装了PhotoFamily，把一张通过PhotoFamily刻录的光盘放进光驱，PhotoFamily会自动检测到光盘上的内容，并在相册管理区里创建快捷方式图标和，分别指向光盘上的相册柜和相册，双击对应图标即可浏览相册柜或相册中的内容。

2．Avi文件播放

在资源管理器中找到生成的Avi格式文件，鼠标双击文件图标，文件就会在默认的视频播放器中播放（比如Windows操作系统附件中的Windows Media Player播放器），也可以使用迅雷看看、暴风影音等播放工具打开观看。

3．相册包播放

相册打包后可以生成独立的可执行文件，虚拟相册的图标为，幻灯片图标为，即使用户的系统中没有安装PhotoFamily，双击图标也可以打开浏览相册包的内容。相册包在运行状态下，单击鼠标右键弹出快捷菜单，可以选择"停止"、"退出"、"相册音乐"、"翻页音乐"等选项，按Esc键可以退出播放。

本章小结

本章首先介绍了照片数字化、电子相册的概念，然后以PhotoFamily工具为例，详细介绍了相册柜、相册、图片导入、储藏柜、图片编辑、添加音乐、图像浏览、打包相册、刻录光盘、生成Avi文件以及电子相册播放等内容。

思考题

1. 选择与春节有关的照片作为素材，制作一张信纸。

2. 如何使用PhotoFamily制作一份2012年的月历？

3. 如何为电子相册录制旁白？

4. 将照片资源分类，选择与春节有关的素材创建电子相册，要求封面与封底分别为不同的照片，并为电子相册添加背景音乐。

第14章 杀毒软件

随着互联网的发展和普及，网络正在成为人们生活中必不可少的一部分，聊天、购物等越来越多的现实活动正在走向网络化，我们的个人资料和虚拟财产也融入到了网络之中。网络在方便人们生活的同时，同时也滋生了一些网络犯罪活动，包括网游盗号、网络钓鱼、网页挂马、窃取并买卖个人信息，甚至窃取他人银行账户等。杀毒软件就是为保护计算机安全而诞生的，在病毒与杀毒博弈中，杀毒软件起到了至关重要的作用。

知识要点

第14.1节：病毒，木马，病毒与木马的区别

第14.2节：360安全卫士，360安全卫士安装，360安全卫士启动，360安全卫士退出

第14.3节：计算机体检，修复漏洞，查杀木马，清理插件，清理垃圾，清理痕迹，系统修复

第14.4节：360杀毒安装，病毒查杀，实时防护

14.1 计算机系统安全基础知识

14.1.1 病毒与木马

互联网上的资源很多，但并不是所有的资源都是安全的。有时用户从不正规的网站下载了一个插件，在安装的时候，用户的主页也许就被篡改；浏览网站时，看似正常的网址，实际上却可能是一个钓鱼或恶意网址。这些情况都会威胁用户计算机的安全，影响用户的利益，威胁计算机安全的恶意程序主要是病毒和木马。

1．计算机病毒

(1) 计算机病毒的概念

1994年2月18日，我国正式颁布实施了《中华人民共和国计算机信息系统安全保护条例》，在该条例的第二十八条中明确指出："计算机病毒，是指编制或者在计算机程序中插入的破坏计算机功能或者毁坏数据，影响计算机使用，并能自我复制的一组计算机指令或者程序代码。"

(2) 病毒的特征

① 寄生性：病毒程序通常隐藏在正常程序之中，也有个别的以隐含文件形式出现，如果不经过代码分析，很难区别病毒程序与正常程序。大部分病毒程序具有很高的程序设计技巧，代码短小精悍，非常隐蔽。

② 潜伏性：大部分计算机病毒感染系统之后不一定马上发作，可长期隐藏在系统中，只有在满足特定条件时才启动其破坏模块。例如，CIH病毒26日发作，"黑色星期五"病毒在逢13号的星期五发作等。

③ 破坏性：病毒对计算机系统具有破坏性，根据破坏程度，分为良性病毒和恶性病毒。良性病毒通常并不破坏系统，主要是占用系统资源，造成计算机工作效率降低。恶性病毒主要是破坏数据、删除文件、加密磁盘和格式化磁盘，甚至导致系统崩溃，造成不可挽回的损失。CIH、红色代码等均属于这类恶性病毒。

④ 传染性：传染性是指病毒具有把自身复制到其他程序中的特性。计算机病毒是一段人为编制的计算机程序代码，这段程序代码一旦进入计算机并得以执行，它会搜寻其他符合其传染条件的程序或存储介质，确定目标后再将自身代码插入其中，进行自我繁殖，从而导致病毒迅速扩散。

正常的计算机程序不会将自身的代码强行连接到其他程序上，而病毒却能使自身的代码强行传染到一切符合其传染条件的未受到传染的程序之上，是否具有传染性是判别一个程序是否为计算机病毒的最重要条件。

(3) 计算机病毒的分类

① 文件型病毒：文件型病毒通过在执行过程中插入指令，把自己依附在可执行文件上。然后，利用这些指令来调用附在文件中某处的病毒代码。当文件执行时，病毒会调出自己的代码来执行，接着又返回到正常的执行指令序列。

② 引导扇区病毒：驻留在磁盘的引导扇区，通常引导扇区病毒先执行自身的代码，然后再继续PC机的启动进程。

③ 宏病毒：宏病毒是利用宏语言编写的，宏病毒不只是感染可执行文件，它可以感染一般文件。其传播不受操作平台约束，可以在Windows、Unix等不同系统中传播。宏病毒不会对计算机系统造成严重危害，但会影响系统的性能以及用户的工作效率。

④ 变形病毒：变形病毒随着每次复制而发生变化，不同的感染操作会使病毒在文件中以不同的方式出现，使用传统模式匹配的杀毒软件对这种病毒的查杀更加困难。

计算机病毒的危害不言而喻，人类面对这一世界性的公害采取了许多行之有效的措施，如加强教育和立法，从产生病毒源头上杜绝病毒，加强反病毒技术的研究，从技术上解决病毒的传播和发作。

2．木马

木马也是人为编写的程序，属于计算机病毒范畴。木马因古希腊特洛伊战争中著名的"木马计"而得名，它是一种基于远程控制的黑客工具，具有隐蔽性和非授权性的特点。所谓隐蔽性是指木马的设计者为了防止木马被发现，会采用多种手段隐藏木马，这样服务端即使发现感染了木马，由于不能确定其具体位置，查杀非常困难。所谓非授权性是指一旦控制端与服务端连接后，控制端将享有服务端的大部分操作权限，包括修改文件、修改注册表、控制鼠标和键盘等，而这些权利并不是服务端赋予的，而是通过木马程序窃取的。

木马攻击采用客户/服务器模式，木马程序被安装到用户的计算机中，这个程序是一个服务程序，称为被控制端，攻击者在自己的计算机上安装客户端程序，称为控制端。黑客通过安装在用户计算机上的木马服务程序，从而达到控制用户计算机系统的目的。木马服务程序运行后，将和木马客户程序建立连接，利用互联网进行通信。木马客户端可以控制木马服务程序在用户计算机系统中的操作，例如：获取计算机管理员账户和口令，浏览、移动、复制、删除文件，修改注册表，更改计算机配置等。

木马病毒的传播方式主要有两种：一种是通过E-mail，控制端将木马程序以附件的形式夹在邮件中发送出去，收信人只要打开附件系统就会感染木马；另一种是软件下载，将木马捆绑在软件安装程序上，下载后，只要运行安装程序，木马就会自动安装。

在互联网中，木马比病毒更加危险，直接影响系统安全。根据木马的工作原理，可以从以下两个方面防止木马攻击：安装杀毒软件和防火墙，防止恶意网站在自己计算机上安装不明软件和浏览器插件，以免被木马趁机植入；阻止未知的网络服务，防止未知程序（例如木马服务程序）向外传送数据，此时，需要阻止部分可疑的TCP和UDP通信端口，这样，即使木马运行，也无法向外传送数据。

3．木马与病毒的区别

木马与病毒的区别便是对计算机用户所带来的影响不同，它跟病毒本质的区别是病毒以感染为目的，木马更注重于目的性。木马和病毒的传播方式和表现方法也不同，木马不传染，病毒传染，木马相当于很厉害的远程协助，主要是盗取密码及其他资料，而病毒是不同程度、不同范围地影响计算机的使用。木马的作用范围是所有使用这台有木马计算机的人在使用时的资料，但是不会传染到其他机器，但是病毒可以随着软盘、U盘、邮件等传输方式或者媒介传染到其他机器。木马破坏方式是非常精准的定位传播，病毒是迅速复制自己的广泛传播。

病毒的作用完全就是为了搞破坏，破坏计算机里的资料数据，或者为了达到某些目的而进行的威慑和敲诈勒索。计算机感染了病毒，可影响运行速度，或者没完没了给用户报各种垃圾信息，甚至导致用户无法开机。

木马的作用是赤裸裸地偷偷监视别人和盗窃别人密码、数据等，如盗窃管理员密码、股票账号甚至网上银行账户等，达到偷窥别人隐私和得到经济利益的目的。例如，你的机器中了木马，如果这个木马是盗取QQ密码的，那么只要有人在这台机器上登录了自己的QQ，密码就会被盗。

14.1.2 计算机系统安全设置

计算机系统安全设置涉及的内容很多，一个安全的计算机系统应具有以下五个方面的特征：首先是保密性，信息不应该泄露给非授权用户、实体或过程；其次是完整性，数据未经授权不能进行改变；可用性、可控性与可审查性也是基本特征。

1．本地安全策略

"本地安全策略"是Windows操作系统中有关本地安全设置的重要管理工具，安全性设置包括：账户策略、本地策略（审核策略、用户权利指派策略、安全选项）、公钥策略、软件限制策略和本地IP安全策略五个大的方面。用户要在本地安全策略中加固系统账户、加强密码安全设置。

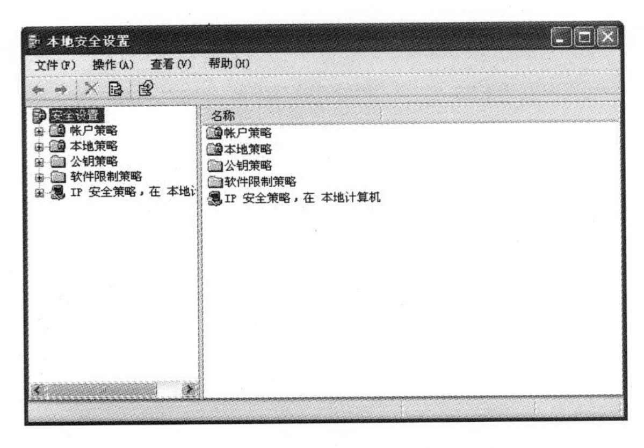

图14—1 “本地安全策略”对话框

在“控制面板”中，双击“管理工具”组件，找到“本地安全策略”图标，双击图标后，会进入“本地安全策略”对话框，如图14—1所示。

在对话框中，可通过菜单栏上的命令设置各种安全策略。为加固系统账户可以禁止枚举账号，设置账户管理。某些具有黑客行为的蠕虫病毒，可以通过扫描Windows 2000/XP系统的指定端口，然后通过共享会话猜测管理员系统口令。因此，我们需要通过在“本地安全策略”中设置禁止枚举账号，从而抵御此类入侵行为。在“本地安全策略”左侧列表的“安全设置”目录树中，双击展开“本地策略”选择“安全选项”。查看右侧的相关策略列表，找到“网络访问：不允许SAM账户和共享的匿名枚举”，单击鼠标右键，在弹出菜单中选择“属性”，在弹出对话框中激活“已启用”选项，最后点击“应用”按钮使设置生效。

为了防止入侵者利用漏洞登录机器，要设置重命名系统管理员账户名称及禁用来宾账户。在“安全选项”中找到“账户：来宾账户状态”策略，右键单击弹出菜单中选择“属性”，在“属性”对话框中设置其状态为“已停用”，最后“确定”退出。

加强密码安全方面要设置“安全设置”中的“账户策略”，在“账户策略”目录下单击“密码策略”，在右侧设置视图中酌情进行相应的设置。防破解的一个重要手段就是定期更新密码，右键单击“密码最长存留期”，在弹出的菜单中选择“属性”，在对话框中可自定义一个密码设置后能够使用的时间长短（限定于1至999之间）。

2. 安装防火墙

防火墙是指具有网络安全保护作用的硬件或软件，有助于防止黑客或恶意软件（如蠕虫）通过网络或Internet访问计算机。硬件防火墙通常安装在企业网络到互联网接入的边界，软件防火墙可以安装在特定的服务器或个人计算机上，用以保护计算机系统的安全。

防火墙是用于在企业内部网和因特网之间实施安全策略的一个系统或一组系统，是计算机上网的第一层保护。它位于计算机和互联网之间，就像计算机的一扇安全门。它决定网络内部服务中哪些可被外界访问，外界的哪些人可以访问哪些内部服务，同时还决定内部人员可以访问哪些外部服务。所有涉及因特网的业务流都必须接受防火墙的访问控制，防火墙只允许授权的业务流通过，并且防火墙本身也必须能够抵抗渗透攻击，因为攻击者一旦突破或绕过防火墙系统，防火墙就形同虚设。虽然有些防火墙号称是"病毒防火墙"，但是它仅仅提供监控功能，还是无法杀掉病毒。

3．安装杀毒软件

杀毒软件也称反病毒软件或防毒软件，是用于消除计算机病毒、特洛伊木马和恶意软件的一类软件。杀毒软件通常集成监控识别、病毒扫描和清除以及自动升级等功能，有的杀毒软件还带有数据恢复等功能，是计算机防御系统（包含杀毒软件、防火墙、特洛伊木马和其他恶意软件的查杀程序、入侵预防系统等）的重要组成部分。

相对于防火墙，杀毒软件是计算机的第二层保护。由于各种原因，即使安装了防火墙，病毒仍然有可能侵入计算机，此时，杀毒软件就可以实时发出警报，主动防御以及解除威胁，保护计算机不受侵害。杀毒软件一般要定期更新病毒库才能发现最新的病毒，用户要利用病毒查杀软件定期进行全盘扫描，对于发现的病毒和木马及时清除，以防止病毒的传播和破坏。

4．及时修复操作系统和应用软件漏洞

用户通常使用的Windows操作系统以及各种应用软件，这些软件不可避免地会存在漏洞，这些漏洞容易被恶意程序所利用，入侵用户的计算机。设置Windows Update为开启状态，Windows会自动为计算机修复系统漏洞，也可以定期使用专业的系统漏洞修复工具（如360安全卫士）扫描系统漏洞，对漏洞进行及时修复，避免恶意程序利用漏洞入侵用户计算机。

根据计算机网络管理的实践和经验，现实生活中没有哪一种方法可以保证计算机系统的绝对安全。系统的安全性是一项复杂的工程，它既涉及专门的网络安全产品，如软硬件防火墙，也涉及操作系统本身的安全性配置，两者有效地结合，可以大大提高系统的安全性。

14.2 "360安全卫士"的下载与安装

"360安全卫士"是一款免费的、功能强大的安全软件，不仅拥有漏洞修复、木马查杀、恶意软件清理、计算机全面体检等多种功能，还具有提高开机速度、清理插件、清理垃圾、清理痕迹、软件管理等多种辅助功能，可以完成计算机系统的全面综合管理。

14.2.1 360安全卫士的下载与安装

1. “360安全卫士”的下载

通过搜索引擎可以搜索到很多“360安全卫士”的下载网址，也可以直接登录“360安全卫士”的官方网址进行下载，现在主流的应用版本是“360安全卫士v8.2”。下载的基本步骤如下：

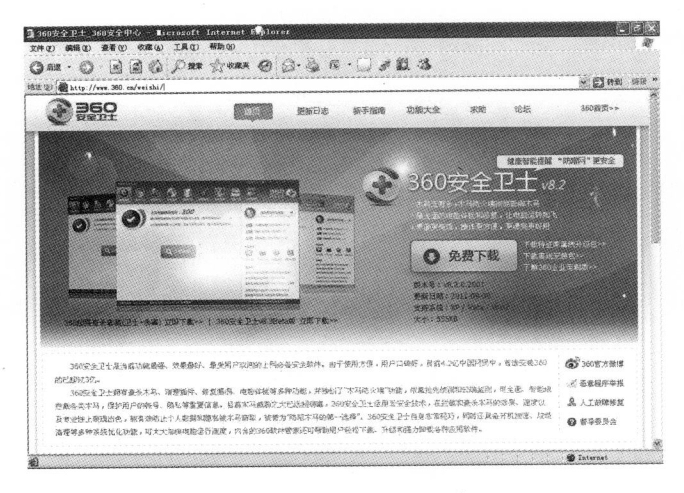

图14-2 360安全中心官方网站

① 打开IE浏览器，在地址栏中输入“www.360.cn/weishi”，按Enter键，进入360安全卫士官方网站，如图14-2所示。

② 右键单击“免费下载”右方的“下载离线安装包”按钮，弹出快捷菜单，如图14-3所示。

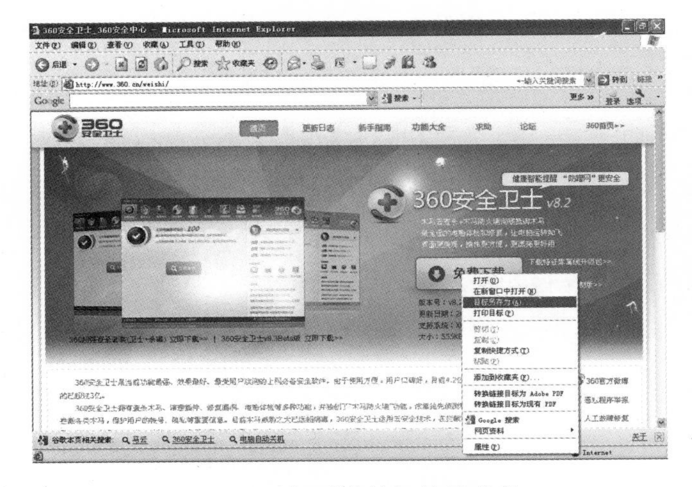

图14-3 “下载”按钮快捷菜单

③ 鼠标单击“目标另存为...”命令，弹出“另存为”对话框，如图14-4所示。

④ 选择“E盘”为存储路径，单击“保存”按钮，弹出文件下载对话框，下载完毕后，单击“打开文件夹”按钮打开E盘，可以看到“360安全卫士”的安装文件，如图14-5所示。

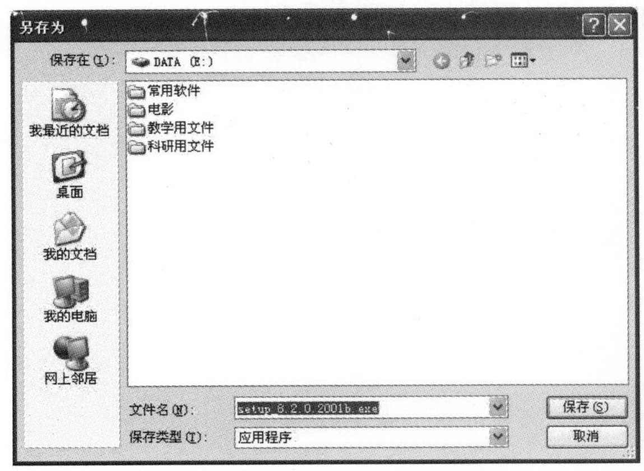

图14-4 “另存为”对话框

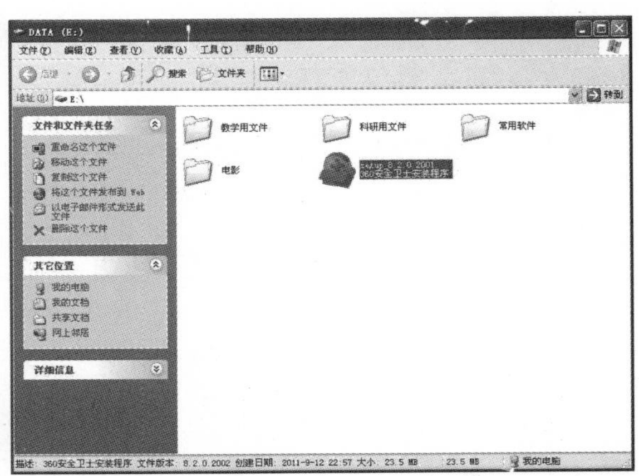

图14-5 下载文件所在的文件夹

2. 360安全卫士的安装

① 打开“360安全卫士”安装程序所在的文件夹，鼠标双击“360安全卫士”安装文件图标，启动“360安全卫士”的安装向导，如图14–6所示。

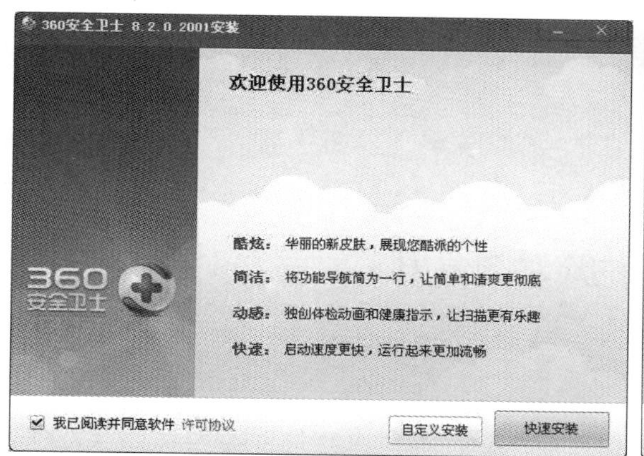

图14–6　“360安全卫士”安装向导对话框

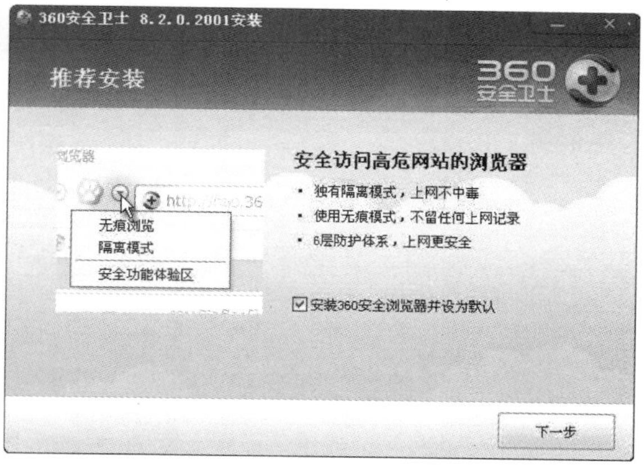

图14–7　“360安全卫士”安装向导对话框

单击窗口左下侧的“许可协议”按钮，可看到完整的协议内容。如果认同协议中的条款，可以单击“快速安装”按钮安装程序。

② 在安装向导中，推荐用户安装“360安全浏览器”，用户也可以根据个人喜好，选择是否安装，如图14–7所示。

③ 单击“下一步”按钮，系统开始安装软件。安装成功后，弹出提示界面，如图14–8所示。

图14–8　“360安全卫士”安装向导对话框

单击安装向导中的“完成”按钮，“360安全卫士”安装成功。安装界面默认核选了“立即进行一次计算机全面体检”和“加入‘云安全计划’全面阻挡病毒入侵”复选框，单击“完成”按钮后，系统会自动运行选中的程序，首次运行“360安全卫士”，页面如图14–9所示。

图14–9　“360安全卫士”工作页面

软件成功安装后，在“开始”菜单

的“所有程序”菜单中可以看到“360安全卫士”程序，如图14—10所示。

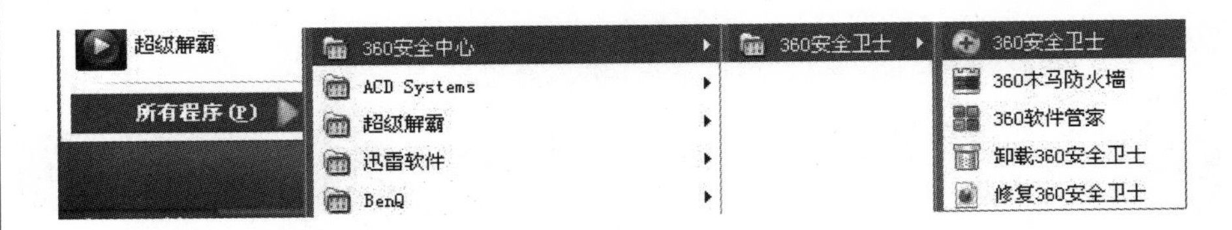

图14—10 “开始”菜单中“360安全卫士”程序组

14.2.2 “360安全卫士”的启动与退出

启动“360安全卫士”的方法有两种，可以通过“开始”菜单启动，也可以通过快捷按钮启动“360安全卫士”。

单击“开始”菜单，指向“所有程序”命令，在弹出的“360安全中心”中选择“360安全卫士”级联菜单，鼠标单击“360安全卫士”命令，即可启动“360安全卫士”。

图14—11 “简洁版”页面

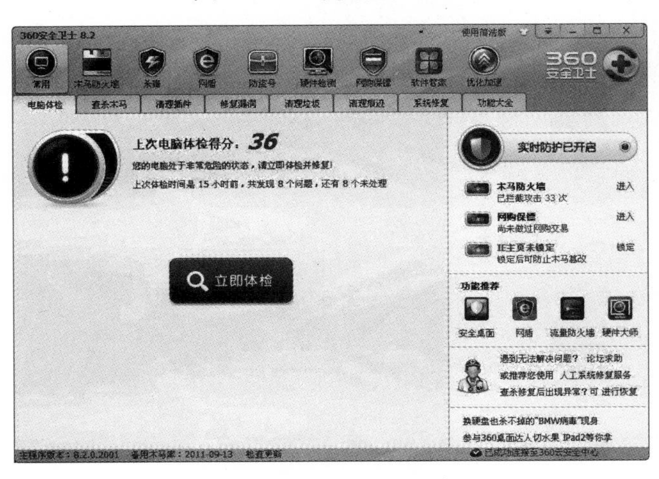

图14—12 “经典版”页面

在安装“360安全卫士”时，我们选择了“在桌面上创建快捷方式”选项，安装结束后，桌面上自动创建“360安全卫士”的快捷图标，双击该图标，即可启动“360安全卫士”。“360安全卫士”有“简洁版”与“经典版”两种版本，默认的界面是“简洁版”页面，如图14—11所示。

“简洁版”主界面有9个主要的功能按钮，方便用户点击。界面右侧的信息栏中，实时显示几大功能的实时防护状态。

鼠标单击窗口右上部的“使用经典版”，可以让“360安全卫士”的主界面回到之前版本的排列方式，即“经典版”页面，如图14—12所示。

14.3 "360安全卫士"的主要功能

14.3.1 计算机体检

体检功能可以全面检查计算机的各项状况。体检完成后，系统会提交一份优化计算机的意见给用户，提醒用户对计算机做一些必要的维护，如木马查杀、垃圾清理、漏洞修复等。

定期体检可以有效地保持计算机的健康安全。启动"360安全卫士"后，界面默认的选项就是"计算机体检"，见图14–11。进行"体检"的基本步骤如下：

① 单击"立即体检"按钮后，系统开始体检。体检结束后，给出本次体检的分数和对计算机的优化意见，如图14–13所示。

图14–13 "计算机体检"结束页面

图14–14 "计算机体检"后的页面

体检的分数表示当前计算机的健康状态，满分100分时，健康指示条为绿色，满格显示，表示计算机很健康。不是100分时，健康指示条会变色，并且会减去相应的格数。健康指示条会动态显示计算机的安全状态，用户要尽量让健康指示条处在饱满状态。位于健康指示条下方的是本次体检对计算机的优化意见，用户可以拖动右侧的垂直滚动条，查看所有的优化意见进行修复。对于初级用户来说可以直接单击"一键修复"按钮，一次性解决优化问题。

② 单击"一键修复"按钮，弹出修复提示框。

③ 单击"确定"按钮，弹出正在修复界面，修复结束后弹出计算机修复提示框，询问用户是否重启。

④ 单击"是"按钮，系统自动重新启动。再次启动"360安全卫士"时，计算机体检界面给出体检后的计算机状态，如图14–14所示。

14.3.2 修复漏洞

由于操作系统本身也是一组计算机程序，开发人员在编写程序代码时不可避免地会产生一些缺陷或错误，使得操作系统在运行过程中存在安全问题，这些缺陷或错误就被称作为漏洞。漏洞一般是程序员编程时的疏忽或者考虑不周导致的，这些漏洞可能会导致用户的计算机被不法用户或者计算机黑客利用，他们会通过植入木马病毒等方式来攻击或控制用户的计算机。从而窃取用户计算机中的重要资料和信息，甚至破坏用户的系统。修复系统的某些漏洞还可以提高系统的一些性能，“360安全卫士”的漏洞修复非常方便及时，它可以自动检测到计算机系统的所有漏洞，对检测出的漏洞补丁有严重程度的说明，并自动批量下载安装所有漏洞补丁，防止计算机成为被攻击的对象。

“修复漏洞”的基本步骤如下所示：

① 单击“360安全卫士”主界面的“修复漏洞”按钮，系统自动进行扫描，扫描结束后弹出扫描结果，页面如图14—15所示。

360提示修复漏洞的时候会分等级，高危漏洞建议修复，其他的根据个人需要来选择是否修复。高危漏洞一般都会成为病毒攻击的目标，所以建议修复。修复漏洞会占用一些系统资源，但是不修复的话，计算机感染病毒的机会可能会变大。

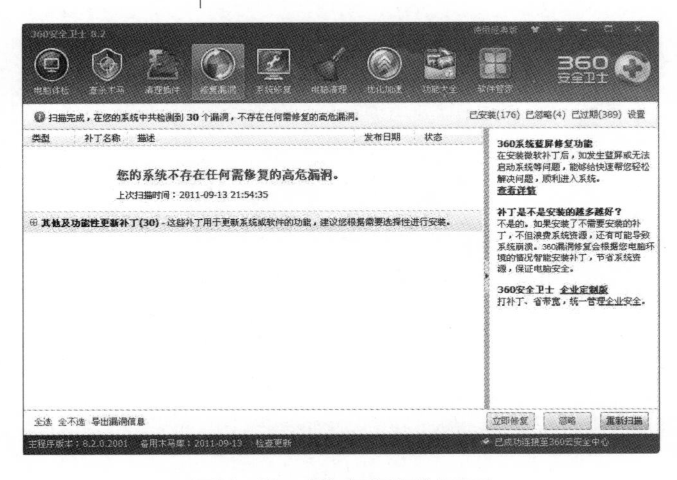

图14—15 “修复漏洞”页面

② 单击“其他及功能性更新补丁”选项前面的⊞按钮，展开所有可修复的选项，如图14—16所示。

③ 选中任意需要修复的选项后，“立即修复”按钮会高亮显示，单击此按钮，功能模块会立即响应，从微软或360服务器上下载并安装相应“补丁”。

图14—16 “修复漏洞”页面

大型软件系统在使用过程中会暴露一些问题，缺陷被发现之后，软件开发者会另外编制一个小程序使其完善，这种小程序俗称“补丁”。“补丁”通常由软件原开发者制作，可以访问软件官方网站下载补丁。

在“修复漏洞”界面右上角有“已安装”、“已忽略”、“已过期”和“设置”等按钮，存放系统能下载的所有“补丁”。单击“已安装”按钮，在弹出的对话框中可以看到所有安装的补丁，也就是修复过的漏洞。单击“修复漏洞”选项卡右上方的“设置”按钮，弹出“360漏洞修复”对话框，如图14–17所示。

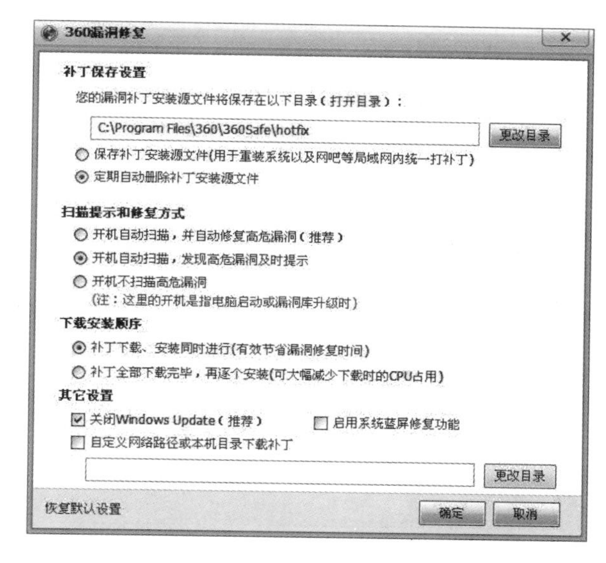

图14–17　“修复漏洞”对话框

“修复漏洞”对话框中各选项功能如下：

● 补丁保存设置：下载的补丁在本机磁盘上要有存储位置，如果用户要更改默认路径，单击“更改目录”按钮，弹出“浏览文件夹”对话框，可以设置新的存储路径。

● 扫描提示和修复方式：可以设置开机是否进行自动扫描选项。其中“开机自动扫描，发现高危漏洞及时提示”命令的作用是，用户每次开启计算机时，漏洞修复的功能模块会从互联网上获取最新的漏洞信息，并对计算机进行漏洞扫描，当发现有新的漏洞补丁时，会弹出窗口提示用户进行漏洞的修复。所有的程序都有可能存在漏洞，选中“开机自动扫描”命令，系统可以及时检测到漏洞，并询问用户是否需要修复漏洞，检测到漏洞的提示窗口如图14–18所示。

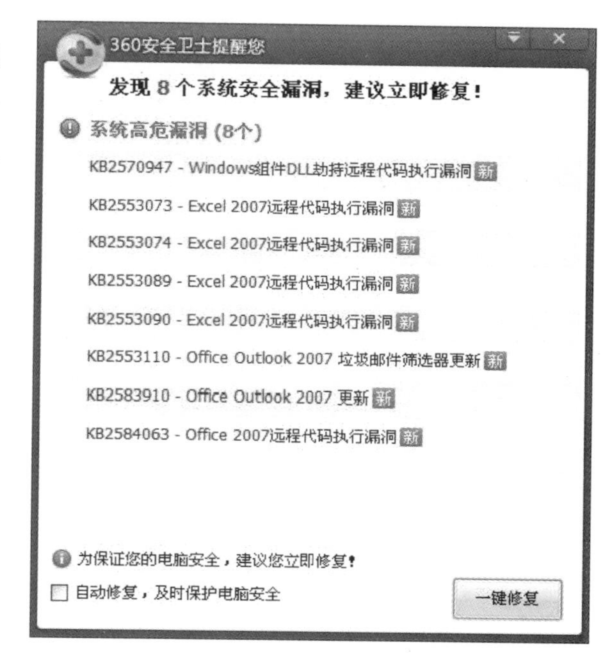

图14–18　提示窗口

在窗口中，你可以自行做出选择是否对漏洞进行修复。如果单击“一键修复”按钮，功能模块会立即响应，从微软或360服务器上下载并安装这些补丁；如果用户选择了“自动修复，及时保护计算机安全”选项，则无需用户进行点击，只要扫描发现漏洞，系统会即刻开始下载并修复漏洞。

14.3.3　查杀木马

木马对用户的计算机危害非常大，可能导致重要账户密码被窃取，比如支付宝、网络银行用户密码。因此，及时查杀木马对安全上网来说十分重要。木马查杀软件可以找出用户计算机中疑似“木马”的程序，并在取得用户允许的情况下删除这些程序。下面介绍“360安全卫士”查杀木马功能。

单击“360安全卫士”主界面的“查杀木马”功能按钮，页面如图14—19所示。

在“查杀木马”界面，用户可以选择“快速扫描”、“全盘扫描”和“自定义扫描”等选项，检查计算机中是否存在“木马”程序。

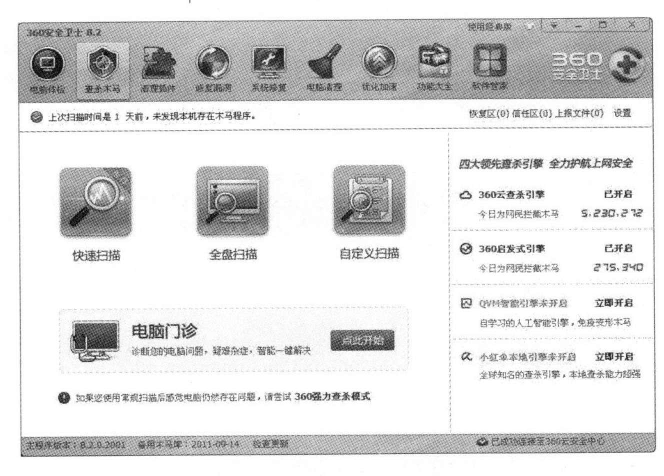

图14—19　“查杀木马”页面

图14—20　“360木马云查杀”对话框

(1) “快速扫描”

扫描系统内存、启动对象等关键位置，扫描速度较快。关键位置包括开始菜单的启动组、注册表的Run项、系统服务、驱动、内存进程、模块和计划任务等，具体的扫描项在扫描界面中有清楚的分类展示。由于放在这些位置中的程序会开机自启动，如果木马和病毒植入到这些位置，会对用户数据产生很大的威胁，所以需要重点扫描这些位置。

(2) “全盘扫描”

扫描系统内存、启动对象及全部磁盘内容，扫描速度较慢。全盘扫描时，“云查杀”只会扫描PE文件，不会扫描用户的隐私数据文件。PE文件主要是指EXE、DLL、OCX、SYS等二进制的可执行程序。

(3) “自定义扫描”

由用户指定扫描的范围，选择“自定义扫描”按钮后会弹出“360木马云查杀”对话框，如图14—20所示。

“云查杀”是通过扫描系统中的注册表和文件，发现并清除木马、病毒等恶意程序，保障用户的数据安全，同时，也会保护用户免受广告软件等恶评程序的干扰。在“扫描区域设置”选项里，用户可以通过单击复选框的方式，选中需要扫描的文件夹。

(4) 扫描结果处理

无论选择那种扫描方式，系统都会自动进行扫描，扫描结束后弹出扫描结果，如图14—21所示。

扫描结束后若发现疑似木马，用户可以选择删除或加入信任区。在反馈给用户的优化意见界面还有“360系统急救箱”和“开机优化程序”，用户可以根据需要，选择是否进行下一步优化。

图14—21　“扫描结果”页面

(5) 360系统急救箱

“360系统急救箱”是强力查杀“木马”病毒的系统救援工具，对各类流行的顽固木马查杀效果极佳。在系统需要紧急救援、普通杀毒软件查杀无效，或是计算机感染木马而导致360无法安装或启动的情况下，360系统急救箱能够强力清除木马和可疑程序，并修复被感染的系统文件，抑制木马再生，是计算机需要急救时最好的帮手。

如果计算机因被植入顽固木马导致IE设置被篡改等系统异常，使用“360木马云查杀”后仍不能彻底解决系统的严重问题，建议使用“360系统急救箱”对计算机进行急救。如果计算机启动很慢，可以使用360的开机优化功能。360系统急救箱在“功能大全”选项卡中也可以找到。

注意：如果计算机并没有出现如系统缓慢、突然蓝屏等症状，建议不要使用360系统急救箱，否则可能会误杀系统文件，甚至导致死机或无法正常启动等不可预料的后果。因此，不能把360系统急救箱当成杀毒软件。

单击“360系统急救箱”按钮，弹出“360系统急救箱”工作界面。使用系统急救箱之前，首先需要对系统升级。升级过程会在进入系统急救箱页面后自动开始，升级结束后，如图14—22所示。

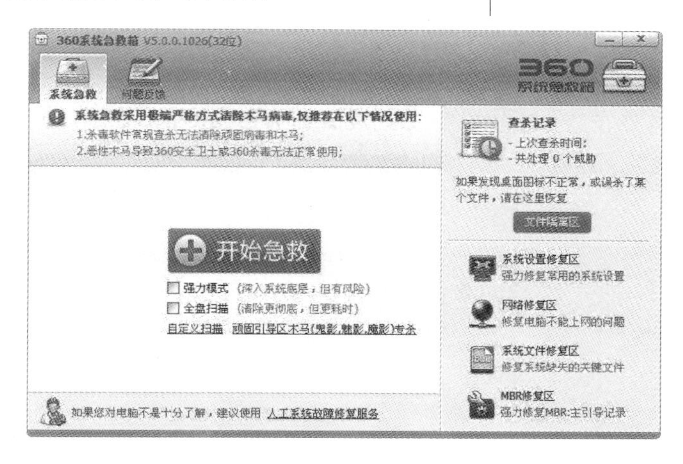

图14—22　“360系统急救箱”工作页面

单击“开始急救”按钮后，系统功能模块开始扫描计算机，扫描结束后会反馈给用户扫描结果和优化意见，提示窗口如图14—23所示。

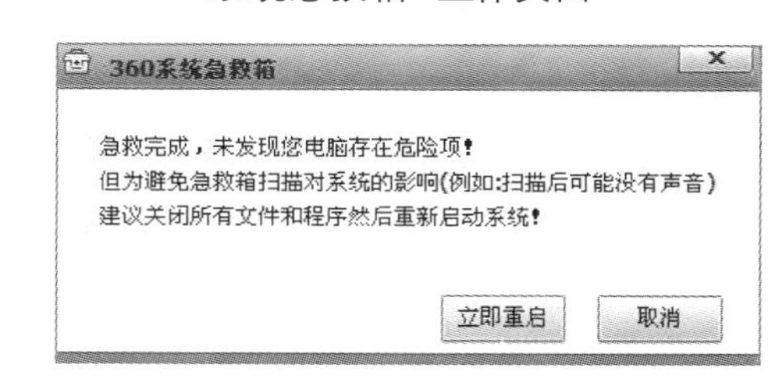

图14—23　提示窗口

系统急救后，在提示窗口中提示用户本次急救的结果以及操作建议，用户可以根据提示进行操作。

(6) 开机加速

有时候用户的计算机开机过程时间过长，其原因可能是开启计算机的过程中大批软件随之自动启动而占用CPU资源所致。即便开机后，系统资源也会被这些运行的软件大量消耗。使用“360安全卫士开机加速”功能，可以禁止多余软件的开机启动，提高计算机的开机速度。

图14—24 “开机加速”工作页面

单击“开机加速”图标，弹出“开机加速”工作页面，如图14—24所示。

在“开机加速”界面中，针对所有软件启动项都说明了其用途、启动建议和当前状态，并可以很方便“禁止”或“恢复”启动。360安全卫士通过“文件知识库”的积累，能准确建议用户启动或禁用哪些启动项。初级用户一般只需要将最常用的软件和安全软件设置为开机时自启动，按下“一键优化”，就能禁止那些没必要开机自启动的软件和系统服务，高级用户也可以逐项查看设置，加快计算机的开机和运行速度。

图14—25 “清理插件”页面

图14—26 “清理插件”扫描结果

14.3.4 清理插件

插件是一种遵循一定规范的应用程序接口编写出来的程序。很多软件都有插件，它们有的附着在浏览器上起辅助作用，有的是一些软件功能的扩展部件。所以正规的插件可以方便使用软件的功能，但恶意的插件反而会妨碍软件使用，为插件传播者带来利益，“插件清理”就是清除恶意插件。

过多的插件会拖慢用户计算机的速度，而很多插件可能是在用户不知情的情况下安装的，用户有可能并不了解这些插件的用途，也并不需要这些插件。通过定期的清理插件，用户可以及时删除无用的插件，保证计算机的正常运行速度。

单击"360安全卫士"主界面的"清理插件"功能按钮，页面如图14–25所示。

单击"开始扫描"，功能模块开始扫描，扫描后反馈扫描到的插件，如图14–26所示。

在扫描到的插件列表中有插件的详细介绍，包括插件的名称、所属公司。用户可以结合网友对插件的评分和自己的需要，选择清理或保留对应的插件。单击插件名称前的复选框后，单击"立即清理"按钮，可以清除所选插件。我们以IE浏览器中"Google工具栏"为例，介绍清理插件的使用方法。

安装了插件"Google工具栏"的IE浏览器页面如图14–27所示。

在图14–26"清理插件"扫描结果窗口中选中"Google工具栏"前的复选框，单击"立即清理"按钮，清理结束后再次打开IE浏览器，页面如图14–28所示。

清理插件后打开IE浏览器，界面中"Google工具栏"插件已被清除。

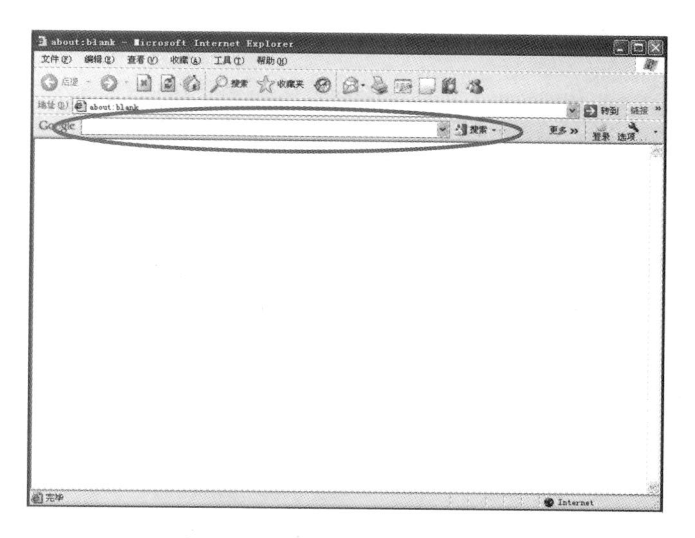

图14–27　安装插件"Google工具栏"的IE浏览器页面

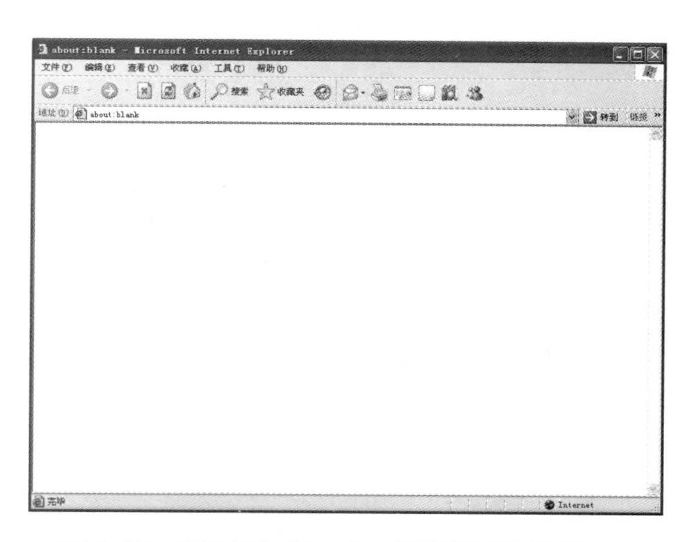

图14–28　清除插件"Google工具栏"的IE浏览器页面

14.3.5　清理垃圾

垃圾文件指系统工作时所过滤加载出的剩余数据文件。虽然每个垃圾文件所占系统资源并不多，但是随着时间的积累，垃圾文件会越来越多。大量垃圾文件会占用硬盘空间，拖慢计算机的运行速度和上网速度。

单击"360安全卫士"主页面的"计算机清理"功能按钮，选择"清理垃圾"选项卡，如图14–29所示。

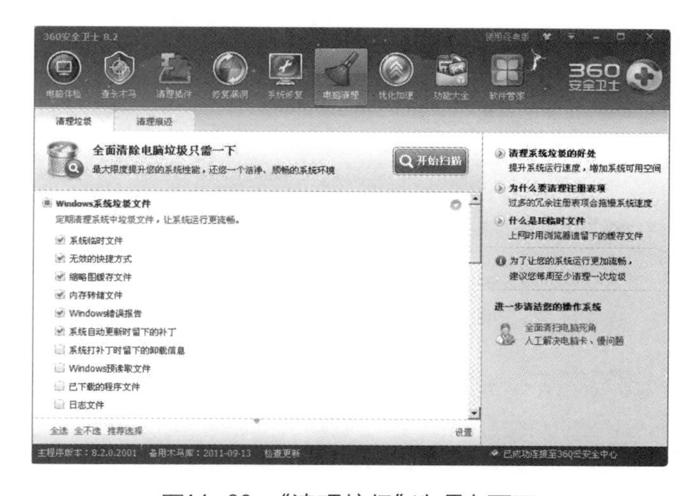

图14–29　"清理垃圾"选项卡页面

用户可以自行选择清理垃圾的范围，当用户单击“开始扫描”按钮后，“360安全卫士”会遵照用户的选择开始扫描计算机中的垃圾文件。这些文件包括：系统临时文件、无效的快捷方式、缩略图缓存文件、内存转储文件、Windows错误报告、Windows预读文件、已下载程序文件、Windows自动更新时留下的补丁、Office安装文件、Windows media player临时同步文件、Flash的Cookie文件、日志文件以及所有本地磁盘上指定类型的垃圾文件。

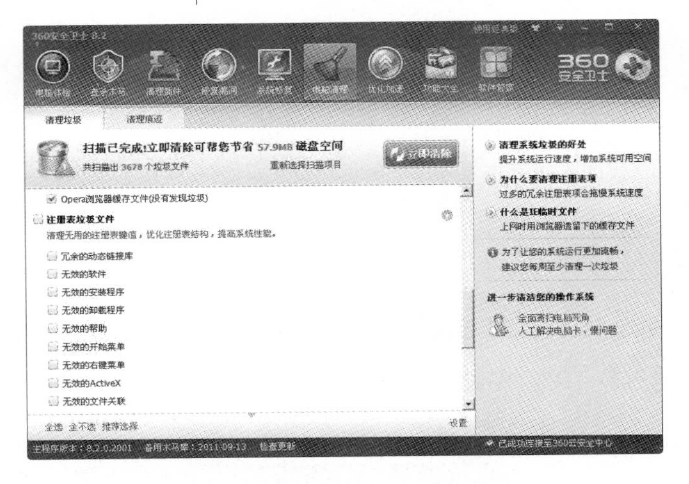

图14—30 “清理垃圾”结果检测页面

单击“开始扫描”按钮后，功能模块执行扫描命令，扫描结果如图14—30所示。

扫描完毕后，在“清理垃圾”功能界面上会自动列出检测出的垃圾文件，单击需要清理的垃圾文件种类前的复选框，选定需要清除的文件。如果用户不清楚哪些文件该清理、哪些文件不该清理，可以单击“推荐选择”按钮，让“360安全卫士”为用户做合理的选择。单击“立即清除”按钮，系统完成清理，页面如图14—31所示。

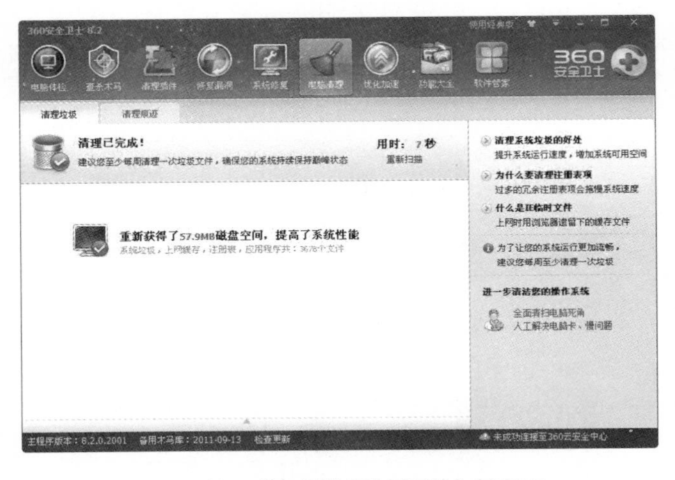

图14—31 “清理垃圾”清理结束页面

“清理垃圾”结束后反馈本次清理所用的时间及重新获得的磁盘空间。扫描整个“清理垃圾”的过程中，垃圾文件都会在计算机内部进行处理，不会导致用户隐私信息泄露。

图14—32 “清理痕迹”页面

14.3.6 清理痕迹

用户在使用计算机过程中，系统可以记录用户的使用操作，如观看过的视频、浏览过的网页、打开过的文件等。一般这些记录占用的空间并不大，但是及时清理可以保护用户的隐私。单击“计算机清理”功能按钮后，选择“清理痕迹”选项卡，页面如图14—32所示。

“360安全卫士”会扫描用户的上网操作痕迹、系统程序的操作痕迹、Windows自带程序的操作痕迹、办公软件的操作痕迹、媒体播放软件的操作痕迹、压缩工具的操作痕迹、其他应用程序的操作痕迹以及注册表的操作痕迹等。默认的清理痕迹包含了全部选项，用户如需保留相关痕迹只需要单击痕迹前面的复选框取消选中状态即可。

单击“开始扫描”按钮后，功能模块进行痕迹清理，清理结束后返回清理结果，如图14—33所示。

扫描完成后，“清理痕迹”界面上反馈清理信息，在整个“清理痕迹”的过程中，痕迹文件都会在计算机内部进行处理，不会导致用户隐私信息泄露。

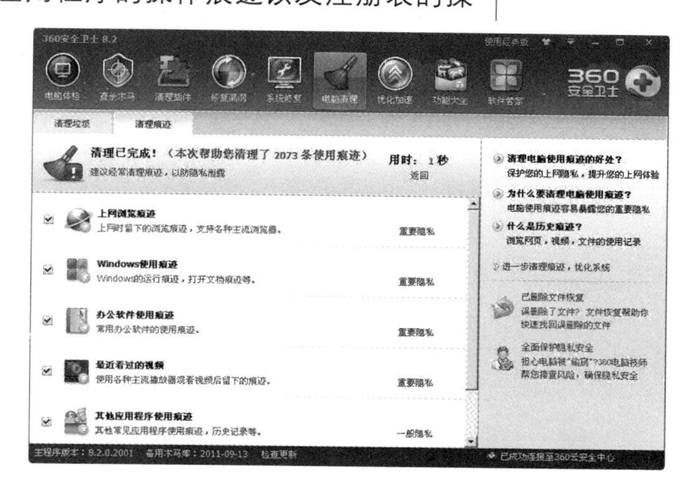

图14—33 “清理痕迹”结束页面

14.3.7 系统修复

当浏览器主页、开始菜单、桌面图标、文件夹、系统设置等出现异常时，可以使用“系统修复”功能找出问题原因并修复。“系统修复”可以检查计算机中多个关键位置是否处于正常的状态。

单击“360安全卫士”主页面的“系统修复”功能按钮，如图14—34所示。

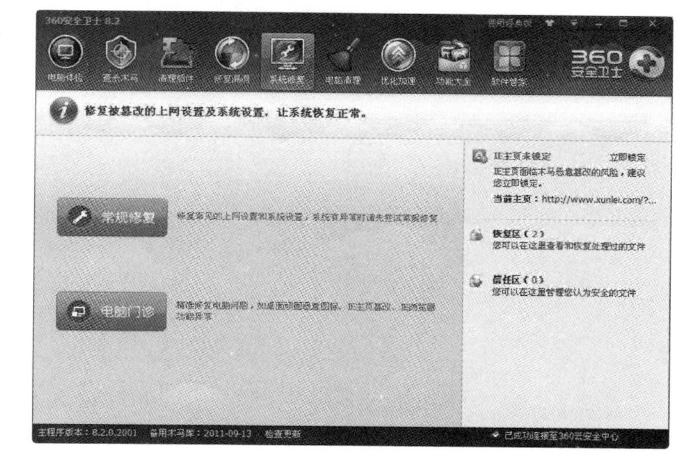

图14—34 “系统修复”页面

“常规修复”进行常见的上网设置和系统设置的修复，“电脑门诊”可以根据计算机出现的具体问题做针对性的修复。例如，计算机桌面出现删除不掉的图标、浏览器运行就打开陌生网页、浏览器不能正常工作等问题。

单击“常规修复”按钮，功能模块自动响应，扫描结束后反馈可修复项目列表，如图14—35所示。

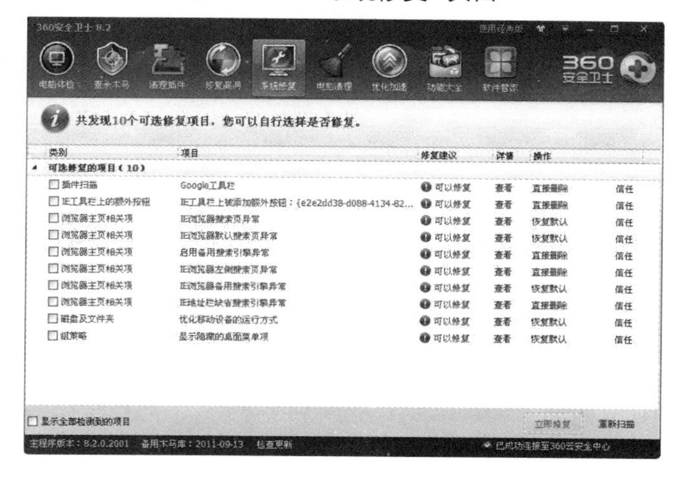

图14—35 “系统修复”页面

单击选择要修复项目左侧的复选框，“立即修复”按钮会高亮显示，单击“立即修复”按钮进行系统修复。

14.4 病毒查杀

14.4.1 病毒查杀

“360杀毒”软件可以实时监控用户计算机中的文件访问情况，防止病毒入侵及感染计算机，扫描计算机中的文件以查杀病毒。为了能够查杀最新病毒，360杀毒软件能自行升级到最新病毒库及程序，也可手动升级，及时进行更新。

图14—36 功能大全列表

1.“360杀毒”的安装

“360杀毒”是360公司开发的安全软件之一，可以在功能大全列表中找到。拖动垂直滚动条找到“360安全产品”组，找到“360杀毒”软件，如图14—36所示。

功能大全列表为用户提供了多种实用工具，有针对性地帮助用户解决计算机遇到的问题。“360杀毒”软件需要安装后才能使用，具体安装步骤如下：

① 双击“360杀毒”软件图标可以安装“360杀毒”软件，软件安装界面如图14—37所示。

② 单击“安装”按钮，在弹出的“选择需要安装的安全组件”对话框中选择“快速安装”按钮，弹出“360杀毒”安装向导，如图14—38所示。

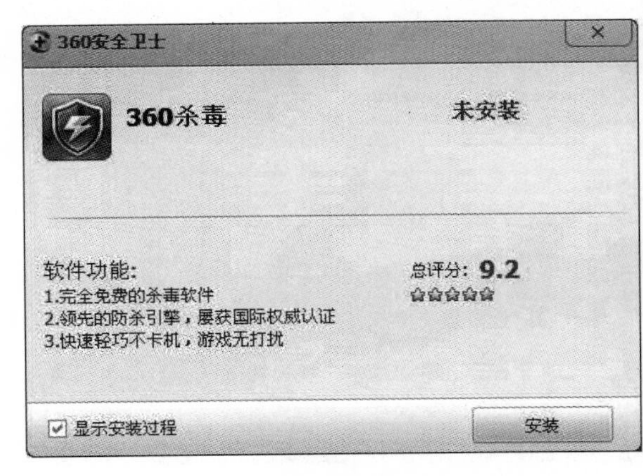

图14—37 “360杀毒”安装向导对话框

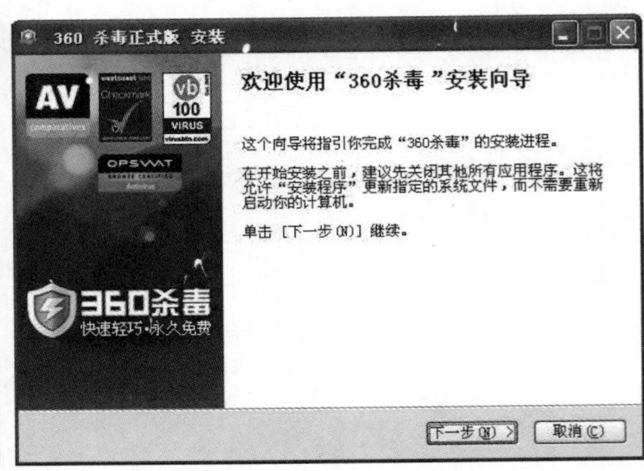

图14—38 “360杀毒”安装向导对话框

③ 单击“下一步”按钮，弹出安装许可证协议窗口，如图14—39所示。

单击窗口最右侧的垂直滚动条，可以看到完整的协议内容。如果认同协议中的条款，可以单击“我接受”按钮；如果不同意协议中的内容，可以单击“取消”按钮取消安装过程。

④ 单击“我接受”按钮，选择安装路径，如图14—40所示。

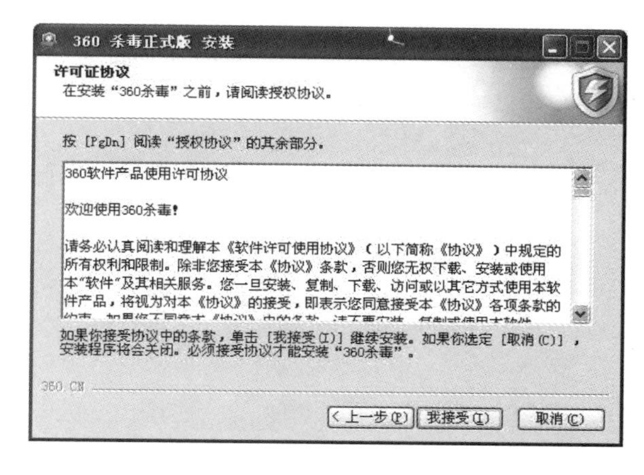

图14—39　“360杀毒”安装向导对话框

默认的安装目标文件夹都是“C:\Program Files\360\360SD”，如果用户决定将“360杀毒”安装在这个目录下，单击“下一步”按钮。如果用户想更改软件安装目录，则单击图中“浏览”按钮，选择新的安装目录即可。

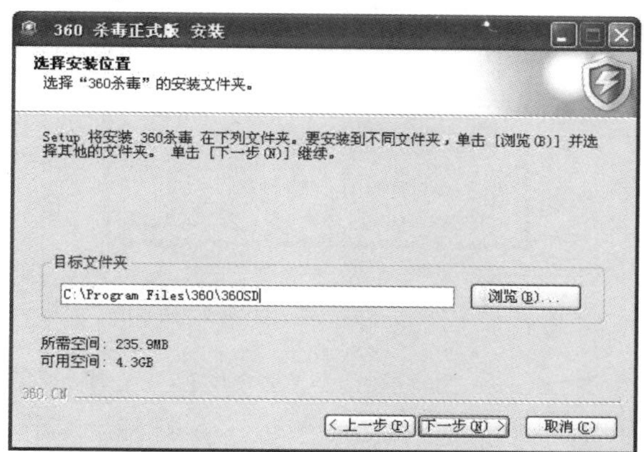

图14—40　“360杀毒”安装向导对话框

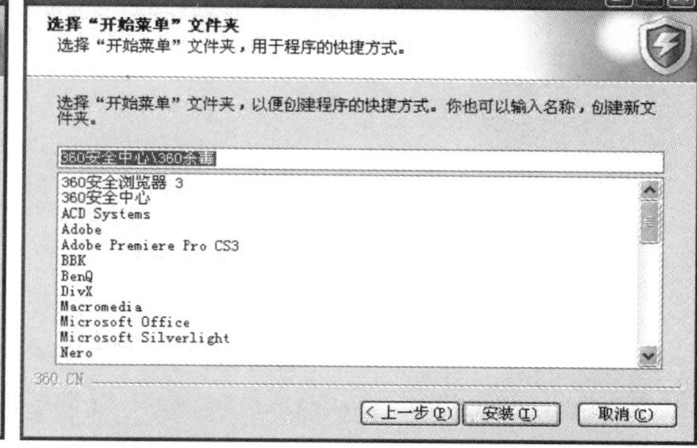

图14—41　“360杀毒”安装向导对话框

⑤ 单击“下一步”按钮，弹出设置选择“开始菜单”文件夹窗口，如图14—41所示。

⑥ 单击“安装”按钮，系统开始安装，系统会询问用户是否使用按流量计费的上网方式，如图14—42所示。

如何用户使用按流量计费的上网方式，可以单击“我使用了按流量计费的上网方式”复选框，这样360会关闭自动升级功能，可以节省网络流量。

⑦ 单击“下一步”按钮，弹出设置“实施防护”窗口，如图14—43所示。

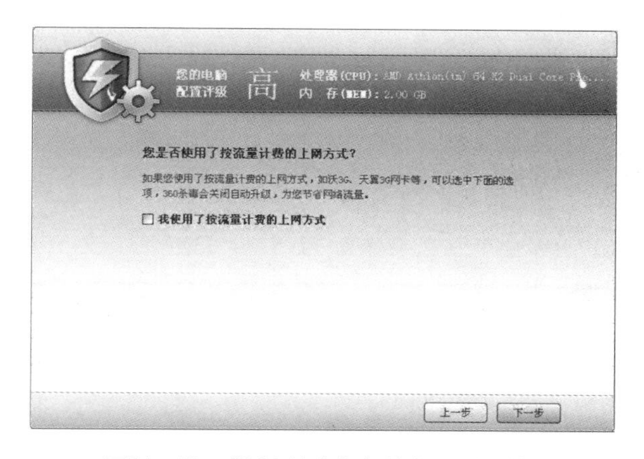

图14—42　“360杀毒”安装向导对话框

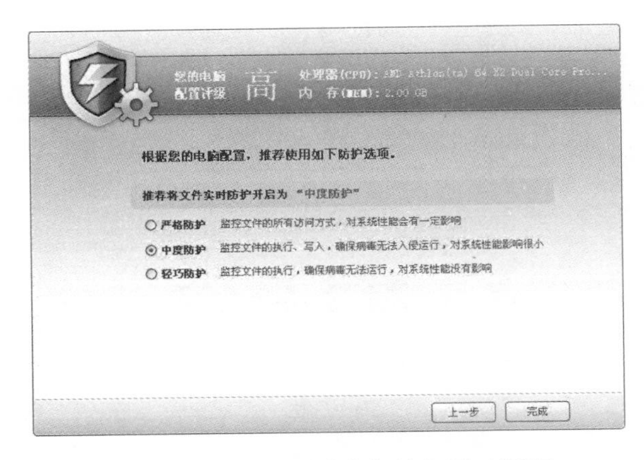

图14—43 “360杀毒”安装向导对话框

严格防护：监控对文件的任何方式访问。这种防护模式占用的系统资源较多，机器如果配置好即可选择。

中度防护：监控文件的执行、写入。

轻巧防护：监控文件的执行。

例如，桌面上有一个病毒文件，用户双击文件时，轻巧防护就可以把病毒的进程拦截。但是在这种防护模式下，用户可以对含有病毒的文件进行复制、粘贴的操作。在中度防护模式下，就可以阻止病毒的复制、粘贴动作。

⑧ 单击“完成”按钮，系统配置结束，弹出完成安装向导界面，如图14—44所示。

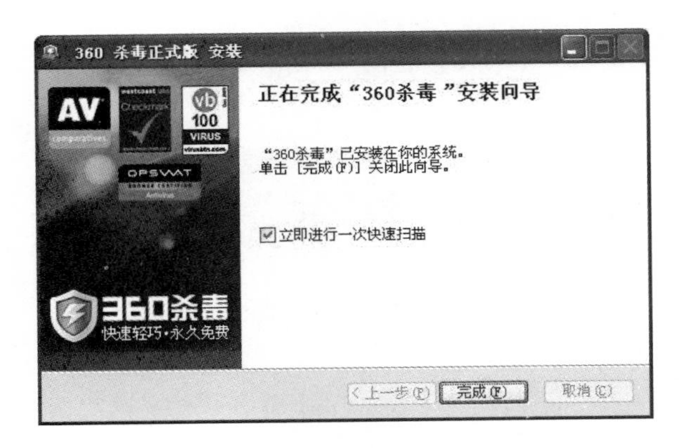

图14—44 “360杀毒”安装向导对话框

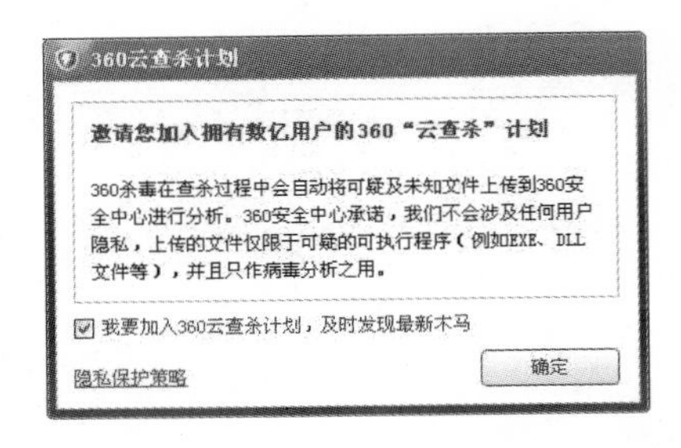

图14—45 “360云查杀计划”对话框

⑨ 单击“完成”按钮，系统快速扫描，弹出加入“360云查杀计划”对话框，如图14—45所示。

⑩ 单击“确定”按钮，系统扫描结束，弹出“360杀毒”对话框，如图14—46所示。

扫描结束后反馈扫描结果，用户根据提示了解计算机当前的健康状况。如有威胁，按照提示进行查杀。

图14—46 “360杀毒”页面

⑪ 单击“完成”按钮，进入“360杀毒”主页面，如图14—47所示。

病毒查杀结束后，界面显示系统反馈的信息根据，用户可以根据提示信息选择相关操作。

2．病毒查杀

“360杀毒”提供四种病毒扫描方式：快速扫描、全盘扫描、指定位置扫描和右键扫描。用户可根据需要，选择不同的查杀方式对计算机中的文件进行扫描，每种扫描方式扫描的范围不同。

(1) 快速扫描

快速扫描方式扫描自启动的程序、用户桌面文件、Windows系统目录及Program Files目录。“360杀毒”安装结束后，首先进行的就是“快速扫描”，扫描结束后反馈扫描结果（见图14—47）。此次“快速扫描”共扫描对象9 670个，扫描时间为1分57秒，没有发现病毒感染。

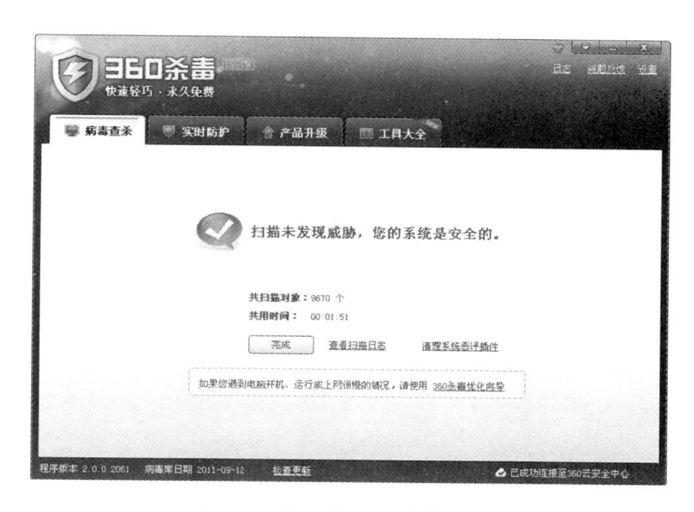

图14—47　“360杀毒”页面

(2) 全盘扫描

全盘扫描方式除扫描引导区、内存及所有磁盘文件外，还会根据用户选择，清除用户计算机中的垃圾文件，以加快扫描速度。全盘扫描结果反馈页面如图14—48所示。此次“全盘扫描”共扫描对象208 760个，在同一台计算机的同一状态下，“全盘扫描”比“快速扫描”检查的文件要多很多。

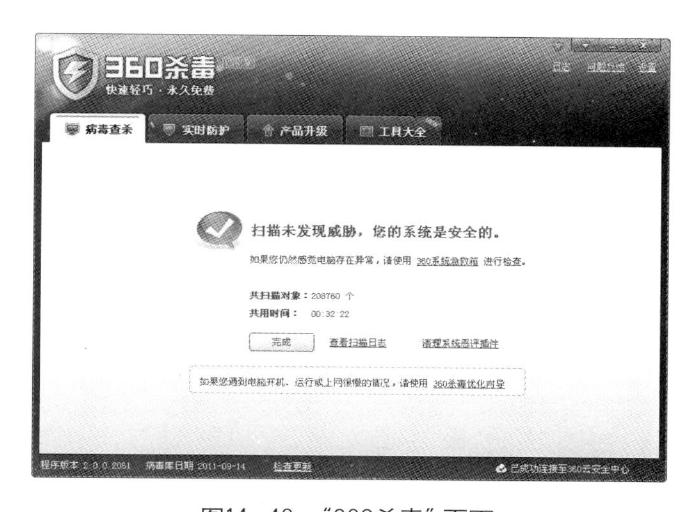

图14—48　“360杀毒”页面

(3) 指定位置扫描

“指定位置扫描”方式可以扫描用户指定的目录或文件。单击“指定位置扫描”按钮，弹出“选择扫描目录”对话框，如图14—49所示。

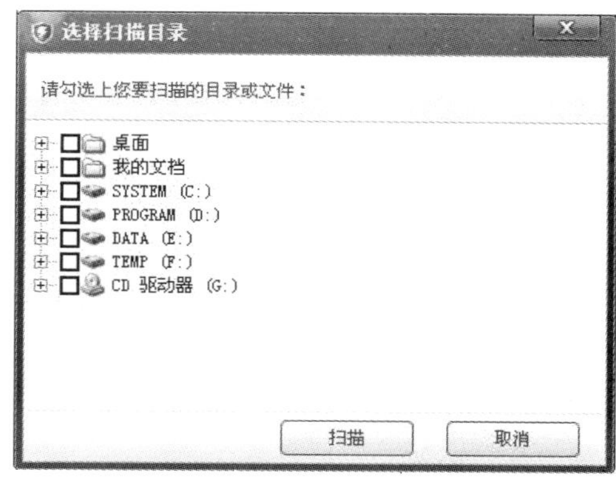

图14—49　“选择扫描目录”对话框

在“选择扫描目录”对话框中，用户可以指定任意文件进行扫描。

(4) 右键扫描

如果系统中安装了“360杀毒软件”，“右键扫描”方式已经集成到Windows右键快捷菜单中，当用户在文件或目录上单击鼠标右键时，快捷菜单中有“使用360杀毒扫描”选项，单击这一选项可以对选中文件或目录进行扫描。

3．产品升级

(1) 自动升级

“360杀毒”具有自动升级功能，如果用户开启了自动升级选项，“360杀毒”探测到新的病毒库文件时，会自动下载并安装升级文件，自动升级完成后会通过气泡窗口提示用户。

图14—50 “360杀毒”页面

(2) 手动升级

如果用户想进行手动升级，可以在“360杀毒”主界面点击“产品升级”标签，进入升级界面，并点击“检查更新”按钮。升级程序会连接到服务器检查是否有可用升级文件，如果有，就会下载并安装升级文件。

单击“360杀毒”主界面的“产品升级”选项卡，如图14—50所示。

单击“确定”按钮，“产品升级”选项卡中会显示当前“360杀毒”软件的基本信息，如病毒库日期、程序版本、可查杀病毒种类、可拦截的挂马网址、可拦截的钓鱼网址等。通过这些信息，用户可了解“360杀毒”软件每个时期的基本状态。

15.4.2 实时防护

“360杀毒”具有实时病毒防护功能，为用户的系统提供全面的安全防护。实时防护功能在文件被访问时对文件扫描，及时拦截活动的病毒，在发现病毒时会通过提示窗口警告用户。“360杀毒”安装结束后，单击“实时防护”选项卡，如图14—51所示。

图14—51 “实时防护”选项卡

单击“立即开启”按钮后，“360杀毒”会在计算机处于开机状态时一直在后台监控计算机中的文件访问。根据用户的不同需求，实时防护包含三个不同级别。在最严格的级别下，对所有被访问文件的所有操作都会被监控，而在“中级”和“轻巧”模式下，只会监控最危险的文件访问方式。

对用户经常使用的工具，如U盘、下载工具、聊天工具等，“实时防护”也具有防护功能。当用户的U盘插入计算机，或者通过类似“QQ”聊天工具接收文件时，也会自动扫描并拦截其中的病毒文件。

用户可关闭“360杀毒”的实时防护，在“实时防护”界面中，单击“文件系统防护”后面的“关闭”按钮即可。不过，不建议这样做，否则计算机的安全系数比较低。

本章小结

本章首先介绍了计算机系统安全的基础知识以及病毒与木马的概念，然后以“360安全卫士”工具为例，详细介绍了使用“360安全卫士”进行计算机体检、修复漏洞、查杀木马、清理插件、清理垃圾、清理痕迹、系统修复、病毒查杀的操作方法。

思考题

1. 通过“本地安全策略”也可以设置软件的安全级别，尝试利用“本地安全策略”建立一条限制软件策略，将IE浏览器的运行级别设置为基本用户。

2. 使用“360安全卫士”进行全盘扫描，进行病毒、木马查杀。

3. 利用“清理插件”功能，清理无用插件。

图书在版编目（CIP）数据

计算机使用教程／郝兴伟主编．—济南：山东教育出版社，2012

老年大学统编教材

ISBN 978-7-5328-7456-9

Ⅰ.①计… Ⅱ.①郝… Ⅲ.①电子计算机—老年大学—教材 Ⅳ.①TP3

中国版本图书馆CIP数据核字（2012）第198050号

老年大学统编教材

计算机使用教程

郝兴伟　主编

主　　管：山东出版传媒股份有限公司

出 版 者：山东教育出版社

（济南市纬一路321号　邮编：250001）

电　　话：（0531）82092663　传真：（0531）82092663

网　　址：http://www.sjs.com.cn

发 行 者：山东教育出版社

印　　刷：山东临沂新华印刷物流集团有限公司

版　　次：2012年9月第1版第1次印刷

规　　格：889mm×1194mm　16开本

印　　张：24.5印张

书　　号：ISBN 978-7-5328-7456-9

定　　价：48.00元

（如印装质量有问题，请与印刷厂联系调换）

（电话：0539-2925659）